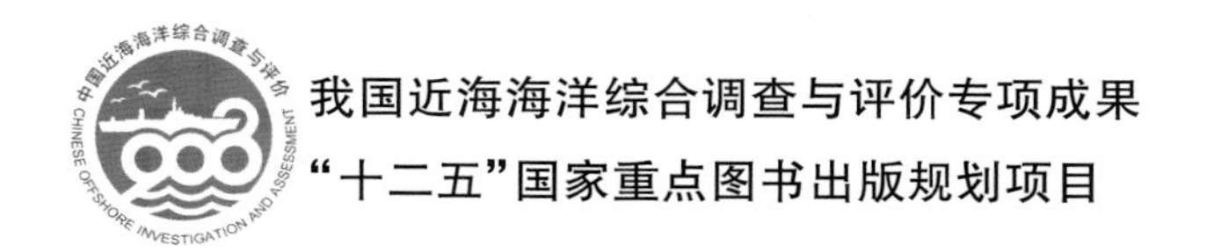

中国近海海洋图集
——海洋生物与生态

国家海洋局　编

海洋出版社

2016 年 · 北京

图书在版编目（CIP）数据

中国近海海洋图集. 海洋生物与生态/国家海洋局编.
—北京：海洋出版社，2013.6
ISBN 978-7-5027-8366-2

Ⅰ.①中… Ⅱ.①国… Ⅲ.①近海－海洋生物－中国－图集②近海－海洋生态学－中国－图集 Ⅳ.①Q178.53-64②Q178.53-64

中国版本图书馆CIP数据核字(2013)第129481号

审图号：GS(2015)2149号

责任编辑：杨传霞
责任印制：赵麟苏

海洋出版社 出版发行

http://www.oceanpress.com.cn
北京市海淀区大慧寺路8号　邮编：100081
北京朝阳印刷厂有限责任公司印刷　新华书店北京发行所经销
2016 年 3 月第 1 版　2016 年 3 月第 1 次印刷
开本：787mm×1092mm　1/8　印张：58.5
字数：860 千字　　定价：1100.00 元
发行部：010-62132549　邮购部：010-68038093
总编室：010-62114335

《中国近海海洋图集》

《中国近海海洋图集
——海洋生物与生态》

专业编辑委员会

主　　编　王春生

副 主 编　陈兴群　张东声

委　　员　（以下按姓氏笔画排列）

王　雨　王小谷　王立俊　王宗灵　朱艾嘉　刘镇盛
许学伟　许战洲　孙　萍　寿　鹿　杜建国　李海涛
杨俊毅　宋普庆　陆斗定　林龙山　林和山　林俊辉
欧丹云　周亚东　屈　佩　孟凡旭　柳圭泽　洪丽莎
袁秀堂　夏　平　高爱根　唐森铭　黄丁勇　康建华
章　菁　董燕红　傅明珠　蒲新明　戴鑫峰

专业整编技术组

组　　长　王春生

副 组 长　陈兴群　刘镇盛

成　　员　（以下按姓氏笔画排列）

宋普庆　张东声　欧丹云　袁秀堂　康建华　董燕红
傅明珠　蒲新明

前 言

908专项
《中国近海海洋图集》

2003年，党中央、国务院批准实施“我国近海海洋综合调查与评价”专项（简称908专项），这是我国海洋事业发展史上一件具有里程碑意义的大事，受到各方高度重视。2004年3月，国家海洋局会同国家发展和改革委员会、财政部等部门正式组成专项领导小组，由此，拉开了新中国成立以来最大规模的我国近海海洋综合调查与评价的序幕。

20世纪，我国系列海洋综合调查和专题调查为海洋事业发展奠定了科学基础。50年代末开展的“全国海洋普查”，是新中国第一次比较全面的海洋综合调查；70年代末，“科学春天”到来的时候，海洋界提出了“查清中国海、进军三大洋、登上南极洲”的战略口号；80年代，我国开展了“全国海岸带和海涂资源综合调查”，“全国海岛资源综合调查”，“大洋多金属资源勘查”，登上了南极；90年代，开展了“我国专属经济区和大陆架勘测研究”和“全国第二次污染基线调查”等，为改革开放和新时代海洋经济建设提供了有力的科学支撑。

跨入21世纪，国家的经济社会发展进入了攻坚阶段。在党中央、国务院号召“实施海洋开发”的战略部署下，908专项任务得以全面实施，专项调查的范围包括我国内水、领海和领海以外部分管辖海域，其目的是要查清我国近海海洋基本状况，为国家决策服务，为经济建设服务，为海洋管理服务。本次调查的项目设置齐全，除了基础海洋学外，还涉及海岸带、海岛、灾害、能源、海水利用以及沿海经济与人文社会状况等的调查；调查采用的手段成熟先进，充分运用了我国已具备的多种高新技术调查手段，如卫星遥感、航空遥感、锚系浮标、潜标、船载声学探测系统、多波束勘测系统、地球物理勘测系统与双频定位系统相结合技术等。

908专项创造了我国海洋调查史上新的辉煌，是新中国成立以来规模最大、历时最长、涉及部门最广的一次综合性海洋调查。调查历经8年，涉及150多个调查单位，调查人员万余人次，动用大小船只500余艘，航次千余次，海上作业时间累计17 000多天，航程200多万千米，完成了水体调查面积102.5万平方千米，海底调查面积64万平方千米，海域海岛海岸带遥感调查面积151.9万平方千米，取得了实时、连续、大范围、高精度的物理海洋与海洋气象、海洋底质、海洋地球物理、海底地形地貌、海洋生物与生态、海洋化学、海洋光学特性与遥感、海岛海岸带遥感与实地调查等海量的基础数据；调查并统计了海域使用现状、沿海社会经济、海洋灾害、海水资源、海洋可再生能源等基本状况。

908专项谱写了中国海洋科技工作者认知海洋的新篇章。在充分利用908专项综合调查数据资料的基础上，编制完成了系列《中国近海海洋图集》。其中，按学科领域编制了11册图集，包括物理海洋与海洋气象、海洋生物与生态、海洋化学、海洋光学特性与遥感、海洋底质、海洋地球物理、海底地形地貌、海岛海岸带遥感、海域使用、沿海社会经济和海洋可再生能源等学科；按照沿海行政区域划分编制了11册图集，包括辽宁省、河北省、天津市、山东省、江苏省、上海市、浙江省、福建省、广东省、广西壮族自治区和海南省海岛海岸带图集（本次调查不含港澳台）。

系列《中国近海海洋图集》是908专项的重要成果之一，是广大海洋科技工作者辛勤劳作的结晶，是继20世纪90年代出版的《渤海、黄海、东海海洋图集》和21世纪出版的《南海海洋图集》之后又一海洋图集编制巨作。图集内容更加充实，制作更加精良，特别是首次编制的海洋光学特性与遥感、海岛海岸带遥感、海域使用、海洋可再生能源和沿海省（自治区、直辖市）海岛海岸带等图集，填补了我国近海综合性图集的空白，极大地增进了对我国近海海洋的认知，具有较强的科学性和实用性，它们将为我国海洋开发管理、海洋环境保护和沿海地区经济社会可持续发展等提供科学依据。

系列《中国近海海洋图集》是11个沿海省（自治区、直辖市）海洋与渔业厅（局）、国家海洋信息中心、国家海洋环境监测中心、国家卫星海洋应用中心、国家海洋技术中心、国家海洋局第一海洋研究所、国家海洋局第二海洋研究所、国家海洋局第三海洋研究所等牵头编制单位的共同努力和广大科技人员积极参与的成果，同时得到了相关部门、单位及其有关人员的大力支持，在此对他们一并表示衷心的感谢和敬意。图集不足之处，恳请斧正。

《中国近海海洋图集》编辑指导委员会
2012年4月

说 明

中国近海海洋图集
——海洋生物与生态

一、图幅内容和范围

图集共包括叶绿素a、初级生产力、微微型浮游生物、微型浮游生物、小型（网采）浮游生物、浮游动物、鱼卵和仔鱼、大型底栖生物、游泳动物、潮间带生物、珊瑚礁生物、珍稀濒危动物共12个专业图件，共402幅。

图幅内容包括叶绿素a浓度的平面分布图和断面分布图，初级生产力的平面分布图，微微型、微型和网采浮游植物细胞丰度的平面分布图和断面分布图，浮游动物、大型底栖生物和潮间带生物的总丰度、总生物量、主要类群丰度、主要类群生物量和优势种丰度的平面分布图，游泳动物总重量的平面分布图，珊瑚礁主要物种和珍稀濒危物种分布图。

平面分布图主要分为调查海域，渤、黄、东海近海和南海北部近海三类，各类图幅范围如下。

调查海域图幅范围：13º30´-41º30´N，105º30´-127º30´E；

渤、黄、东海近海图幅范围：21º45´-41º15´N,115º-130ºE；

南海北部近海图幅范围：15º30´-27ºN,105º30´-124ºE。

珊瑚礁生物和珍稀濒危生物所涉及的西沙群岛、海南岛及部分海湾图幅范围根据实际调查范围设置。

二、资料来源

本图集所使用的资料全部来自我国近海海洋综合调查与评价专项。调查共设渤海、北黄海、南黄海、长江三角洲、东海、台湾海峡、珠江三角洲、南海、北部湾9个国家级区块和辽宁省、河北省、天津市、山东省、江苏省、上海市、浙江省、福建省、广东省、广西壮族自治区和海南省11个沿海省、市、自治区区块。北起辽东湾，南至西沙群岛，调查范围：16º-40.5ºN，107º-127ºE，涵盖我国渤海、黄海、东海以及南海近海海域。绝大部分海洋生物与生态要素按春（2007年4—5月）、夏（2006年7—8月）、秋（2007年 10—12月）、冬（2006年12月至2007年1月）4个航次进行调查，每航次布设大面调查观测站约930个。此外，分别于2005年7—9月在华南沿岸及海南岛进行了50个站位和2006年3—5月在西沙群岛进行了54个站位的珊瑚礁生物调查。各类生物要素调查与分析方法见表1。

表1 海洋生物要素调查与分析方法一览表

序号	海洋生物要素	调查手段	分析方法
1	叶绿素a	CTD+采水器	萃取荧光法
2	初级生产力	CTD+采水器	^{14}C 示踪、液闪计数法
3	微微型浮游生物	CTD+采水器	荧光显微计数法（渤海） 流式细胞仪（其他海域）

续表

序号	海洋生物要素	调查手段	分析方法
4	微型浮游生物	CTD+采水器	显微镜鉴定计数法
5	小型（网采）浮游生物	小型浮游生物网和浅水III型浮游生物网（网孔77μm）	显微镜鉴定计数法
6	浮游动物	大型浮游生物网和浅水I型浮游生物网（网孔505μm）	解剖镜鉴定计数法、湿重称重
7	鱼卵仔鱼	大型浮游生物网和浅水I型浮游生物网（网孔505μm）	解剖镜鉴定计数法
8	大型底栖生物	定量样品采用抓斗或箱式采泥器；定性样品使用1m的阿氏网	解剖镜鉴定计数法、湿重称重
9	潮间带生物	栖息密度大的岩礁断面，采用10cm×10 cm的样框取样；栖息密度小的岩礁断面，采用25 cm×25cm的样框取样；泥沙滩底质断面采用25cm×25cm×30cm正方形样框取样	解剖镜鉴定计数法、湿重称重
10	游泳动物	采用定点拖网调查，选取选择性能小的网具作为调查网具，每站拖网时间为1h	解剖镜鉴定计数法、湿重称重
11	珊瑚礁生物	鳐式调查法和断面调查法	
12	珍稀濒危生物（文昌鱼）	使用采泥器采集，每个测站采样面积至少为$0.1m^2$	解剖镜鉴定计数法

三、编图方法

在生物生态集成数据集基础上，根据《我国近海海洋综合调查要素分类代码和图示图例规程》（以下简称《图示图例规程》），对各专业数据分别进行整理，形成符合制图工具需求的制图原数据。原数据包含站位号、经度、纬度和各专业要素信息（如总丰度、总生物量等），其中经度、纬度为度格式，各专业要素数据符合《我国近海海洋综合调查与评价——海洋生物生态调查技术规程》和《图示图例规程》要求的标准单位。

图集制作使用ArcGIS软件包，其中添加了国家海洋信息中心提供的“908制图插件”。图件的坐标系采用WGS-84；高程基准采用1985国家高程基准，深度基准采用理论深度基准面或者当地平均海平面。图幅统一采用墨卡托投影，图件版幅按8开纸设计。

工作底图统一使用国家海洋信息中心提供的数字陆图，制图层次按表层、10m、30m和底层。等值线和散点的等级划分、图示图例、标注以及图幅中各图层、要素的色彩、字体等格式均参照《图示图例规程》设

置。各图幅比例尺依次为:调查海域成图比例尺为1：1 000万，渤、黄、东海近海成图比例尺为1：730万，南海北部近海成图比例尺为1：650万，西沙群岛、海南及部分海湾成图比例尺根据实际图幅范围设置。

四、整编单位

本图集由国家海洋局第二海洋研究所、国家海洋局第三海洋研究所、国家海洋局第一海洋研究所、国家海洋局南海分局、国家海洋环境监测中心和国家海洋信息中心共同负责整编。图集编辑、制作过程中得到了国家海洋局908专项办公室、国家海洋局第二海洋研究所908专项办公室、各协作单位908专项办公室、国家海洋信息中心及任务单元责任专家陈彬研究员的关心、指导和支持。在数据处理方法与编图技术方案论证过程中还得到了国家海洋局第三海洋研究所江锦祥研究员、厦门大学黄邦钦教授和蔡立哲教授、中国科学院海洋研究所李超伦研究员、中国水产科学院东海水产研究所徐兆礼研究员和中国海洋大学慕芳红副教授的帮助。

由于时间和水平的限制，本书中的错误和不妥之处在所难免，敬请读者批评指正。

《中国近海海洋图集
——海洋生物与生态》
专业编辑委员会
2012年4月

目录

中国近海海洋图集
——海洋生物与生态

叶绿素a及初级生产力

浮游植物

浮游动物

鱼卵和仔鱼

大型底栖生物

游泳动物

潮间带生物

珊瑚礁生物和珍稀濒危动物

断面分布图

微生物和水母新种

概 述

调查海域浮游动物种类数分布图

1：10 000 000（墨卡托投影 基准纬线30°）

春季

调查海域网采浮游植物种类数分布图

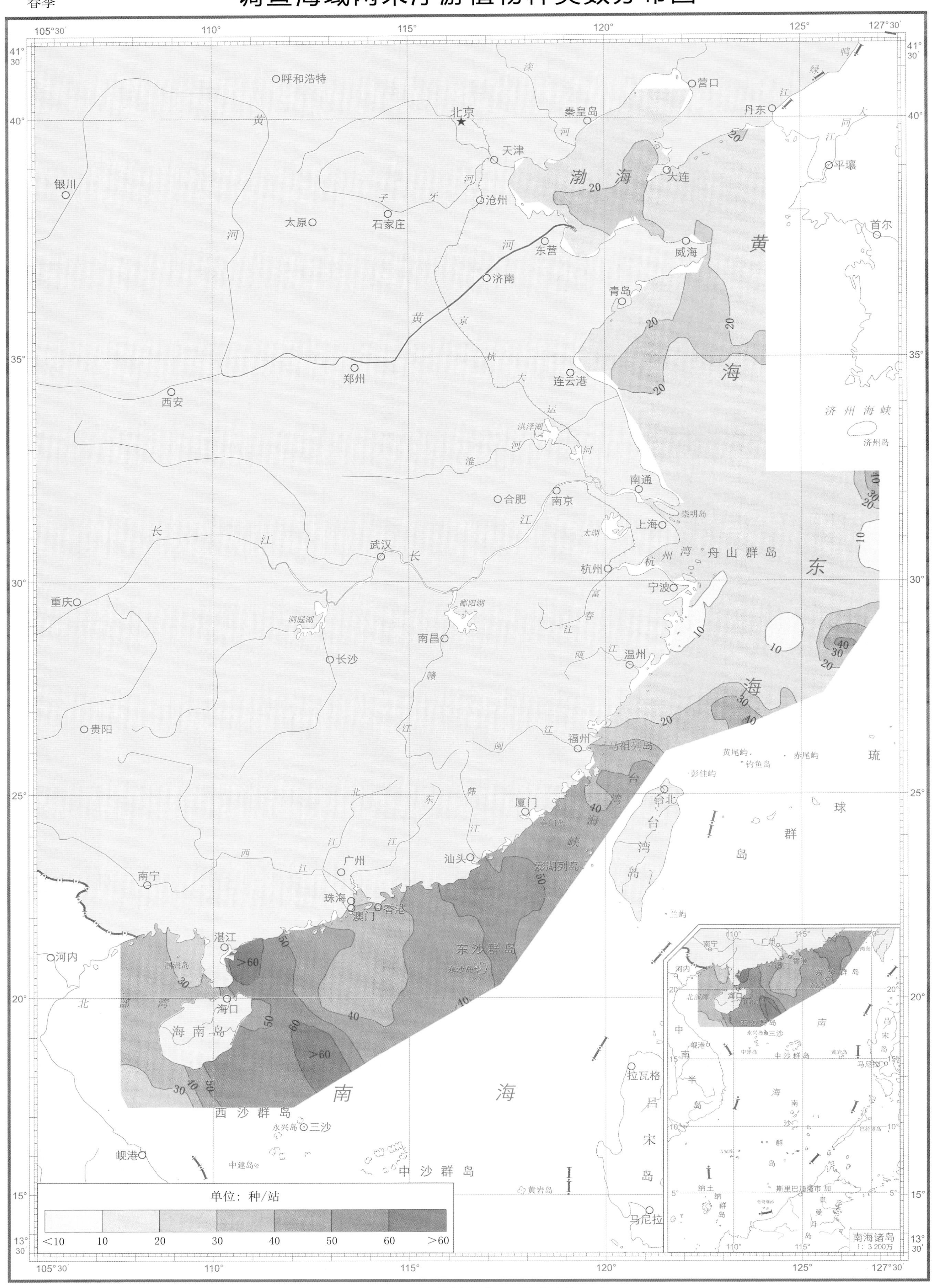

1∶10 000 000（墨卡托投影 基准纬线30°）

叶绿素a及初级生产力

春季

渤、黄、东海近海叶绿素a平面分布图

表层

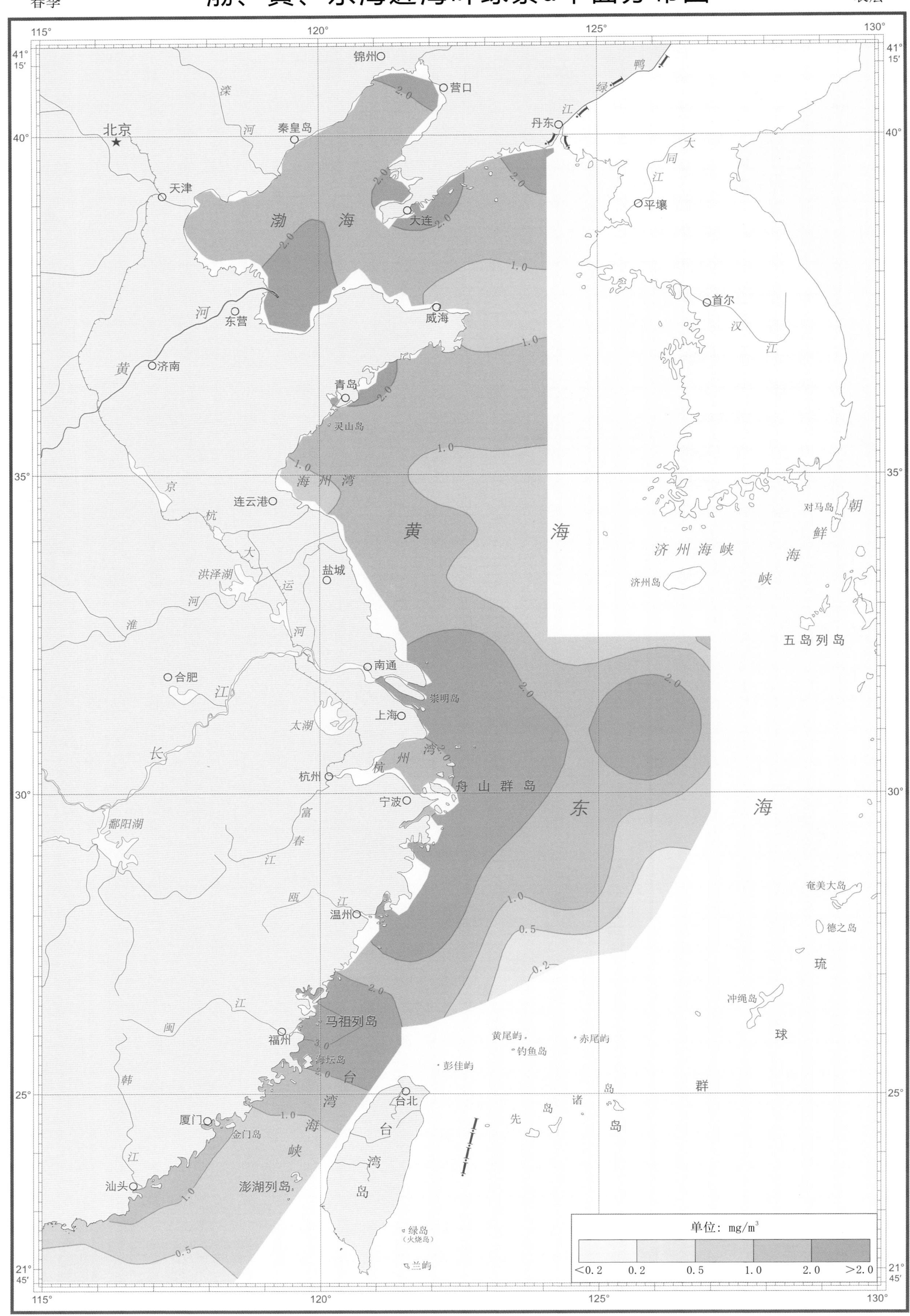

1∶7 300 000（墨卡托投影　基准纬线32°）

渤、黄、东海近海叶绿素a平面分布图

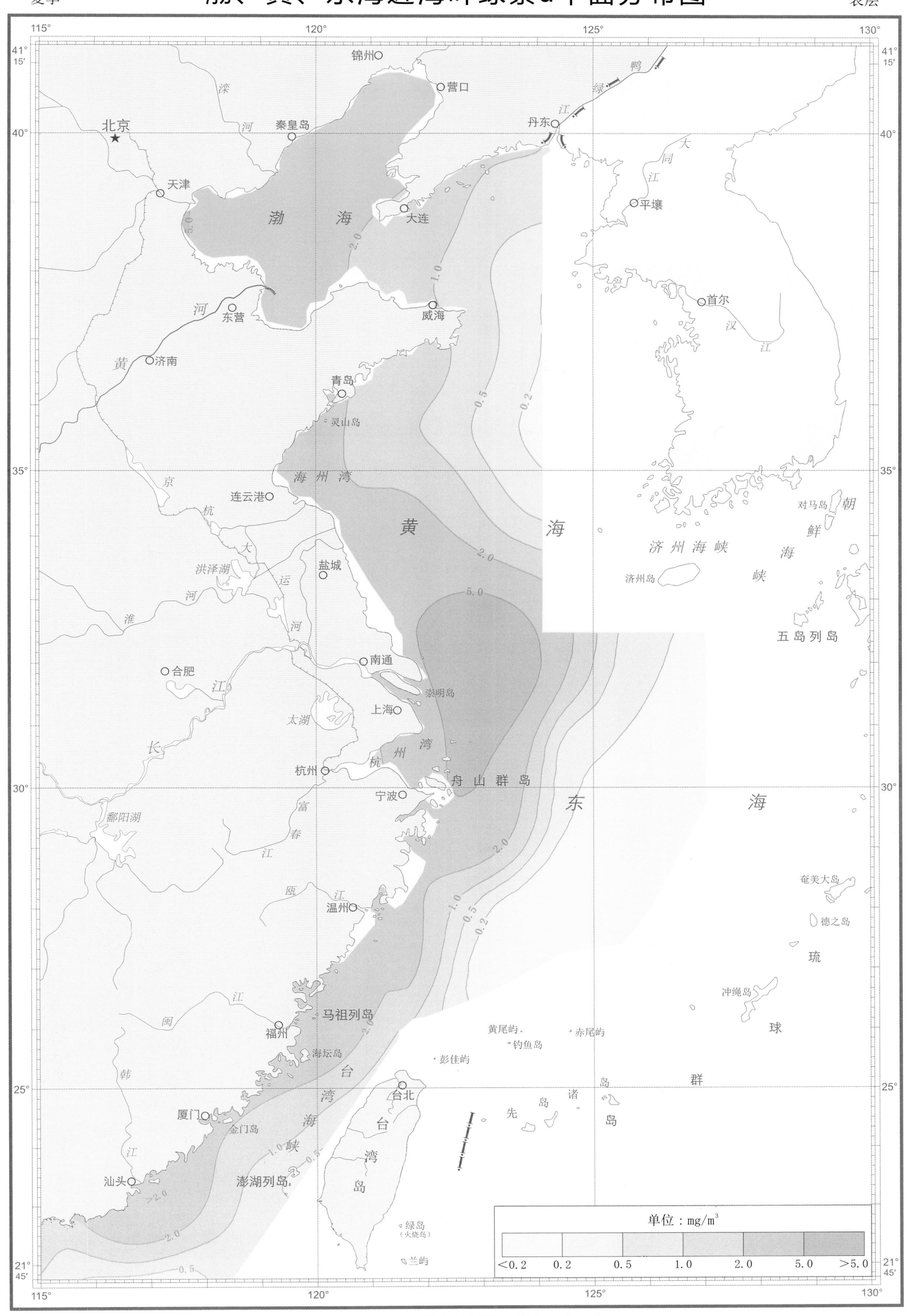

1：7 300 000（墨卡托投影　基准纬线32°）

秋季　　渤、黄、东海近海叶绿素a平面分布图　　表层

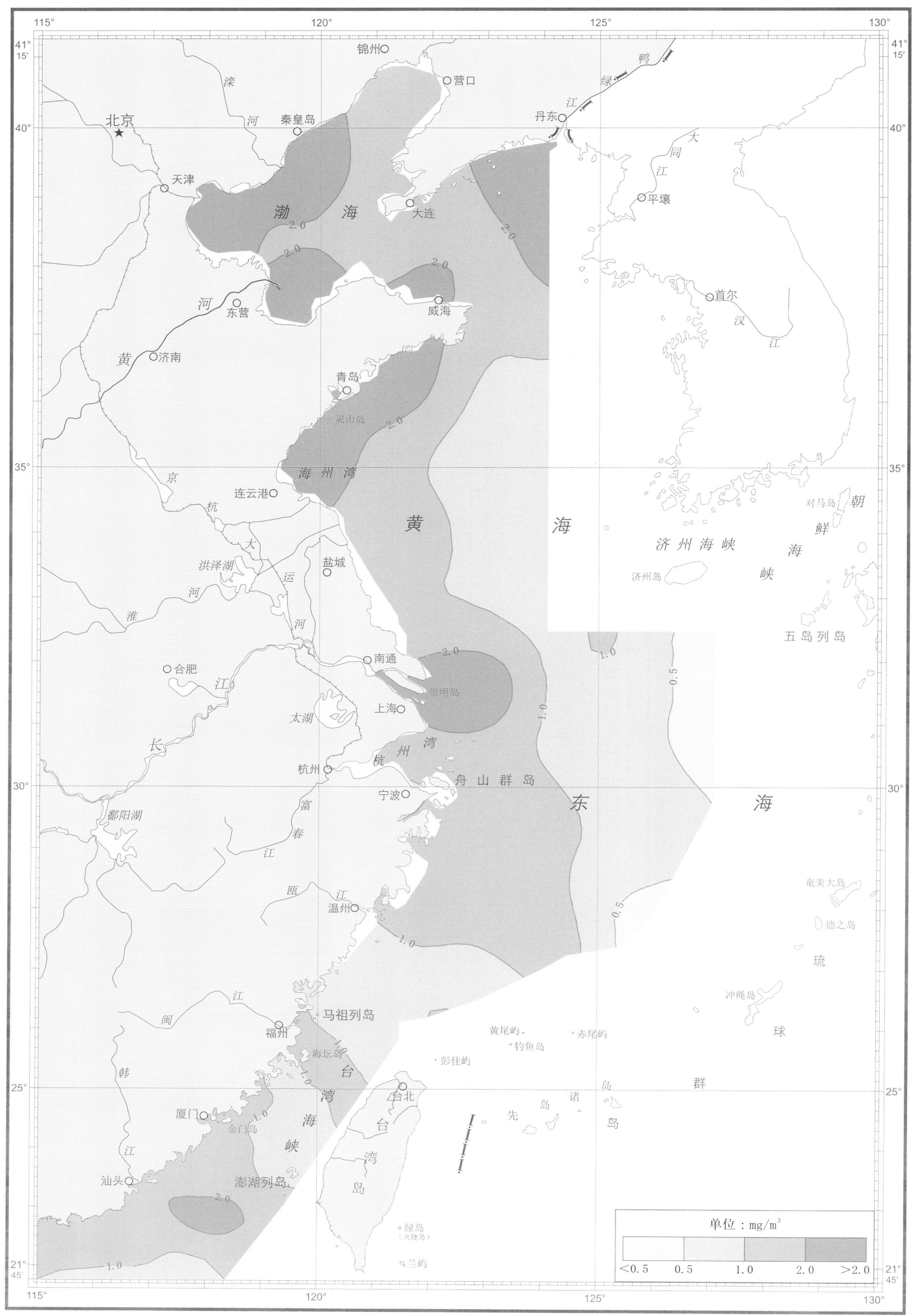

1∶7 300 000（墨卡托投影　基准纬线32°）

冬季　　　　　　　**渤、黄、东海近海叶绿素a平面分布图**　　　　　　　表层

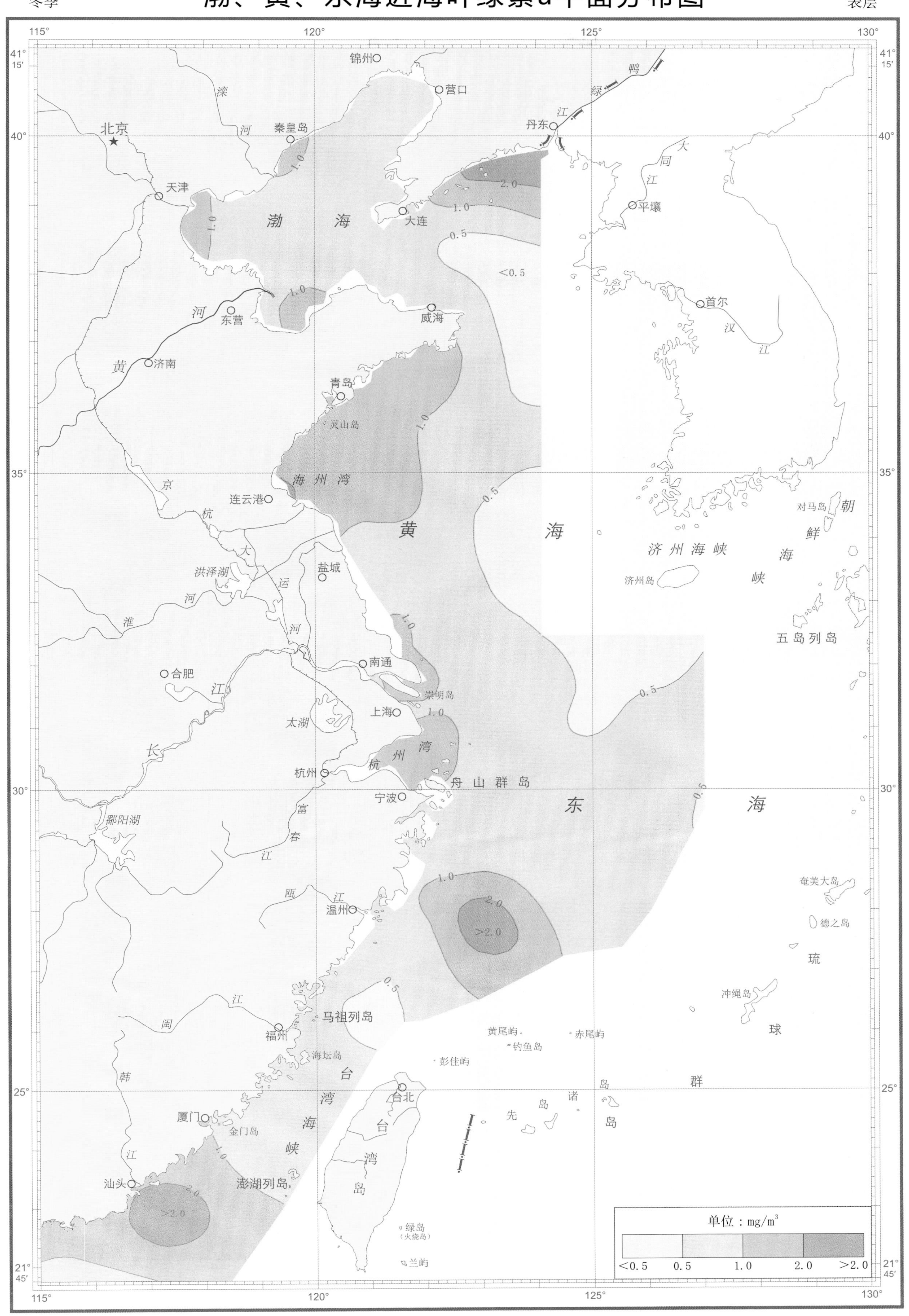

1∶7 300 000（墨卡托投影　基准纬线32°）

渤、黄、东海近海叶绿素a平面分布图

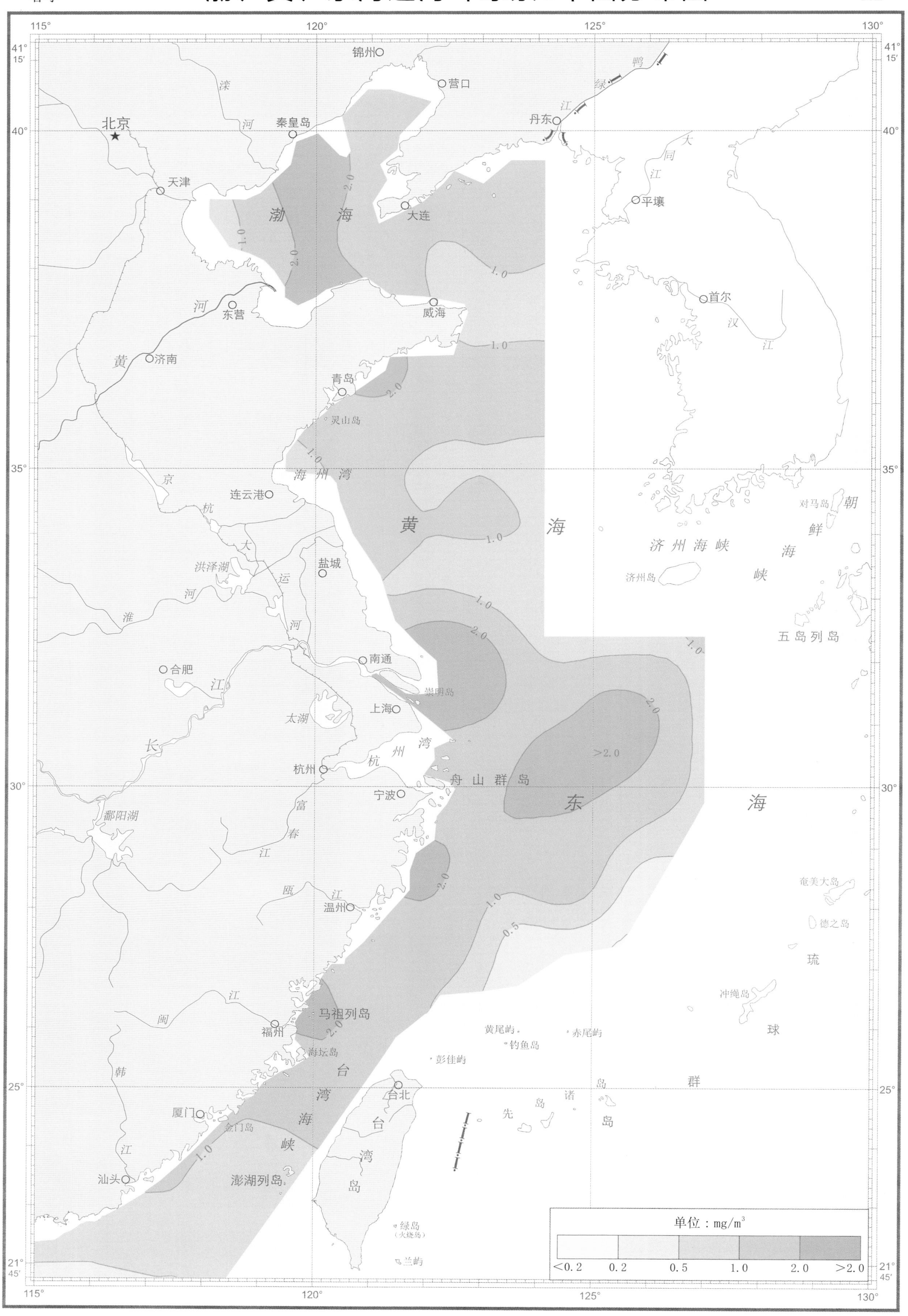

1：7 300 000（墨卡托投影 基准纬线32°）

渤、黄、东海近海叶绿素a平面分布图

10m

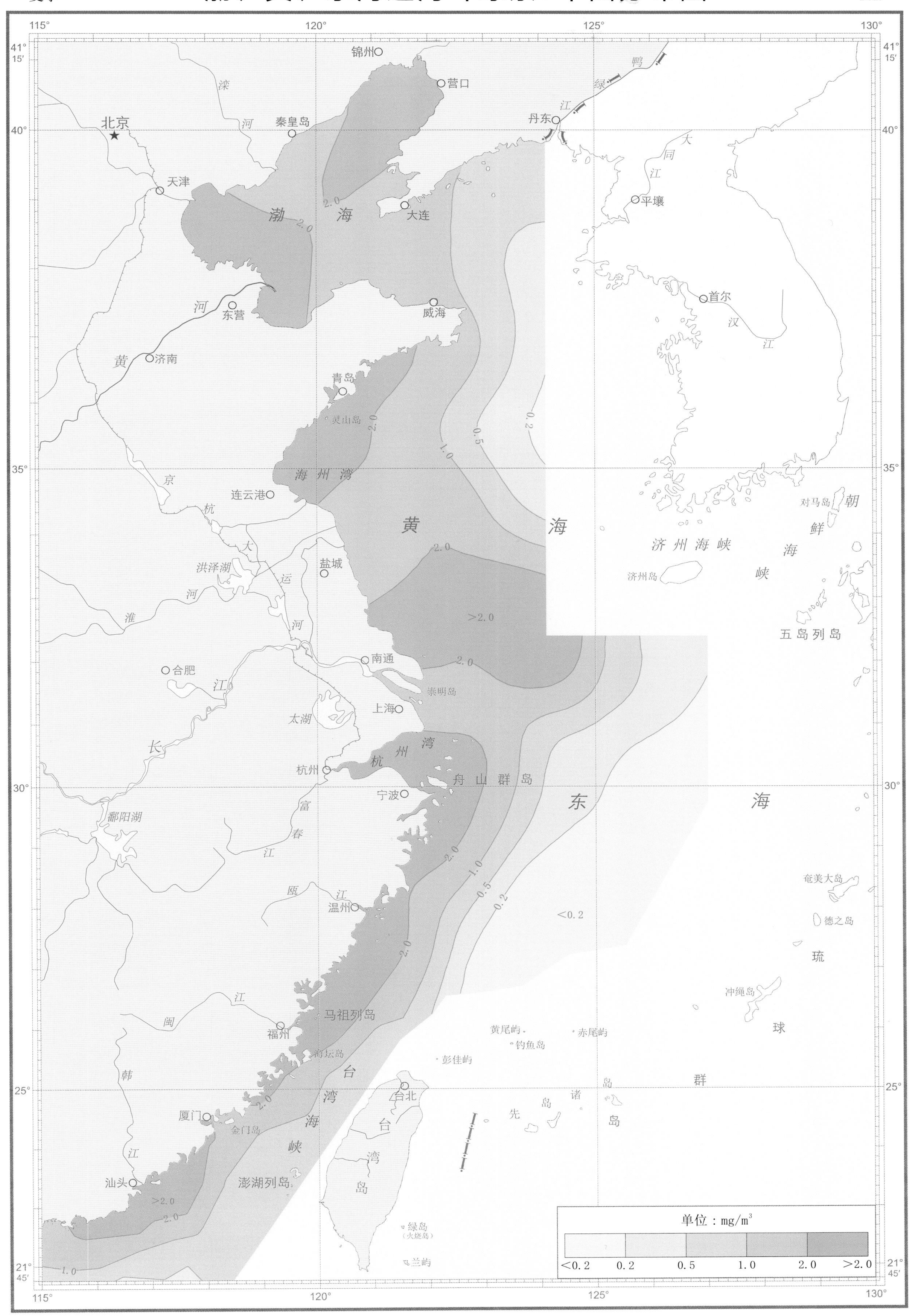

1：7 300 000（墨卡托投影 基准纬线32°）

渤、黄、东海近海叶绿素a平面分布图

10m

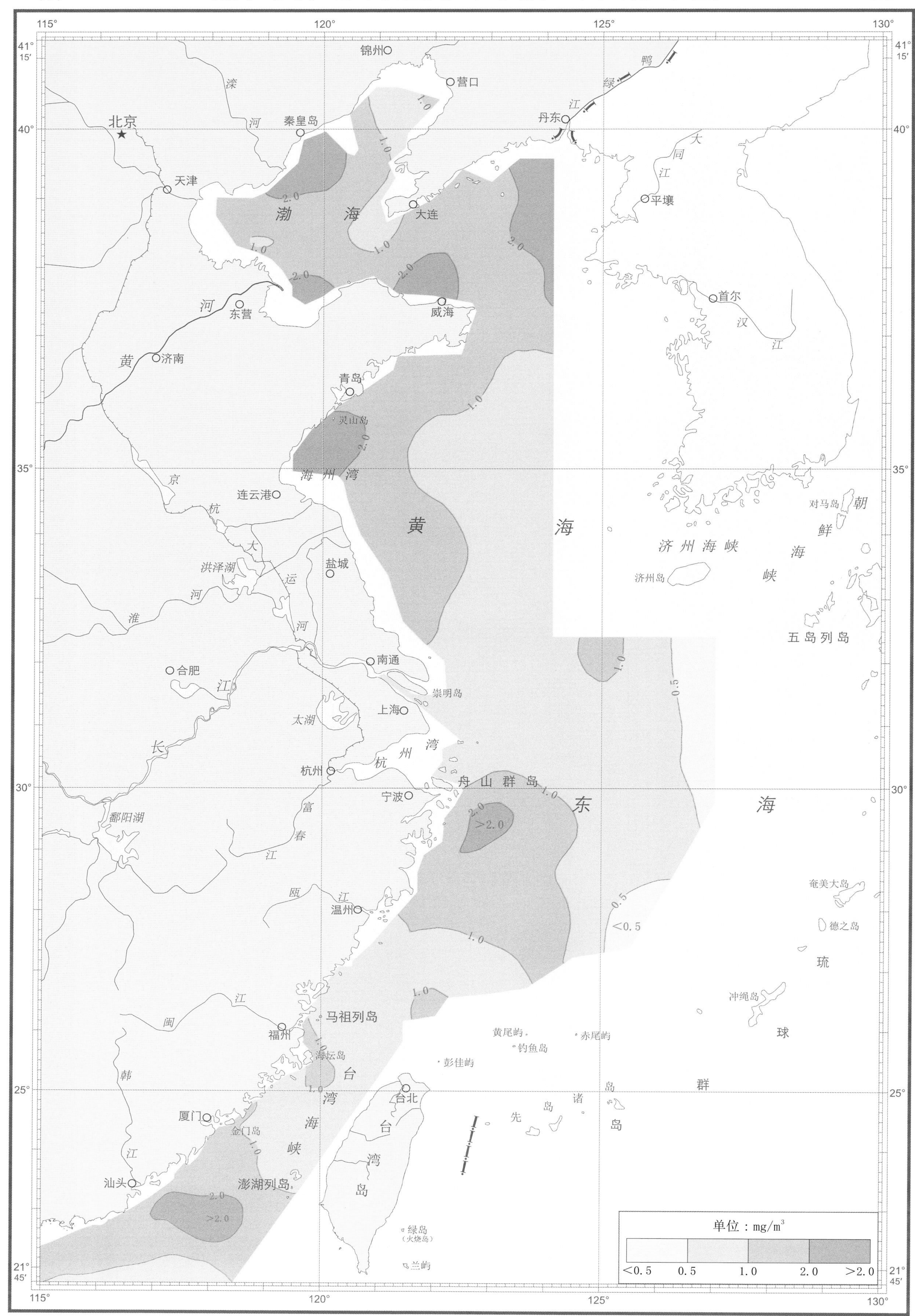

1∶7 300 000（墨卡托投影　基准纬线32°）

冬季　　　　　　　　　　　　　　　　　　　　　　　　　　　　　　　　　　10m

渤、黄、东海近海叶绿素a平面分布图

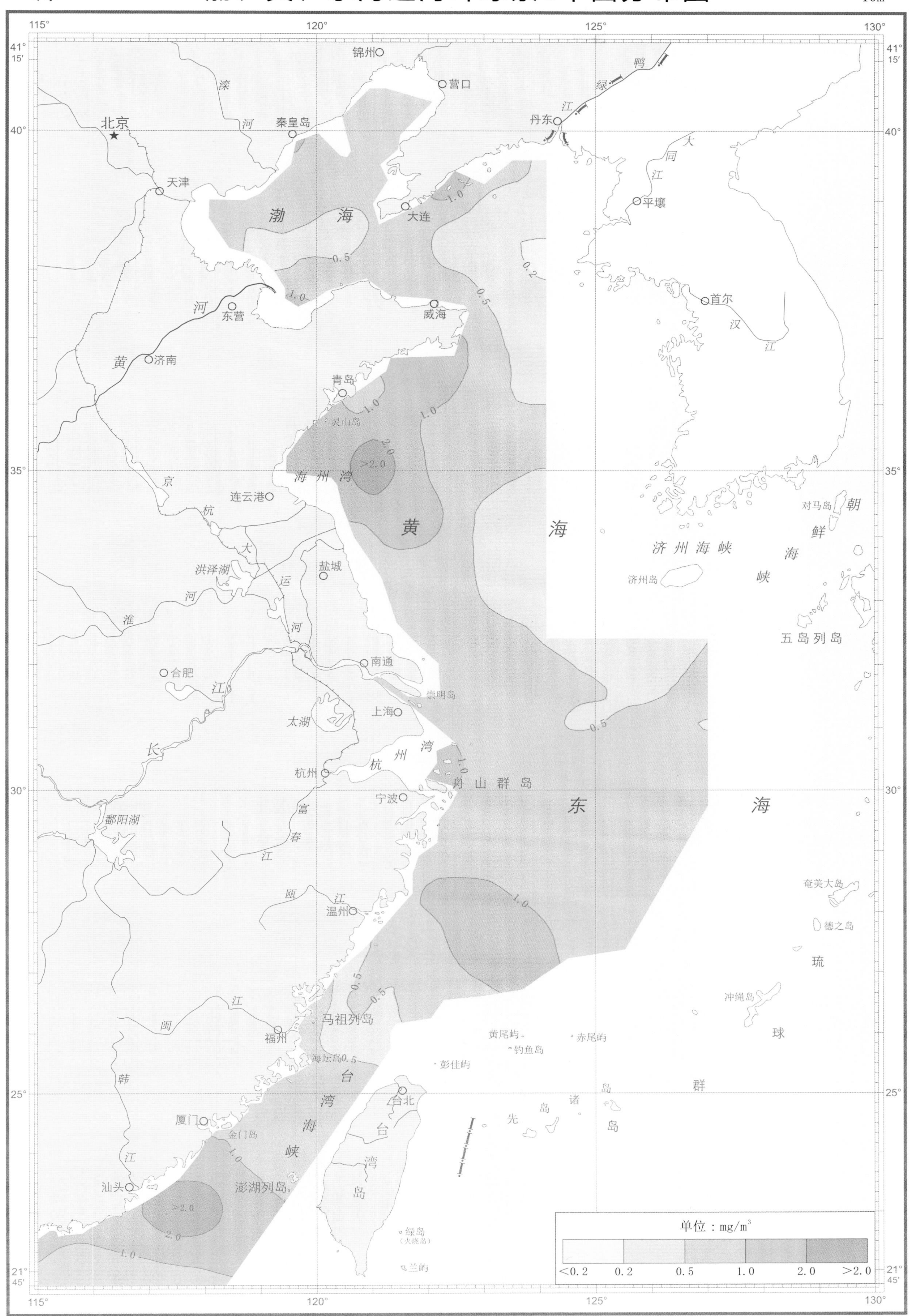

1：7 300 000（墨卡托投影　基准纬线32°）

渤、黄、东海近海叶绿素a平面分布图

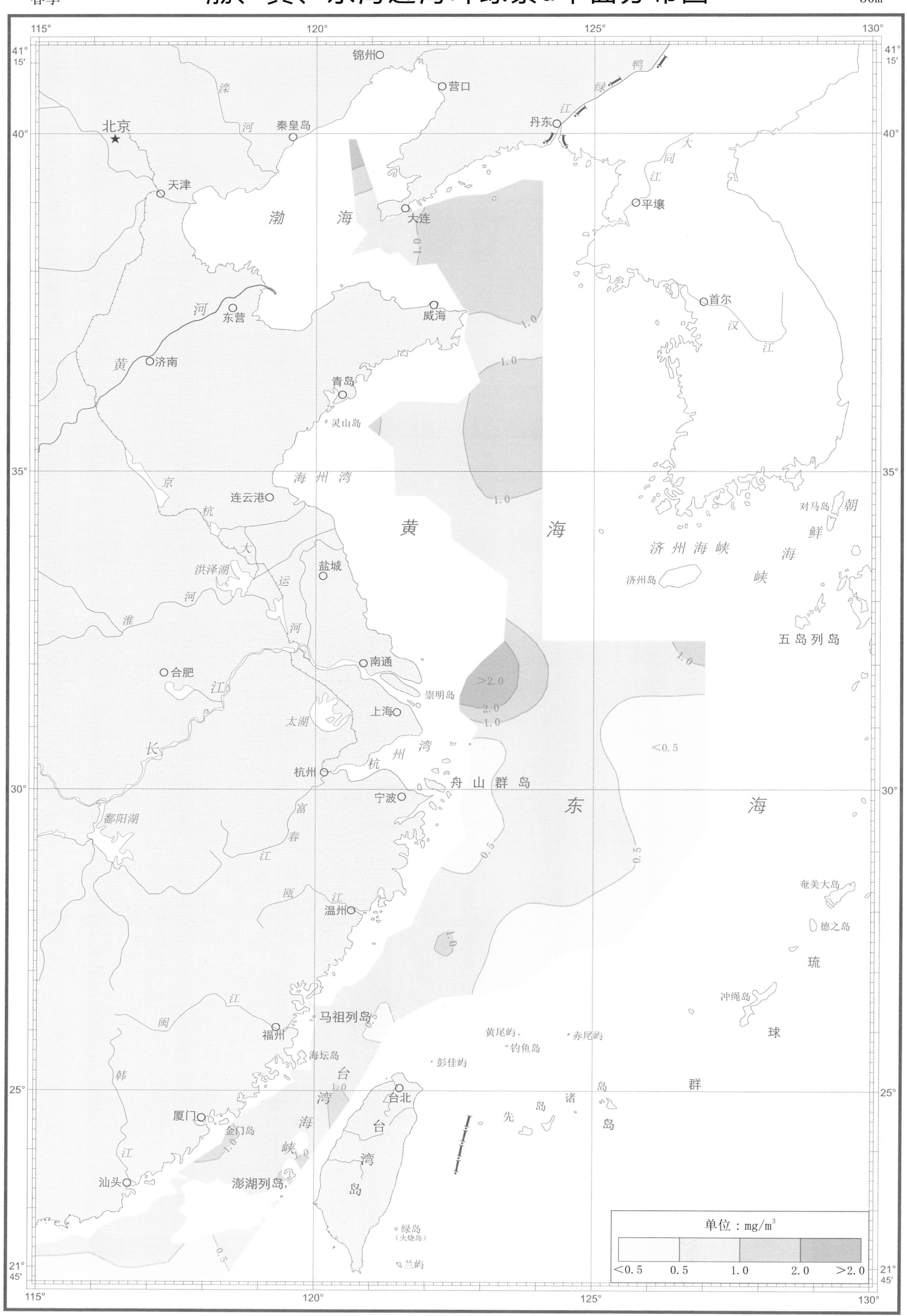

1：7 300 000（墨卡托投影　基准纬线32°）

渤、黄、东海近海叶绿素a平面分布图

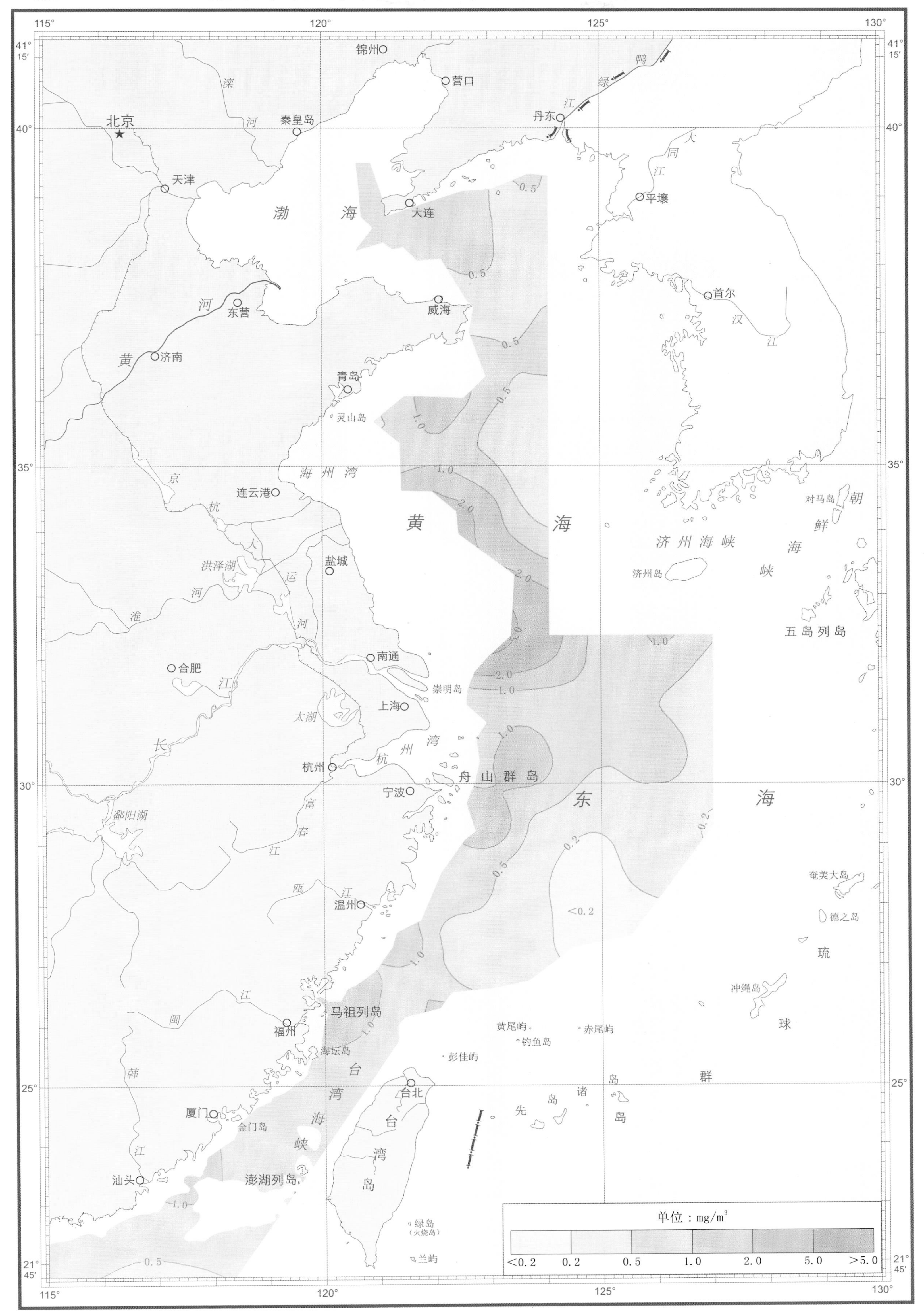

1∶7 300 000（墨卡托投影　基准纬线32°）

渤、黄、东海近海叶绿素a平面分布图

30m

1：7 300 000（墨卡托投影　基准纬线32°）

冬季 # 渤、黄、东海近海叶绿素a平面分布图 30m

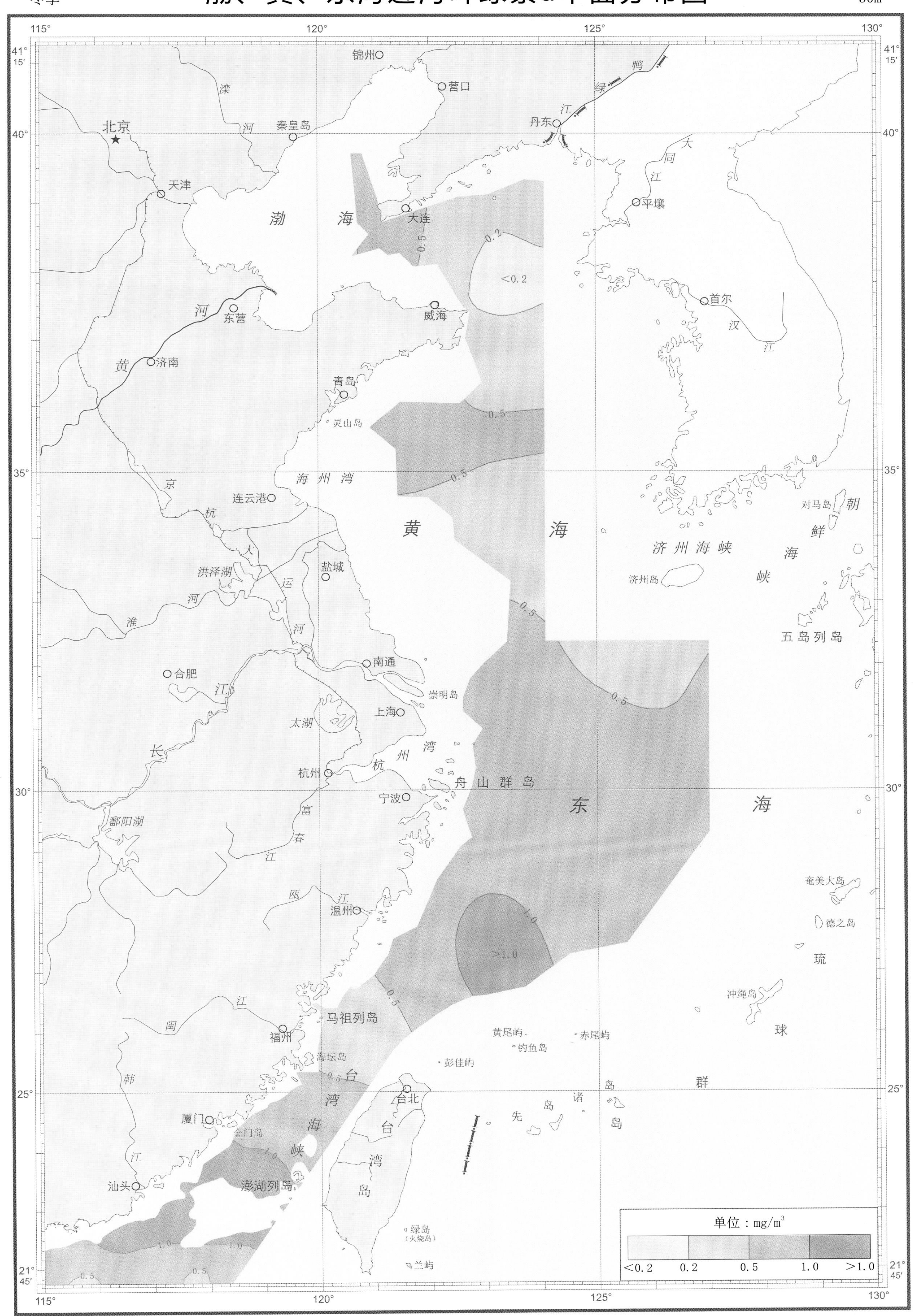

1∶7 300 000（墨卡托投影　基准纬线32°）

春季　　渤、黄、东海近海叶绿素a平面分布图　　底层

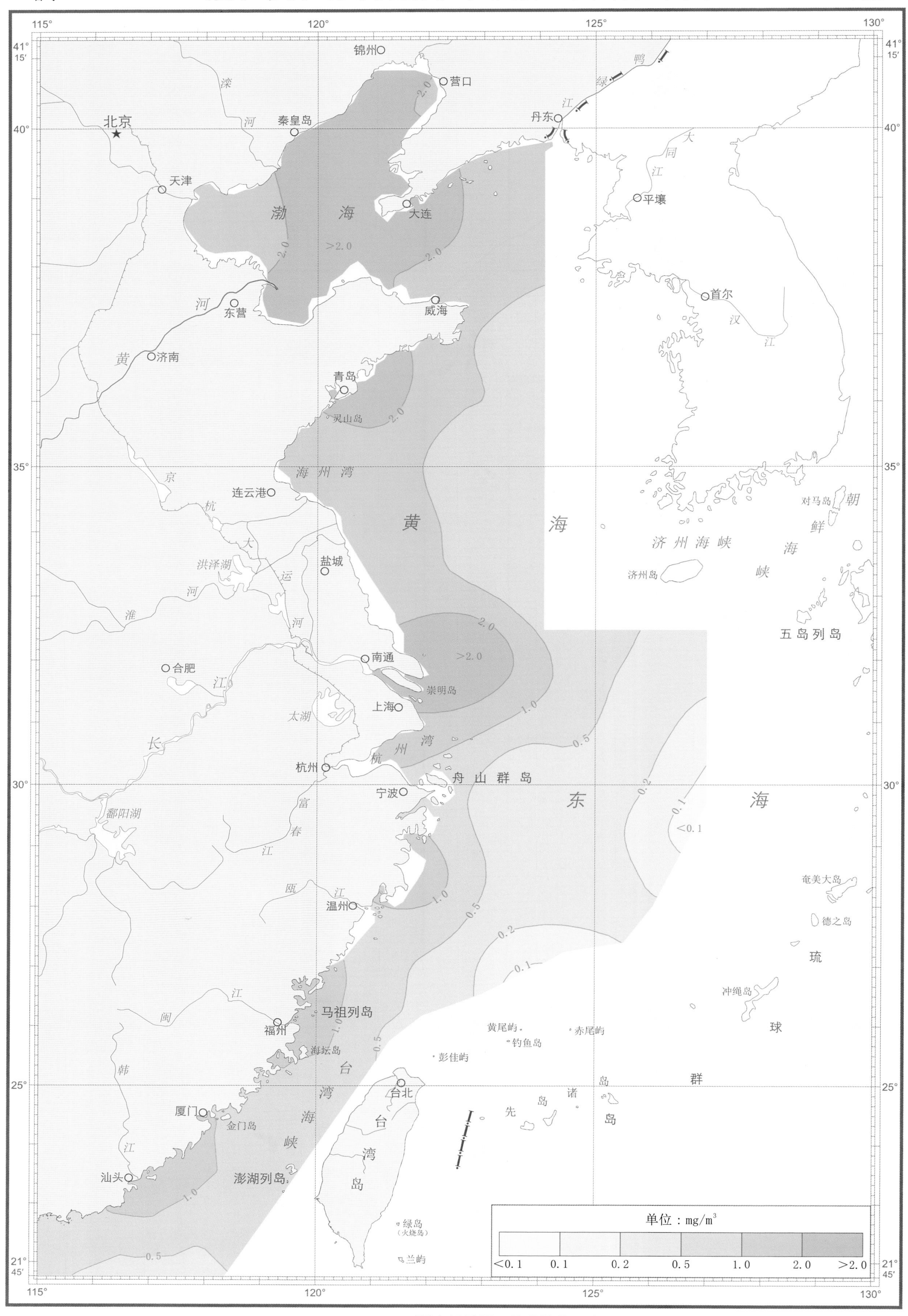

1∶7 300 000（墨卡托投影　基准纬线32°）

夏季

渤、黄、东海近海叶绿素a平面分布图

底层

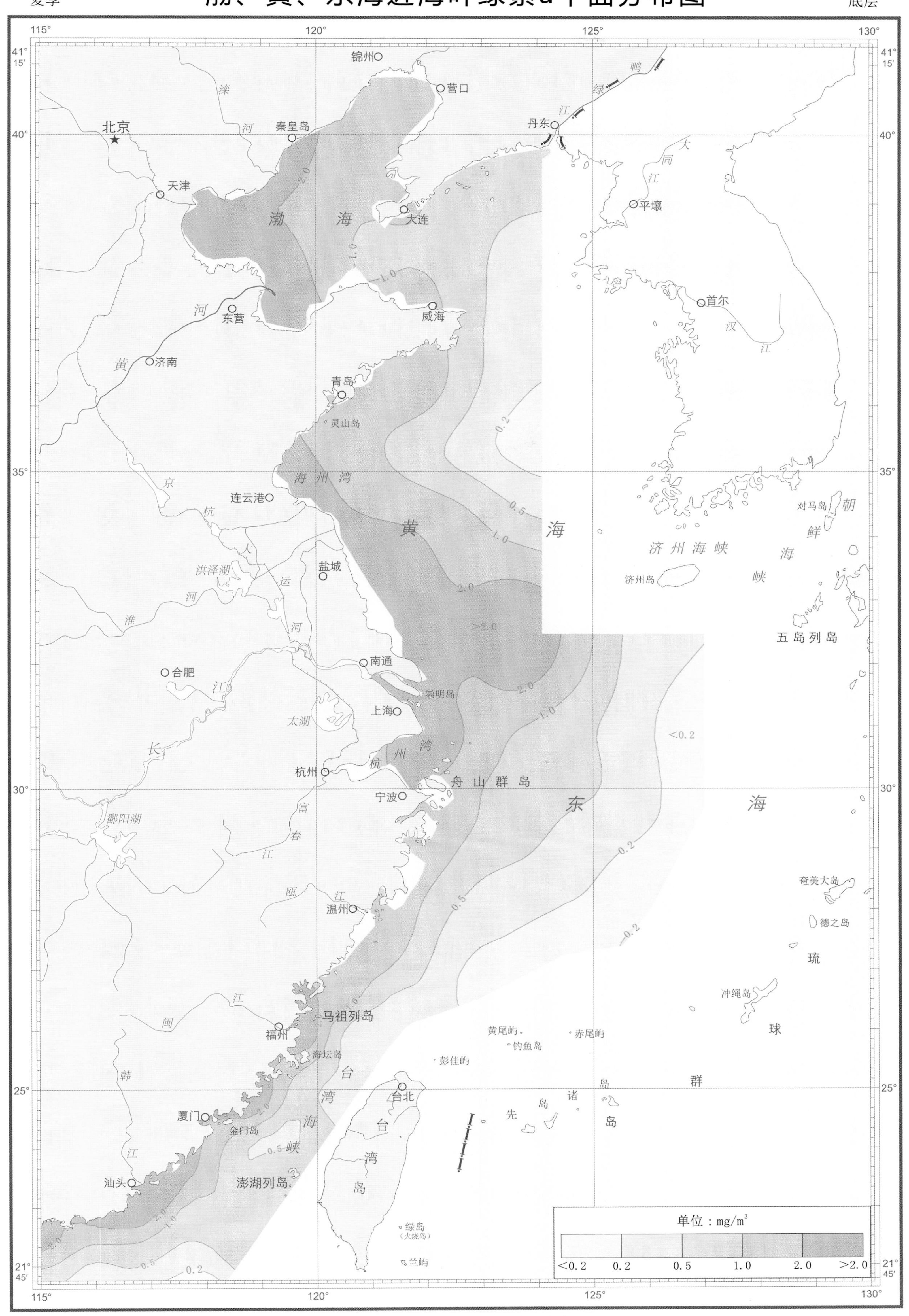

1∶7 300 000（墨卡托投影　基准纬线32°）

秋季 底层

渤、黄、东海近海叶绿素a平面分布图

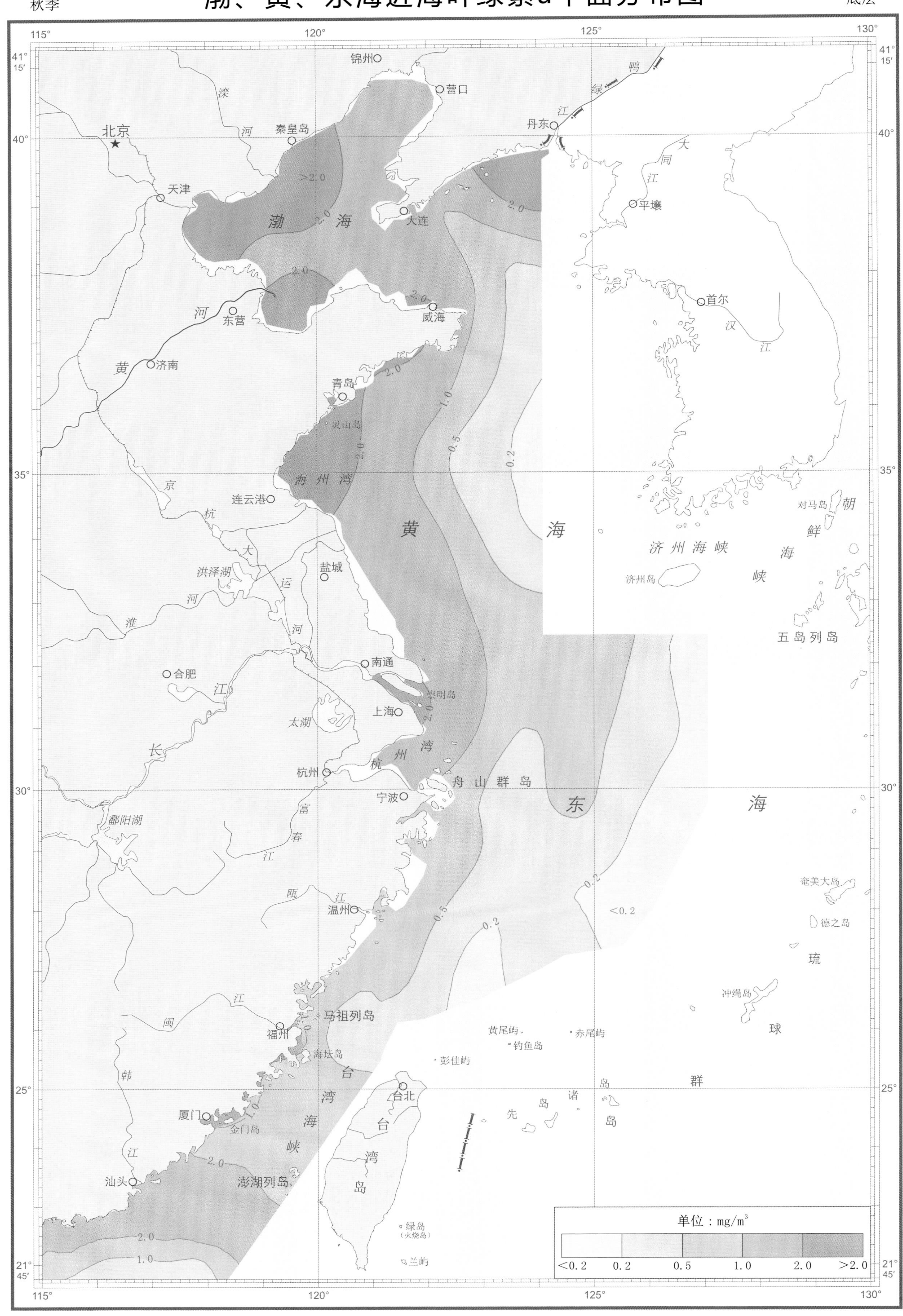

1：7 300 000（墨卡托投影 基准纬线32°）

冬季

渤、黄、东海近海叶绿素a平面分布图

底层

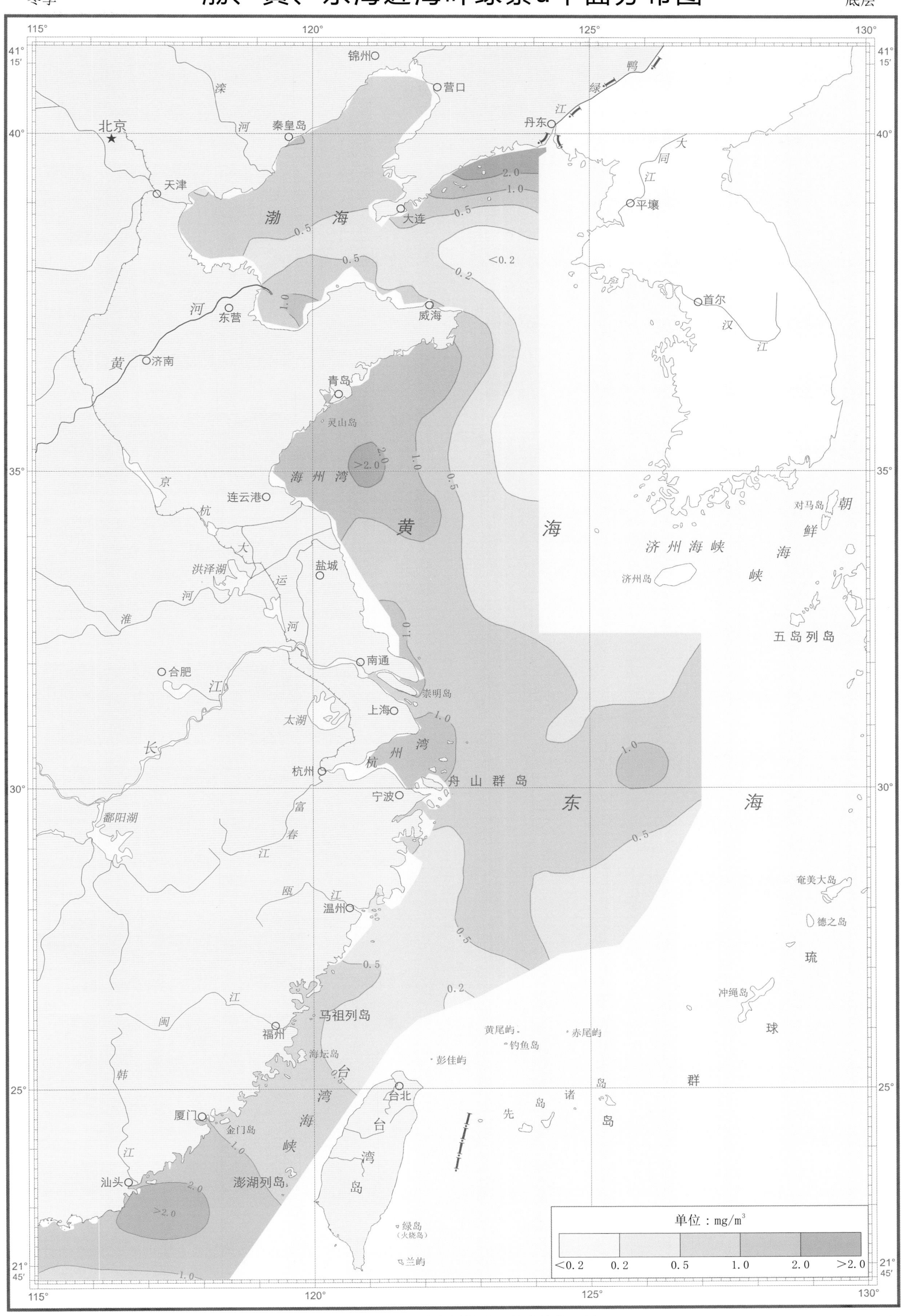

1∶7 300 000（墨卡托投影　基准纬线32°）

南海北部近海叶绿素a平面分布图

春季　　表层

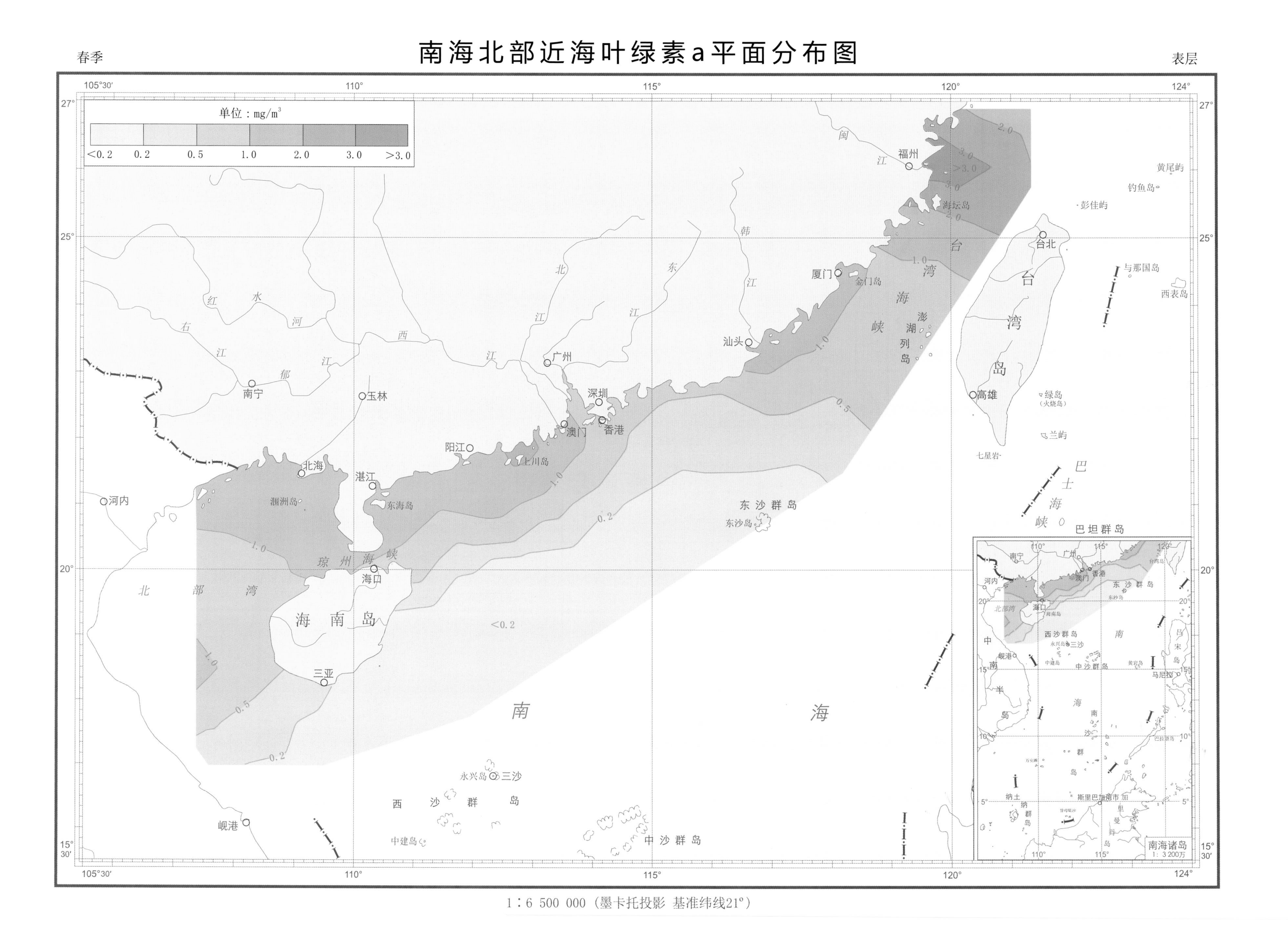

1：6 500 000（墨卡托投影 基准纬线21°）

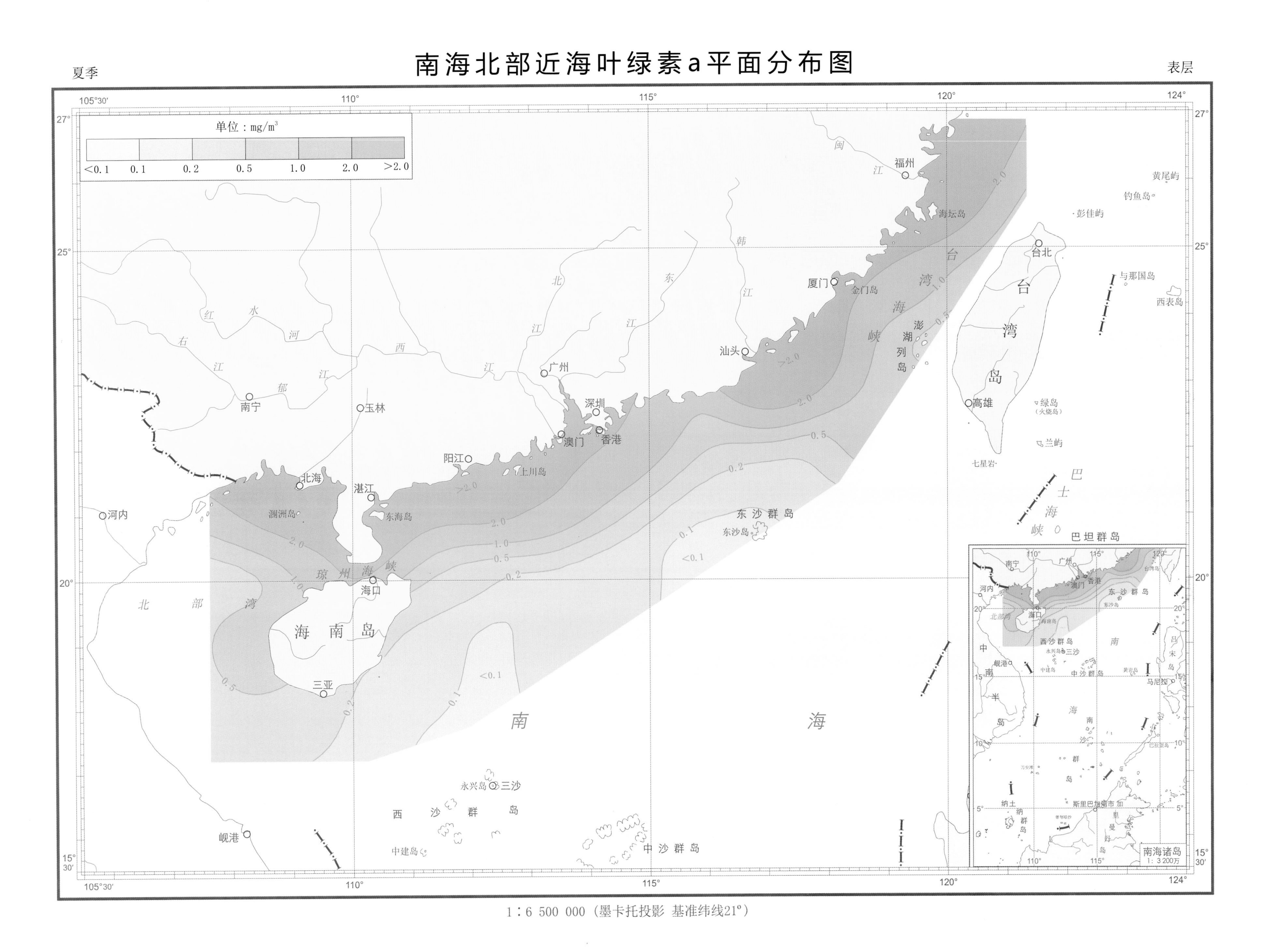
夏季
南海北部近海叶绿素a平面分布图
表层
单位：mg/m³
<0.1 0.1 0.2 0.5 1.0 2.0 >2.0
福州
海坛岛
厦门
金门岛
汕头
台湾海峡
澎湖列岛
台北
台湾岛
高雄
绿岛
(火烧岛)
兰屿
七星岩
黄尾屿
钓鱼岛
彭佳屿
与那国岛
西表岛
巴士海峡
巴坦群岛
广州
深圳
香港
澳门
阳江
上川岛
湛江
东海岛
北海
涠洲岛
玉林
南宁
河内
琼州海峡
海口
海南岛
三亚
北部湾
东沙群岛
东沙岛
永兴岛
三沙
西沙群岛
中建岛
中沙群岛
岘港
南海
南海诸岛
1：3 200万
1：6 500 000（墨卡托投影 基准纬线21°）

南海北部近海叶绿素a平面分布图

秋季

表层

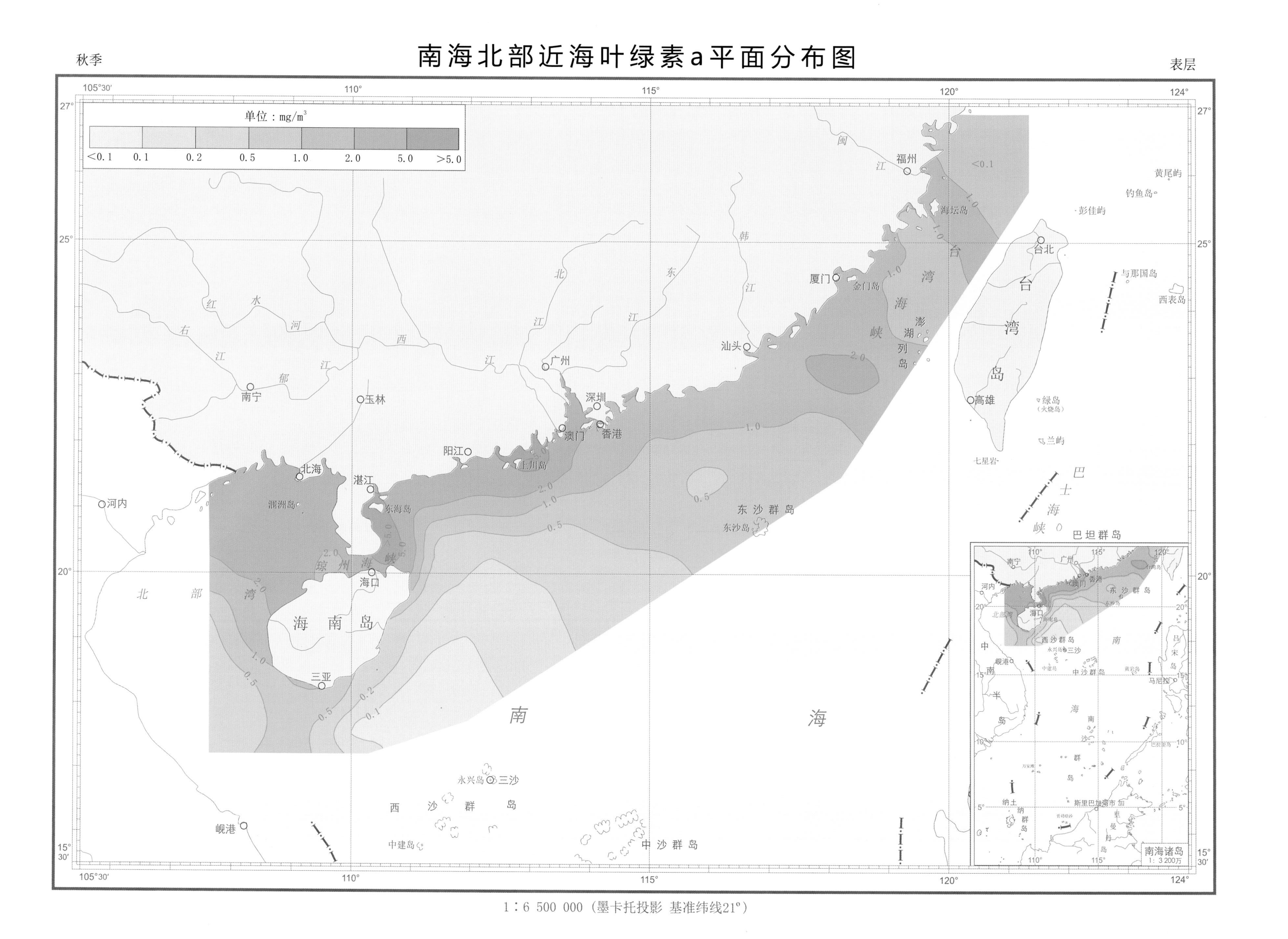

1：6 500 000（墨卡托投影 基准纬线21°）

南海北部近海叶绿素a平面分布图

冬季　　表层

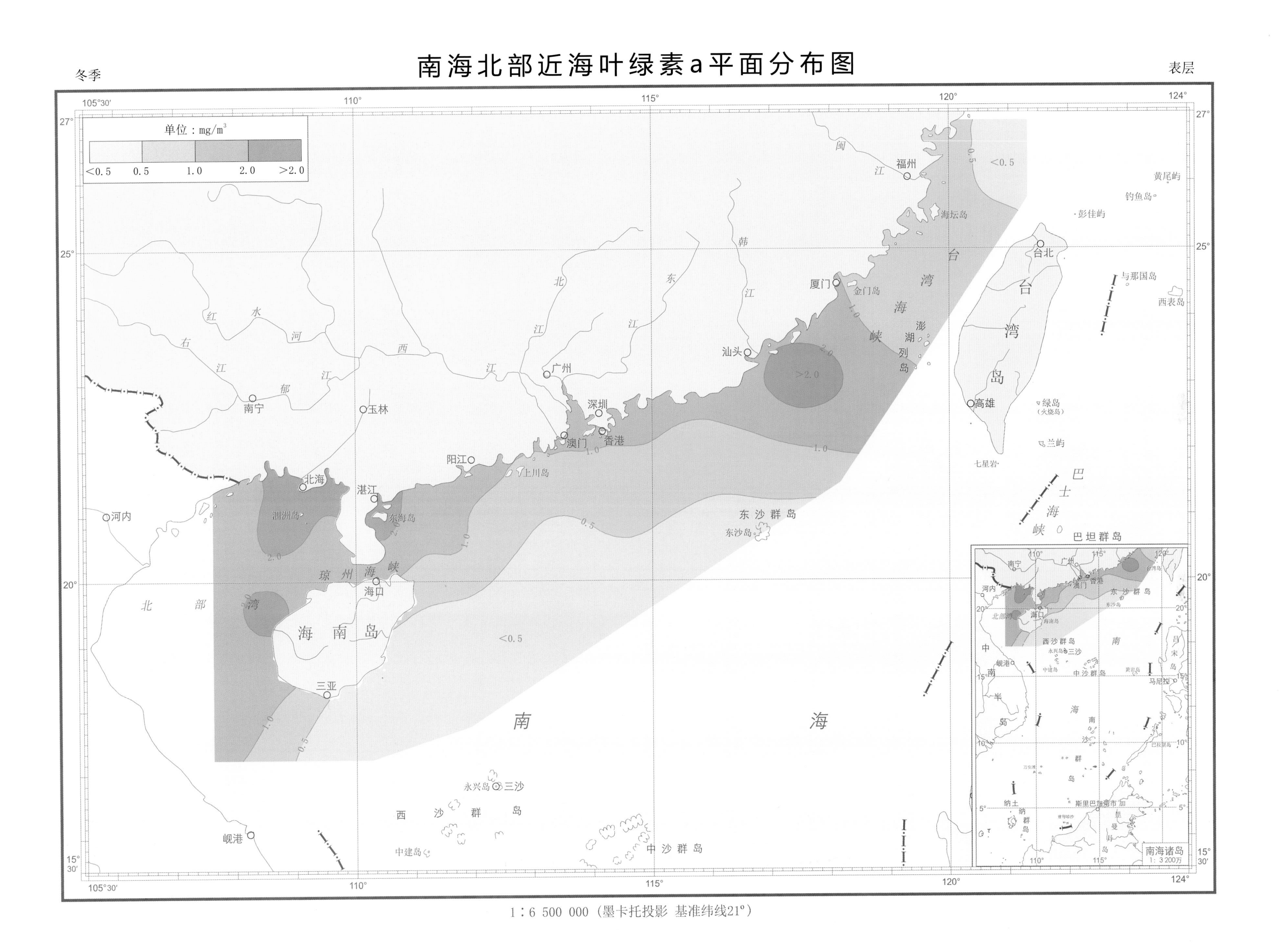

1：6 500 000（墨卡托投影 基准纬线21°）

春季

南海北部近海叶绿素a平面分布图

10m

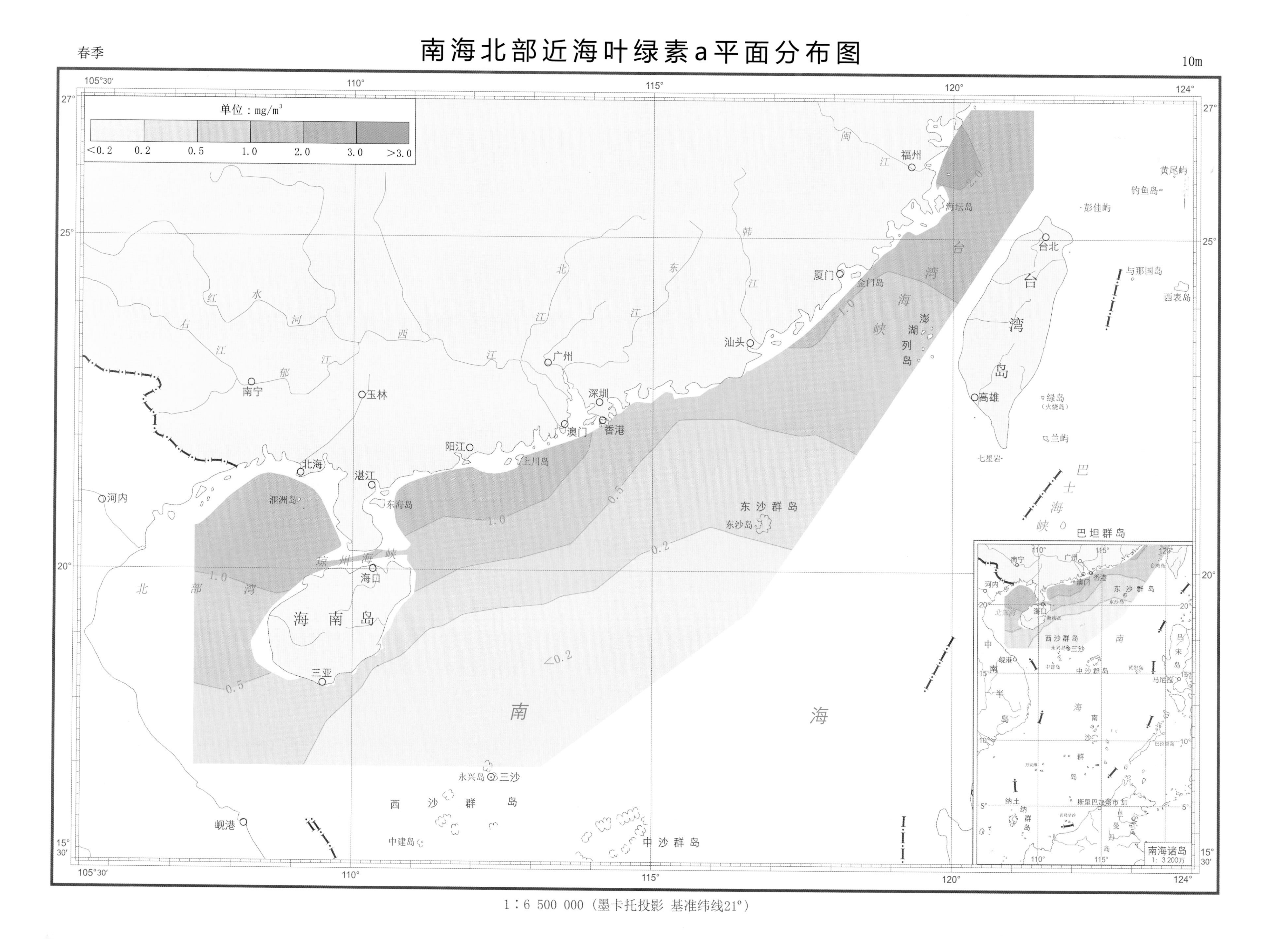

1∶6 500 000（墨卡托投影 基准纬线21°）

南海北部近海叶绿素a平面分布图

夏季

10m

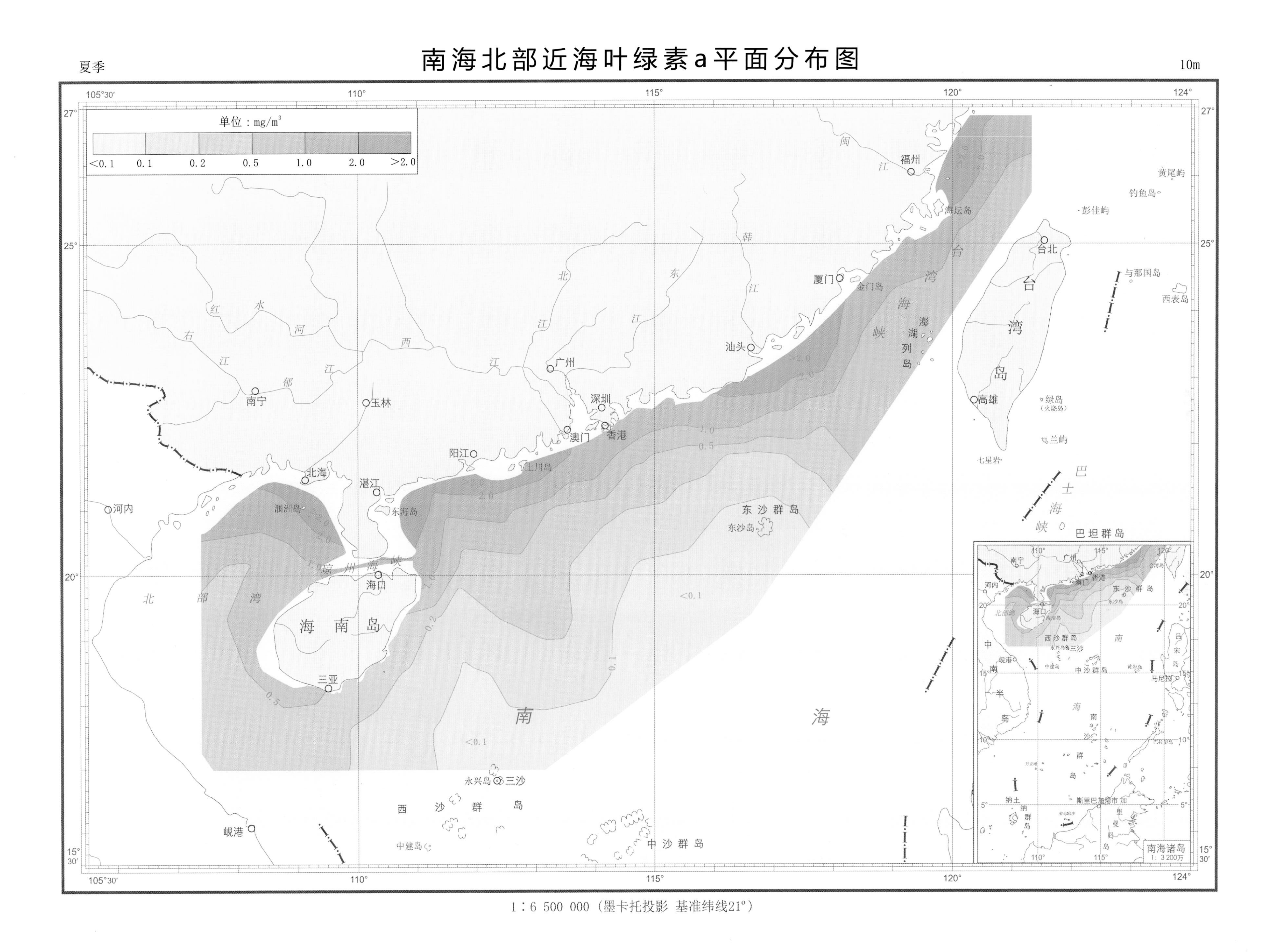

1：6 500 000（墨卡托投影 基准纬线21°）

秋季

南海北部近海叶绿素a平面分布图

10m

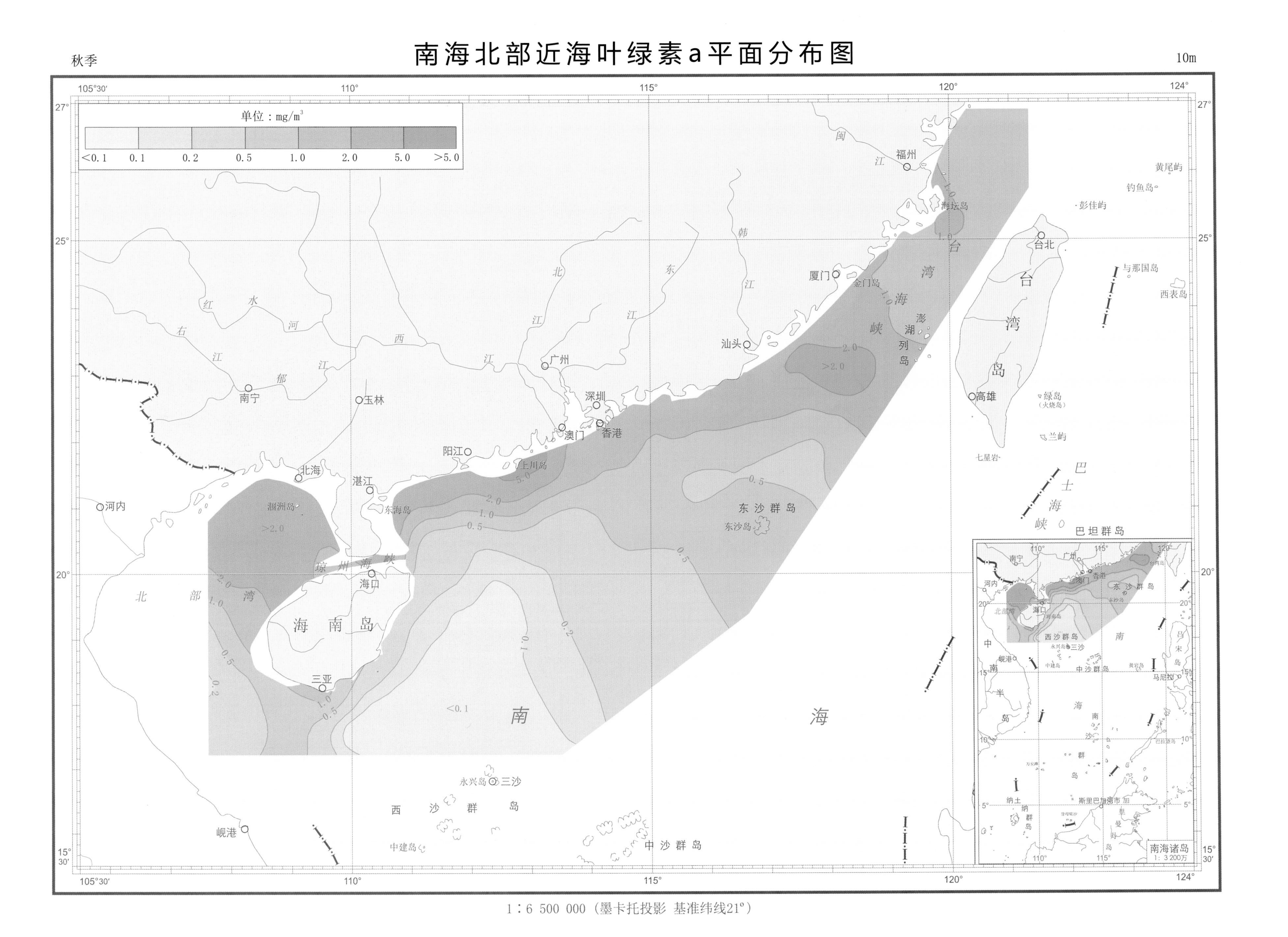

1：6 500 000（墨卡托投影 基准纬线21°）

南海北部近海叶绿素a平面分布图

冬季

10m

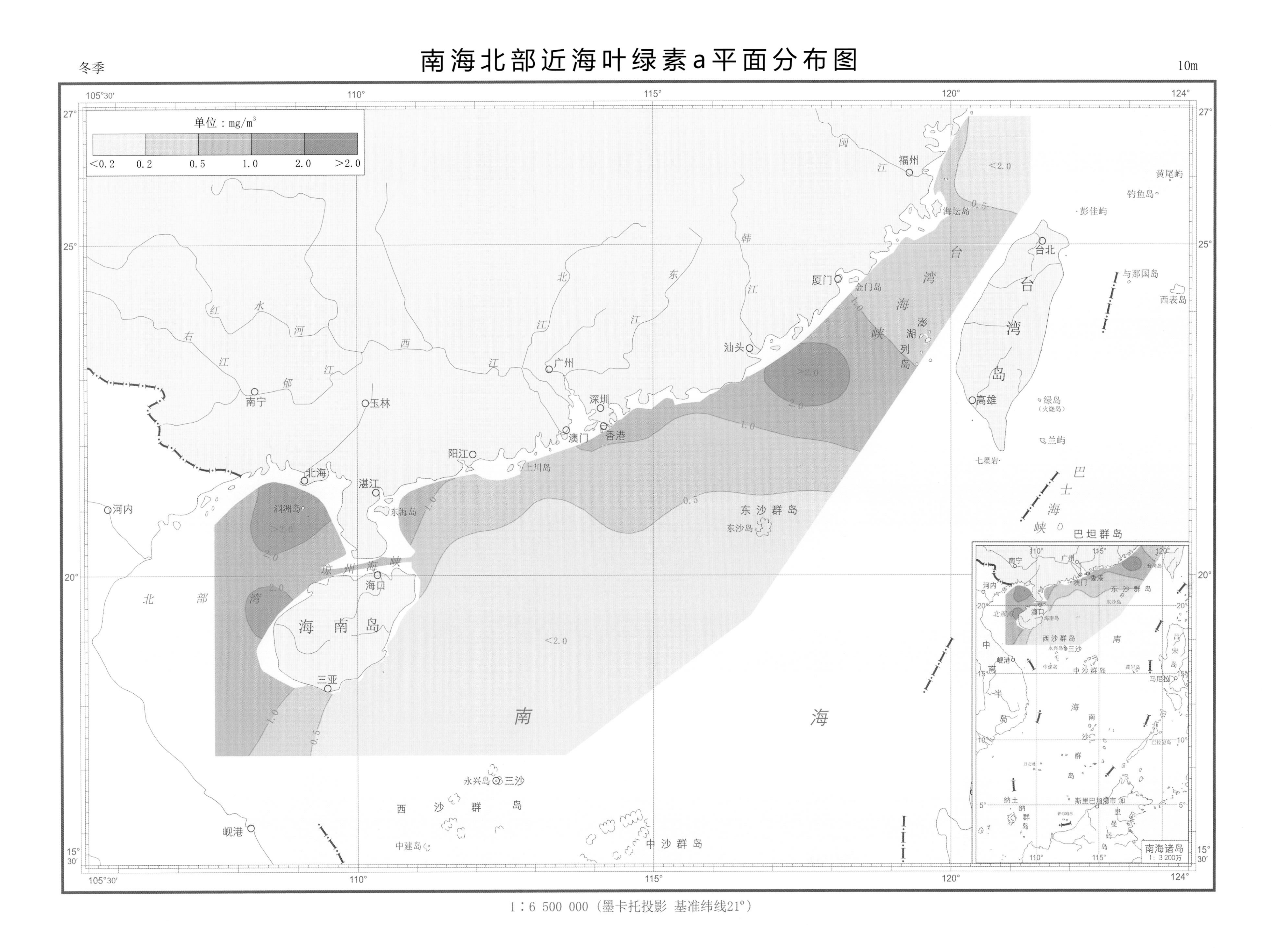

南海北部近海叶绿素a平面分布图

春季　　30m

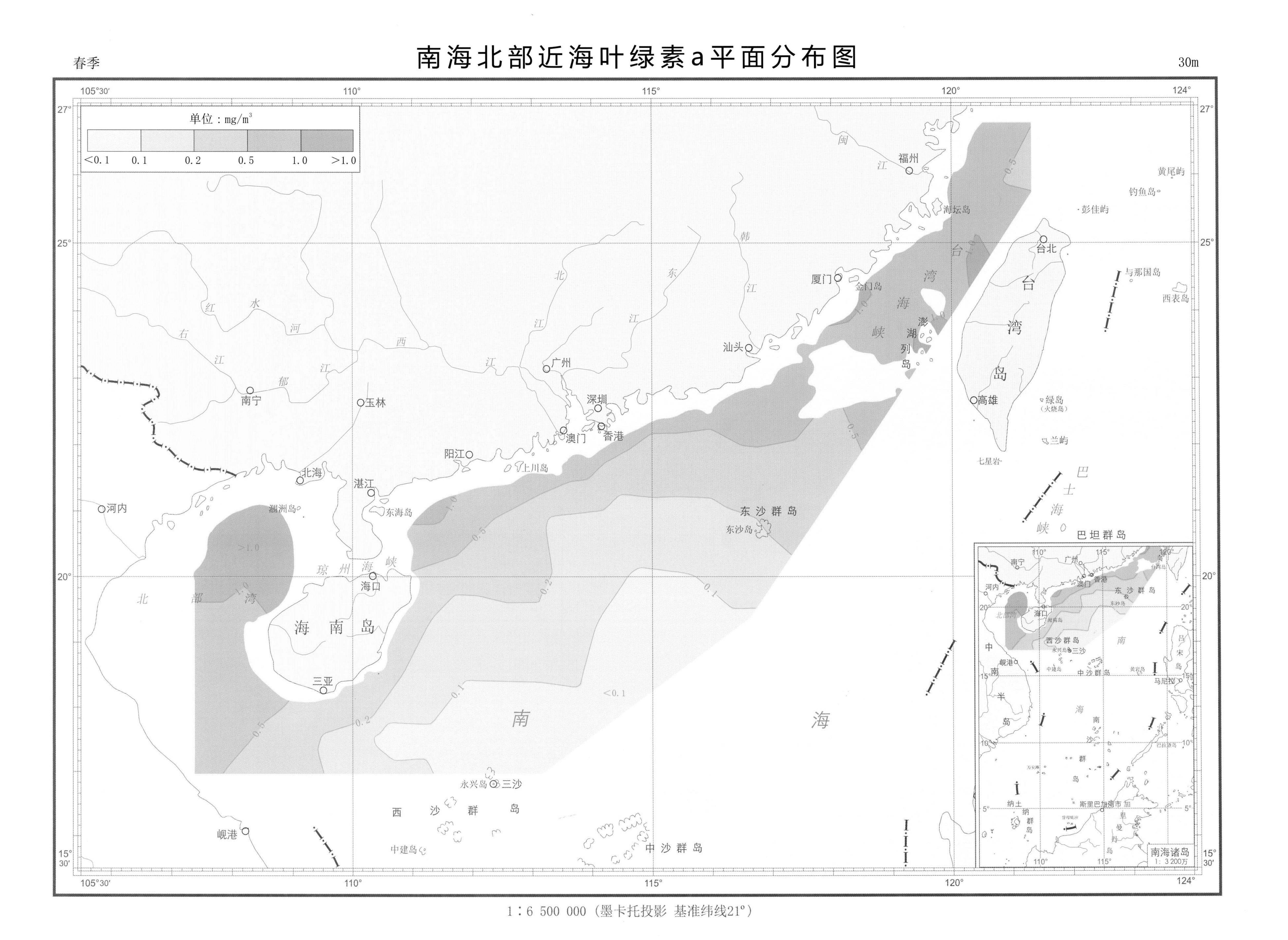

1：6 500 000（墨卡托投影 基准纬线21°）

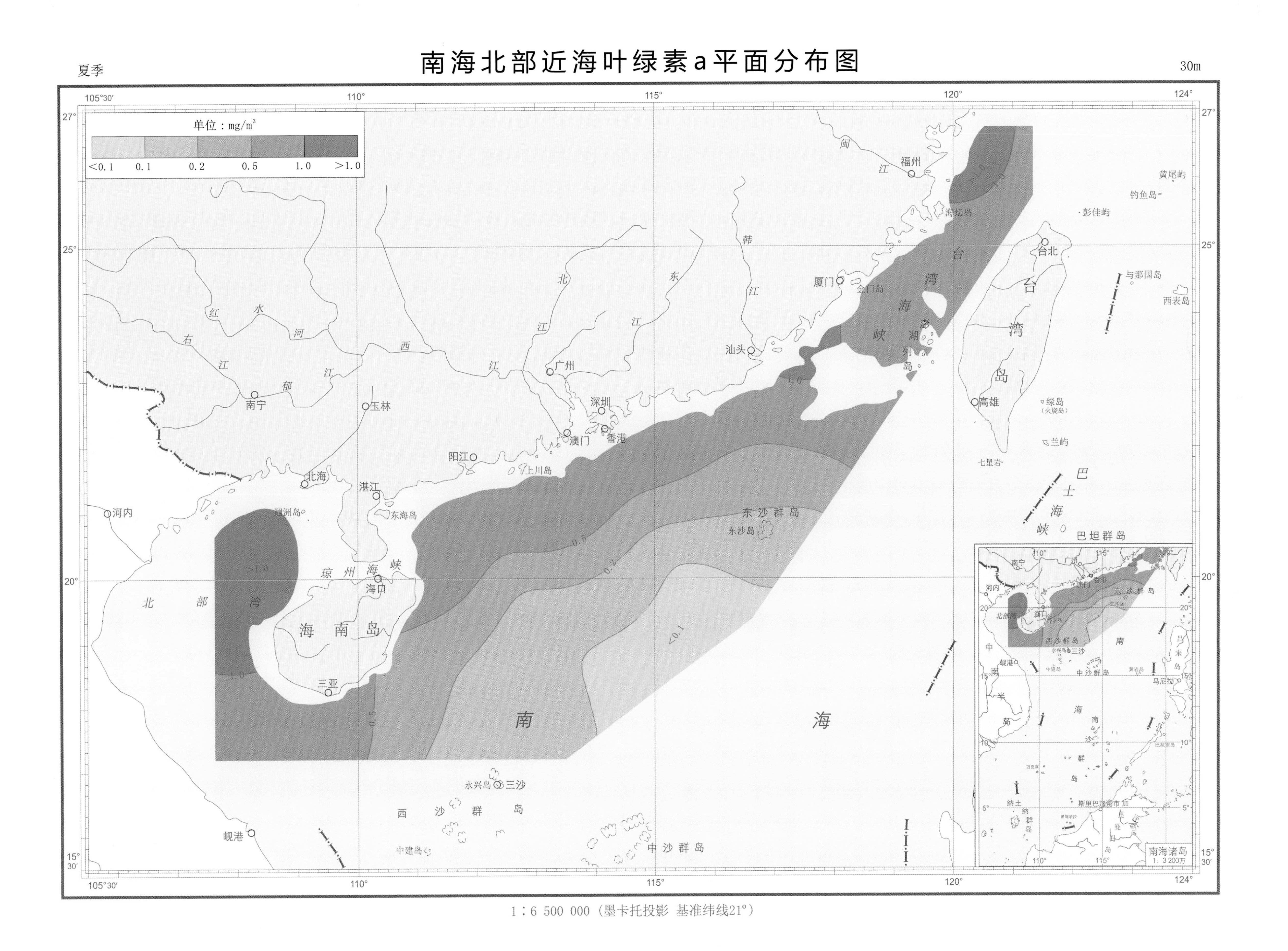
夏季
南海北部近海叶绿素a平面分布图
30m
单位：mg/m³
<0.1
0.1
0.2
0.5
1.0
>1.0
福州
厦门
金门岛
汕头
广州
深圳
香港
澳门
阳江
上川岛
湛江
东海岛
北海
涠洲岛
南宁
玉林
河内
海口
三亚
海南岛
琼州海峡
北部湾
台湾海峡
澎湖列岛
海坛岛
台湾岛
台北
高雄
绿岛
(火烧岛)
兰屿
七星岩
巴士海峡
巴坦群岛
钓鱼岛
黄尾屿
彭佳屿
与那国岛
西表岛
东沙群岛
东沙岛
西沙群岛
永兴岛
三沙
中建岛
中沙群岛
岘港
南海
南海诸岛
1：3 200万
1：6 500 000（墨卡托投影 基准纬线21°）

秋季

南海北部近海叶绿素a平面分布图

30m

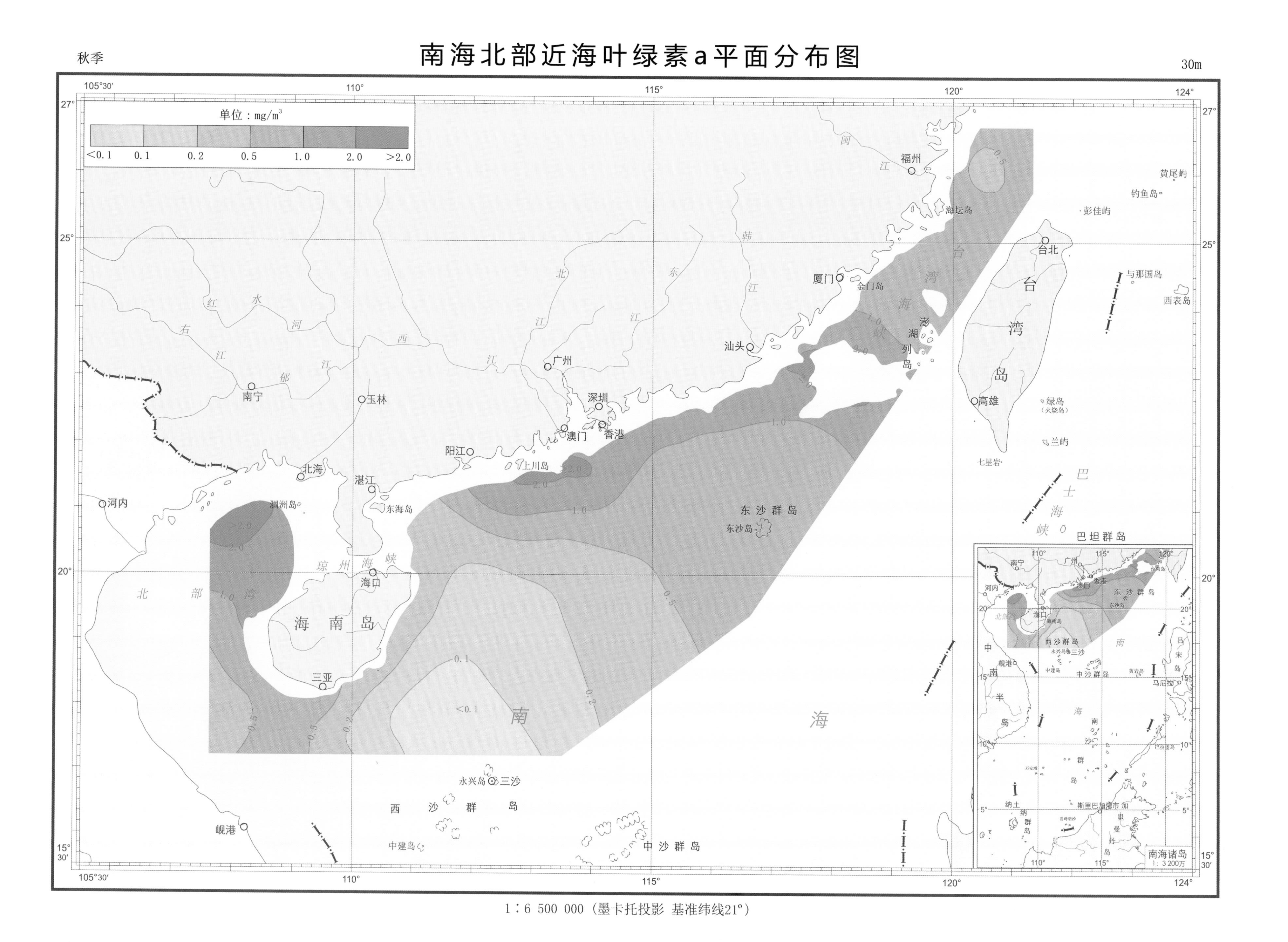

1：6 500 000（墨卡托投影 基准纬线21°）

南海北部近海叶绿素a平面分布图

冬季

30m

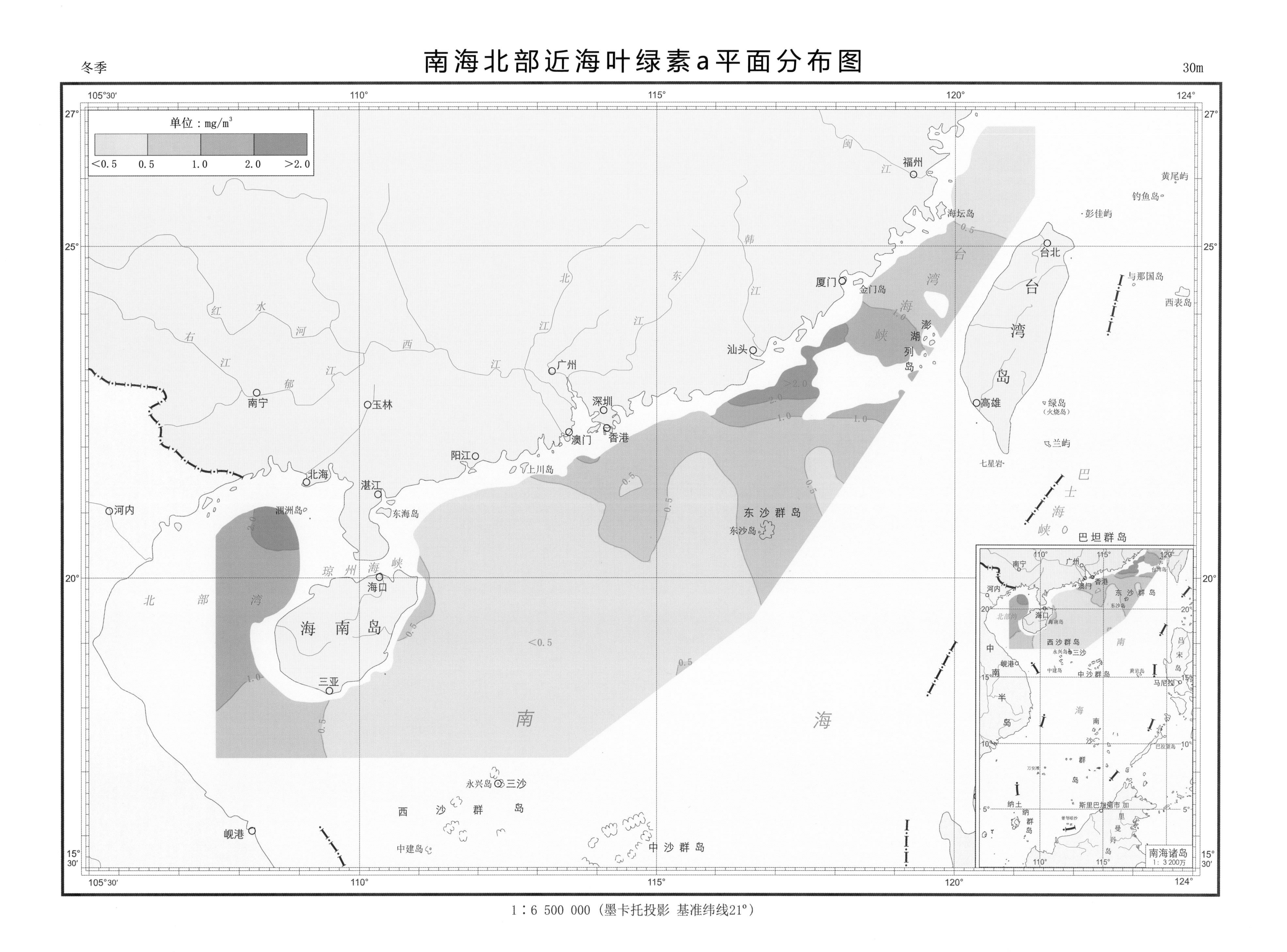

1：6 500 000（墨卡托投影 基准纬线21°）

南海北部近海叶绿素a平面分布图

春季

底层

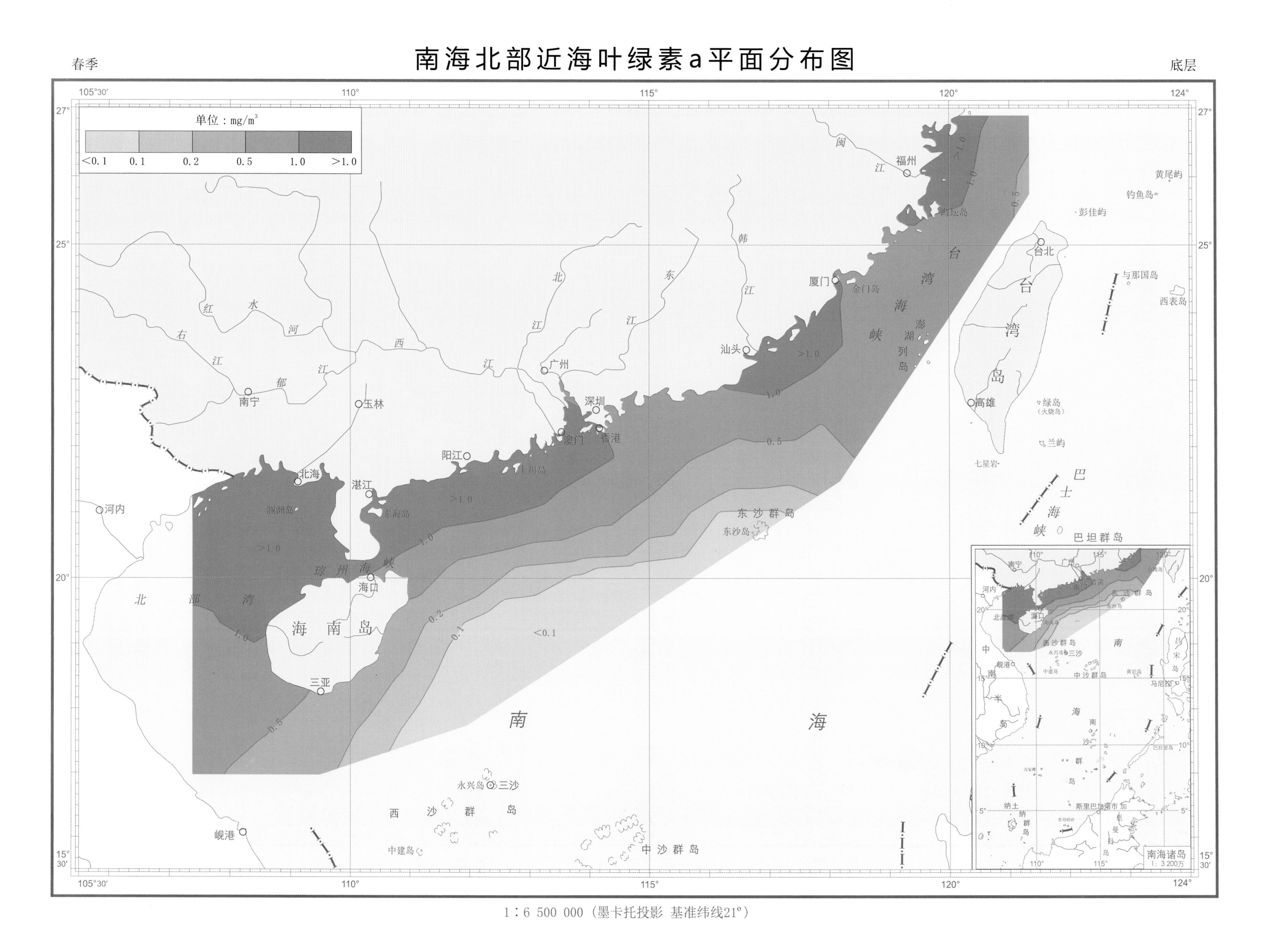

1：6 500 000（墨卡托投影 基准纬线21°）

南海北部近海叶绿素a平面分布图

夏季　　底层

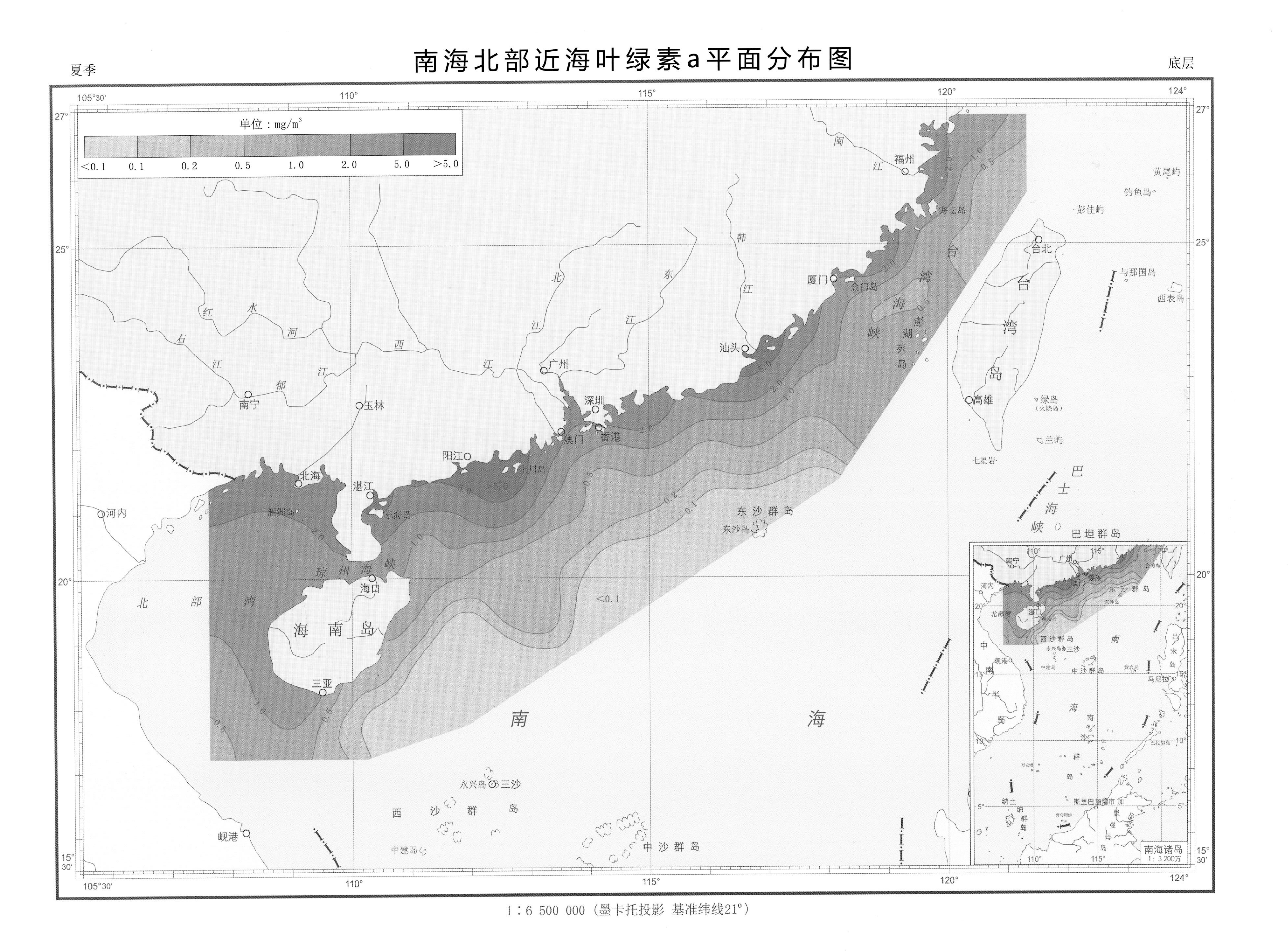

1：6 500 000（墨卡托投影 基准纬线21°）

秋季

南海北部近海叶绿素a平面分布图

底层

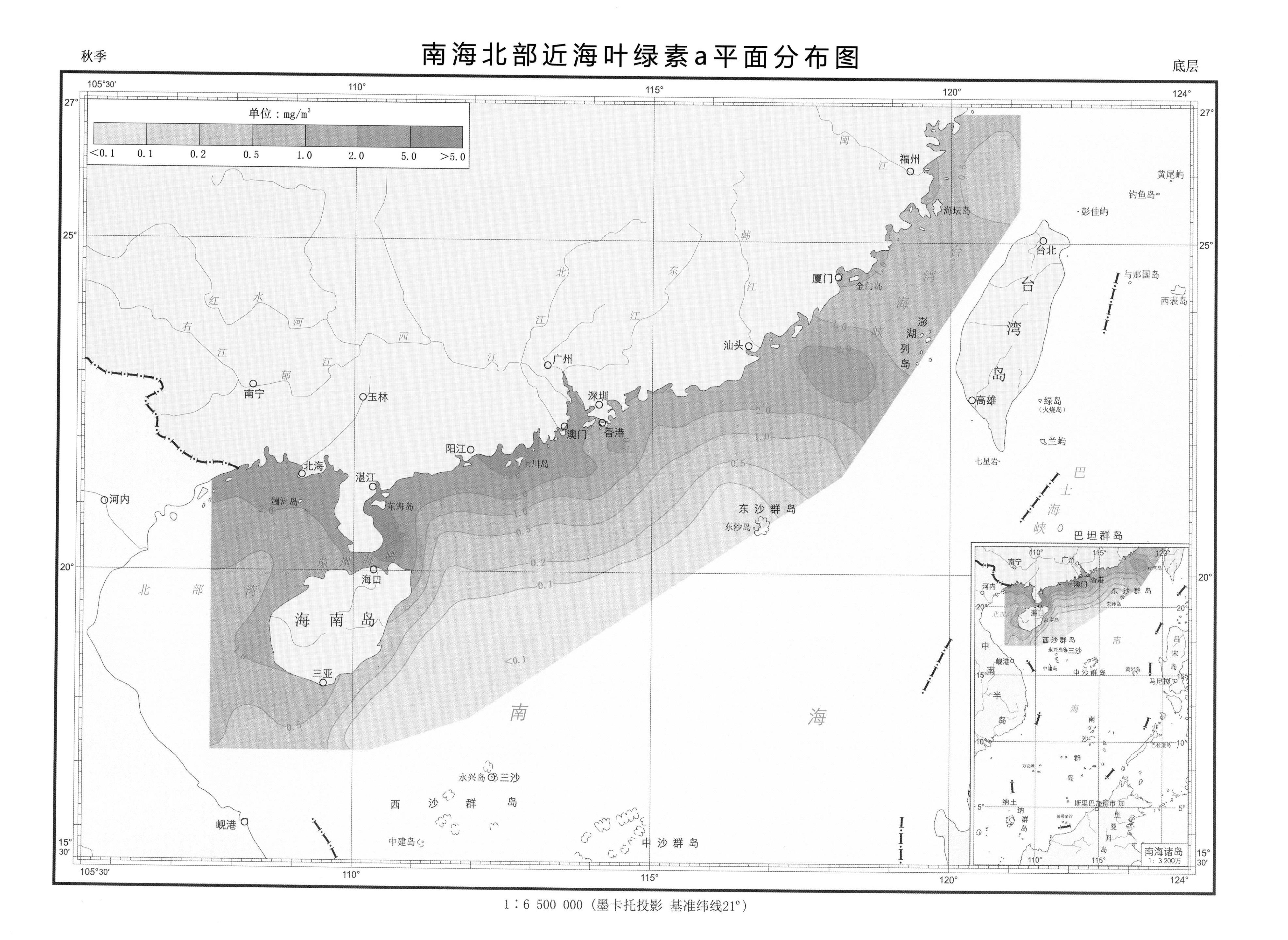

1∶6 500 000（墨卡托投影 基准纬线21°）

南海北部近海叶绿素a平面分布图

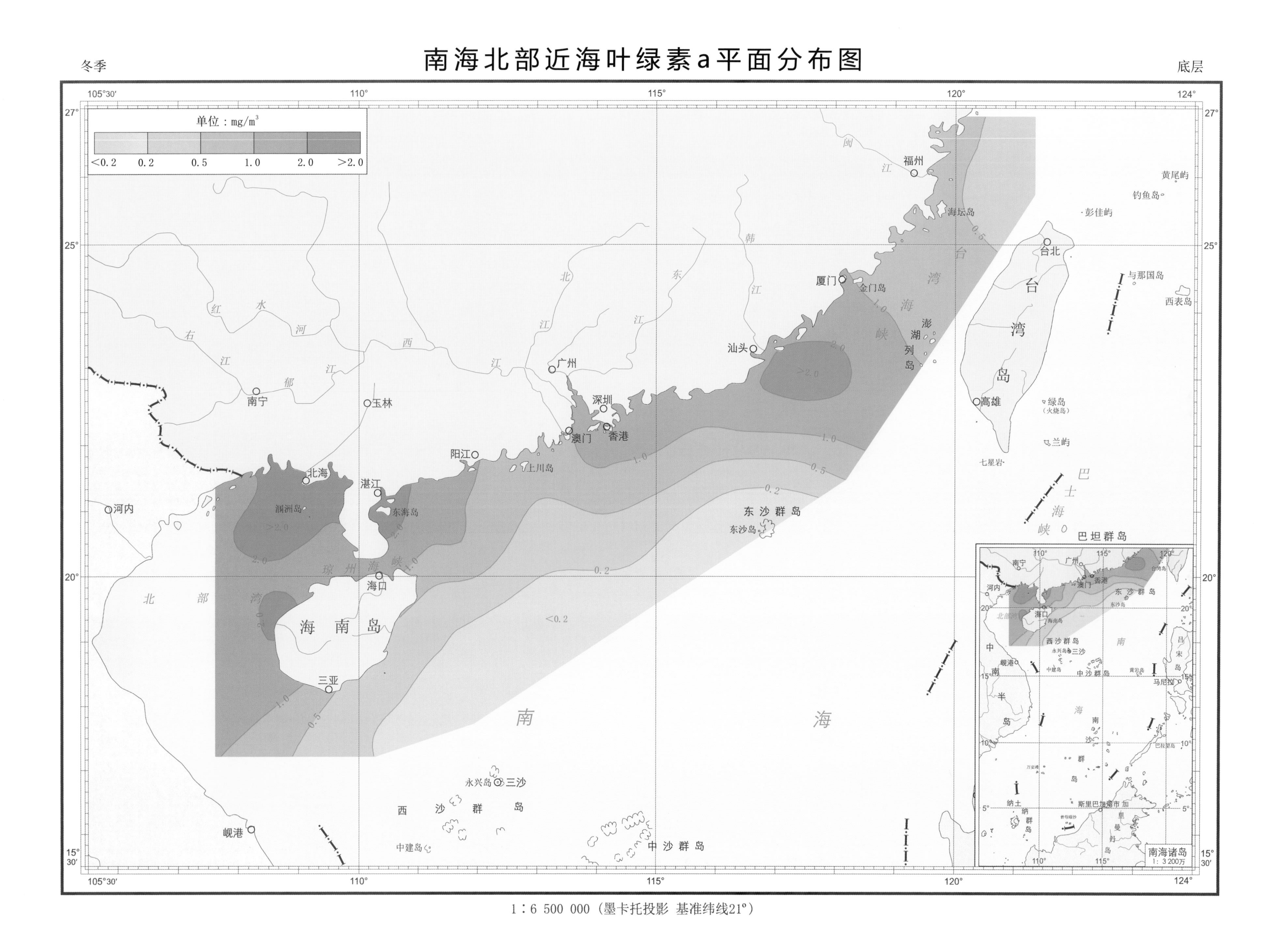

1∶6 500 000（墨卡托投影 基准纬线21°）

调查海域叶绿素a平面分布图

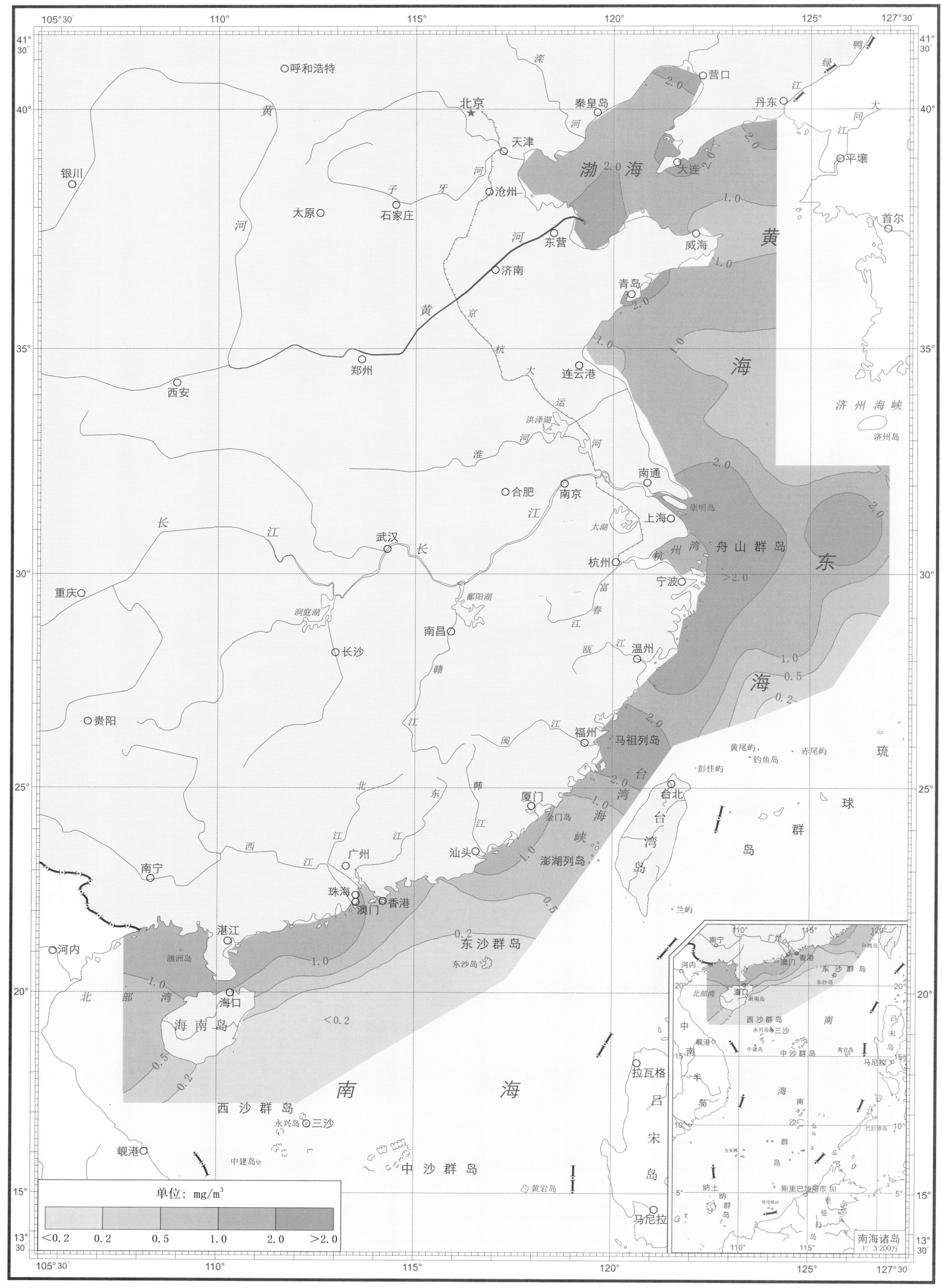

1：10 000 000（墨卡托投影 基准纬线30°）

调查海域叶绿素a平面分布图

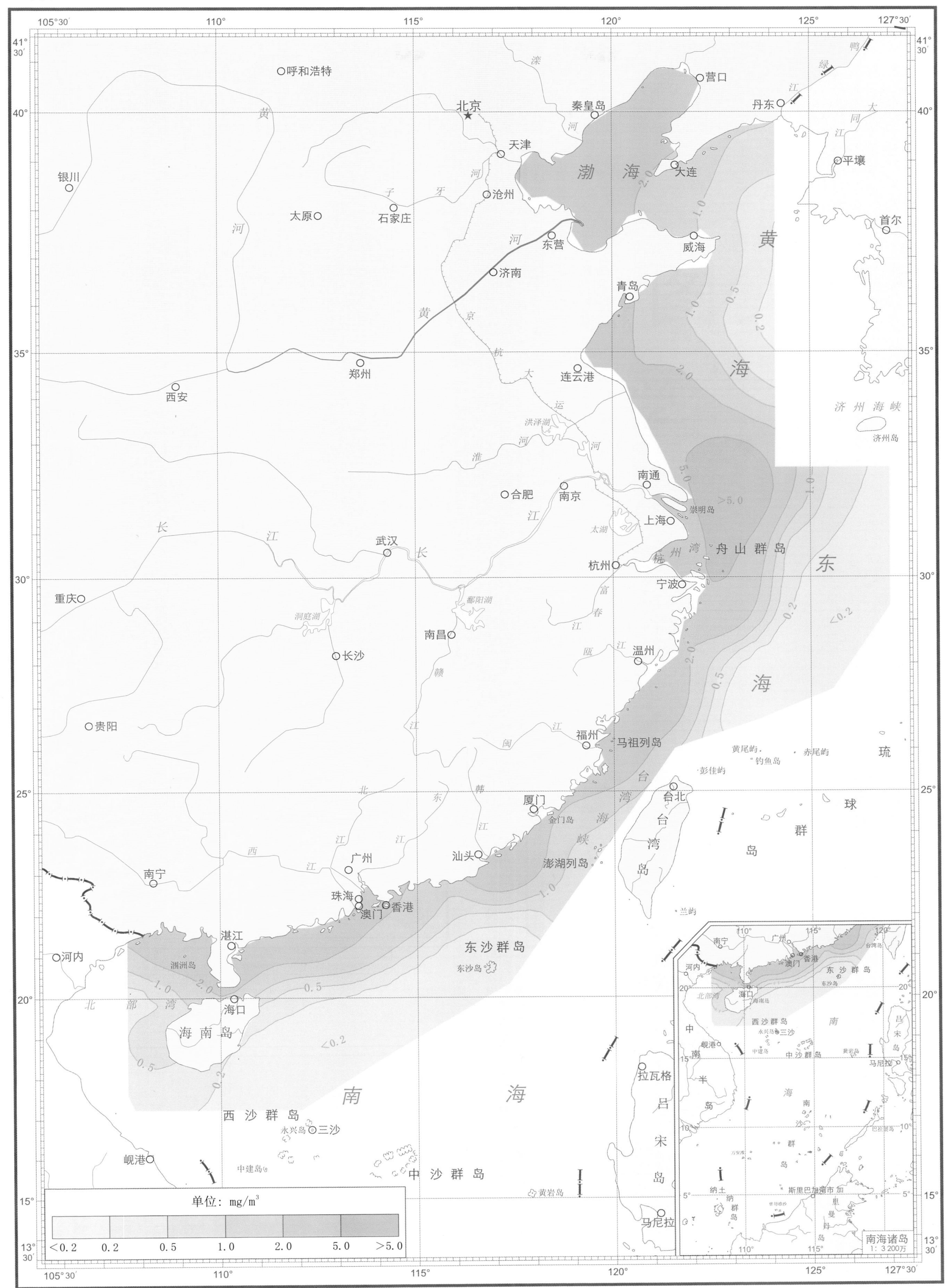

1：10 000 000（墨卡托投影 基准纬线30°）

调查海域叶绿素a平面分布图

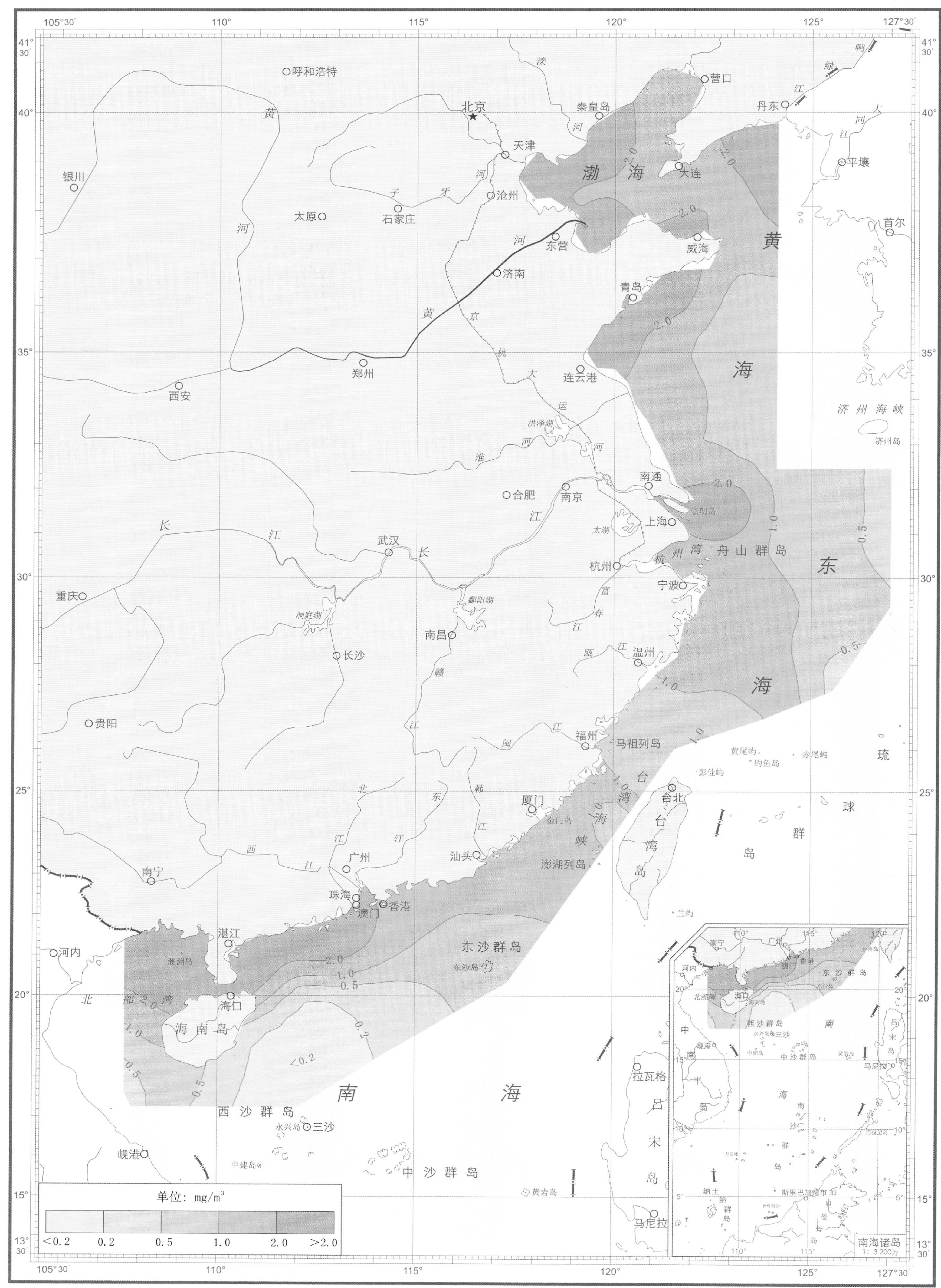

1∶10 000 000（墨卡托投影 基准纬线30°）

冬季 调查海域叶绿素a平面分布图 表层

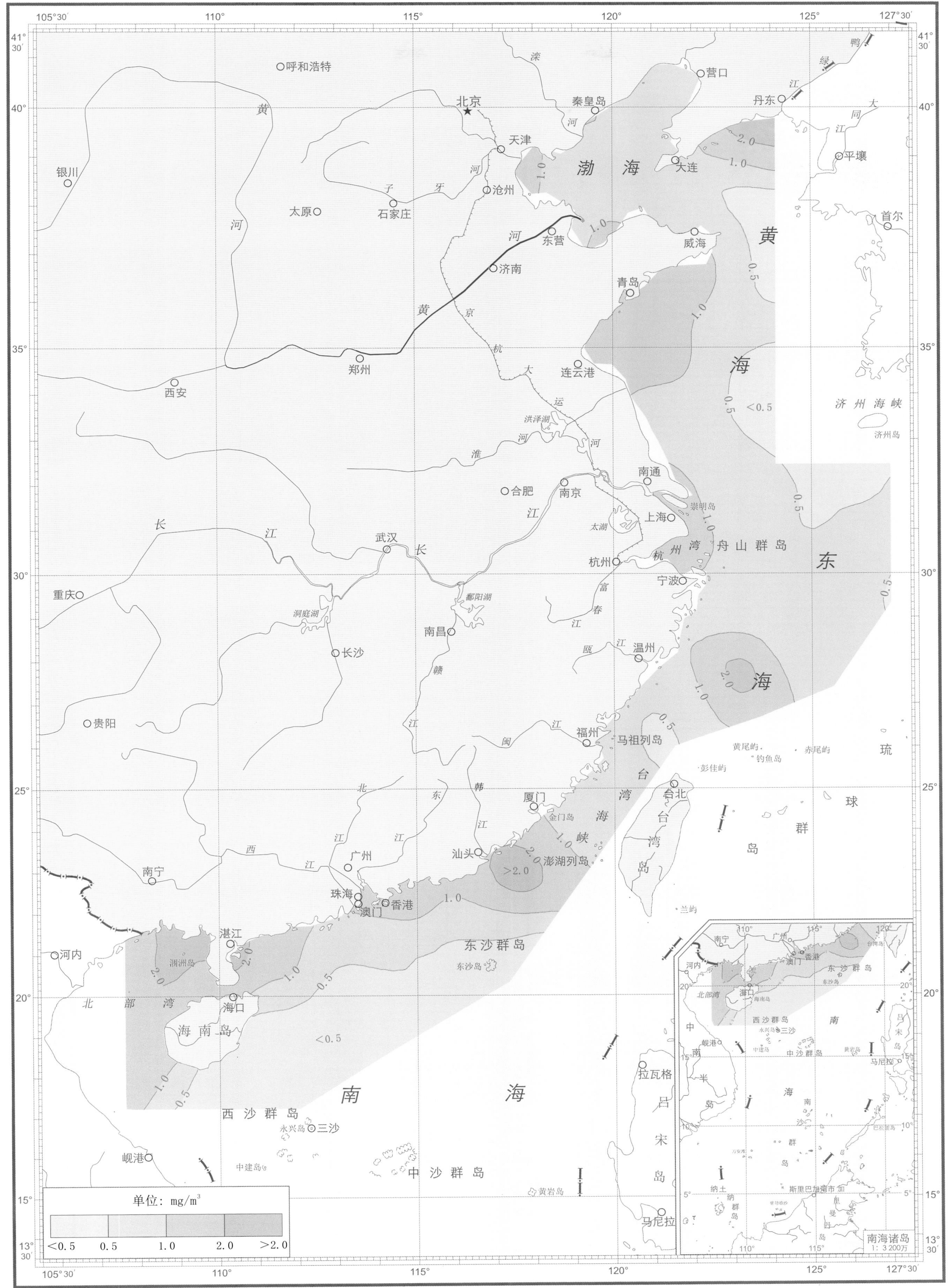

1：10 000 000（墨卡托投影 基准纬线30°）

调查海域叶绿素a平面分布图

10m

1∶10 000 000（墨卡托投影 基准纬线30°）

调查海域叶绿素a平面分布图

10m

1∶10 000 000（墨卡托投影 基准纬线30°）

调查海域叶绿素a平面分布图

10m

1：10 000 000（墨卡托投影 基准纬线30°）

调查海域叶绿素a平面分布图

10m

1∶10 000 000（墨卡托投影 基准纬线30°）

调查海域叶绿素a平面分布图

1：10 000 000（墨卡托投影 基准纬线30°）

调查海域叶绿素a平面分布图

30m

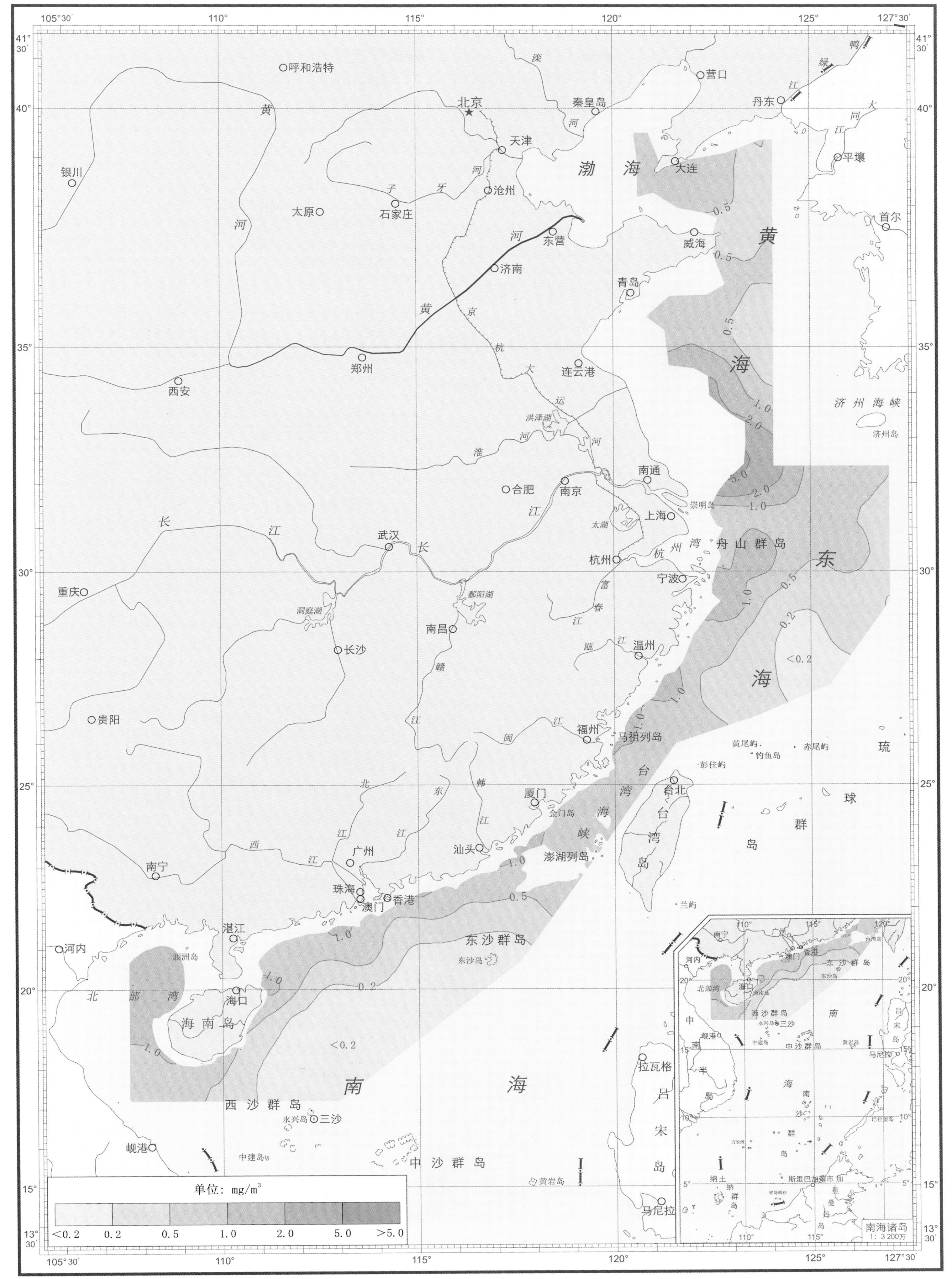

1：10 000 000（墨卡托投影 基准纬线30°）

调查海域叶绿素a平面分布图

30m

1：10 000 000（墨卡托投影 基准纬线30°）

调查海域叶绿素a平面分布图

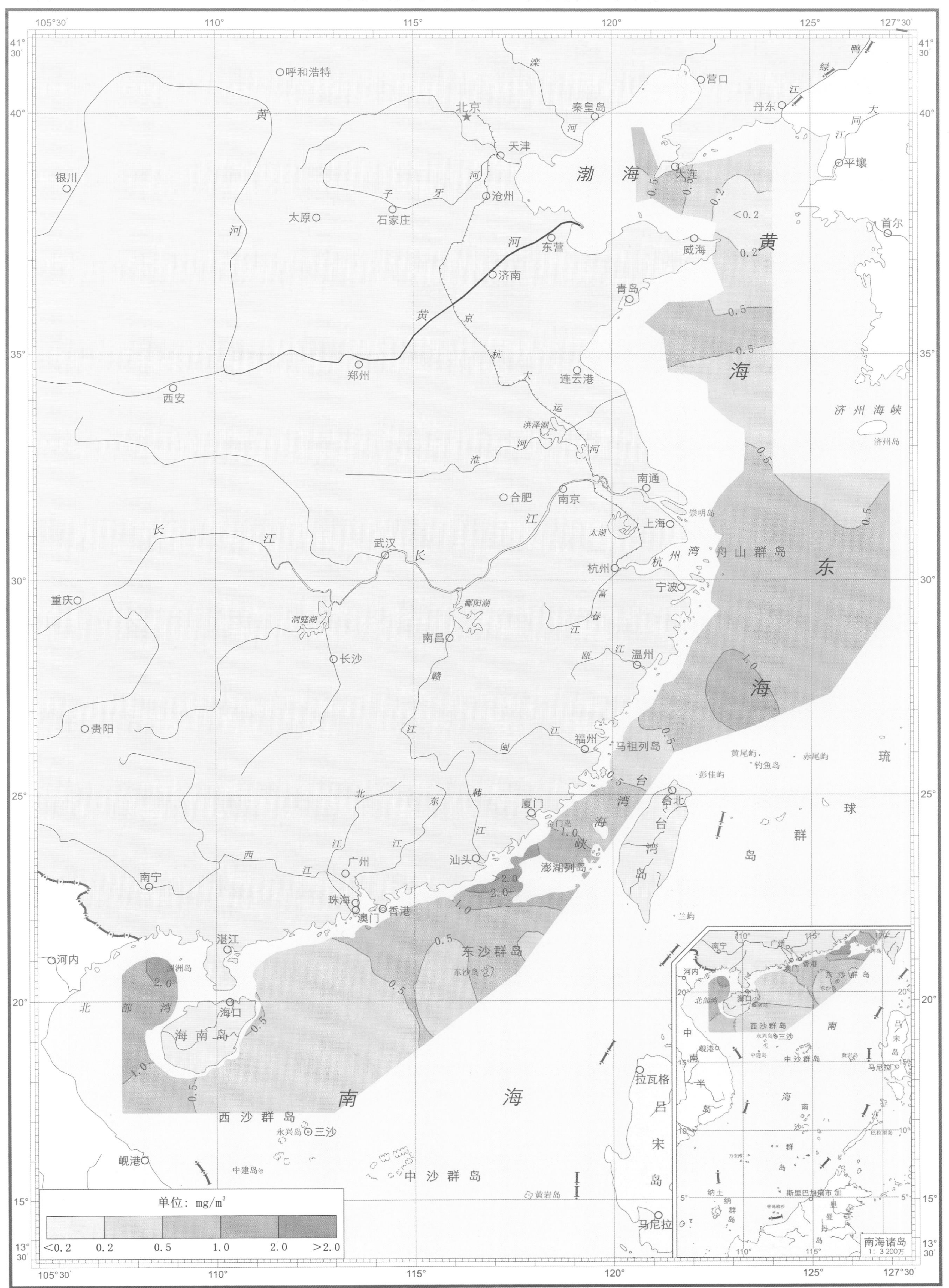

1：10 000 000（墨卡托投影 基准纬线30°）

调查海域叶绿素a平面分布图

春季 底层

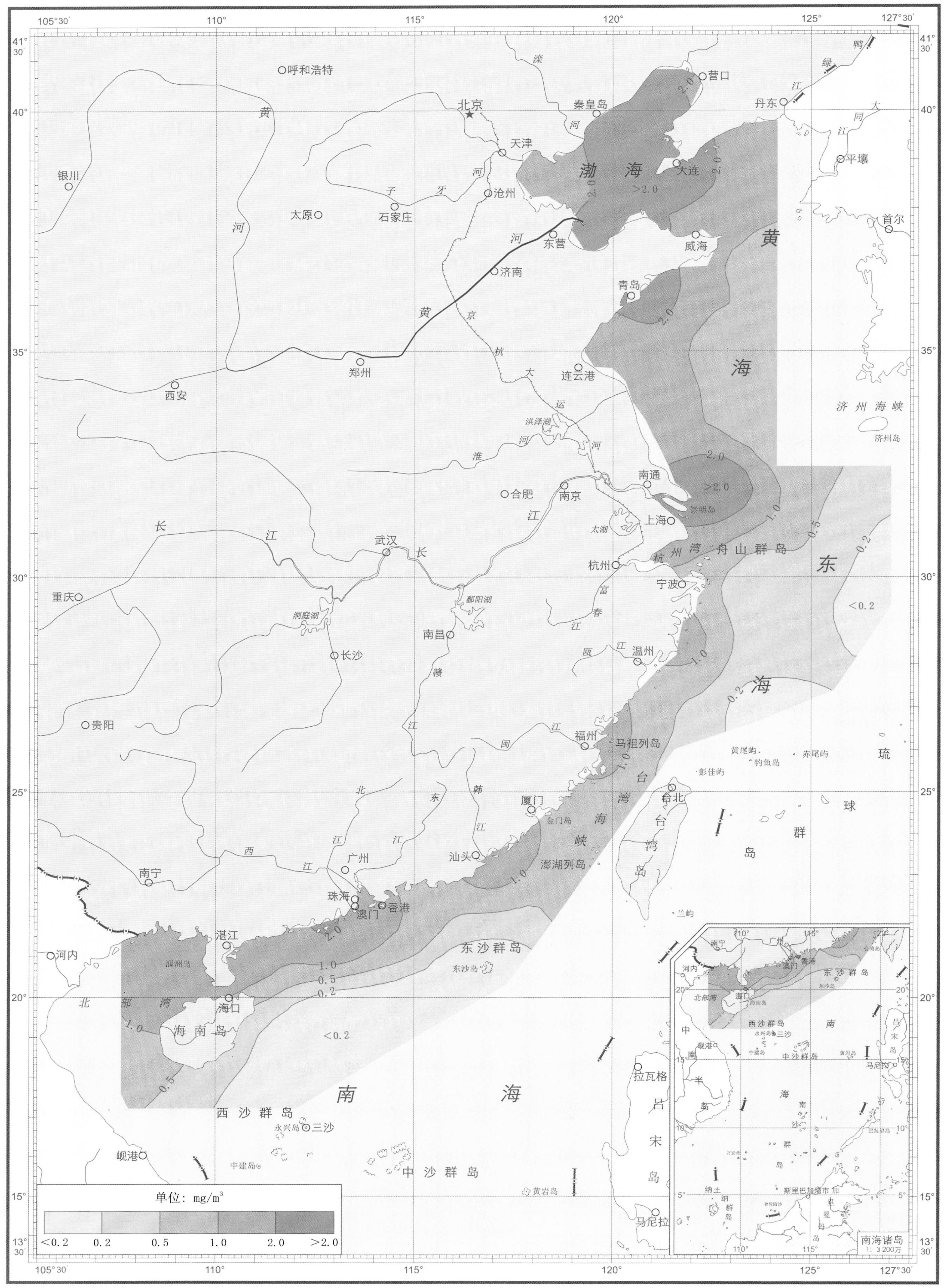

1：10 000 000（墨卡托投影 基准纬线30°）

调查海域叶绿素a平面分布图

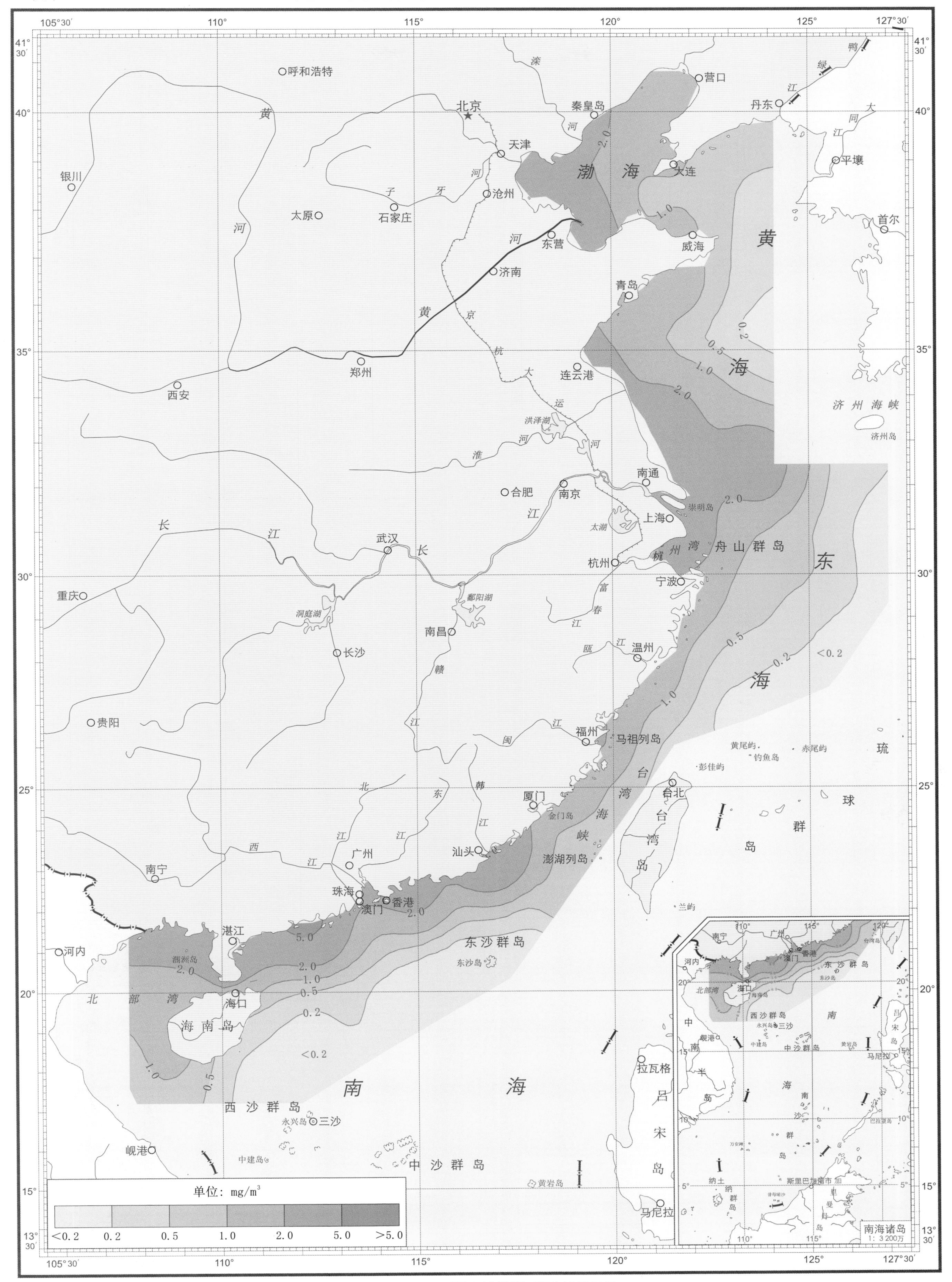

1：10 000 000（墨卡托投影 基准纬线30°）

调查海域叶绿素a平面分布图

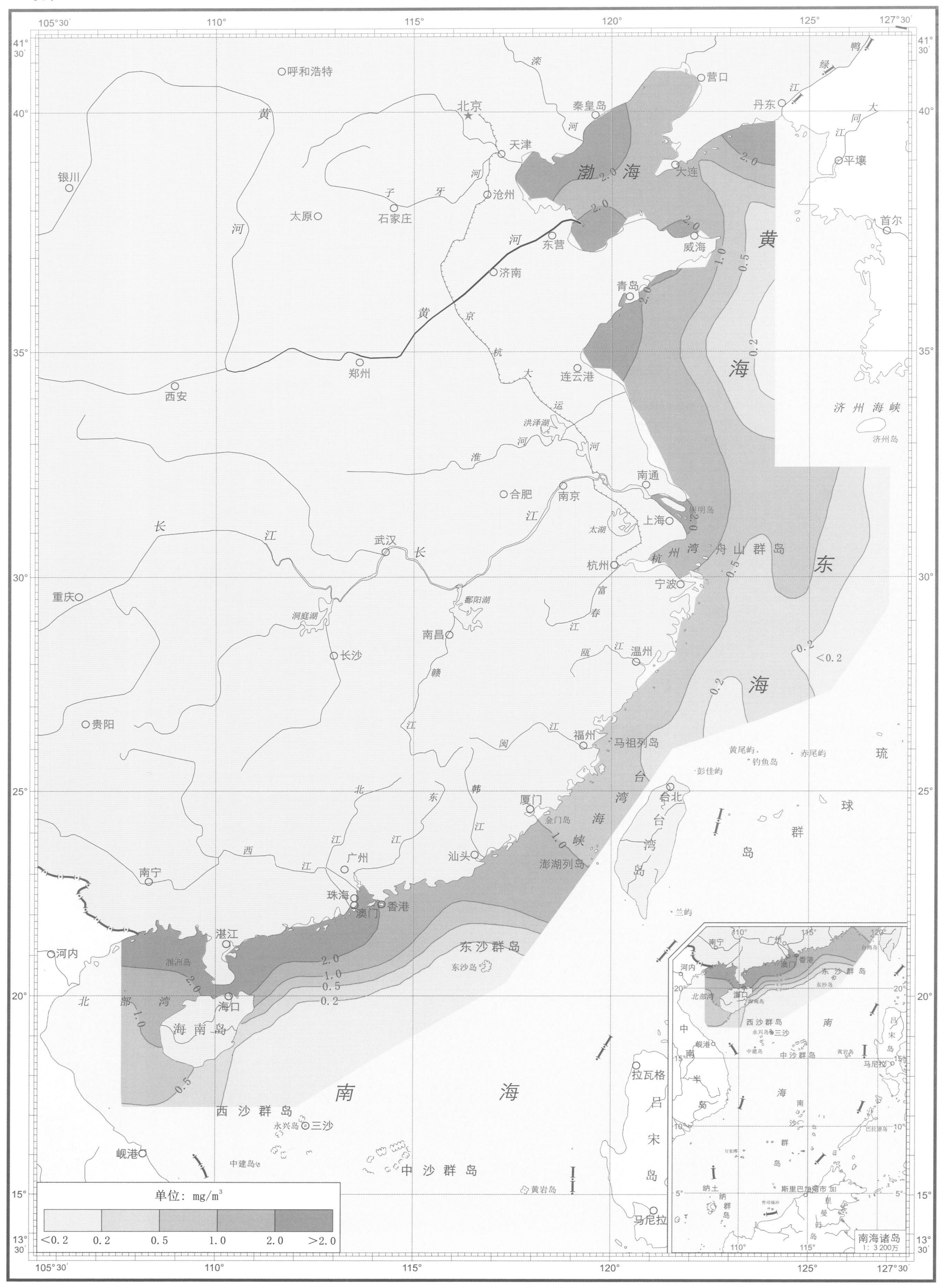

1：10 000 000（墨卡托投影 基准纬线30°）

冬季 底层

调查海域叶绿素a平面分布图

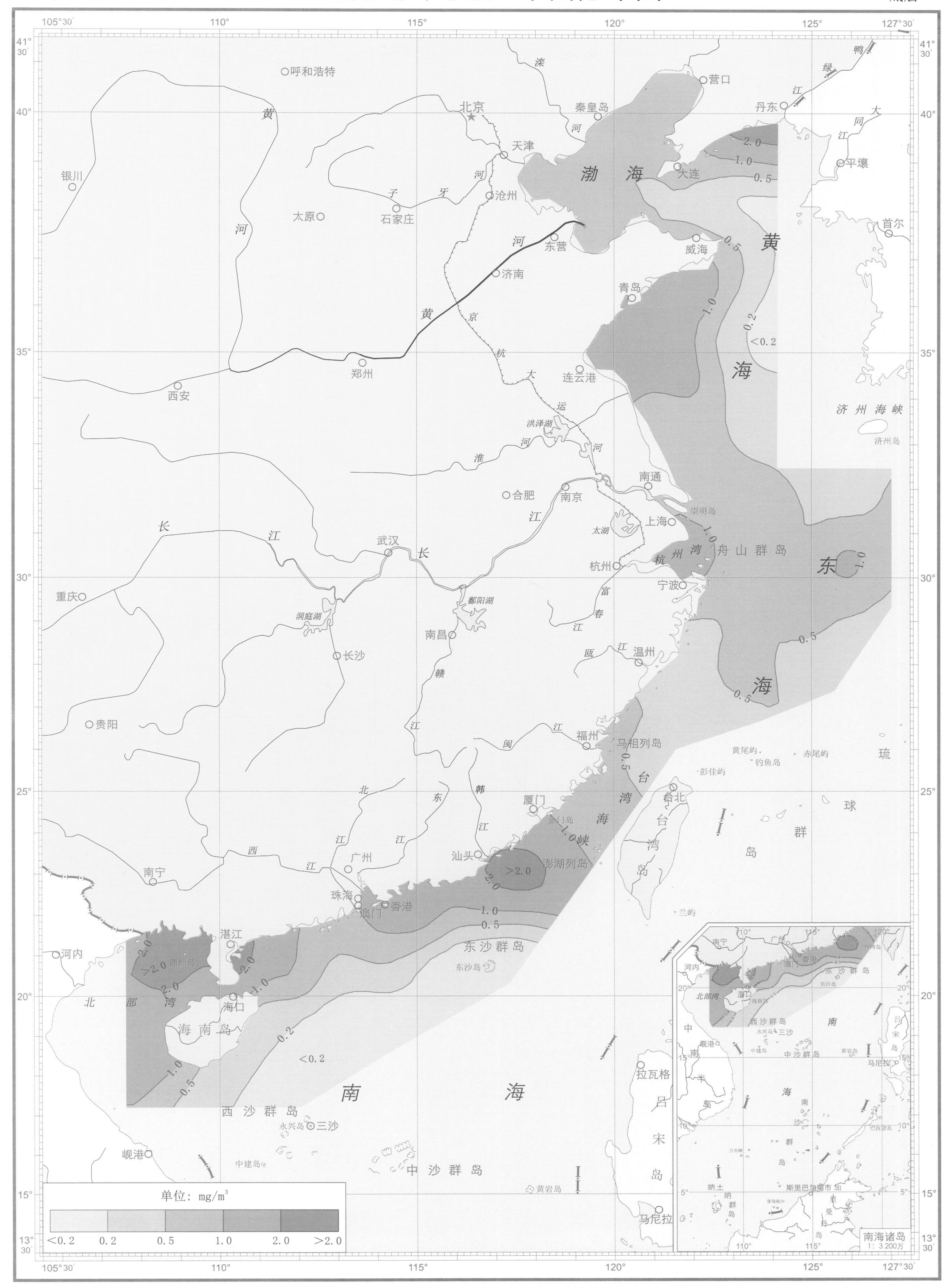

1：10 000 000（墨卡托投影 基准纬线30°）

渤、黄、东海近海初级生产力平面分布图

春季

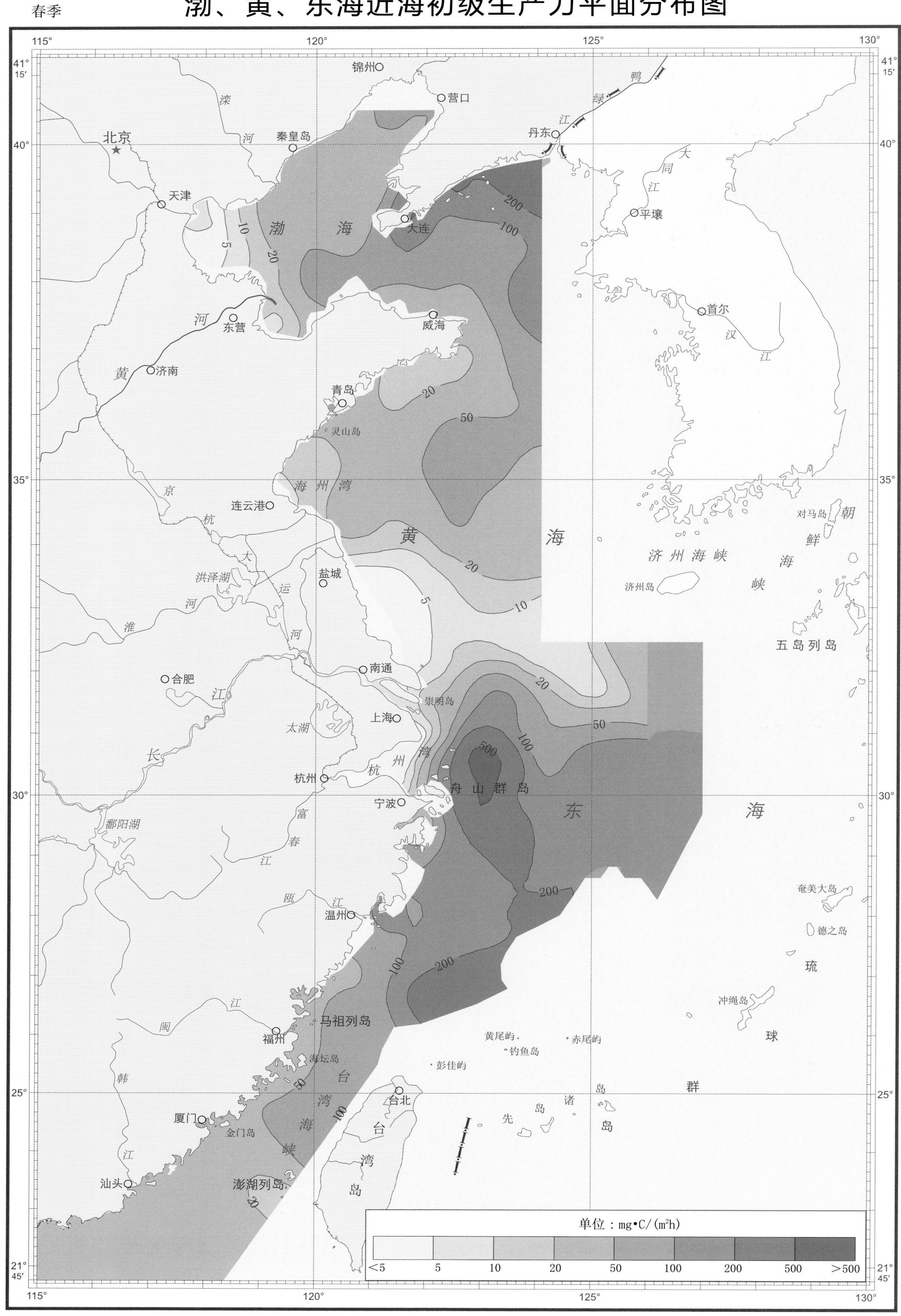

1∶7 300 000（墨卡托投影　基准纬线32°）

夏季

渤、黄、东海近海初级生产力平面分布图

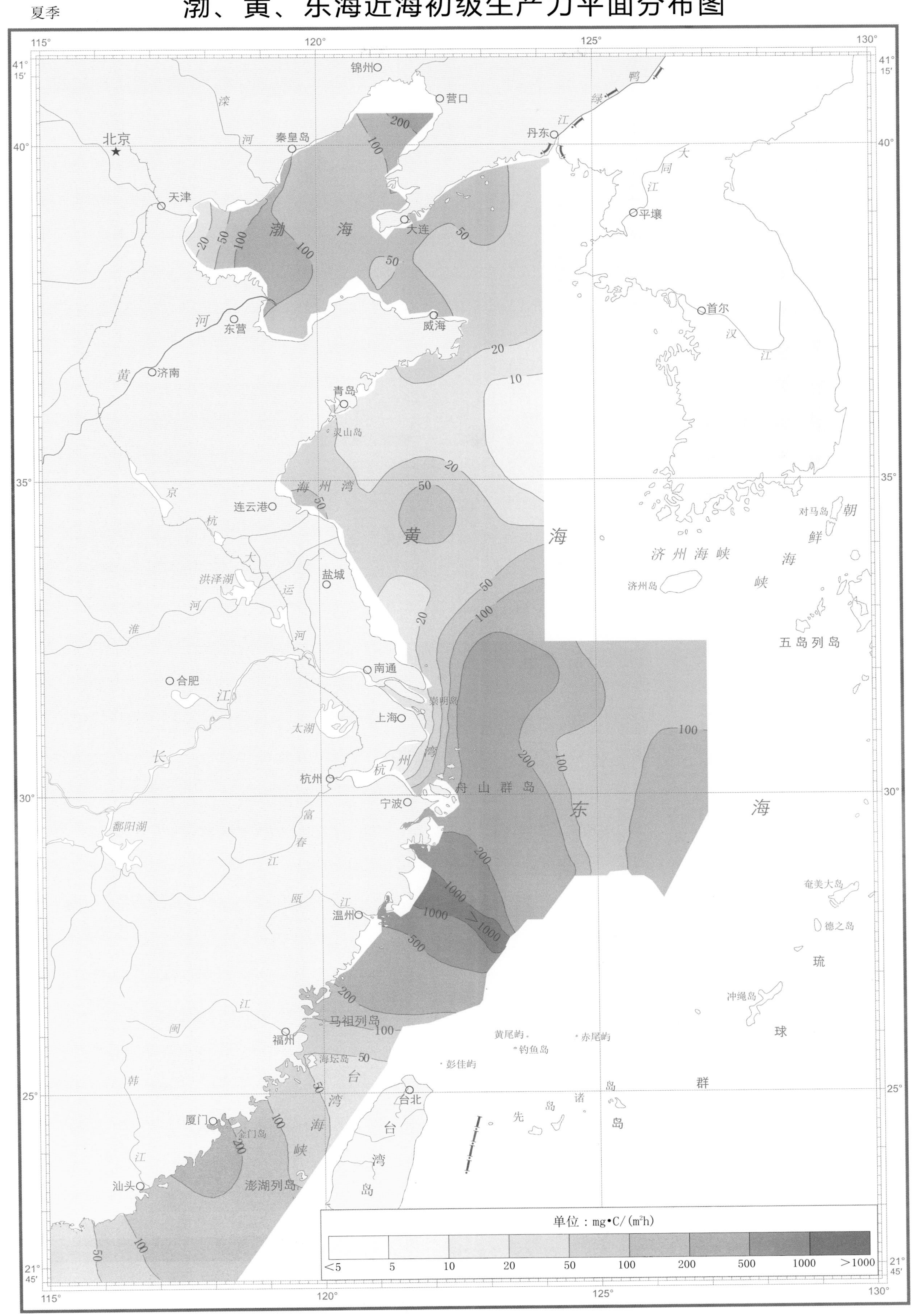

1∶7 300 000（墨卡托投影　基准纬线32°）

秋季

渤、黄、东海近海初级生产力平面分布图

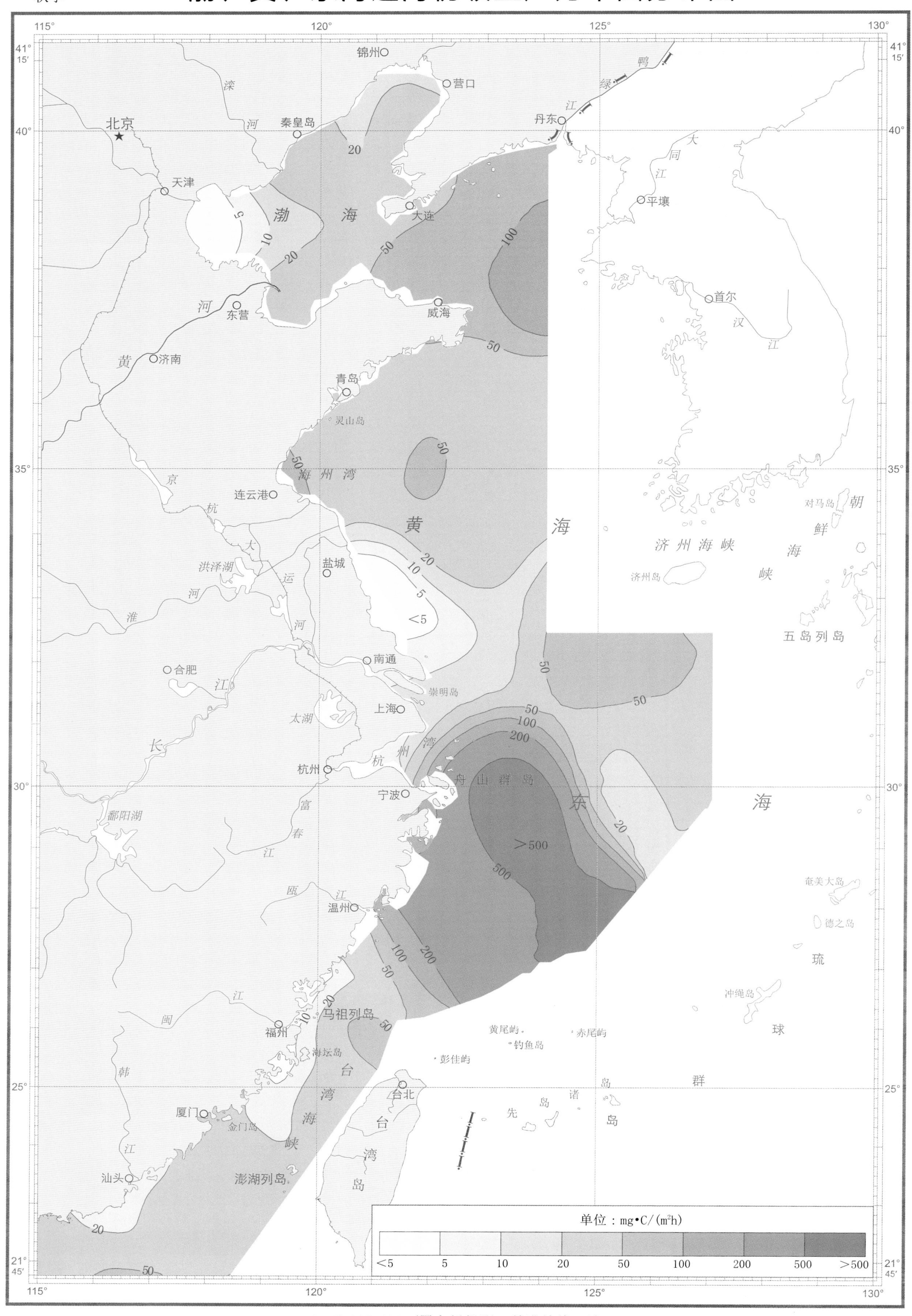

1∶7 300 000（墨卡托投影　基准纬线32°）

冬季

渤、黄、东海近海初级生产力平面分布图

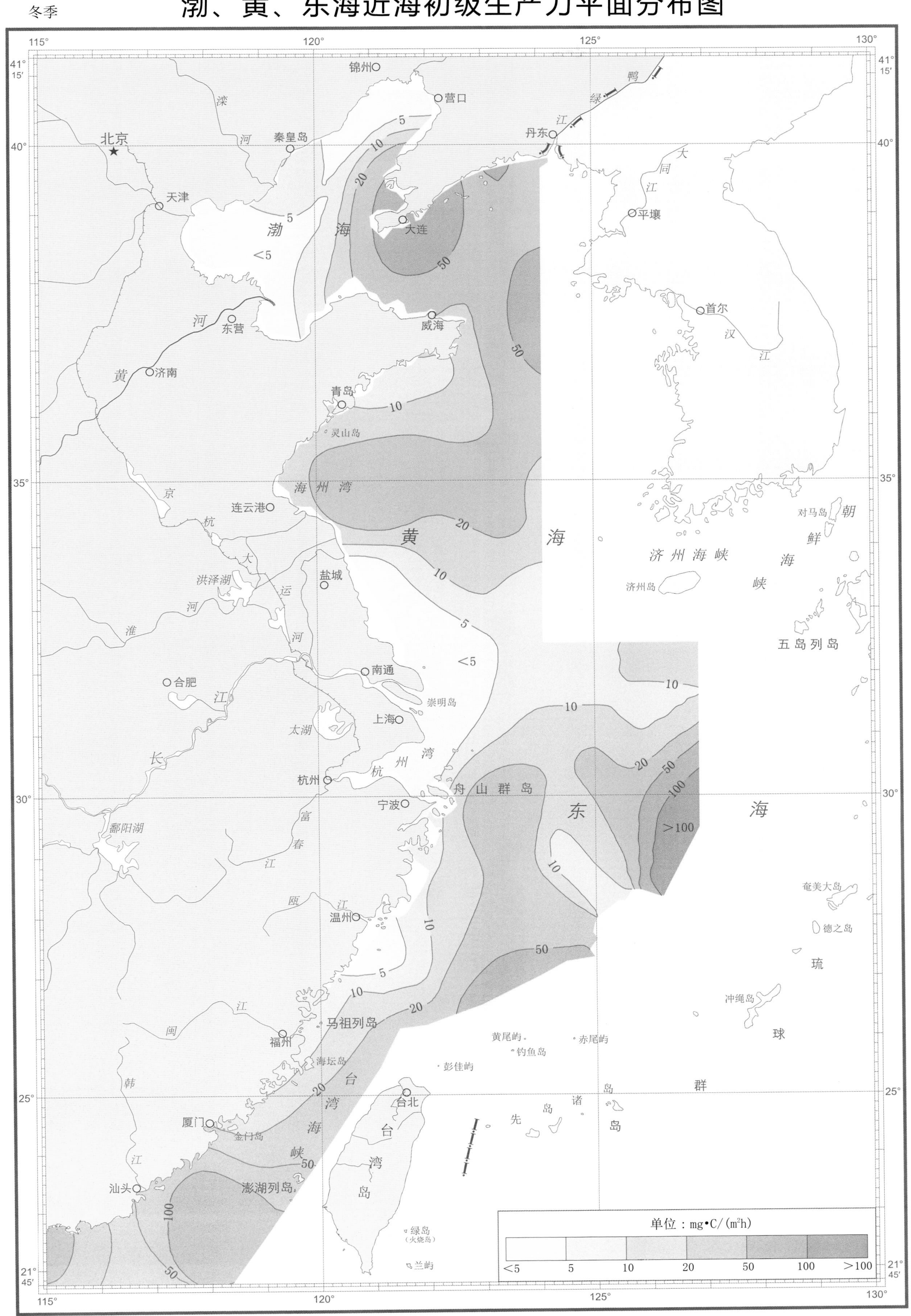

1∶7 300 000（墨卡托投影　基准纬线32°）

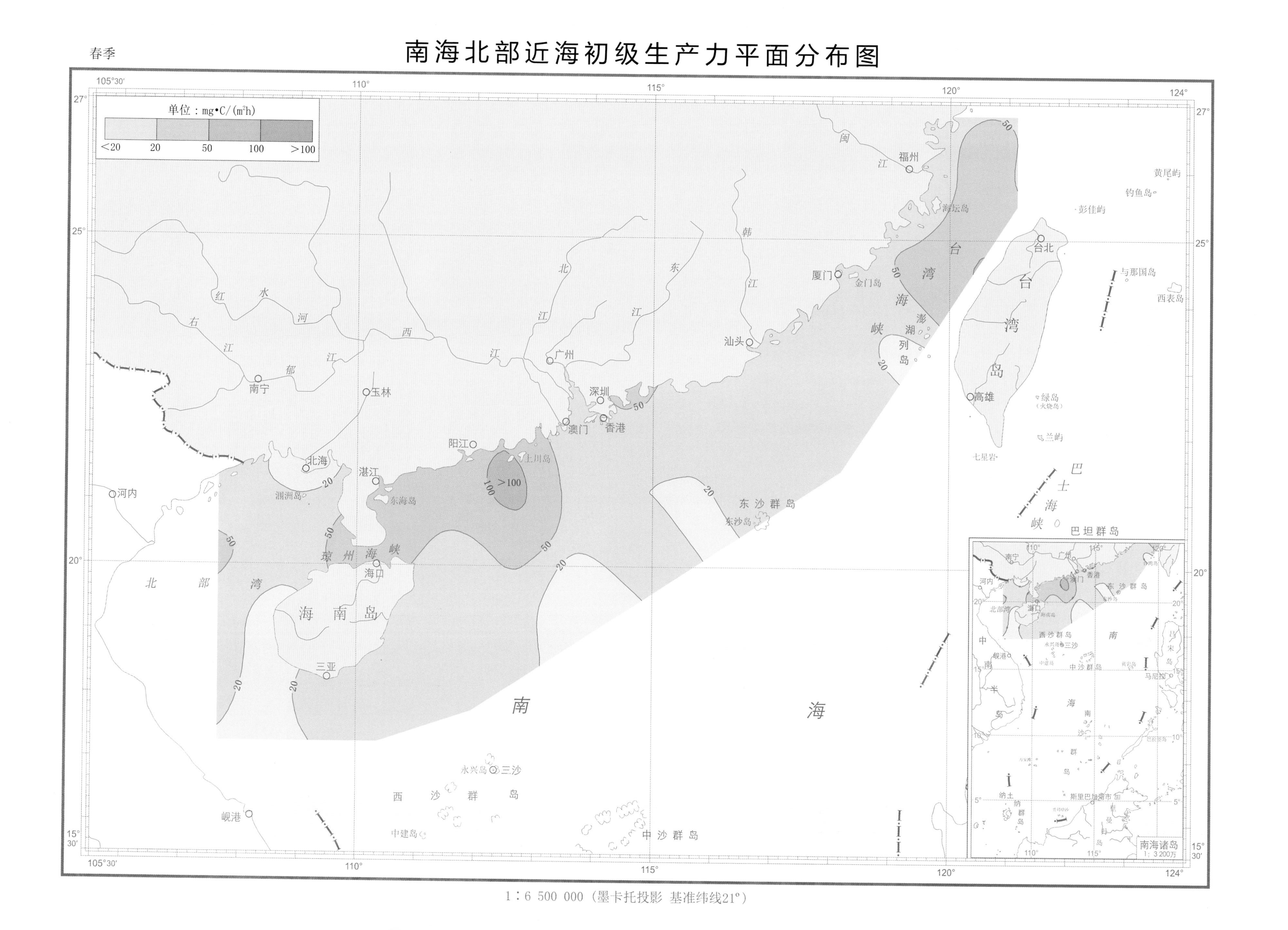
春季
南海北部近海初级生产力平面分布图
单位：mg•C/(m²h)
<20
20
50
100
>100
福州
厦门
金门岛
汕头
广州
深圳
香港
澳门
阳江
上川岛
湛江
东海岛
北海
涠洲岛
南宁
玉林
海口
三亚
海南岛
琼州海峡
北部湾
河内
岘港
台北
高雄
台湾岛
台湾海峡
澎湖列岛
海坛岛
彭佳屿
钓鱼岛
黄尾屿
与那国岛
西表岛
绿岛
兰屿
七星岩
巴士海峡
巴坦群岛
东沙群岛
东沙岛
永兴岛
三沙
西沙群岛
中建岛
中沙群岛
南海
闽江
韩江
东江
北江
西江
郁江
右江
红水河
南海诸岛
1：3 200万
1：6 500 000（墨卡托投影 基准纬线21°）

南海北部近海初级生产力平面分布图

夏季

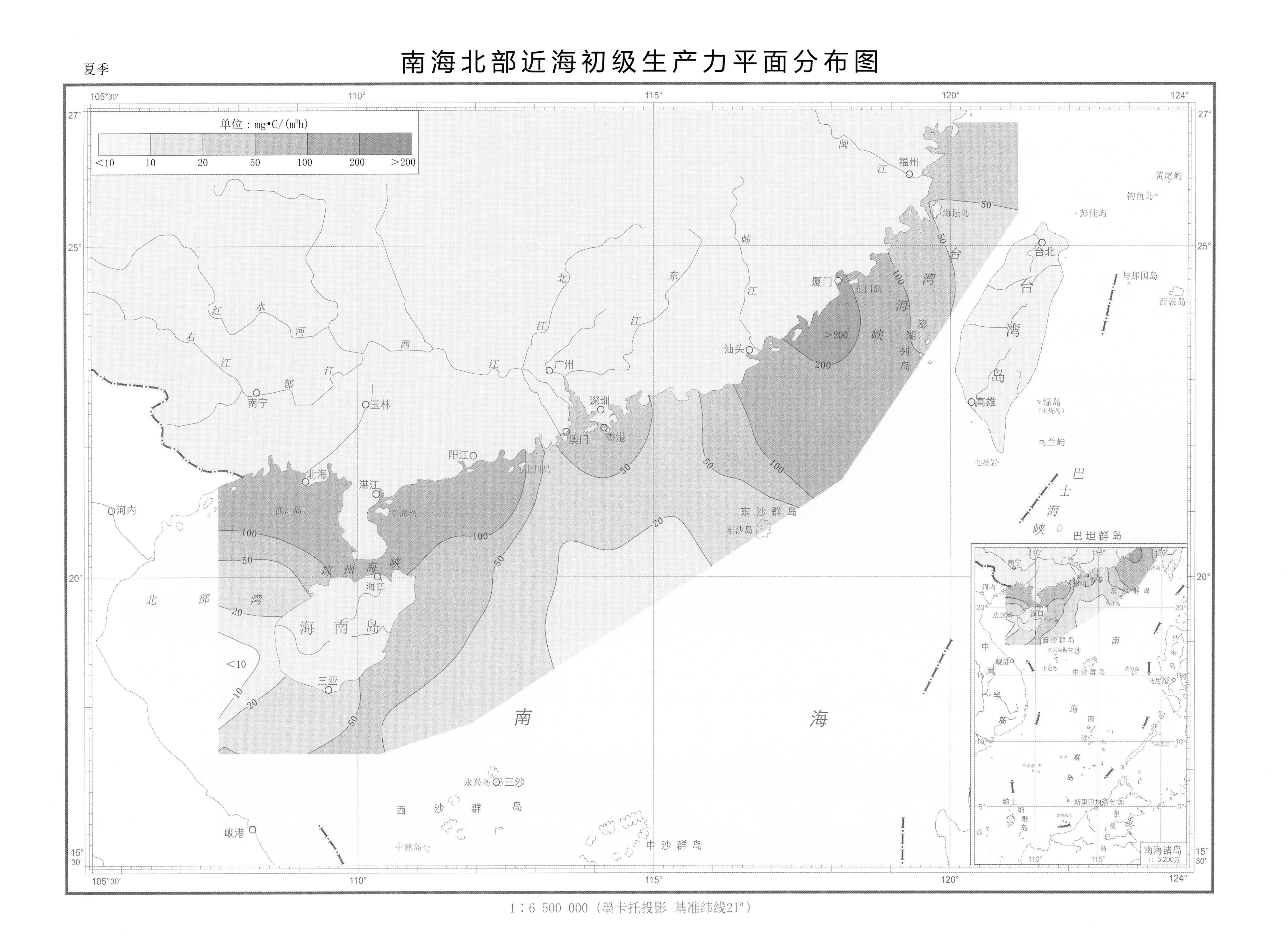

1：6 500 000（墨卡托投影 基准纬线21°）

秋季

南海北部近海初级生产力平面分布图

单位：mg•C/(m²h)

<10	10	20	30	50	100	>100

1：6 500 000（墨卡托投影 基准纬线21°）

冬季

南海北部近海初级生产力平面分布图

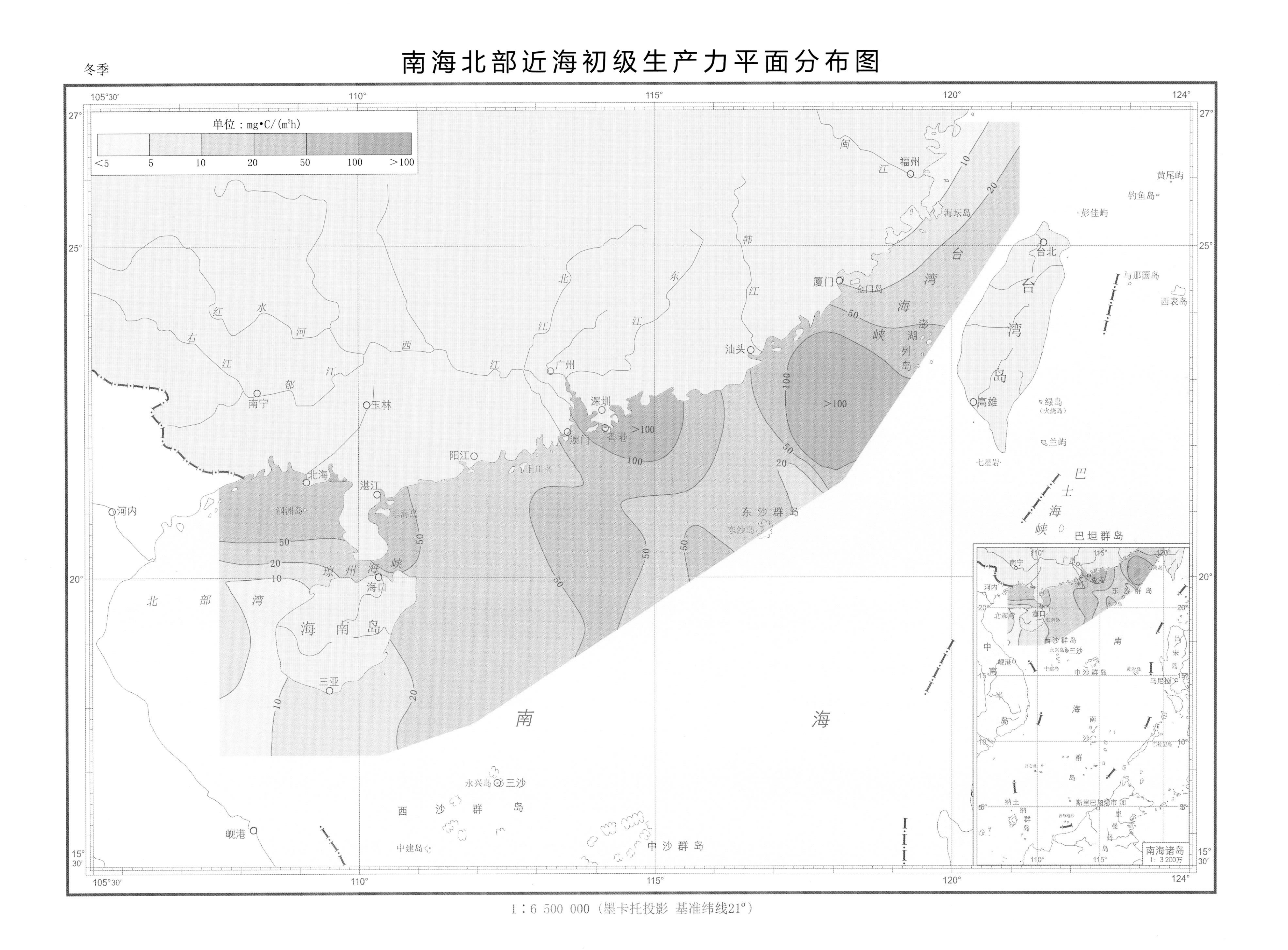

1：6 500 000（墨卡托投影 基准纬线21°）

浮 游 植 物

春季 渤、黄、东海近海微微型浮游生物细胞总丰度平面分布图 表层

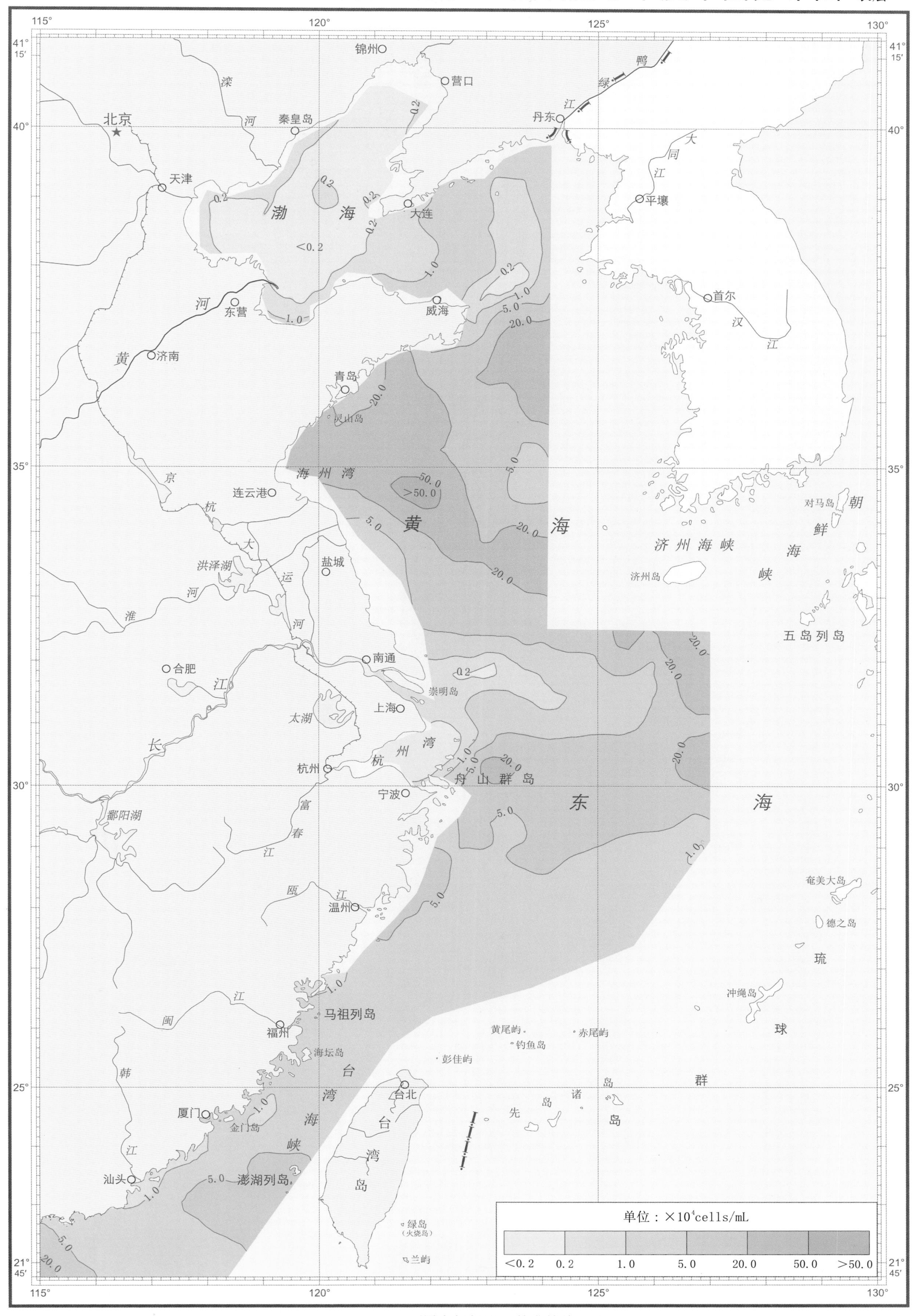

1∶7 300 000（墨卡托投影 基准纬线32°）

夏季 **渤、黄、东海近海微微型浮游生物细胞总丰度平面分布图** 表层

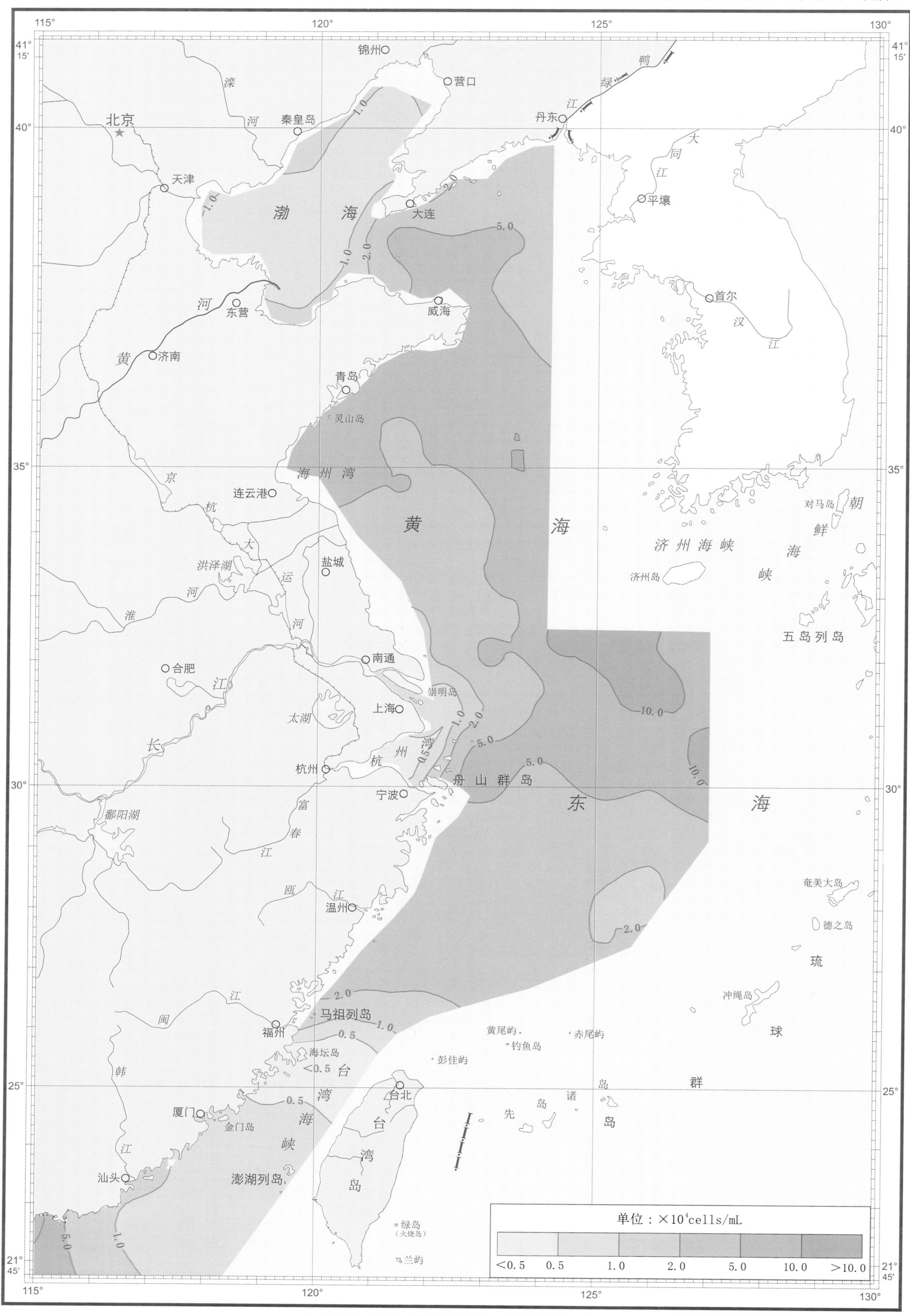

1∶7 300 000（墨卡托投影　基准纬线32°）

秋季 **渤、黄、东海近海微微型浮游生物细胞总丰度平面分布图** 表层

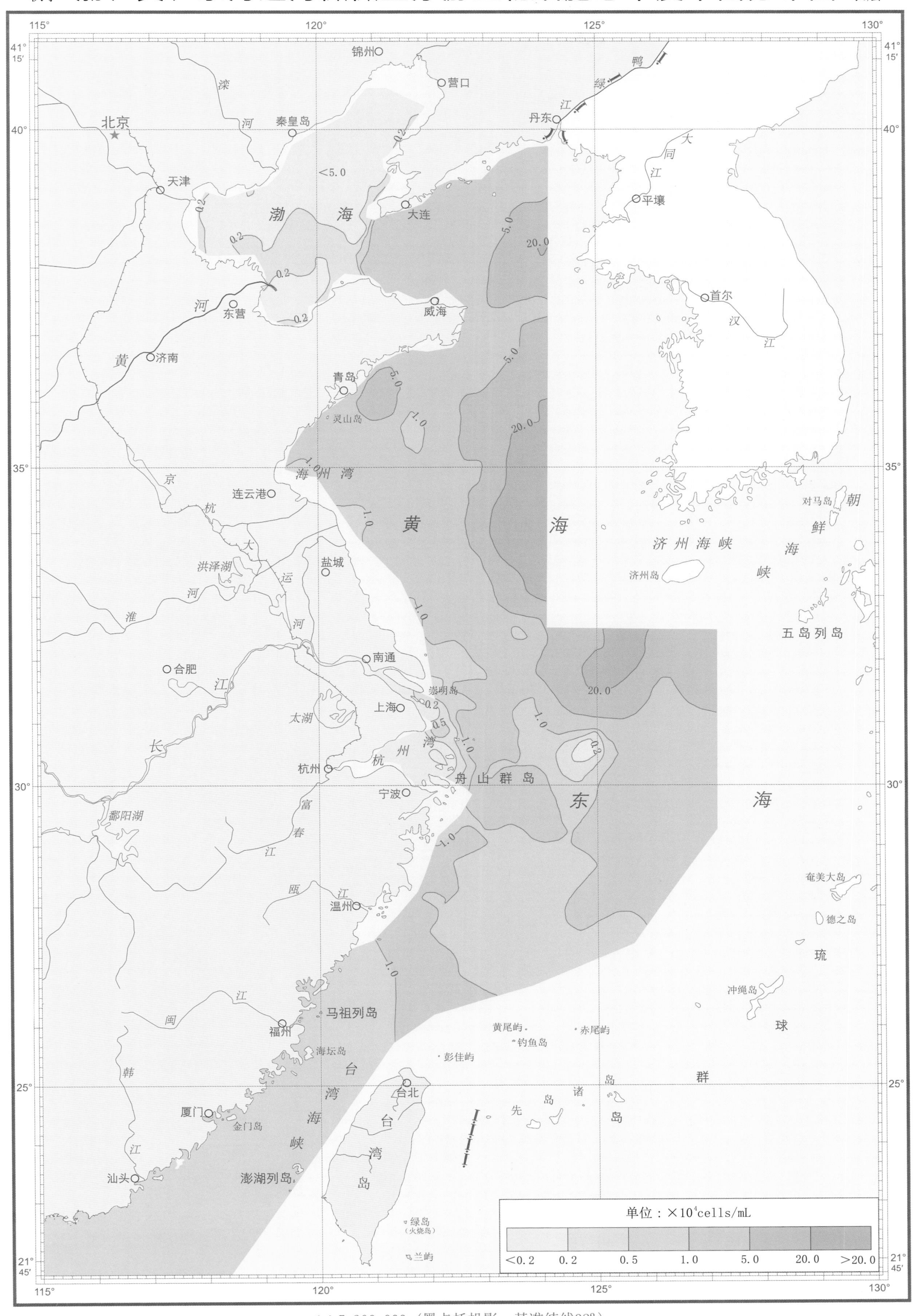

1∶7 300 000（墨卡托投影　基准纬线32°）

冬季 **渤、黄、东海近海微微型浮游生物细胞总丰度平面分布图** 表层

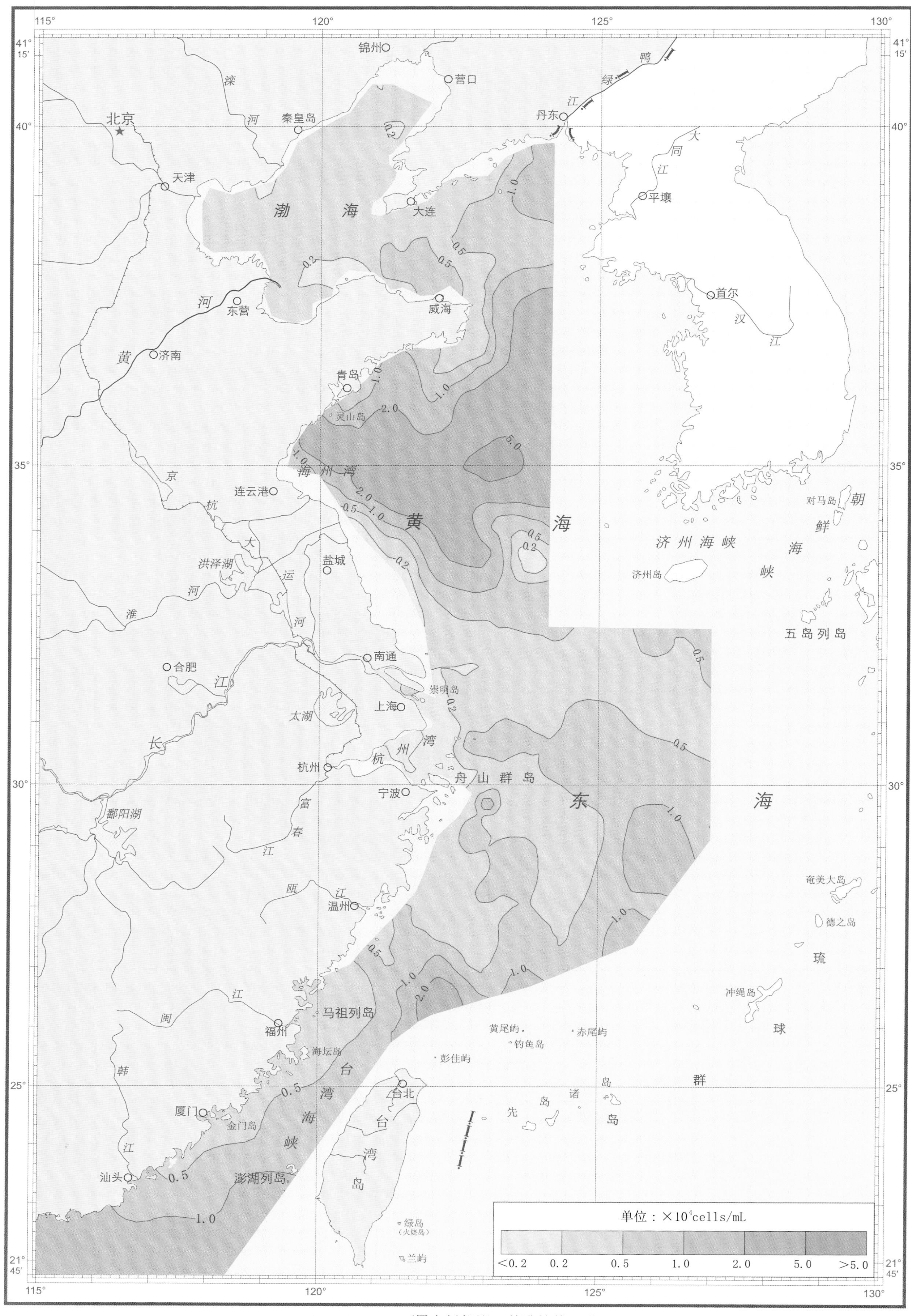

1∶7 300 000（墨卡托投影　基准纬线32°）

春季 **渤、黄、东海近海微微型浮游生物细胞总丰度平面分布图** 10m

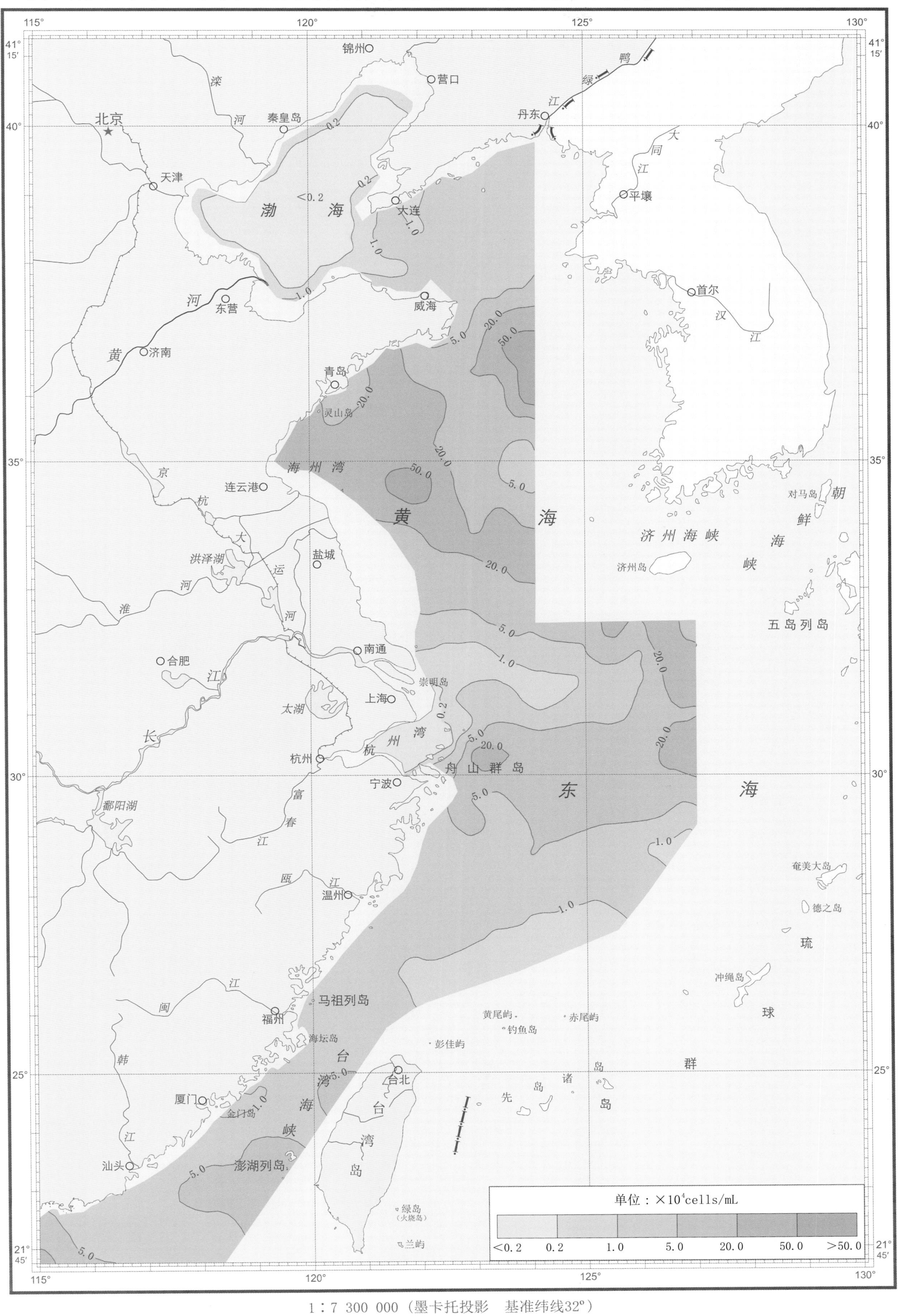

1∶7 300 000（墨卡托投影 基准纬线32°）

夏季 渤、黄、东海近海微微型浮游生物细胞总丰度平面分布图 10m

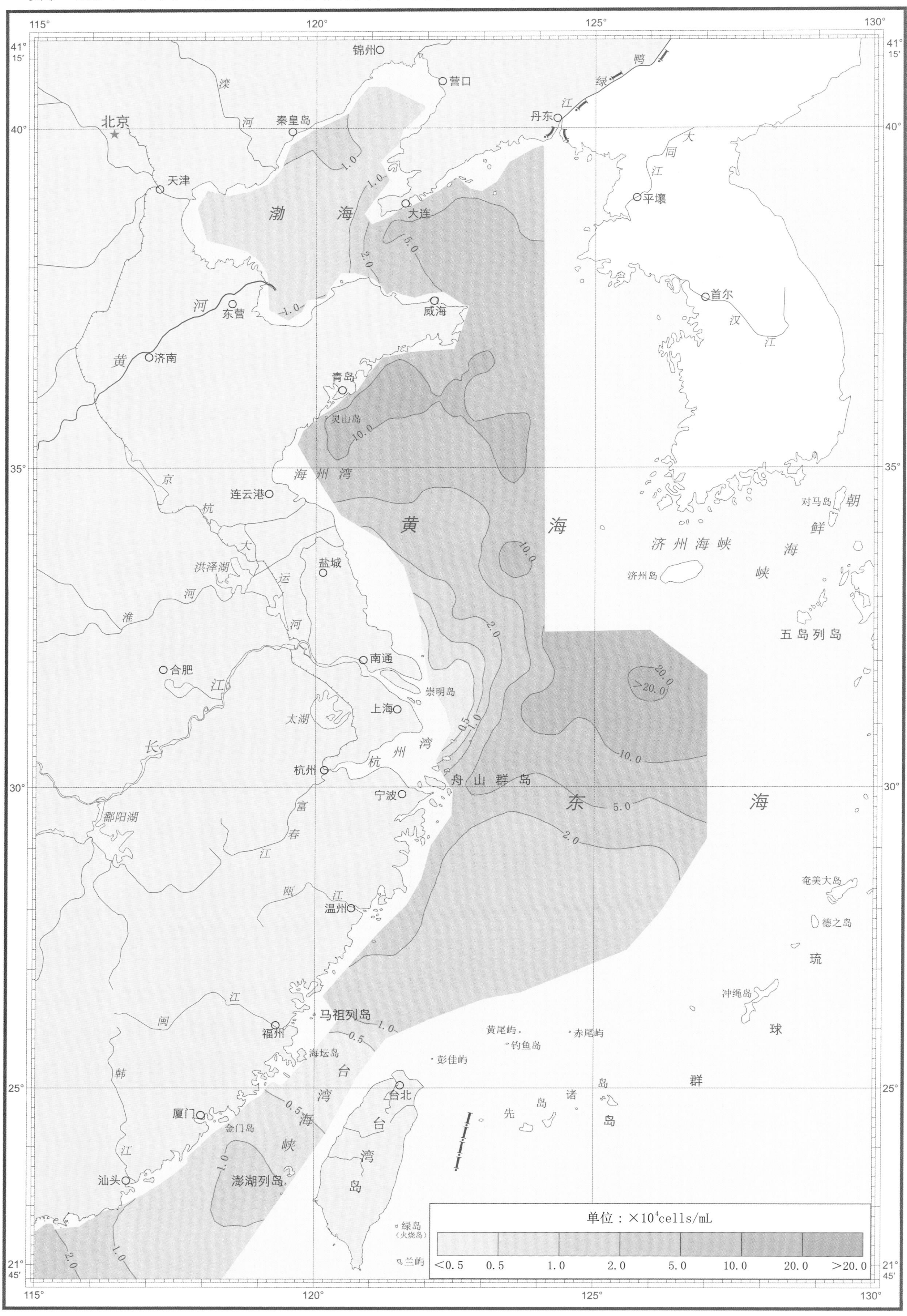

1∶7 300 000（墨卡托投影 基准纬线32°）

秋季 渤、黄、东海近海微微型浮游生物细胞总丰度平面分布图 10m

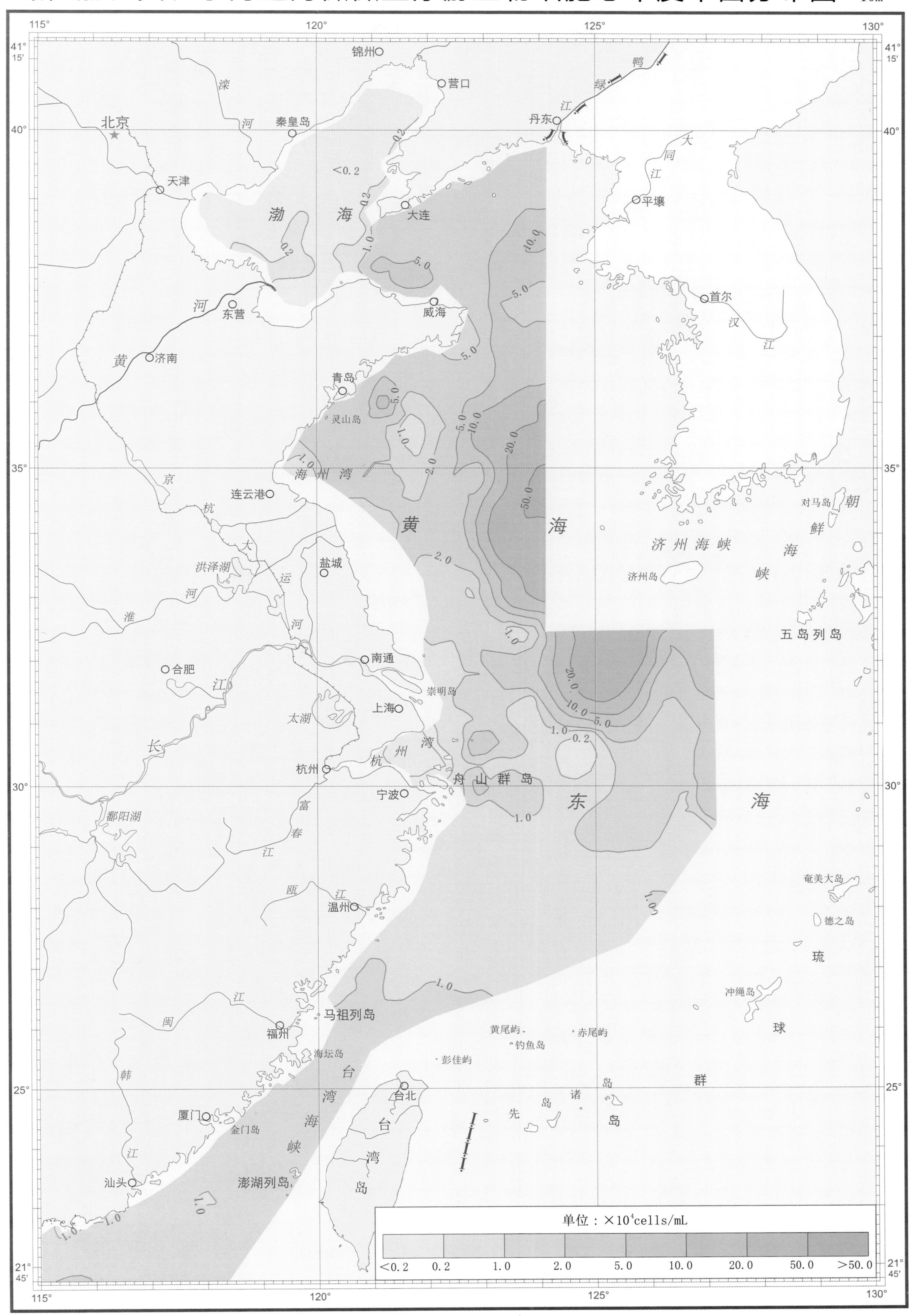

1∶7 300 000（墨卡托投影 基准纬线32°）

冬季 **渤、黄、东海近海微微型浮游生物细胞总丰度平面分布图** 10m

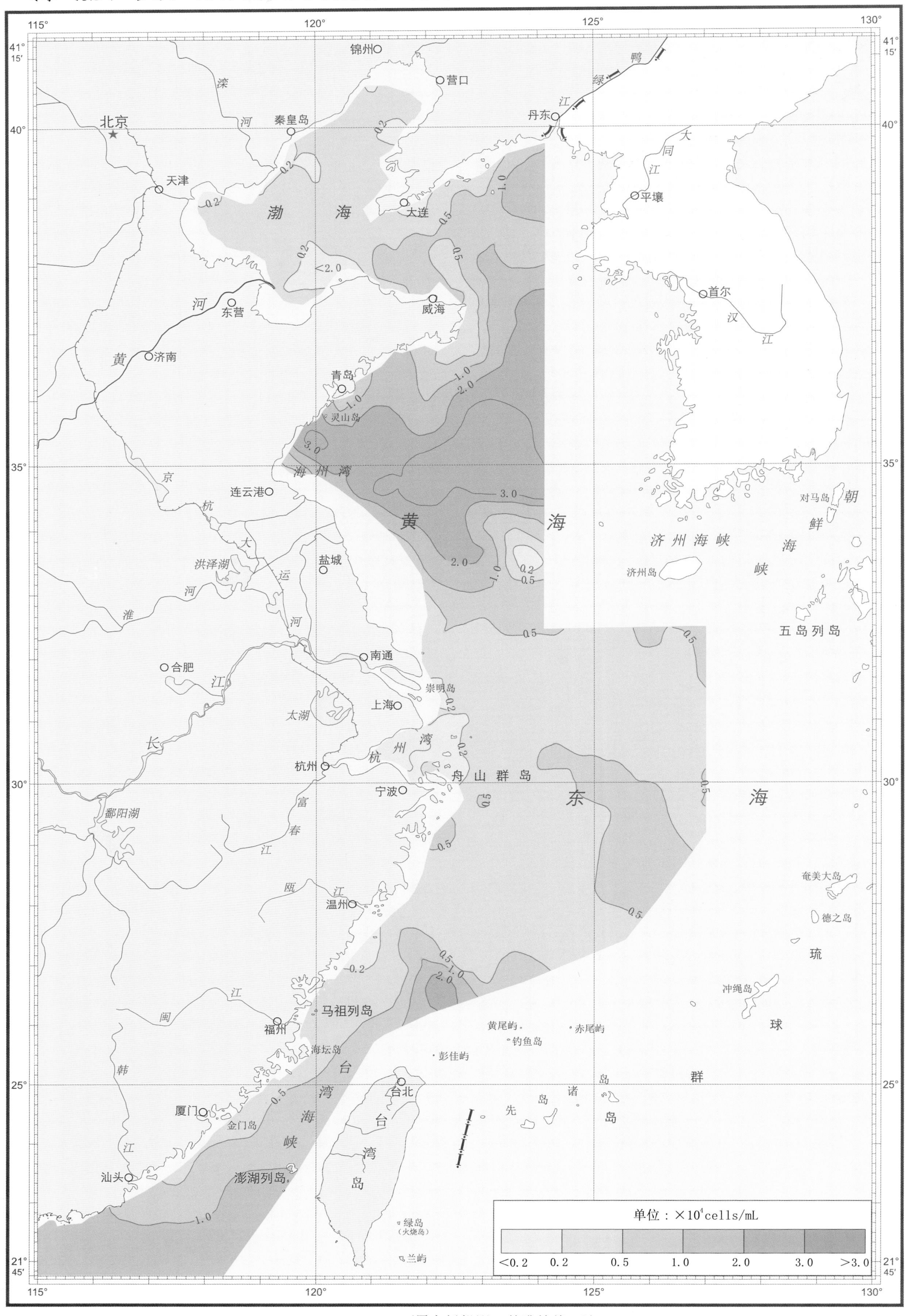

1∶7 300 000（墨卡托投影　基准纬线32°）

春季 **渤、黄、东海近海微微型浮游生物细胞总丰度平面分布图** 30m

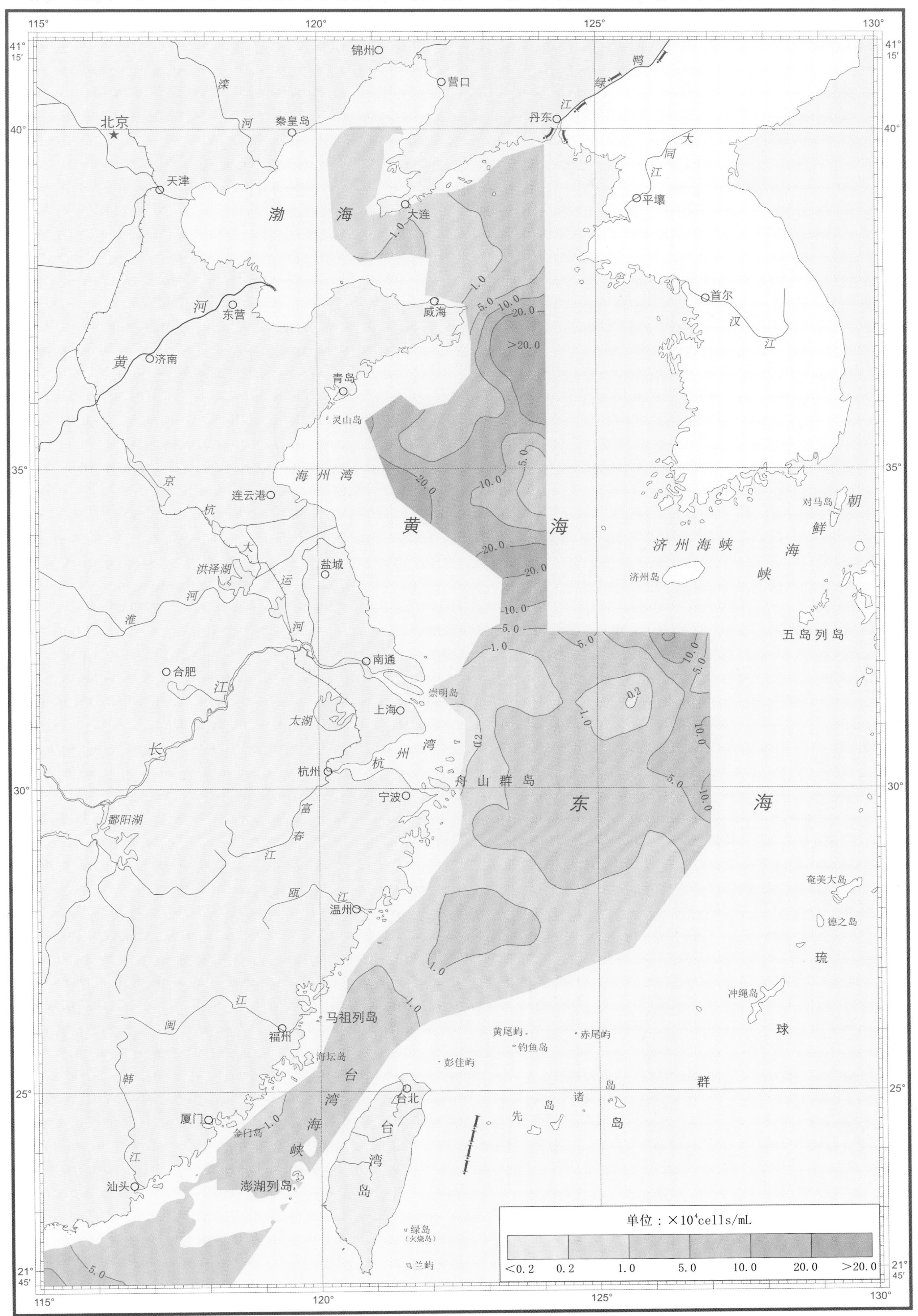

1：7 300 000（墨卡托投影 基准纬线32°）

夏季 渤、黄、东海近海微微型浮游生物细胞总丰度平面分布图 30m

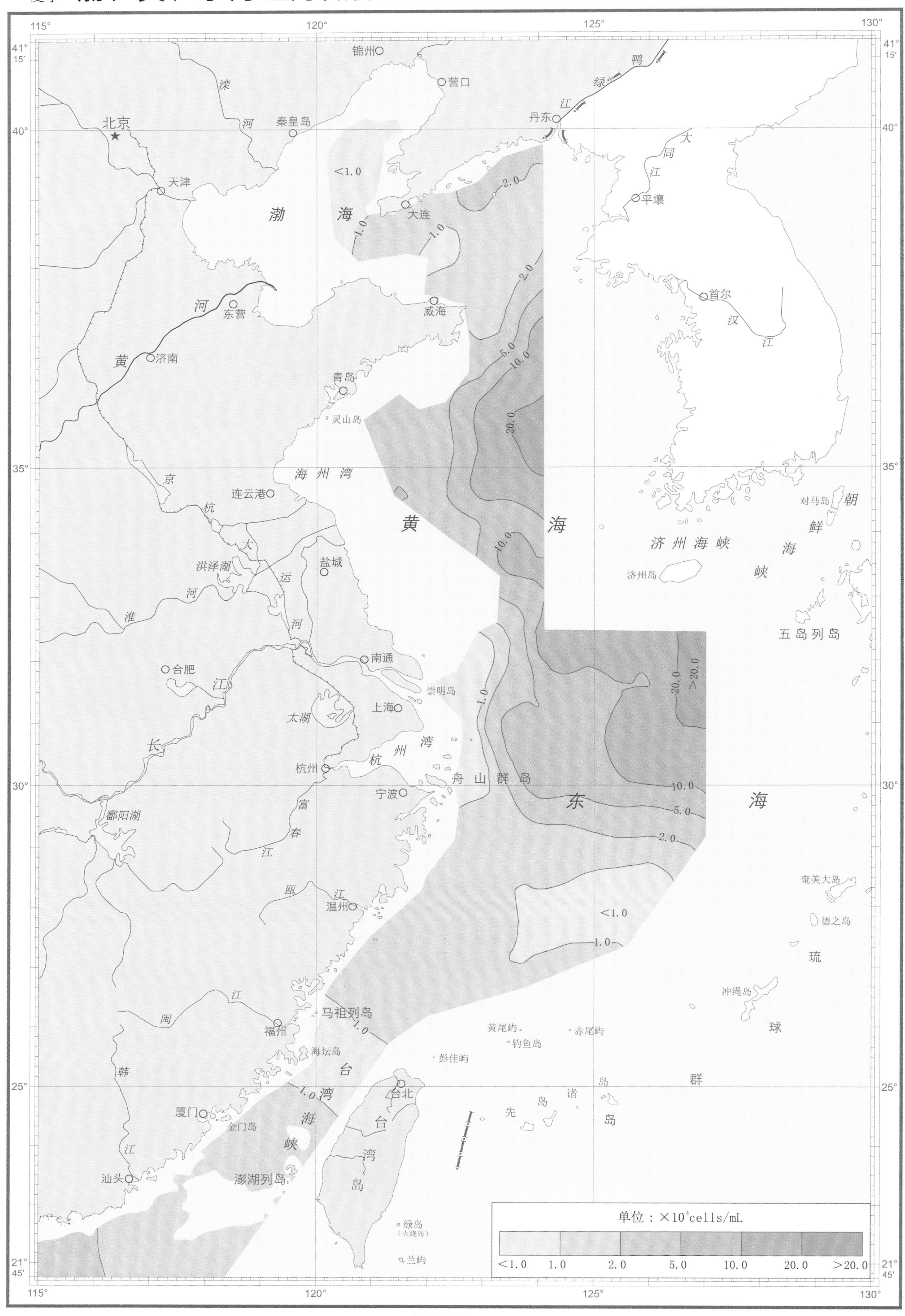

1：7 300 000（墨卡托投影 基准纬线32°）

秋季 渤、黄、东海近海微微型浮游生物细胞总丰度平面分布图 30m

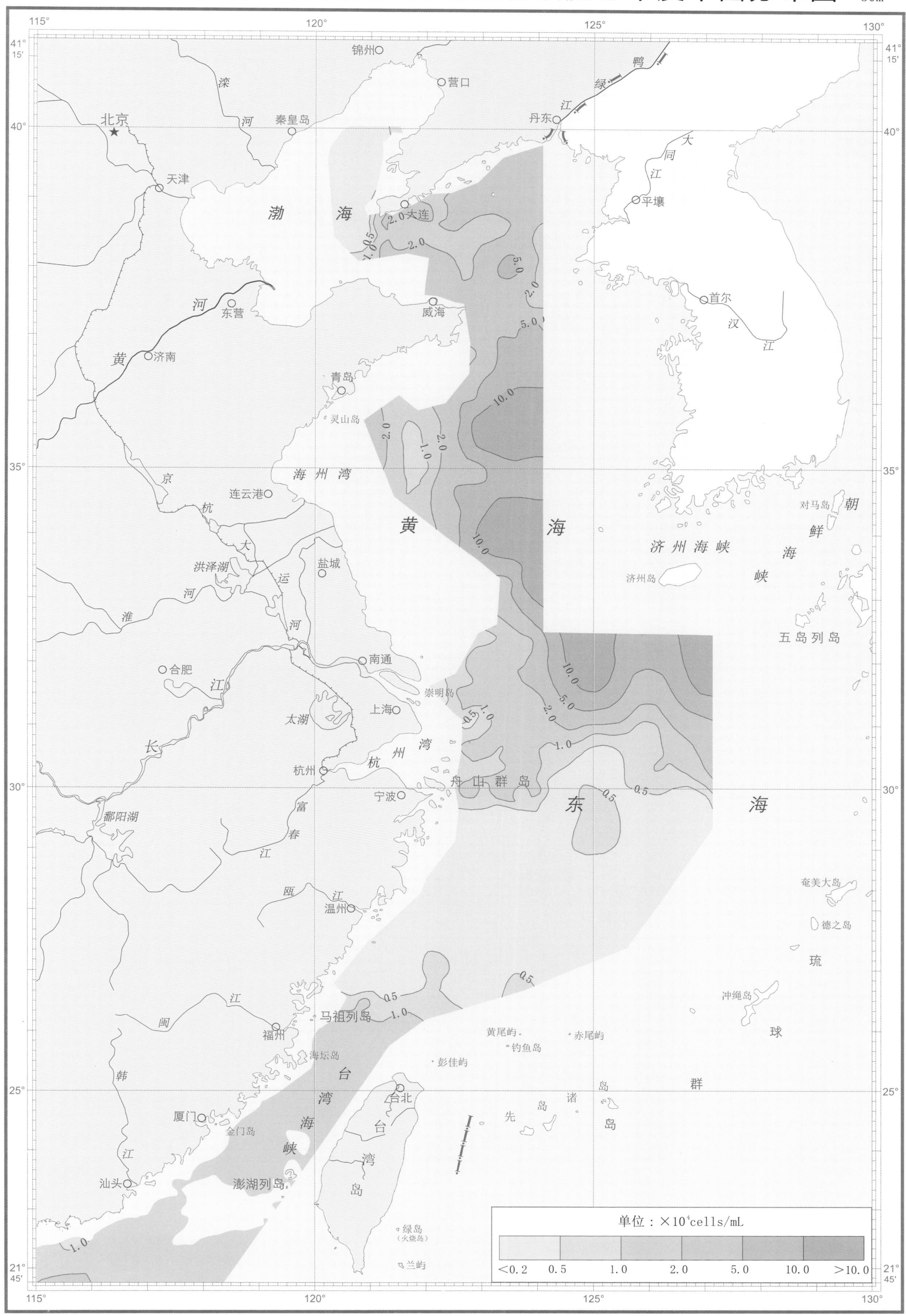

1∶7 300 000（墨卡托投影 基准纬线32°）

冬季 渤、黄、东海近海微微型浮游生物细胞总丰度平面分布图 30m

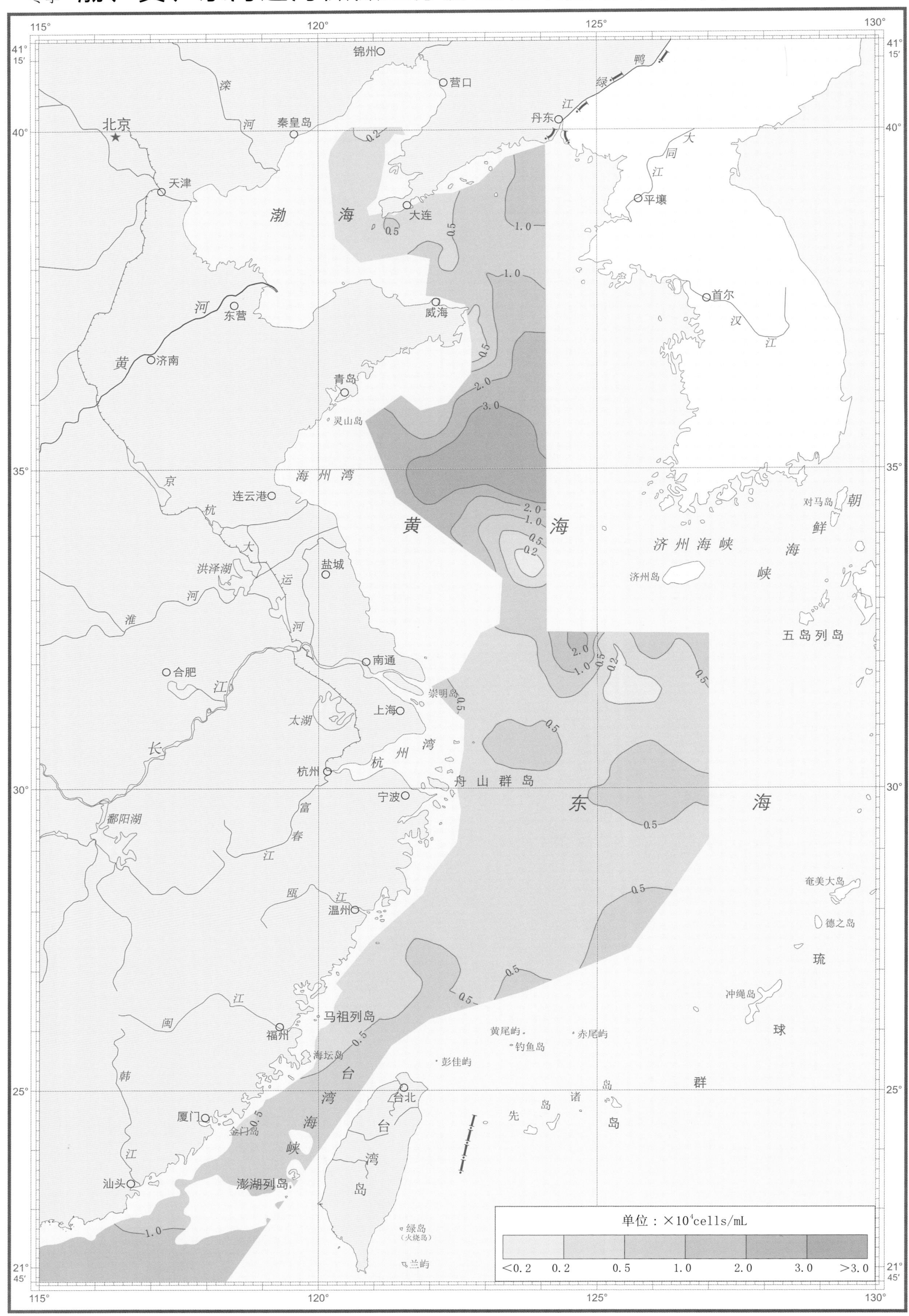

1：7 300 000（墨卡托投影 基准纬线32°）

春季 **渤、黄、东海近海微微型浮游生物细胞总丰度平面分布图** 底层

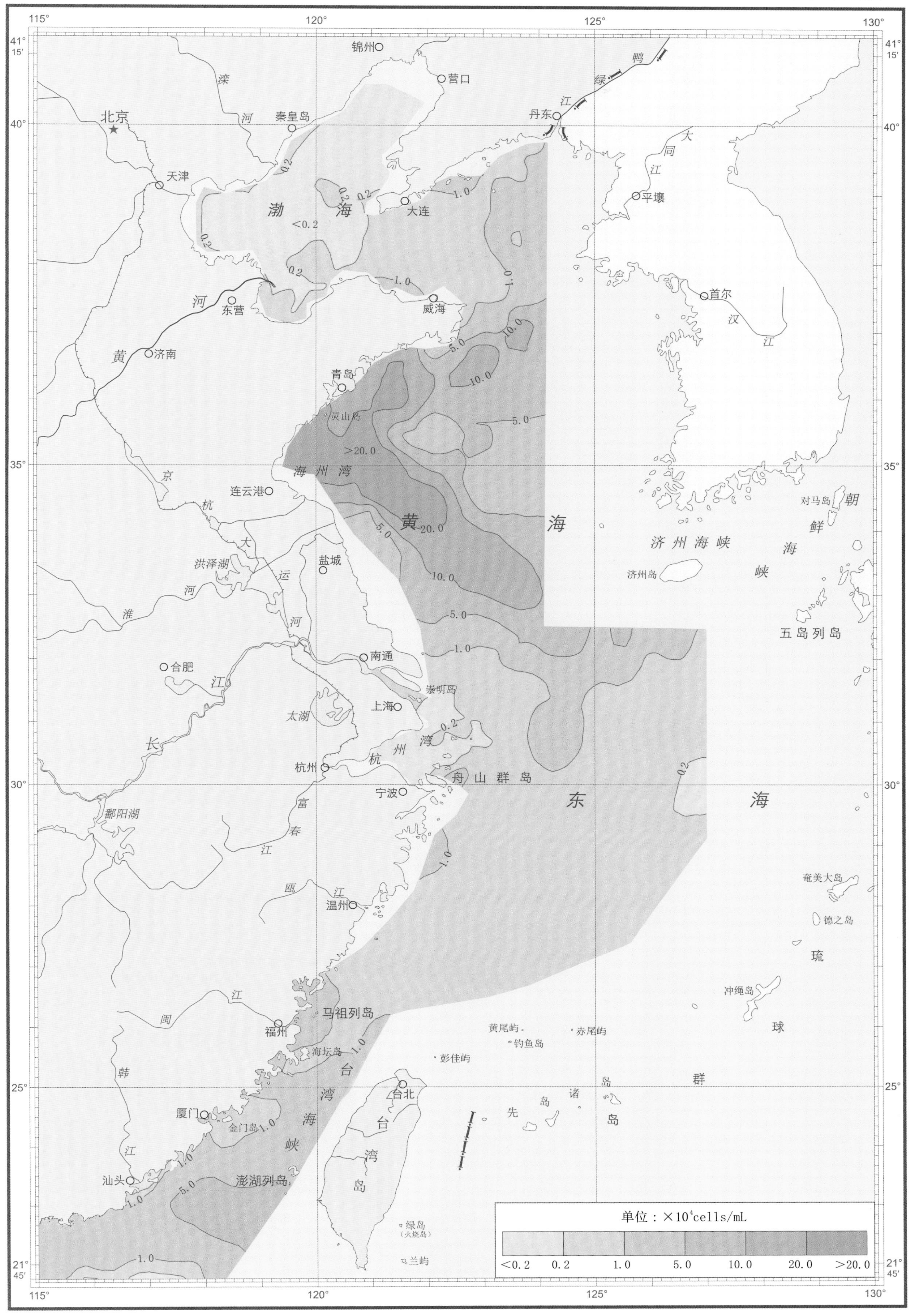

1∶7 300 000（墨卡托投影　基准纬线32°）

夏季 **渤、黄、东海近海微微型浮游生物细胞总丰度平面分布图** 底层

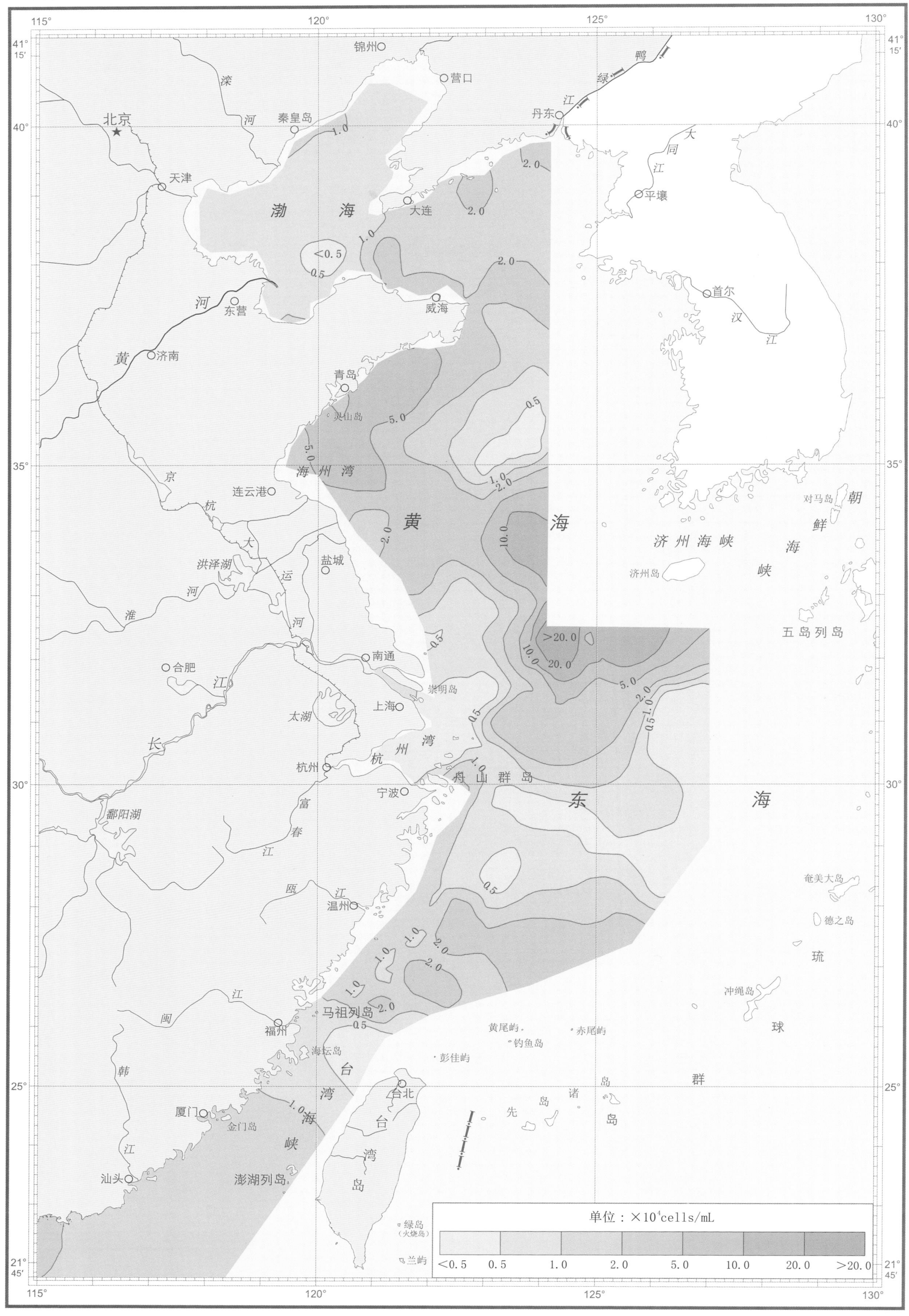

1∶7 300 000（墨卡托投影　基准纬线32°）

秋季 **渤、黄、东海近海微微型浮游生物细胞总丰度平面分布图** 底层

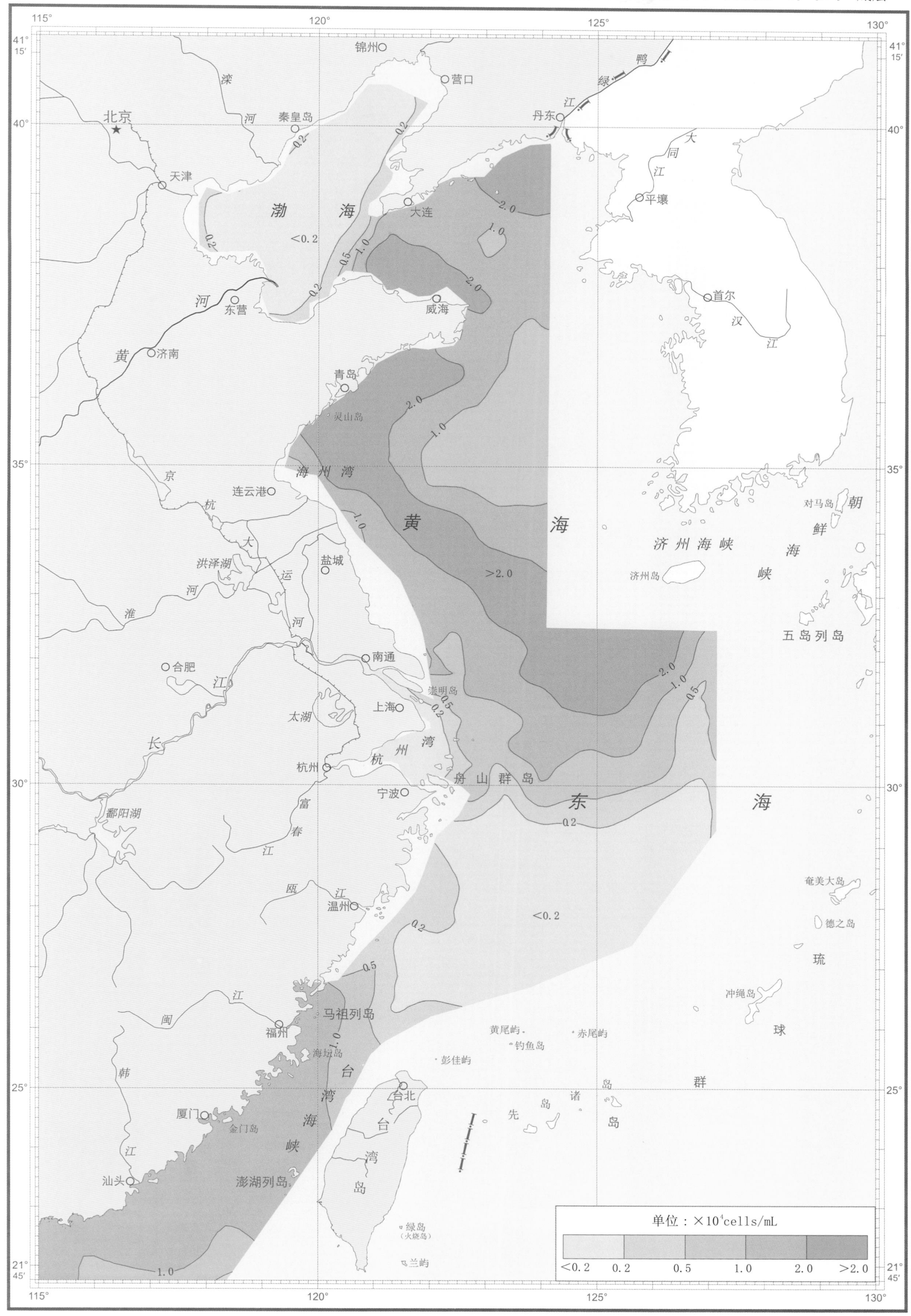

1∶7 300 000（墨卡托投影　基准纬线32°）

冬季 **渤、黄、东海近海微微型浮游生物细胞总丰度平面分布图** 底层

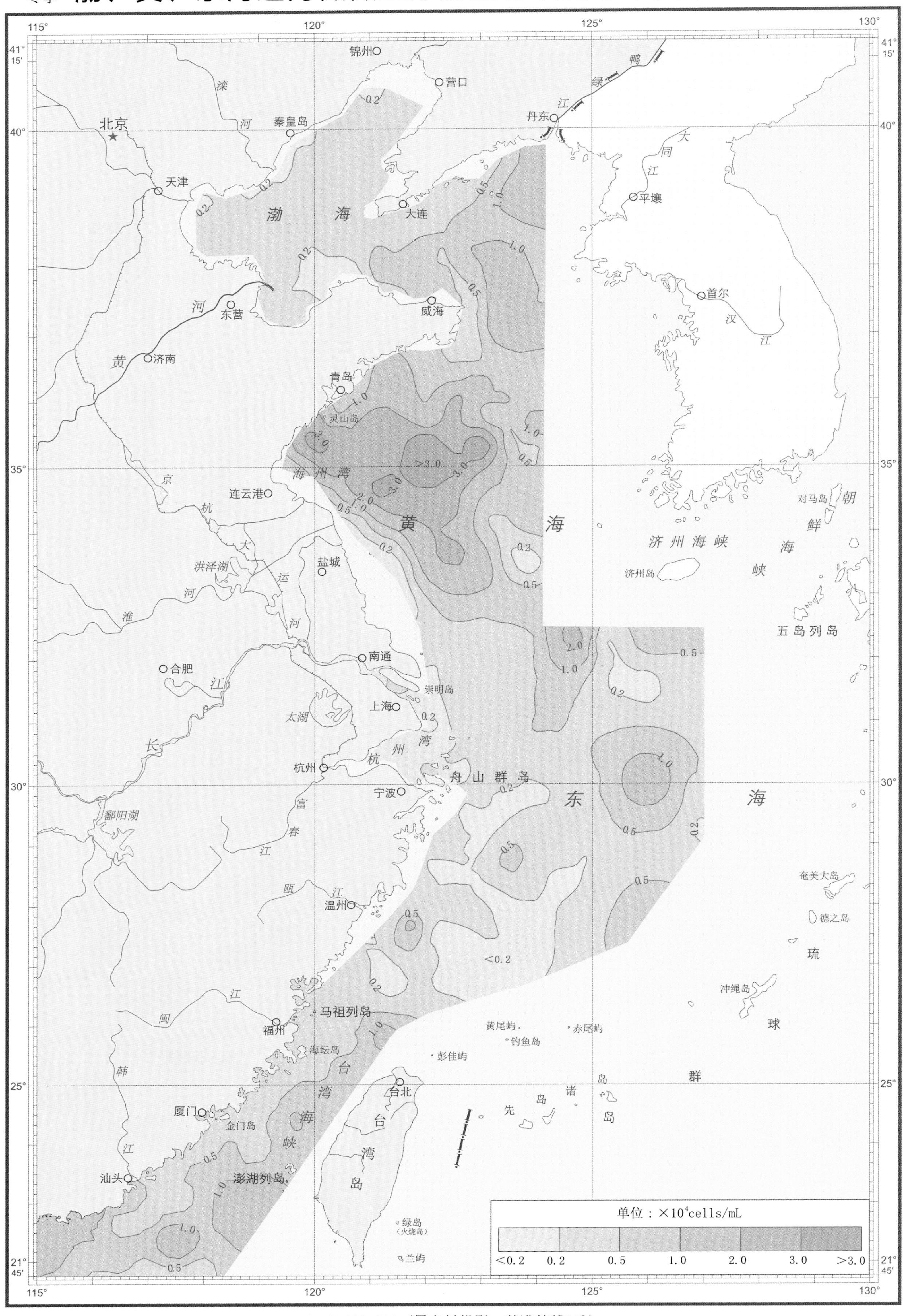

1：7 300 000（墨卡托投影　基准纬线32°）

春季 表层

南海北部近海微微型浮游生物细胞总丰度平面分布图

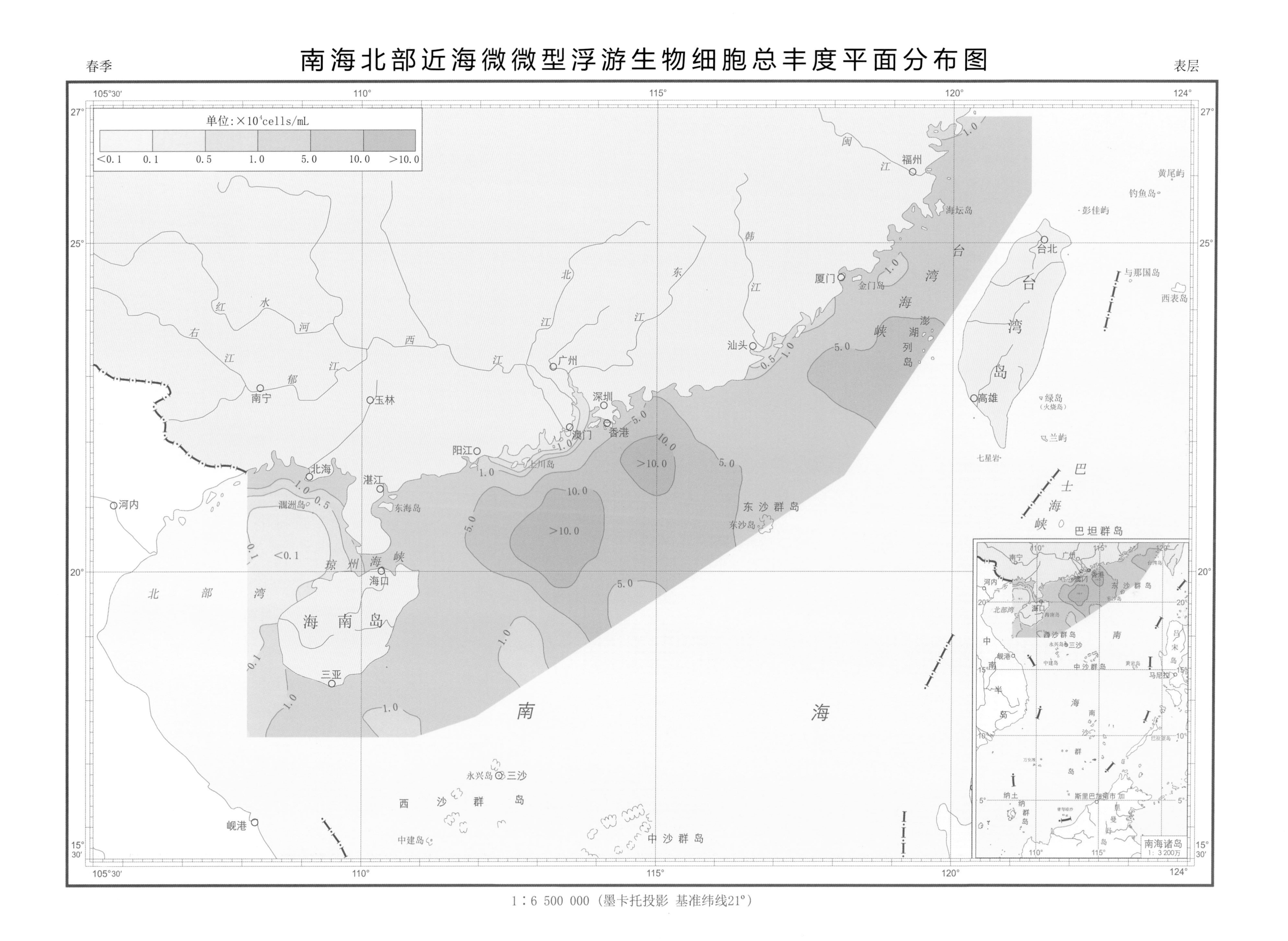

1∶6 500 000（墨卡托投影 基准纬线21°）

南海北部近海微微型浮游生物细胞总丰度平面分布图

夏季　　　　表层

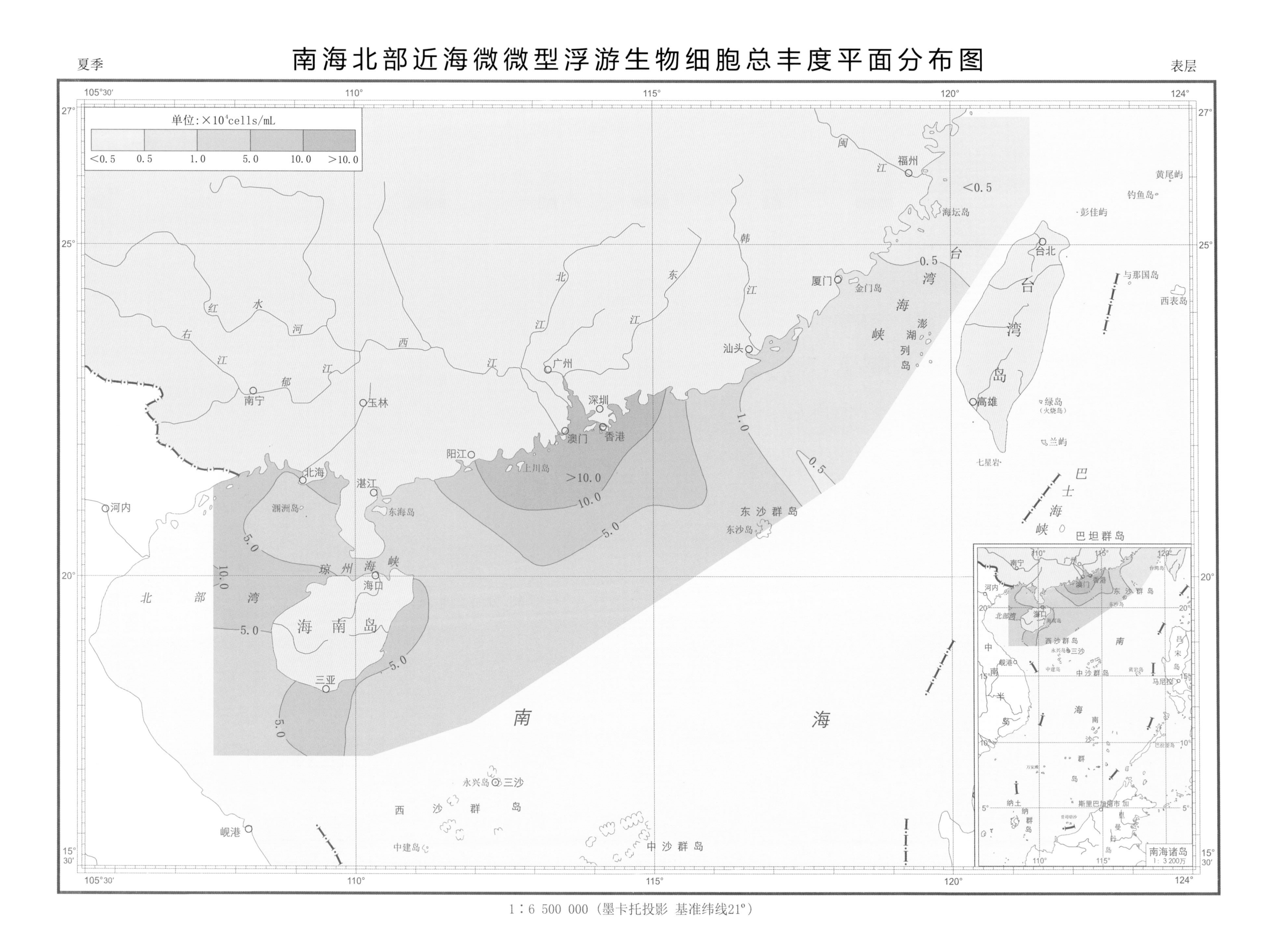

1：6 500 000（墨卡托投影　基准纬线21°）

南海北部近海微微型浮游生物细胞总丰度平面分布图

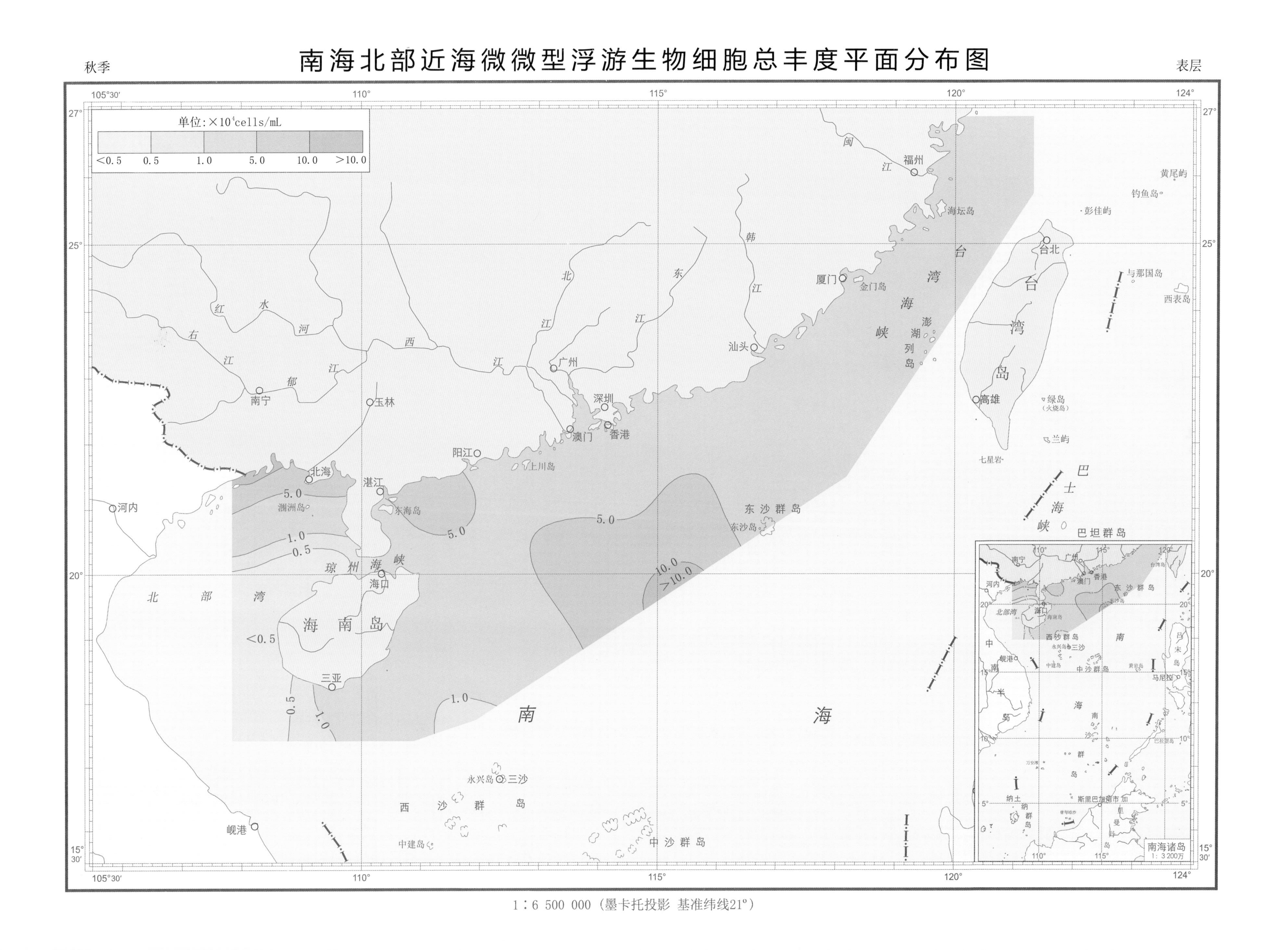

1：6 500 000（墨卡托投影 基准纬线21°）

冬季

南海北部近海微微型浮游生物细胞总丰度平面分布图

表层

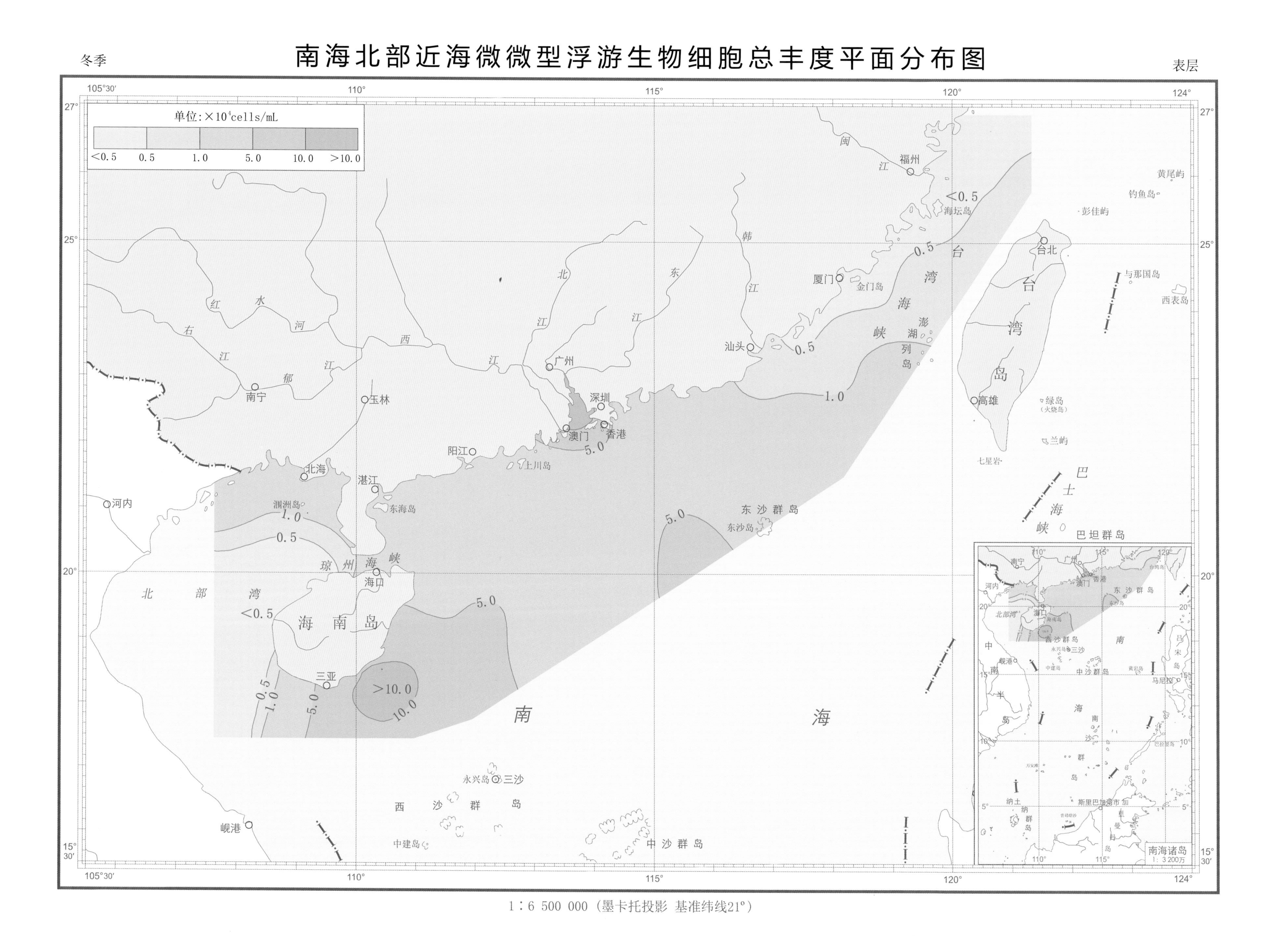

1:6 500 000(墨卡托投影 基准纬线21°)

南海北部近海微微型浮游生物细胞总丰度平面分布图

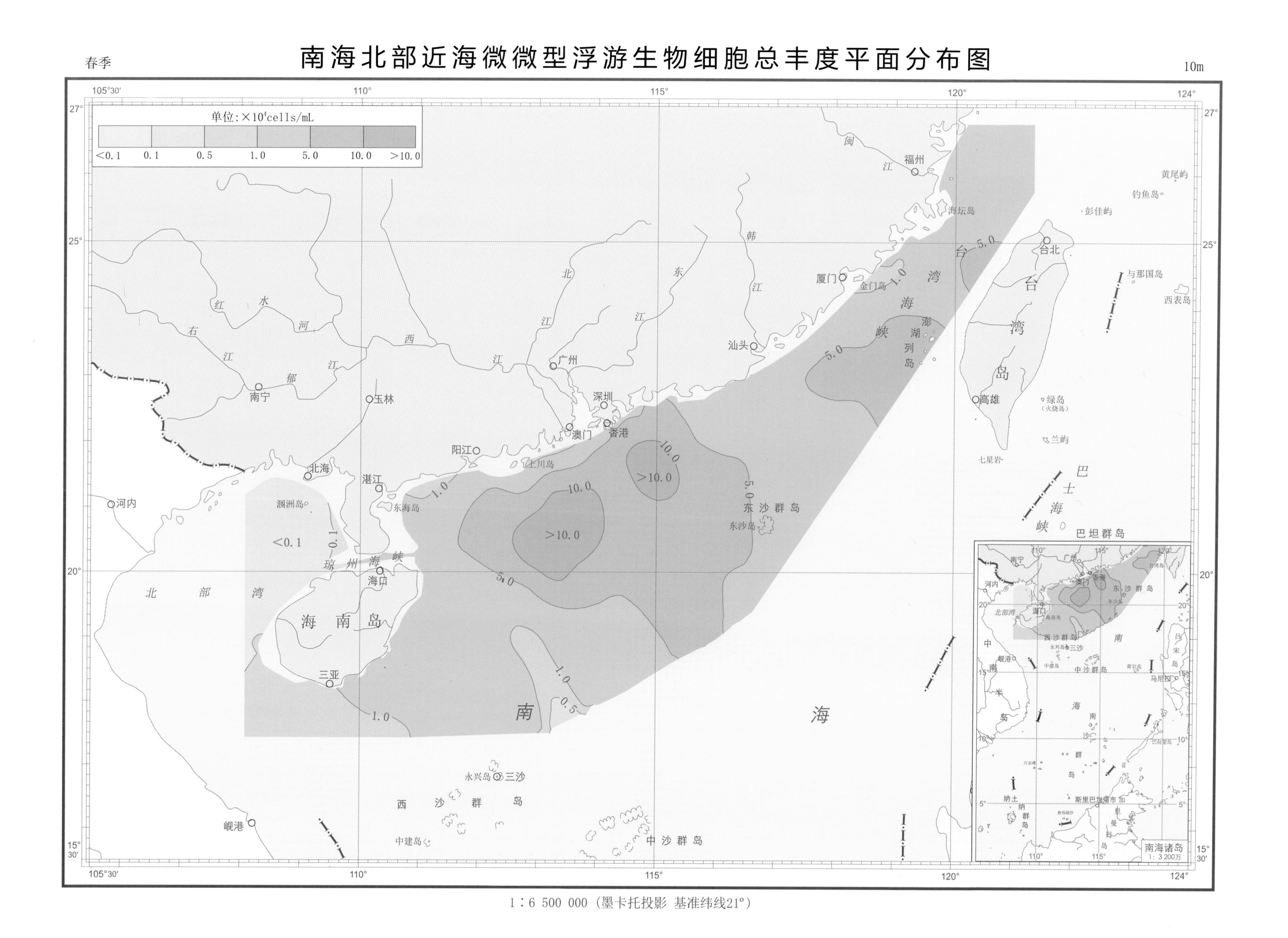

1:6 500 000(墨卡托投影 基准纬线21°)

夏季

南海北部近海微微型浮游生物细胞总丰度平面分布图

10m

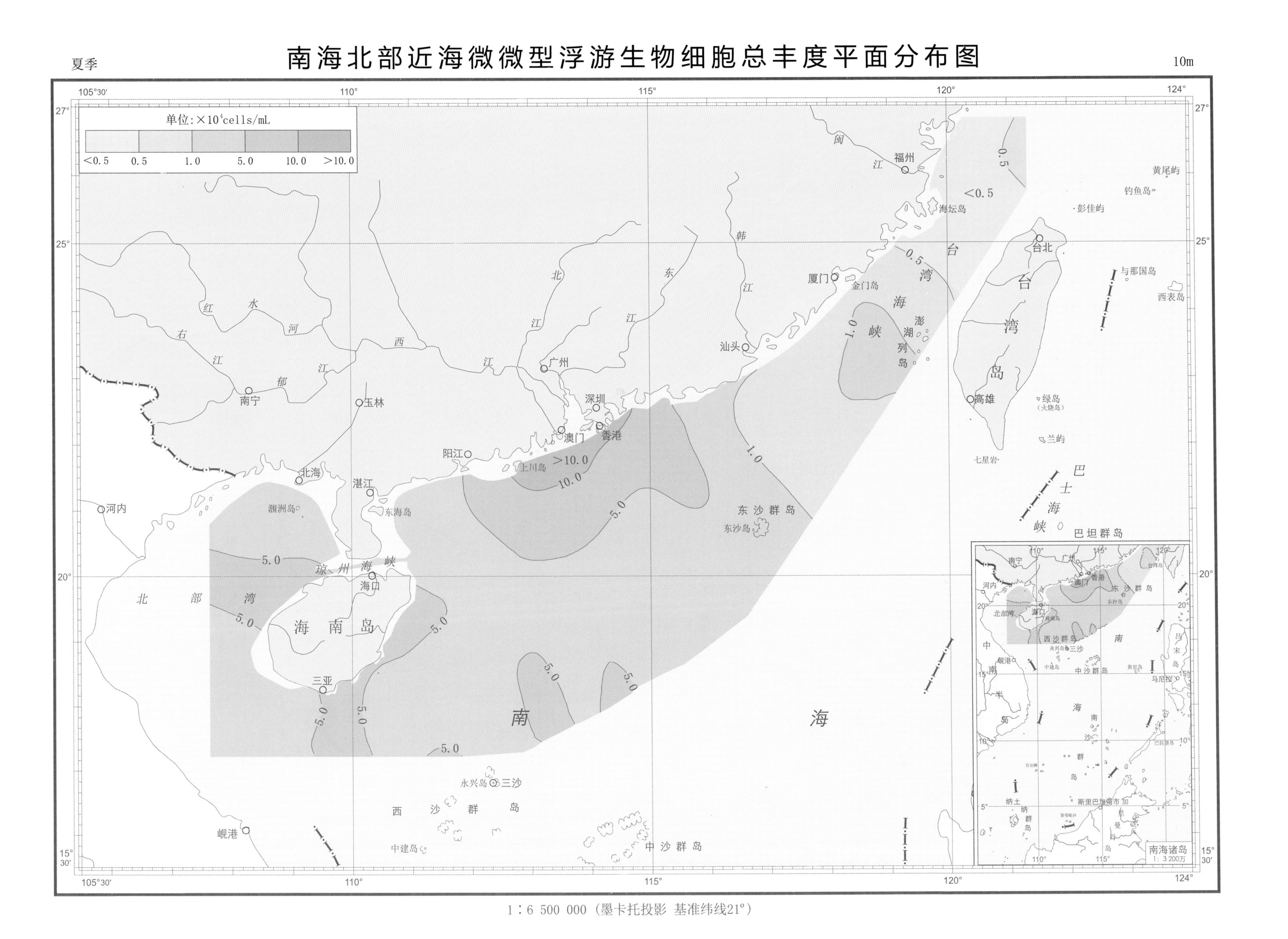

1：6 500 000（墨卡托投影 基准纬线21°）

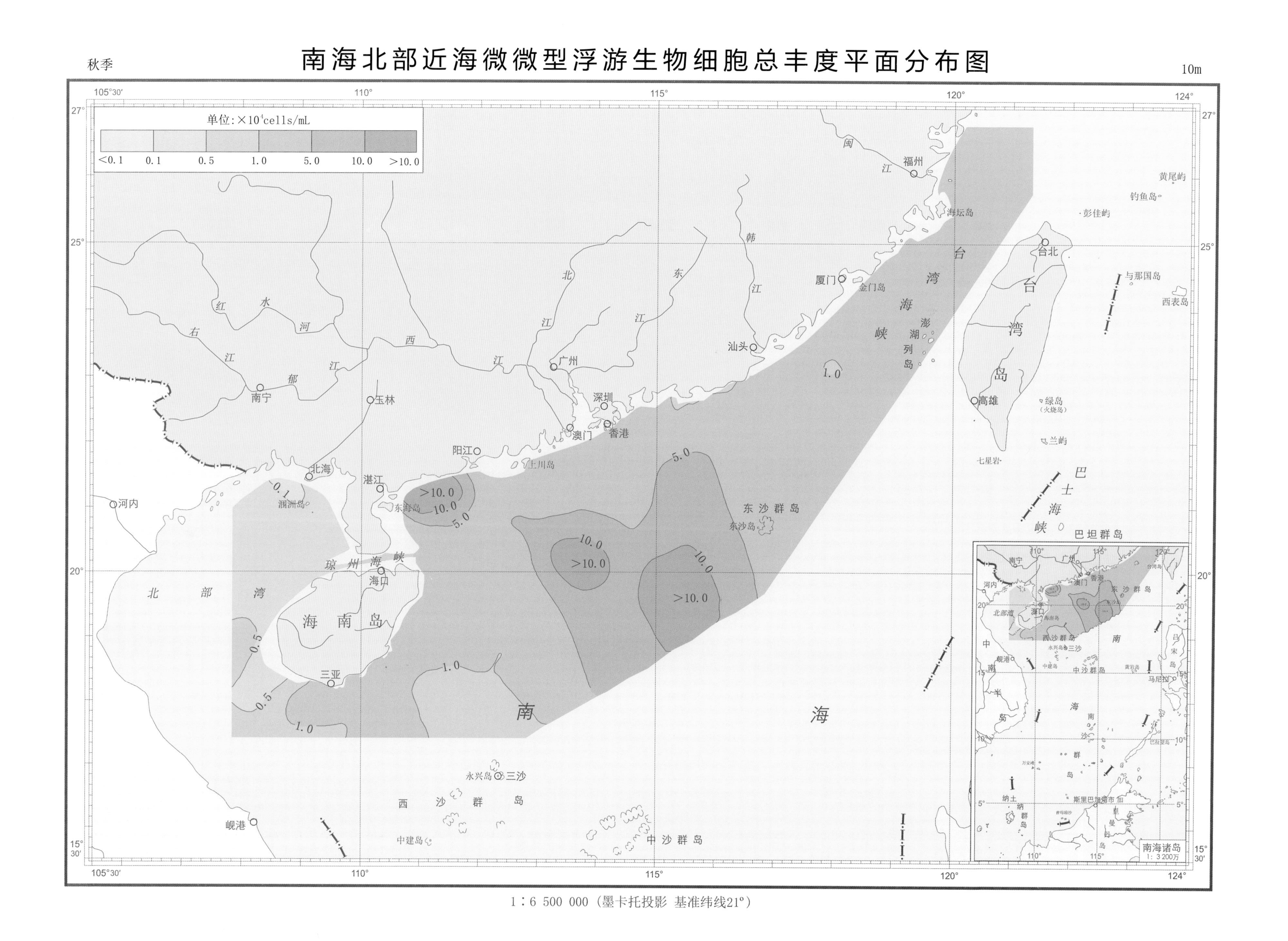
秋季
南海北部近海微微型浮游生物细胞总丰度平面分布图
10m
单位:×10⁴cells/mL
<0.1
0.1
0.5
1.0
5.0
10.0
>10.0
福州
厦门
金门岛
汕头
广州
深圳
澳门
香港
阳江
上川岛
湛江
东海岛
北海
涠洲岛
玉林
南宁
河内
海口
琼州海峡
海南岛
三亚
北部湾
台湾海峡
澎湖列岛
台湾岛
台北
高雄
海坛岛
东沙群岛
东沙岛
永兴岛
三沙
西沙群岛
中建岛
中沙群岛
岘港
巴士海峡
巴坦群岛
黄尾屿
钓鱼岛
彭佳屿
与那国岛
西表岛
绿岛
兰屿
七星岩
南海
南海诸岛
1:3 200万
1:6 500 000（墨卡托投影 基准纬线21°）

冬季

南海北部近海微微型浮游生物细胞总丰度平面分布图

10m

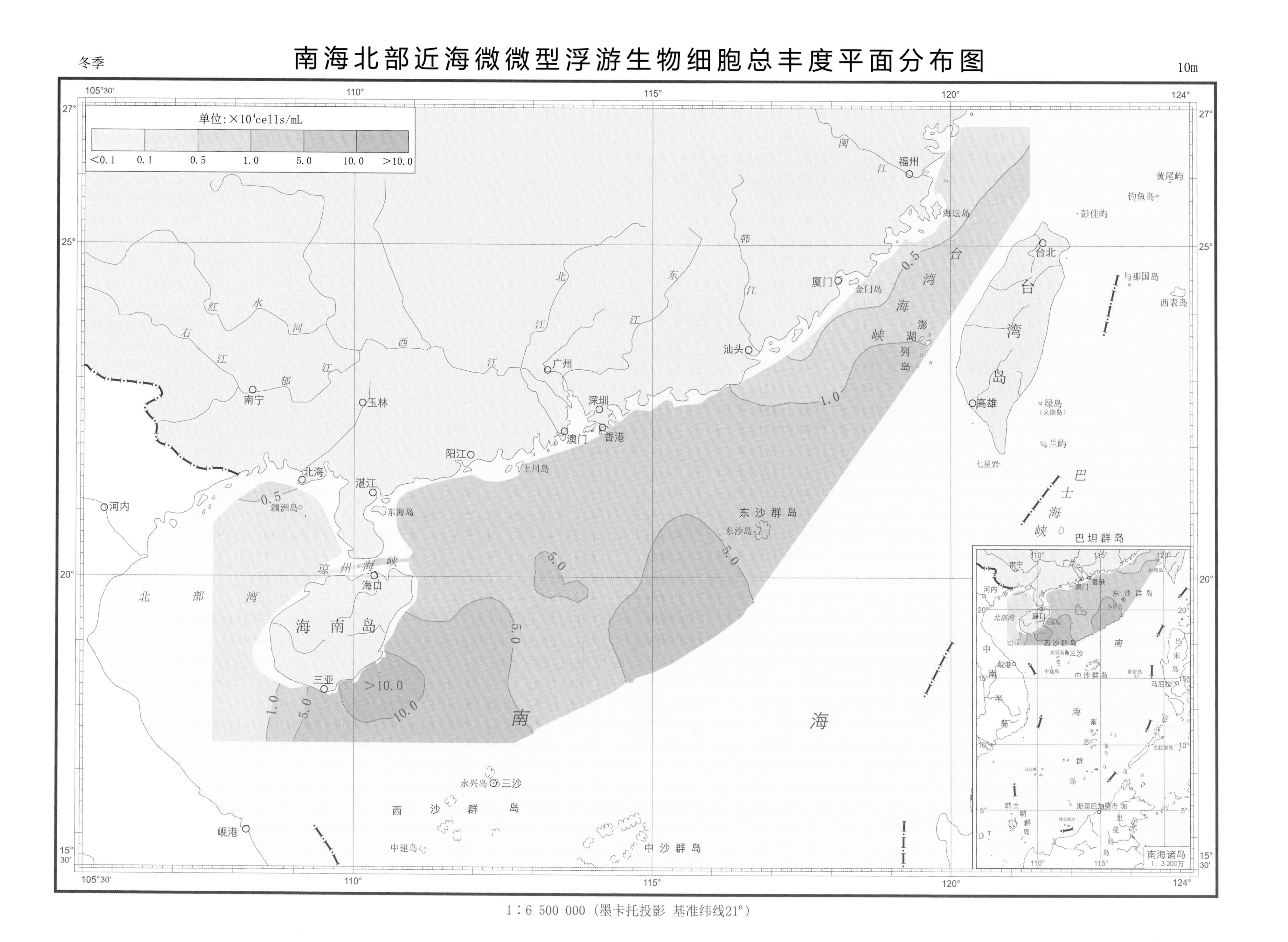

1：6 500 000（墨卡托投影 基准纬线21°）

春季

南海北部近海微微型浮游生物细胞总丰度平面分布图

30m

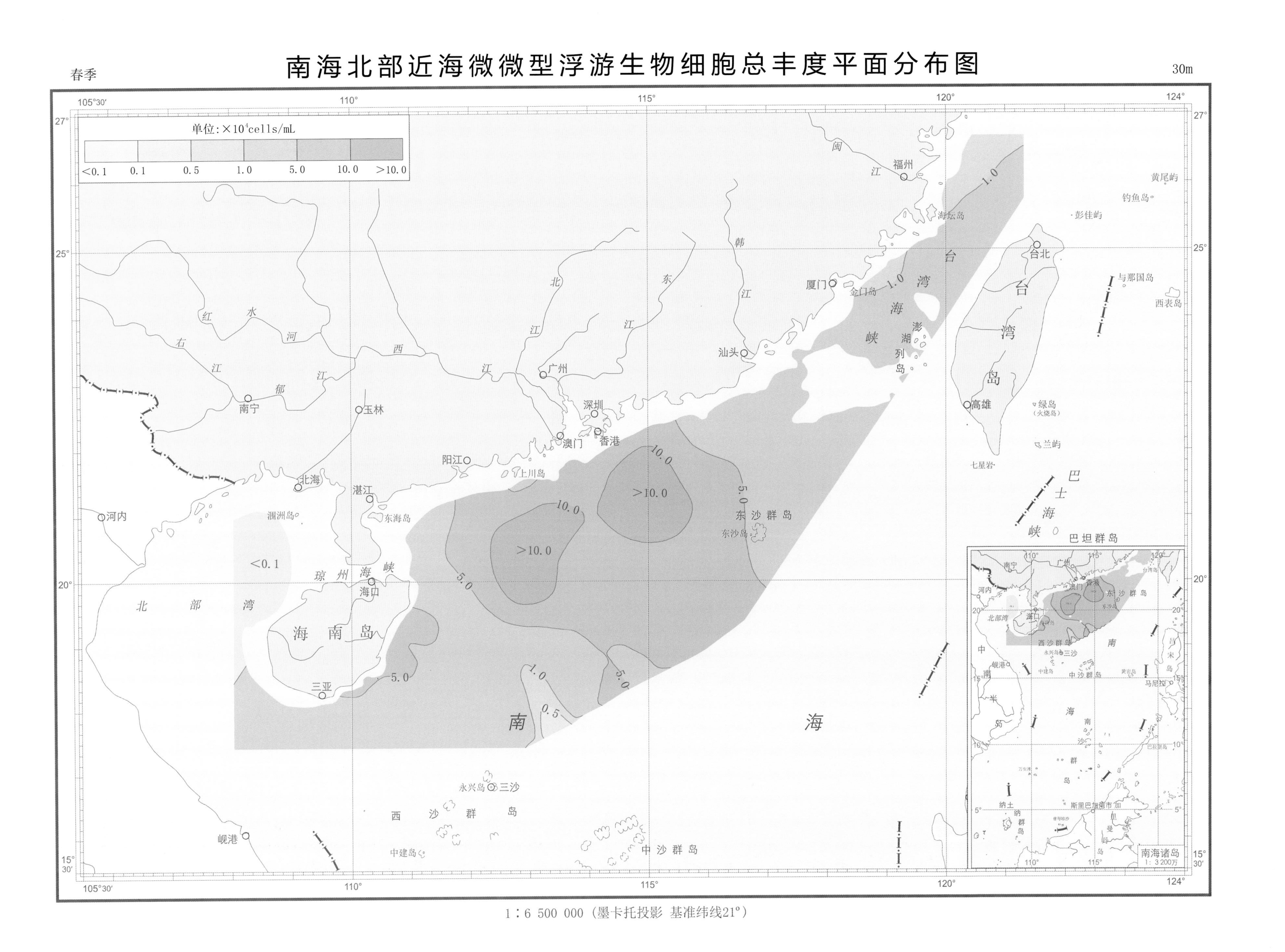

南海北部近海微微型浮游生物细胞总丰度平面分布图

夏季　　　　30m

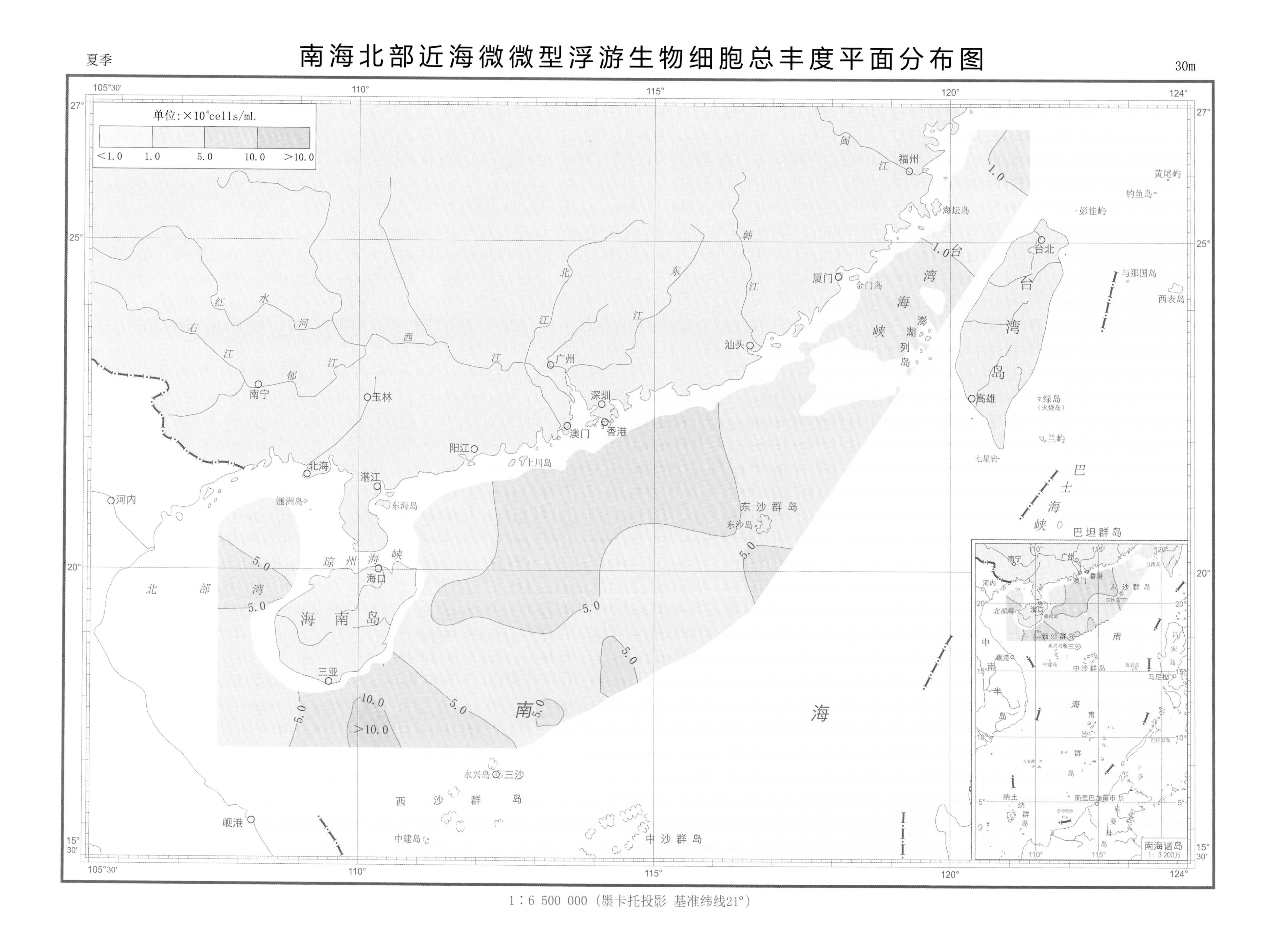

1：6 500 000（墨卡托投影 基准纬线21°）

南海北部近海微微型浮游生物细胞总丰度平面分布图

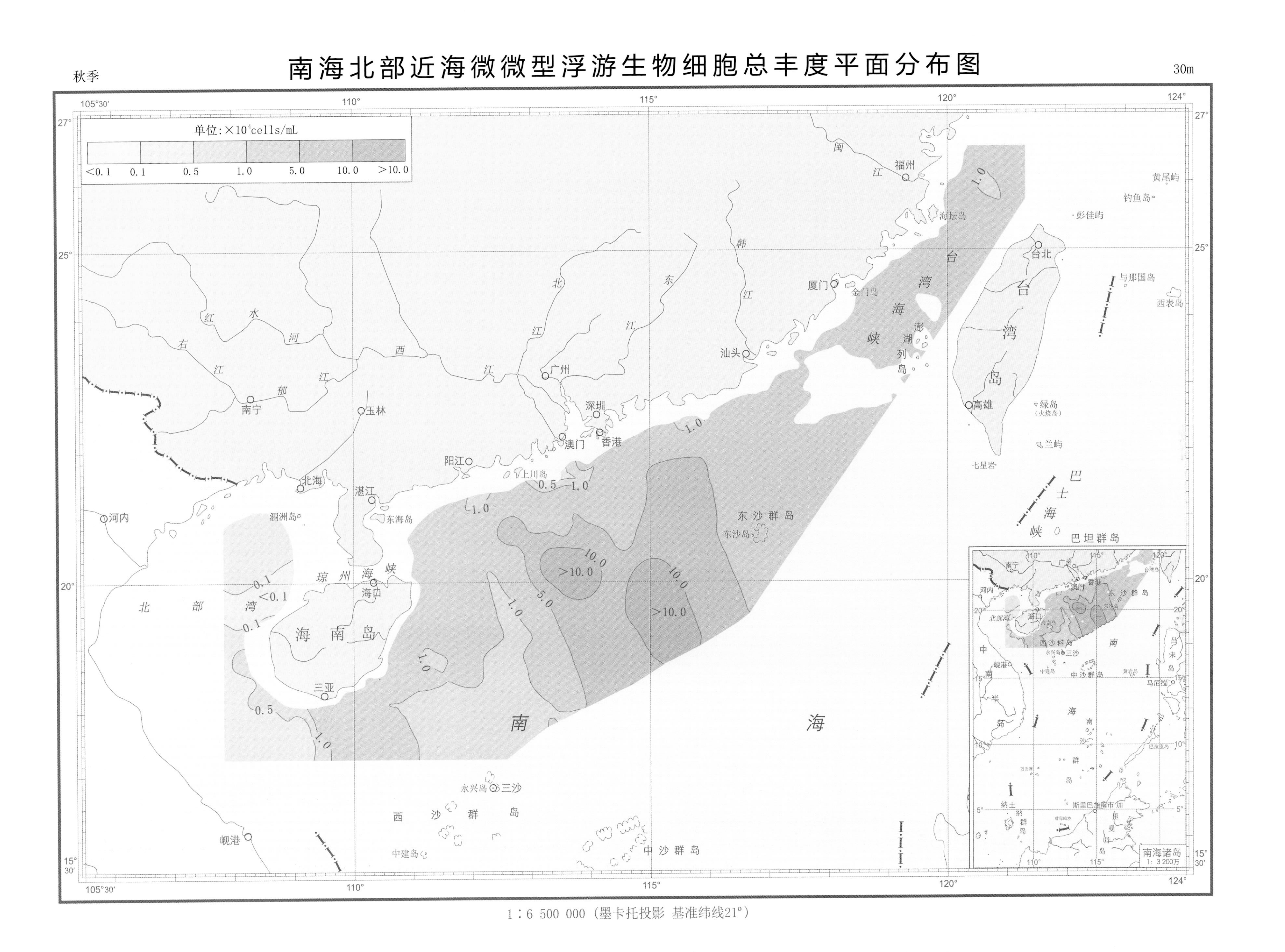

1∶6 500 000（墨卡托投影 基准纬线21°）

冬季

南海北部近海微微型浮游生物细胞总丰度平面分布图

30m

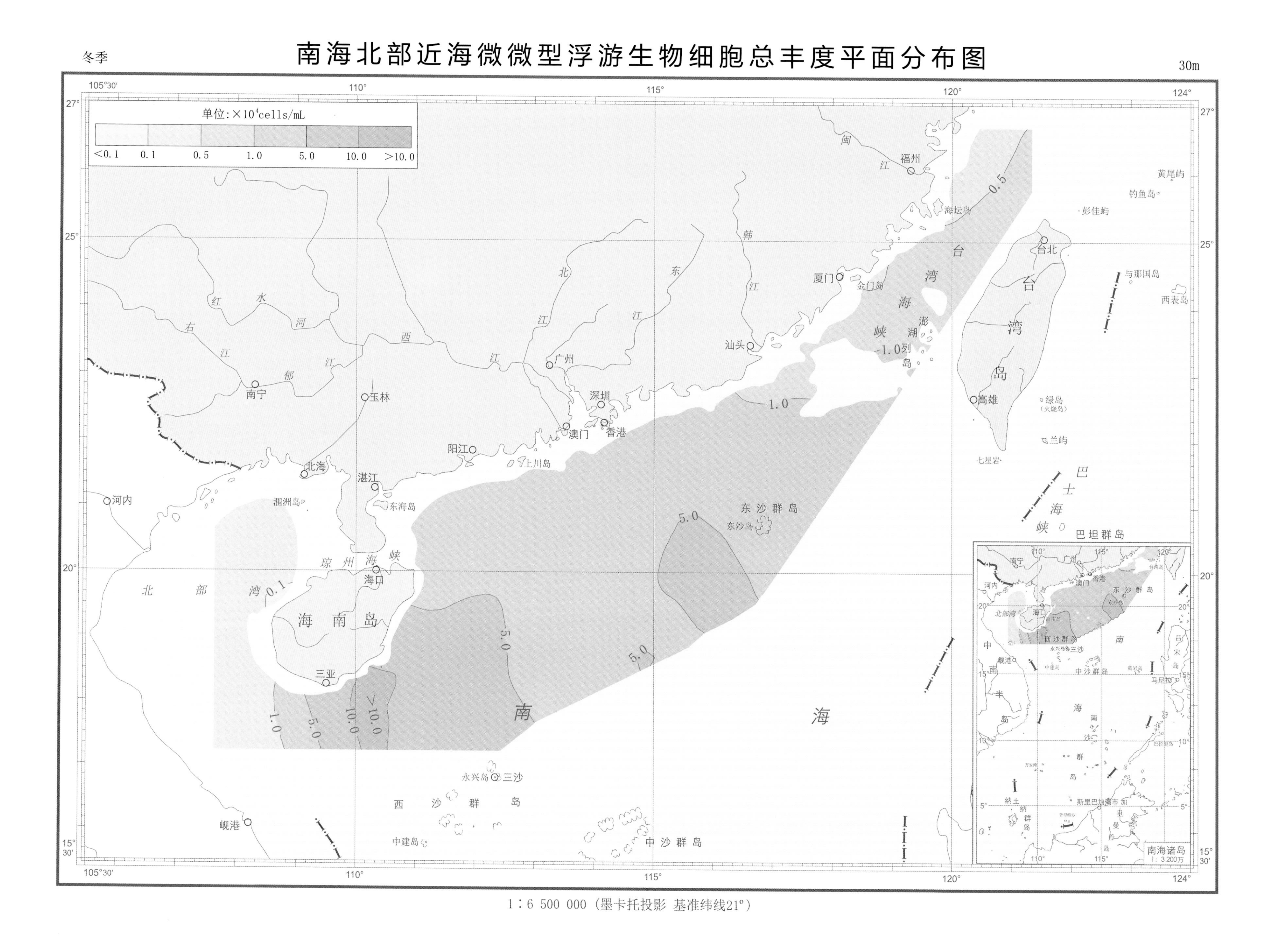

1:6 500 000(墨卡托投影 基准纬线21°)

春季　　底层

南海北部近海微微型浮游生物细胞总丰度平面分布图

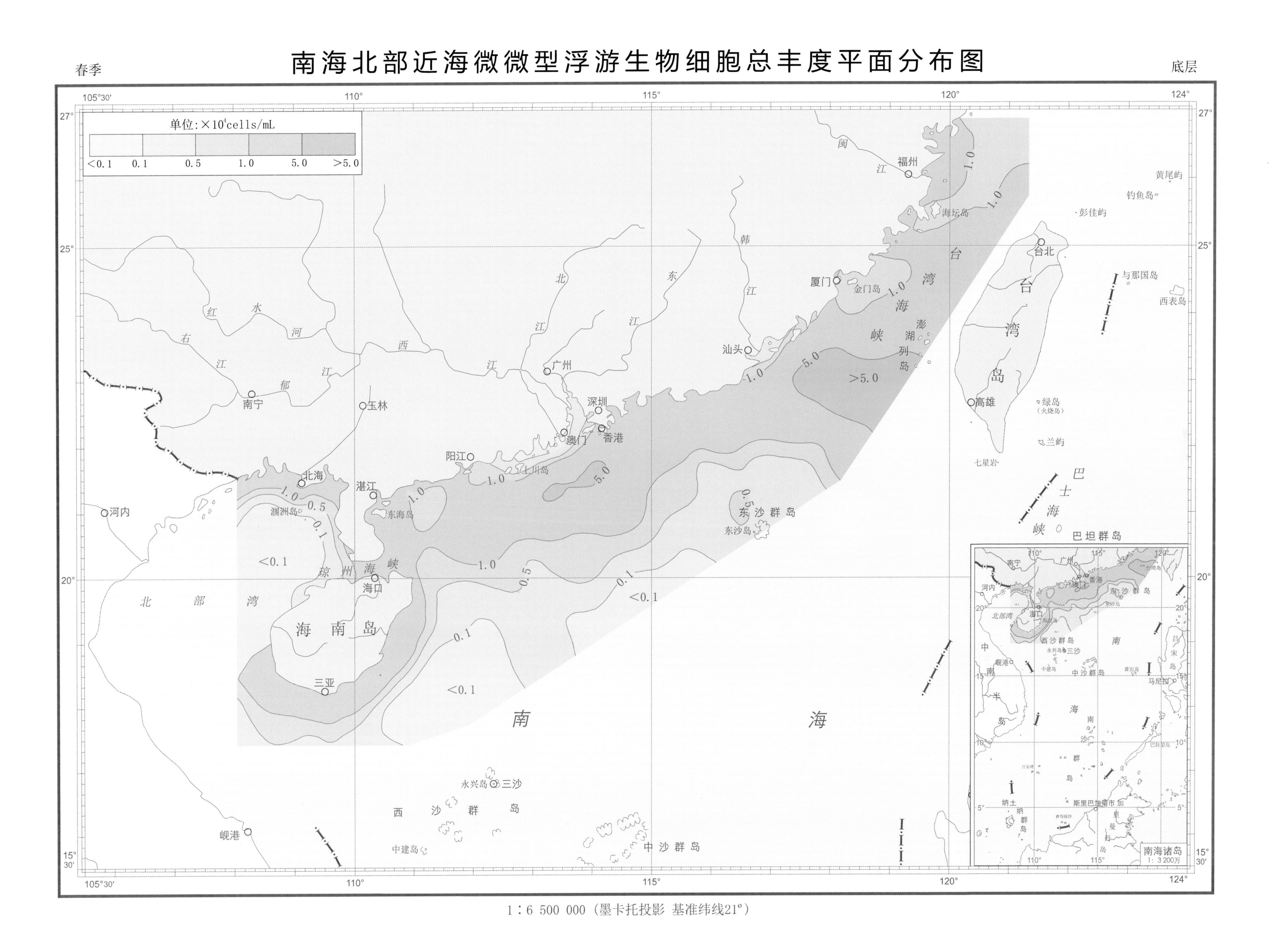

1：6 500 000（墨卡托投影 基准纬线21°）

夏季

南海北部近海微微型浮游生物细胞总丰度平面分布图

底层

单位：$\times 10^4$ cells/mL

<0.1　0.1　0.5　1.0　5.0　10.0　>10.0

福州　海坛岛　台湾海峡　厦门　金门岛　澎湖列岛　汕头　广州　深圳　香港　澳门　上川岛　阳江　湛江　东海岛　北海　涠洲岛　南宁　玉林　河内　琼州海峡　海口　海南岛　三亚　北部湾　东沙群岛　东沙岛　西沙群岛　永兴岛　三沙　中建岛　中沙群岛　岘港　台北　台湾岛　高雄　绿岛（火烧岛）　兰屿　七星岩　巴士海峡　巴坦群岛　与那国岛　西表岛　黄尾屿　钓鱼岛　彭佳屿　南海

南海诸岛 1：3 200万

1：6 500 000（墨卡托投影 基准纬线21°）

秋季

南海北部近海微微型浮游生物细胞总丰度平面分布图

底层

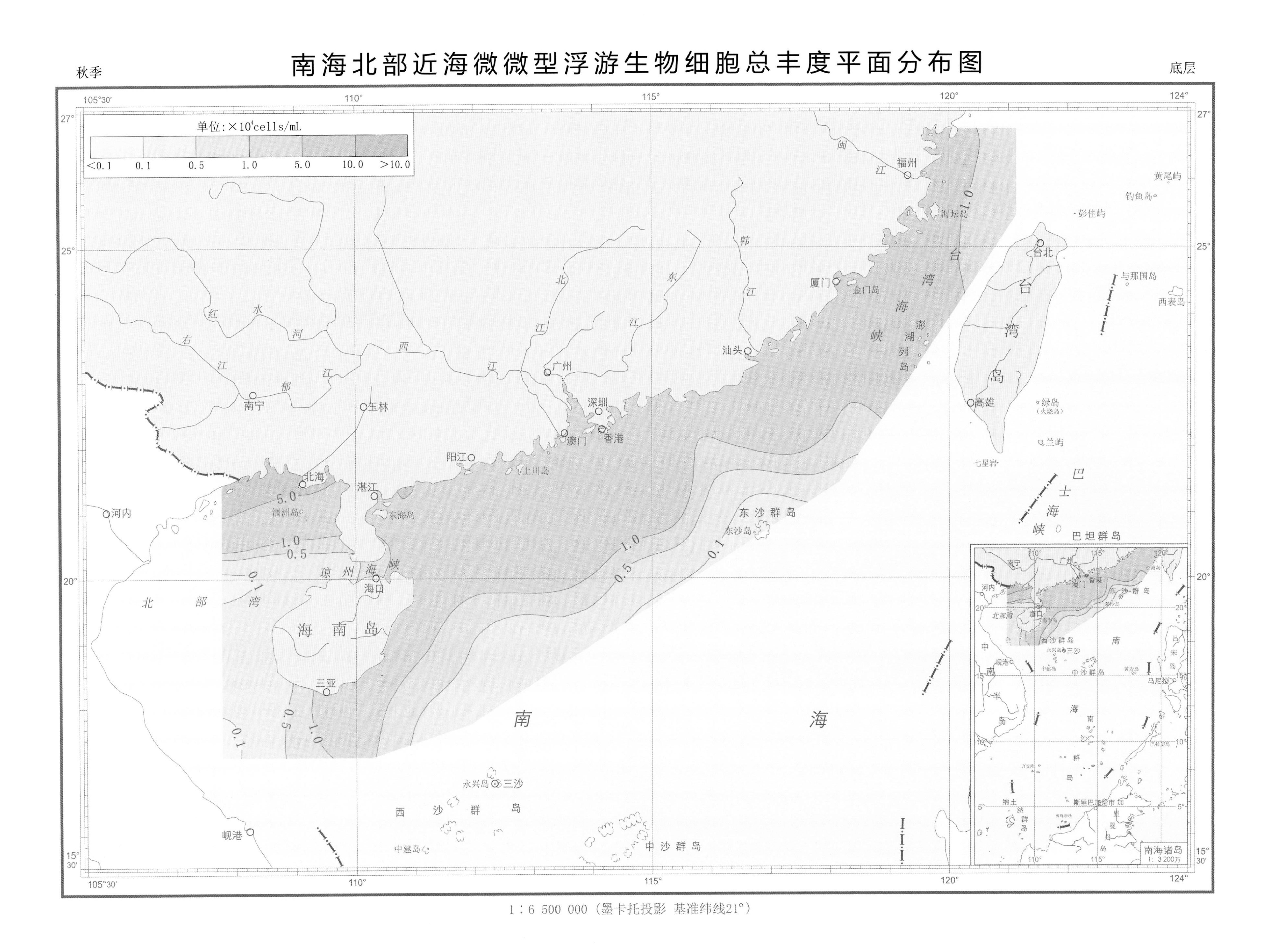

1：6 500 000（墨卡托投影 基准纬线21°）

冬季

南海北部近海微微型浮游生物细胞总丰度平面分布图

底层

单位：×10⁴cells/mL

<0.1	0.1	0.5	1.0	5.0	10.0	>10.0

1∶6 500 000（墨卡托投影 基准纬线21°）

春季　**渤、黄、东海近海微型浮游生物细胞总丰度平面分布图**　表层

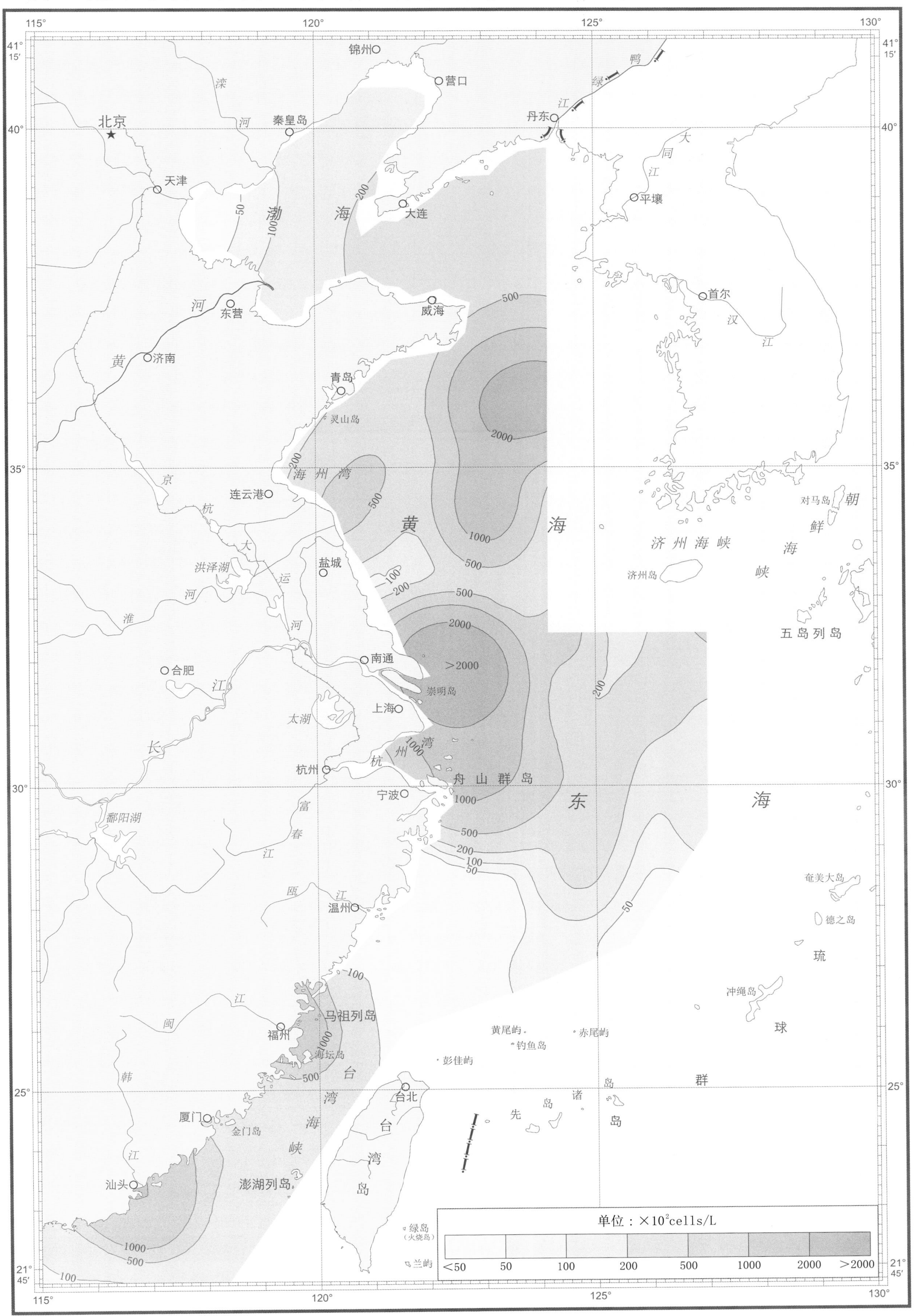

1∶7 300 000（墨卡托投影　基准纬线32°）

夏季 **渤、黄、东海近海微型浮游生物细胞总丰度平面分布图** 表层

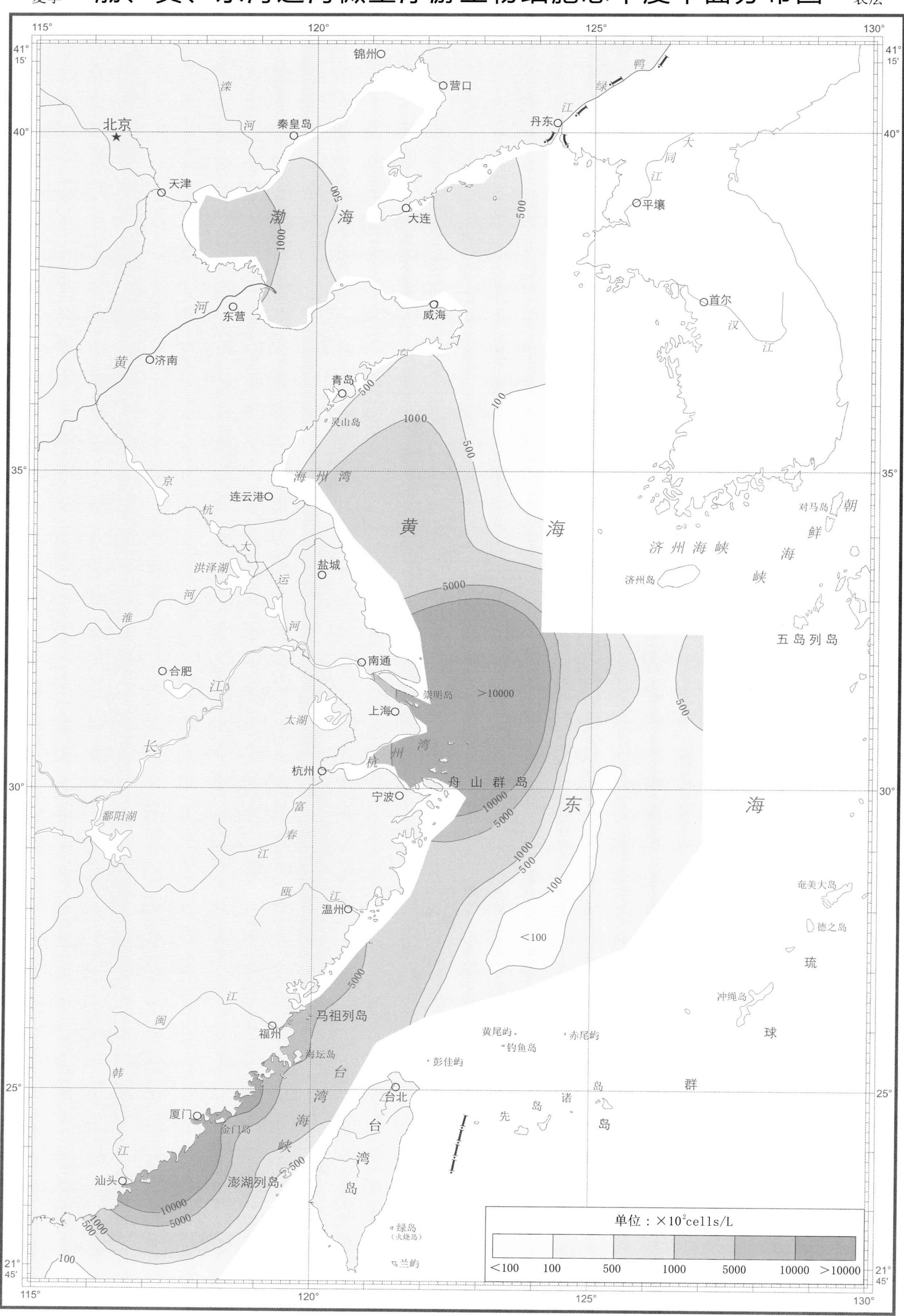

1：7 300 000（墨卡托投影　基准纬线32°）

秋季　**渤、黄、东海近海微型浮游生物细胞总丰度平面分布图**　表层

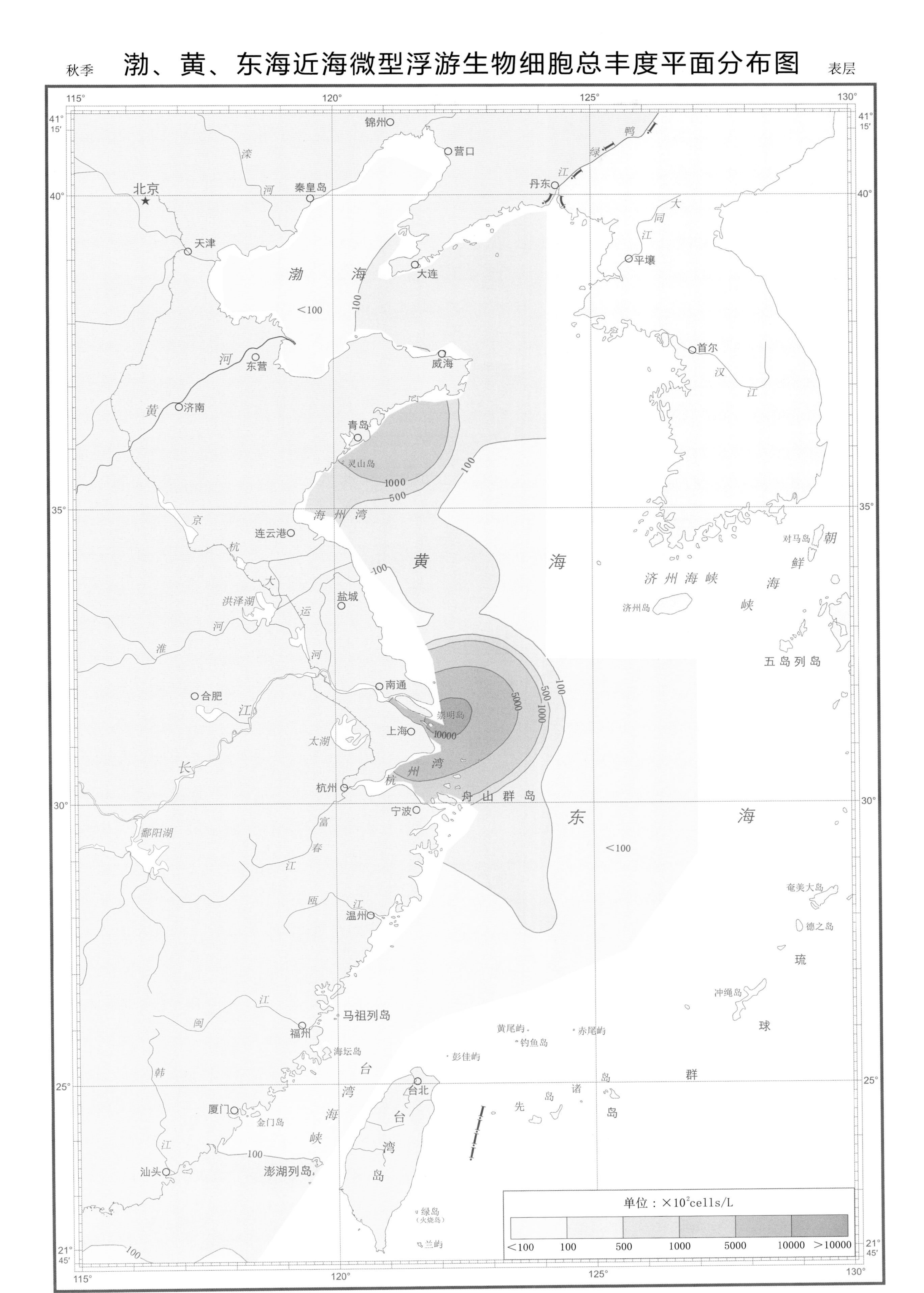

冬季　**渤、黄、东海近海微型浮游生物细胞总丰度平面分布图**　表层

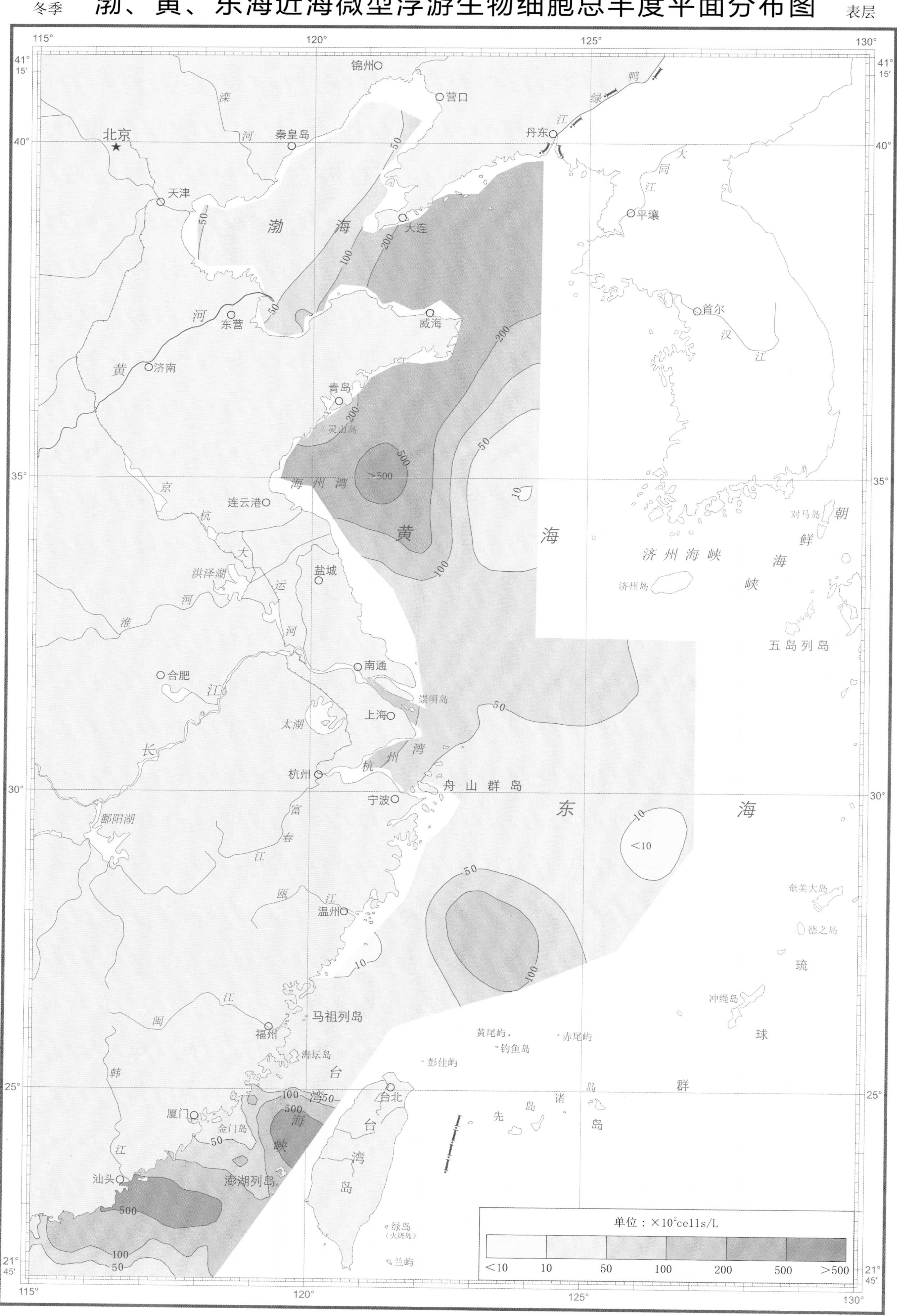

1：7 300 000（墨卡托投影　基准纬线32°）

春季 **渤、黄、东海近海微型浮游生物细胞总丰度平面分布图** 10m

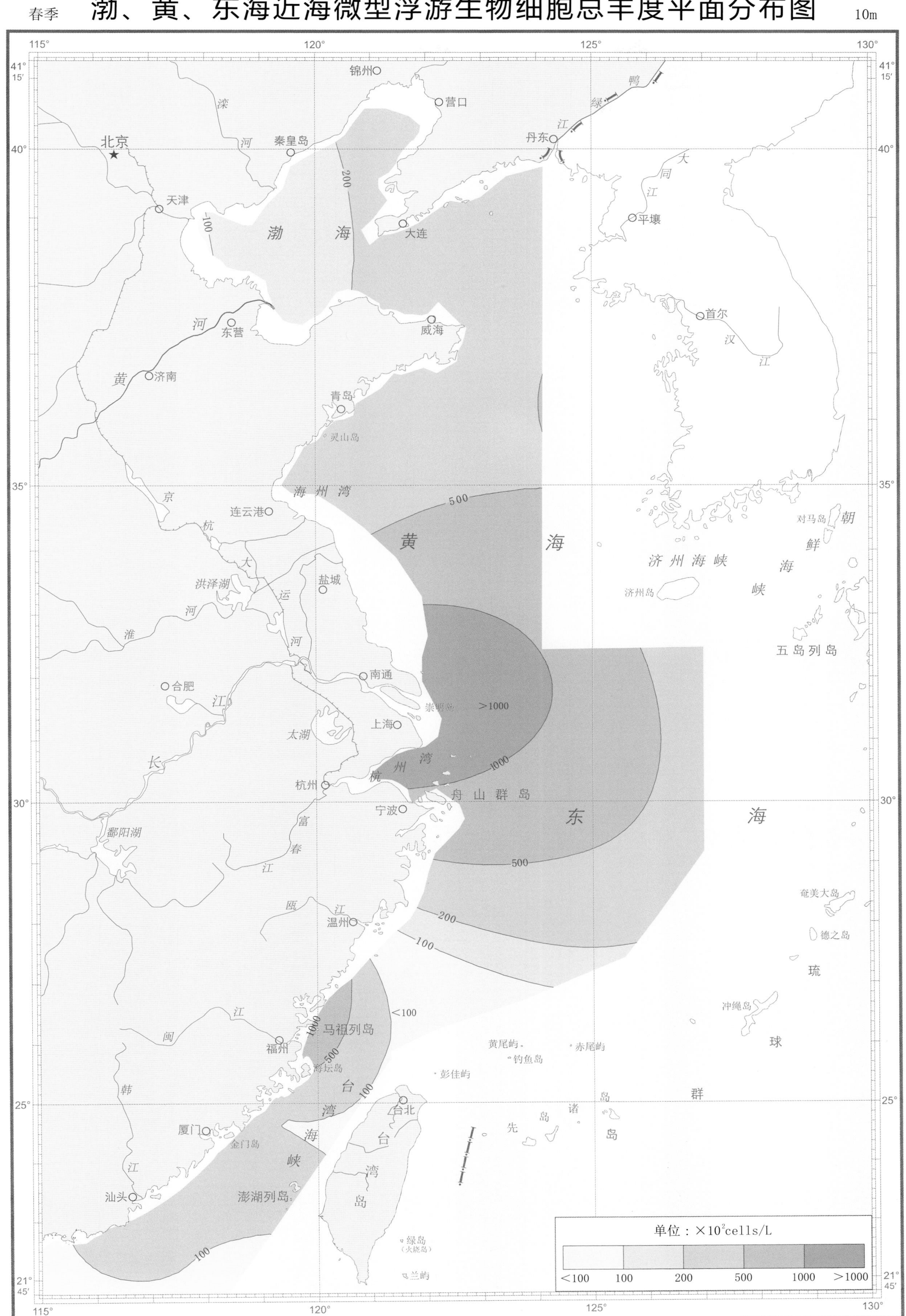

1∶7 300 000（墨卡托投影 基准纬线32°）

夏季 **渤、黄、东海近海微型浮游生物细胞总丰度平面分布图** 10m

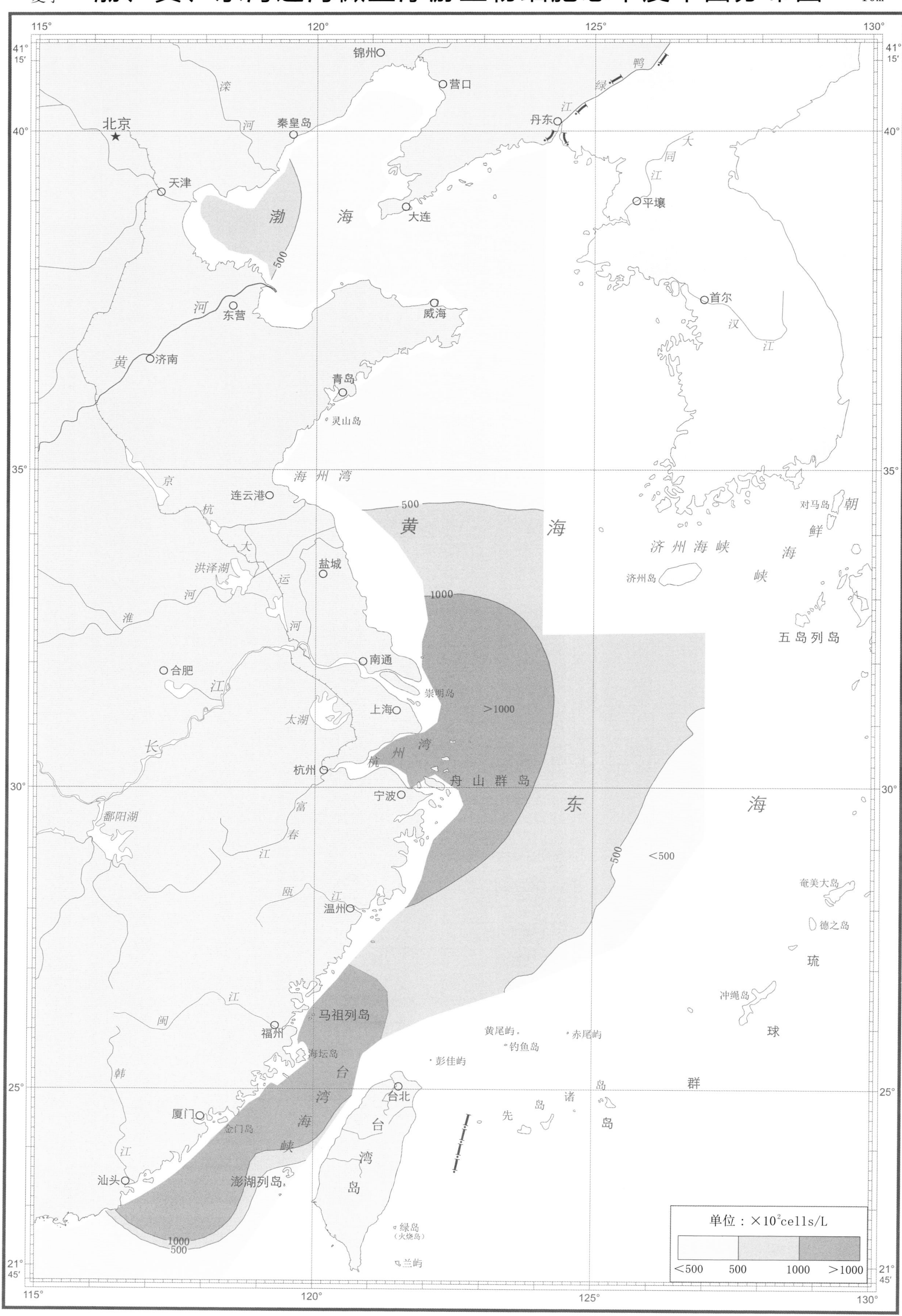

1：7 300 000（墨卡托投影　基准纬线32°）

秋季 **渤、黄、东海近海微型浮游生物细胞总丰度平面分布图** 10m

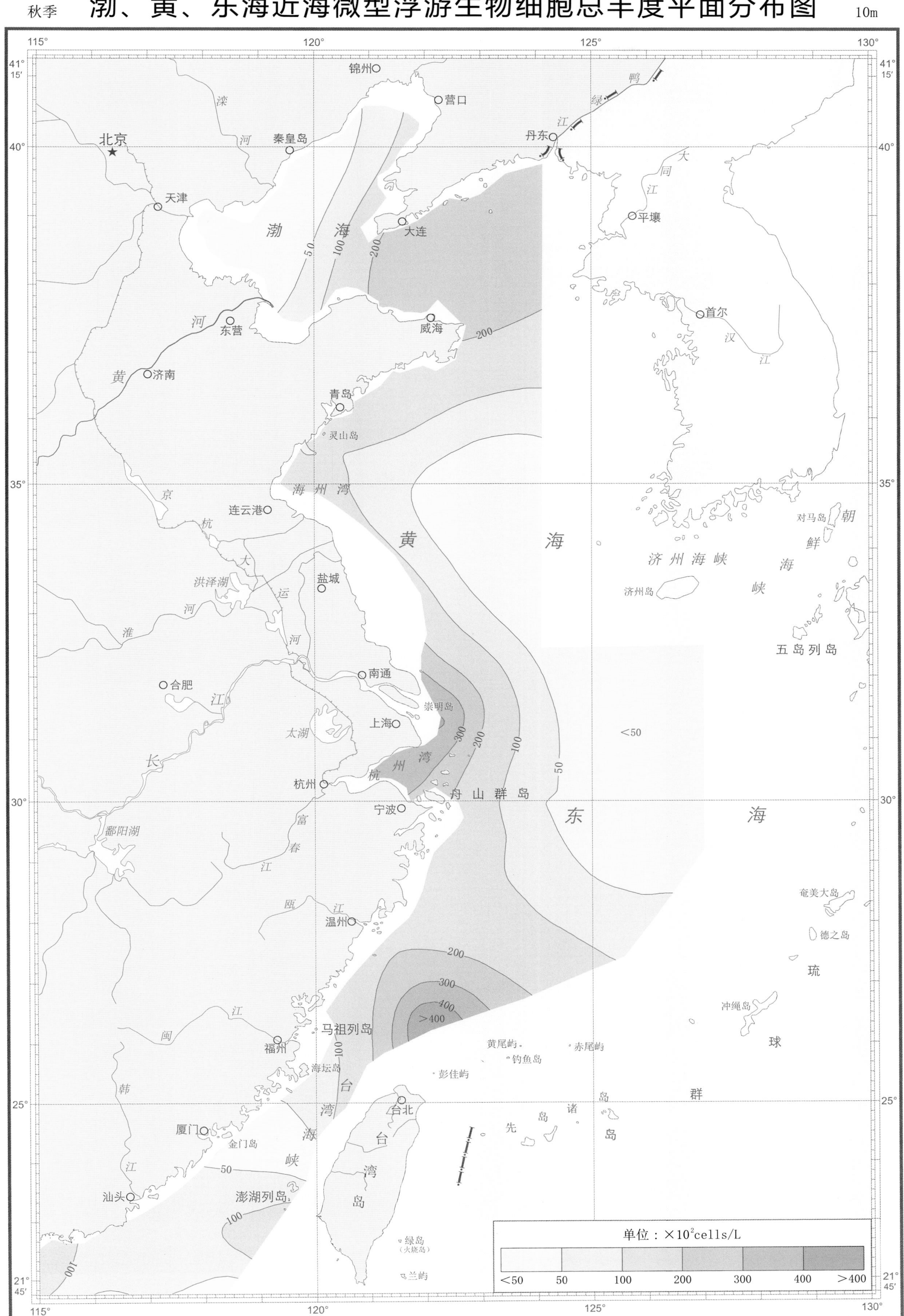

1：7 300 000（墨卡托投影 基准纬线32°）

冬季　**渤、黄、东海近海微型浮游生物细胞总丰度平面分布图**　10m

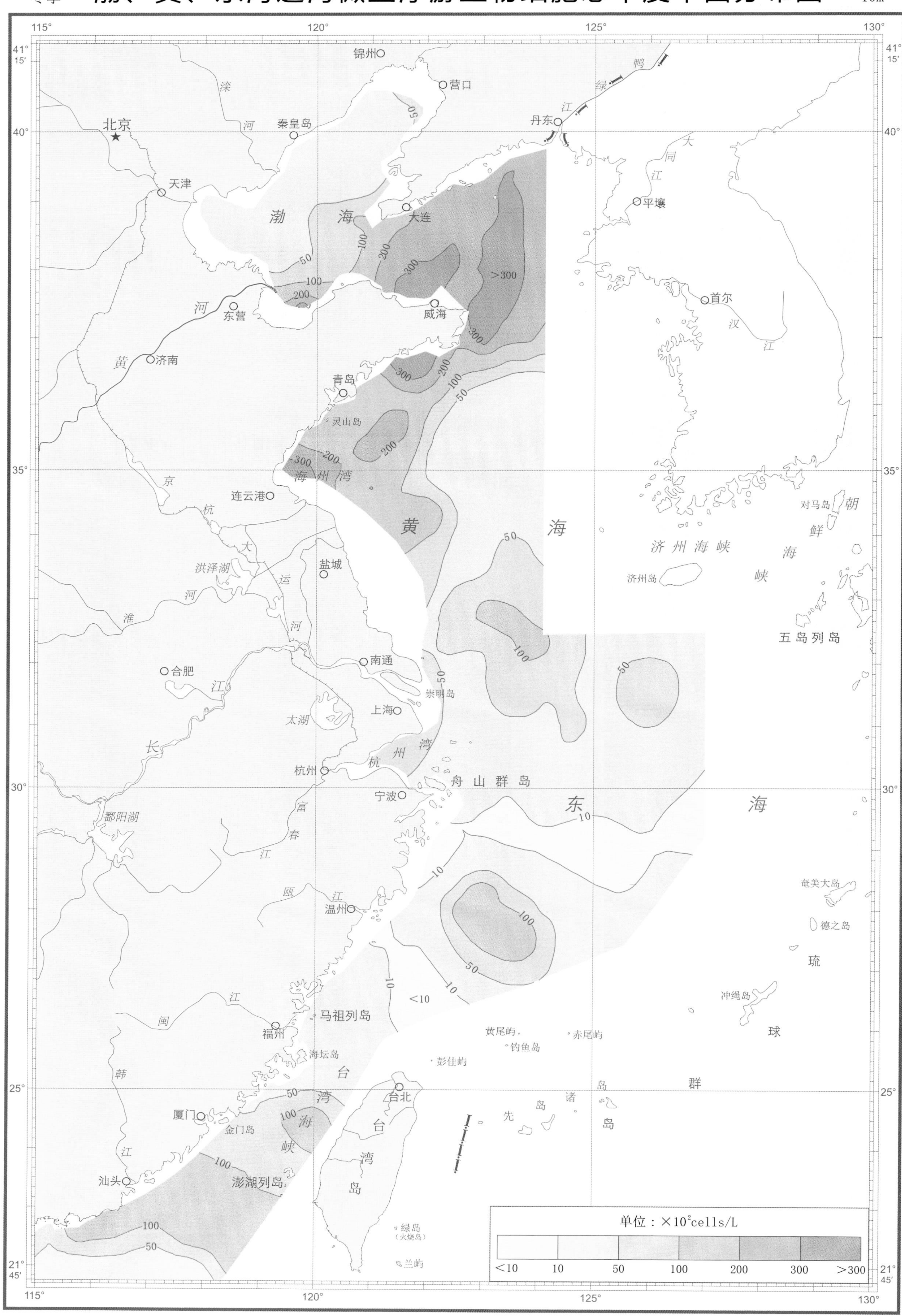

1：7 300 000（墨卡托投影　基准纬线32°）

春季　渤、黄、东海近海微型浮游生物细胞总丰度平面分布图　30m

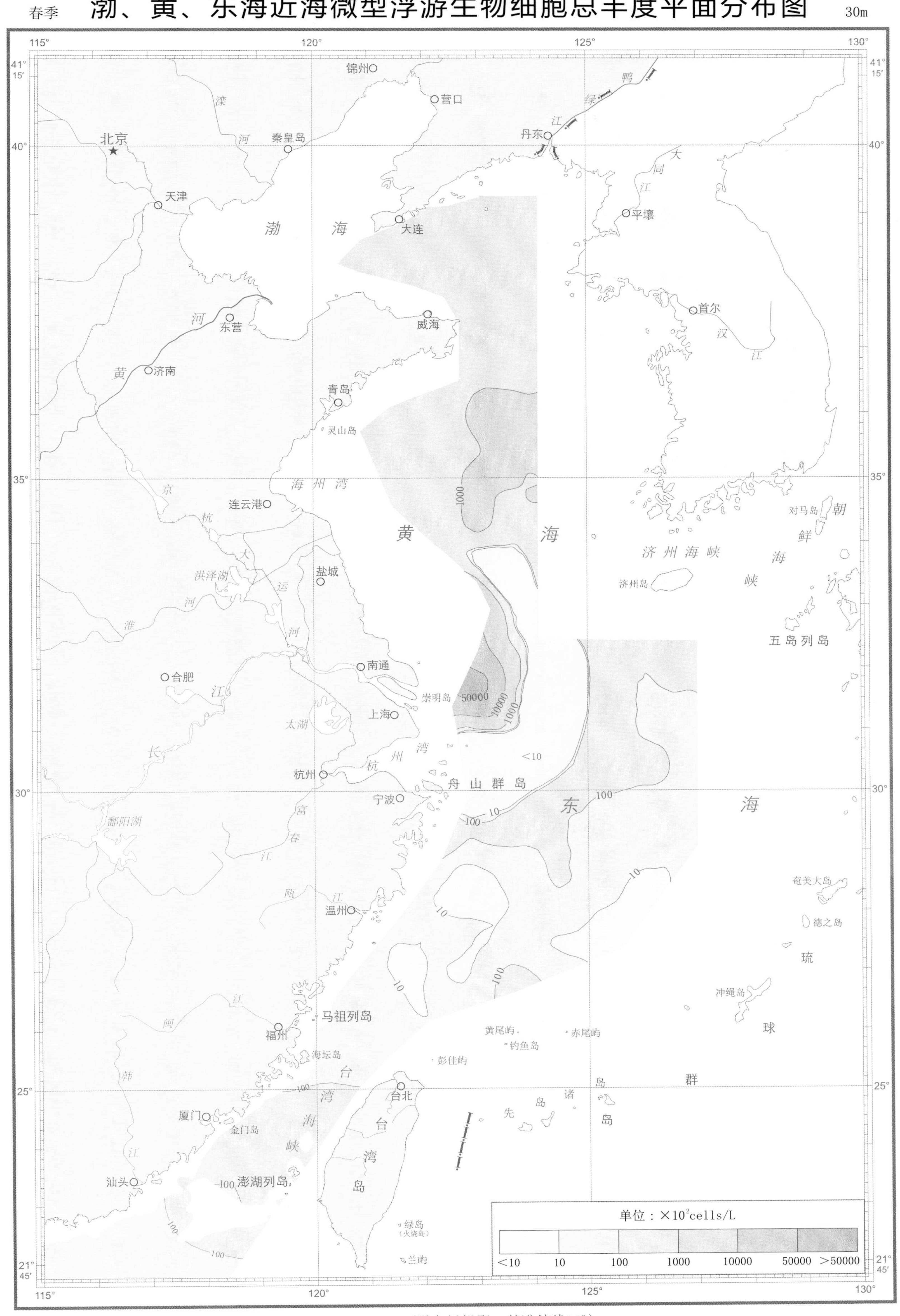

1：7 300 000（墨卡托投影　基准纬线32°）

夏季　**渤、黄、东海近海微型浮游生物细胞总丰度平面分布图**　30m

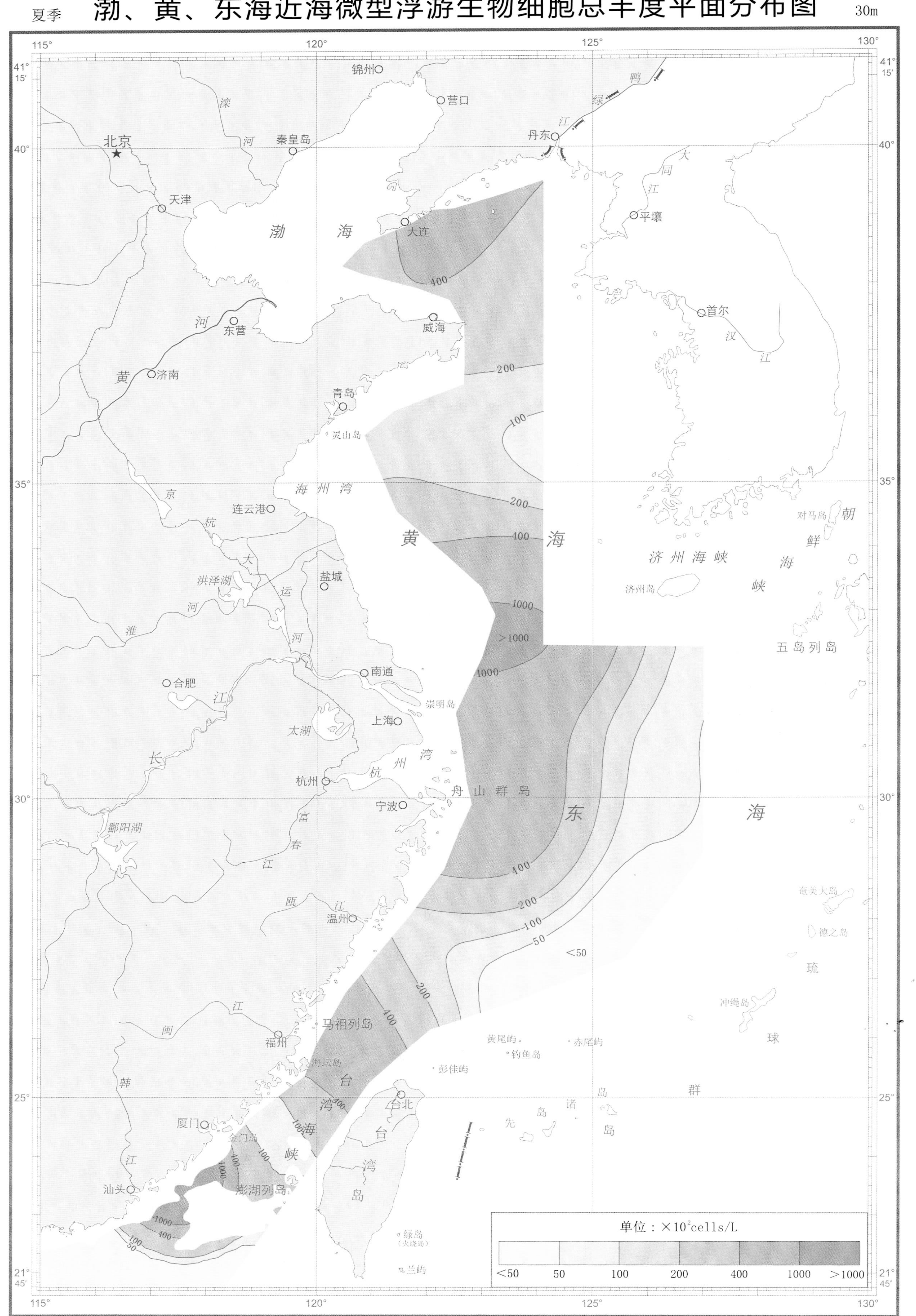

1∶7 300 000（墨卡托投影　基准纬线32°）

秋季 **渤、黄、东海近海微型浮游生物细胞总丰度平面分布图** 30m

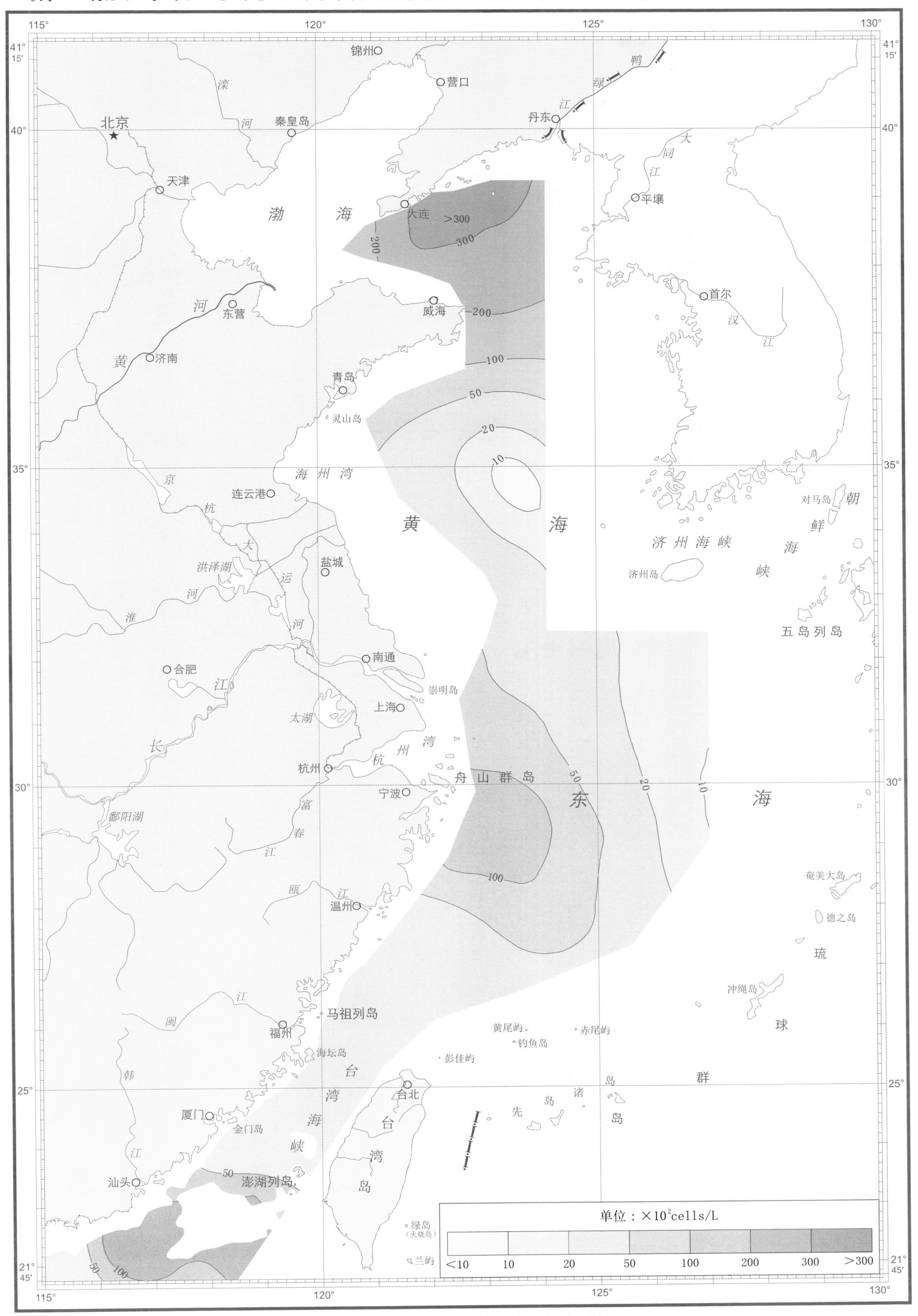

1∶7 300 000（墨卡托投影　基准纬线32°）

冬季　渤、黄、东海近海微型浮游生物细胞总丰度平面分布图　30m

1∶7 300 000（墨卡托投影　基准纬线32°）

春季　**渤、黄、东海近海微型浮游生物细胞总丰度平面分布图**　底层

1：7 300 000（墨卡托投影　基准纬线32°）

夏季　**渤、黄、东海近海微型浮游生物细胞总丰度平面分布图**　底层

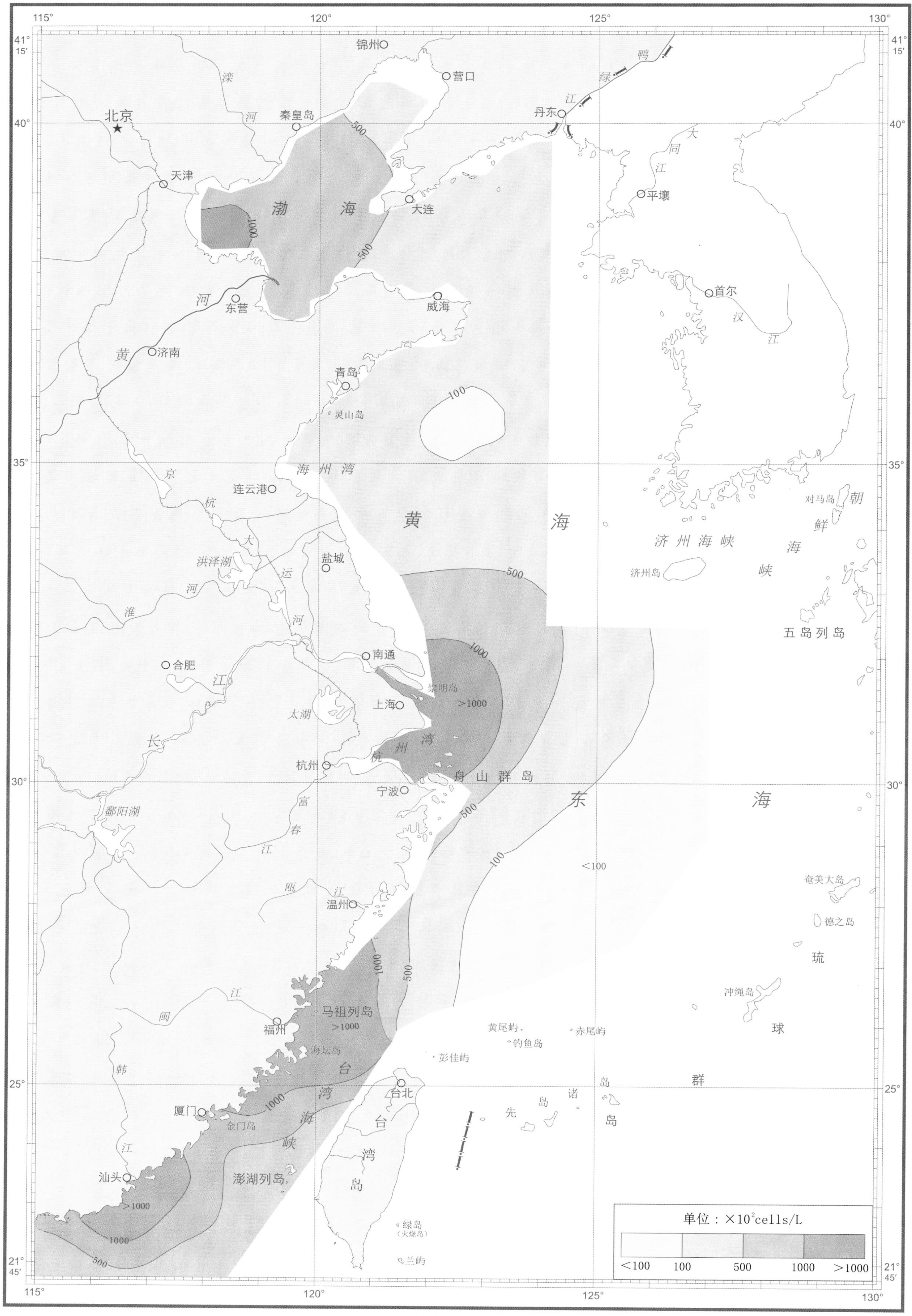

1∶7 300 000（墨卡托投影　基准纬线32°）

秋季　**渤、黄、东海近海微型浮游生物细胞总丰度平面分布图**　底层

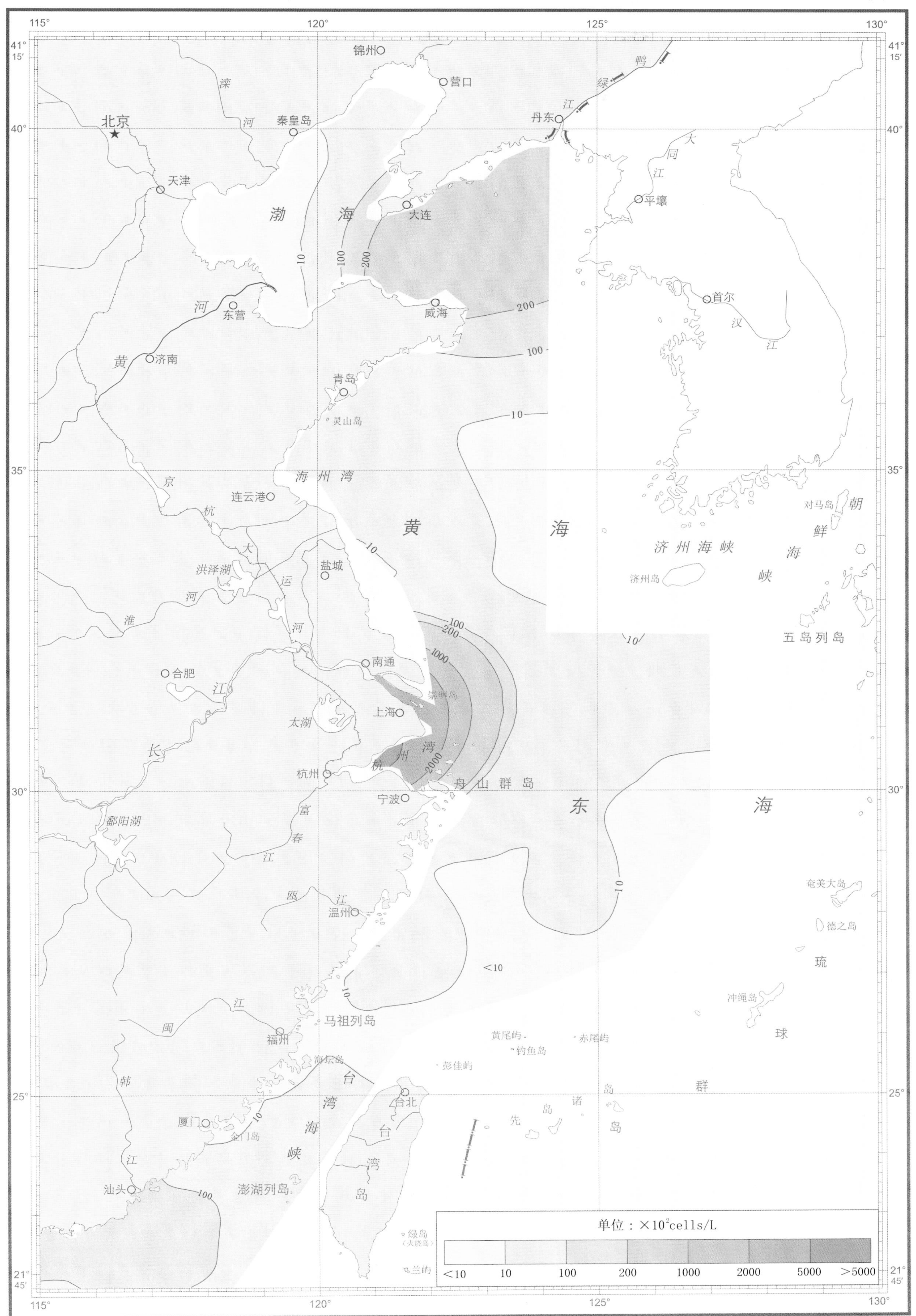

1∶7 300 000（墨卡托投影　基准纬线32°）

冬季 # 渤、黄、东海近海微型浮游生物细胞总丰度平面分布图 底层

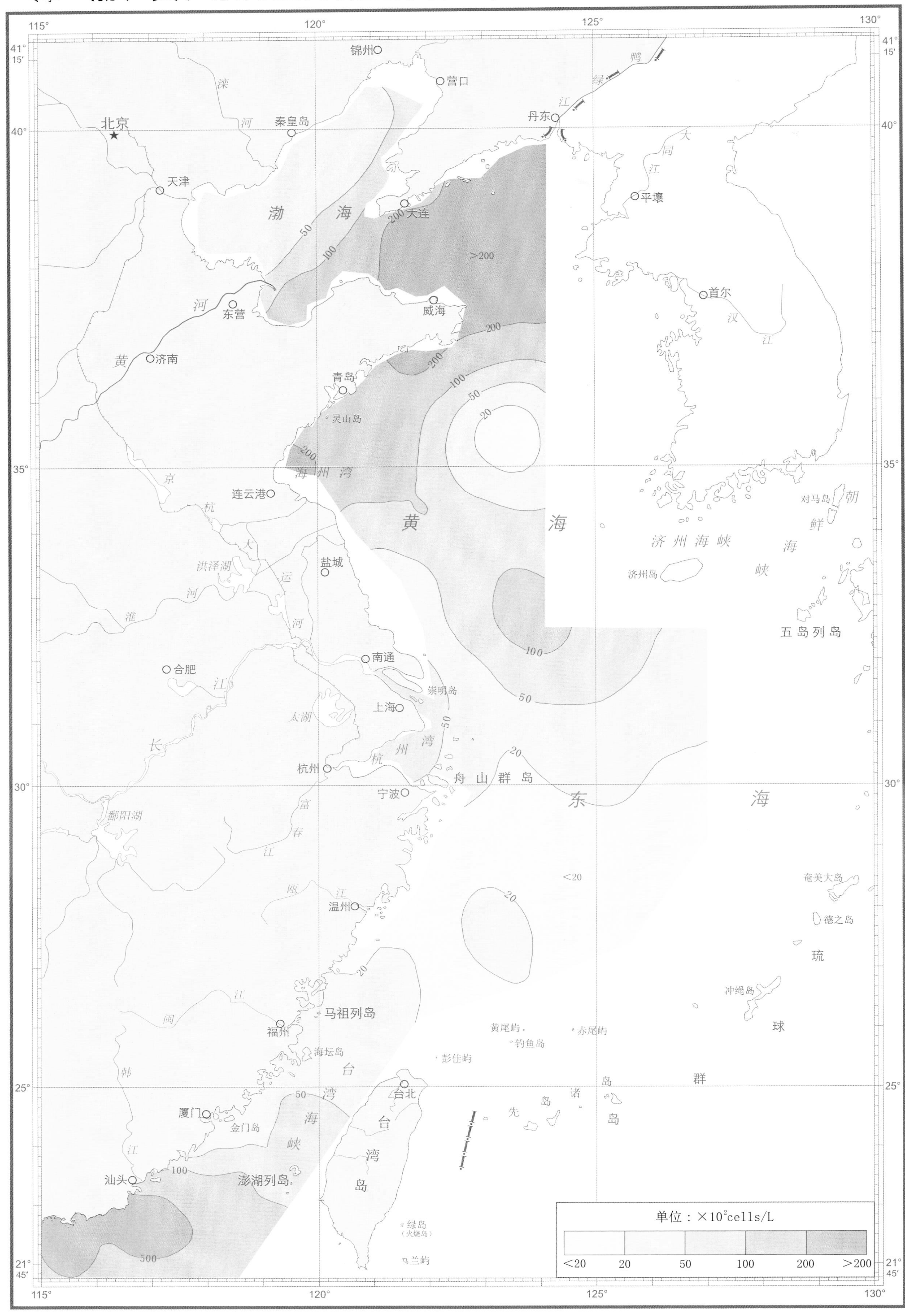

1：7 300 000（墨卡托投影　基准纬线32°）

春季

南海北部近海微型浮游生物细胞总丰度平面分布图

表层

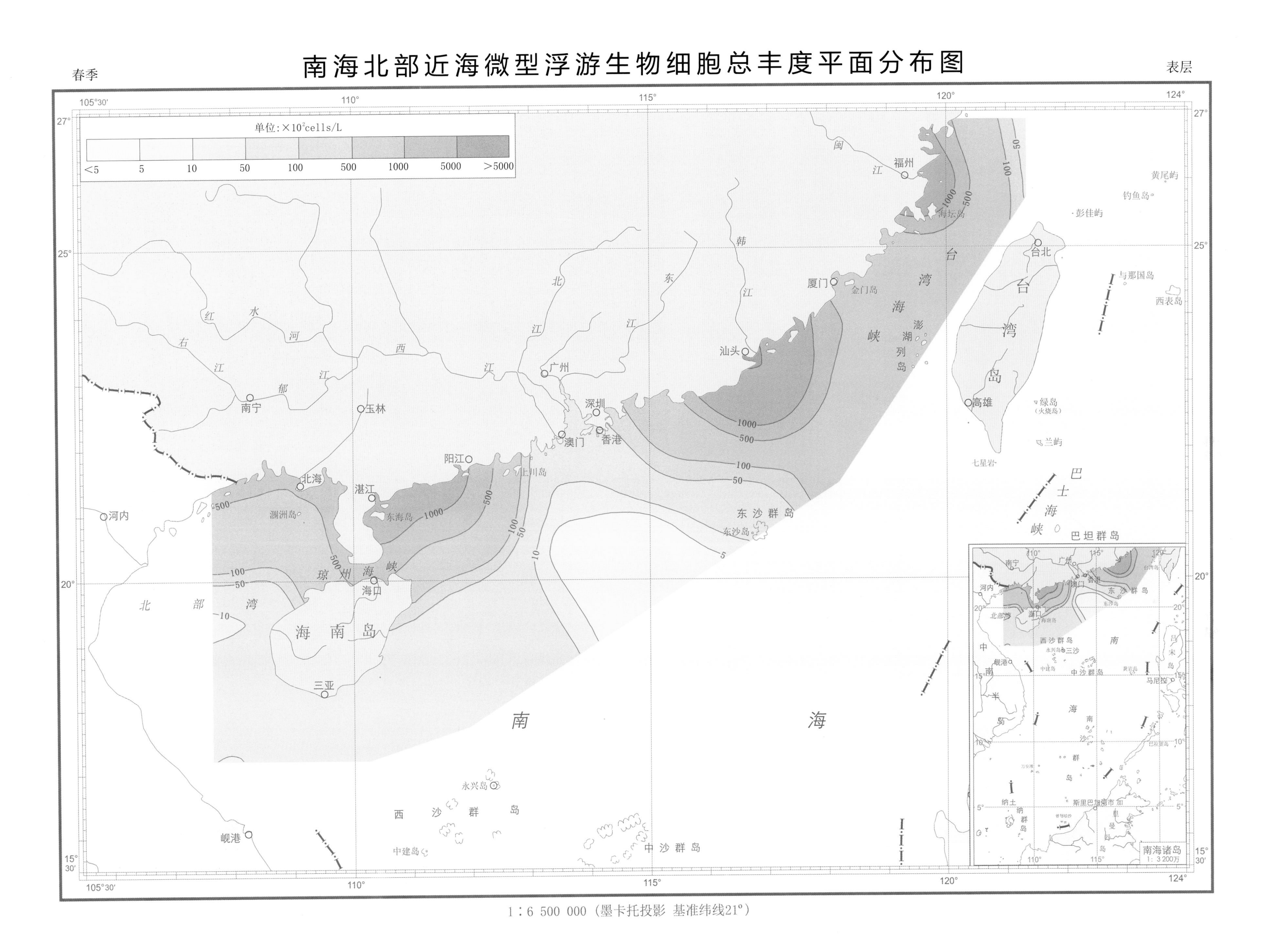

1：6 500 000（墨卡托投影 基准纬线21°）

南海北部近海微型浮游生物细胞总丰度平面分布图

夏季

表层

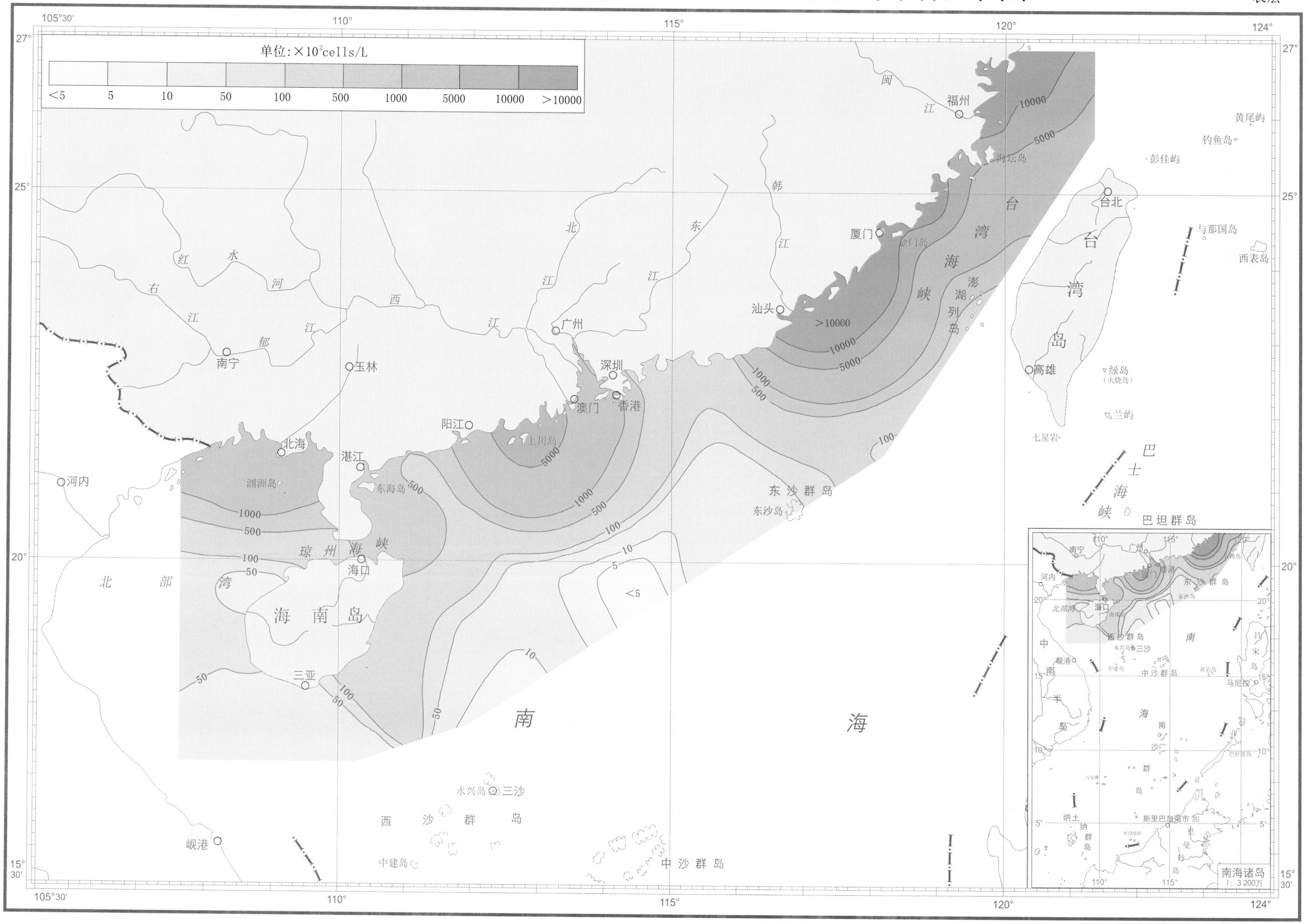

1∶6 500 000（墨卡托投影 基准纬线21°）

秋季

南海北部近海微型浮游生物细胞总丰度平面分布图

表层

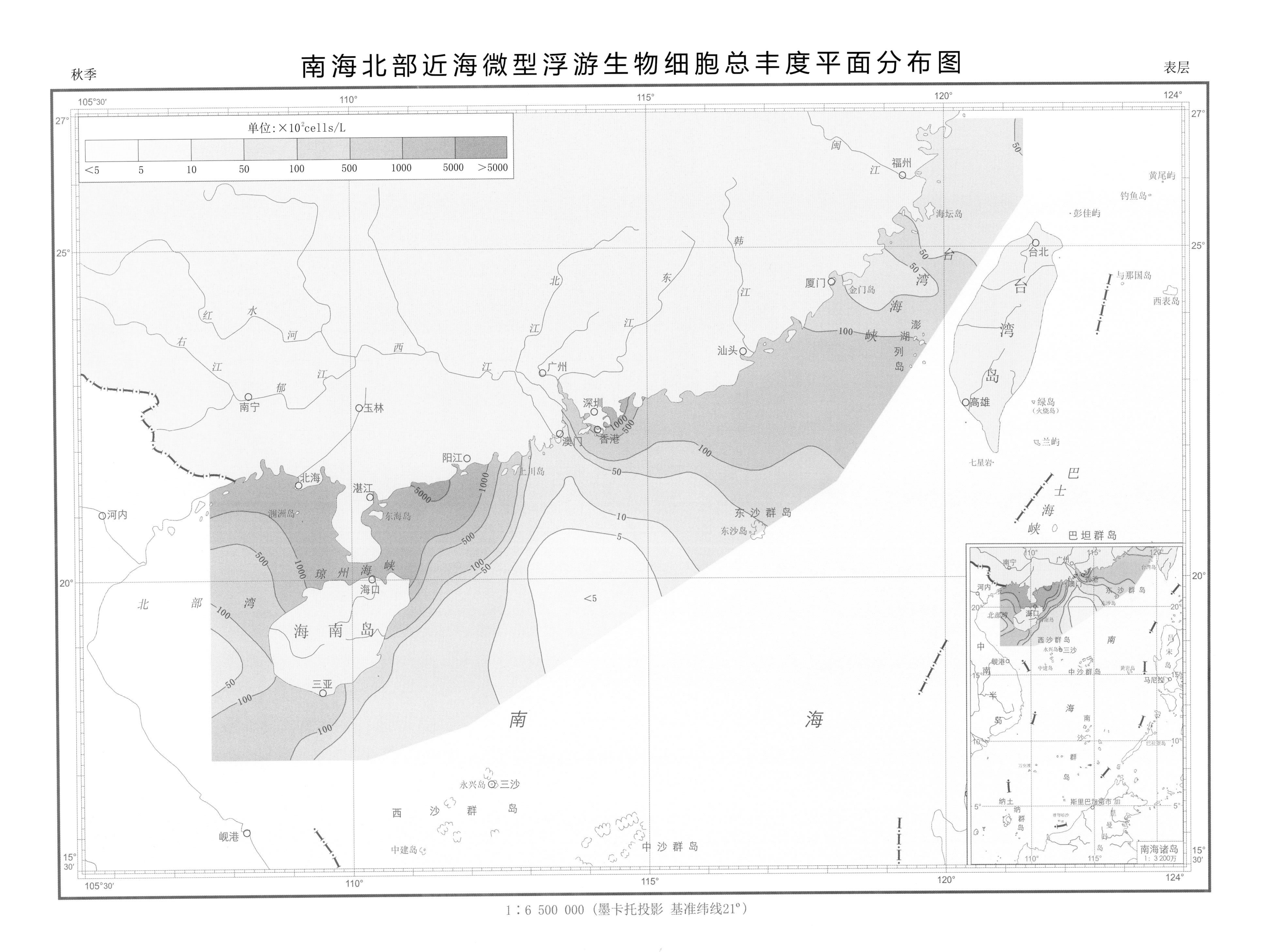

1：6 500 000（墨卡托投影 基准纬线21°）

冬季 表层

南海北部近海微型浮游生物细胞总丰度平面分布图

单位：$\times 10^2$cells/L

<5	5	10	50	100	500	1000	5000	10000	>10000

福州 厦门 金门岛 汕头 广州 深圳 澳门 香港 阳江 湛江 北海 南宁 玉林 河内 海口 三亚 岘港 台北 高雄
闽江 韩江 东江 北江 西江 郁江 右江 红水河
台湾海峡 澎湖列岛 台湾岛 海坛岛 东沙群岛 东沙岛 上川岛 东海岛 涠洲岛 琼州海峡 海南岛 北部湾 南海
永兴岛 三沙 西沙群岛 中建岛 中沙群岛 巴士海峡 巴坦群岛 绿岛（火烧岛） 兰屿 七星岩 与那国岛 西表岛 黄尾屿 钓鱼岛 彭佳屿

南海诸岛 1：3 200万

1：6 500 000（墨卡托投影 基准纬线21°）

春季

南海北部近海微型浮游生物细胞总丰度平面分布图

10m

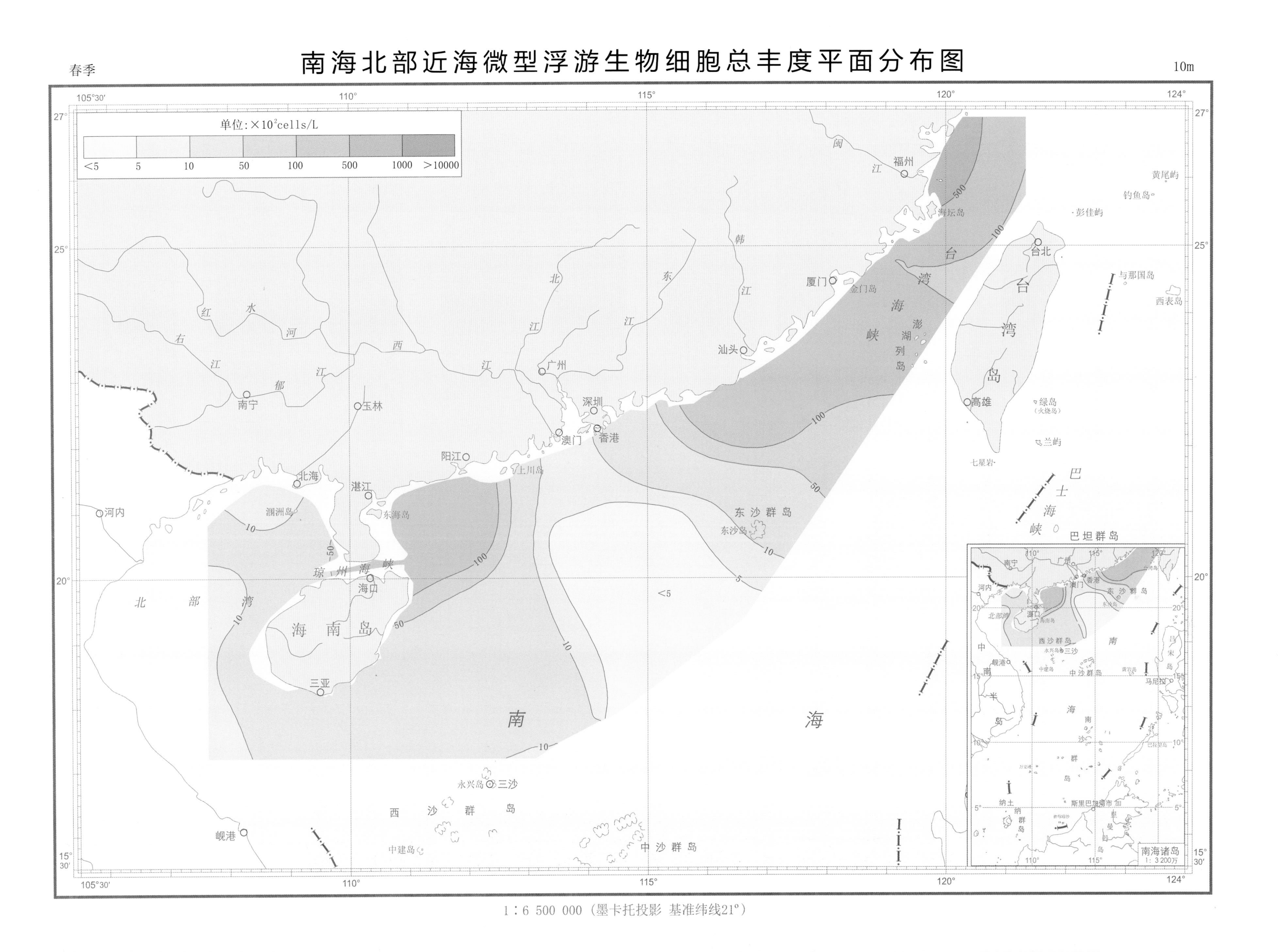

1:6 500 000（墨卡托投影 基准纬线21°）

南海北部近海微型浮游生物细胞总丰度平面分布图

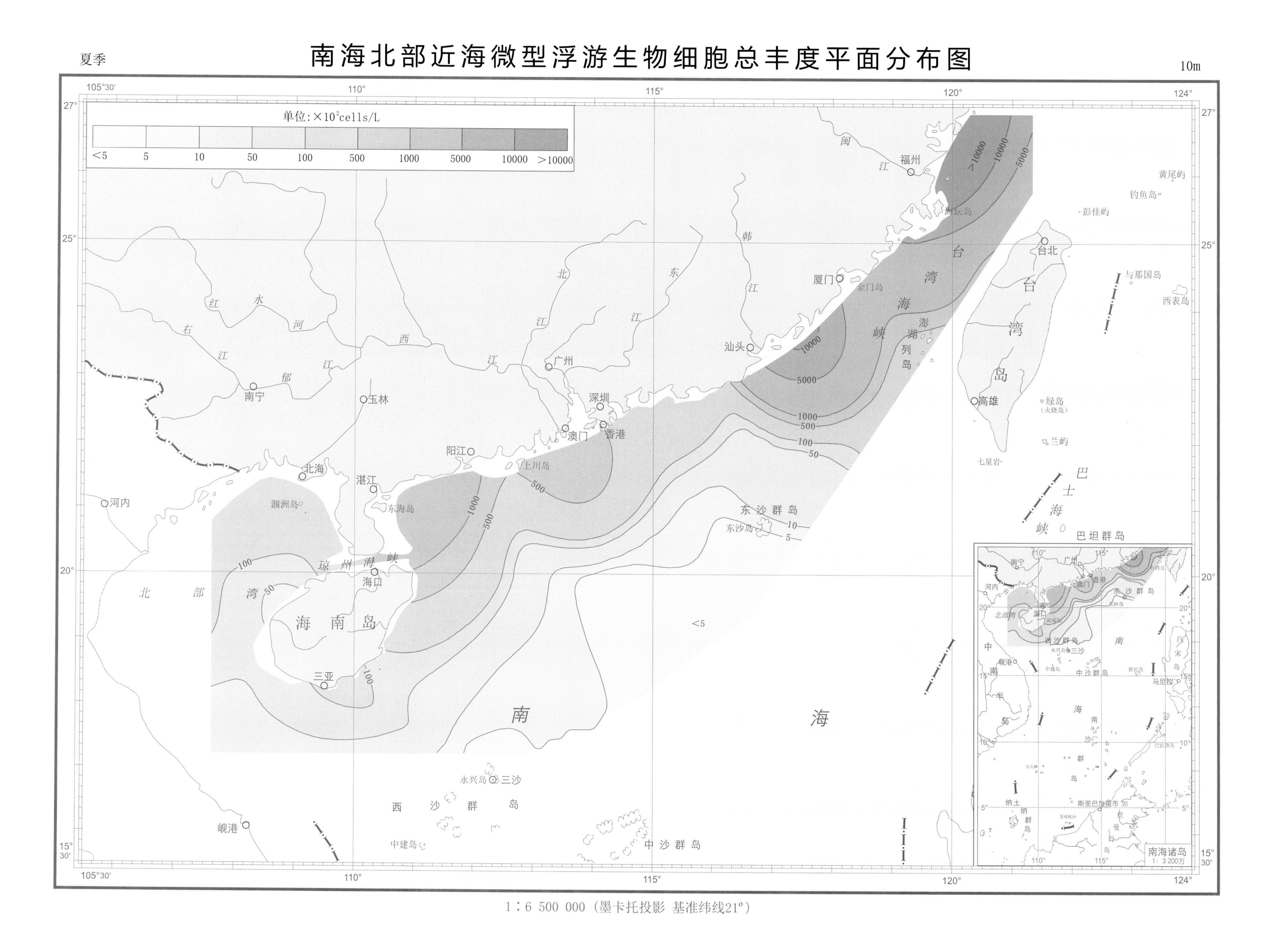

1：6 500 000（墨卡托投影 基准纬线21°）

秋季

南海北部近海微型浮游生物细胞总丰度平面分布图

10m

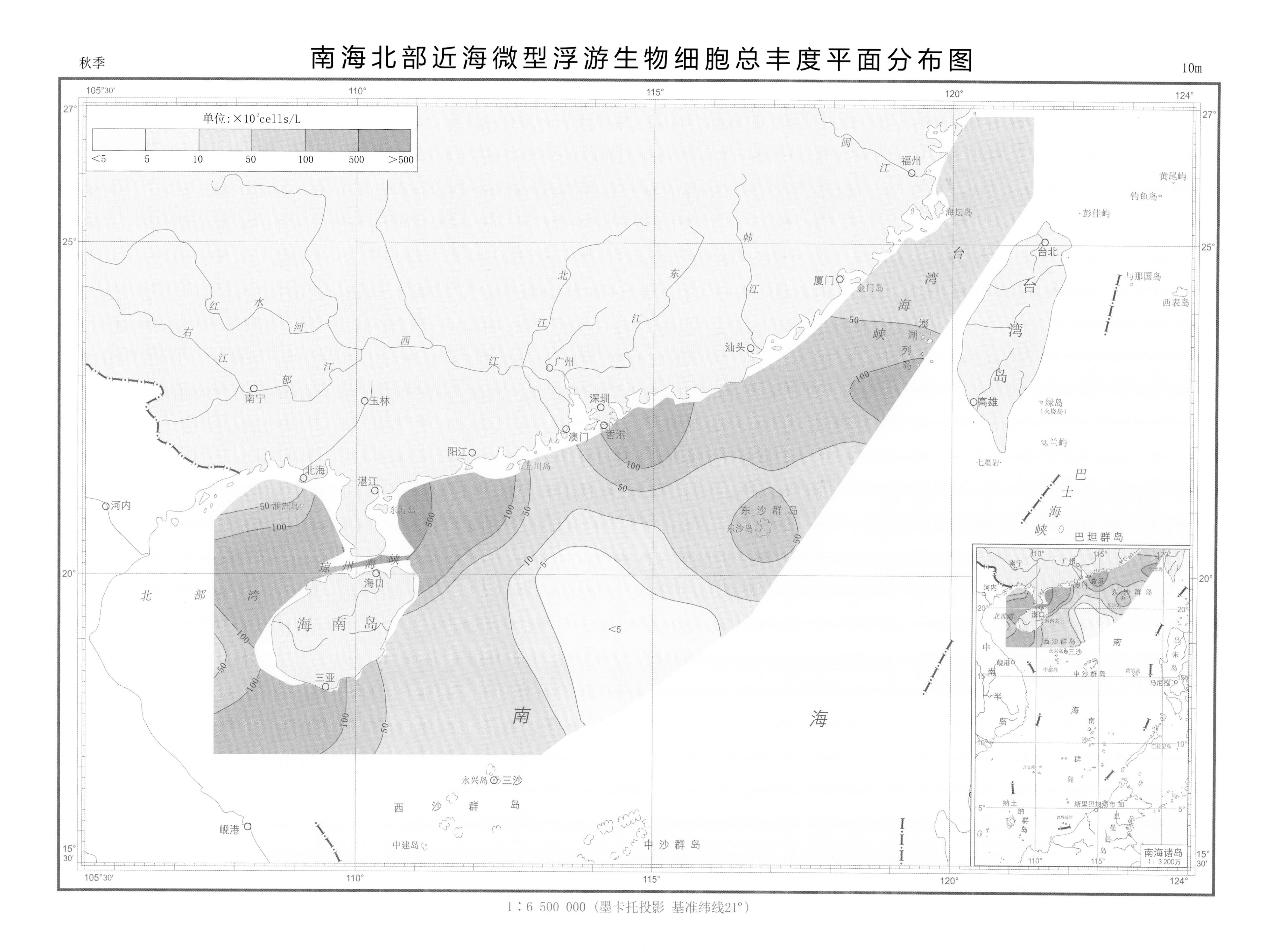

1：6 500 000（墨卡托投影 基准纬线21°）

冬季

南海北部近海微型浮游生物细胞总丰度平面分布图

10m

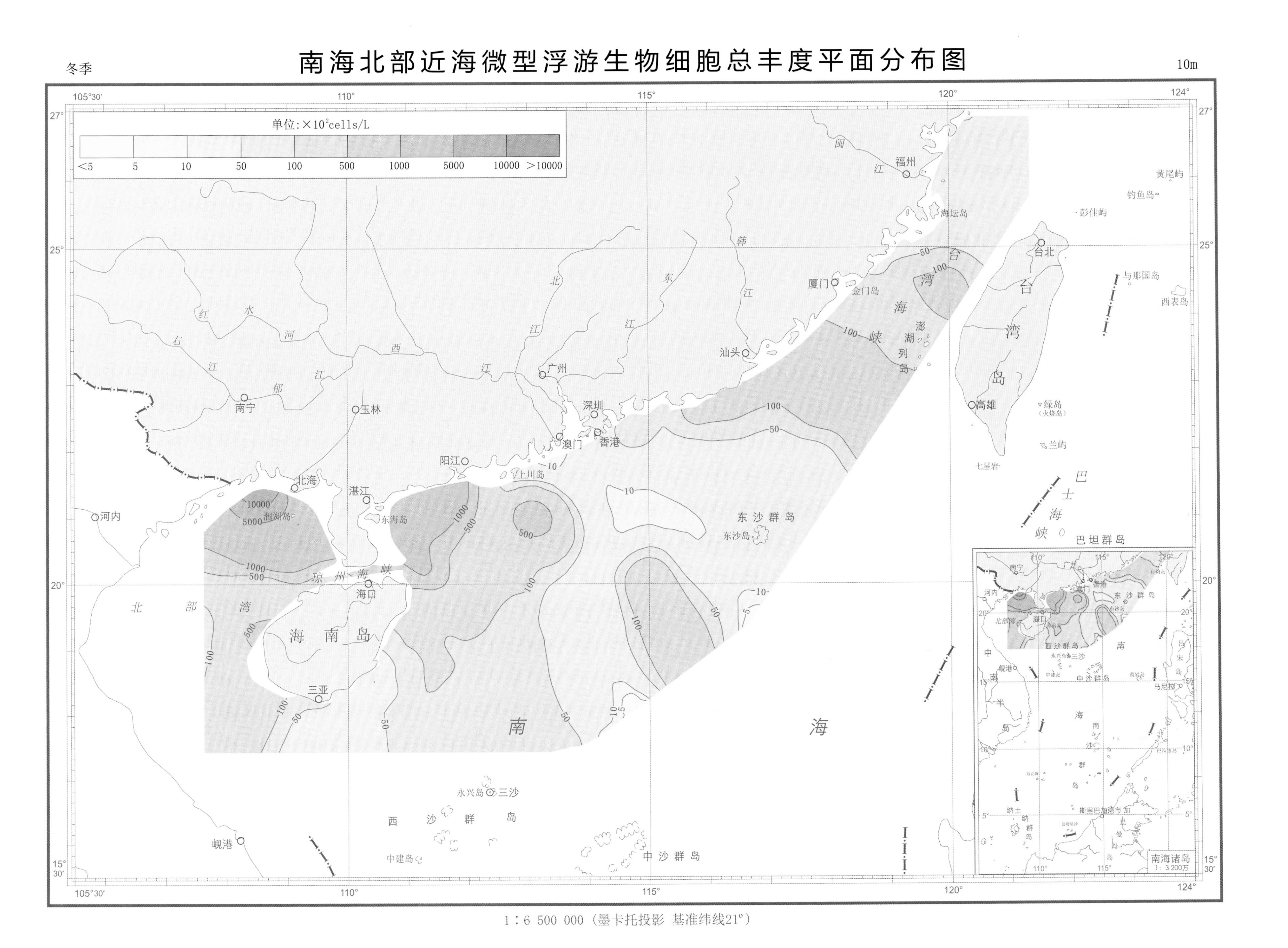

1：6 500 000（墨卡托投影 基准纬线21°）

春季

南海北部近海微型浮游生物细胞总丰度面分布图

30m

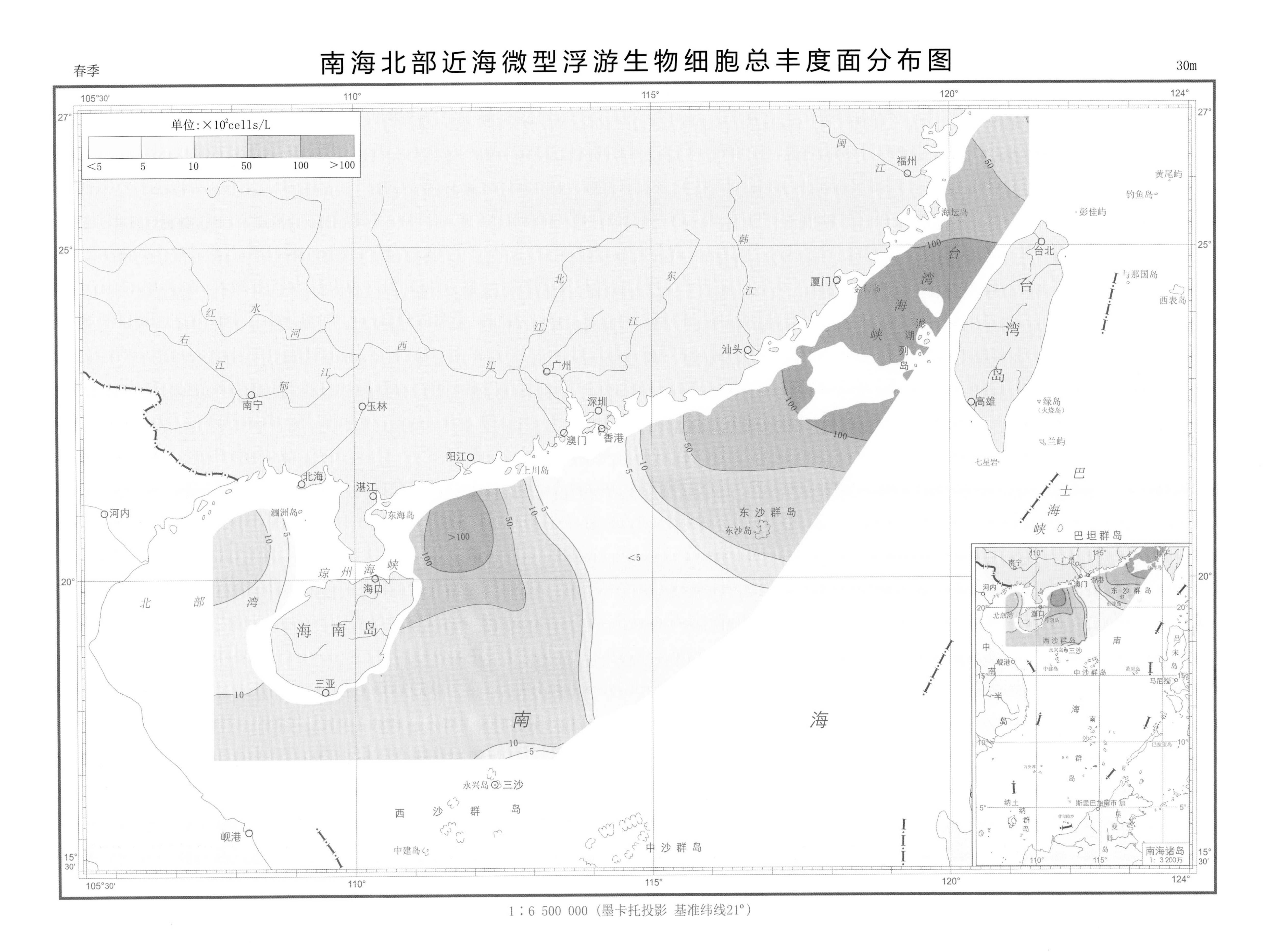

1∶6 500 000（墨卡托投影 基准纬线21°）

夏季

南海北部近海微型浮游生物细胞总丰度平面分布图

30m

1：6 500 000（墨卡托投影 基准纬线21°）

秋季

南海北部近海微型浮游生物细胞总丰度平面分布图

30m

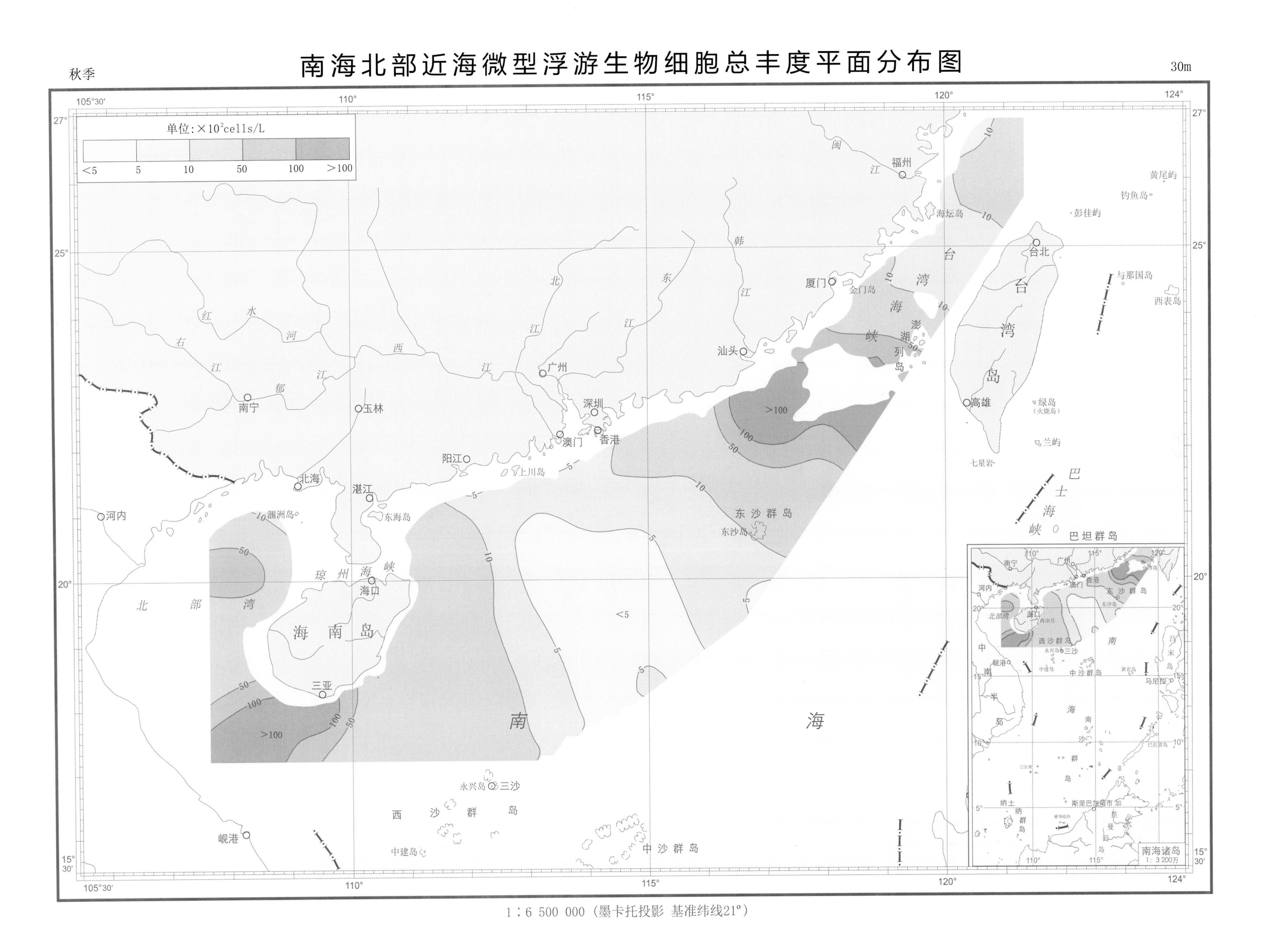

1：6 500 000（墨卡托投影 基准纬线21°）

冬季

南海北部近海微型浮游生物细胞总丰度平面分布图

30m

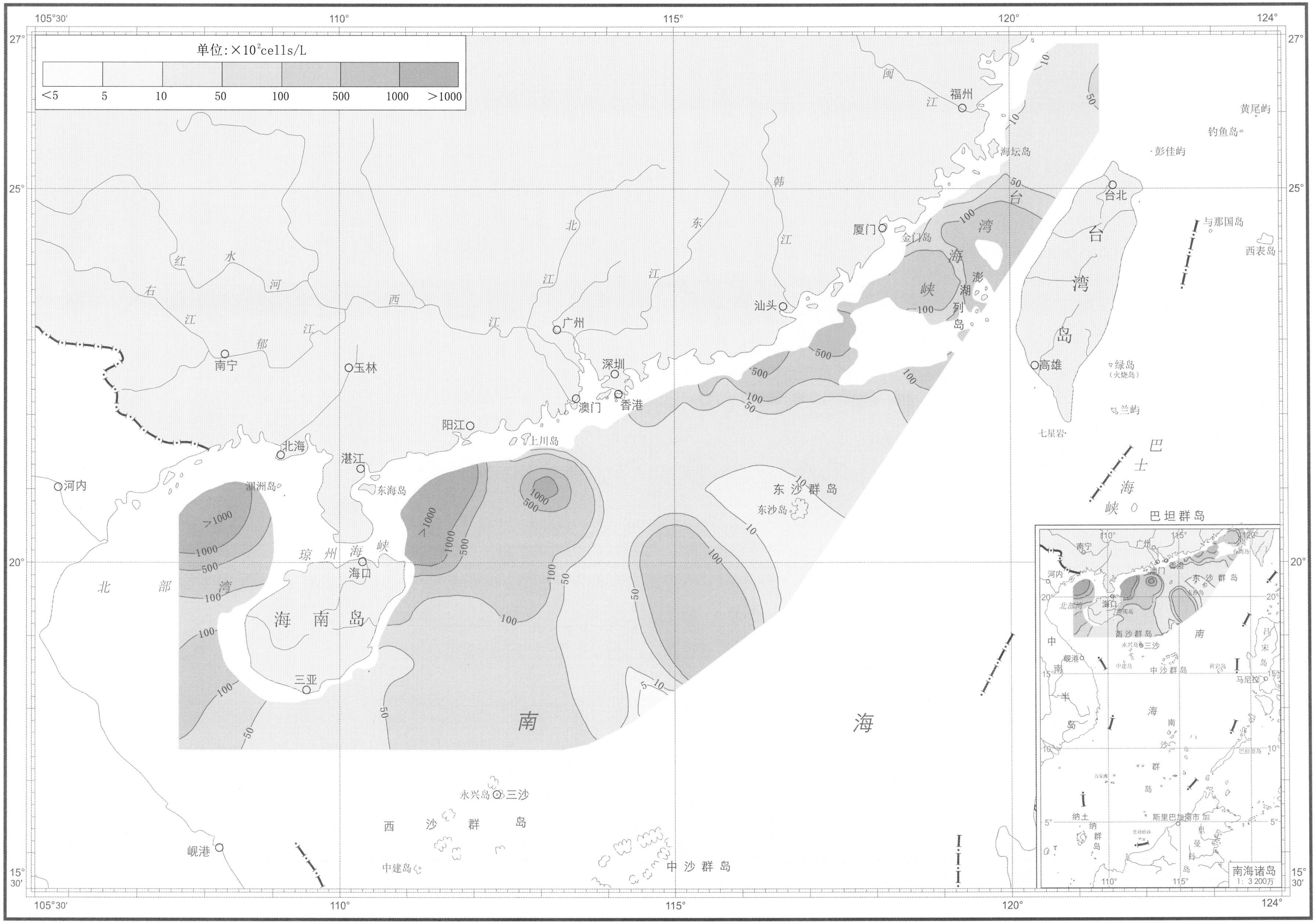

单位：×10²cells/L

1∶6 500 000（墨卡托投影 基准纬线21°）

南海北部近海微型浮游生物细胞总丰度平面分布图

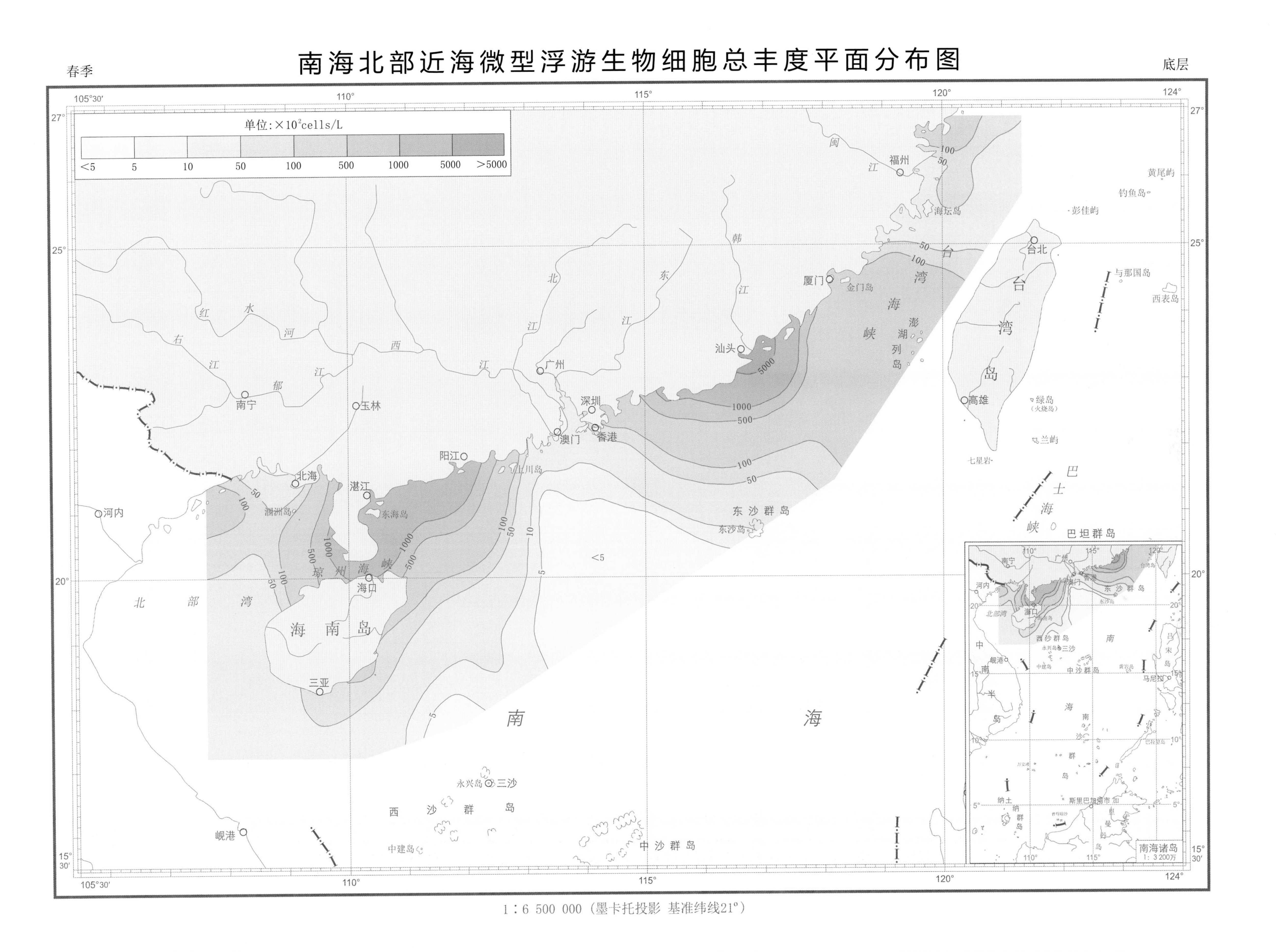

1：6 500 000（墨卡托投影 基准纬线21°）

南海北部近海微型浮游生物细胞总丰度平面分布图

夏季 底层

单位：$\times 10^2$cells/L

<5 | 5 | 10 | 50 | 100 | 500 | 1000 | >1000

1∶6 500 000（墨卡托投影 基准纬线21°）

南海北部近海微型浮游生物细胞总丰度平面分布图

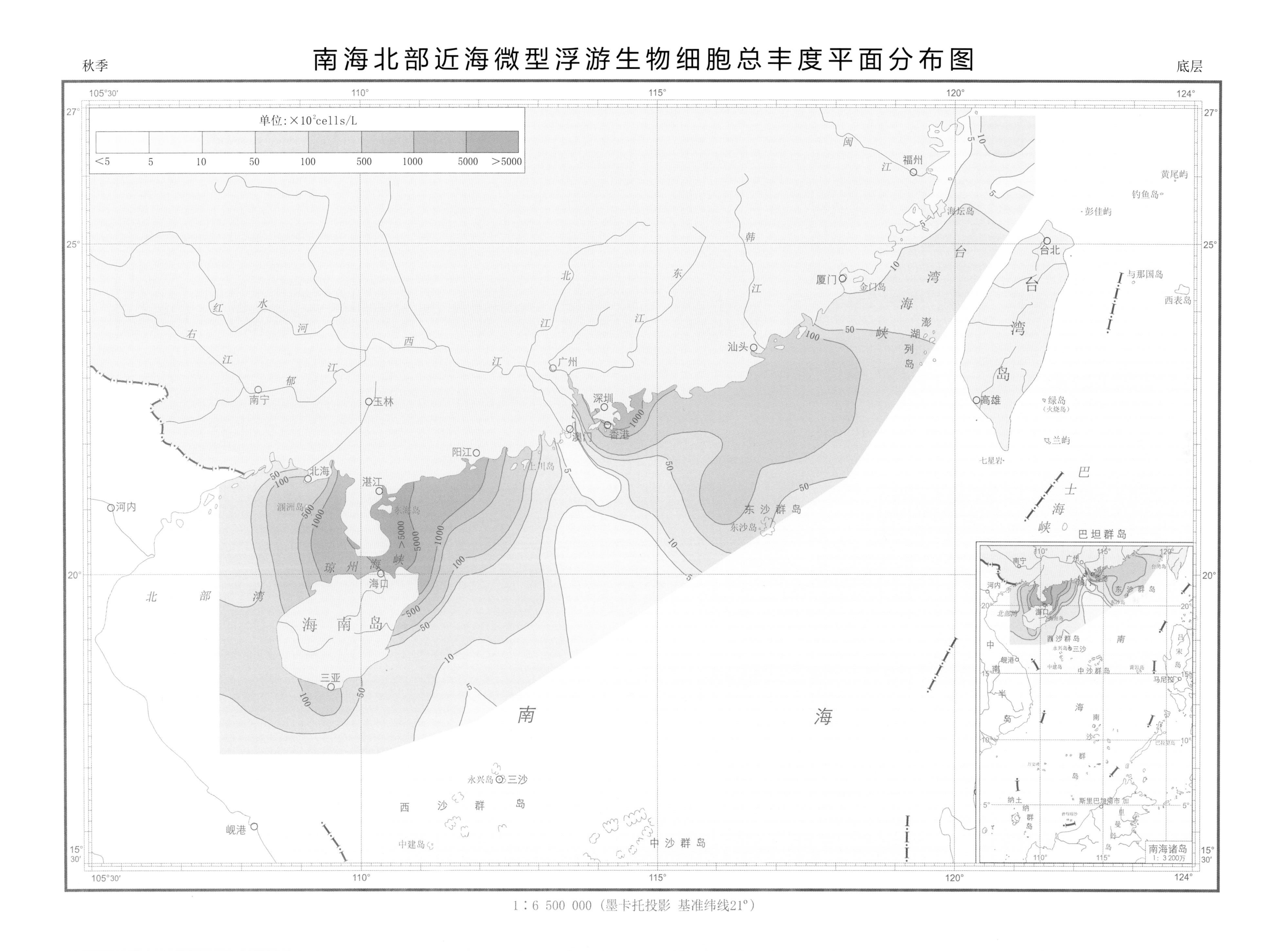

1：6 500 000（墨卡托投影 基准纬线21°）

南海北部近海微型浮游生物细胞总丰度平面分布图

冬季 底层

1：6 500 000（墨卡托投影 基准纬线21°）

春季　　调查海域微型浮游生物细胞总丰度平面分布图　　表层

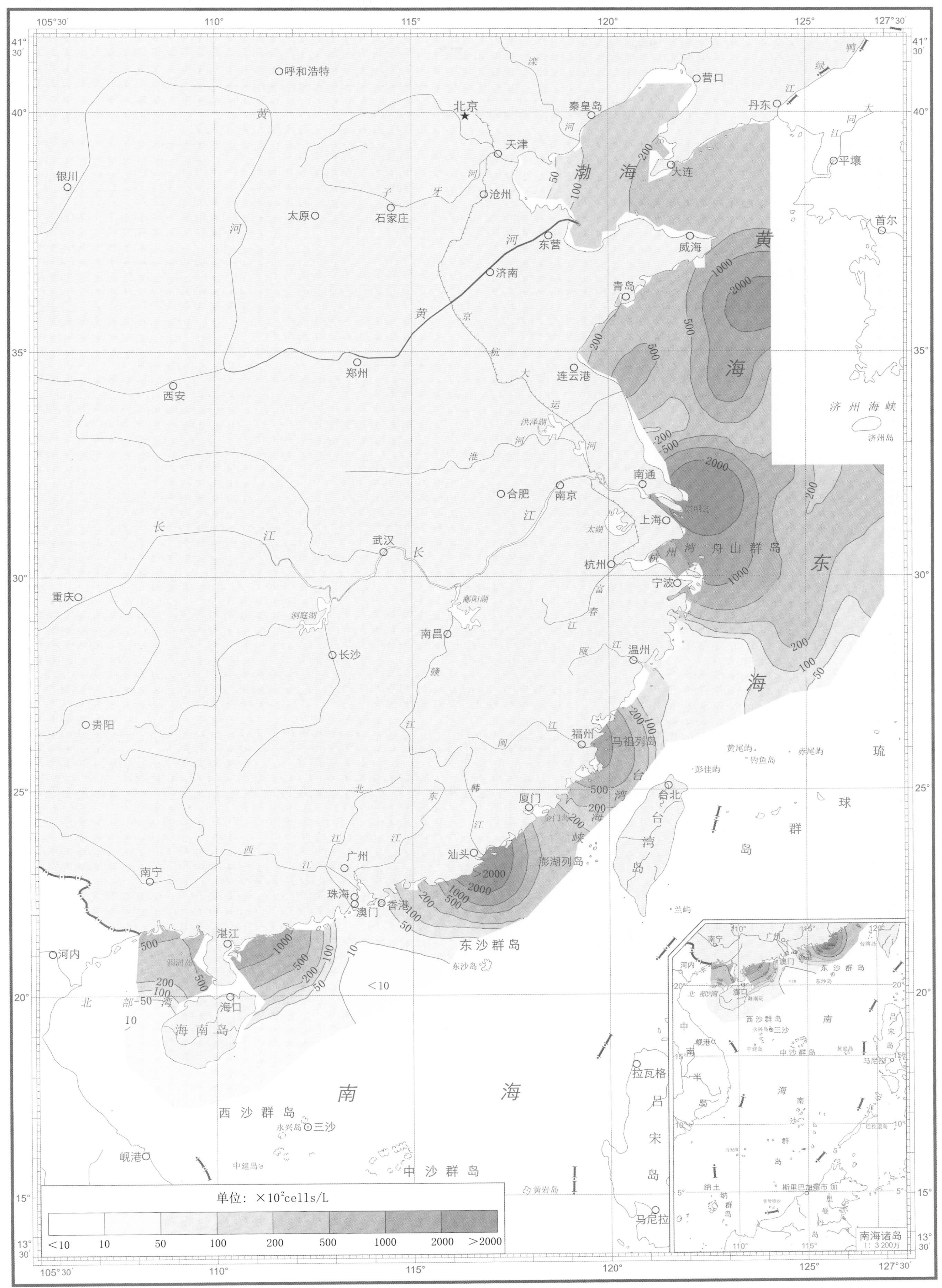

1：10 000 000（墨卡托投影 基准纬线30°）

调查海域微型浮游生物细胞总丰度平面分布图

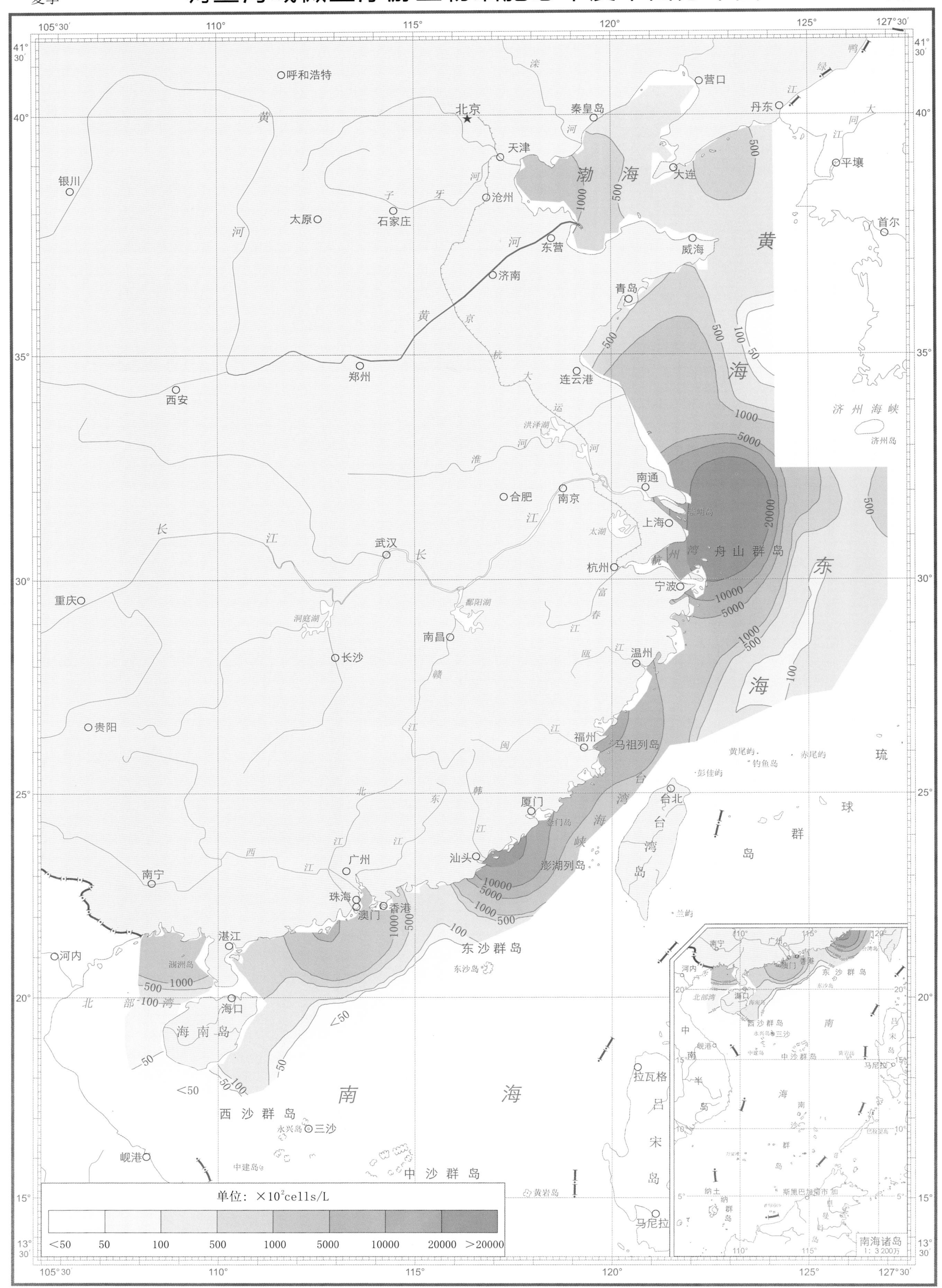

1：10 000 000（墨卡托投影 基准纬线30°）

秋季

调查海域微型浮游生物细胞总丰度平面分布图

表层

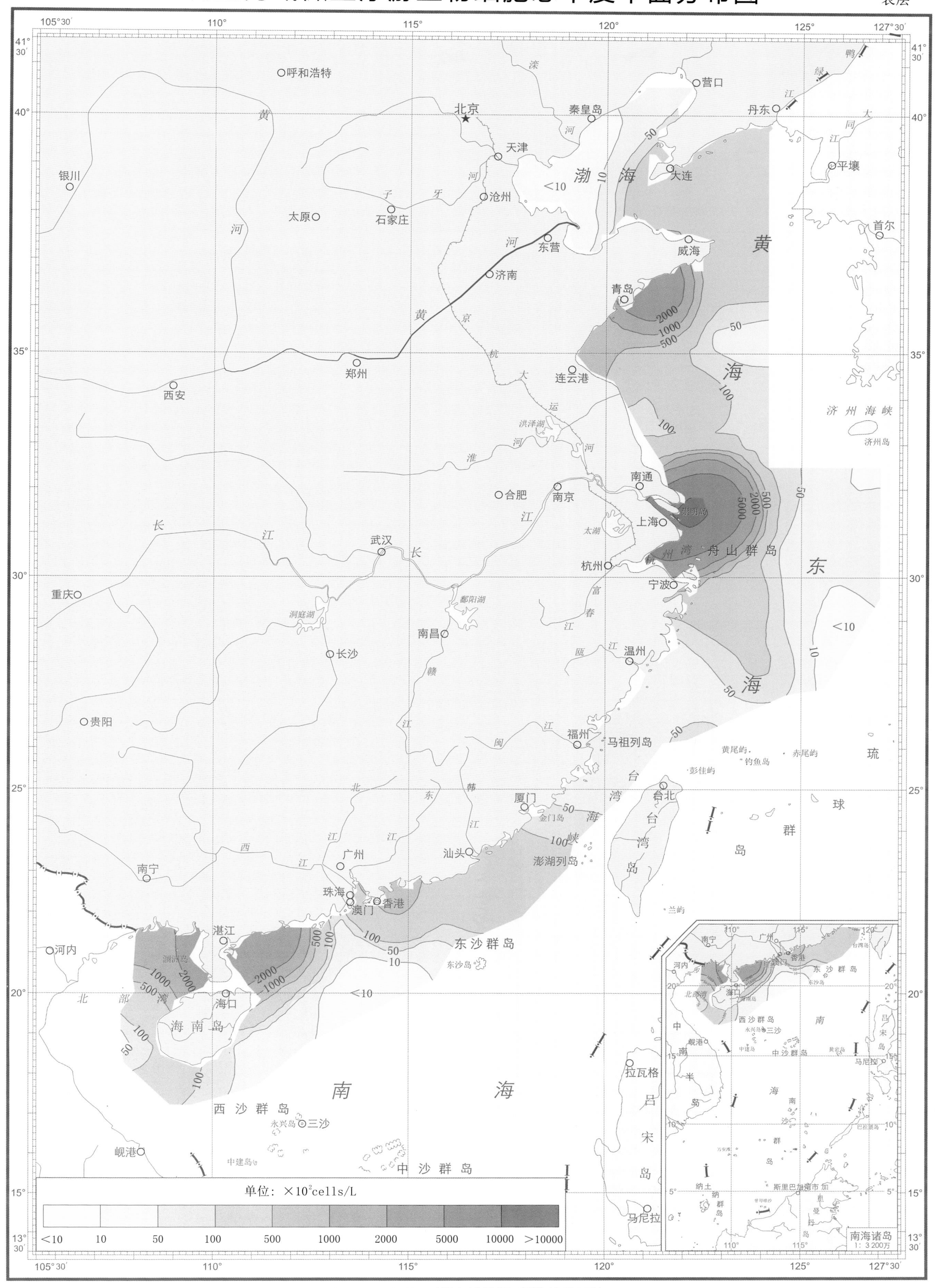

1∶10 000 000（墨卡托投影 基准纬线30°）

冬季 # 调查海域微型浮游生物细胞总丰度平面分布图 表层

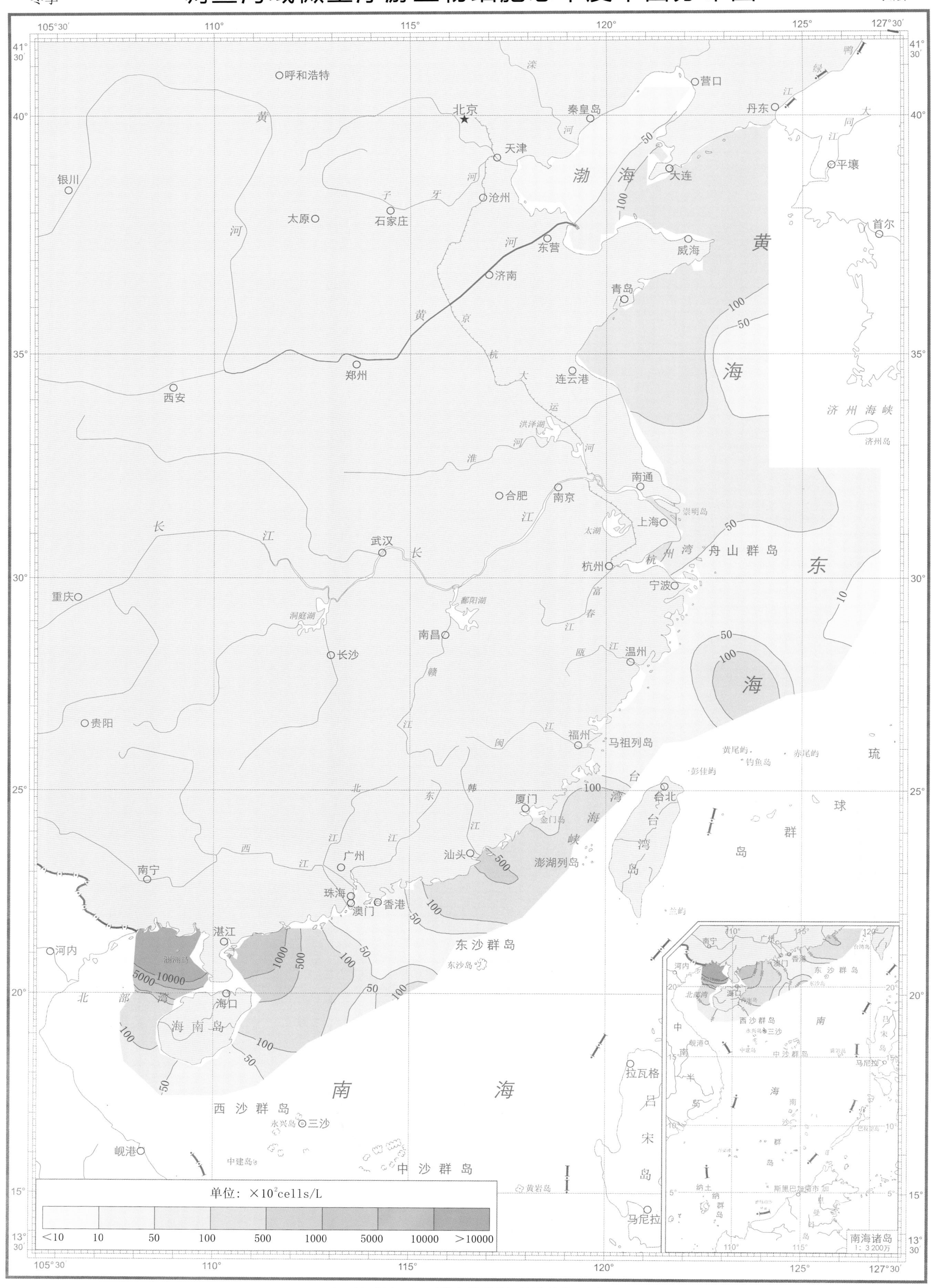

1∶10 000 000（墨卡托投影 基准纬线30°）

春季　**渤、黄、东海近海网采浮游植物细胞总丰度平面分布图**

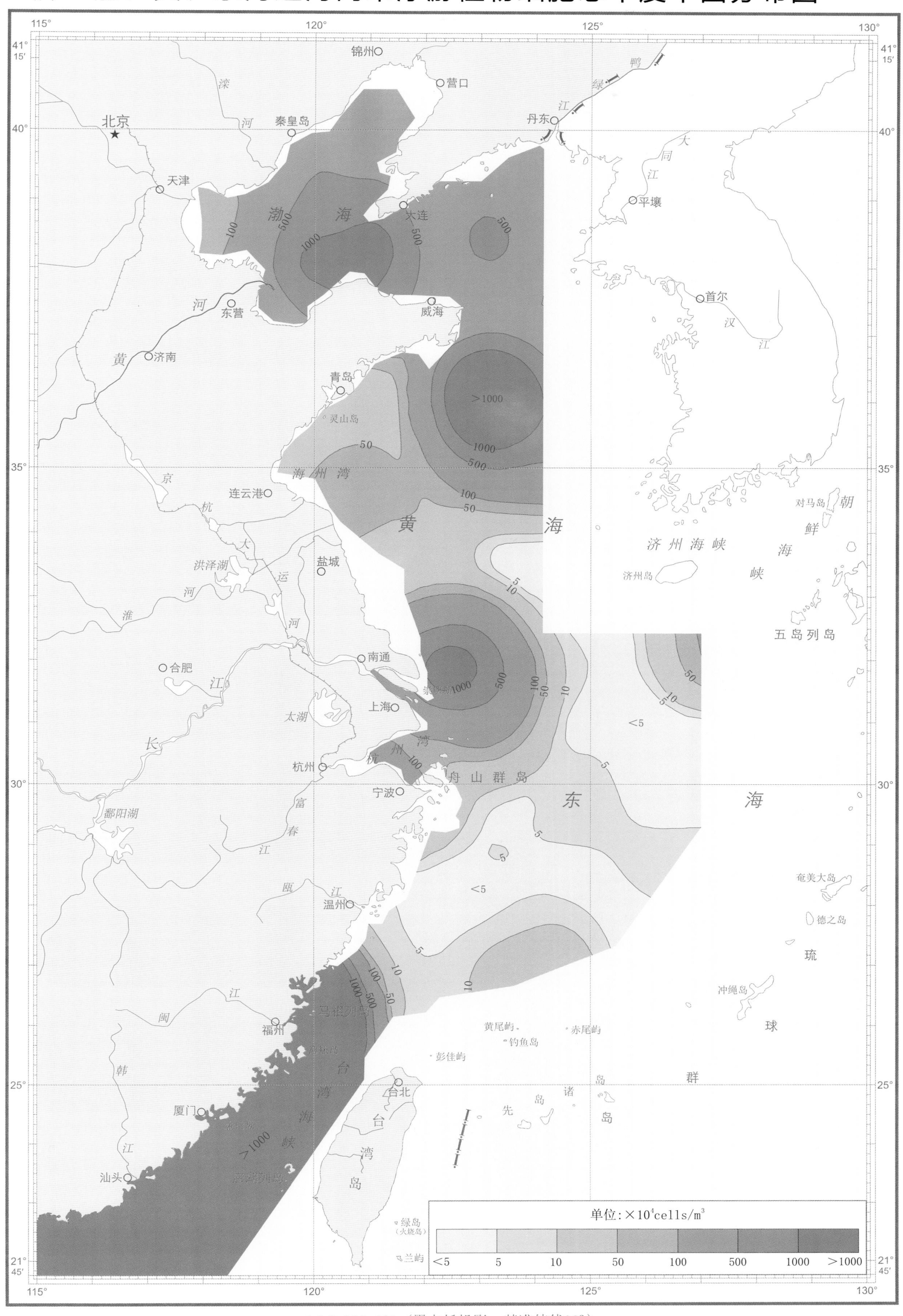

1：7 300 000（墨卡托投影　基准纬线32°）

夏季　渤、黄、东海近海网采浮游植物细胞总丰度平面分布图

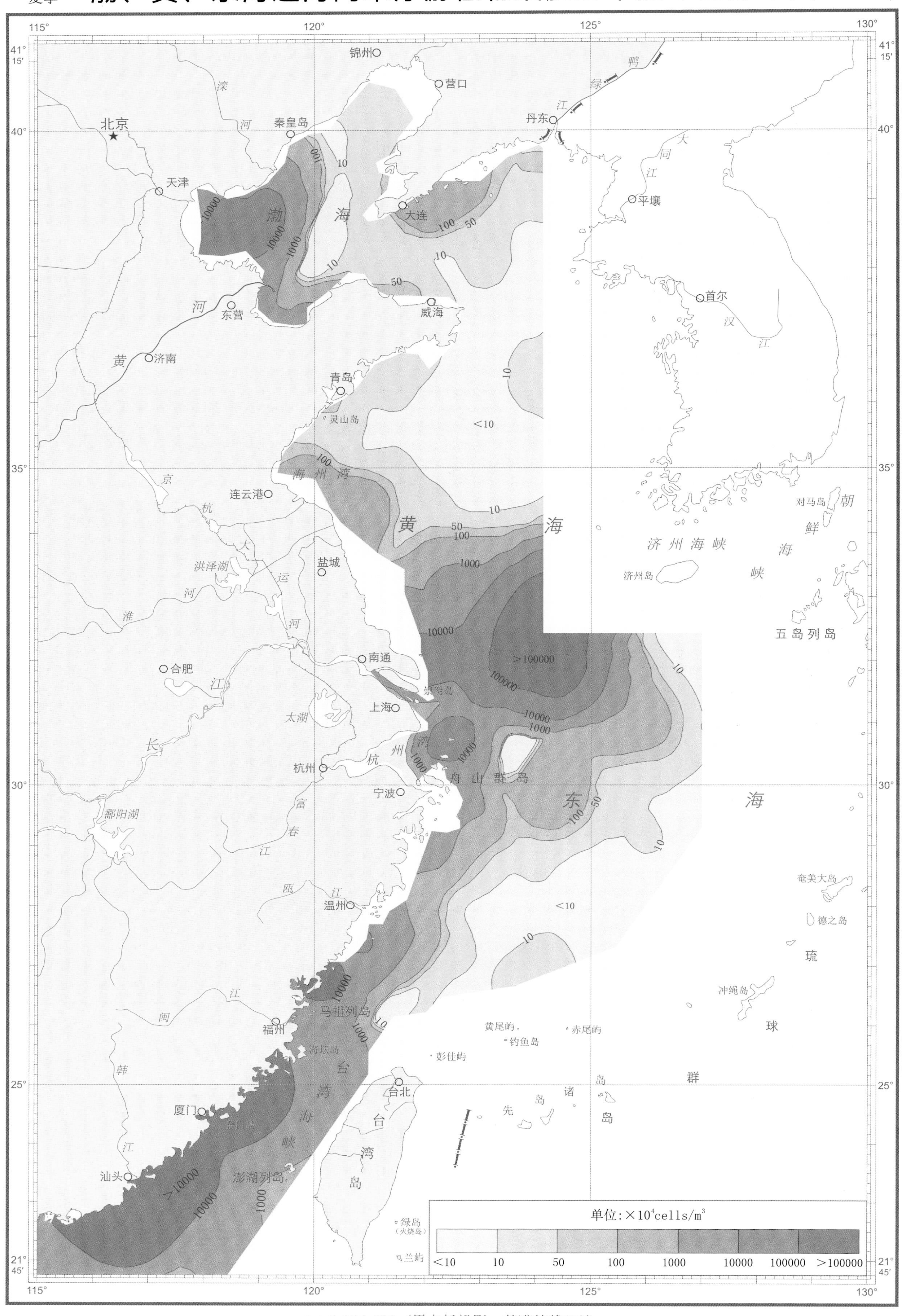

1∶7 300 000（墨卡托投影　基准纬线32°）

秋季 渤、黄、东海近海网采浮游植物细胞总丰度平面分布图

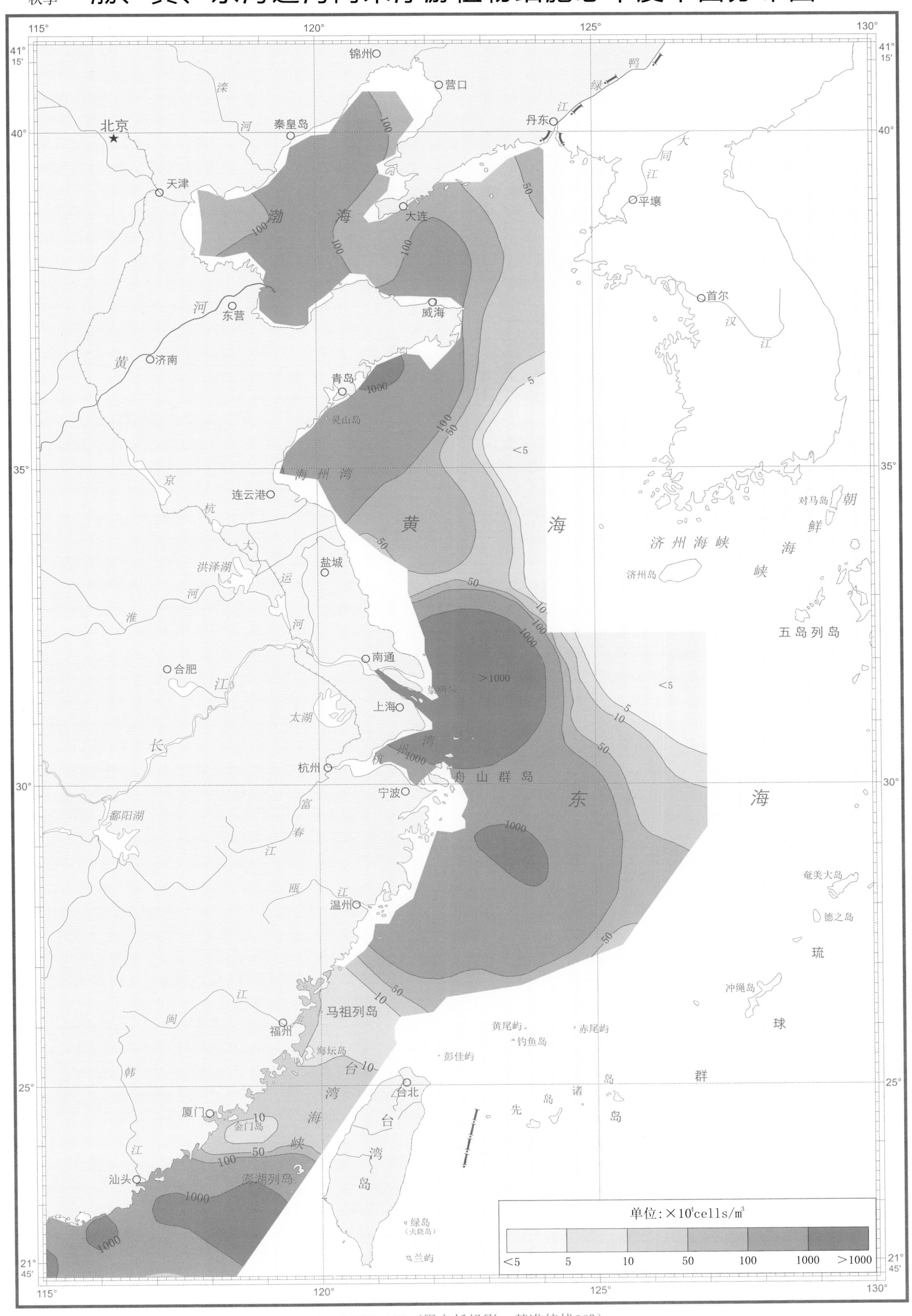

1∶7 300 000（墨卡托投影 基准纬线32°）

冬季 渤、黄、东海近海网采浮游植物细胞总丰度平面分布图

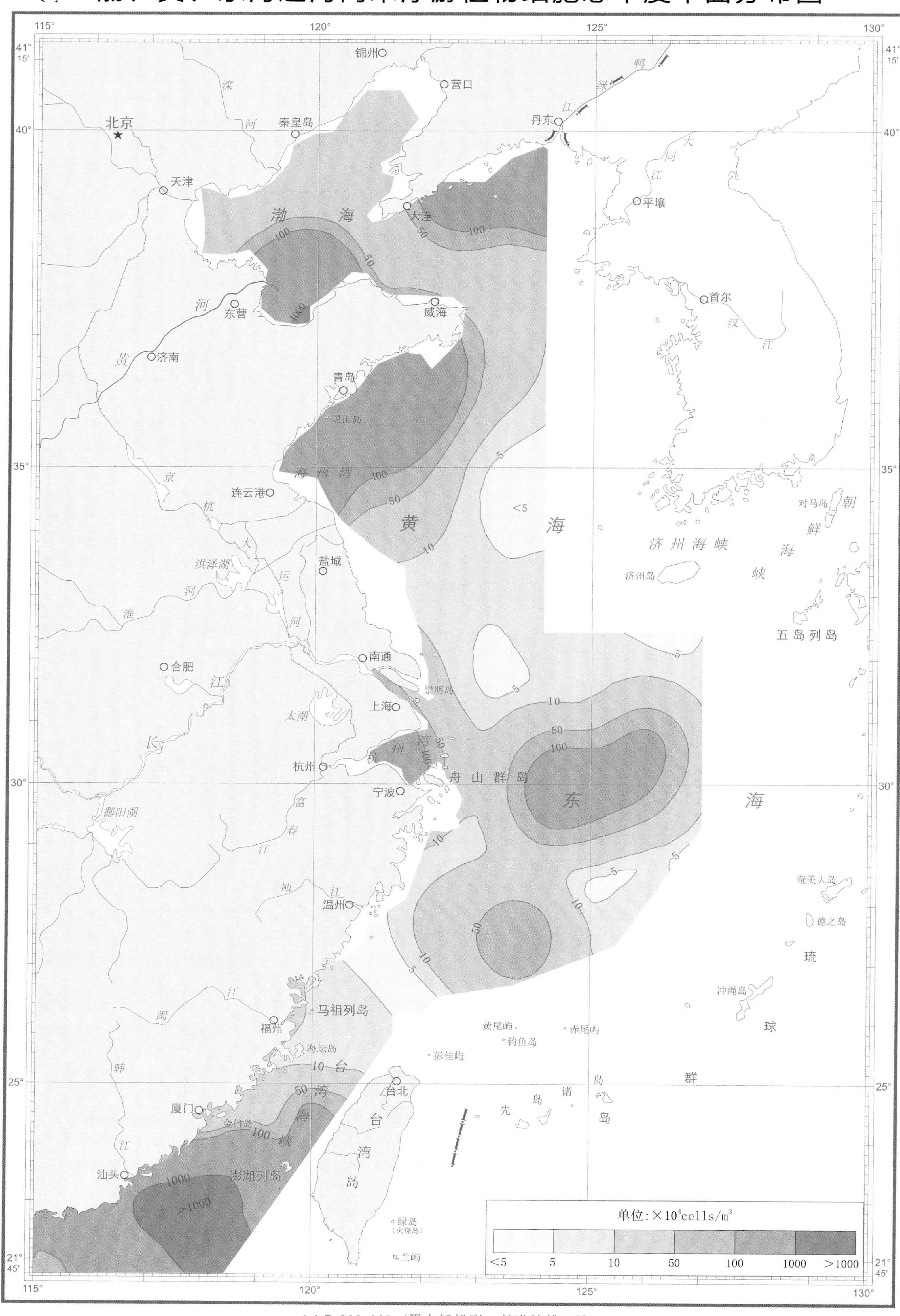

春季 渤、黄、东海近海网采浮游植物优势种细胞丰度平面分布图 星脐圆筛藻

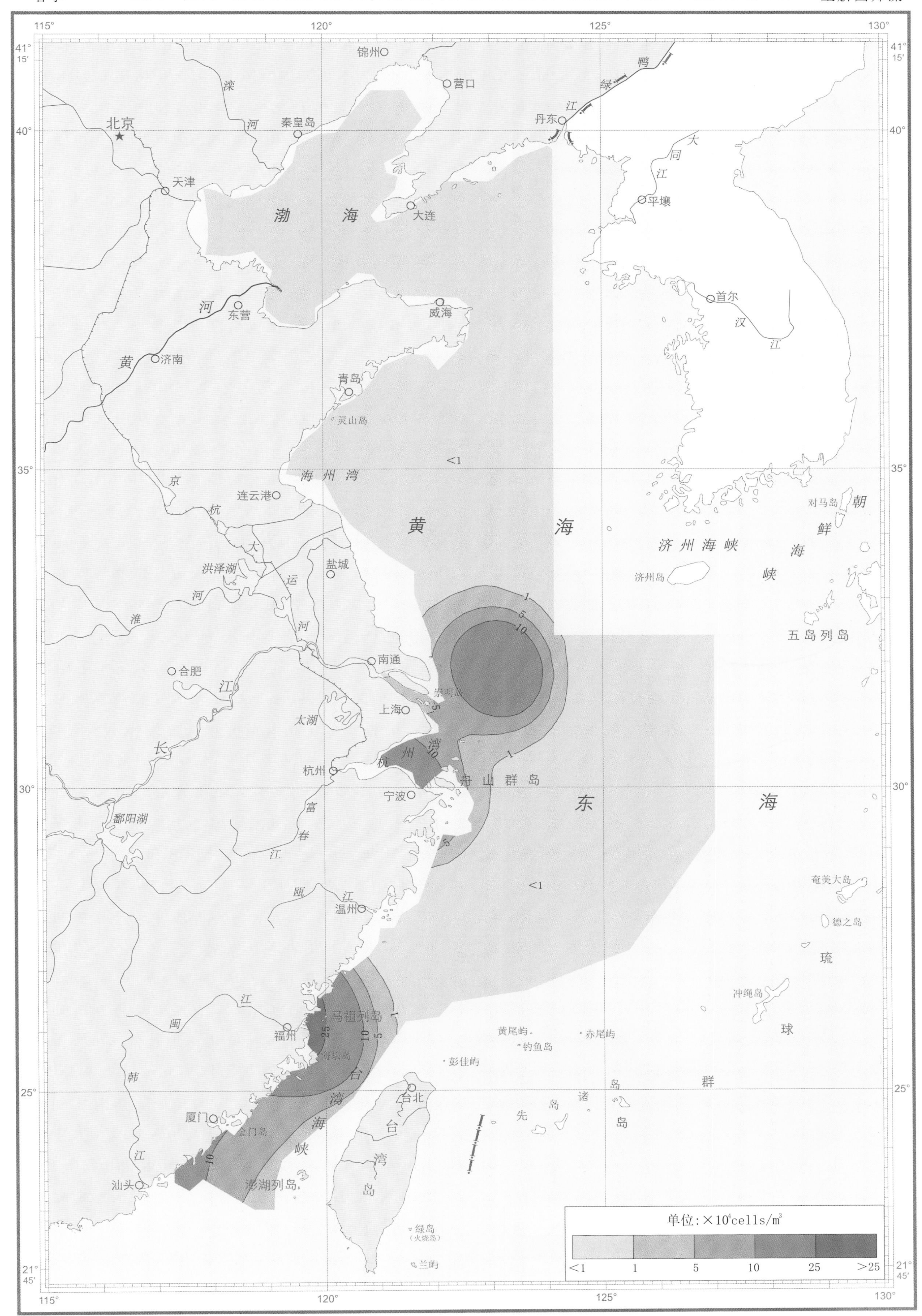

1∶7 300 000（墨卡托投影 基准纬线32°）

春季　　渤、黄、东海近海网采浮游植物优势种细胞丰度平面分布图　　具槽直链藻

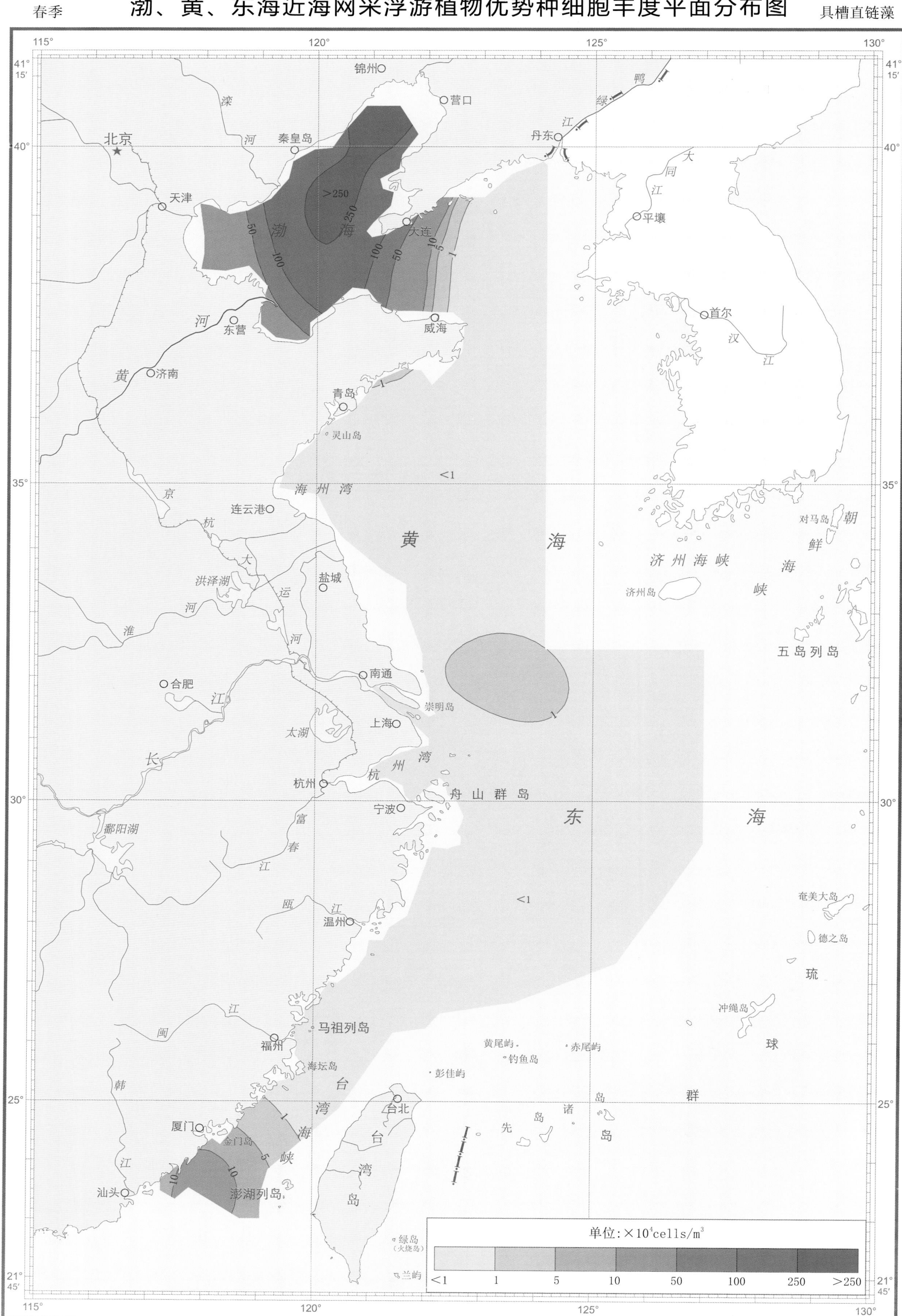

1∶7 300 000（墨卡托投影　基准纬线32°）

春季　　渤、黄、东海近海网采浮游植物优势种细胞丰度平面分布图　　琼式圆筛藻

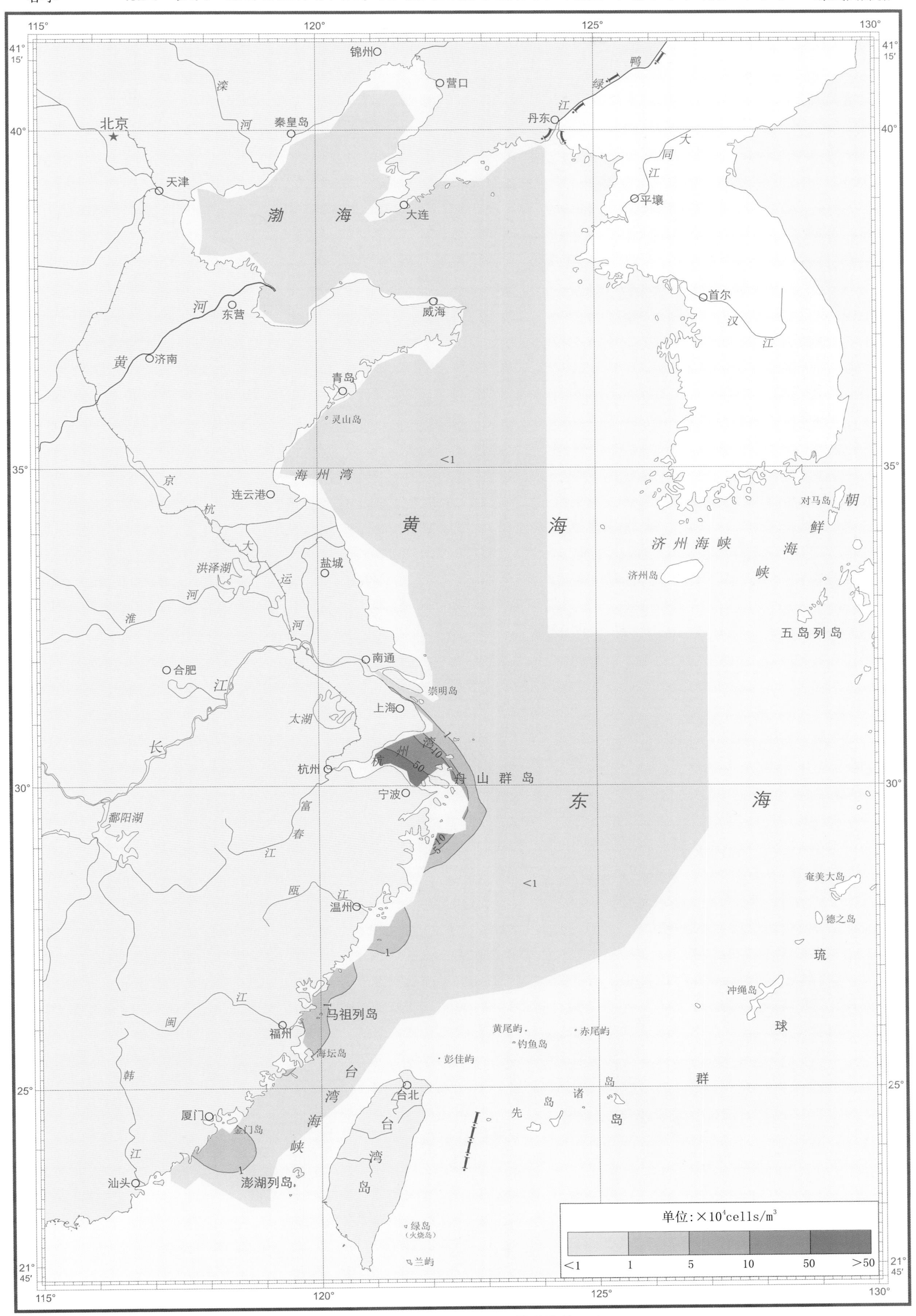

1∶7 300 000（墨卡托投影　基准纬线32°）

渤、黄、东海近海网采浮游植物优势种细胞丰度平面分布图

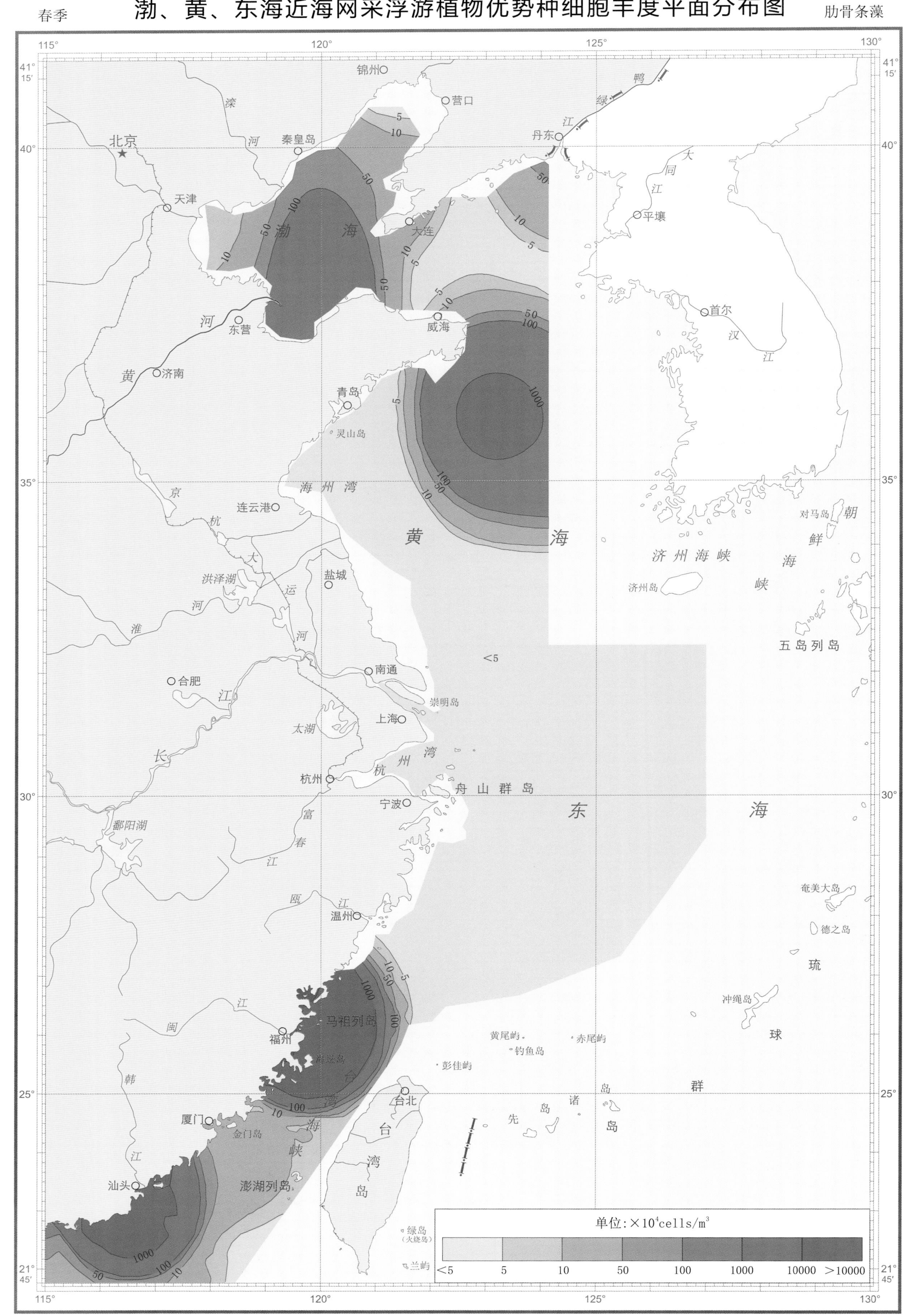

1∶7 300 000（墨卡托投影　基准纬线32°）

渤、黄、东海近海网采浮游植物优势种细胞丰度平面分布图

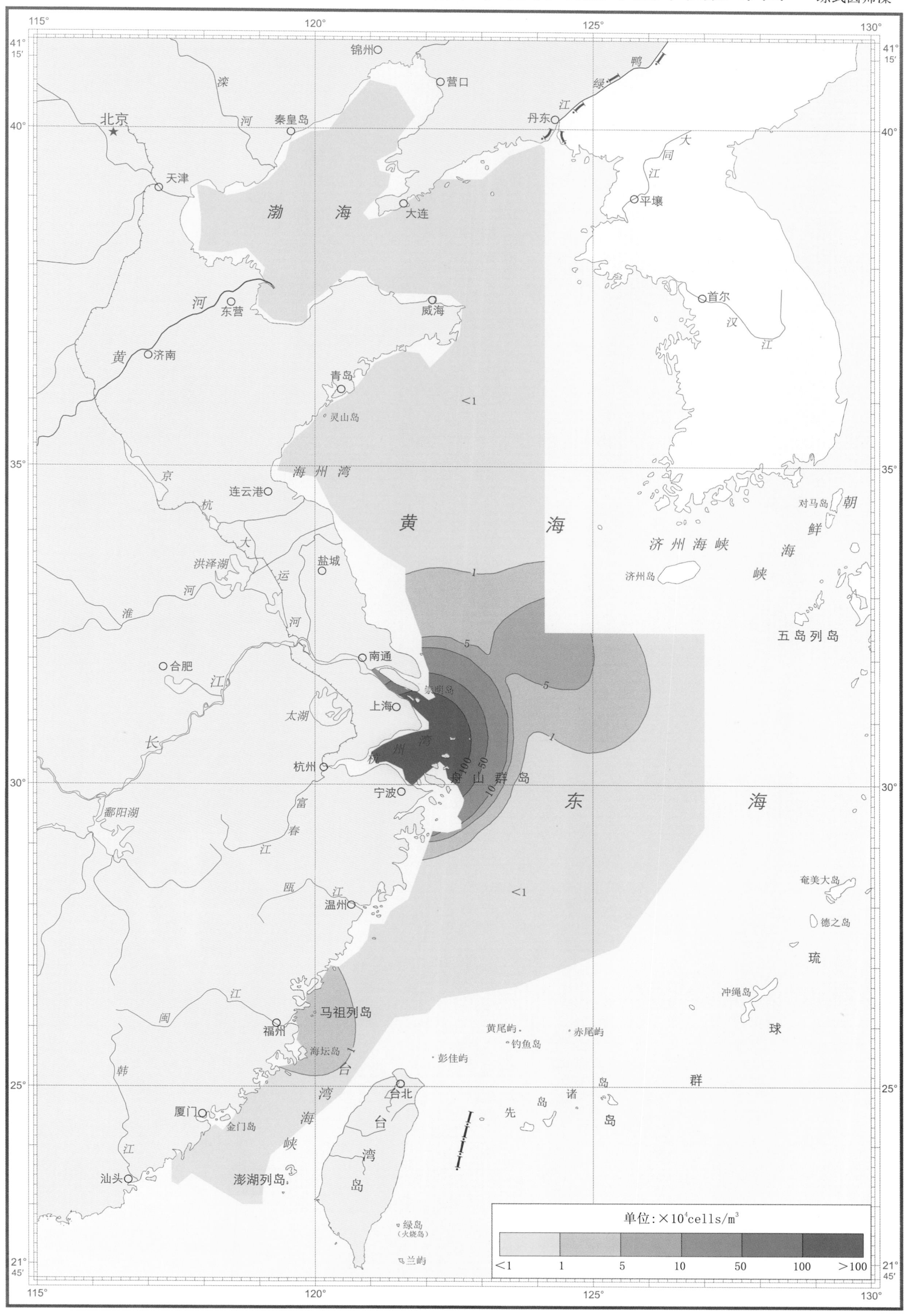

1∶7 300 000(墨卡托投影 基准纬线32°)

渤、黄、东海近海网采浮游植物优势种细胞丰度平面分布图

1∶7 300 000（墨卡托投影　基准纬线32°）

夏季　　渤、黄、东海近海网采浮游植物优势种细胞丰度平面分布图　　旋链角毛藻

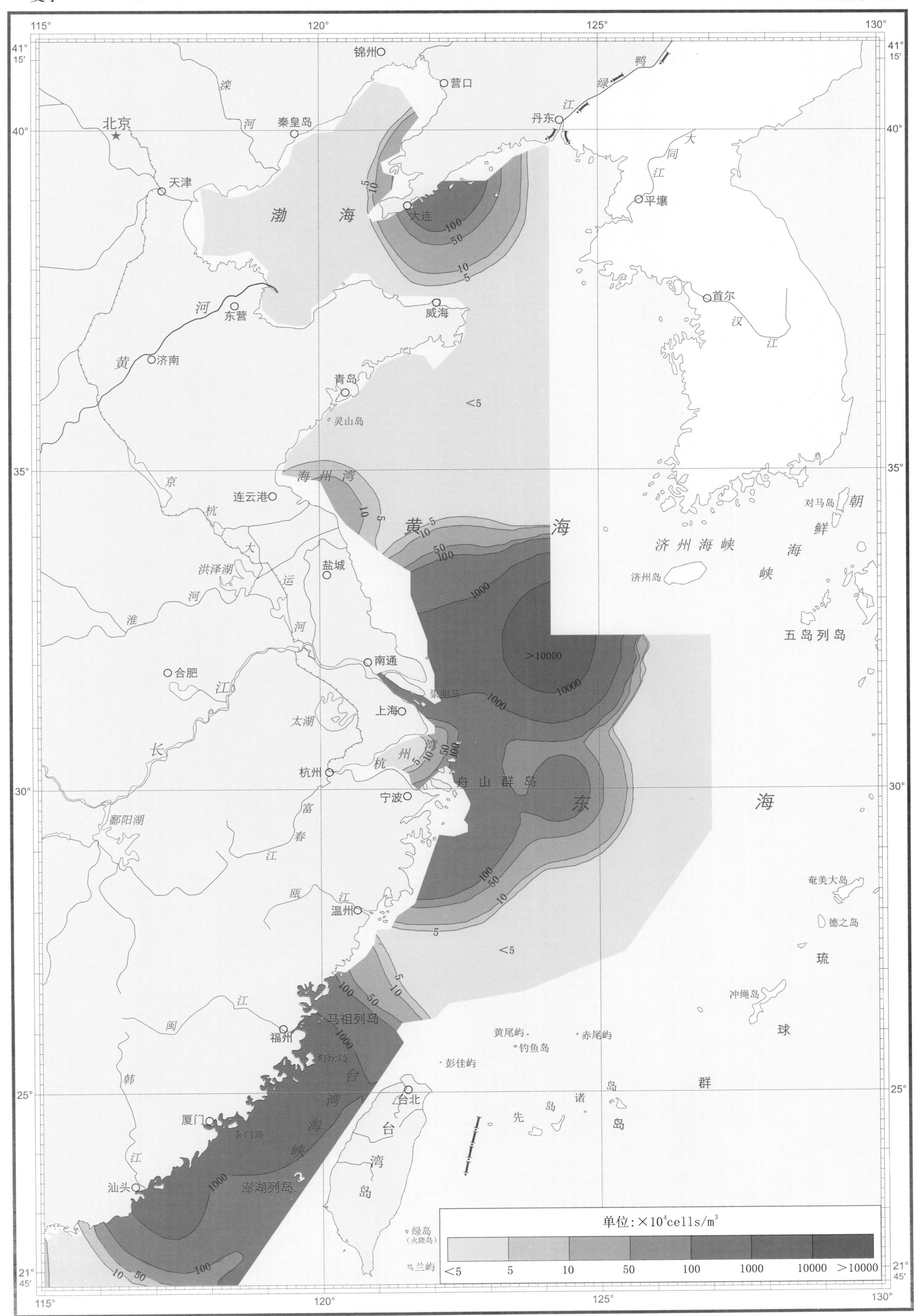

1∶7 300 000（墨卡托投影　基准纬线32°）

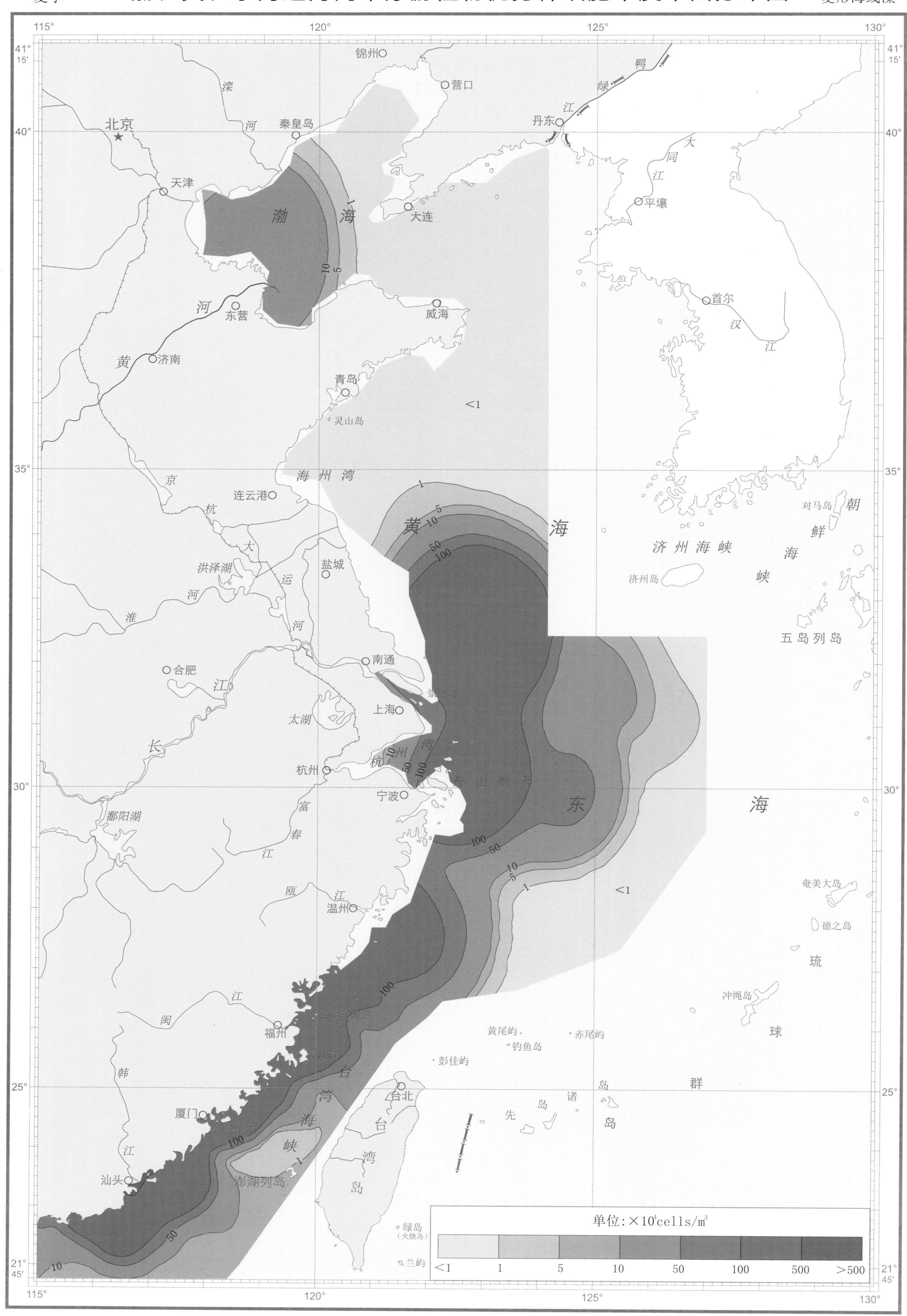

1∶7 300 000（墨卡托投影　基准纬线32°）

秋季 渤、黄、东海近海网采浮游植物优势种细胞丰度平面分布图 中华盒形藻

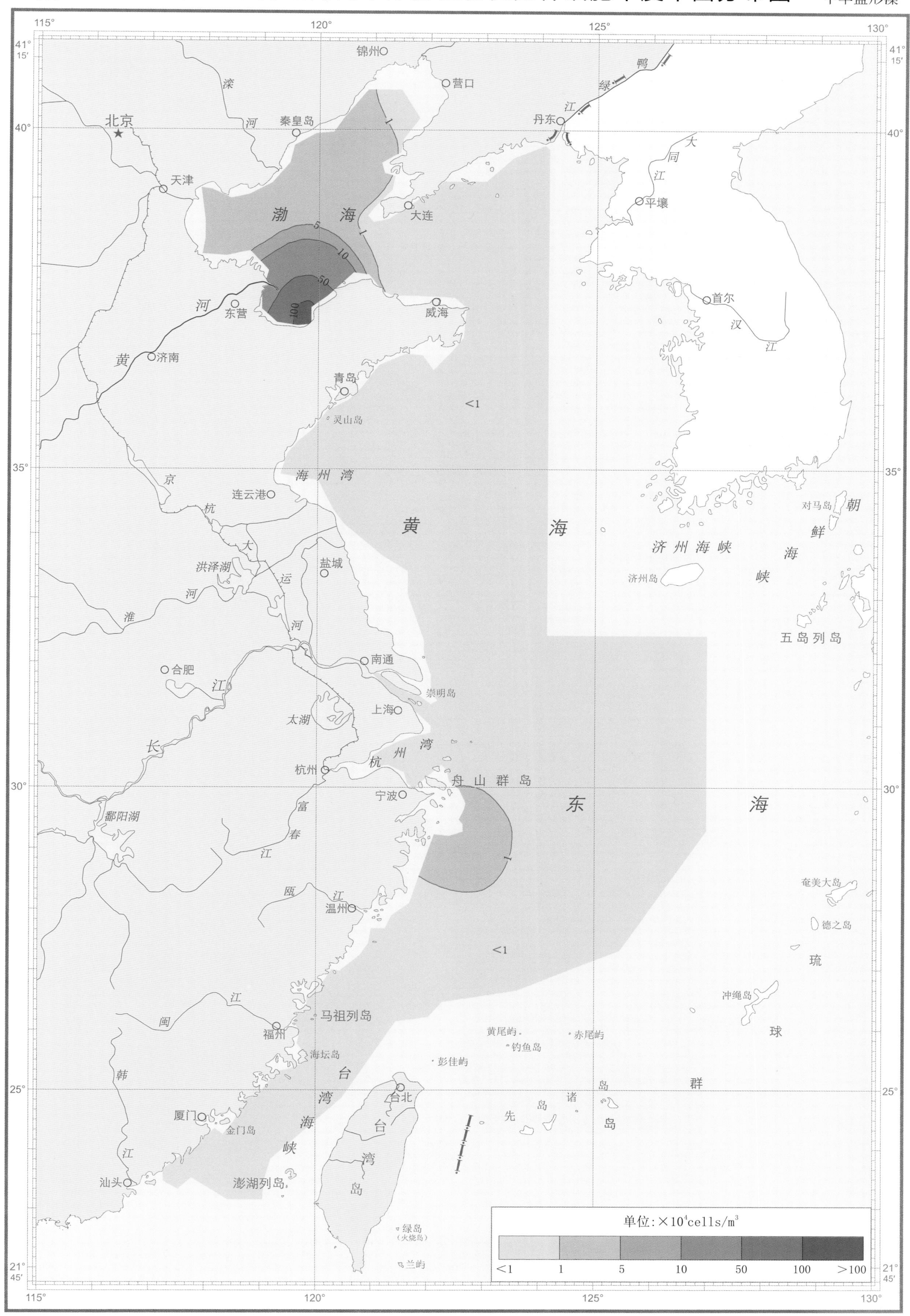

1:7 300 000(墨卡托投影 基准纬线32°)

渤、黄、东海近海网采浮游植物优势种细胞丰度平面分布图

布氏双尾藻

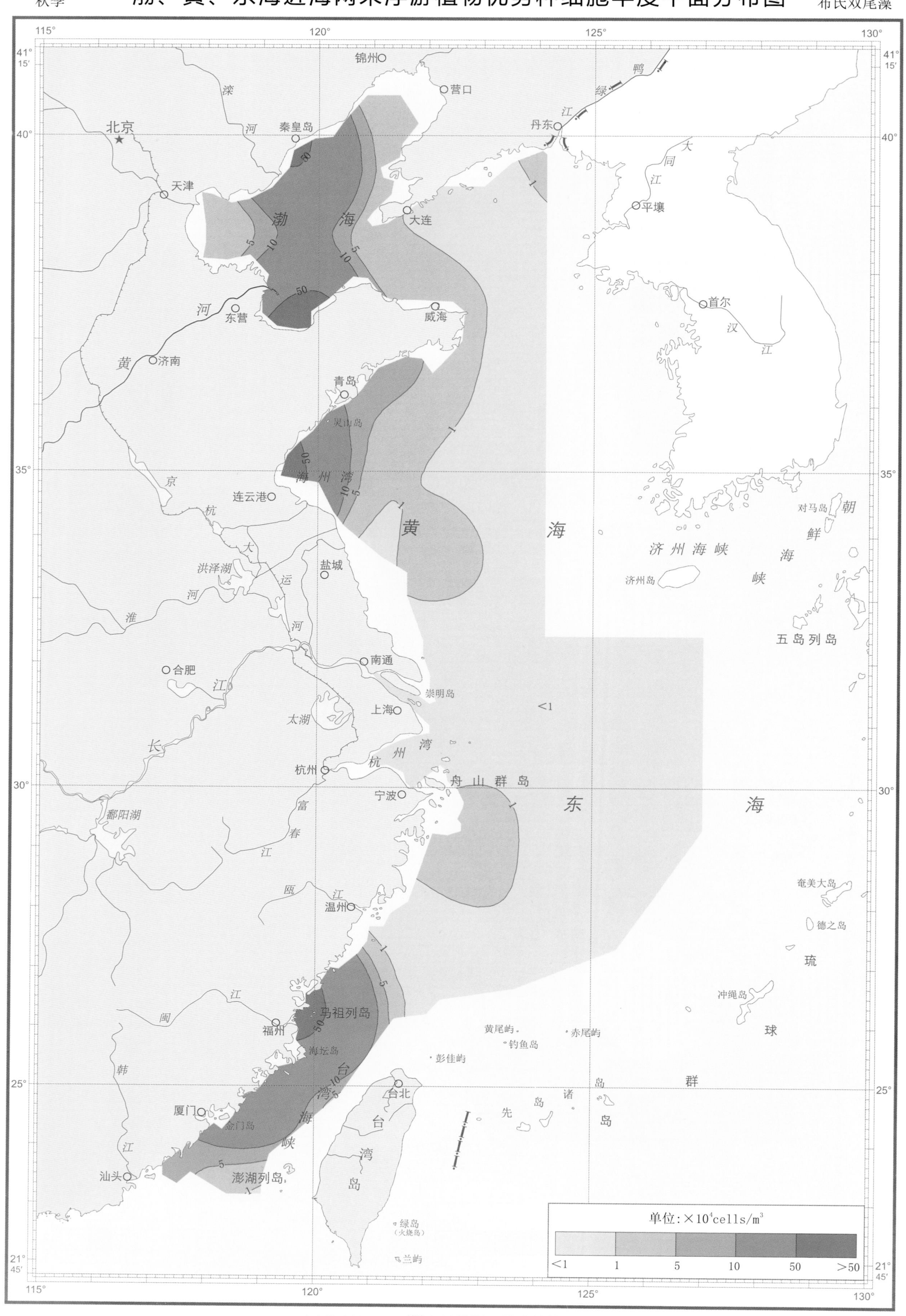

1∶7 300 000（墨卡托投影　基准纬线32°）

秋季　　渤、黄、东海近海网采浮游植物优势种细胞丰度平面分布图　　虹彩圆筛藻

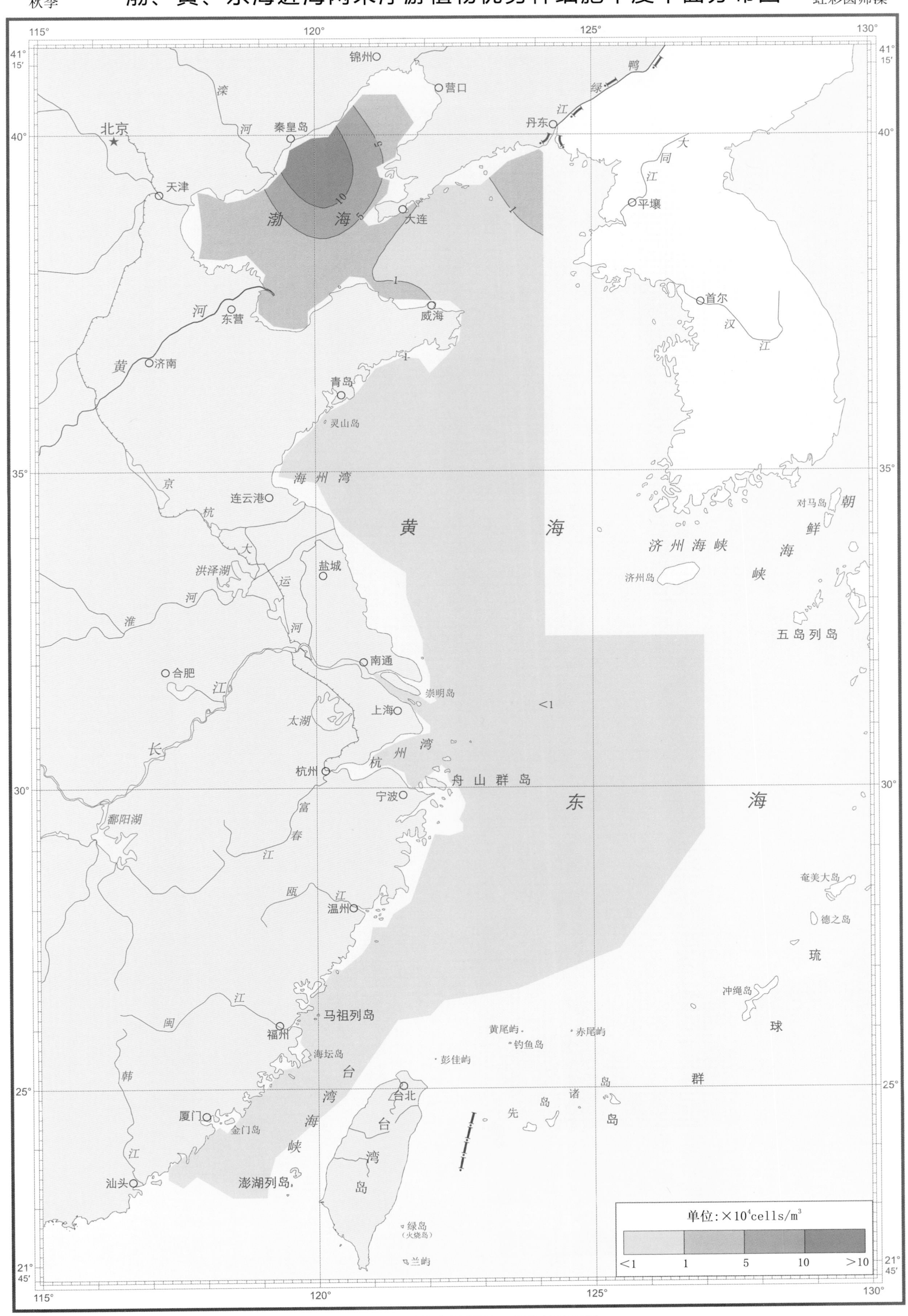

1：7 300 000（墨卡托投影　基准纬线32°）

秋季　**渤、黄、东海近海网采浮游植物优势种细胞丰度平面分布图**　菱形海线藻

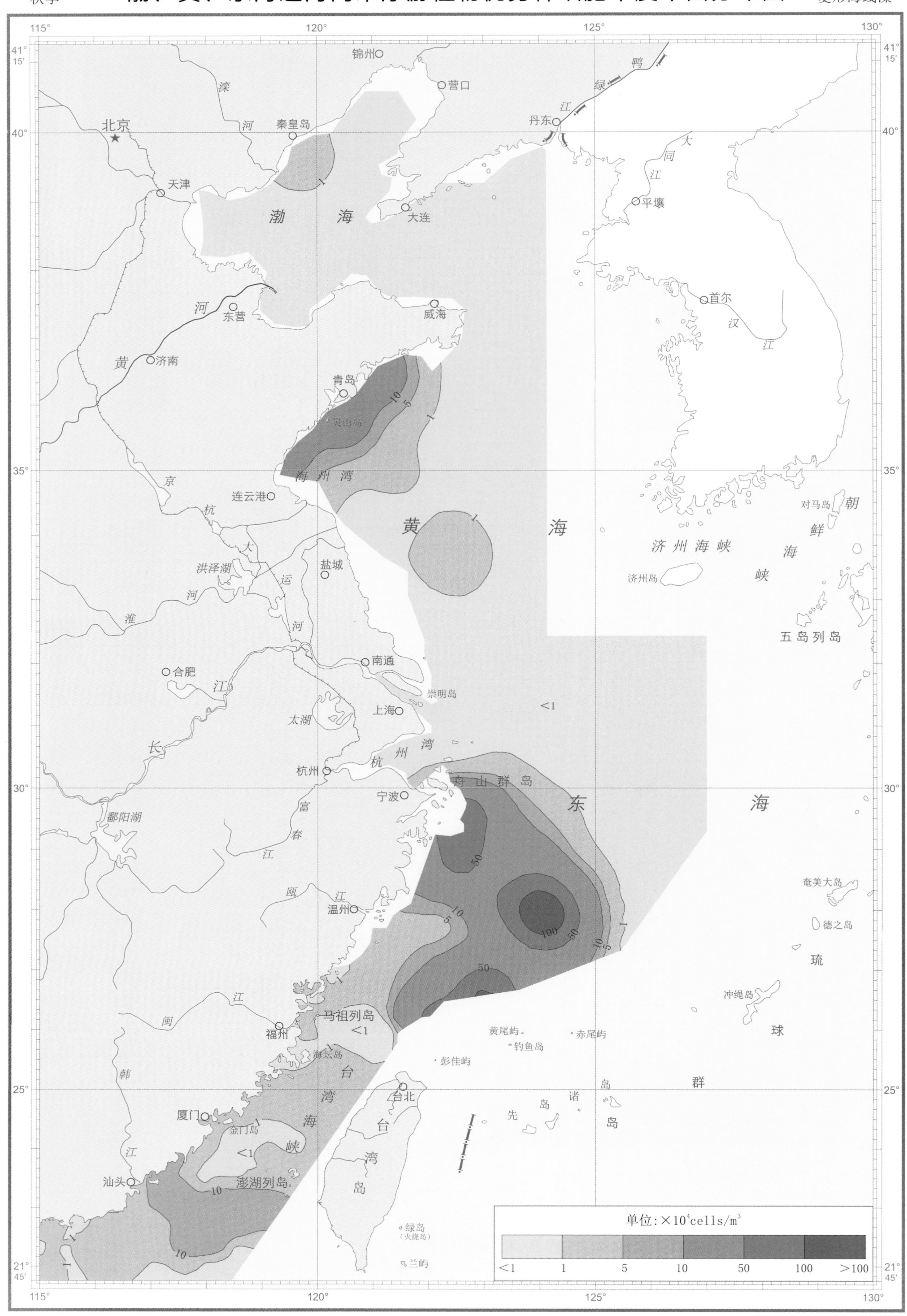

1：7 300 000（墨卡托投影　基准纬线32°）

冬季　　渤、黄、东海近海网采浮游植物优势种细胞丰度平面分布图　　布氏双尾藻

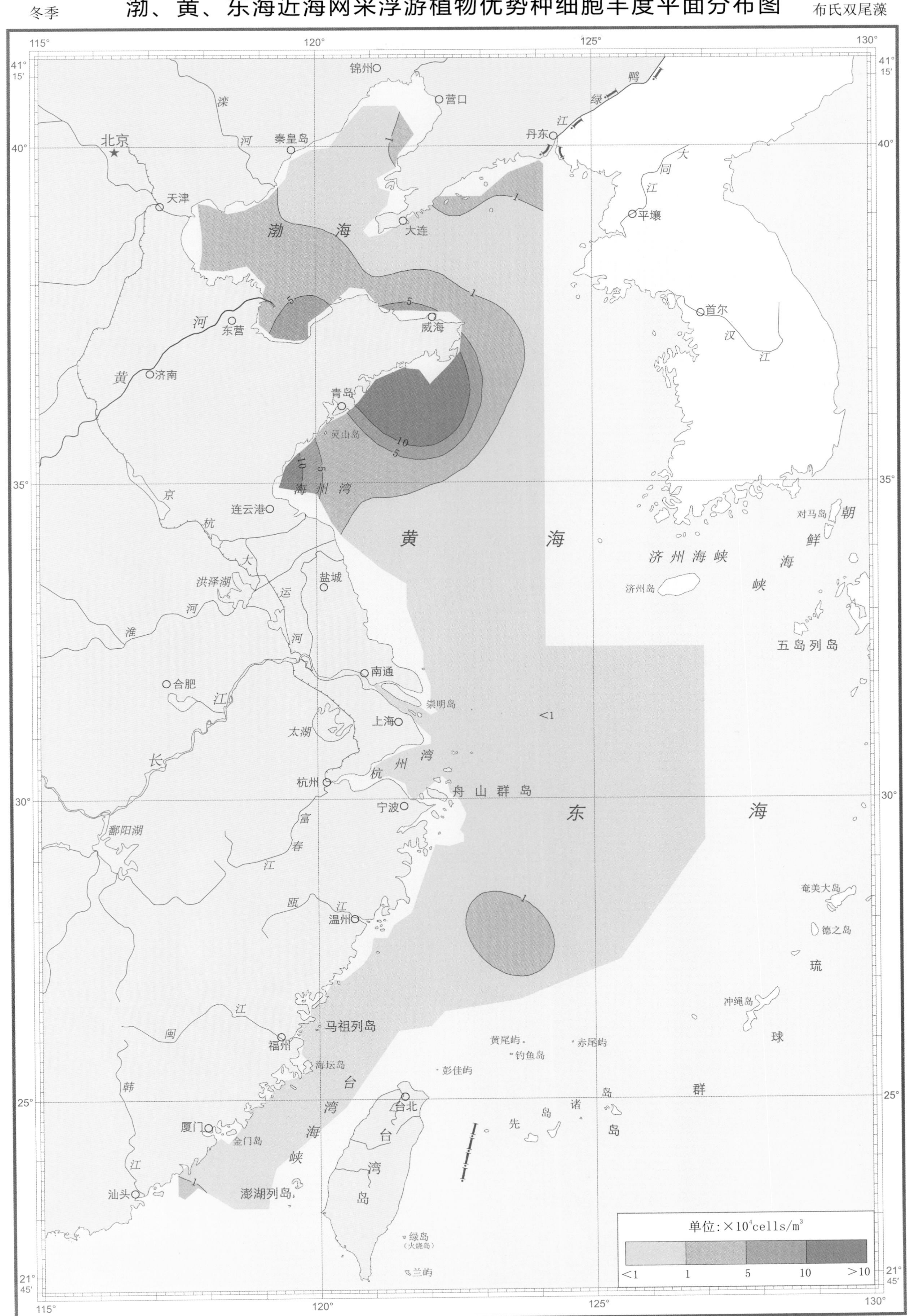

1∶7 300 000（墨卡托投影　基准纬线32°）

冬季　渤、黄、东海近海网采浮游植物优势种细胞丰度平面分布图　密连角毛藻

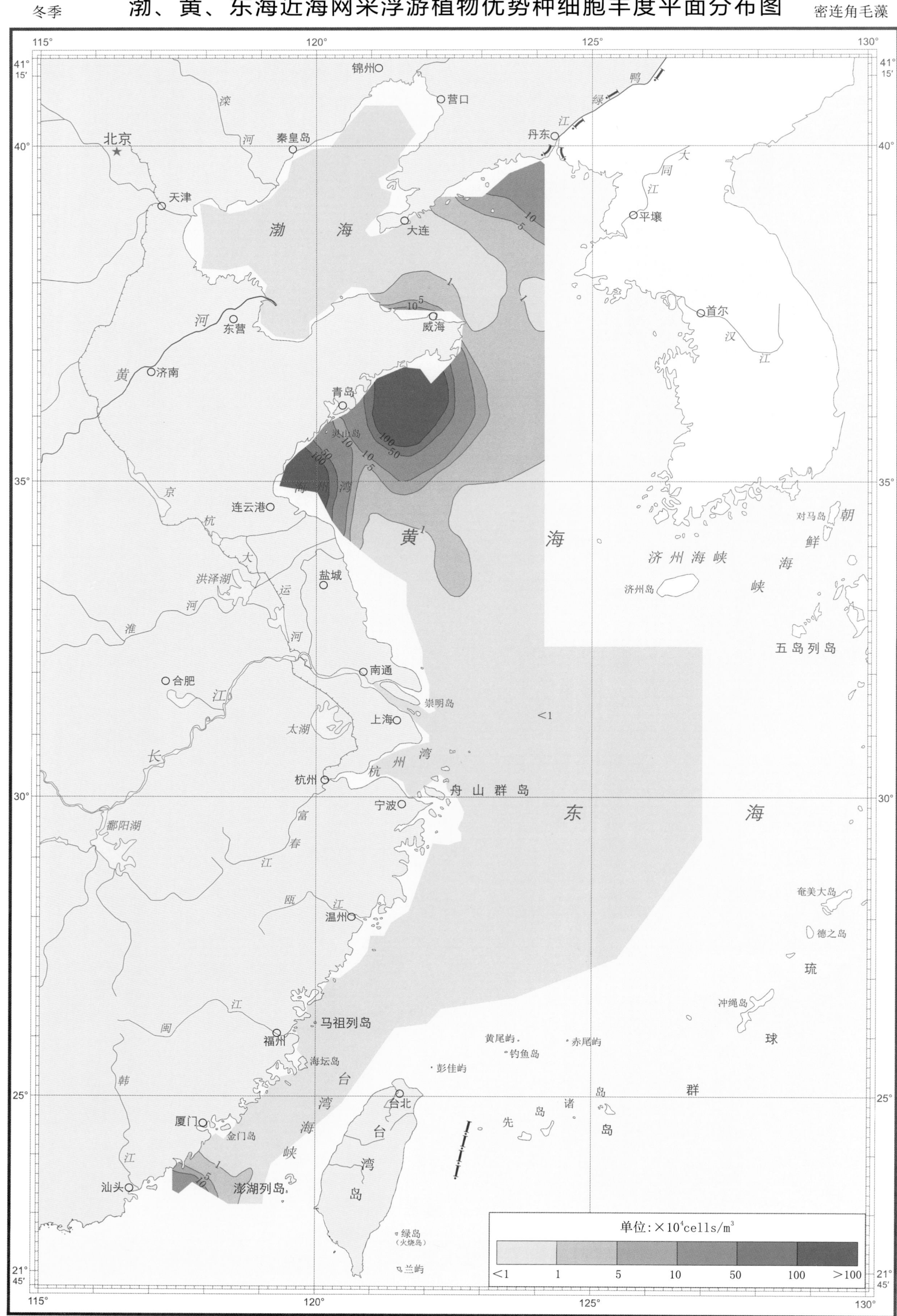

1∶7 300 000（墨卡托投影　基准纬线32°）

冬季　　渤、黄、东海近海网采浮游植物优势种细胞丰度平面分布图　　琼式圆筛藻

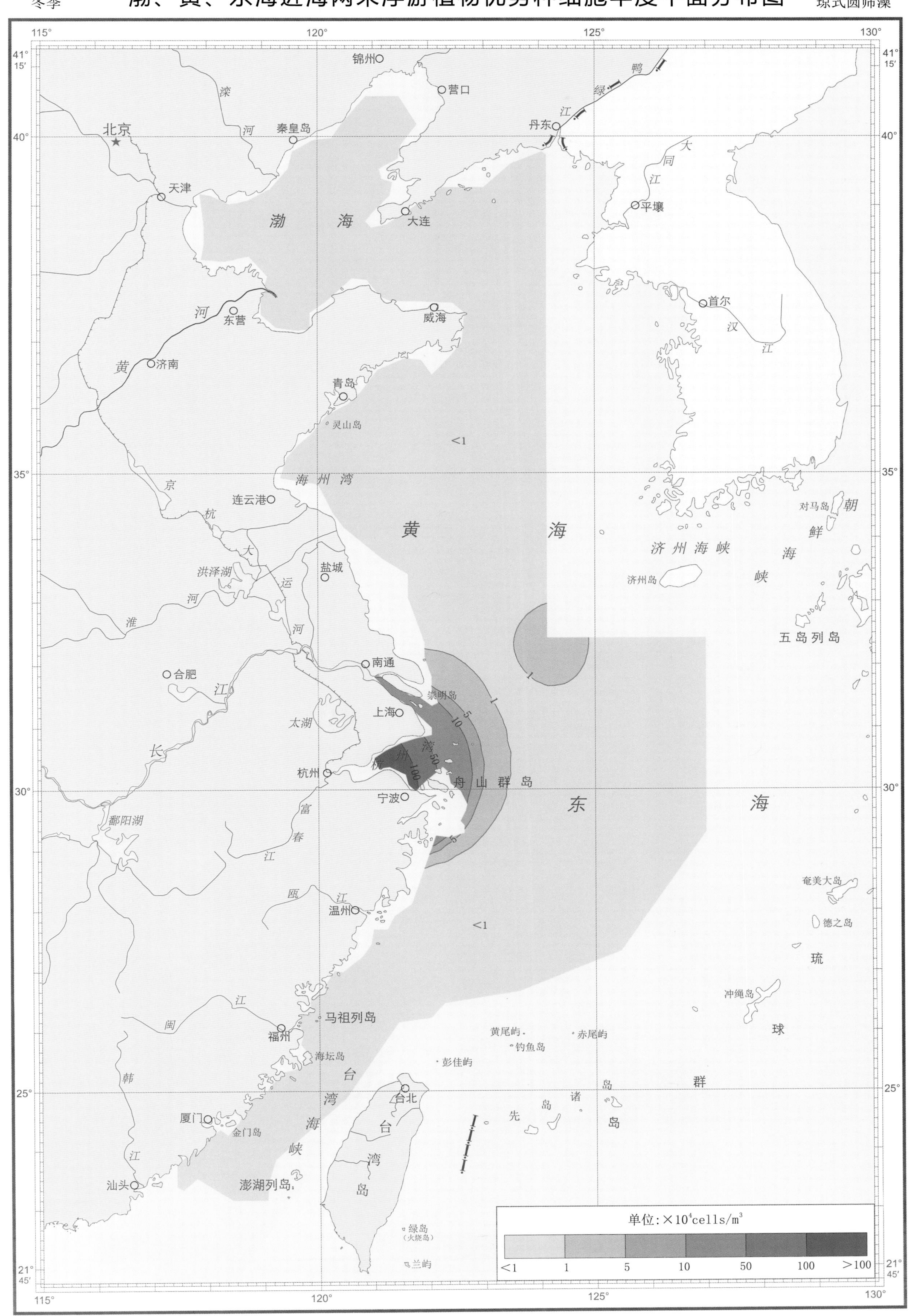

1∶7 300 000（墨卡托投影　基准纬线32°）

冬季　**渤、黄、东海近海网采浮游植物优势种细胞丰度平面分布图**　圆筛藻

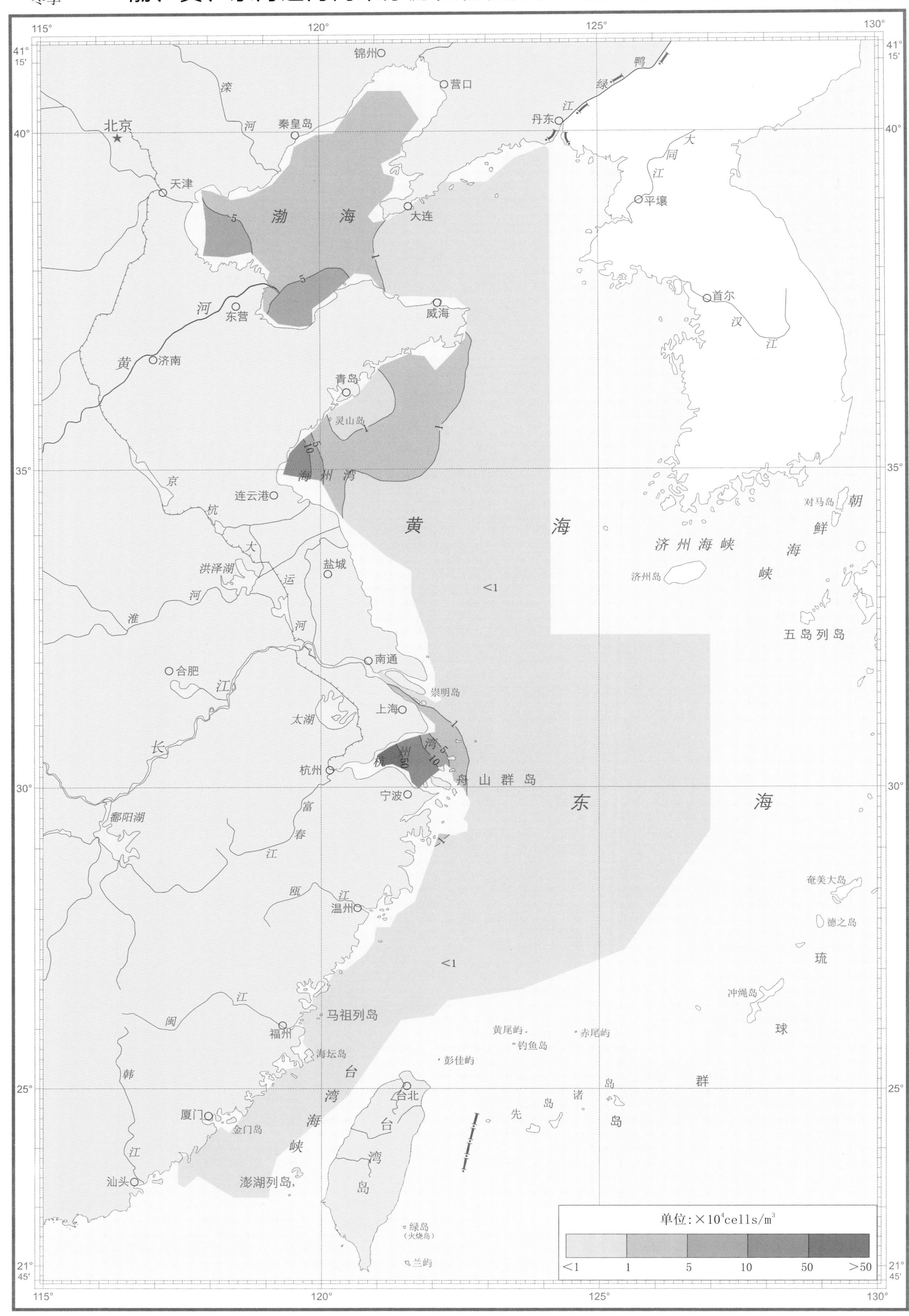

1：7 300 000（墨卡托投影　基准纬线32°）

春季

南海北部近海网采浮游植物细胞总丰度平面分布图

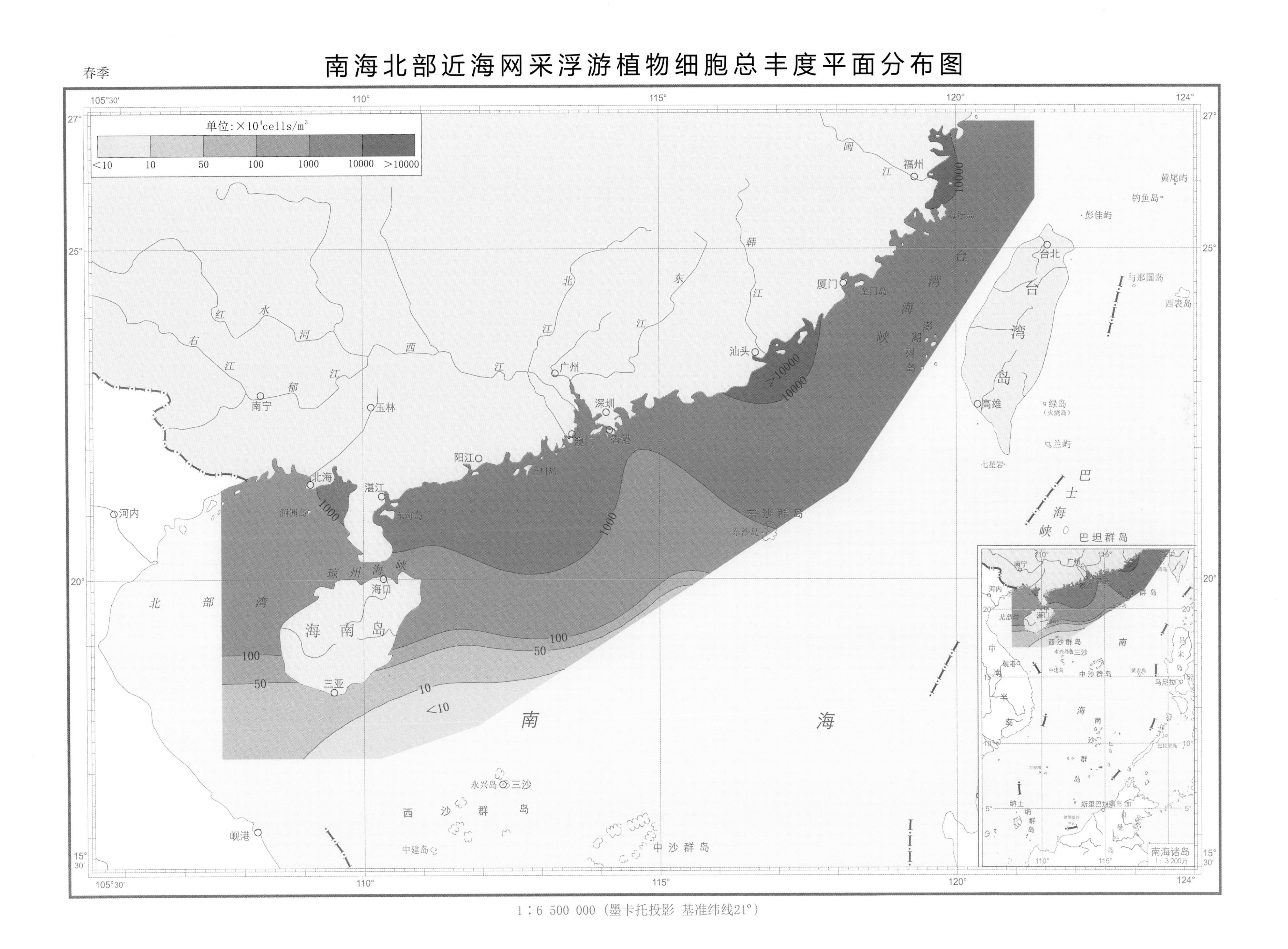

1:6 500 000(墨卡托投影 基准纬线21°)

夏季

南海北部近海网采浮游植物细胞总丰度平面分布图

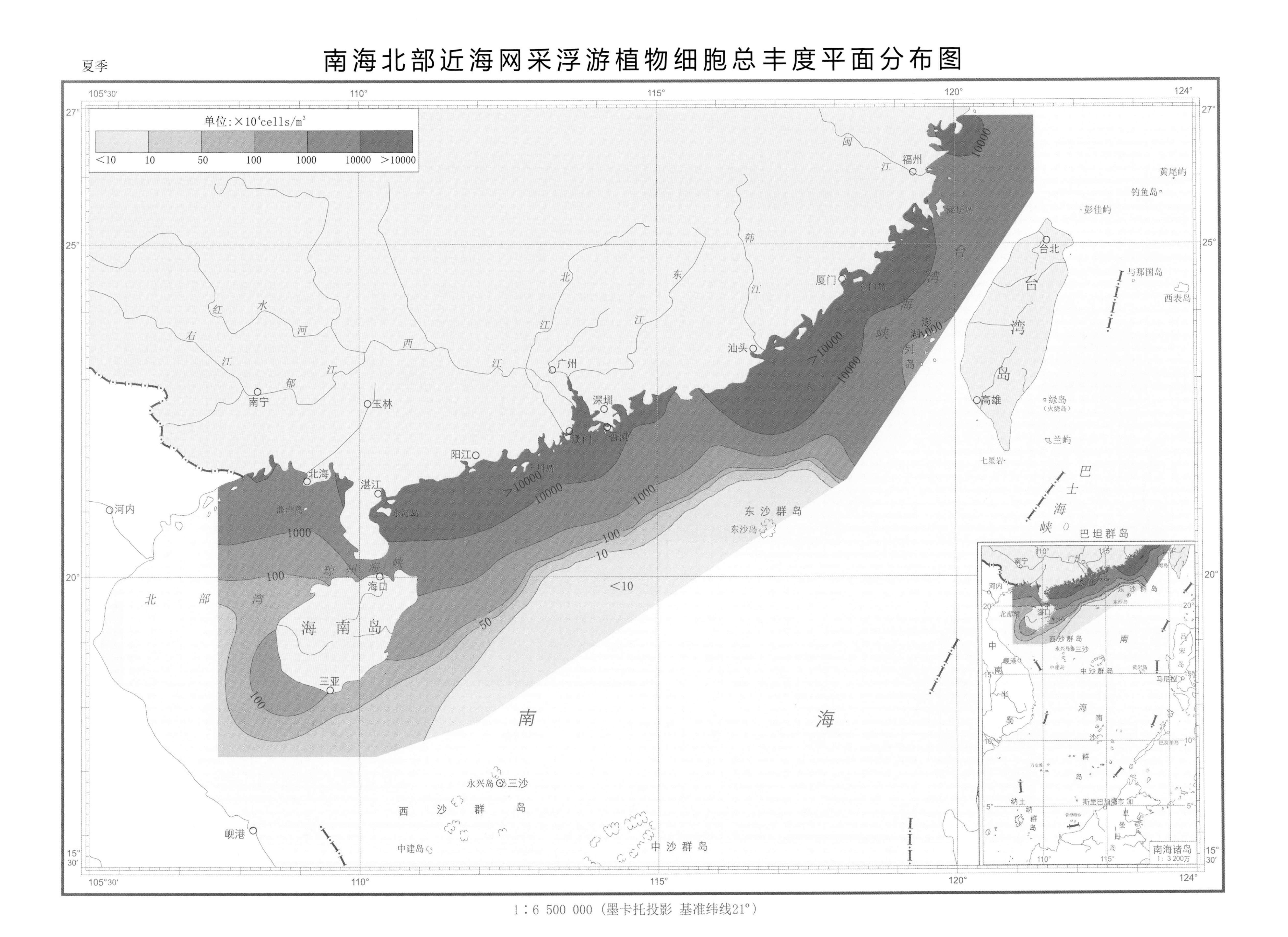

1：6 500 000（墨卡托投影 基准纬线21°）

秋季

南海北部近海网采浮游植物细胞总丰度平面分布图

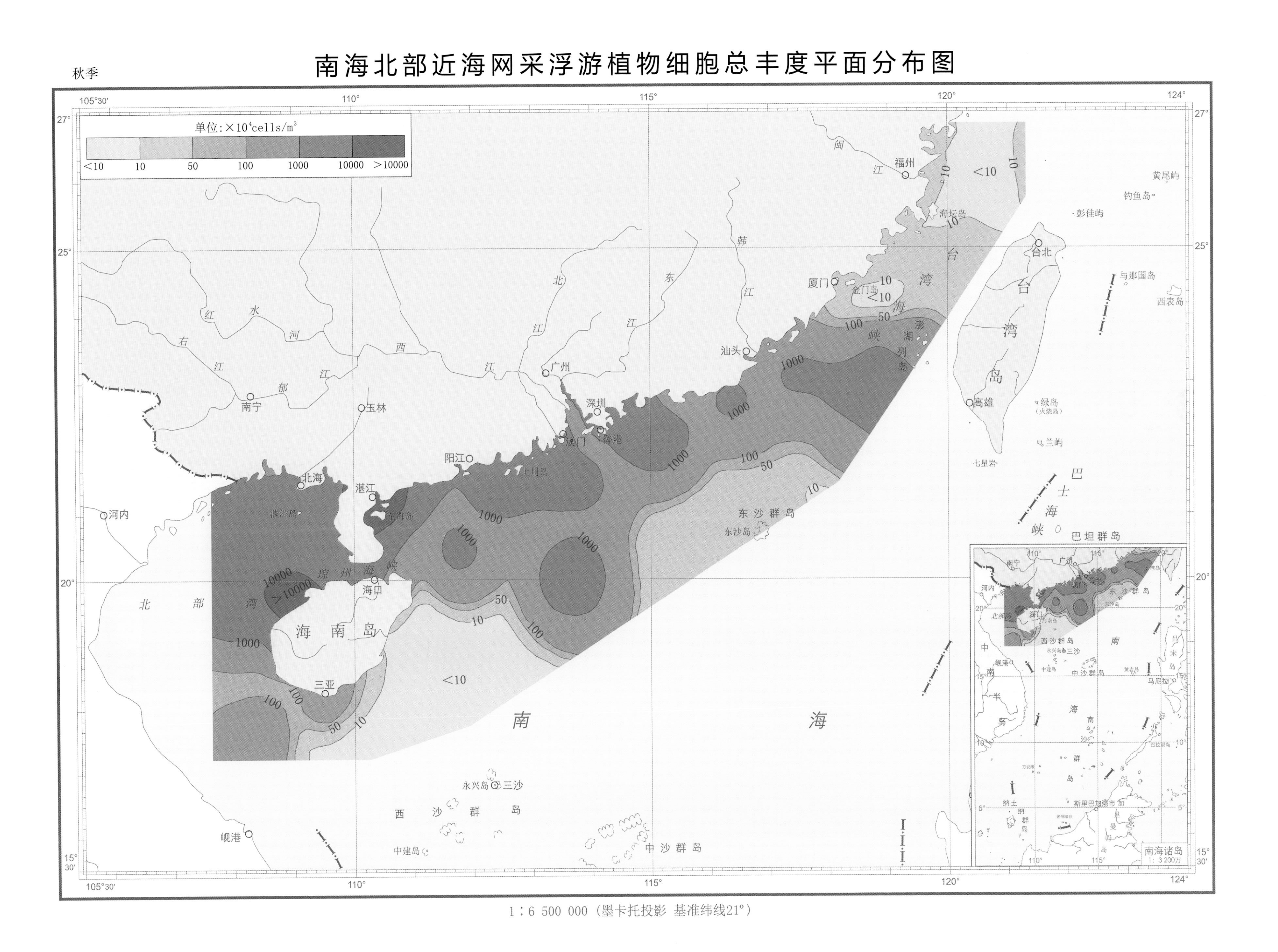

1：6 500 000（墨卡托投影 基准纬线21°）

冬季

南海北部近海网采浮游植物细胞总丰度平面分布图

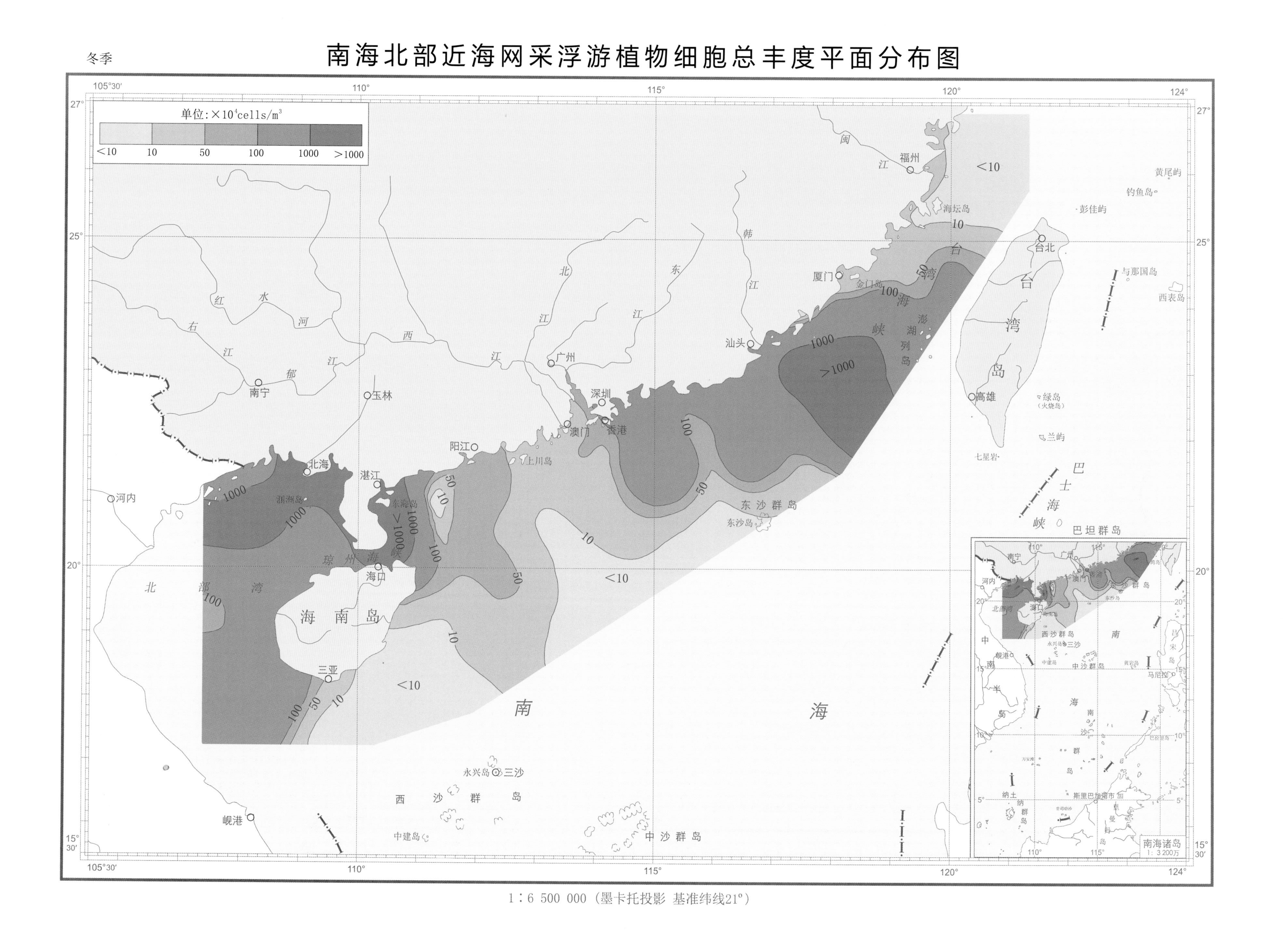

1:6 500 000（墨卡托投影 基准纬线21°）

南海北部近海网采浮游植物优势种细胞丰度平面分布图

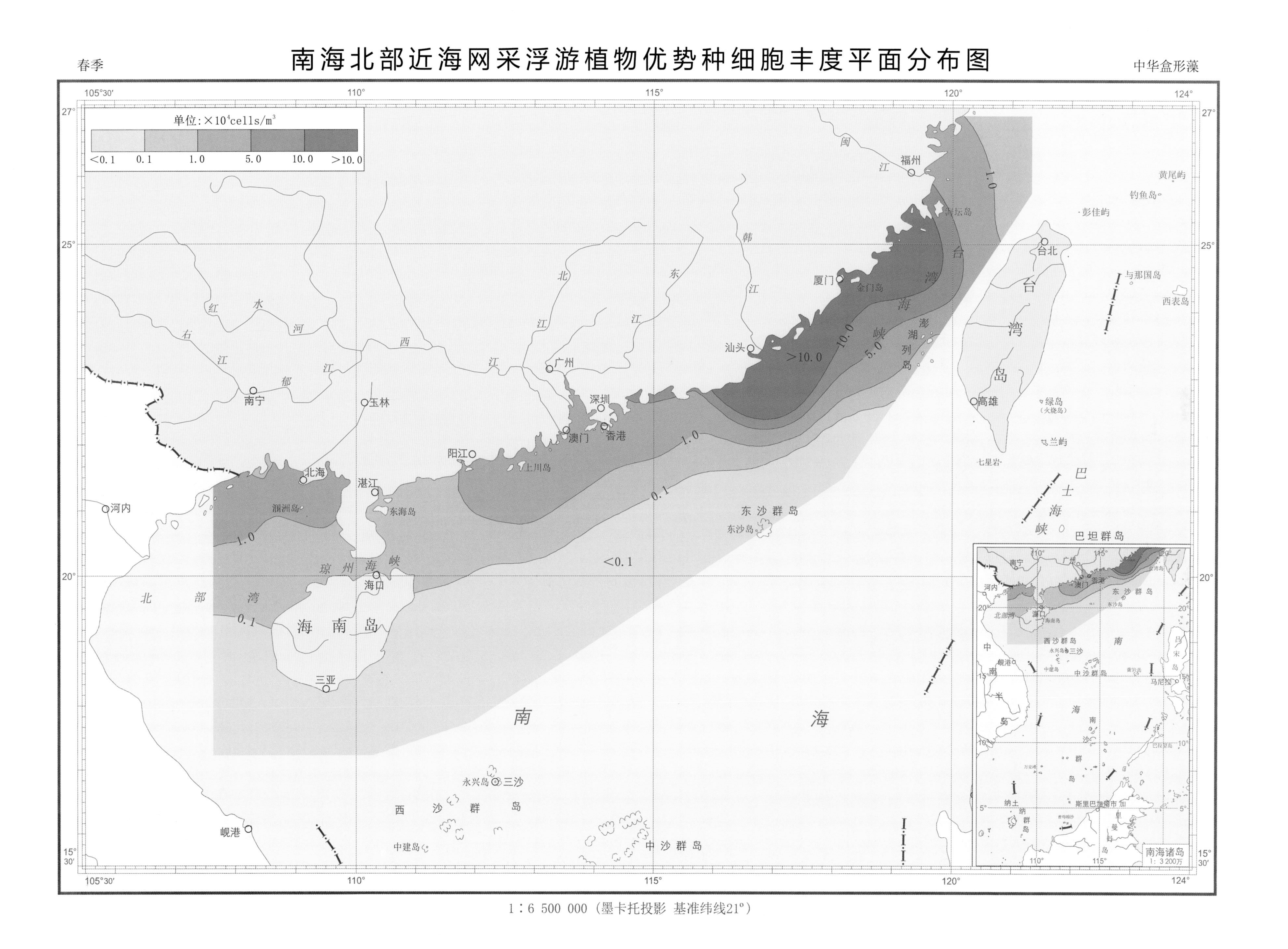

1：6 500 000（墨卡托投影 基准纬线21°）

春季

南海北部近海网采浮游植物优势种细胞丰度平面分布图

细弱海链藻

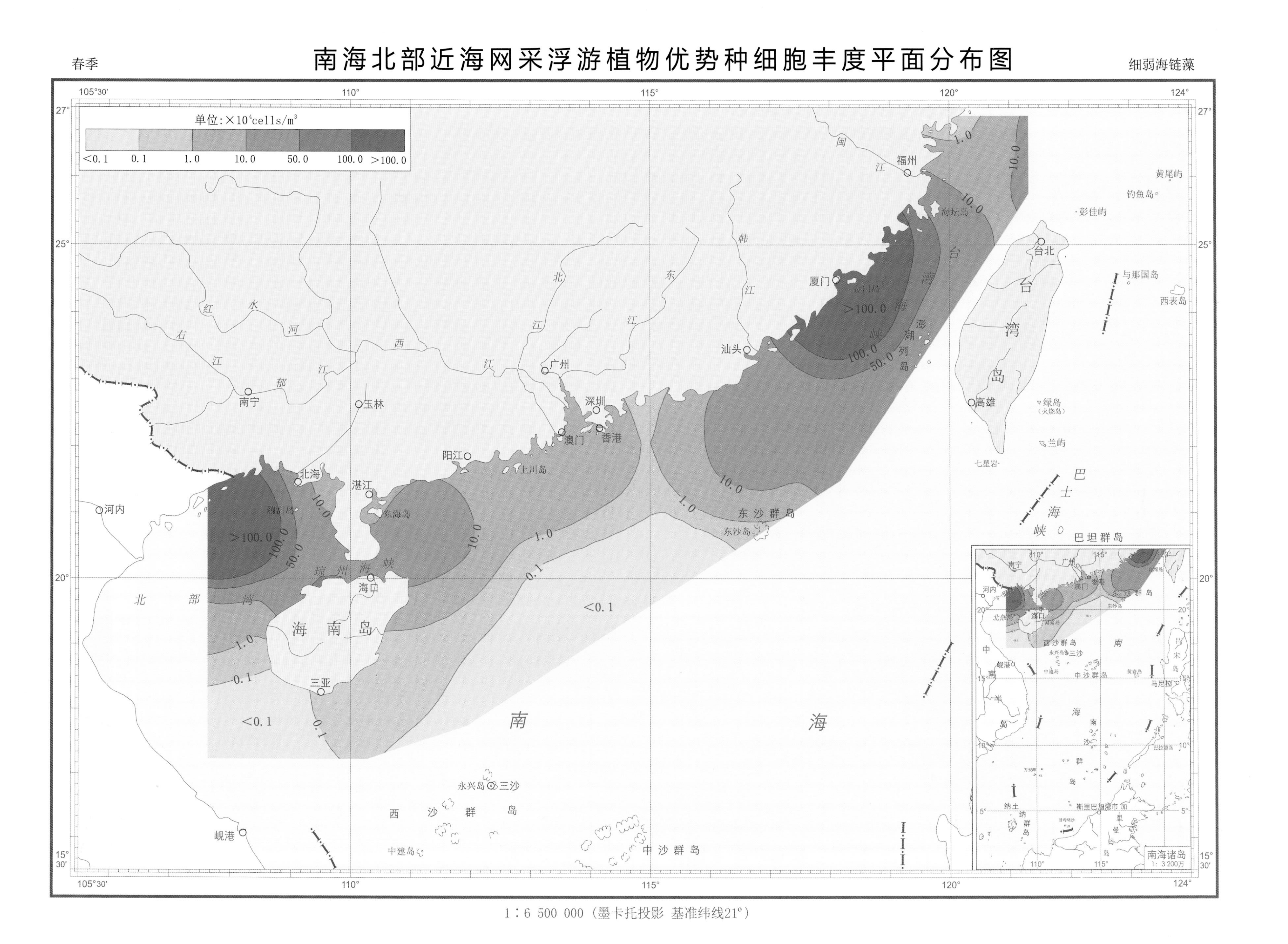

1∶6 500 000（墨卡托投影 基准纬线21°）

春季

南海北部近海网采浮游植物优势种细胞丰度平面分布图

中肋骨条藻

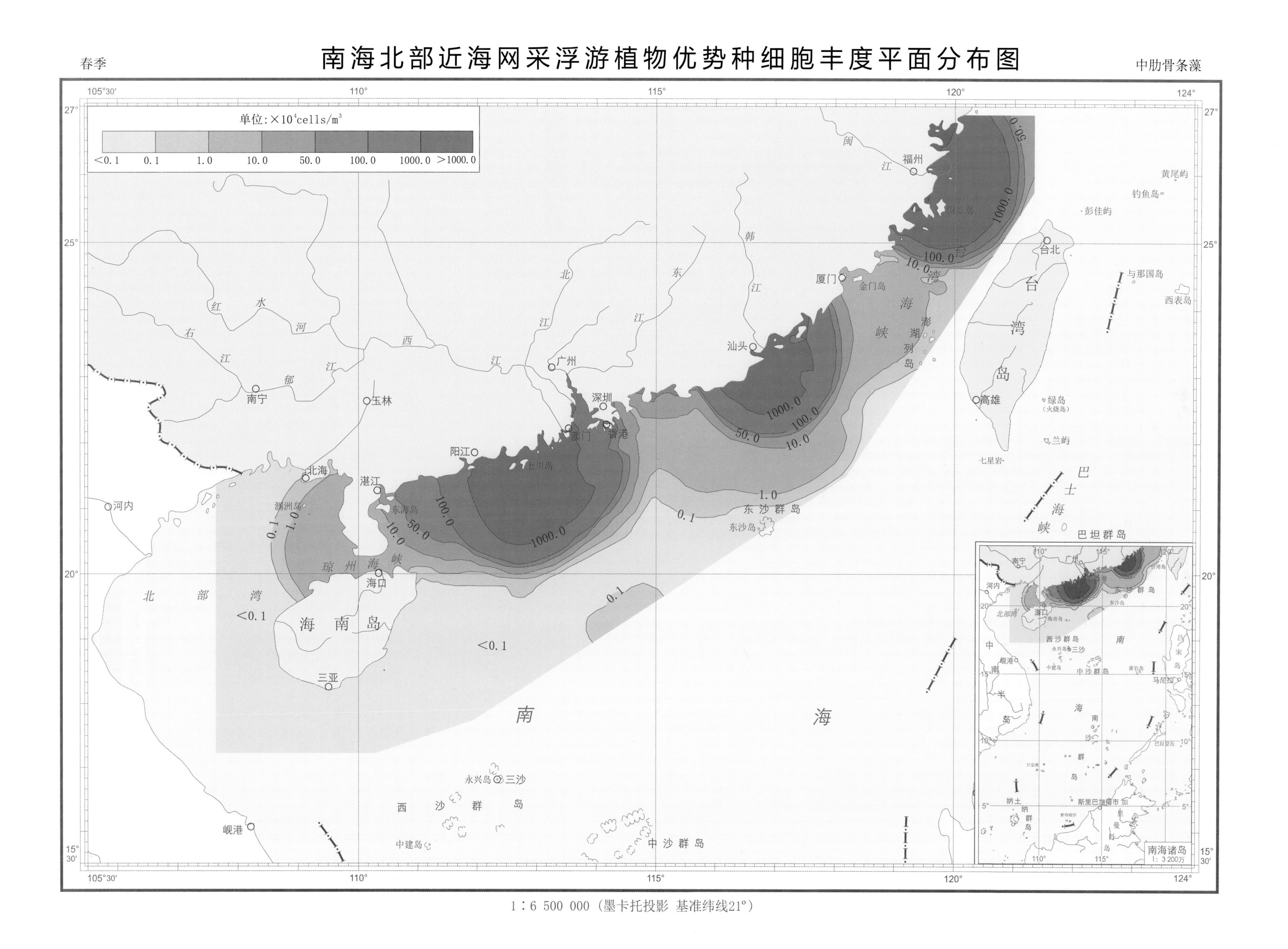

1:6 500 000(墨卡托投影 基准纬线21°)

春季

南海北部近海网采浮游植物优势种细胞丰度平面分布图

菱形海线藻

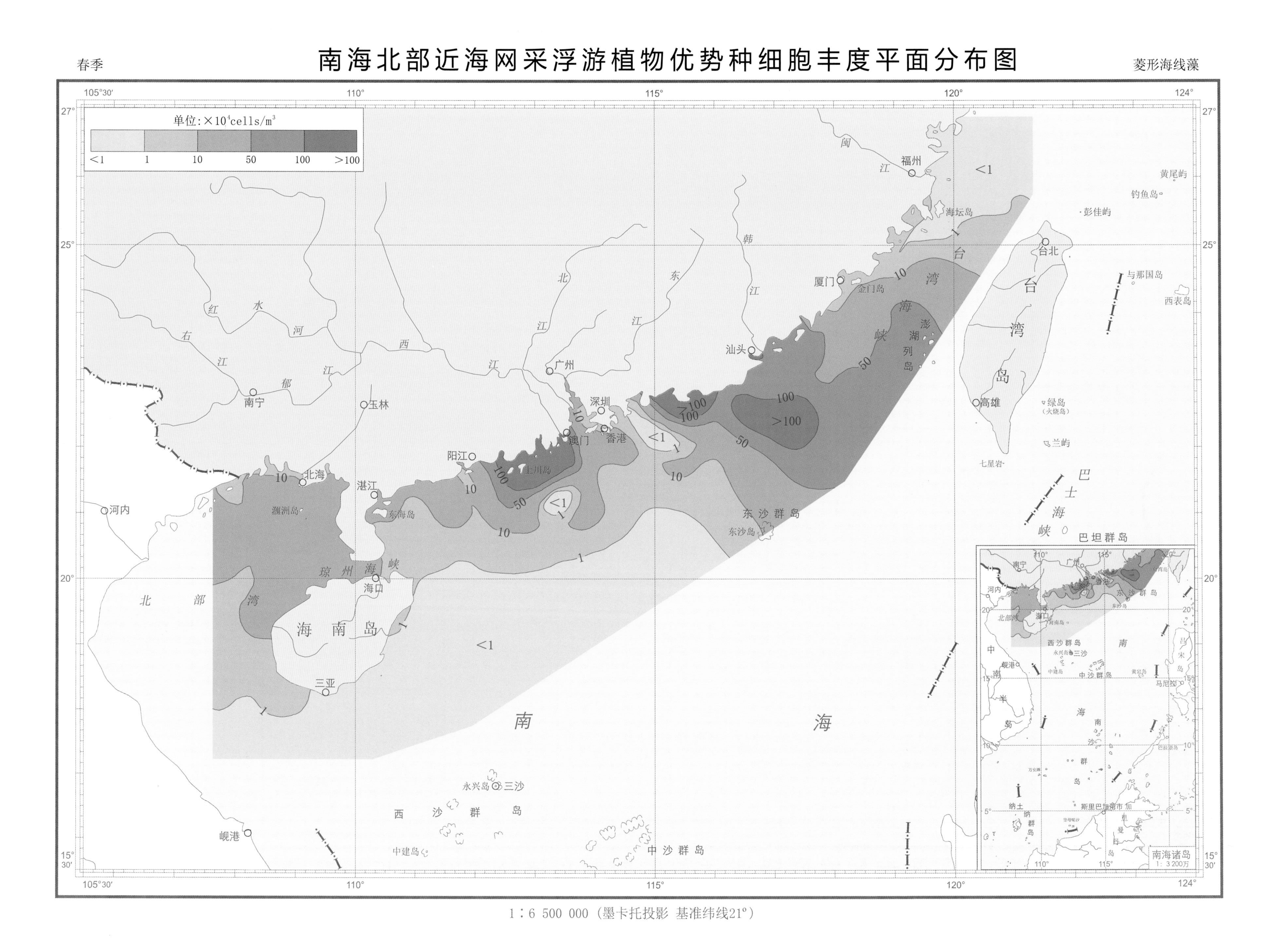

1:6 500 000(墨卡托投影 基准纬线21°)

南海北部近海网采浮游植物优势种细胞丰度平面分布图

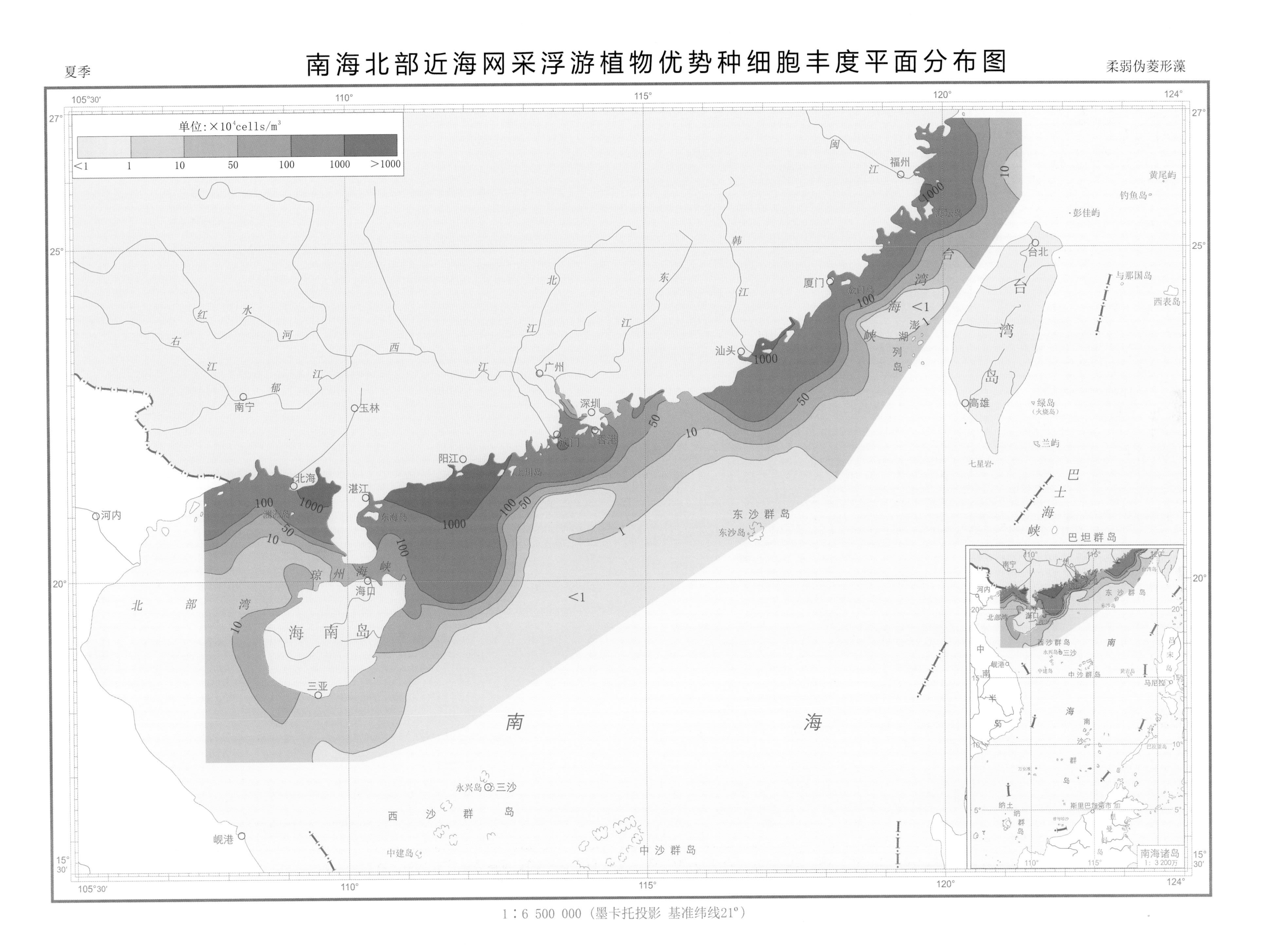

1：6 500 000（墨卡托投影 基准纬线21°）

夏季

南海北部近海网采浮游植物优势种细胞丰度平面分布图

旋链角毛藻

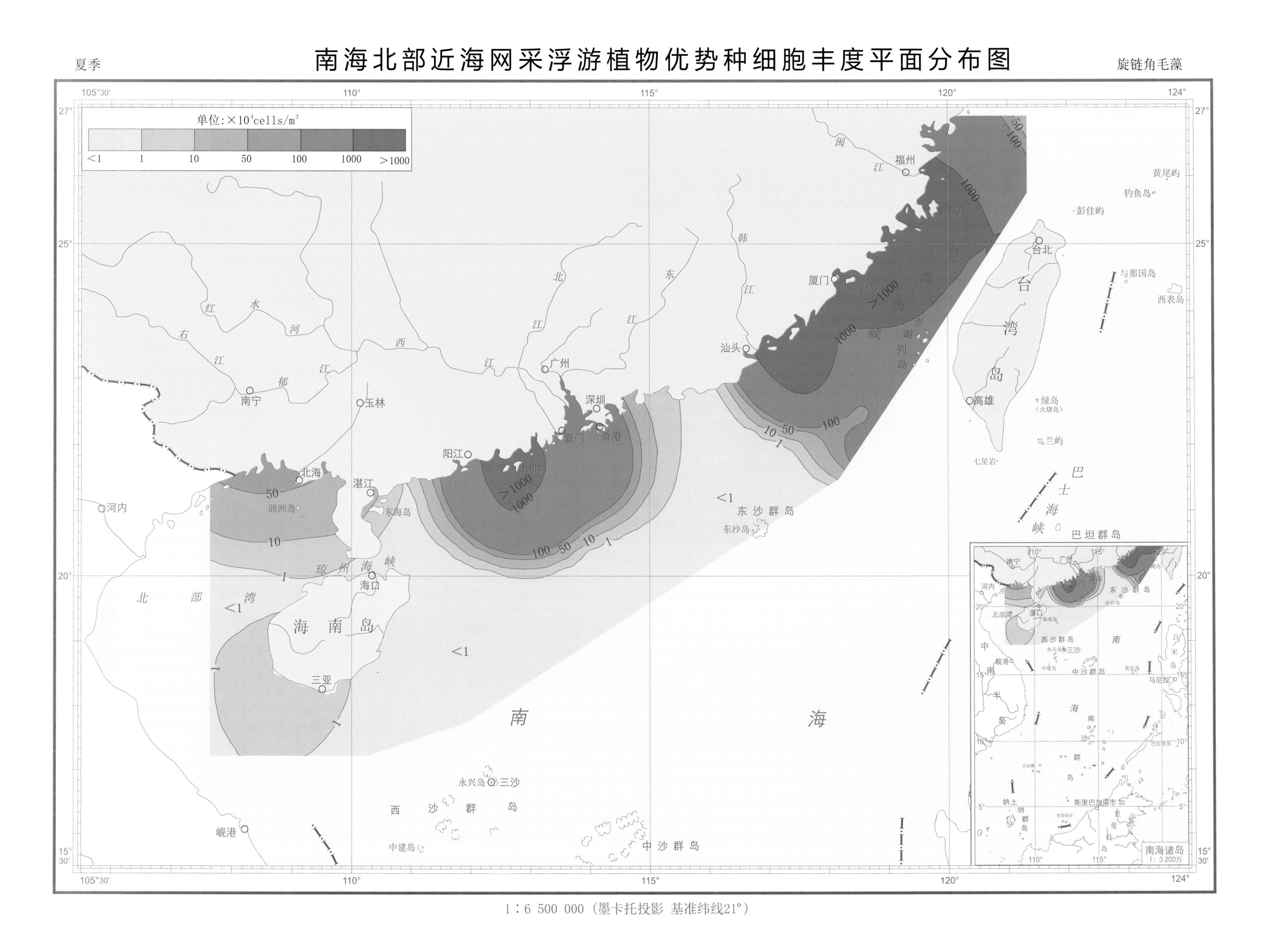

1：6 500 000（墨卡托投影 基准纬线21°）

南海北部近海网采浮游植物优势种细胞丰度平面分布图

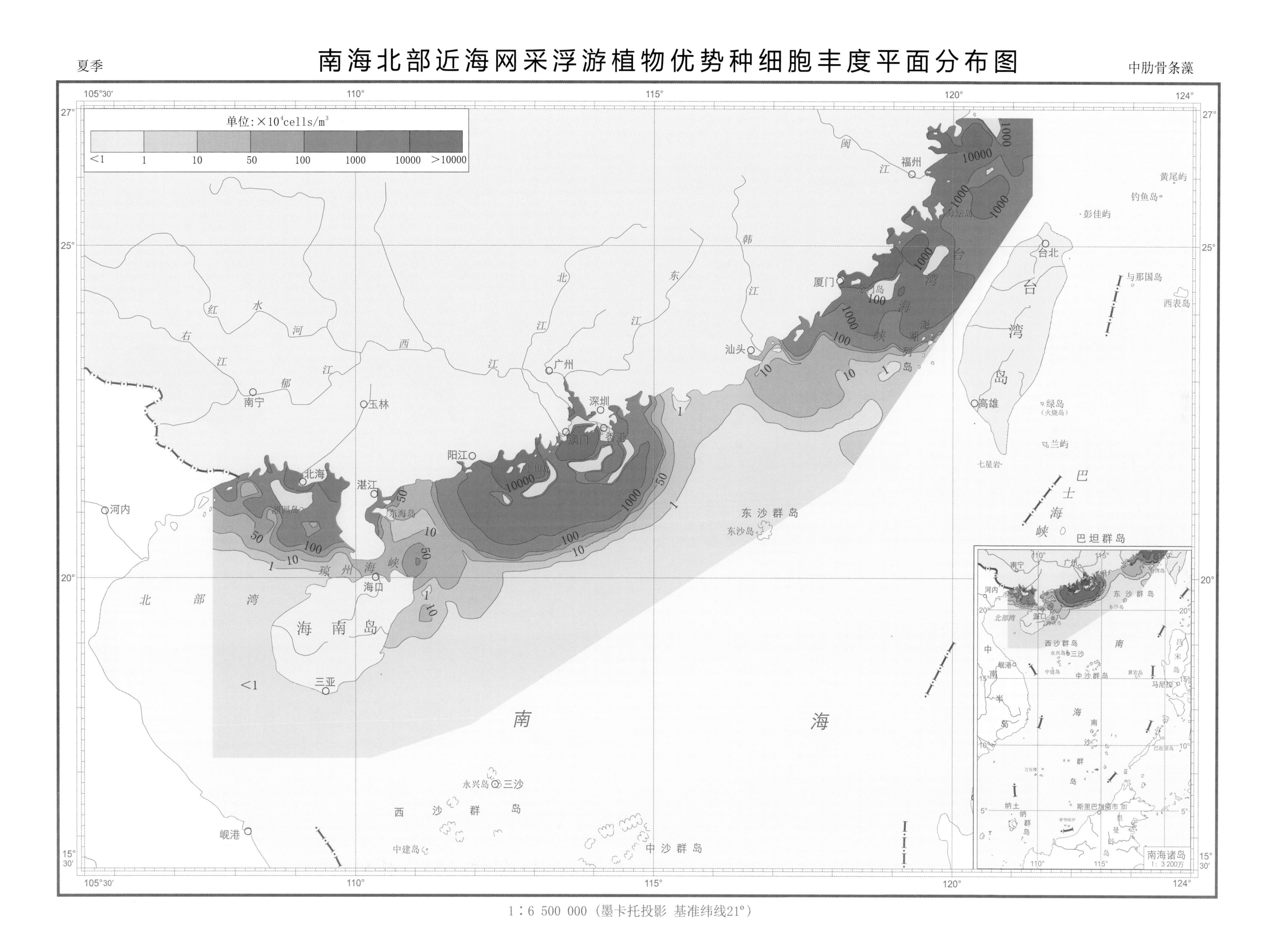

1：6 500 000（墨卡托投影 基准纬线21°）

夏季

南海北部近海网采浮游植物优势种细胞丰度平面分布图

菱形海线藻

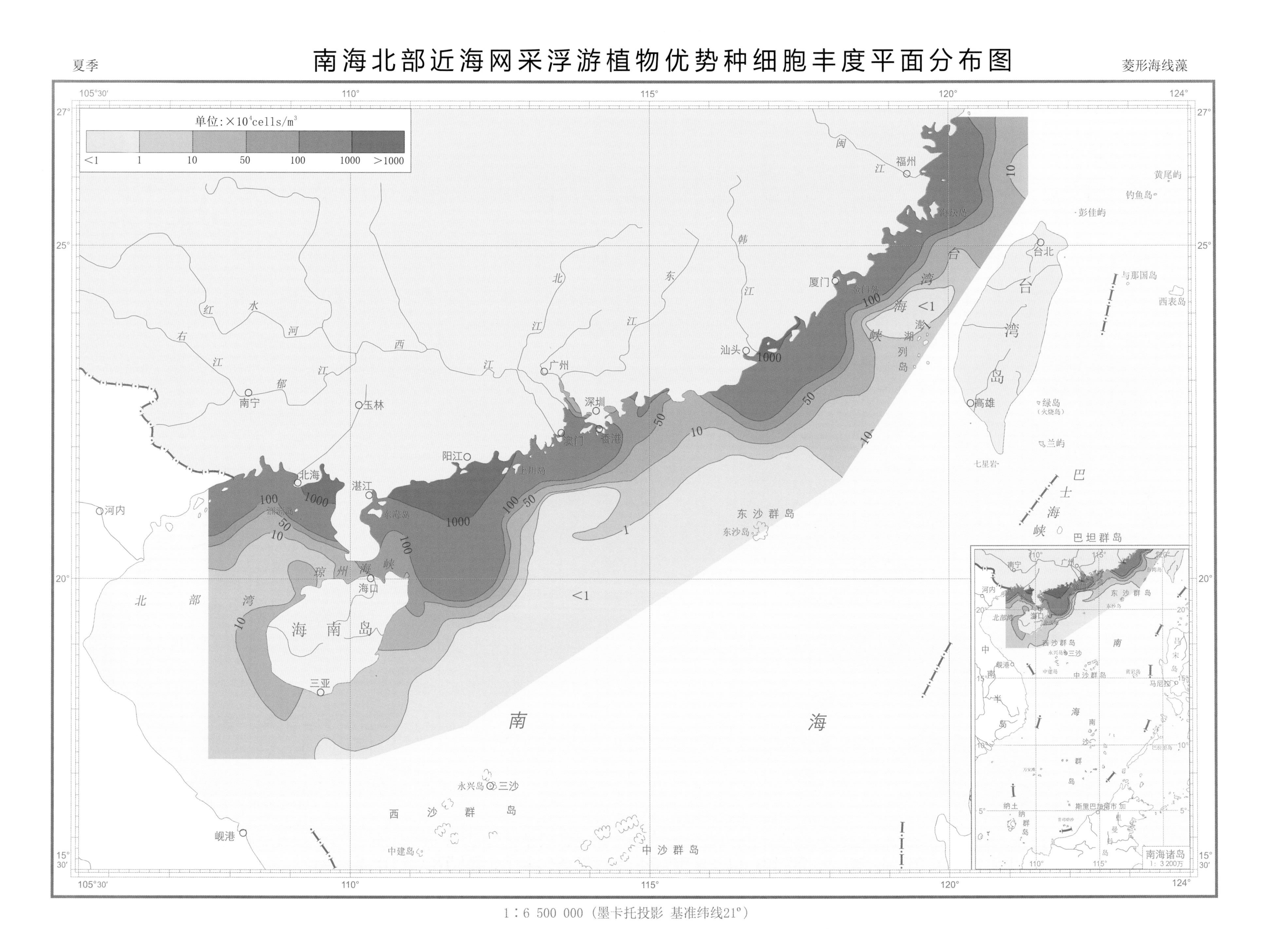

1:6 500 000（墨卡托投影 基准纬线21°）

南海北部近海网采浮游植物优势种细胞丰度平面分布图

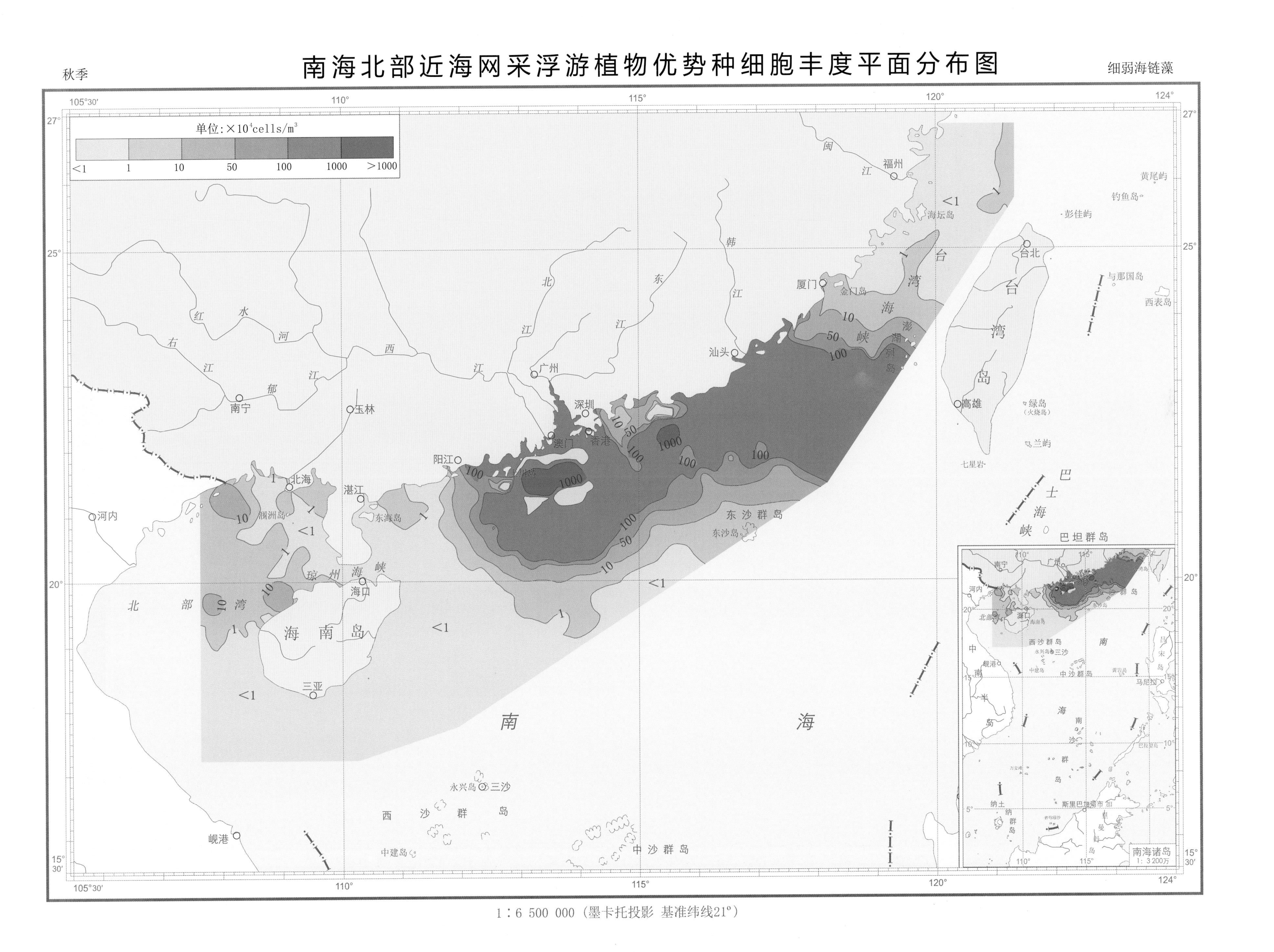

1：6 500 000（墨卡托投影 基准纬线21°）

秋季

南海北部近海网采浮游植物优势种细胞丰度平面分布图

中肋骨条藻

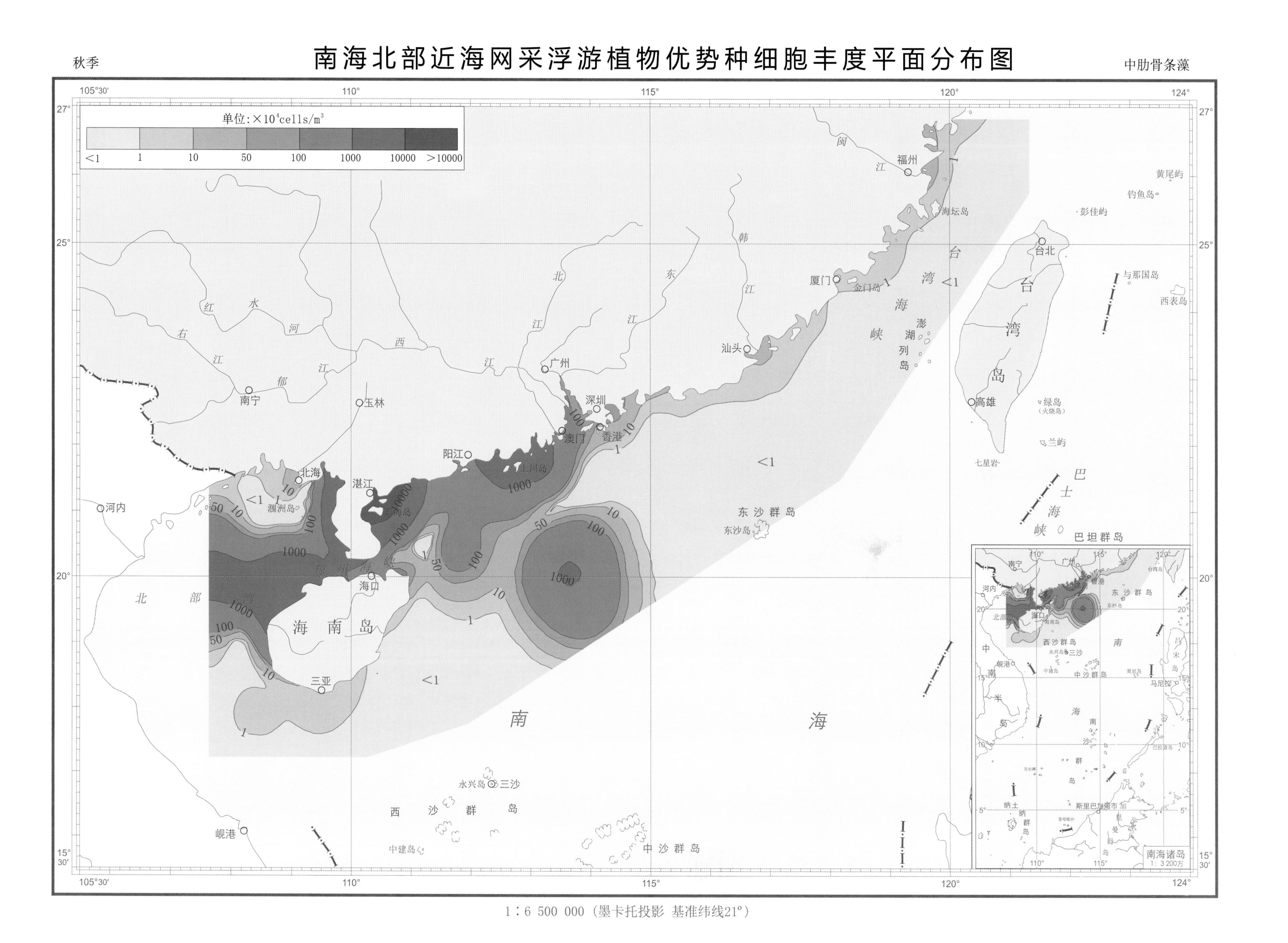

1：6 500 000（墨卡托投影 基准纬线21°）

南海北部近海网采浮游植物优势种细胞丰度平面分布图

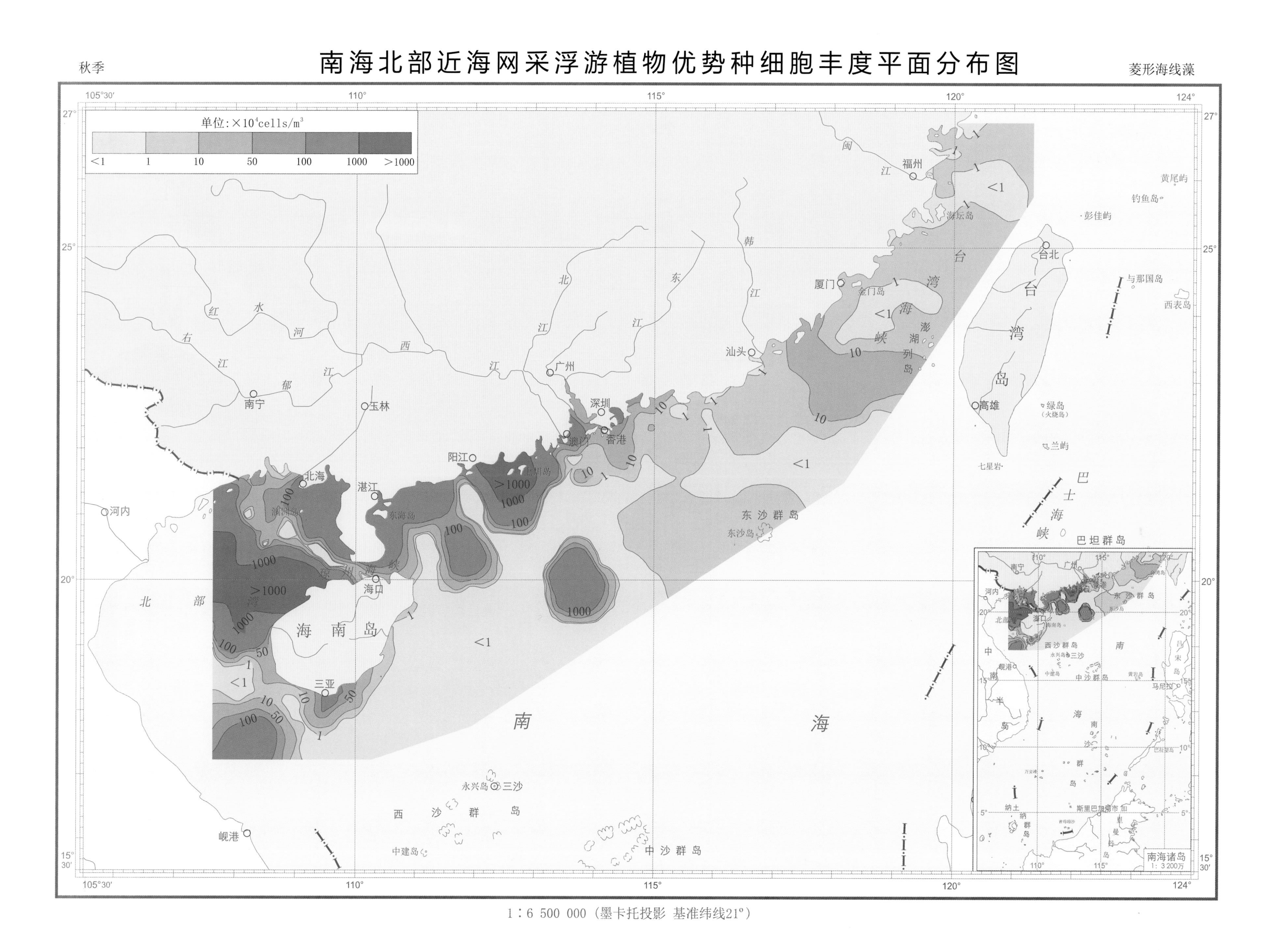

1：6 500 000（墨卡托投影 基准纬线21°）

秋季

南海北部近海网采浮游植物优势种细胞丰度平面分布图

旋链角毛藻

单位：$\times 10^4$cells/m^3

<0.1　0.1　1.0　10.0　50.0　100.0　>100.0

1：6 500 000（墨卡托投影 基准纬线21°）

冬季

南海北部近海网采浮游植物优势种细胞丰度平面分布图

洛氏角毛藻

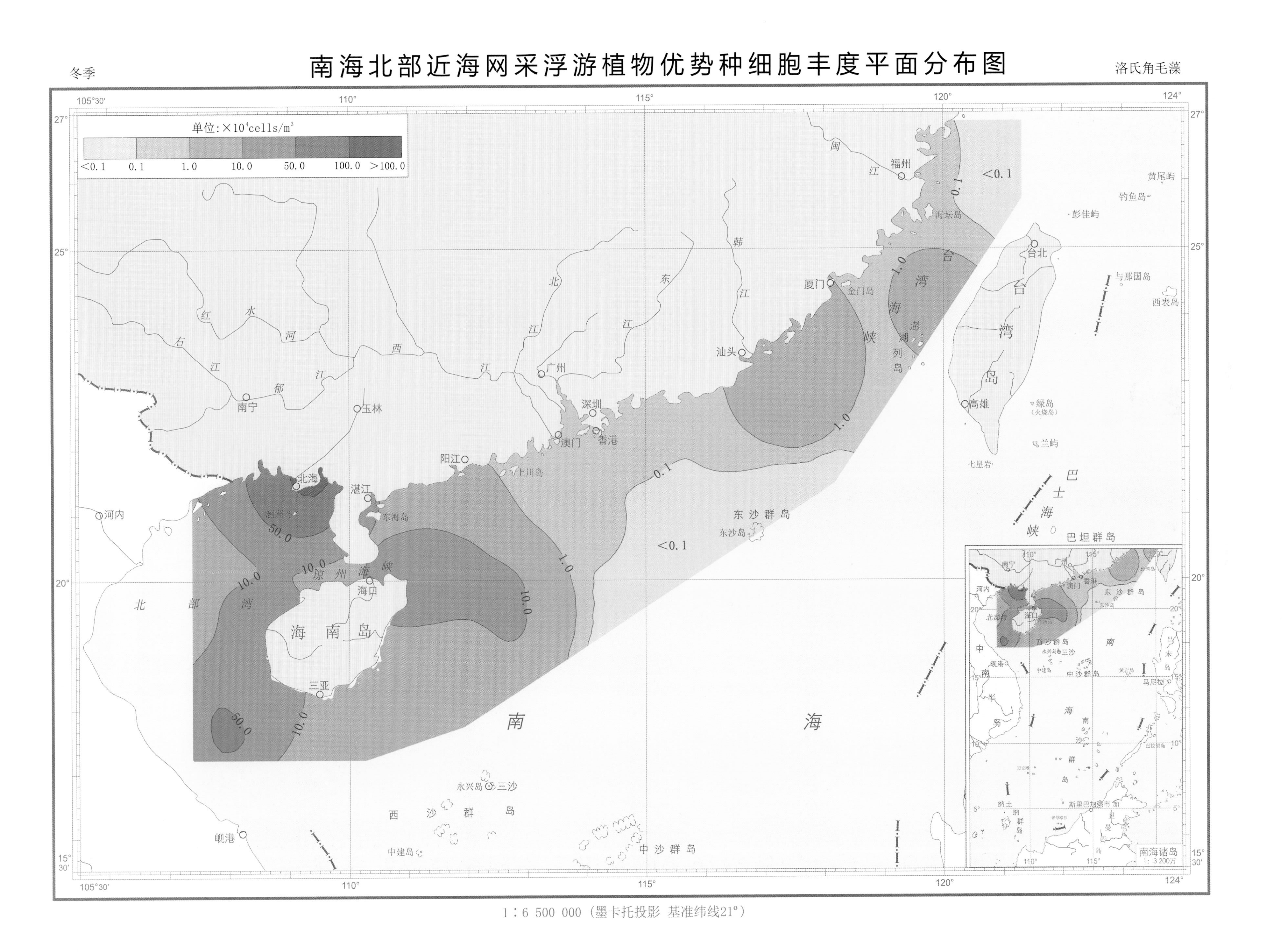

1：6 500 000（墨卡托投影 基准纬线21°）

冬季

南海北部近海网采浮游植物优势种细胞丰度平面分布图

菱形海线藻

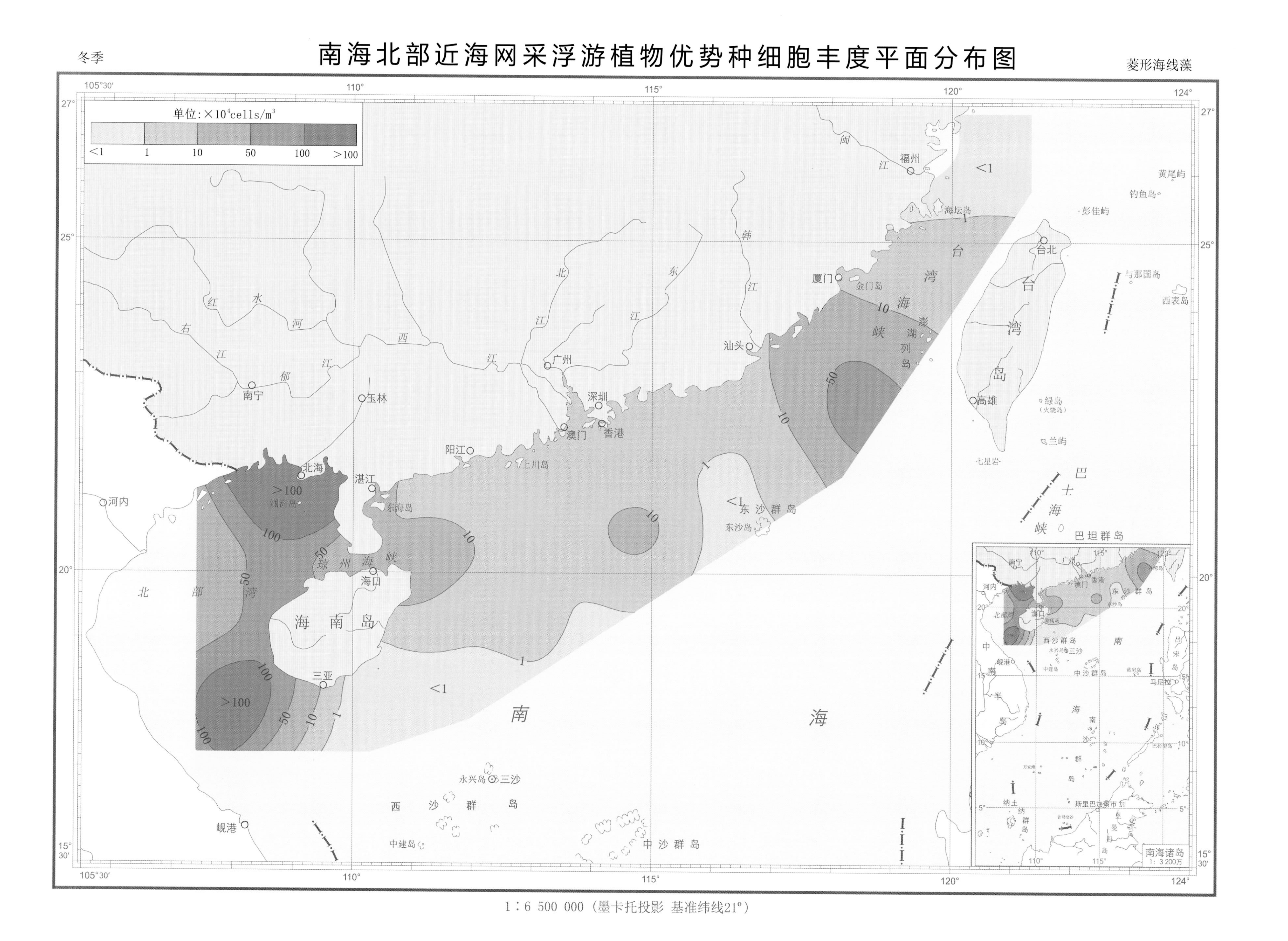

1:6 500 000（墨卡托投影 基准纬线21°）

南海北部近海网采浮游植物优势种细胞丰度平面分布图

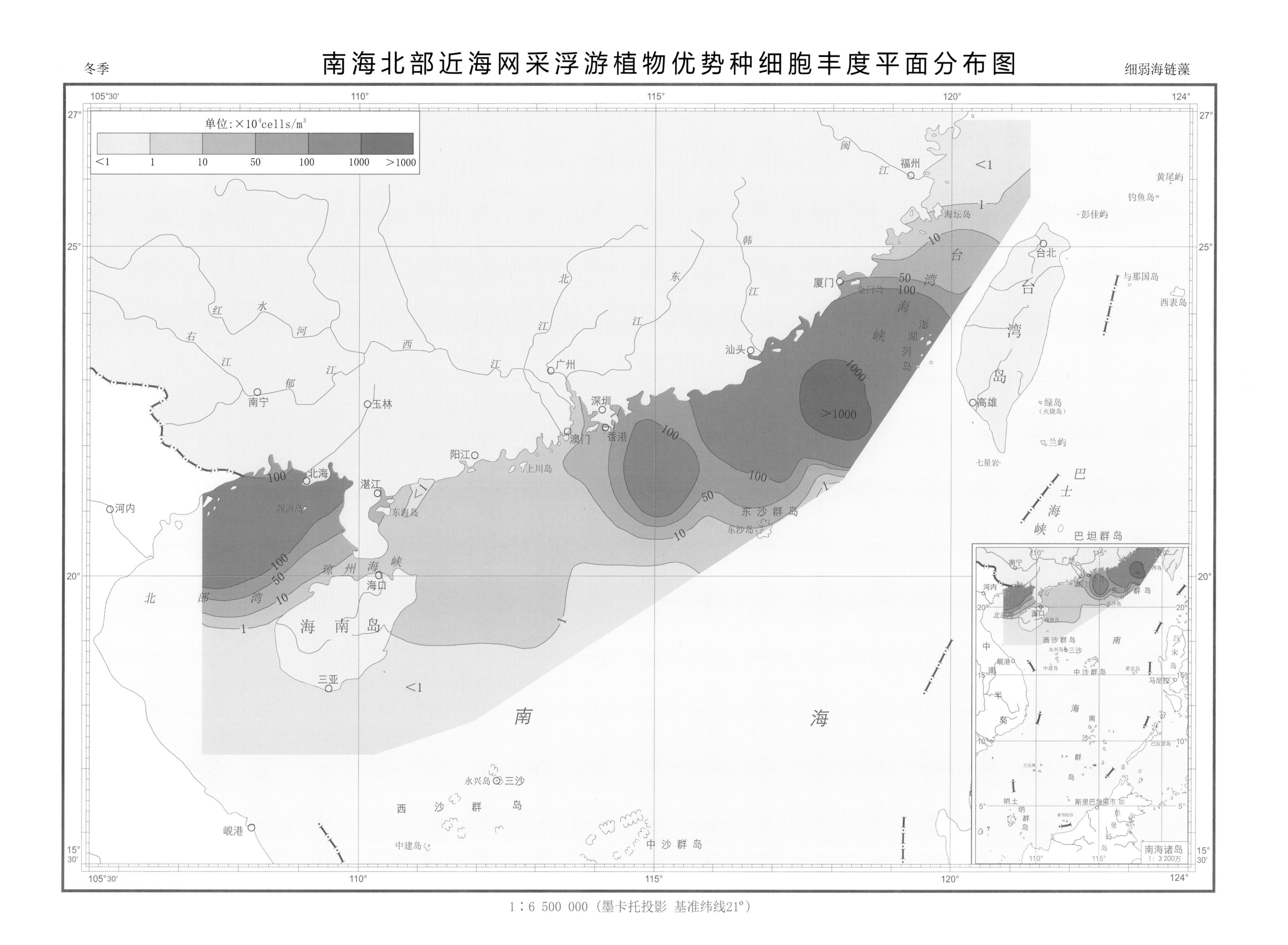

1：6 500 000（墨卡托投影 基准纬线21°）

南海北部近海网采浮游植物优势种细胞丰度平面分布图

冬季　　　　伏氏海毛藻

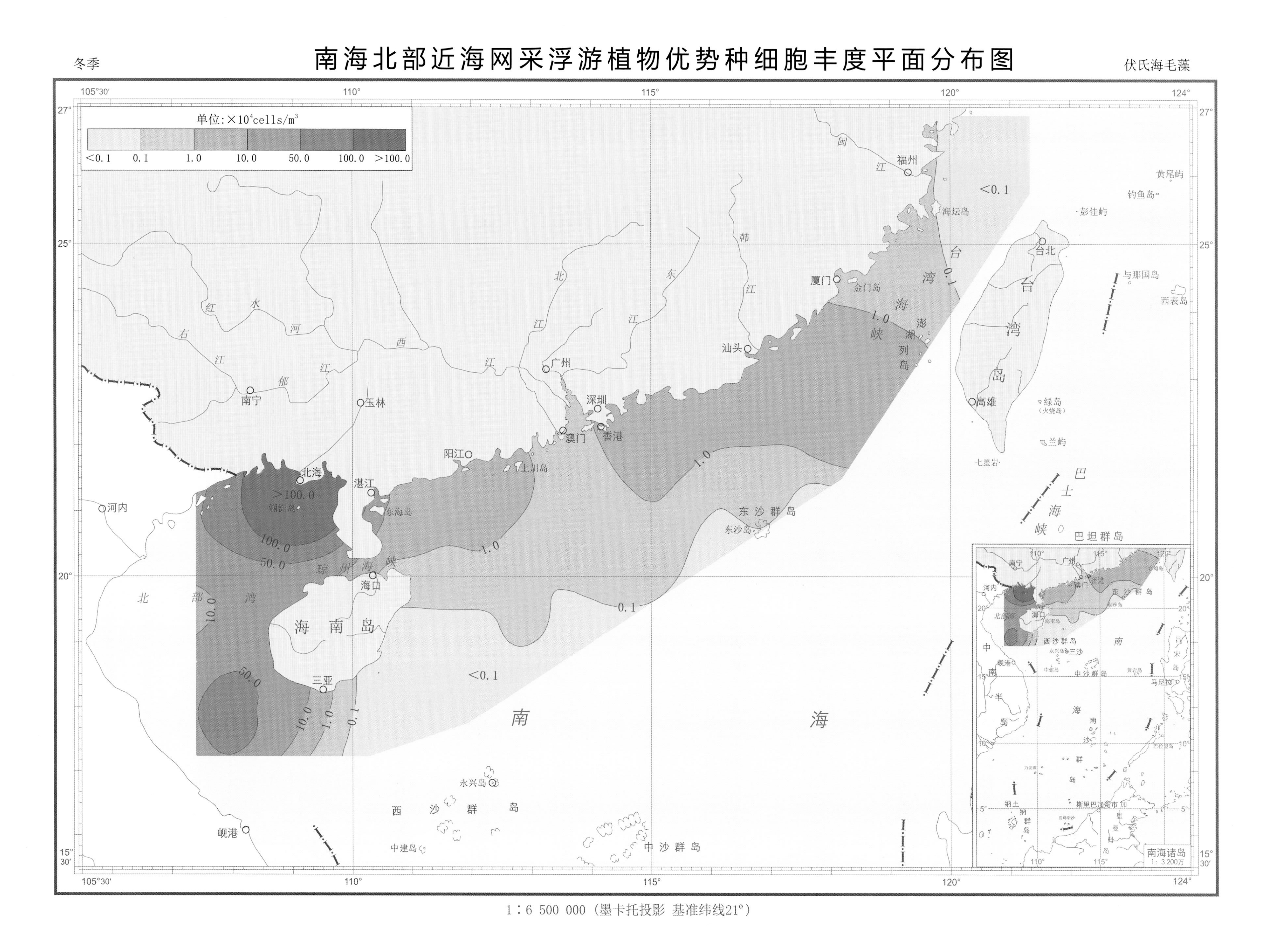

1:6 500 000（墨卡托投影 基准纬线21°）

春季

调查海域网采浮游植物细胞总丰度平面分布图

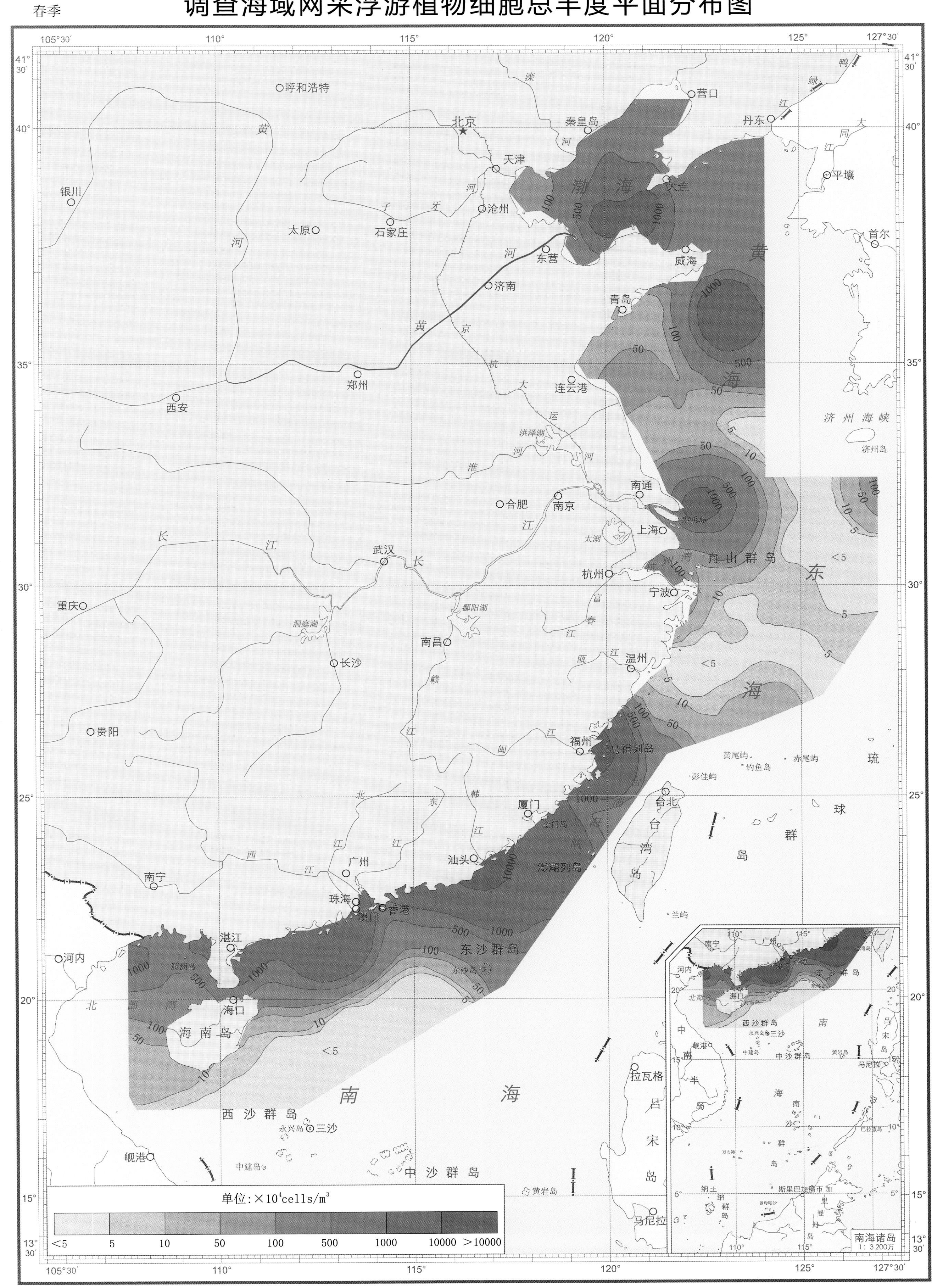

1：10 000 000（墨卡托投影 基准纬线30°）

夏季

调查海域网采浮游植物细胞总丰度平面分布图

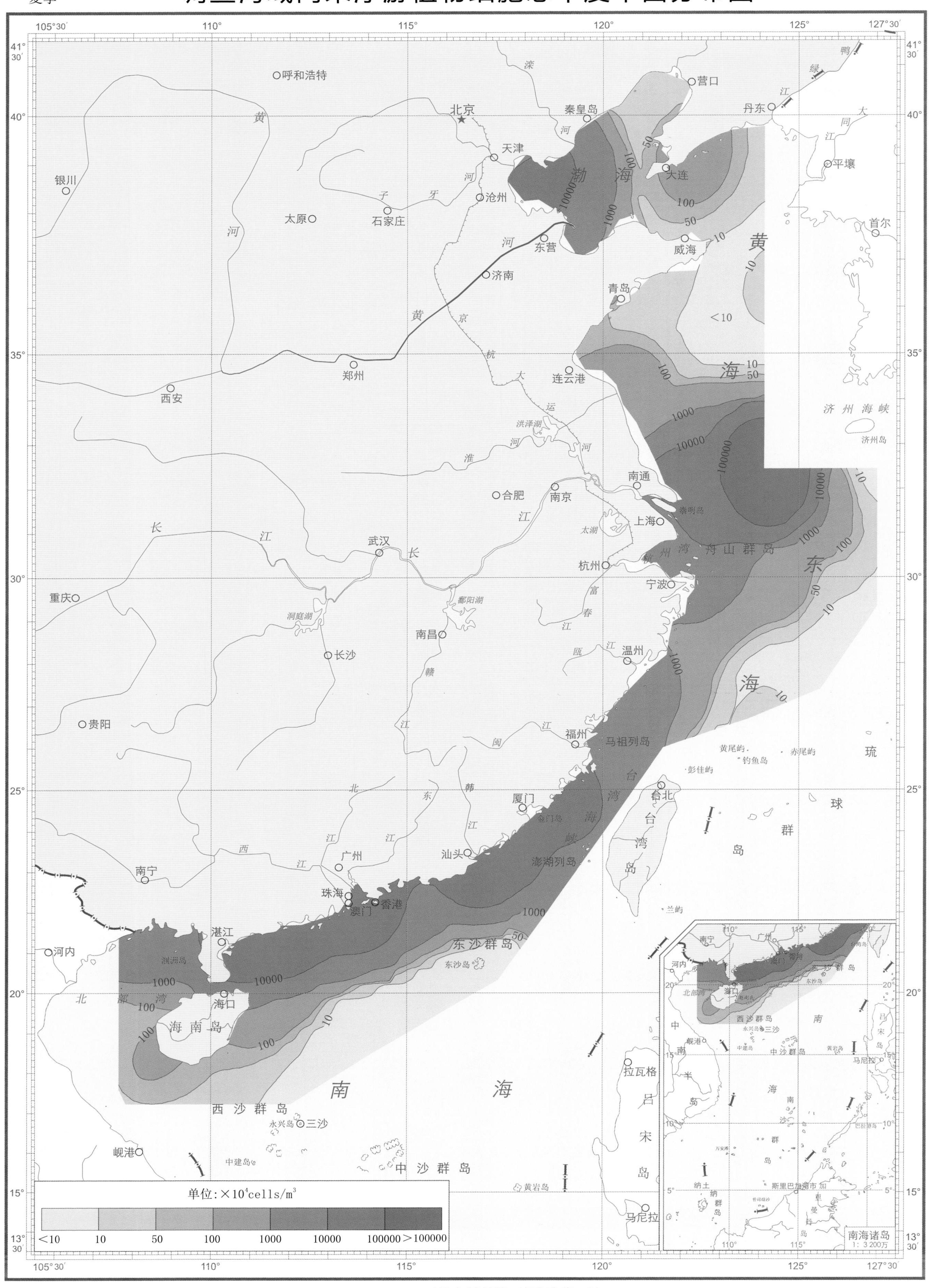

1：10 000 000（墨卡托投影 基准纬线30°）

调查海域网采浮游植物细胞总丰度平面分布图

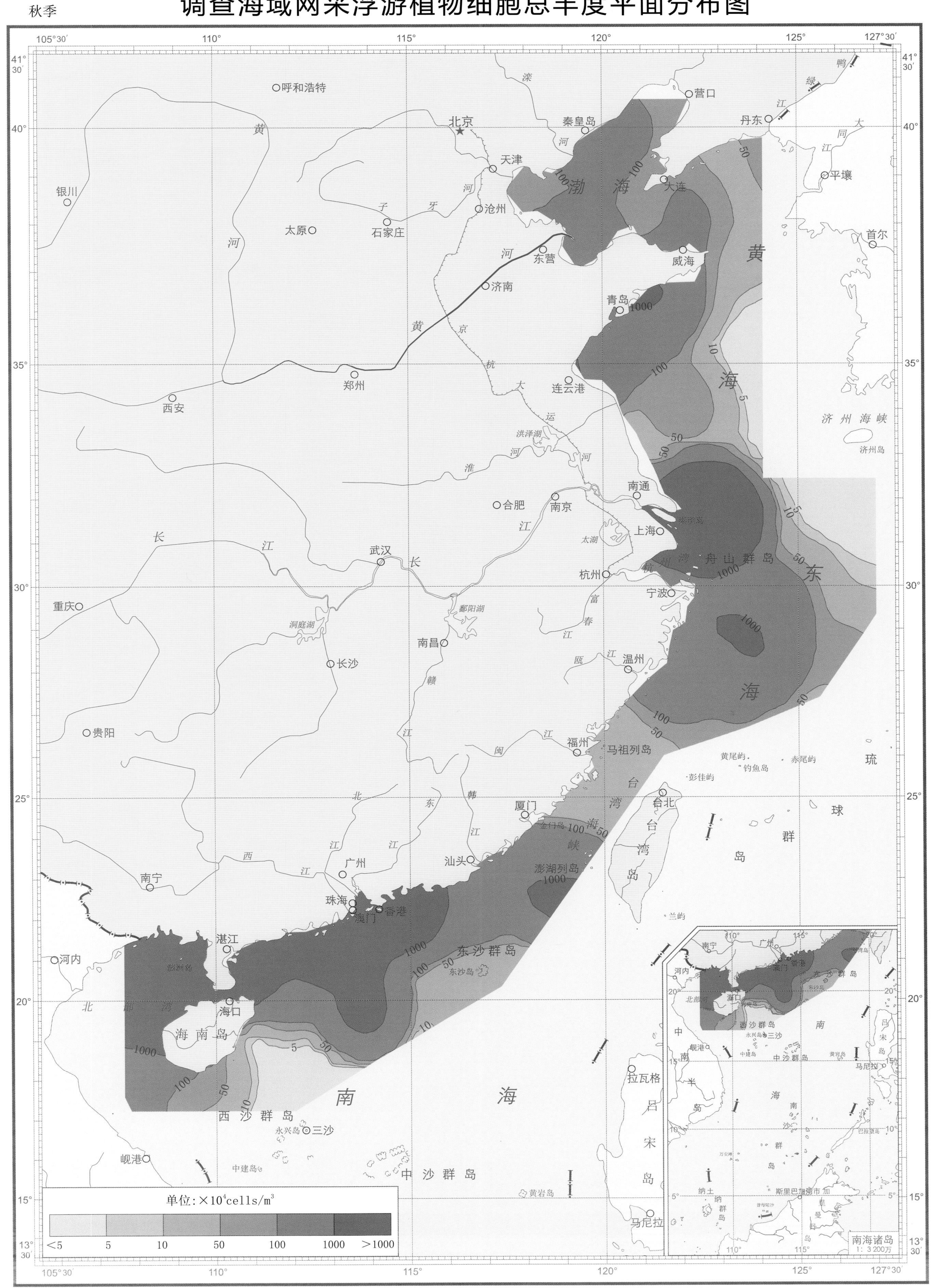

1：10 000 000（墨卡托投影 基准纬线30°）

冬季

调查海域网采浮游植物细胞总丰度平面分布图

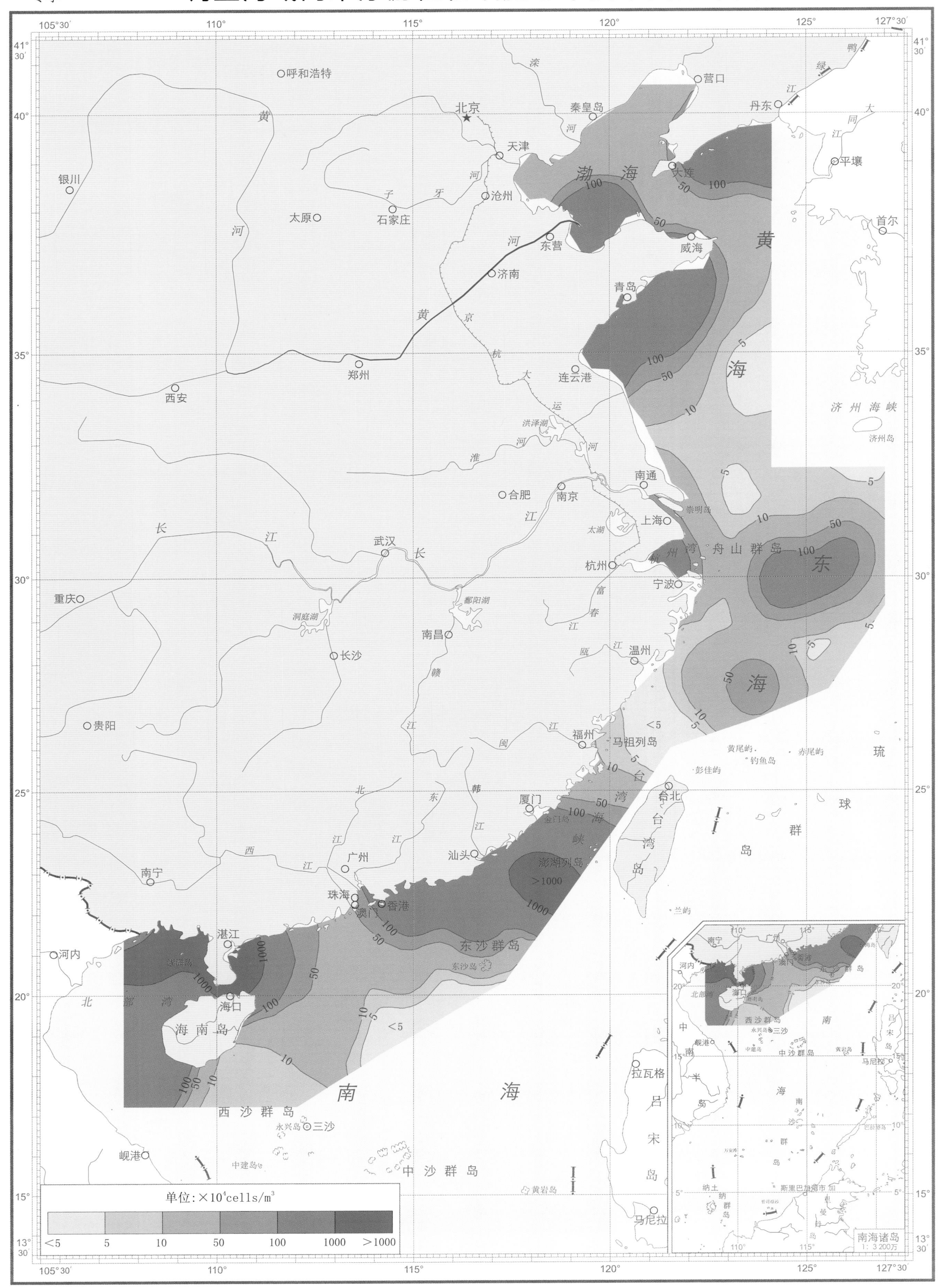

1：10 000 000（墨卡托投影 基准纬线30°）

浮 游 动 物

春季　渤、黄、东海近海浮游动物总生物量平面分布图

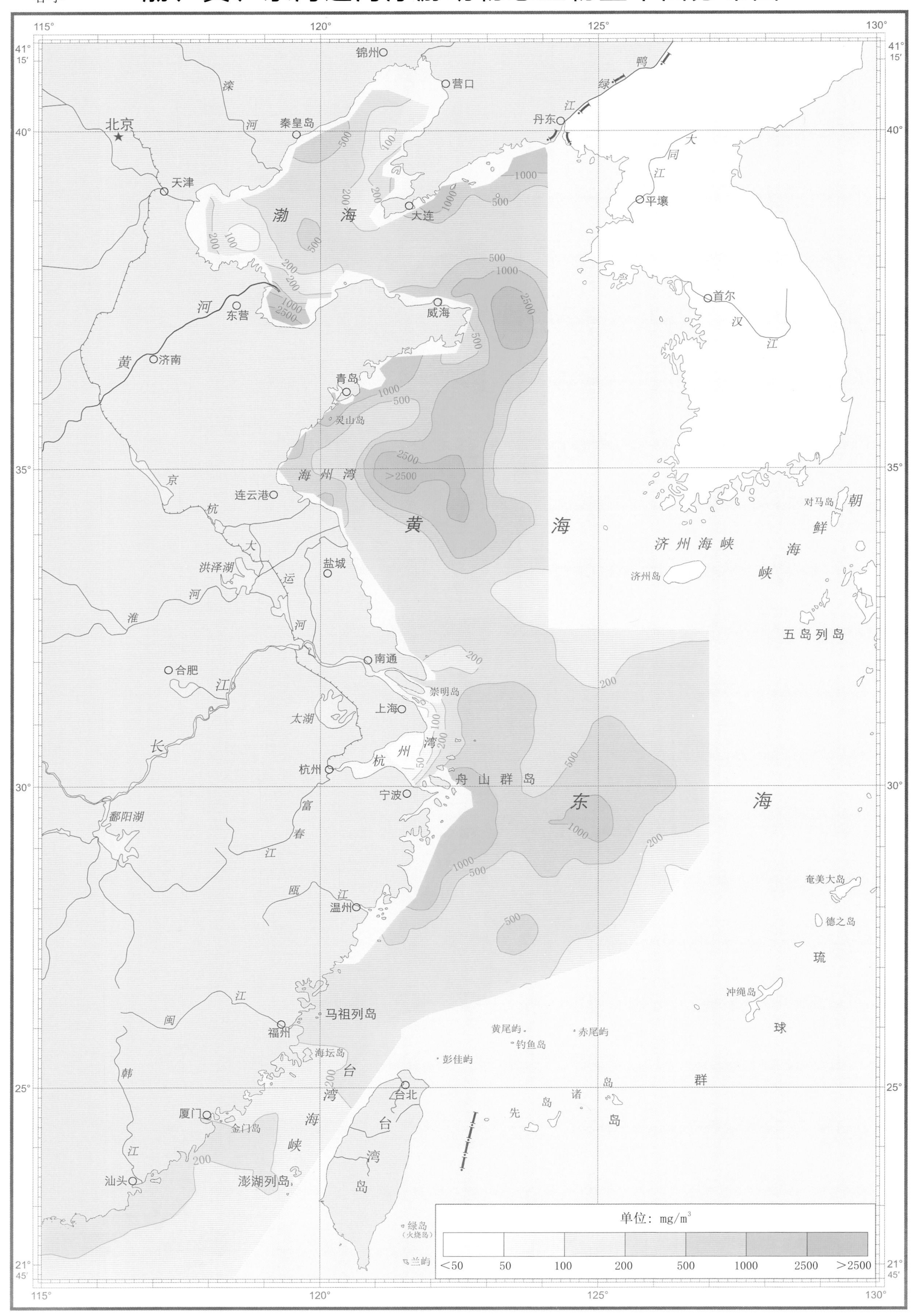

1：7 300 000（墨卡托投影　基准纬线32°）

夏季　渤、黄、东海近海浮游动物总生物量平面分布图

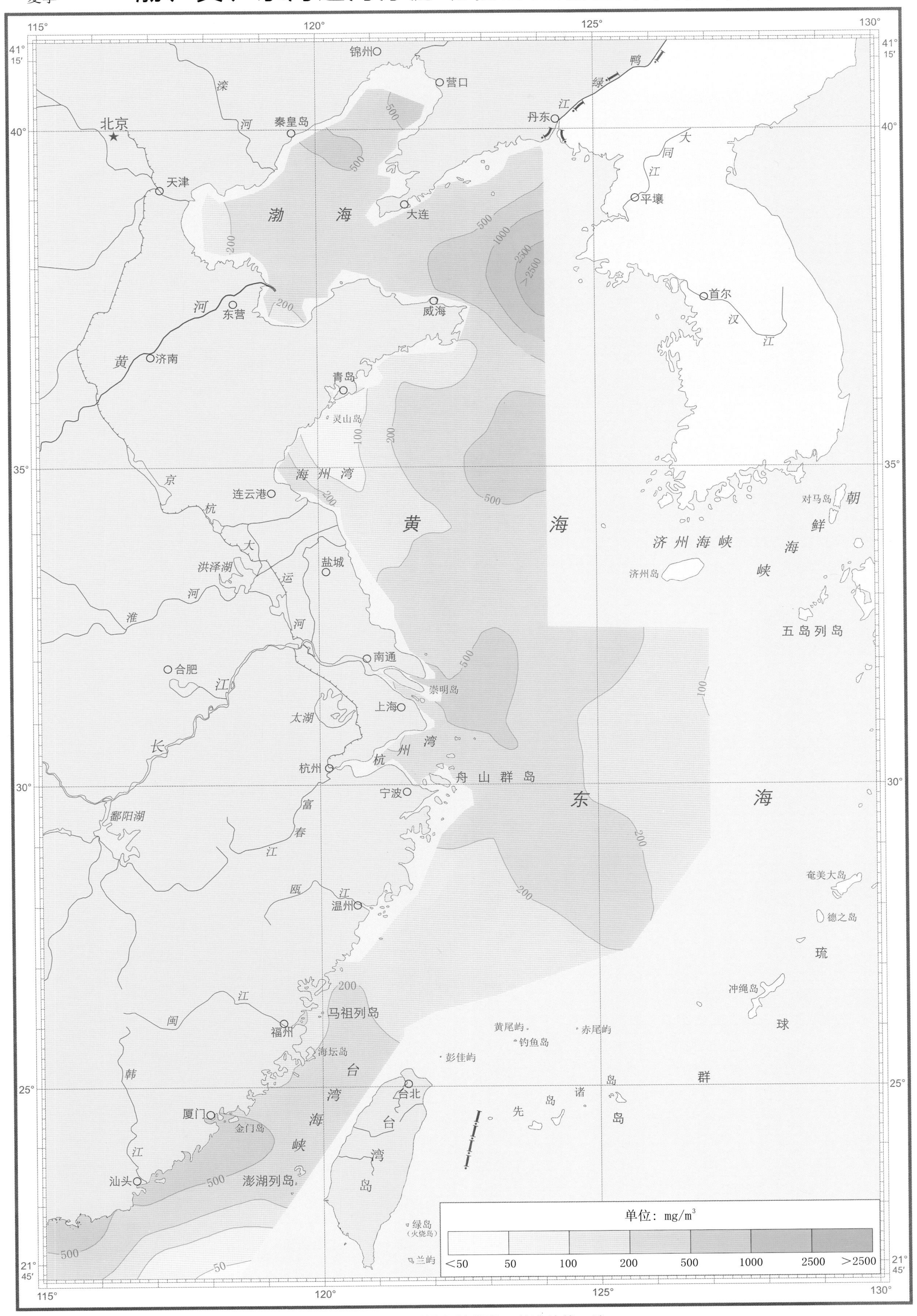

1：7 300 000（墨卡托投影　基准纬线32°）

秋季

渤、黄、东海近海浮游动物总生物量平面分布图

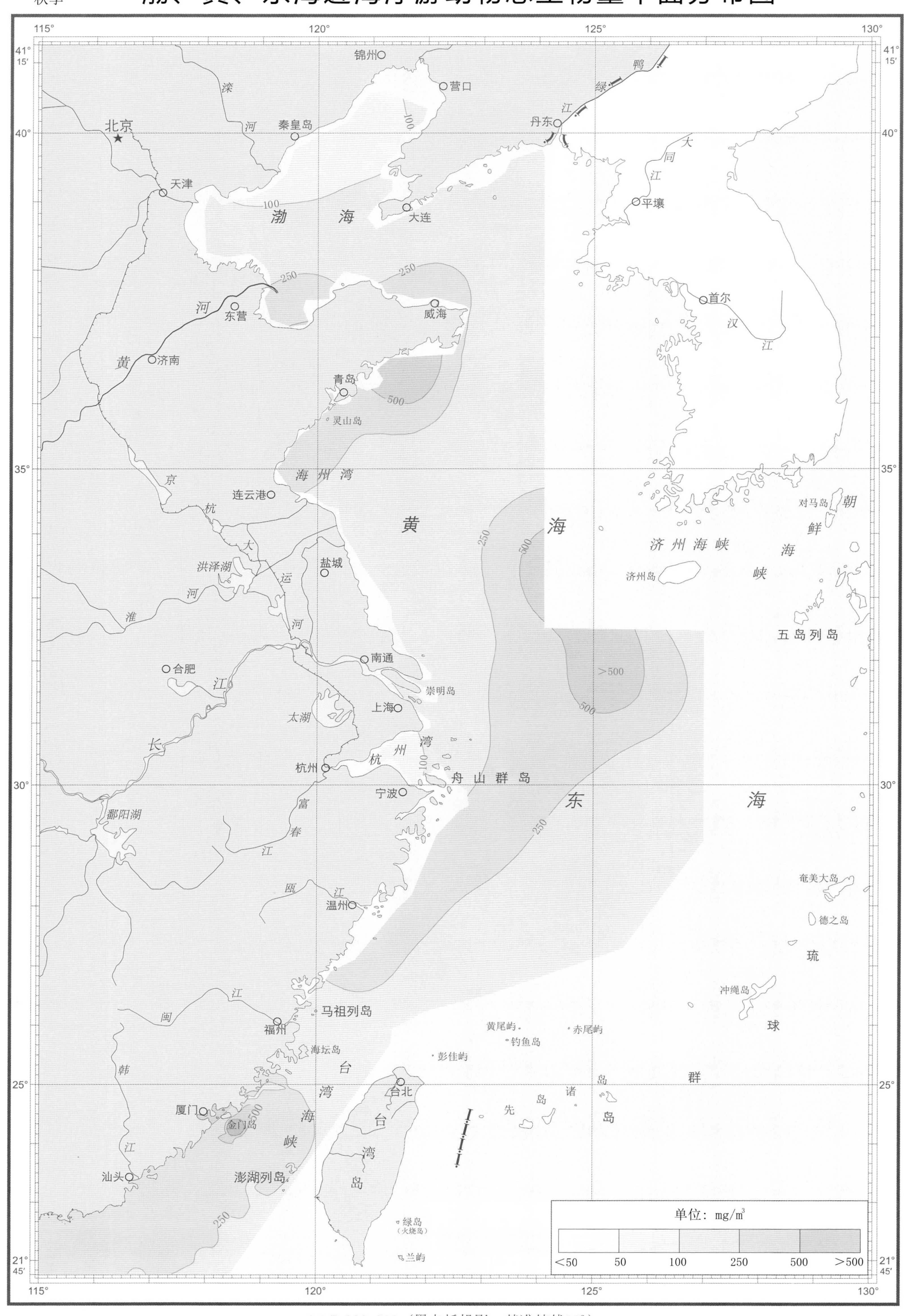

1：7 300 000（墨卡托投影　基准纬线32°）

冬季　渤、黄、东海近海浮游动物总生物量平面分布图

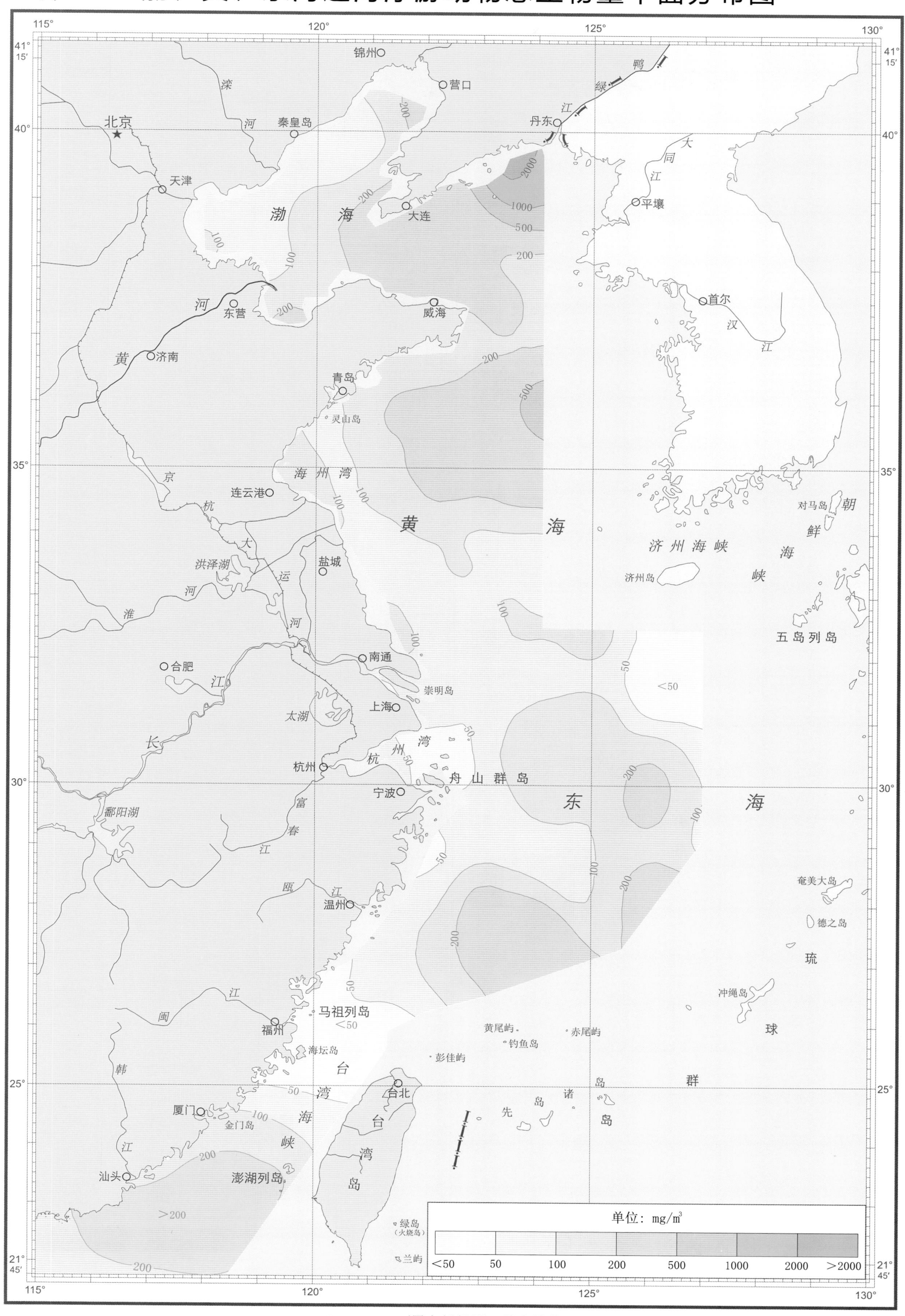

1∶7 300 000（墨卡托投影　基准纬线32°）

春季　渤、黄、东海近海浮游动物总丰度平面分布图

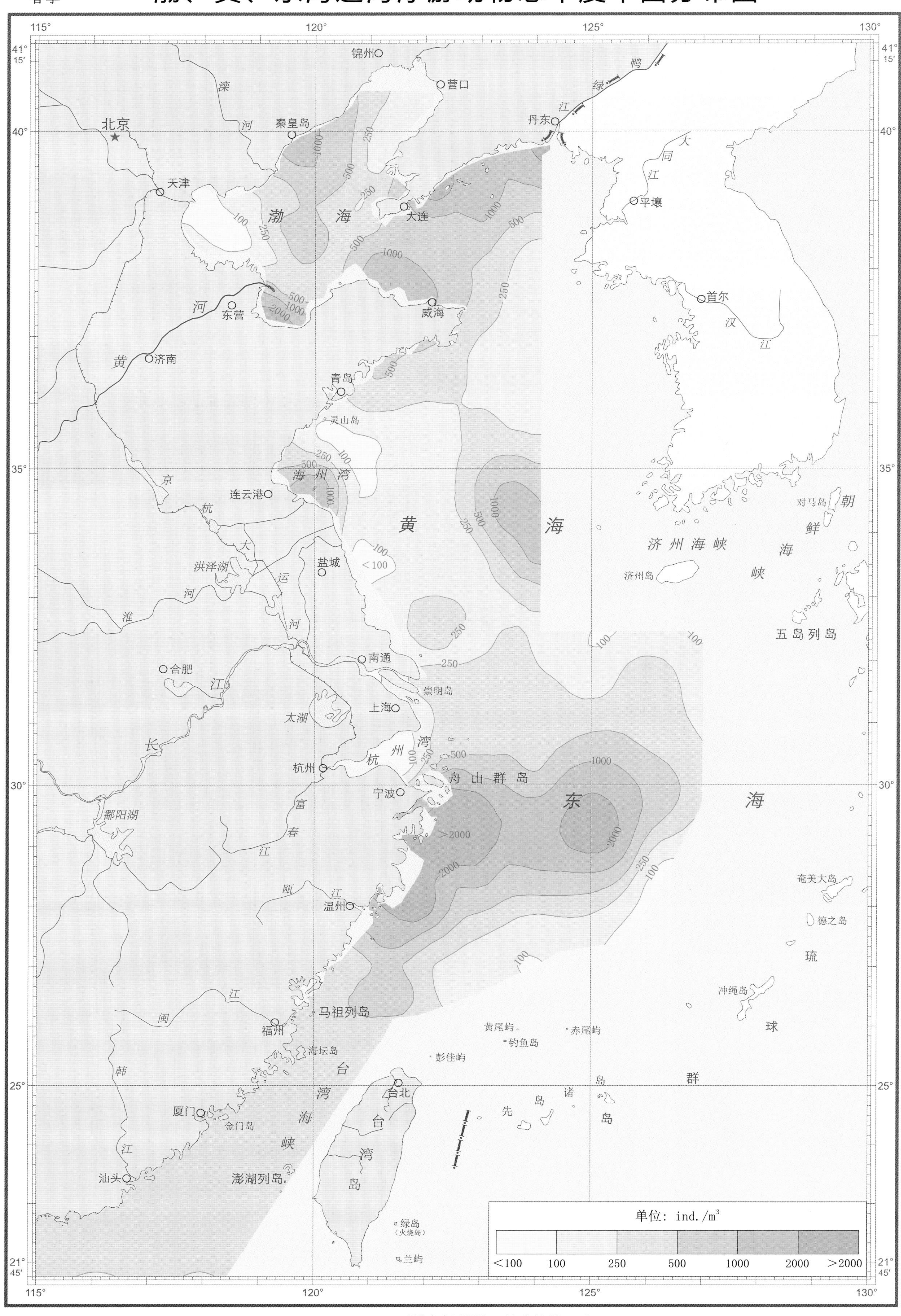

1∶7 300 000（墨卡托投影　基准纬线32°）

夏季　　渤、黄、东海近海浮游动物总丰度平面分布图

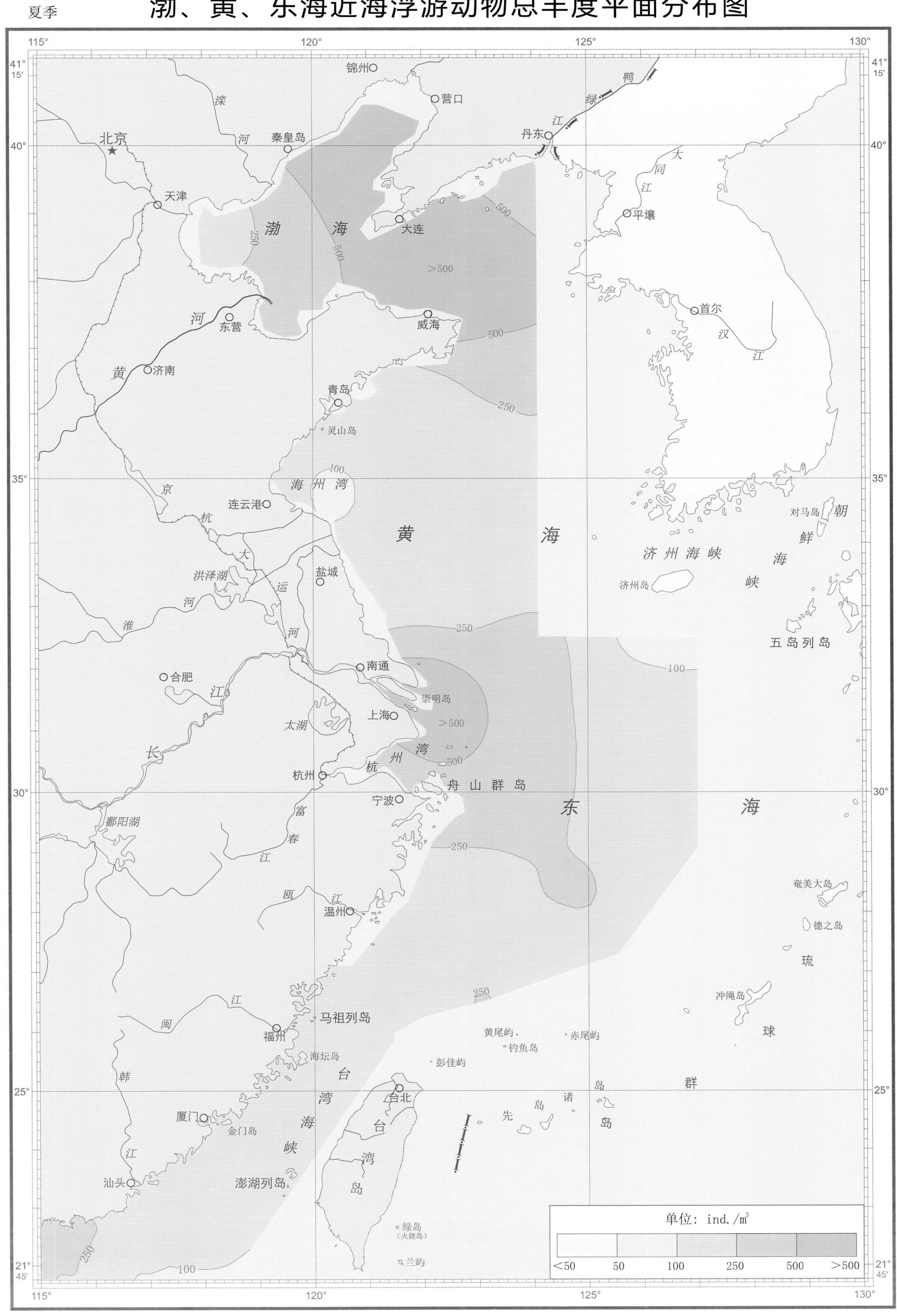

1：7 300 000（墨卡托投影　基准纬线32°）

秋季

渤、黄、东海近海浮游动物总丰度平面分布图

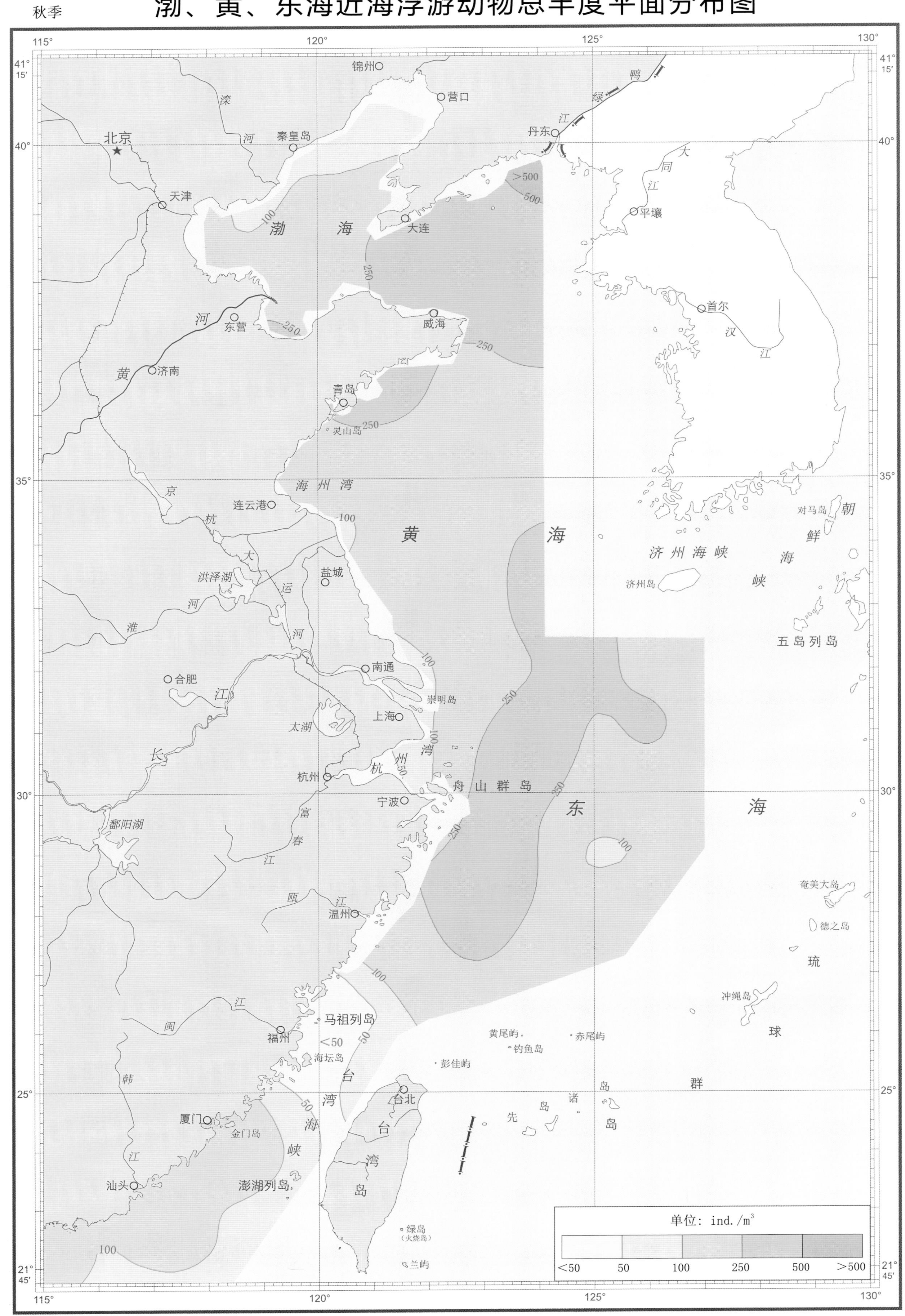

1：7 300 000（墨卡托投影　基准纬线32°）

冬季

渤、黄、东海近海浮游动物总丰度平面分布图

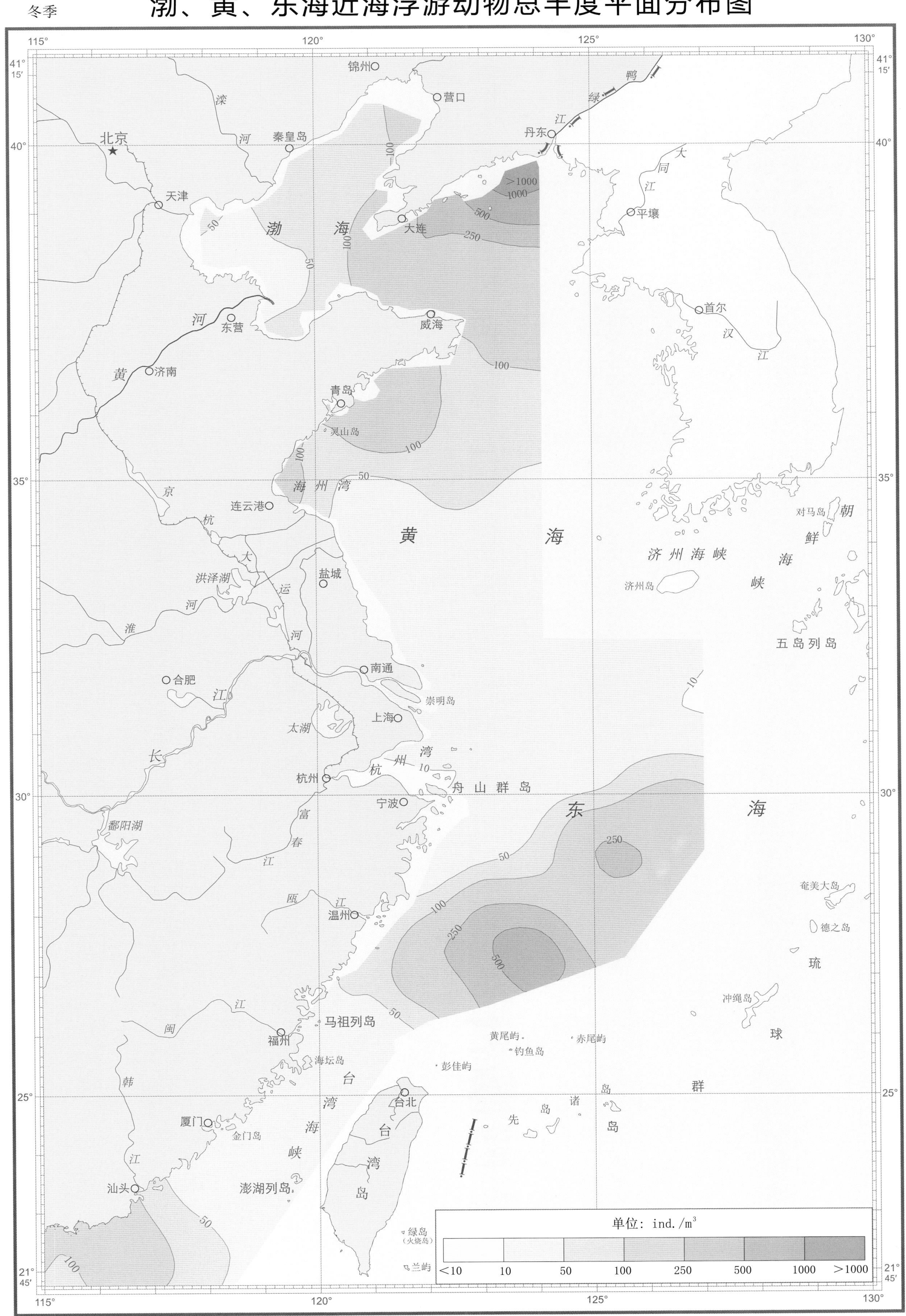

1：7 300 000（墨卡托投影　基准纬线32°）

渤、黄、东海近海浮游动物优势种丰度平面分布图

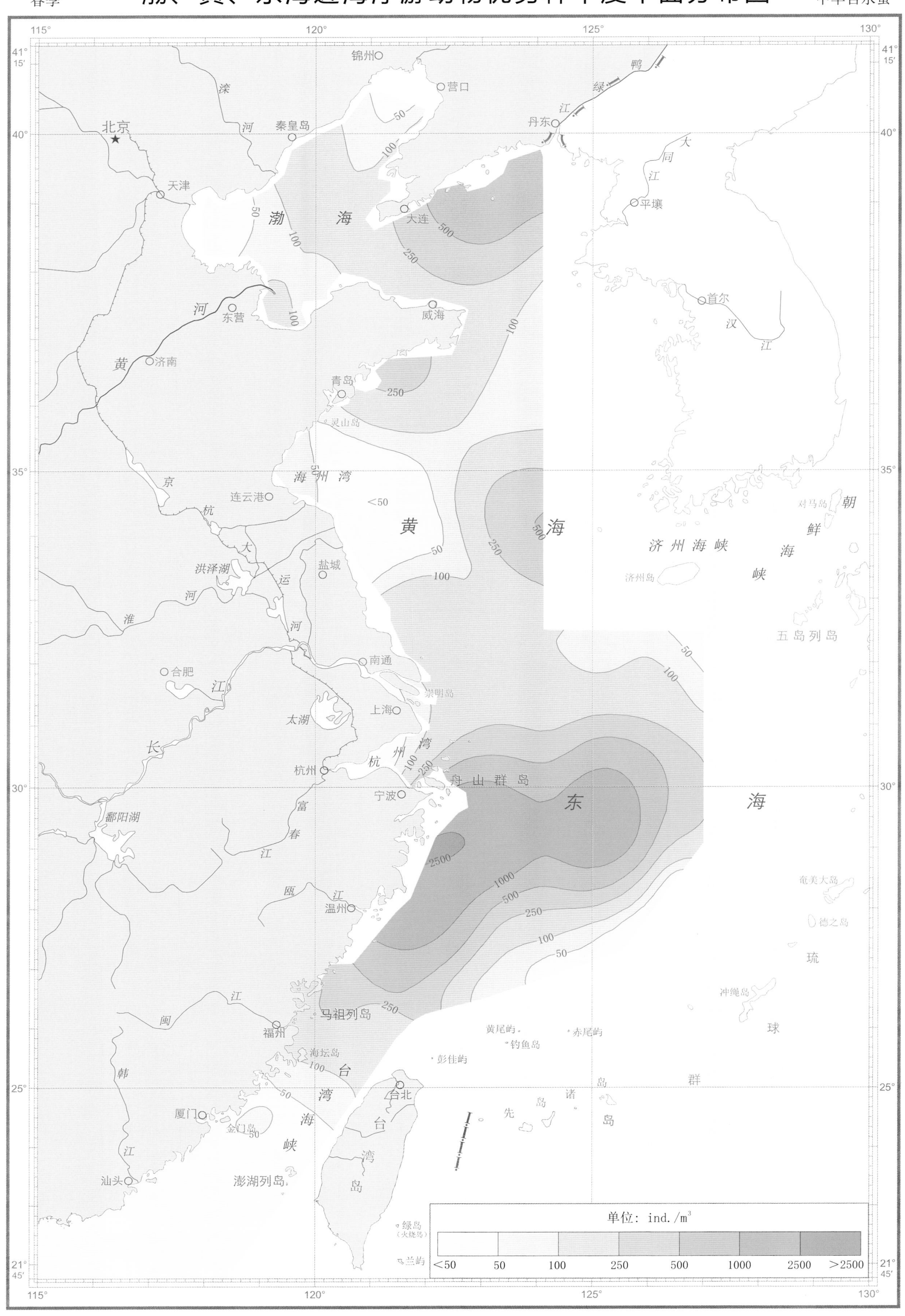

1：7 300 000（墨卡托投影　基准纬线32°）

春季 渤、黄、东海近海浮游动物优势种丰度平面分布图 腹针胸刺水蚤

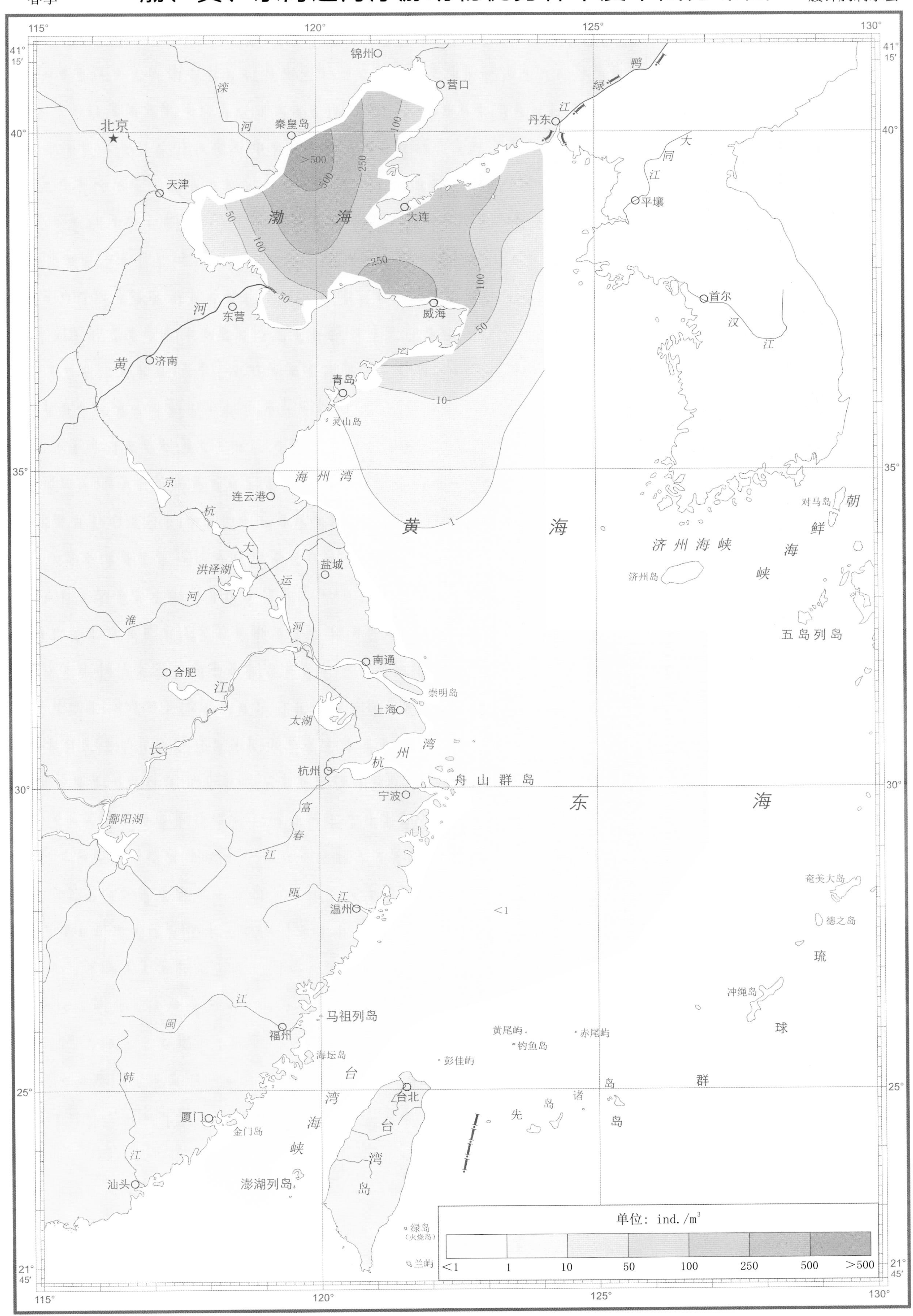

1∶7 300 000（墨卡托投影 基准纬线32°）

春季　　# 渤、黄、东海近海浮游动物优势种丰度平面分布图　　双刺纺锤水蚤

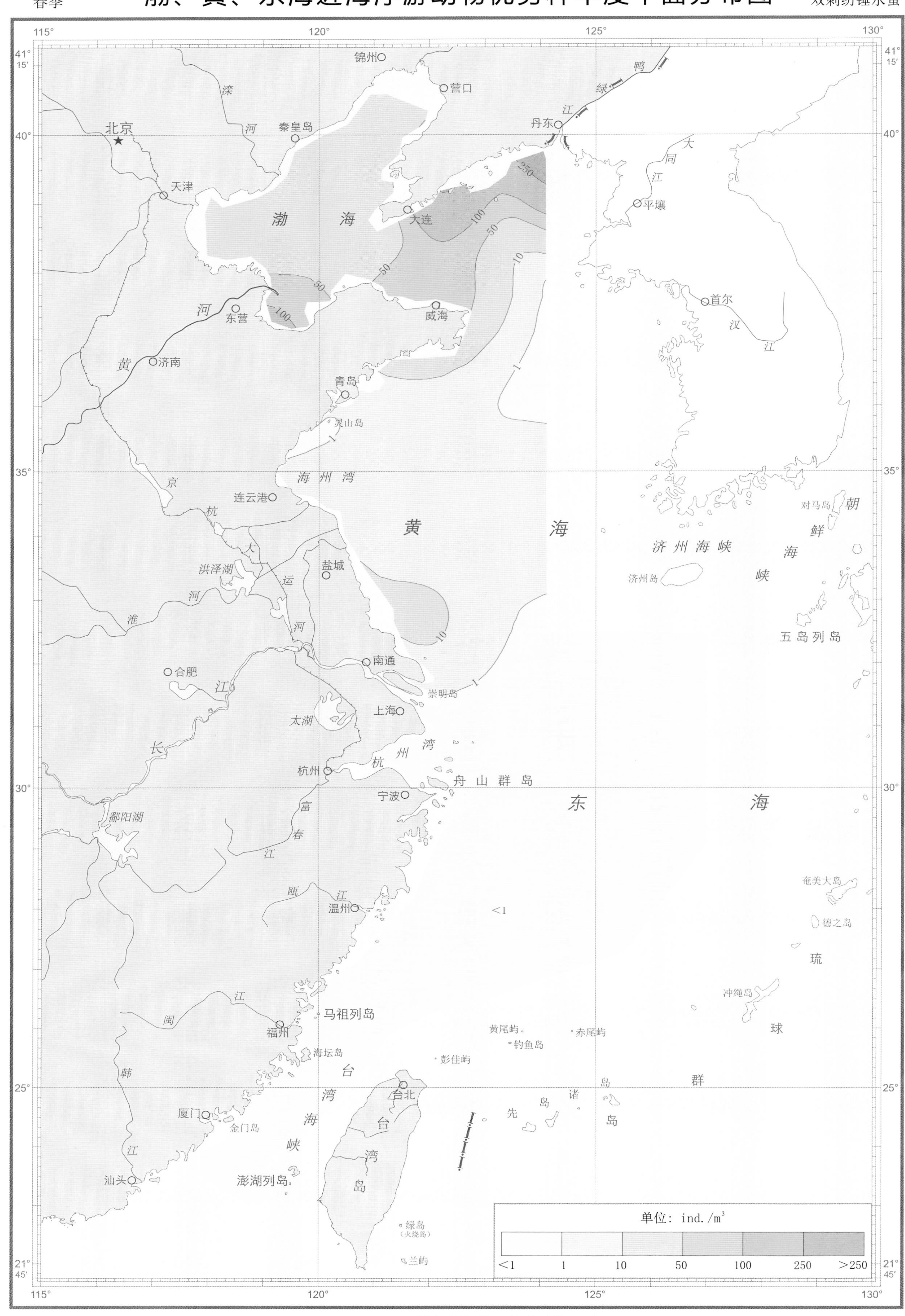

1∶7 300 000（墨卡托投影　基准纬线32°）

春季

渤、黄、东海近海浮游动物优势种丰度平面分布图

强壮滨箭虫

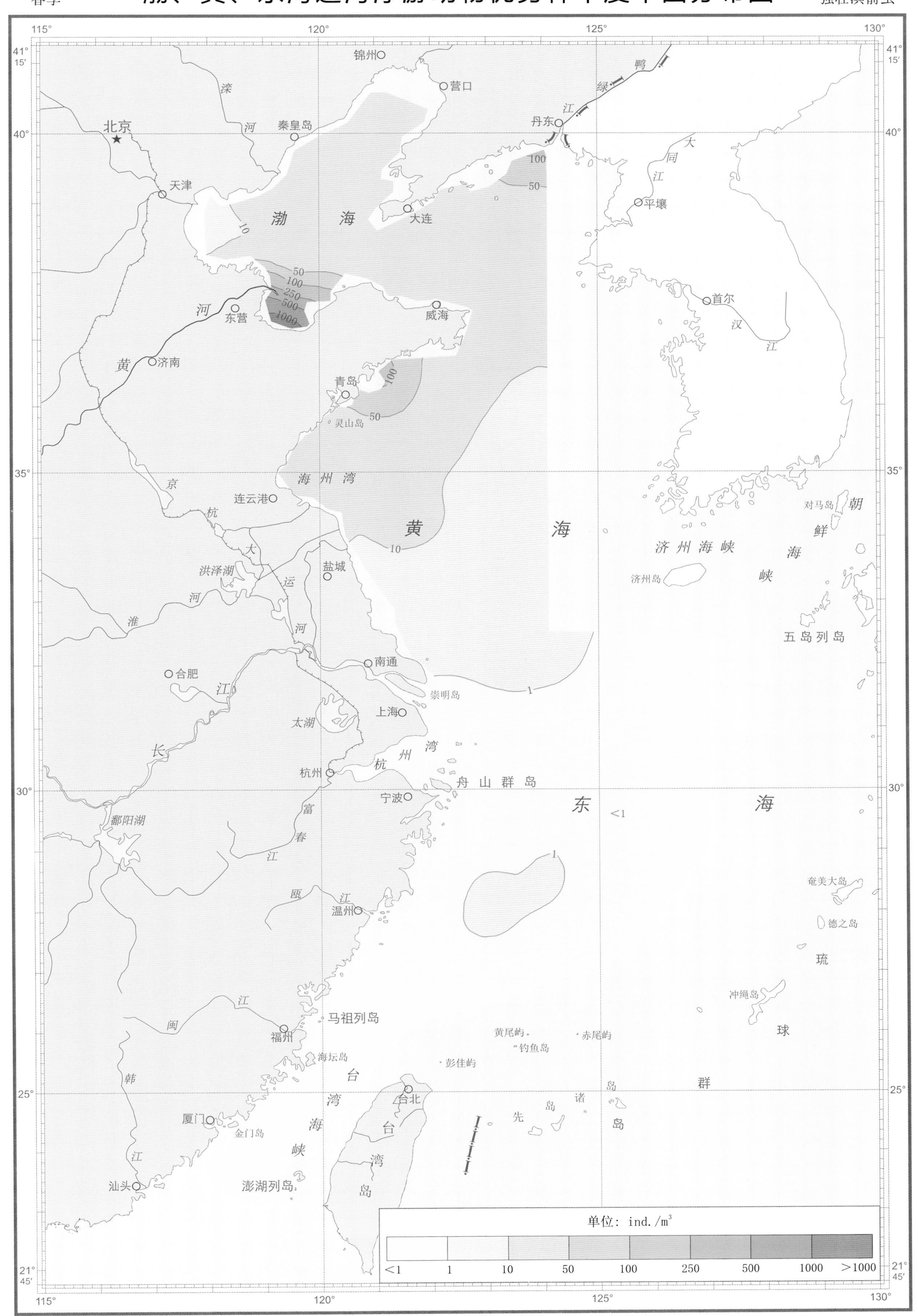

1：7 300 000（墨卡托投影　基准纬线32°）

渤、黄、东海近海浮游动物优势种丰度平面分布图

中华哲水蚤

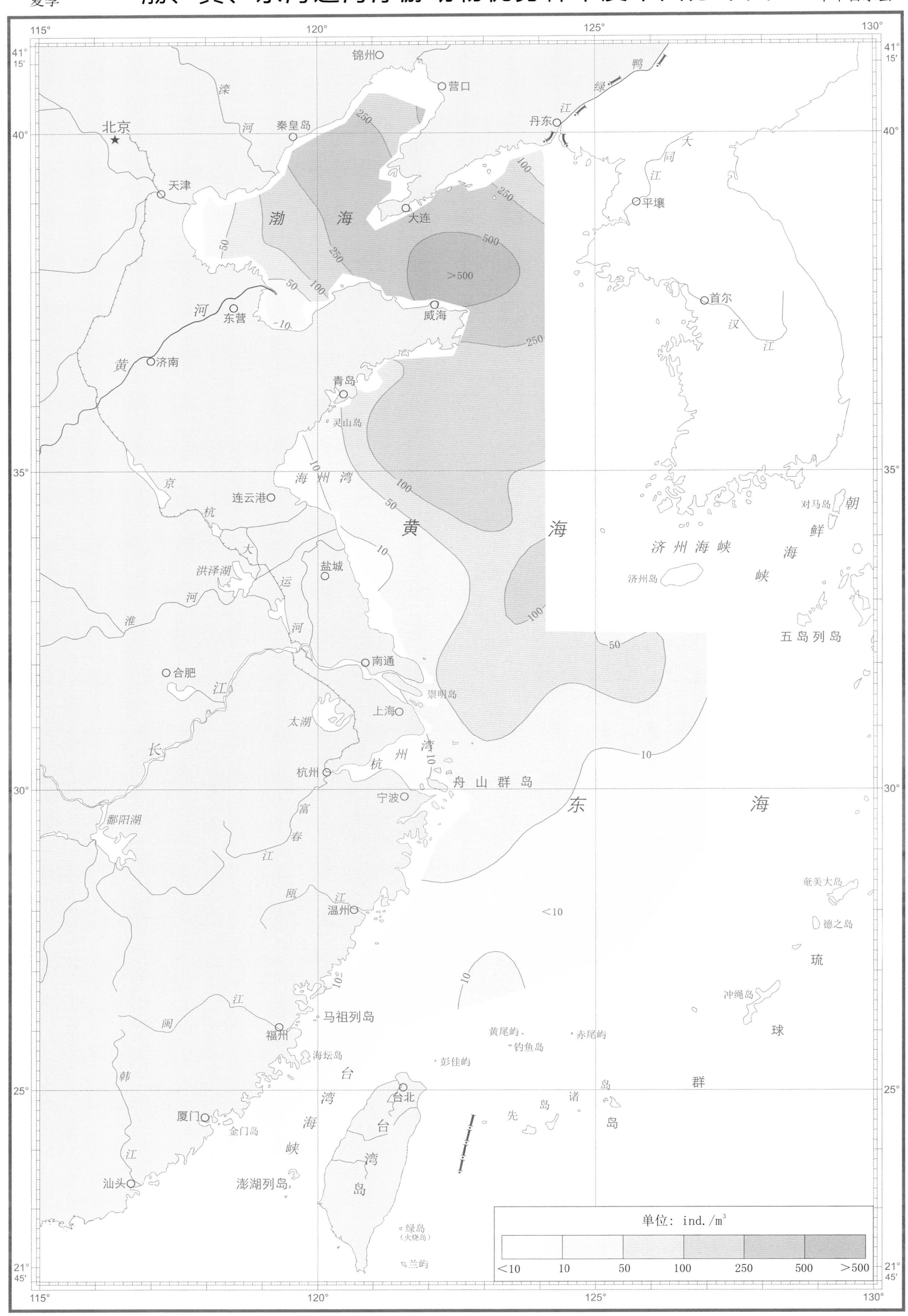

1∶7 300 000（墨卡托投影　基准纬线32°）

渤、黄、东海近海浮游动物优势种丰度平面分布图

强壮滨箭虫

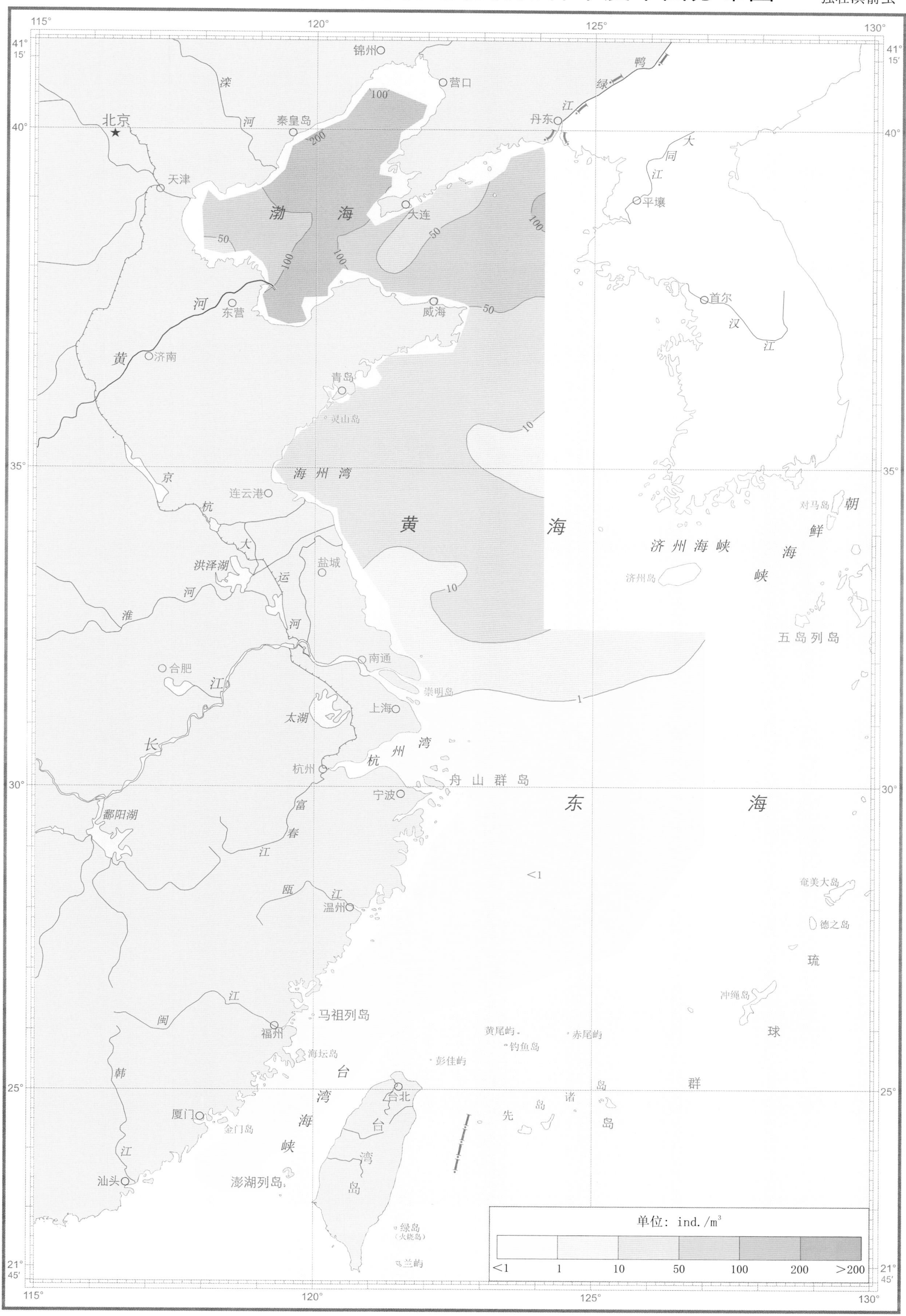

1∶7 300 000（墨卡托投影　基准纬线32°）

夏季 渤、黄、东海近海浮游动物优势种丰度平面分布图 太平洋纺锤水蚤

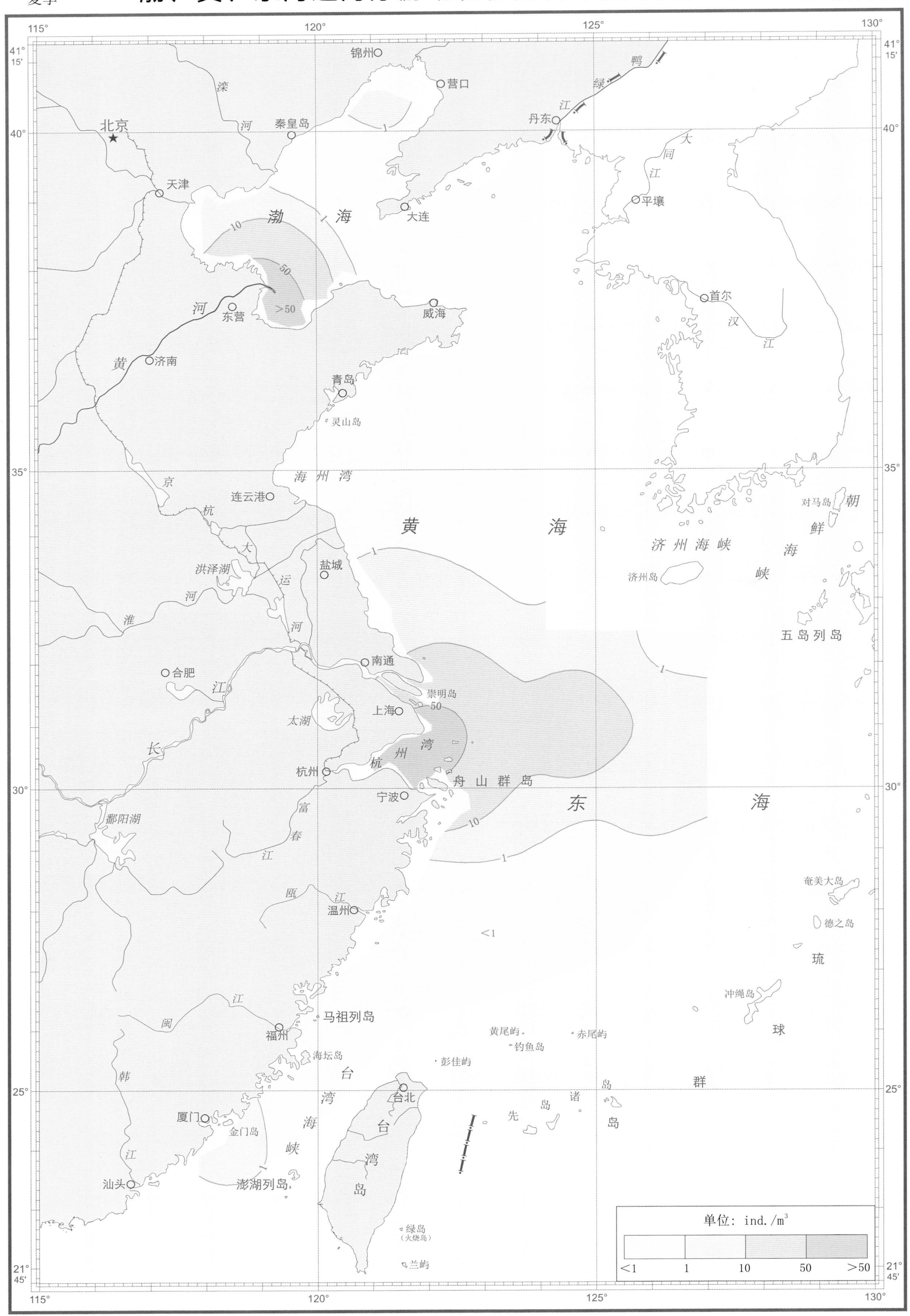

1：7 300 000（墨卡托投影 基准纬线32°）

渤、黄、东海近海浮游动物优势种丰度平面分布图

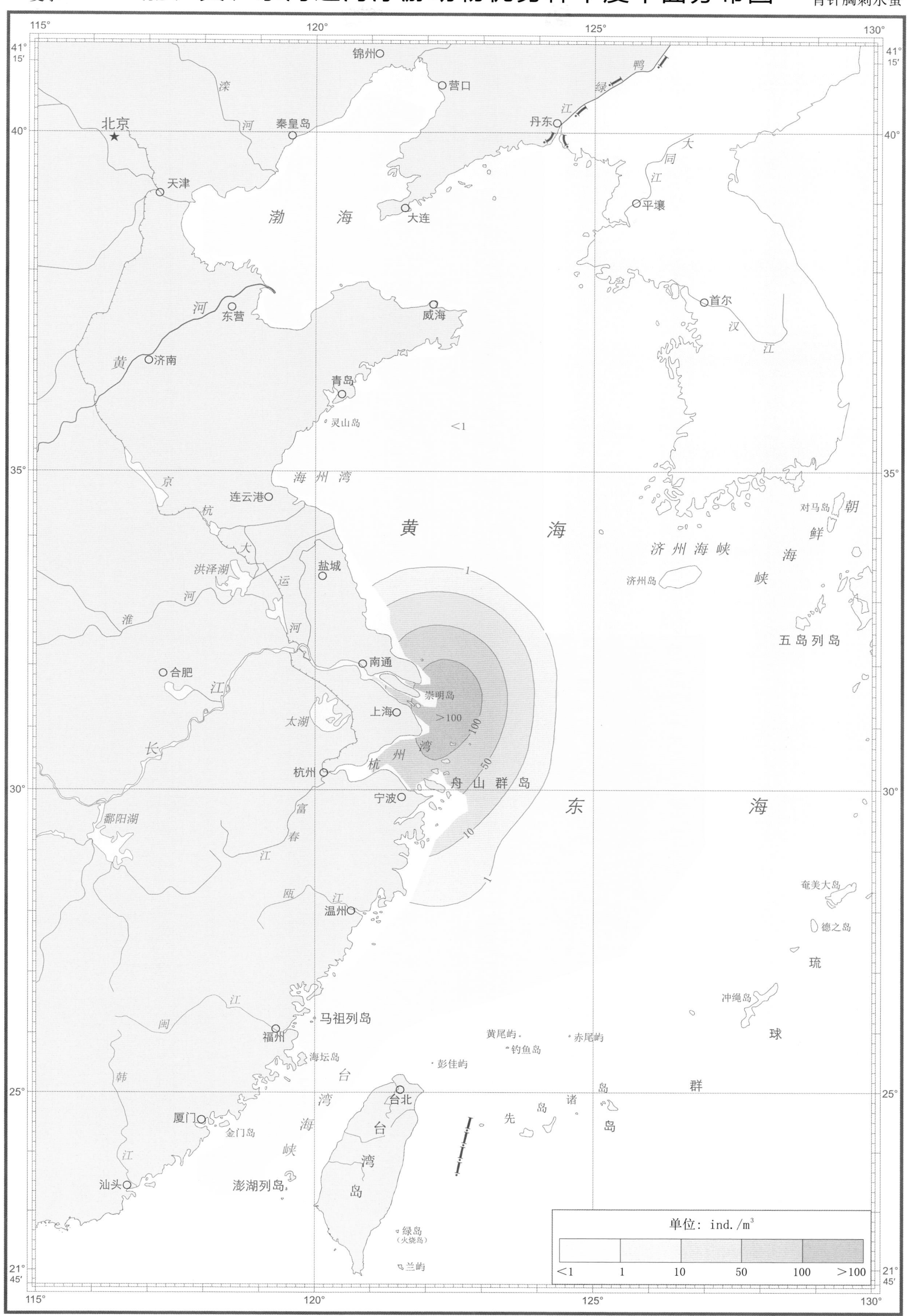

1∶7 300 000（墨卡托投影　基准纬线32°）

秋季　　# 渤、黄、东海近海浮游动物优势种丰度平面分布图　　强壮滨箭虫

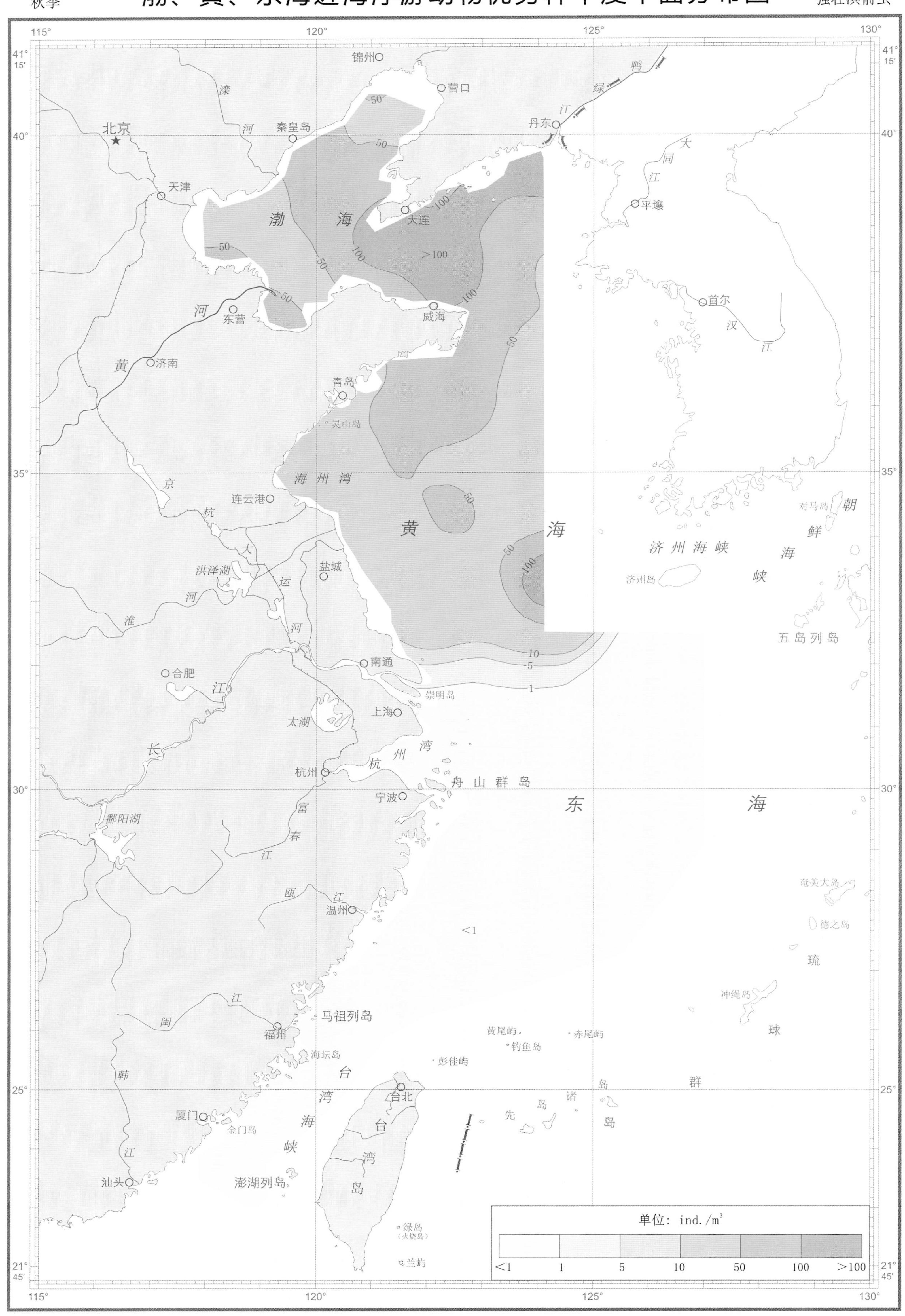

1∶7 300 000（墨卡托投影　基准纬线32°）

秋季　渤、黄、东海近海浮游动物优势种丰度平面分布图　中华哲水蚤

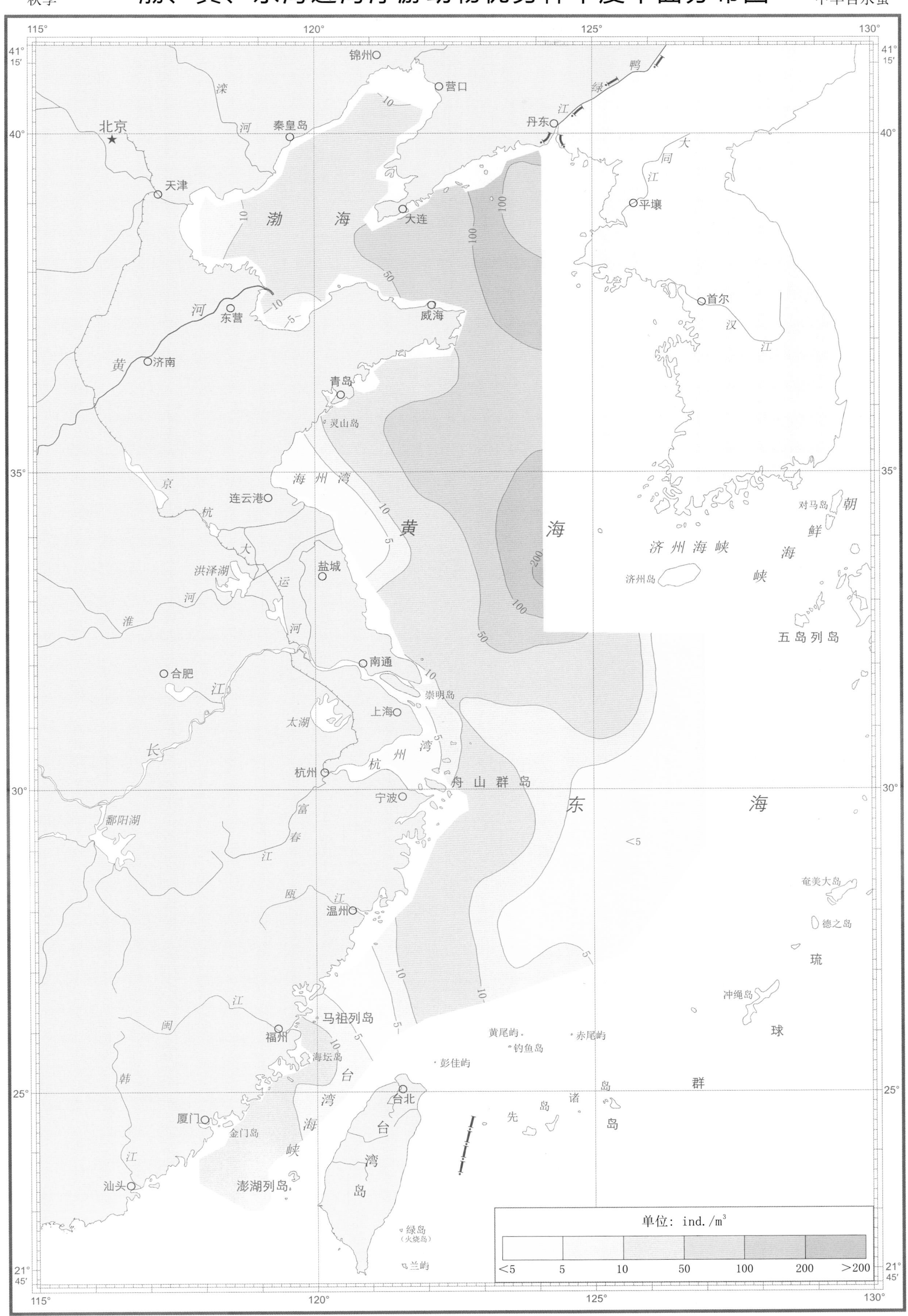

1：7 300 000（墨卡托投影　基准纬线32°）

秋季　　# 渤、黄、东海近海浮游动物优势种丰度平面分布图　　小拟哲水蚤

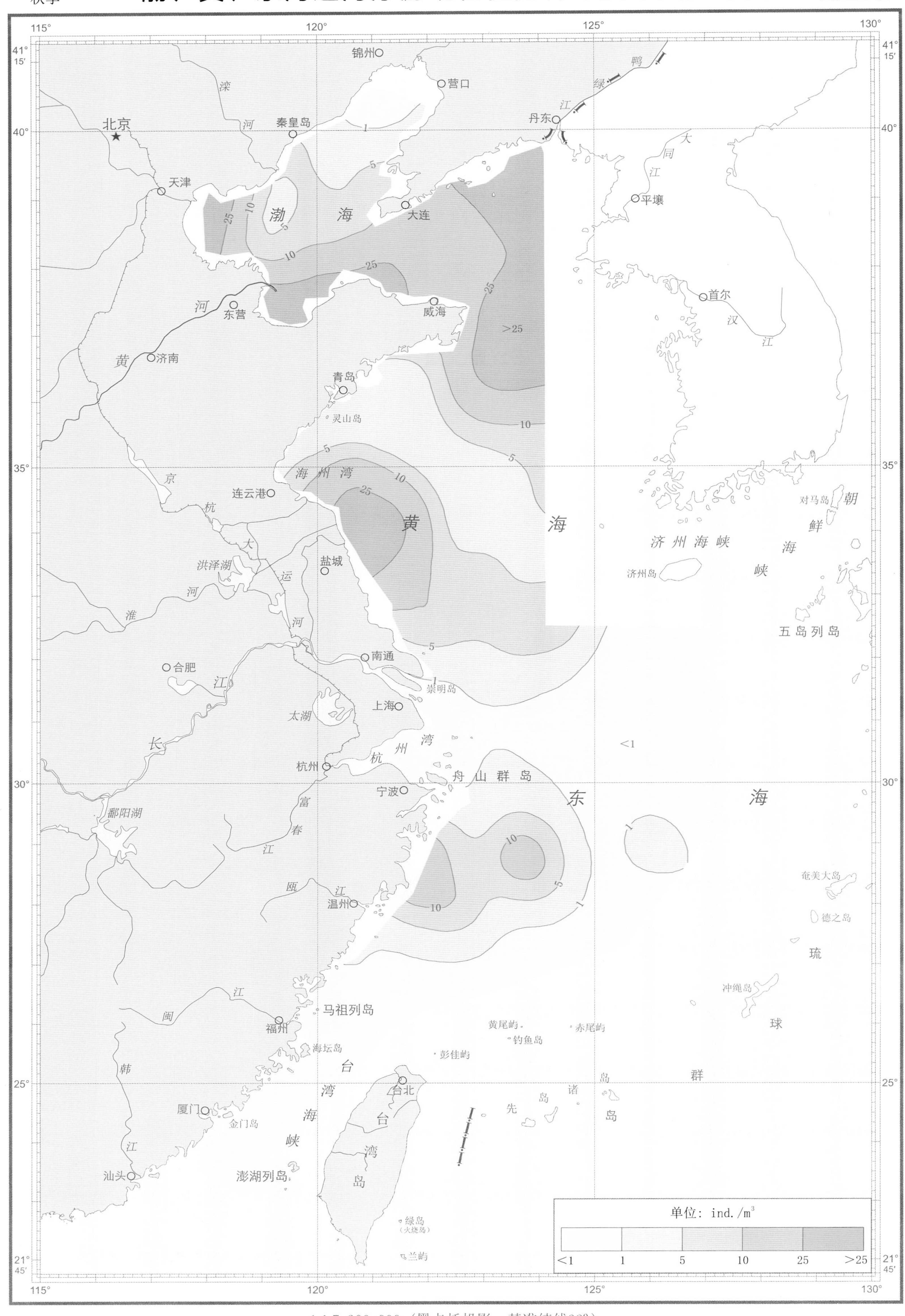

1：7 300 000（墨卡托投影　基准纬线32°）

秋季　# 渤、黄、东海近海浮游动物优势种丰度平面分布图　亚强次真哲水蚤

115°　120°　125°　130°
41° 15′　40°　35°　30°　25°　21° 45′

锦州　营口　鸭绿江　滦河　秦皇岛　北京　丹东　大同江　天津　平壤　渤海　大连　首尔　汉江　河　东营　威海　黄　济南　青岛　灵山岛　<1　京　海州湾　连云港　杭　黄海　大　济州海峡　朝鲜海峡　对马岛　洪泽湖　运　盐城　济州岛　河　淮　河　五岛列岛　1　10　南通　合肥　江　崇明岛　上海　太湖　10　50　长　州　湾　>50　杭　杭州　舟山群岛　宁波　东　海　富　鄱阳湖　春　江　瓯　江　温州　奄美大岛　德之岛　10　琉　10　冲绳岛　江　马祖列岛　闽　福州　黄尾屿　赤尾屿　球　钓鱼岛　海坛岛　彭佳屿　台　群　韩　台北　岛　湾　先　诸　厦门　台　岛　金门岛　海　江　峡　湾　汕头　澎湖列岛　岛　绿岛（火烧岛）　兰屿　20　10

单位：ind./m³

<1	1	10	50	>50

1∶7 300 000（墨卡托投影　基准纬线32°）

冬季　　**渤、黄、东海近海浮游动物优势种丰度平面分布图**　　中华哲水蚤

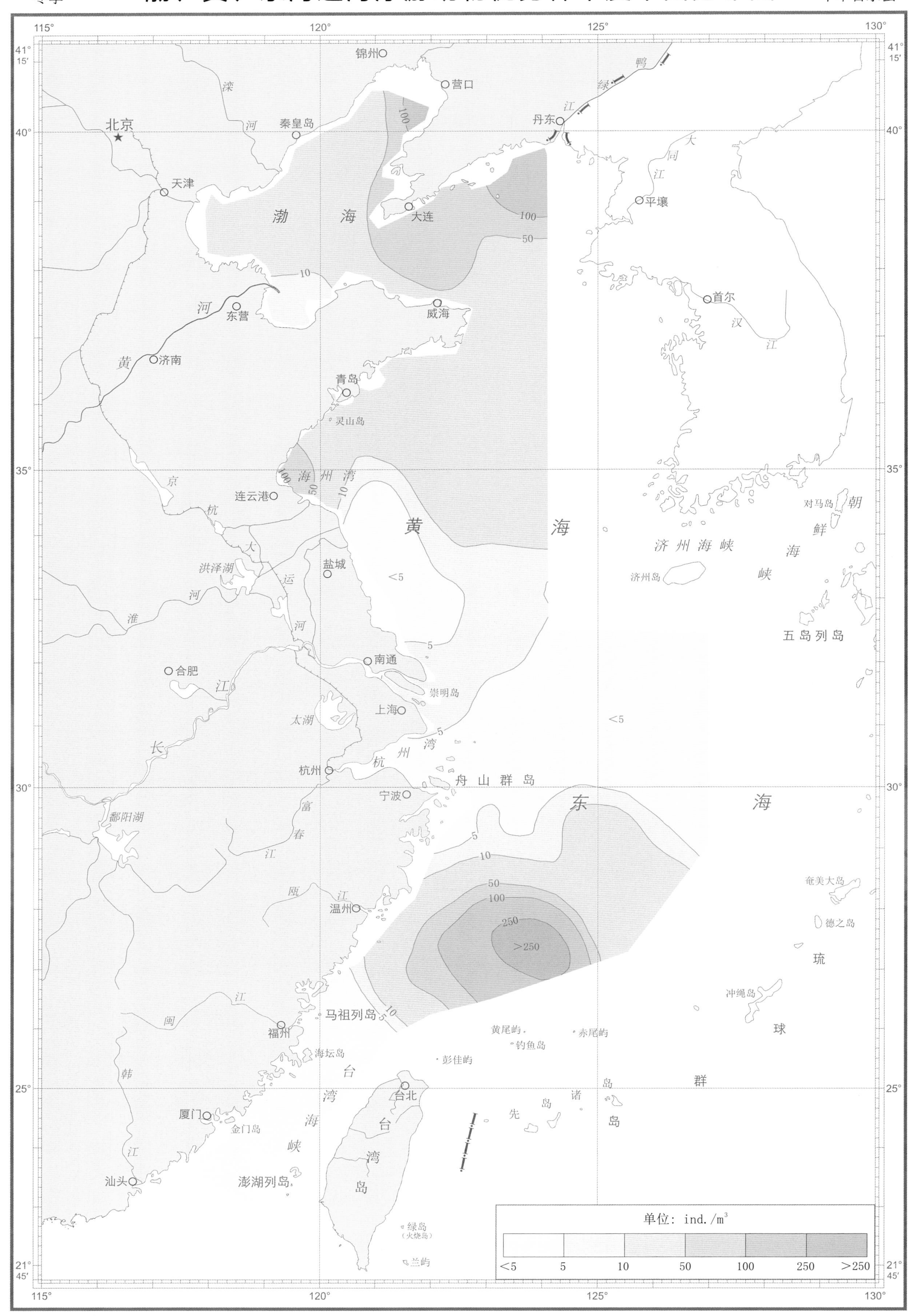

1：7 300 000（墨卡托投影　基准纬线32°）

冬季　渤、黄、东海近海浮游动物优势种丰度平面分布图　克氏纺锤水蚤

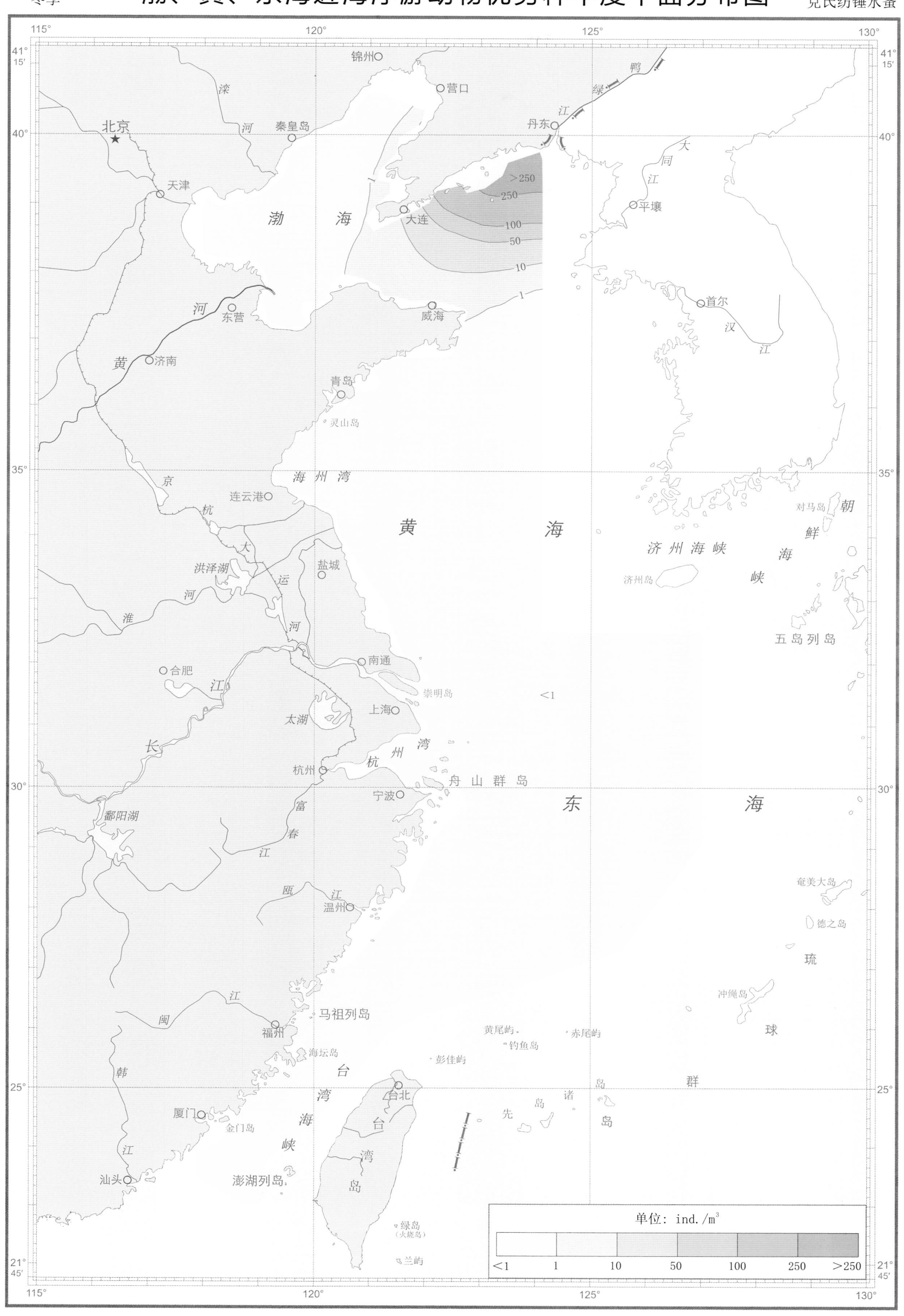

1∶7 300 000（墨卡托投影　基准纬线32°）

渤、黄、东海近海浮游动物优势种丰度平面分布图

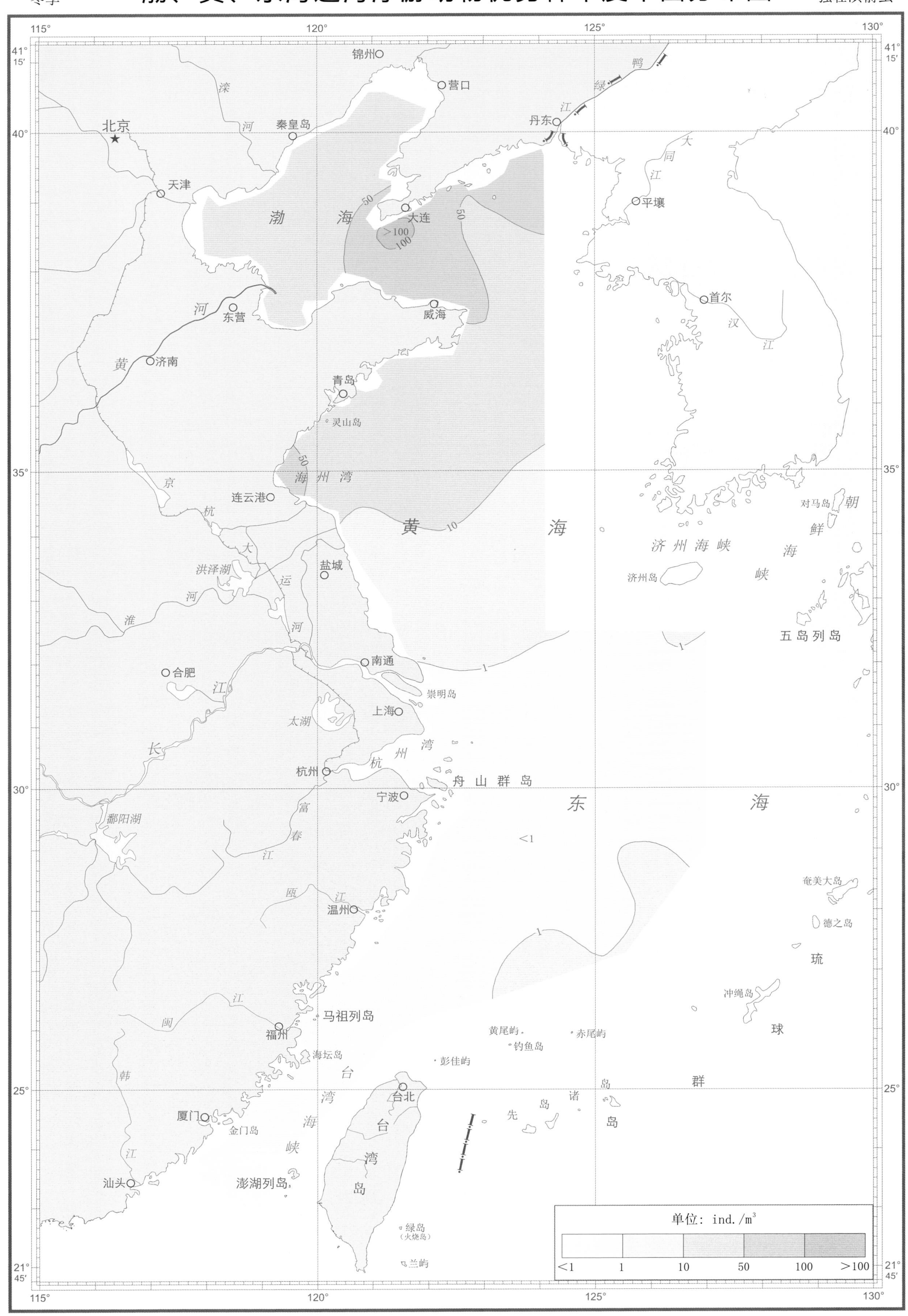

1∶7 300 000（墨卡托投影　基准纬线32°）

冬季 渤、黄、东海近海浮游动物优势种丰度平面分布图 小拟哲水蚤

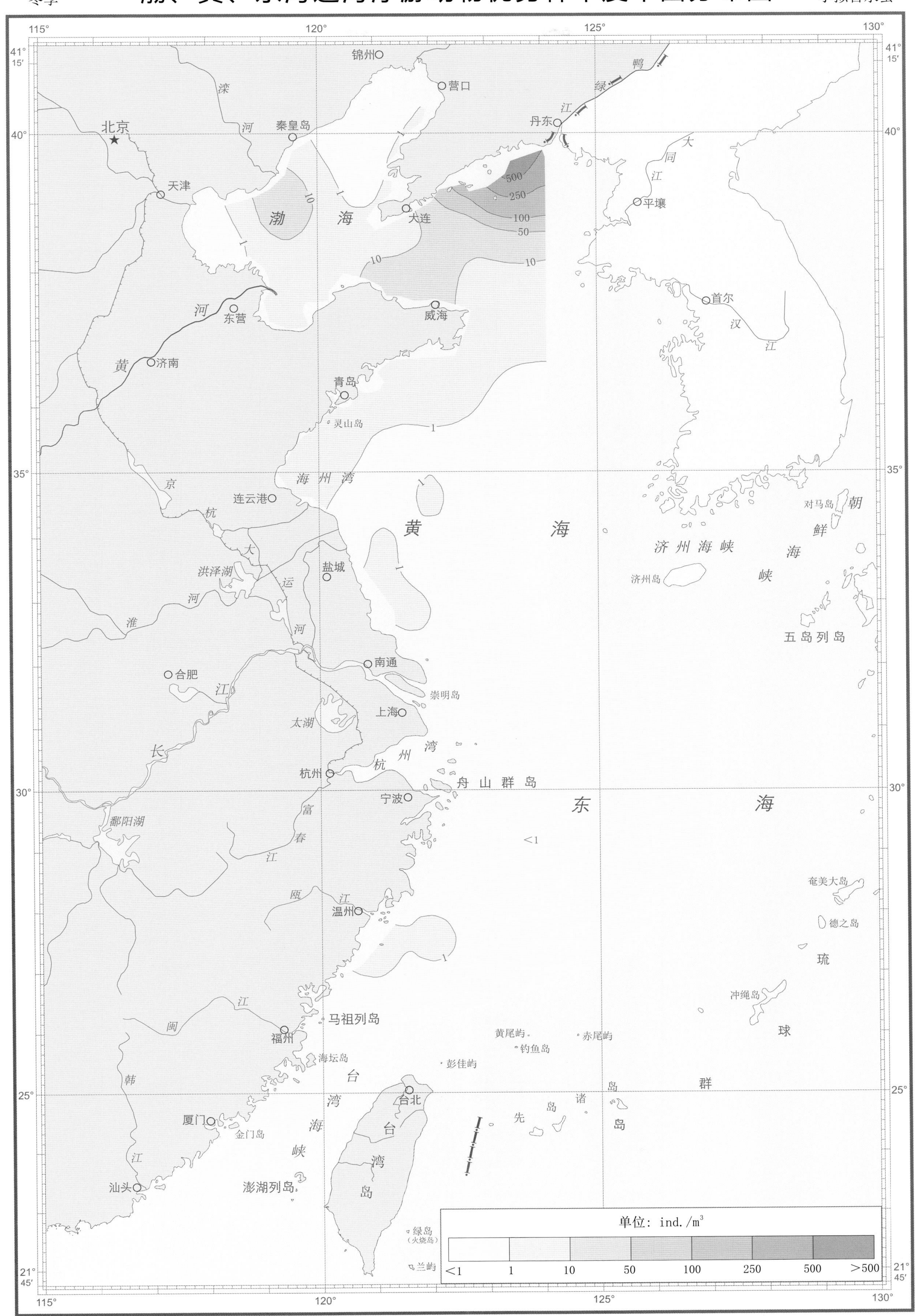

1：7 300 000（墨卡托投影 基准纬线32°）

南海北部近海浮游动物总生物量平面分布图

春季

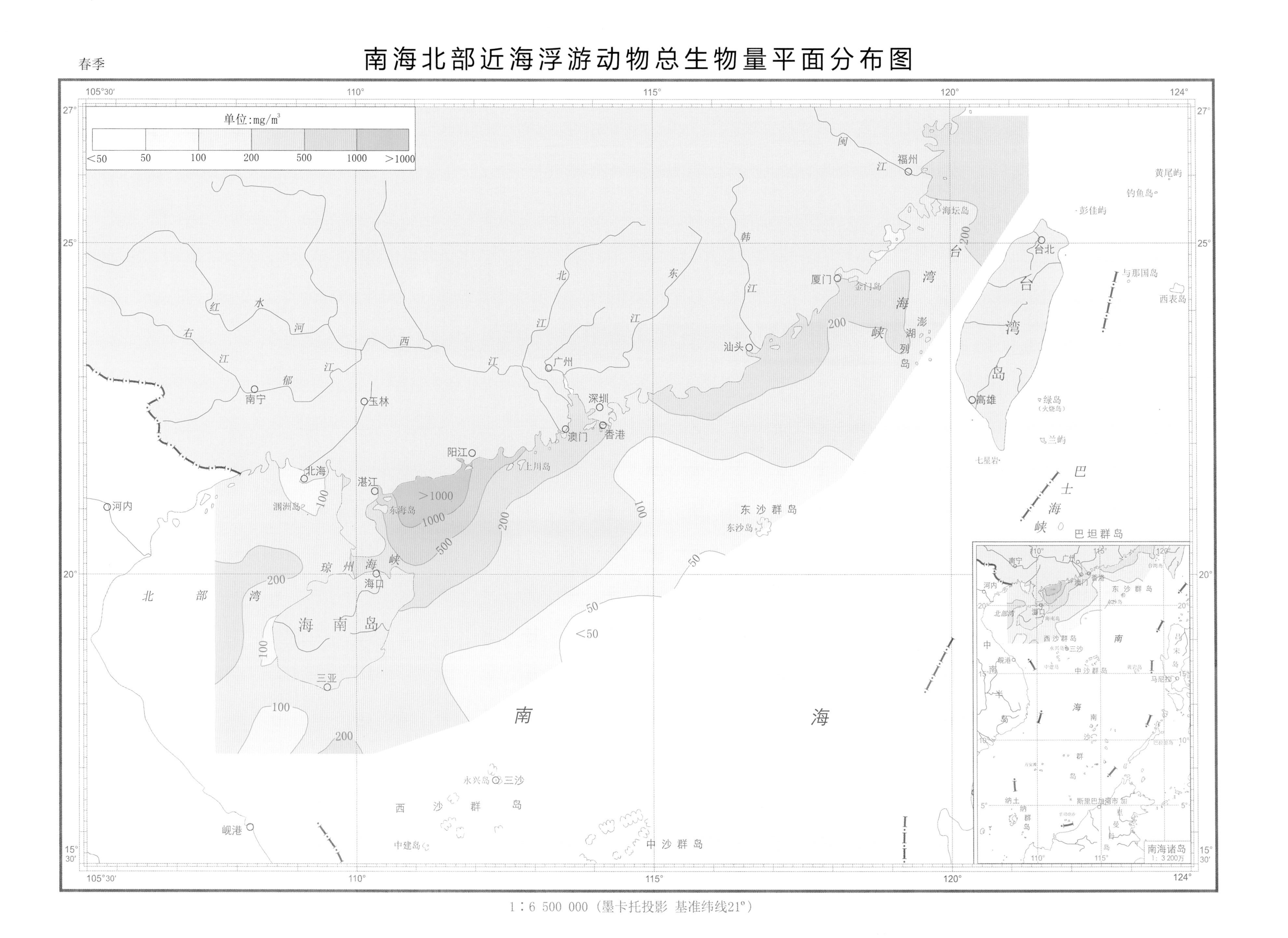

1:6 500 000（墨卡托投影 基准纬线21°）

夏季

南海北部近海浮游动物总生物量平面分布图

1:6 500 000（墨卡托投影 基准纬线21°）

秋季

南海北部近海浮游动物总生物量平面分布图

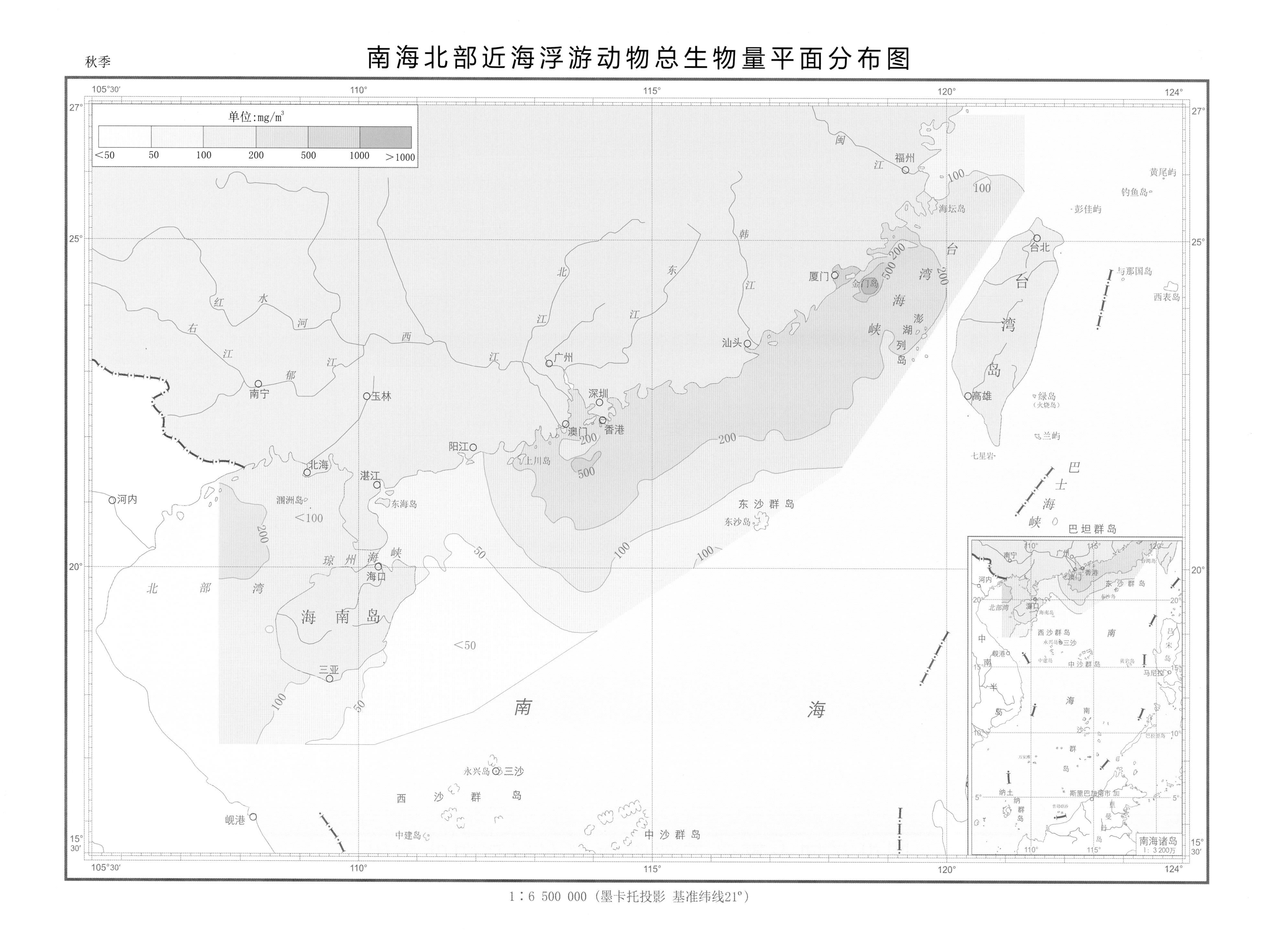

1：6 500 000（墨卡托投影 基准纬线21°）

冬季

南海北部近海浮游动物总生物量平面分布图

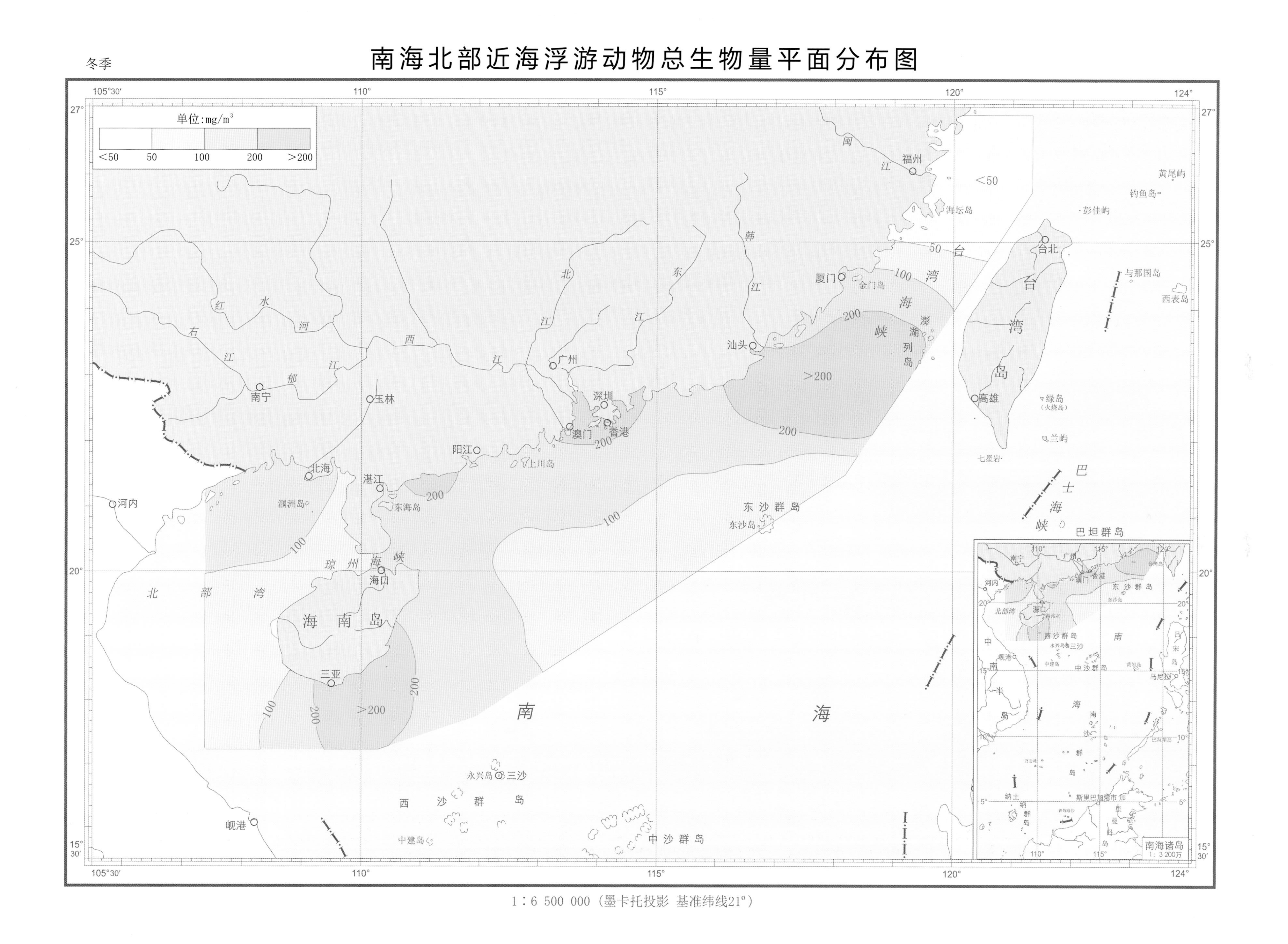

1:6 500 000(墨卡托投影 基准纬线21°)

春季

南海北部近海浮游动物总丰度平面分布图

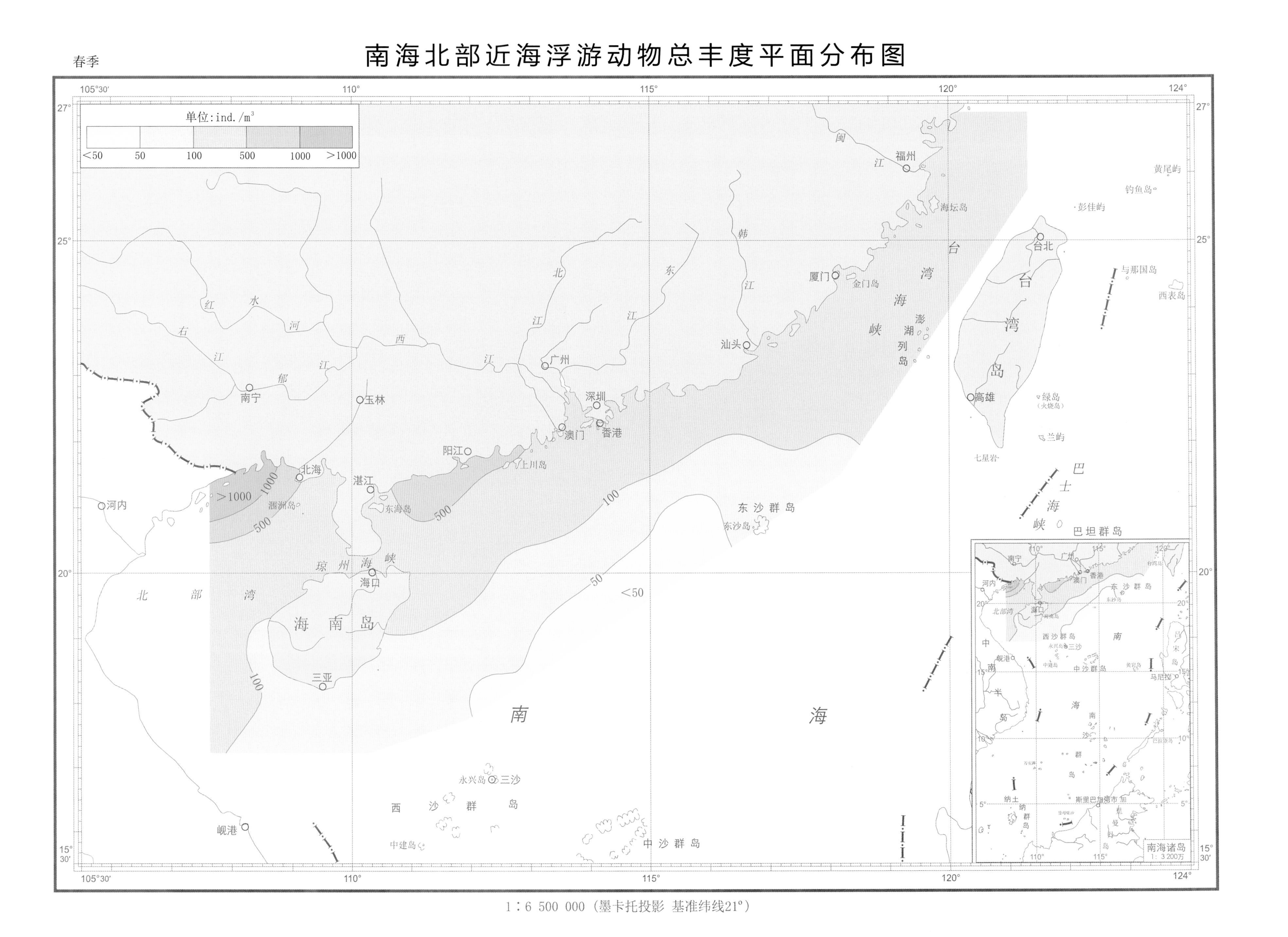

1:6 500 000(墨卡托投影 基准纬线21°)

夏季

南海北部近海浮游动物总丰度平面分布图

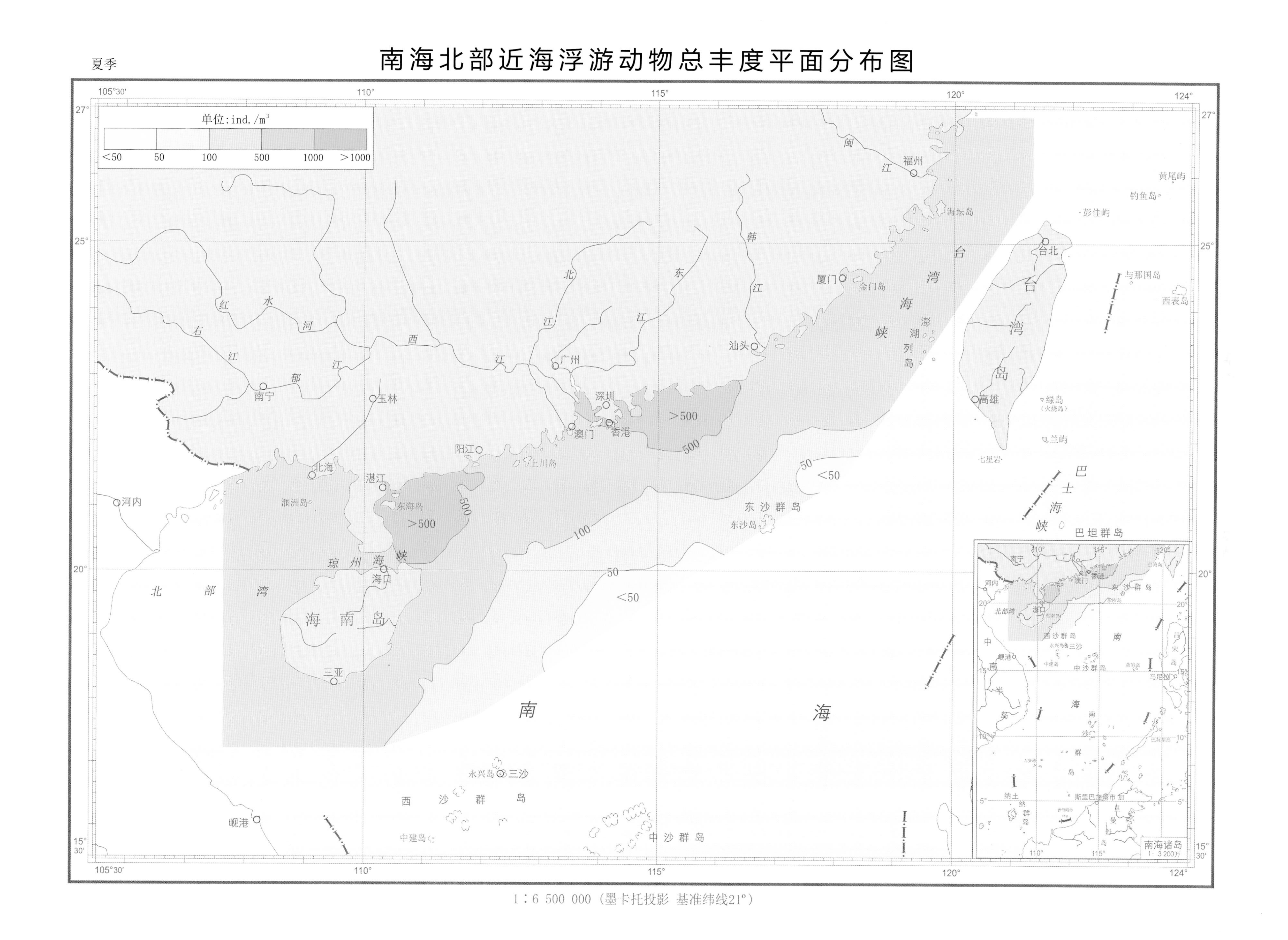

1:6 500 000（墨卡托投影 基准纬线21°）

南海北部近海浮游动物总丰度平面分布图
秋季
单位:ind./m³
<50
50
100
>100
福州
闽
江
<50
50
海坛岛
台北
台
湾
岛
高雄
台
湾
海
峡
澎
湖
列
岛
厦门
金门岛
汕头
韩
江
东
江
北
江
西
江
广州
深圳
澳门
香港
>100
100
阳江
上川岛
湛江
东海岛
北海
涠洲岛
>100
琼州海峡
海口
海南岛
三亚
100
50
100
北部湾
河内
南宁
玉林
红水河
右江
郁江
东沙群岛
东沙岛
<50
50
南
海
永兴岛
三沙
西沙群岛
中建岛
中沙群岛
岘港
黄尾屿
钓鱼岛
彭佳屿
与那国岛
西表岛
绿岛
(火烧岛)
兰屿
七星岩
巴士海峡
巴坦群岛
南海诸岛
1:3 200万
1:6 500 000(墨卡托投影 基准纬线21°)

南海北部近海浮游动物总丰度平面分布图

冬季

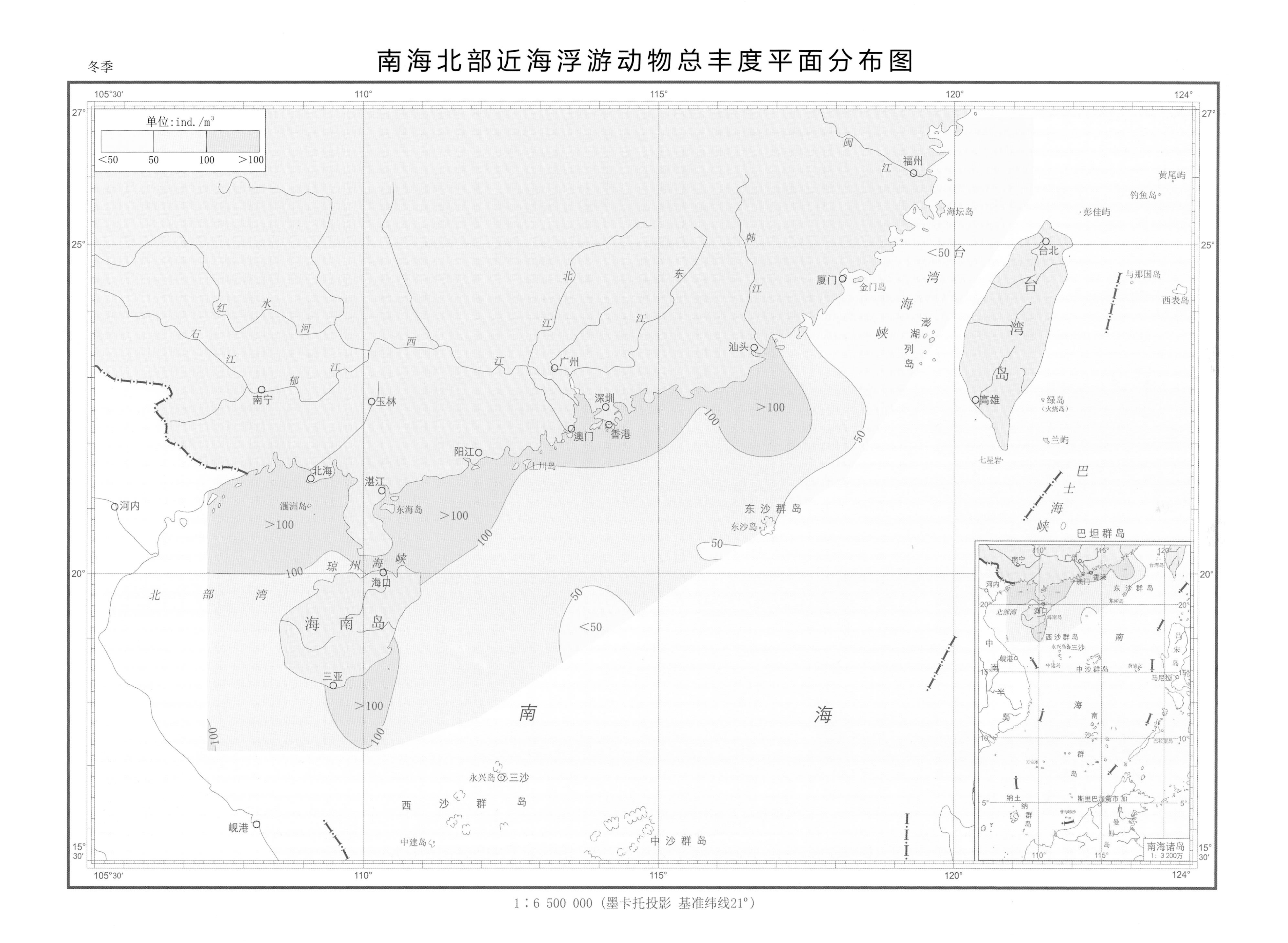

1:6 500 000（墨卡托投影 基准纬线21°）

南海北部近海浮游动物优势种丰度平面分布图

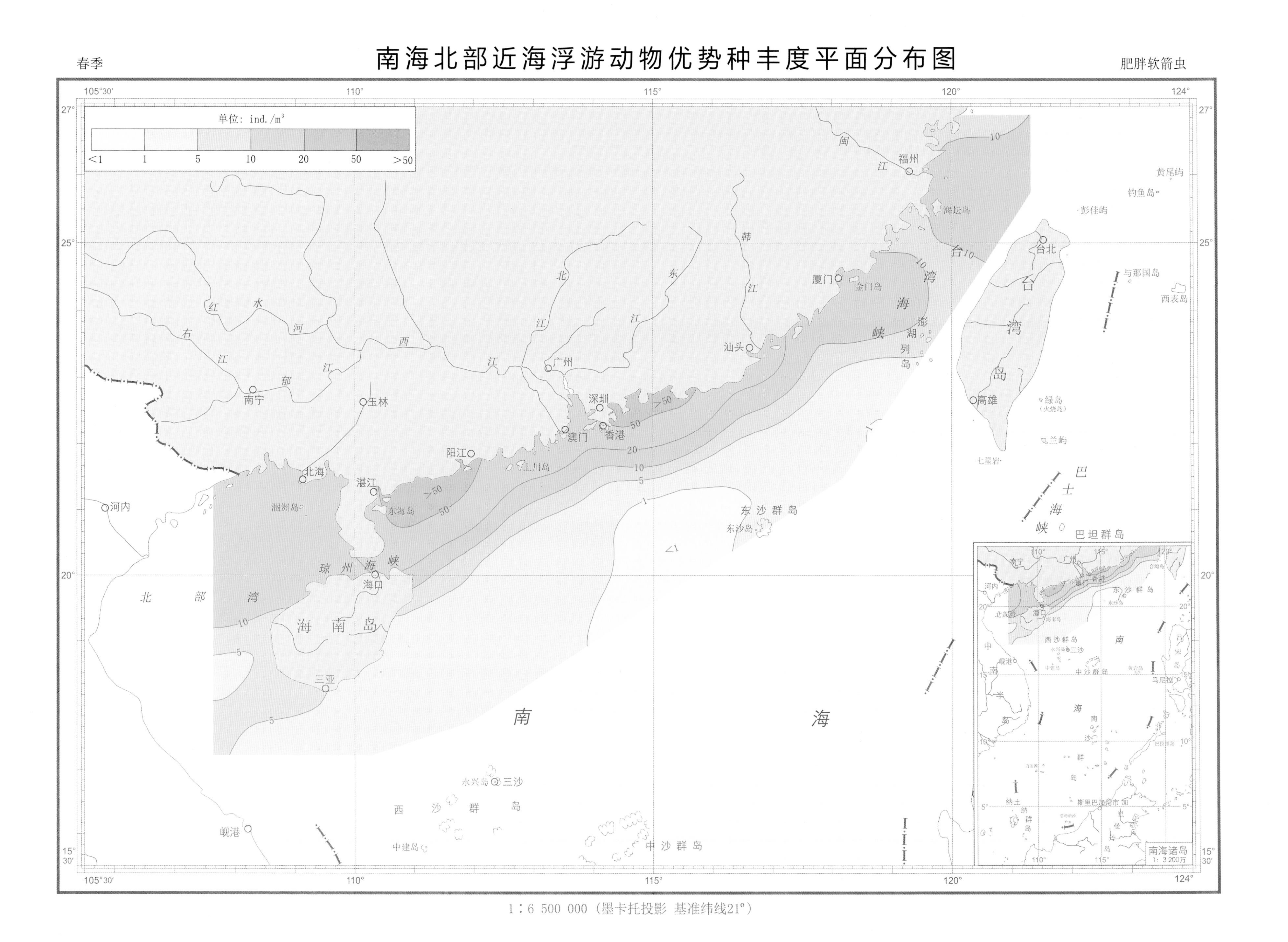

1：6 500 000（墨卡托投影 基准纬线21°）

春季

南海北部近海浮游动物优势种丰度平面分布图

软拟海樽

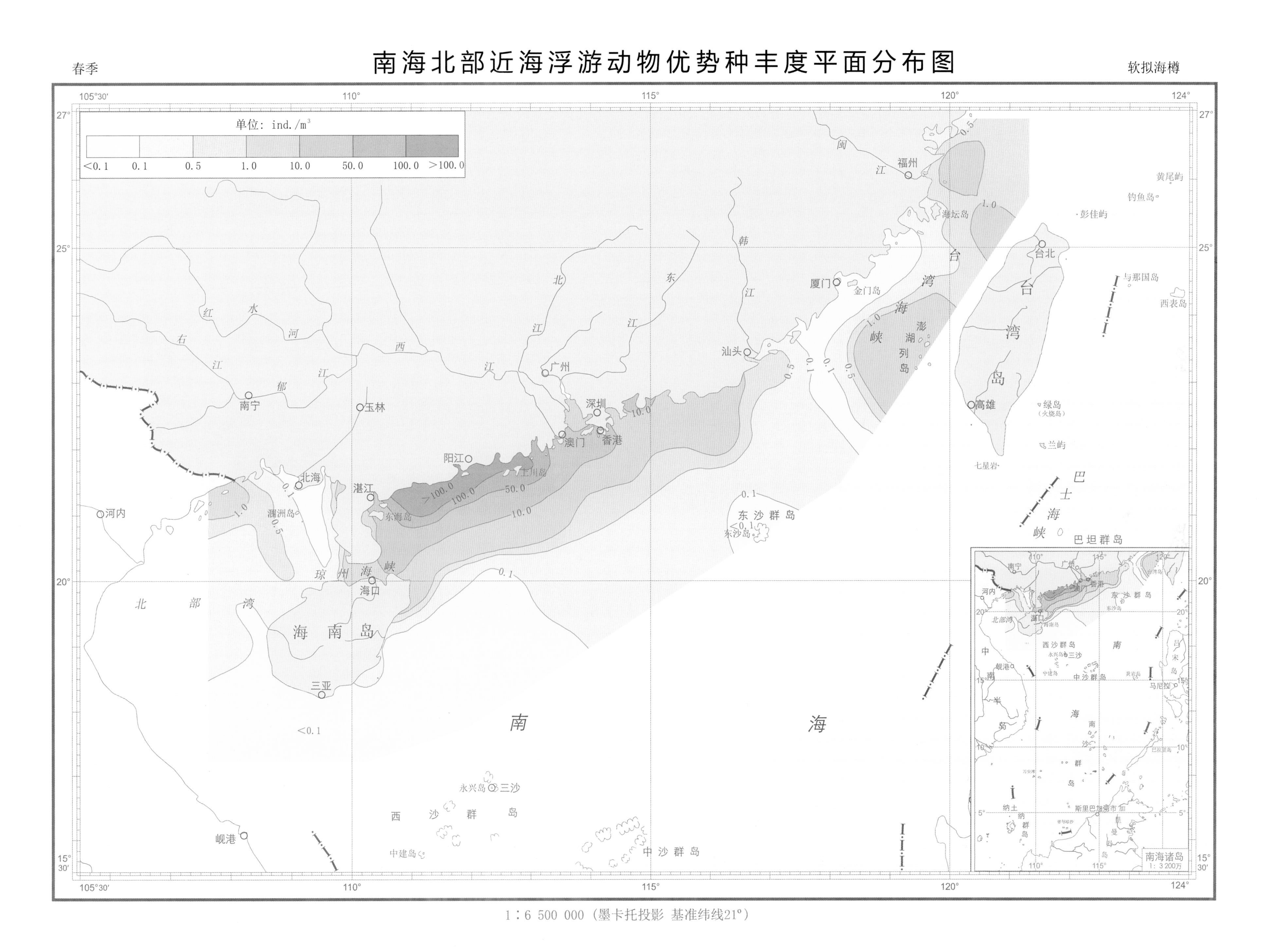

1:6 500 000（墨卡托投影 基准纬线21°）

春季

南海北部近海浮游动物优势种丰度平面分布图

中华哲水蚤

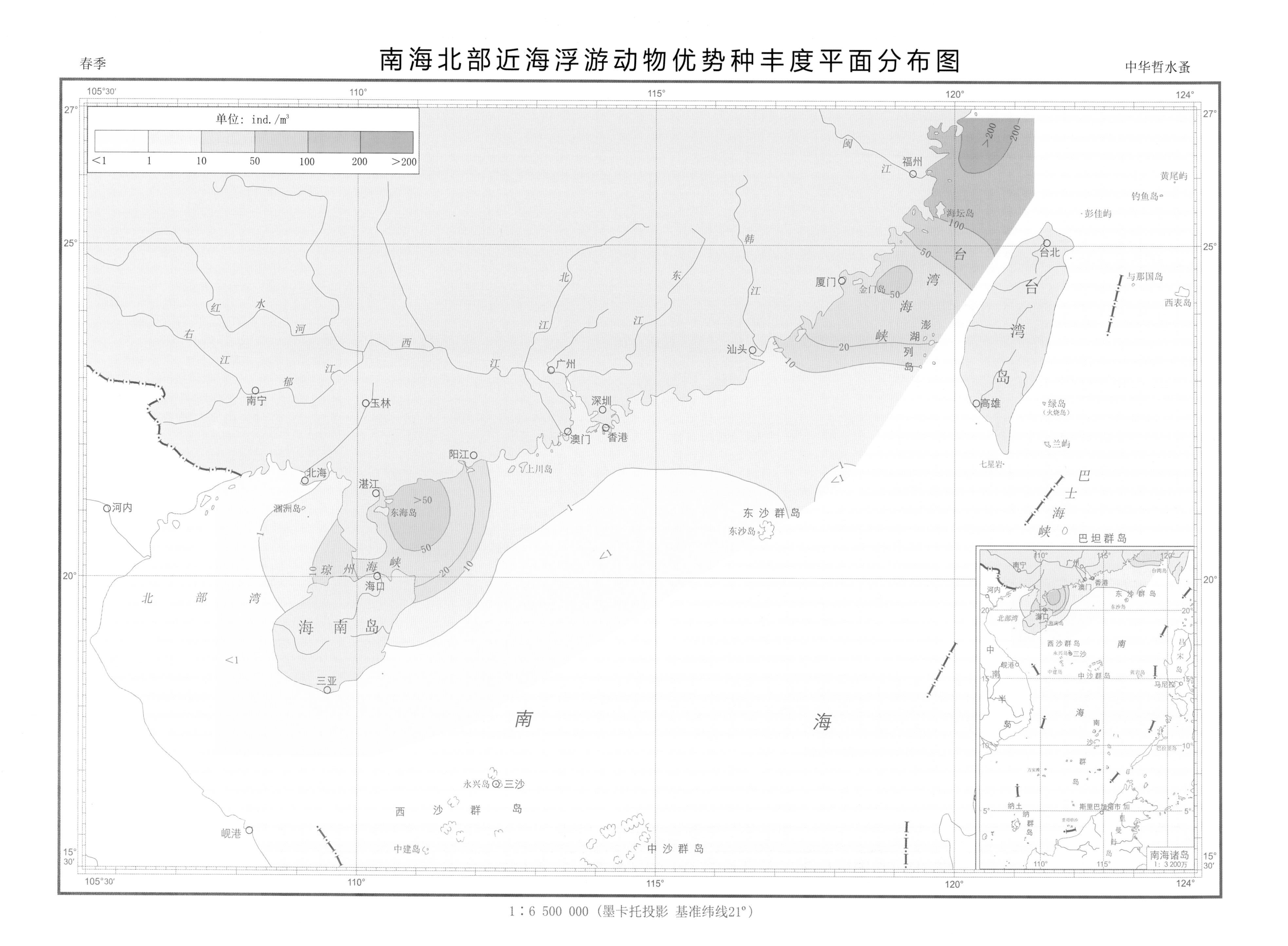

1：6 500 000（墨卡托投影 基准纬线21°）

南海北部近海浮游动物优势种丰度平面分布图

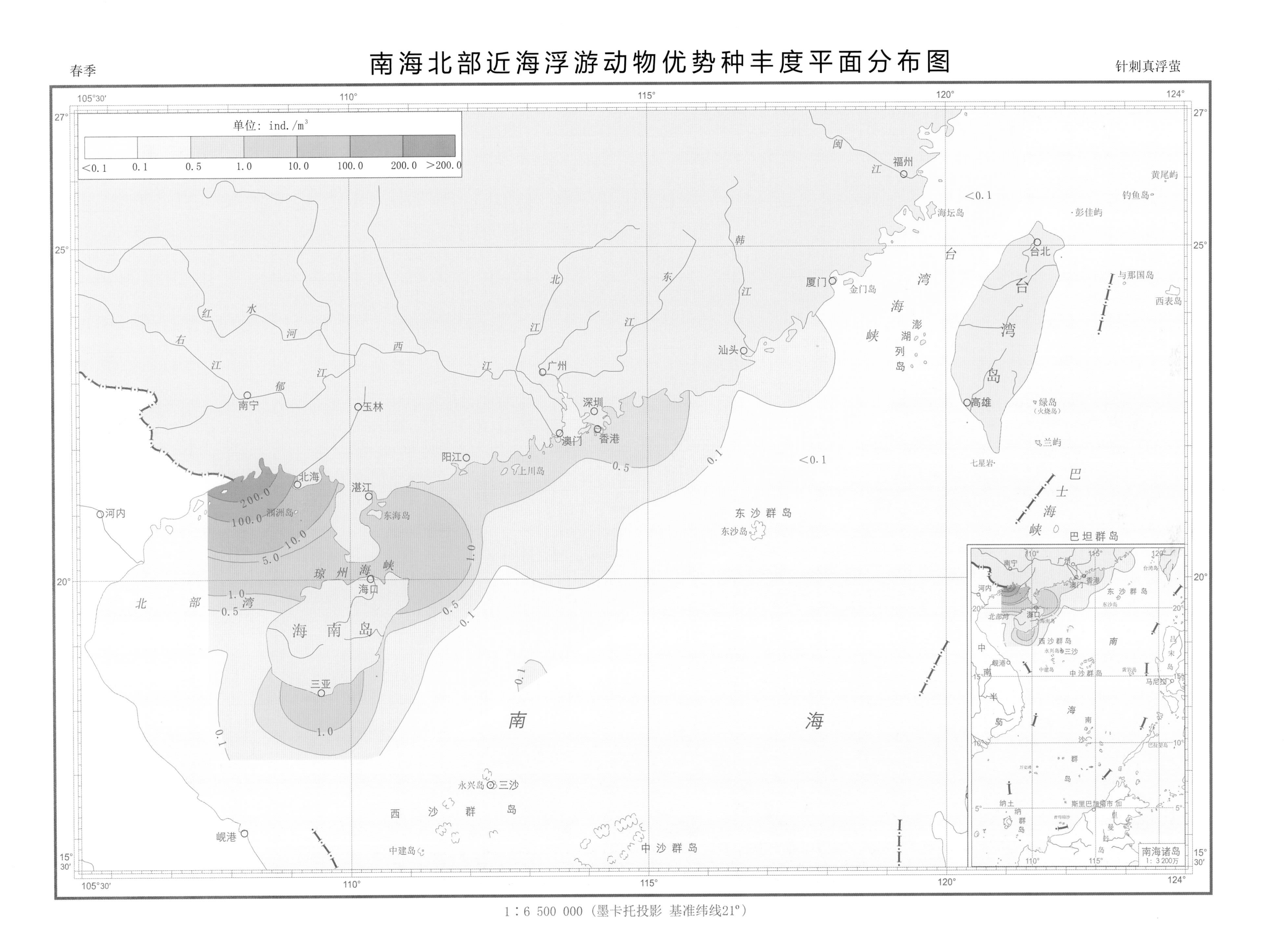

1:6 500 000（墨卡托投影 基准纬线21°）

南海北部近海浮游动物优势种丰度平面分布图

夏季

乌喙尖头溞

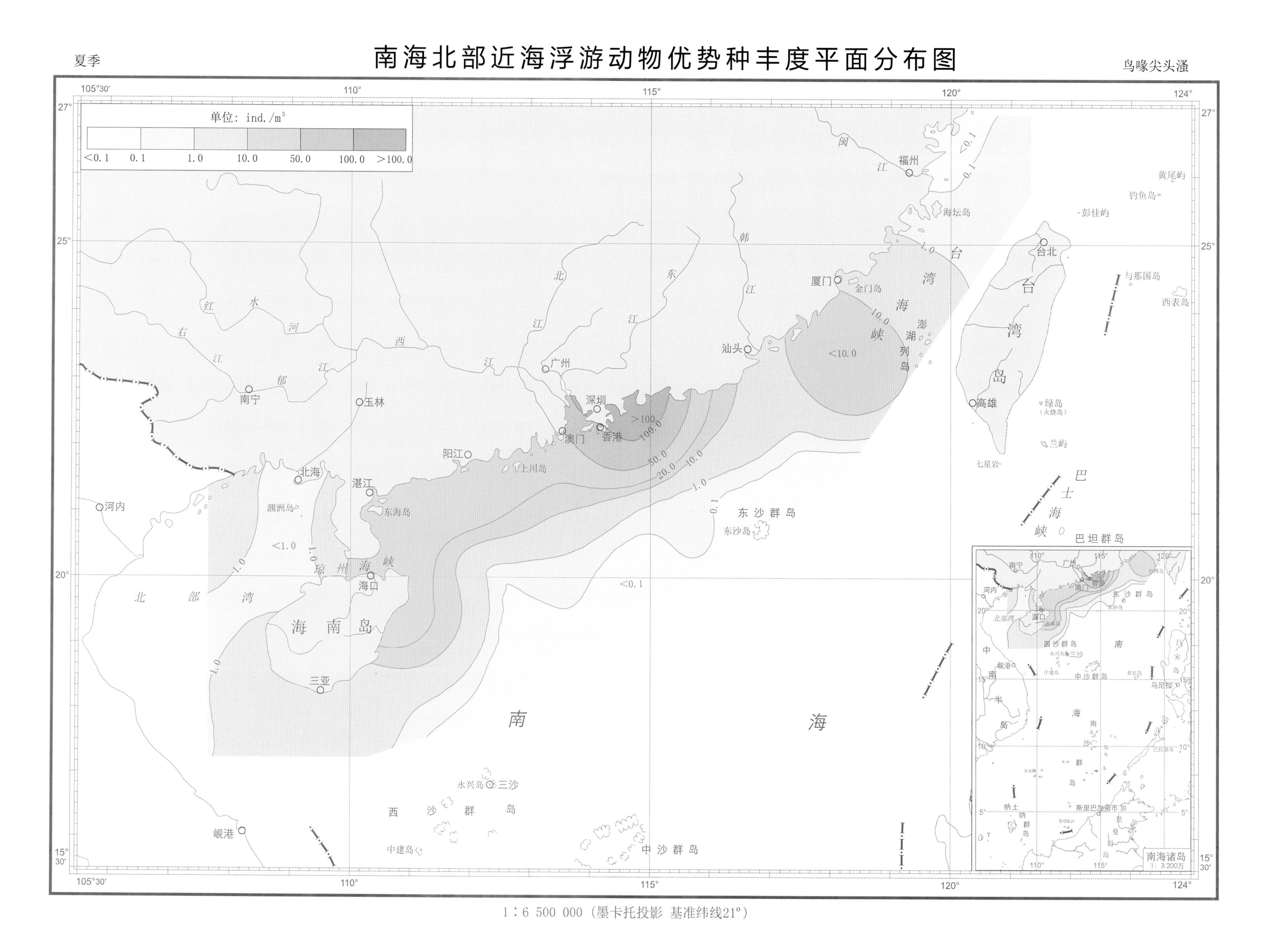

1：6 500 000（墨卡托投影 基准纬线21°）

南海北部近海浮游动物优势种丰度平面分布图

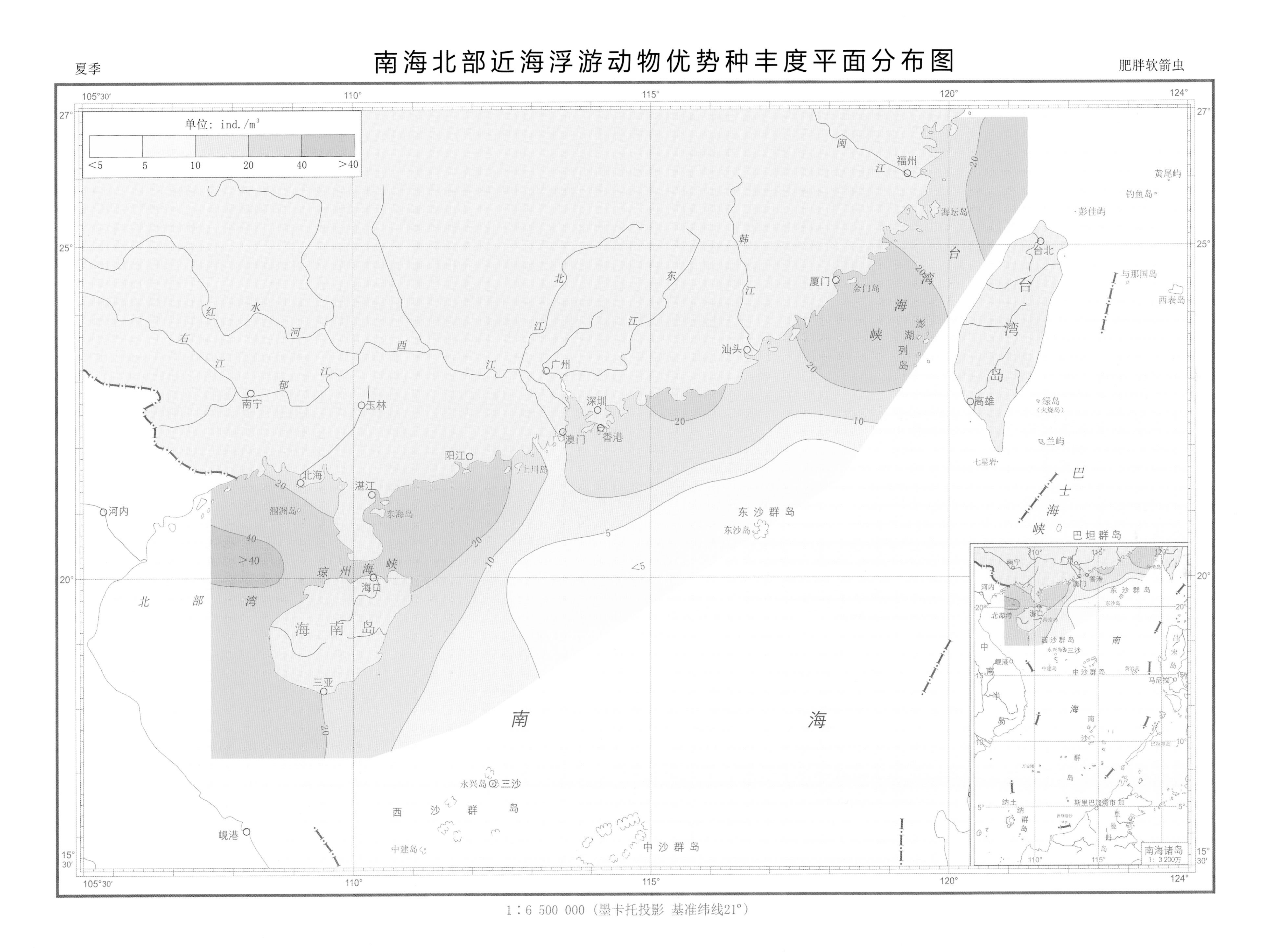

1：6 500 000（墨卡托投影 基准纬线21°）

夏季

南海北部近海浮游动物优势种丰度平面分布图

锥形宽水蚤

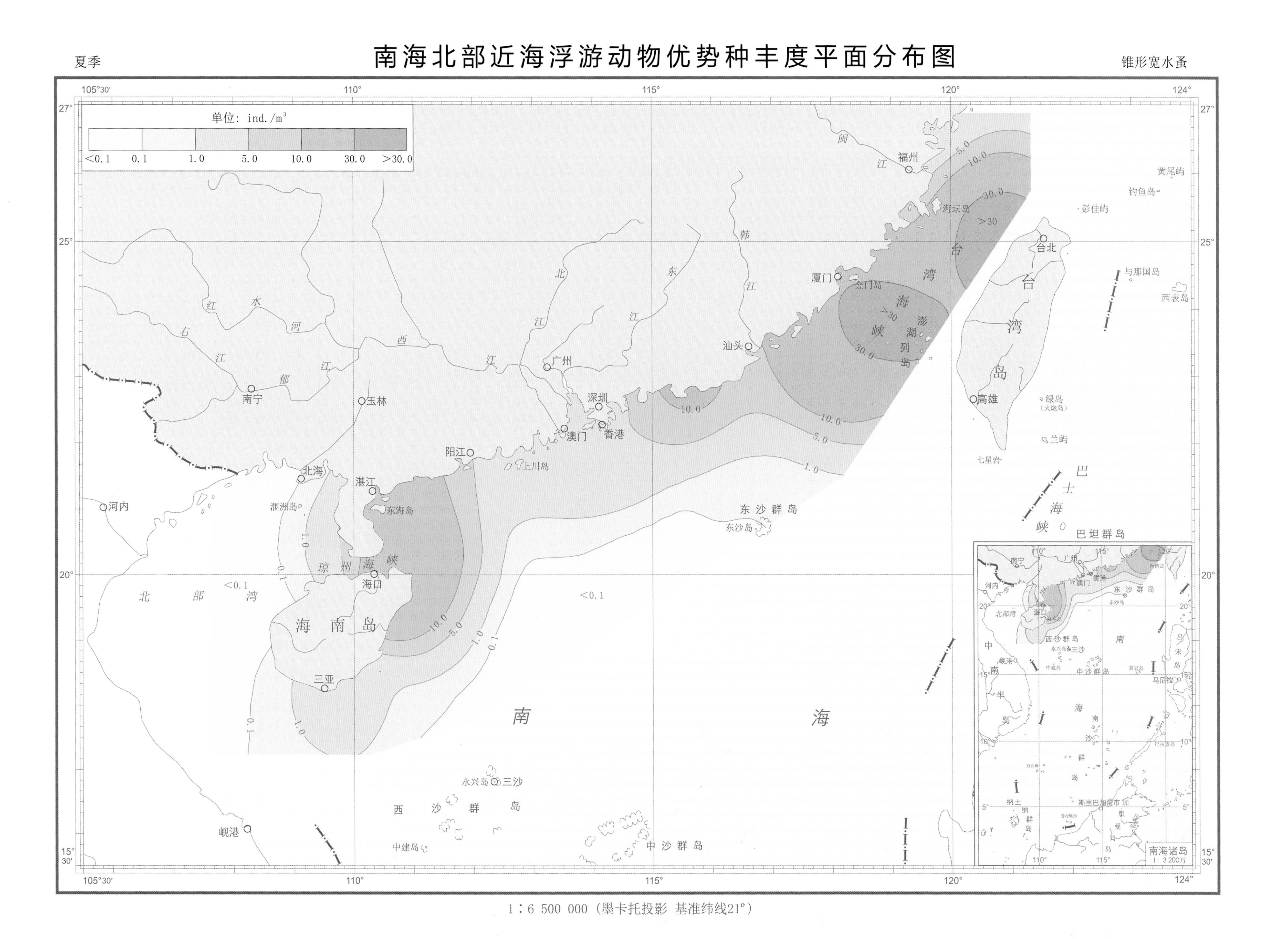

1：6 500 000（墨卡托投影 基准纬线21°）

夏季

南海北部近海浮游动物优势种丰度平面分布图

中型莹虾

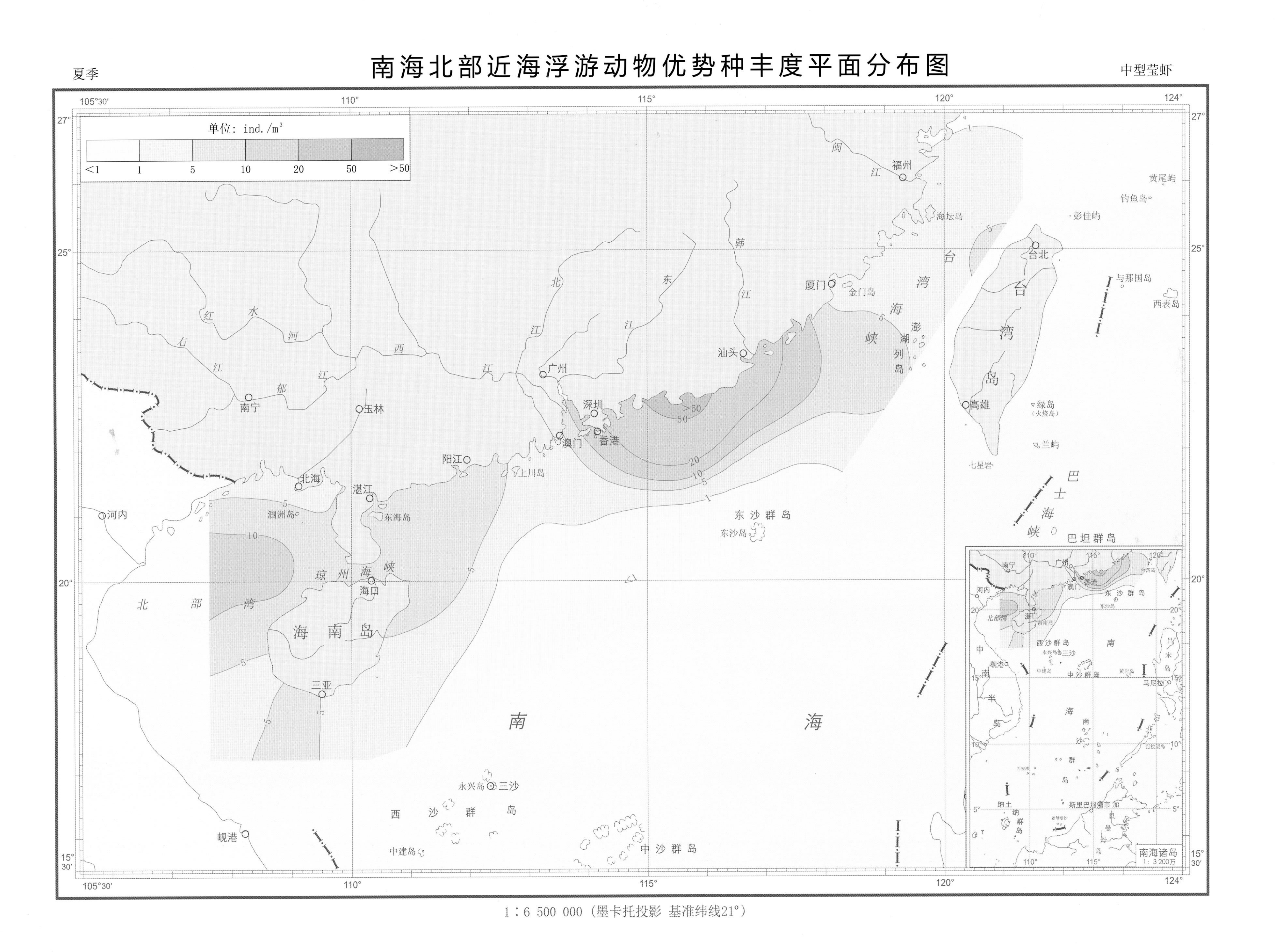

1∶6 500 000（墨卡托投影 基准纬线21°）

秋季

南海北部近海浮游动物优势种丰度平面分布图

红纺锤水蚤

1∶6 500 000（墨卡托投影 基准纬线21°）

秋季

南海北部近海浮游动物优势种丰度平面分布图

肥胖软箭虫

1:6 500 000（墨卡托投影 基准纬线21°）

南海北部近海浮游动物优势种丰度平面分布图

秋季

百陶带箭虫

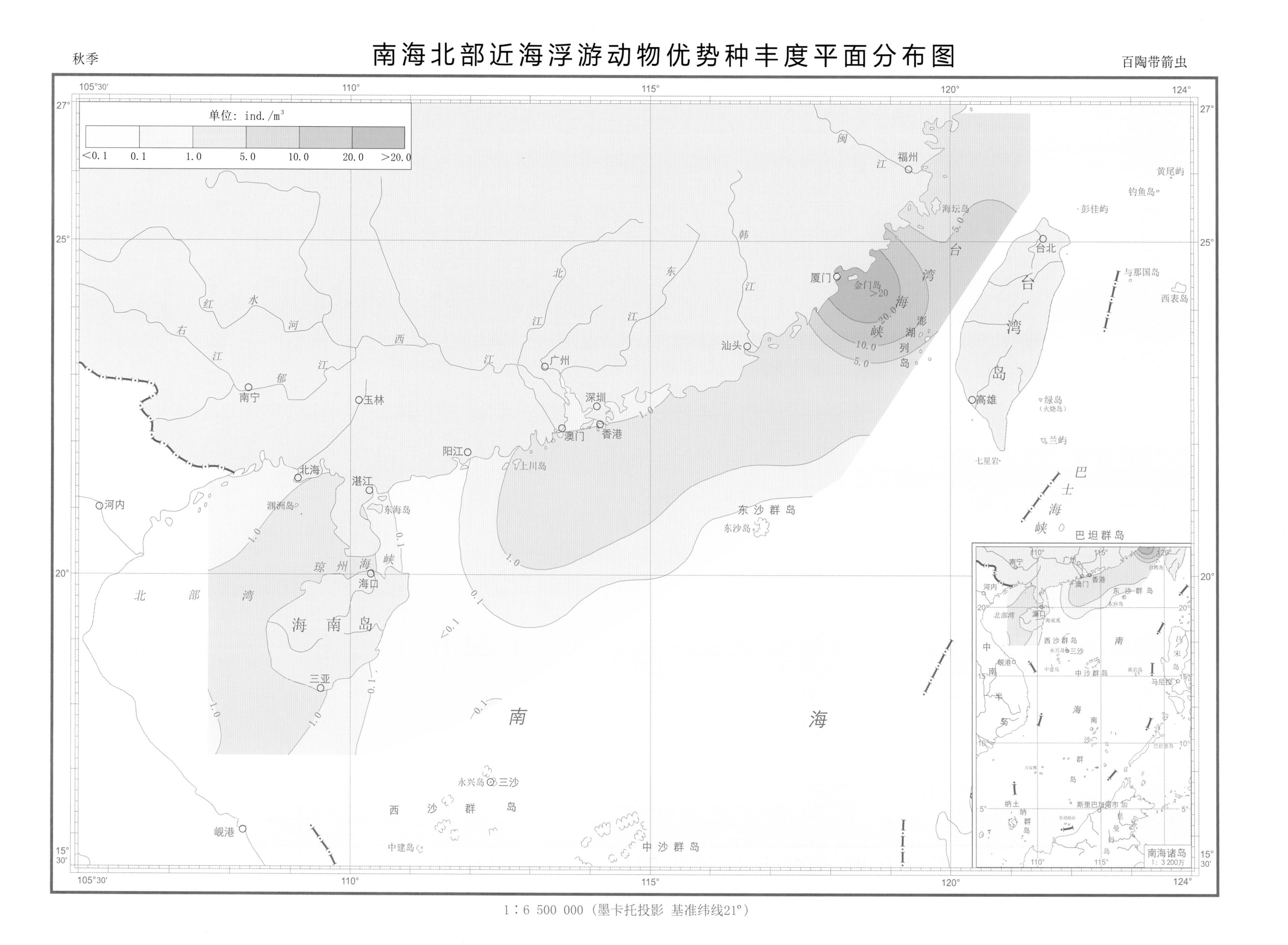

1：6 500 000（墨卡托投影 基准纬线21°）

南海北部近海浮游动物优势种丰度平面分布图

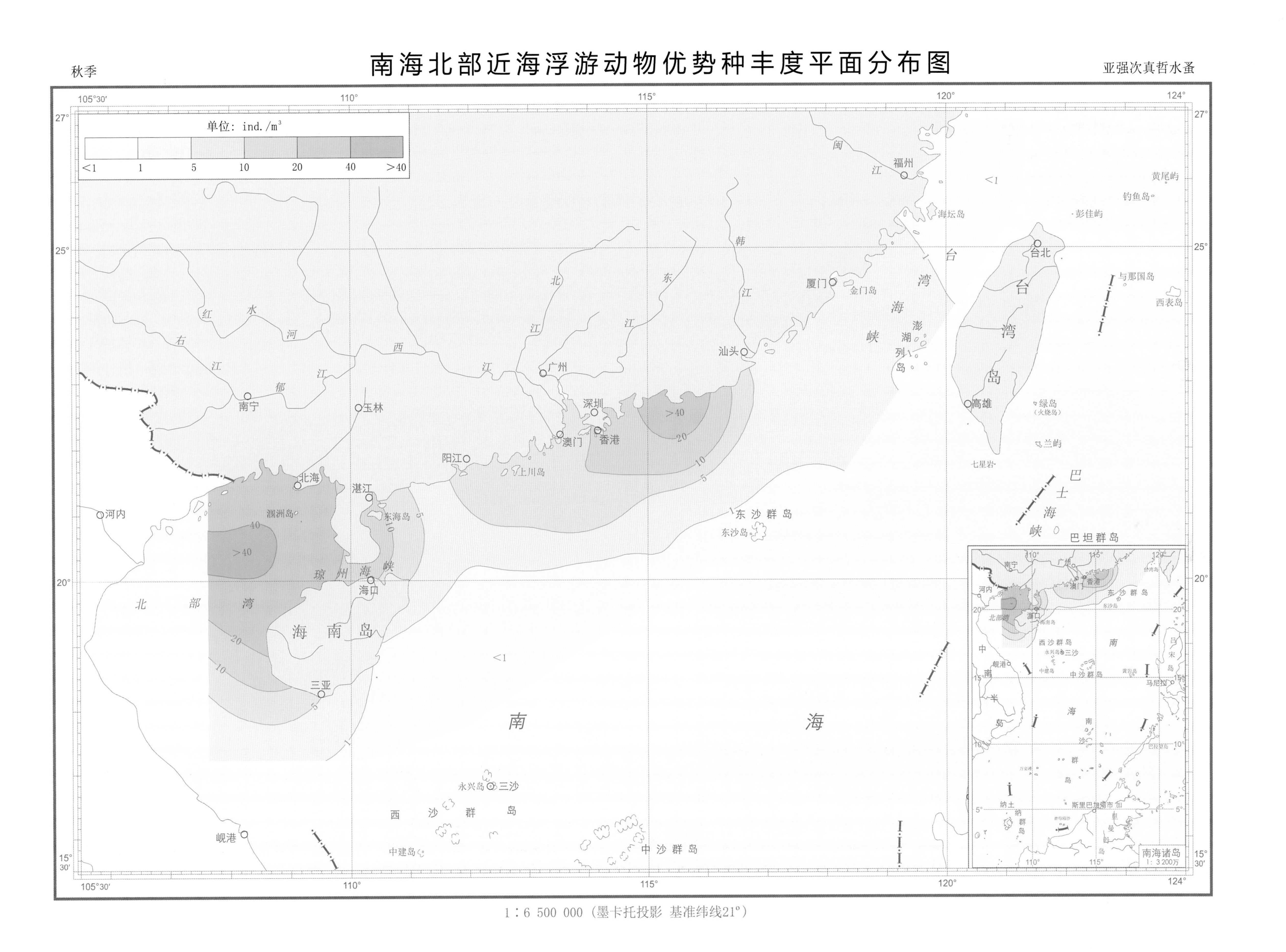

1：6 500 000（墨卡托投影 基准纬线21°）

冬季

南海北部近海浮游动物优势种丰度平面分布图

精致真刺水蚤

单位：ind./m³

<1	1	5	10	20	>20

福州 厦门 金门岛 汕头 广州 深圳 澳门 香港 阳江 上川岛 湛江 东海岛 北海 涠洲岛 海口 三亚 南宁 玉林 河内 岘港 台北 高雄 海坛岛 台湾海峡 澎湖列岛 台湾岛 绿岛（火烧岛） 兰屿 七星岩 钓鱼岛 黄尾屿 彭佳屿 与那国岛 西表岛 巴士海峡 巴坦群岛 东沙群岛 东沙岛 永兴岛 三沙 西沙群岛 中建岛 中沙群岛 海南岛 琼州海峡 北部湾 南海 闽江 韩江 东江 北江 西江 郁江 红水河 右江

南海诸岛 1∶3 200万

1∶6 500 000（墨卡托投影 基准纬线21°）

南海北部近海浮游动物优势种丰度平面分布图

冬季　　肥胖软箭虫

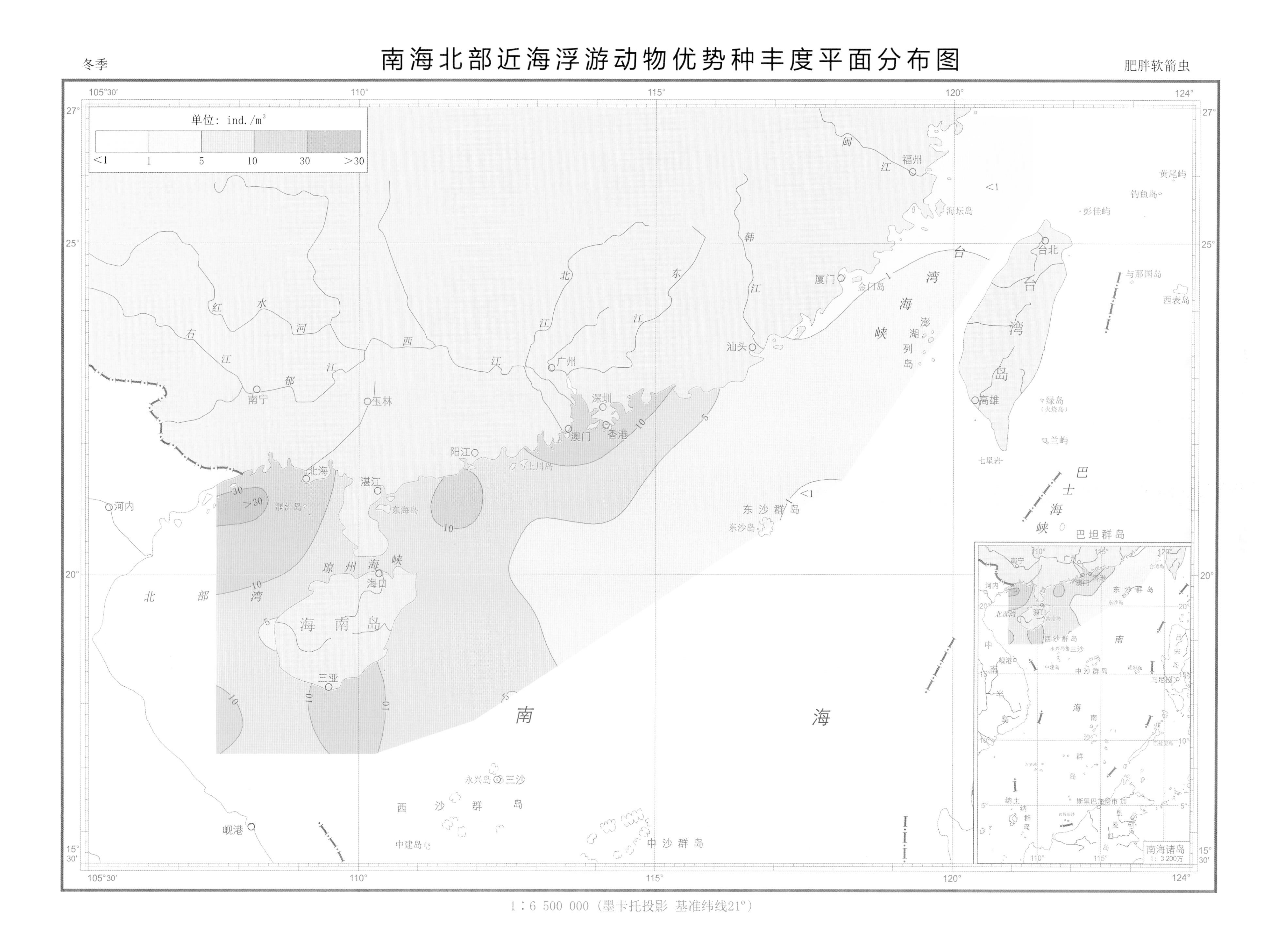

1：6 500 000（墨卡托投影 基准纬线21°）

冬季

南海北部近海浮游动物优势种丰度平面分布图

亚强次真哲水蚤

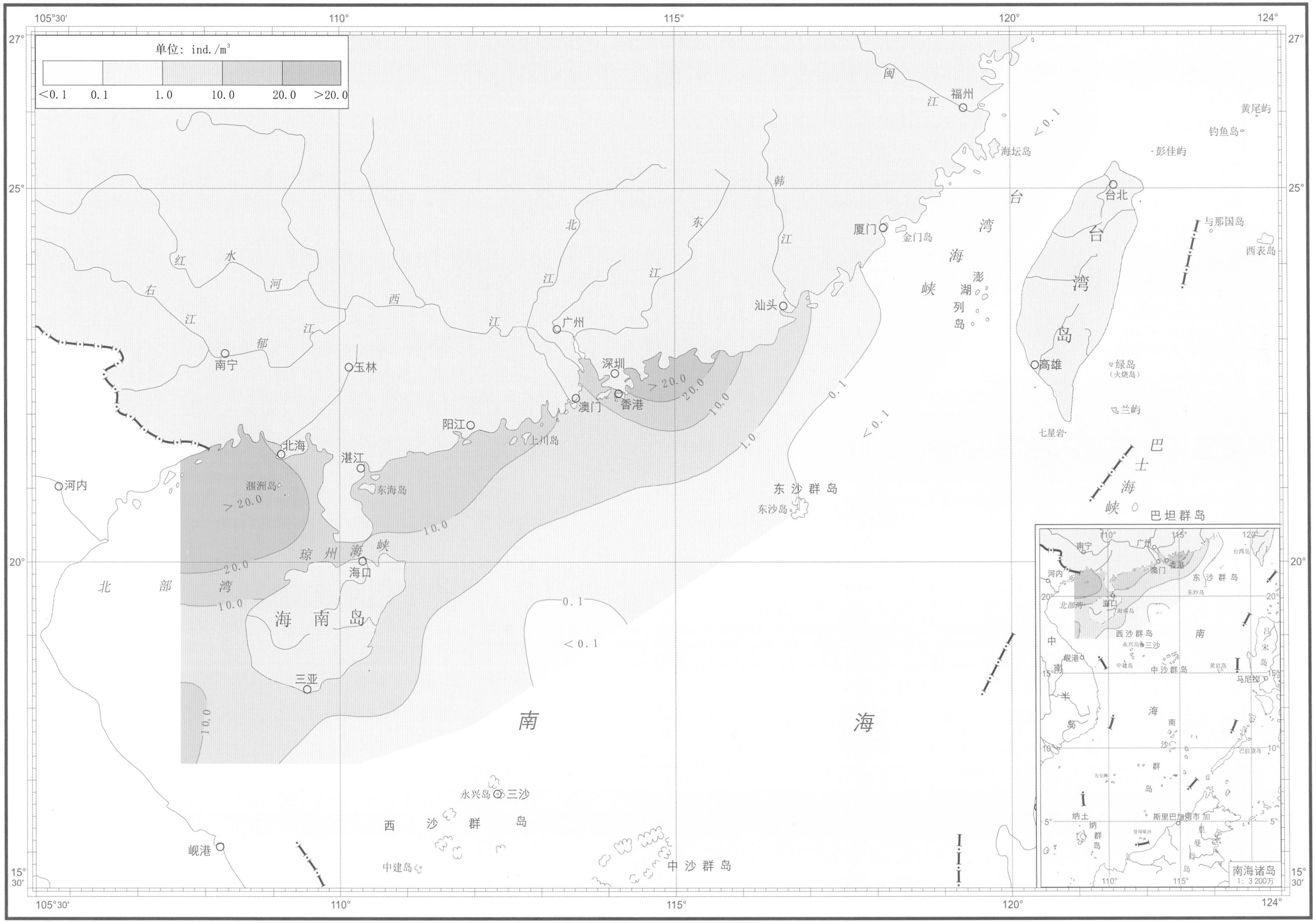

1：6 500 000（墨卡托投影 基准纬线21°）

冬季

南海北部近海浮游动物优势种丰度平面分布图

微刺哲水蚤

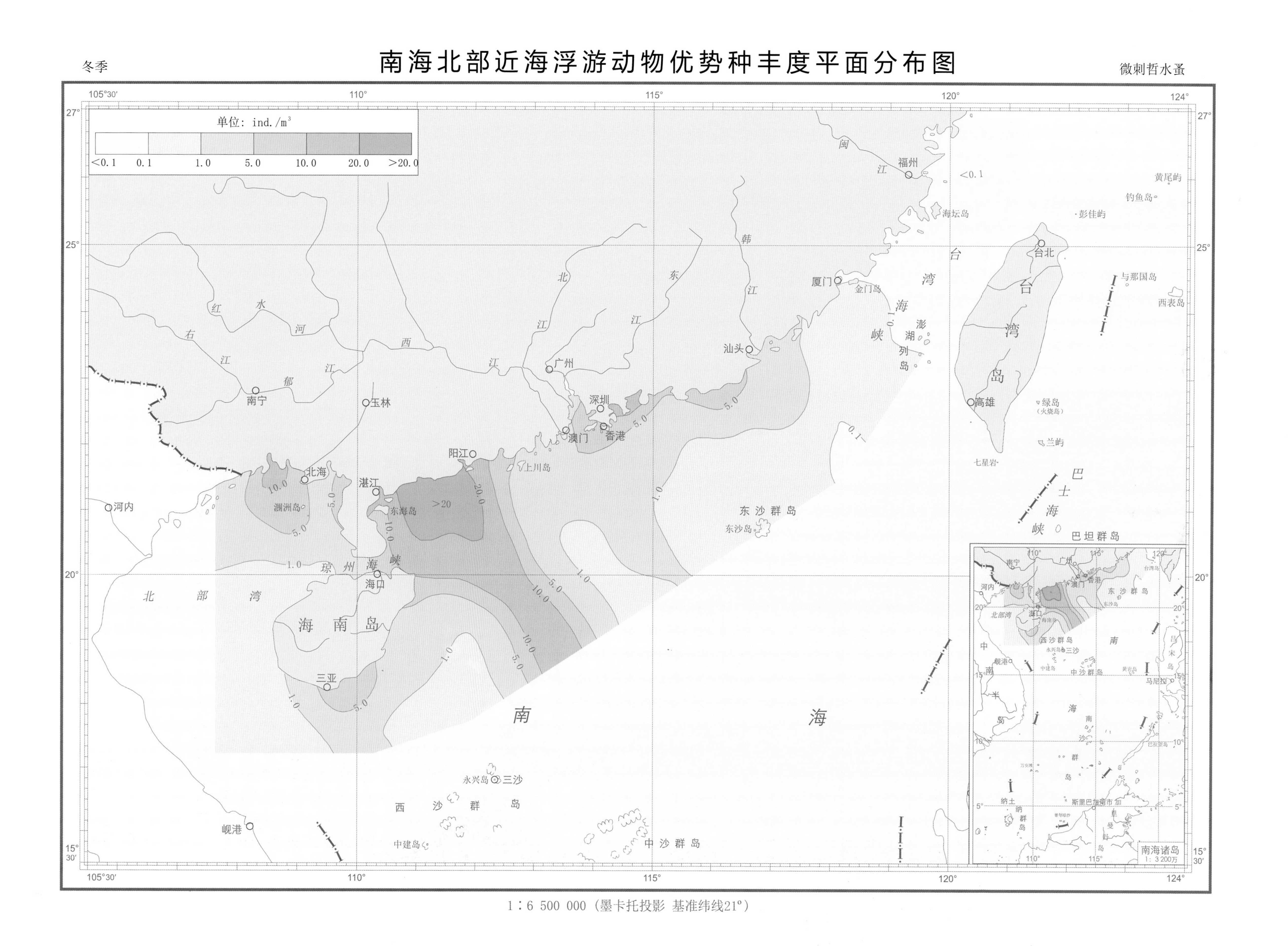

1∶6 500 000（墨卡托投影 基准纬线21°）

调查海域浮游动物总生物量平面分布图

1：10 000 000（墨卡托投影 基准纬线30°）

夏季

调查海域浮游动物总生物量平面分布图

1∶10 000 000（墨卡托投影 基准纬线30°）

调查海域浮游动物总生物量平面分布图

1：10 000 000（墨卡托投影 基准纬线30°）

冬季

调查海域浮游动物总生物量平面分布图

1：10 000 000（墨卡托投影 基准纬线30°）

调查海域浮游动物总丰度平面分布图

1∶10 000 000（墨卡托投影 基准纬线30º）

调查海域浮游动物总丰度平面分布图

1：10 000 000（墨卡托投影 基准纬线30°）

调查海域浮游动物总丰度平面分布图

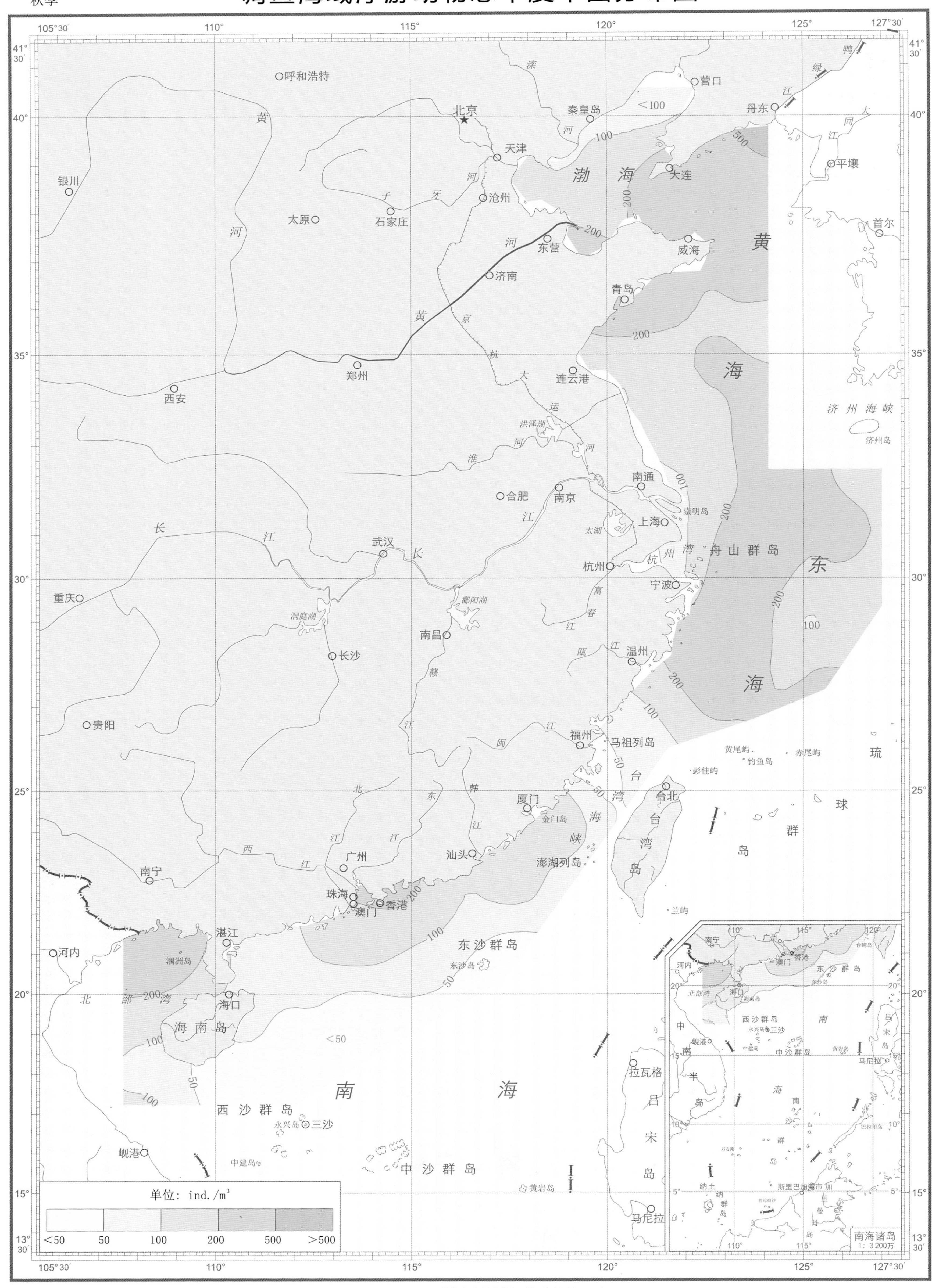

1：10 000 000（墨卡托投影 基准纬线30°）

调查海域浮游动物总丰度平面分布图

1：10 000 000（墨卡托投影 基准纬线30°）

鱼 卵 和 仔 鱼

春季

渤、黄、东海近海鱼卵总丰度平面分布图

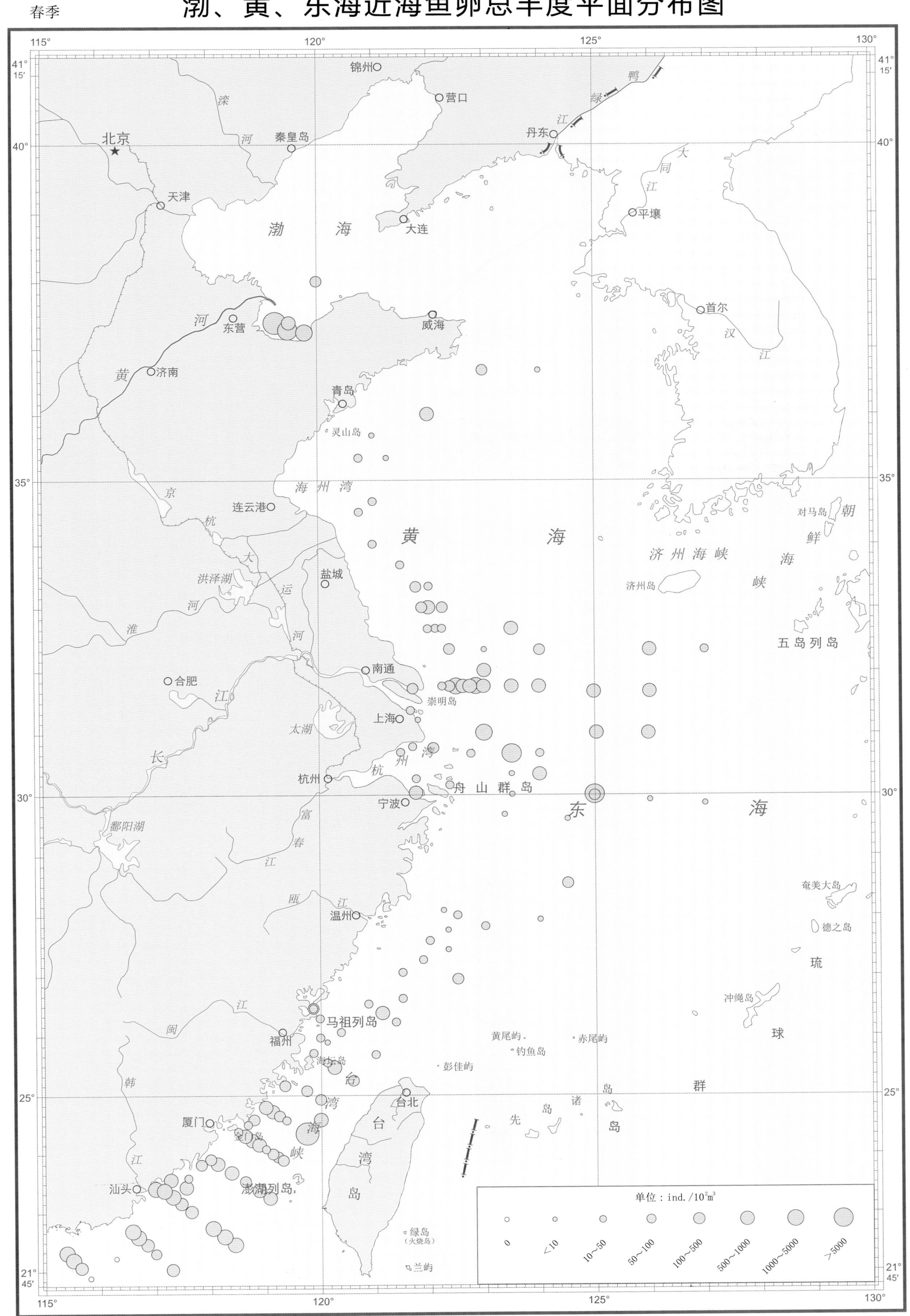

1：7 300 000（墨卡托投影 基准纬线32°）

渤、黄、东海近海鱼卵总丰度平面分布图

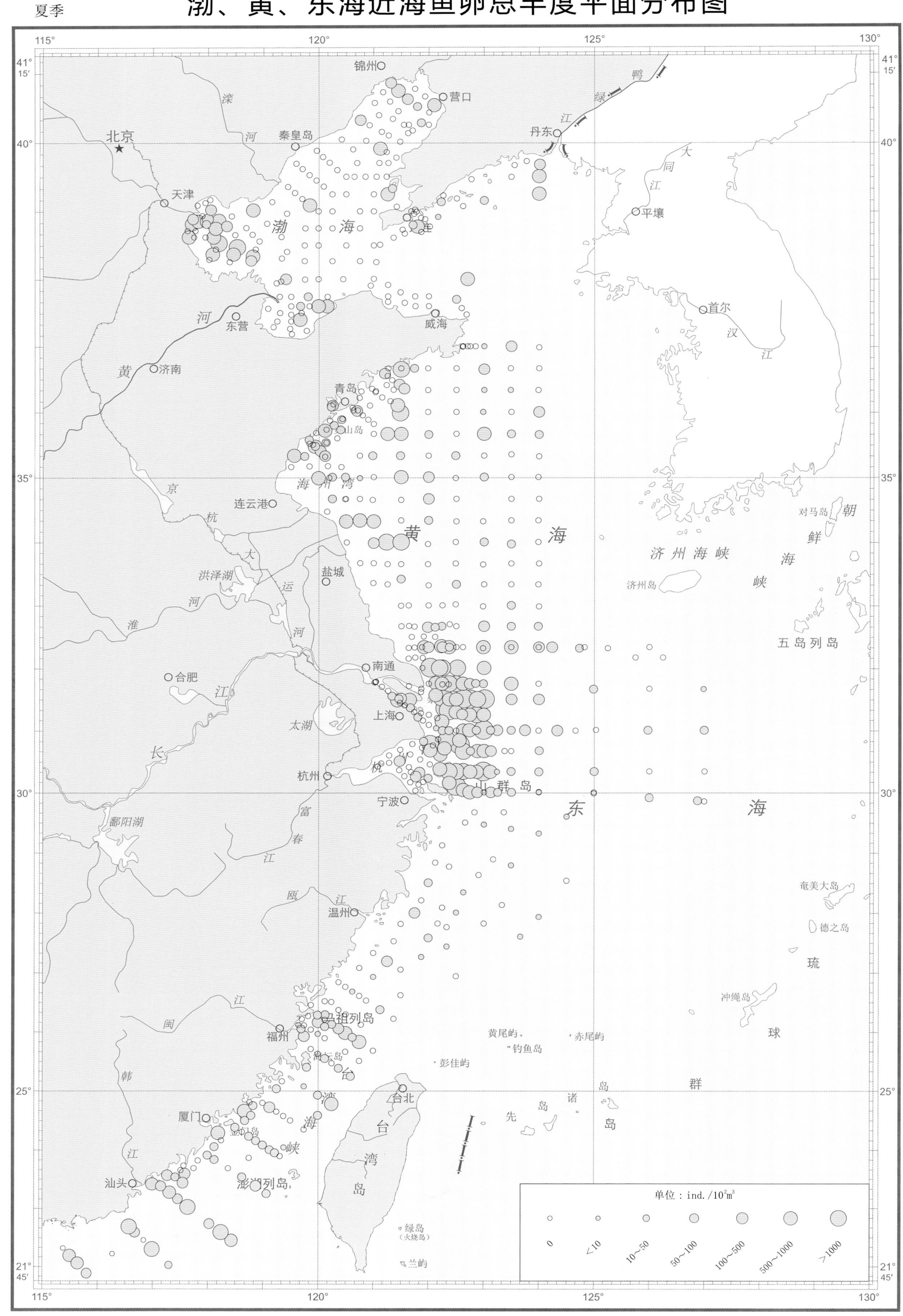

1：7 300 000（墨卡托投影　基准纬线32°）

秋季

渤、黄、东海近海鱼卵总丰度平面分布图

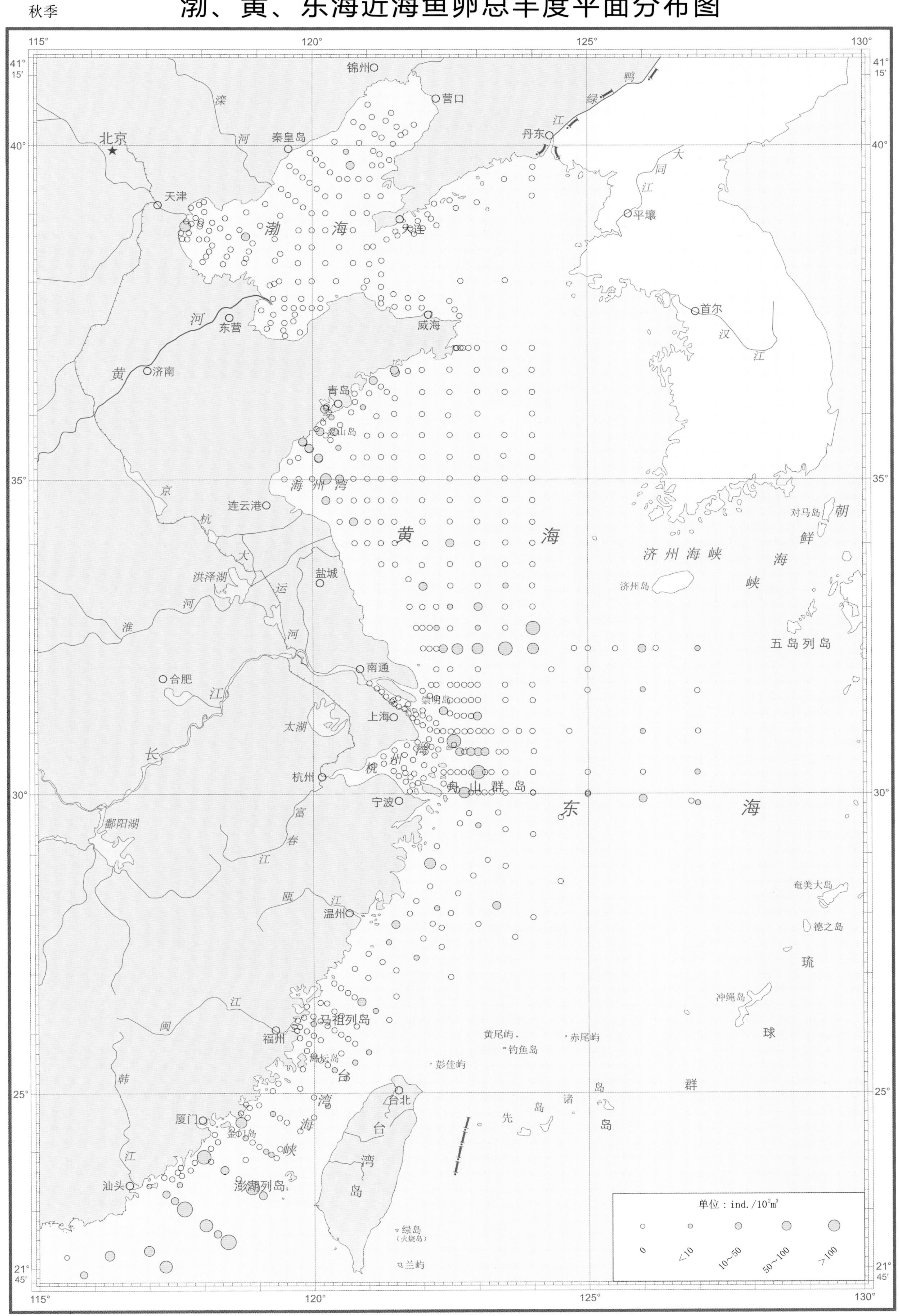

1∶7 300 000（墨卡托投影　基准纬线32°）

冬季

渤、黄、东海近海鱼卵总丰度平面分布图

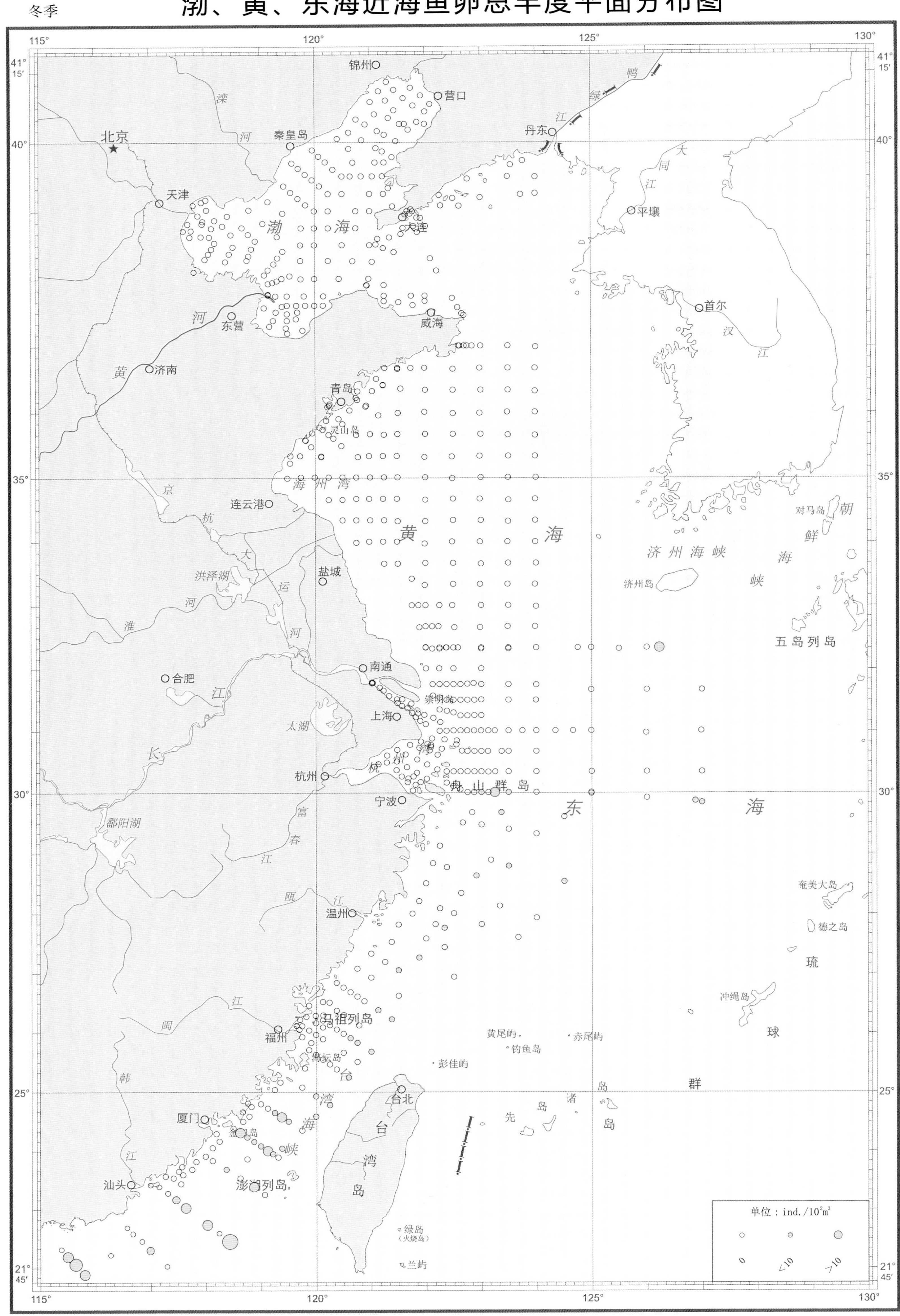

1：7 300 000（墨卡托投影　基准纬线32°）

春季

渤、黄、东海近海仔鱼总丰度平面分布图

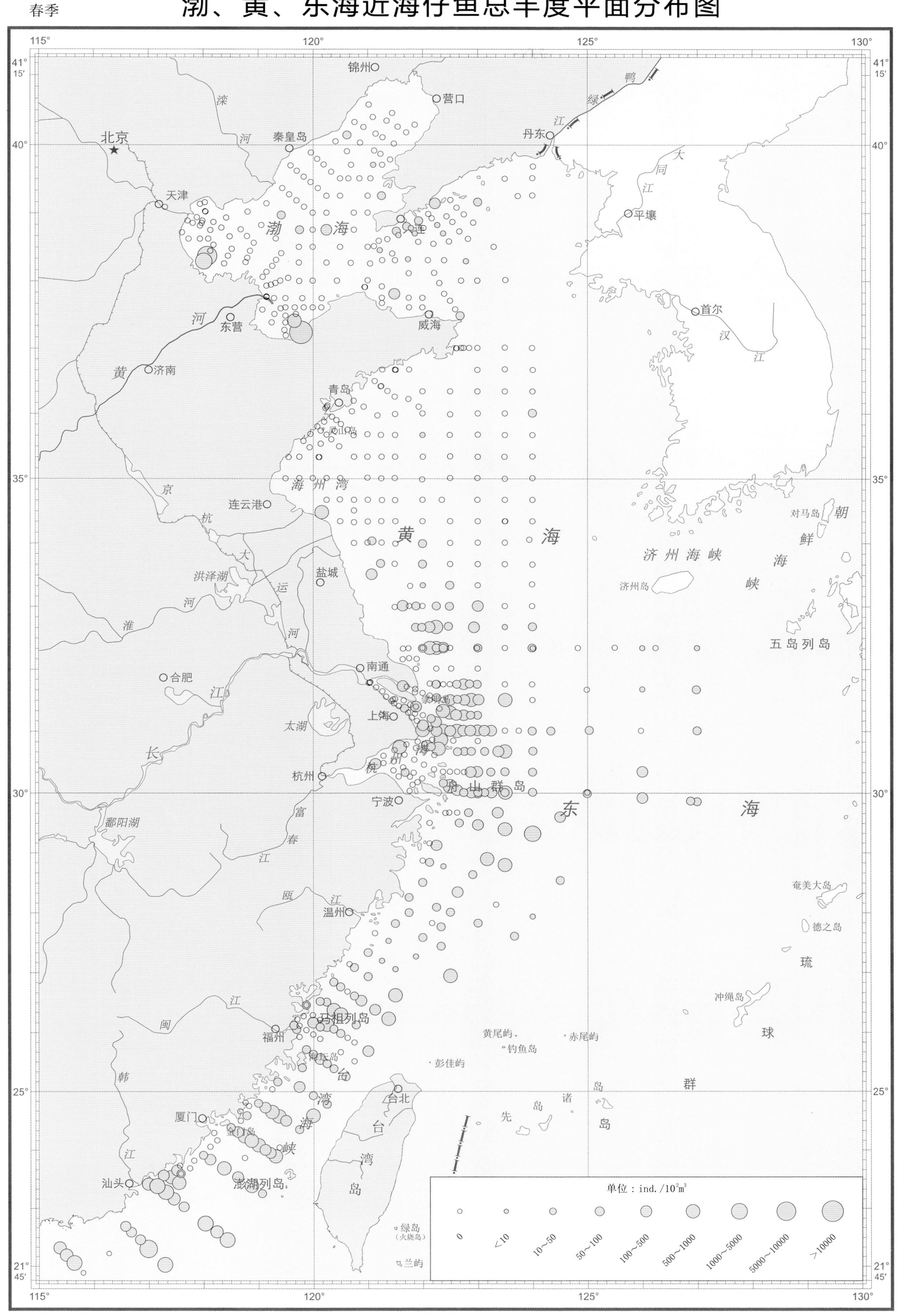

1：7 300 000（墨卡托投影　基准纬线32°）

夏季　渤、黄、东海近海仔鱼总丰度平面分布图

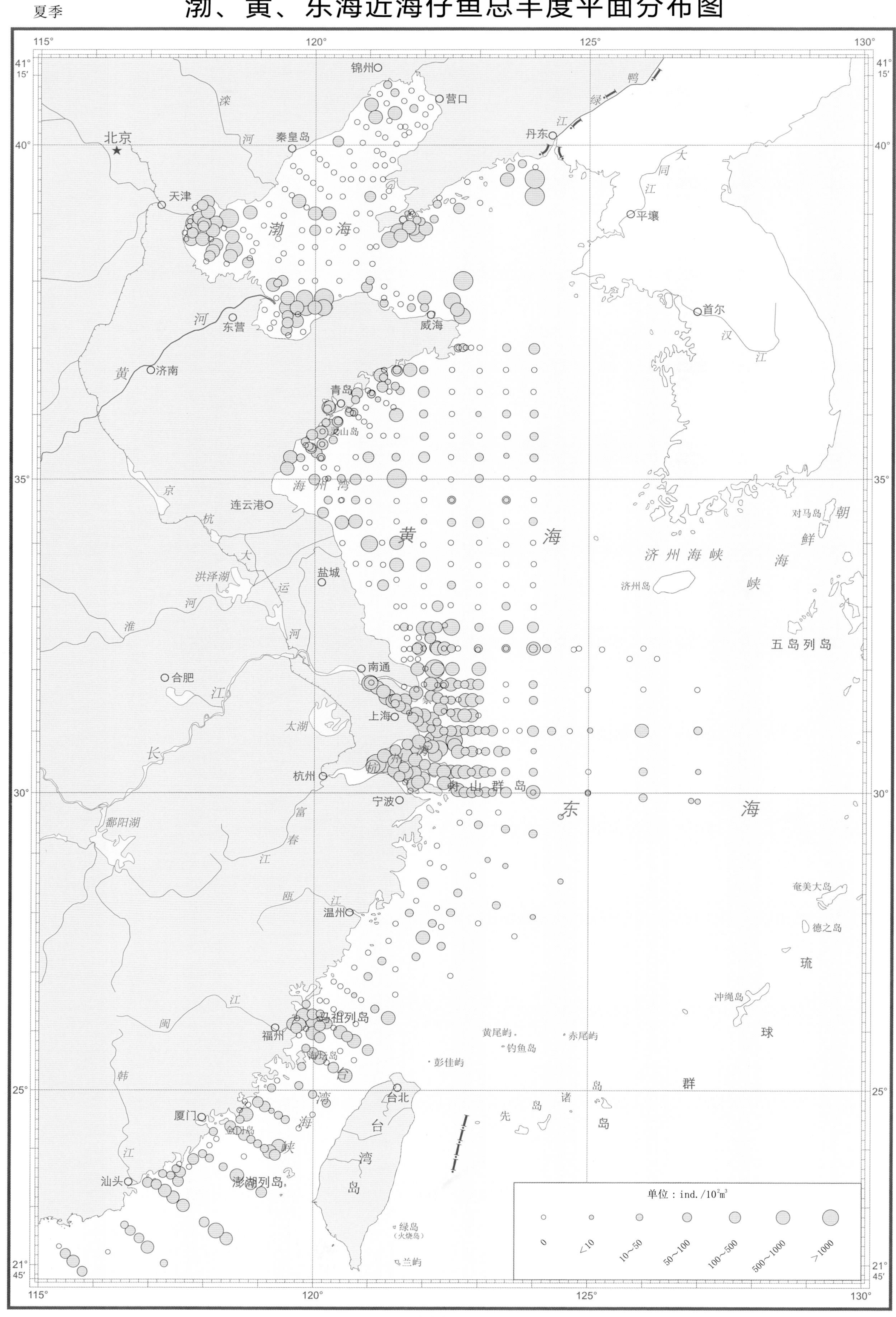

1：7 300 000（墨卡托投影　基准纬线32°）

秋季

渤、黄、东海近海仔鱼总丰度平面分布图

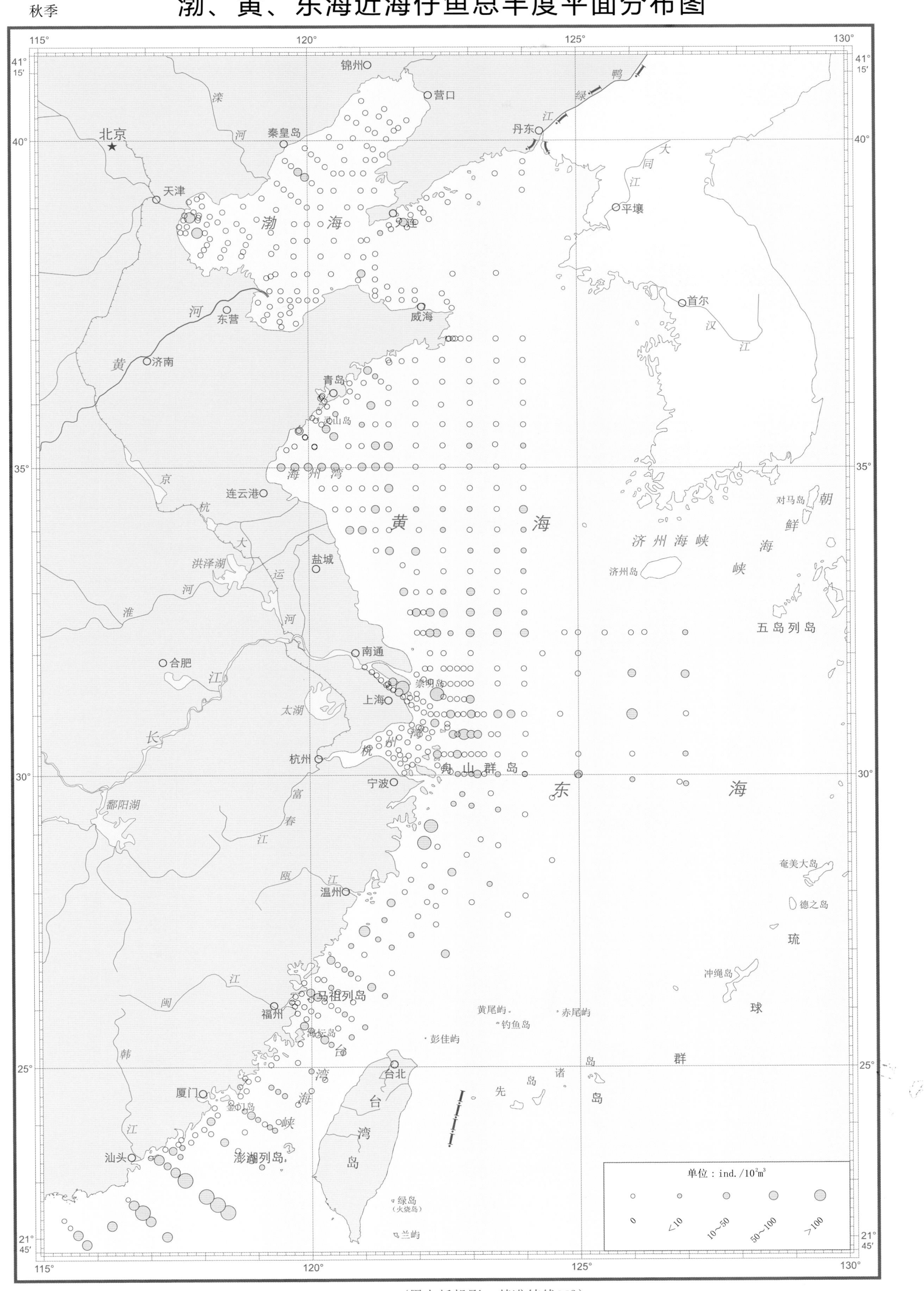

1：7 300 000（墨卡托投影　基准纬线32°）

冬季

渤、黄、东海近海仔鱼总丰度平面分布图

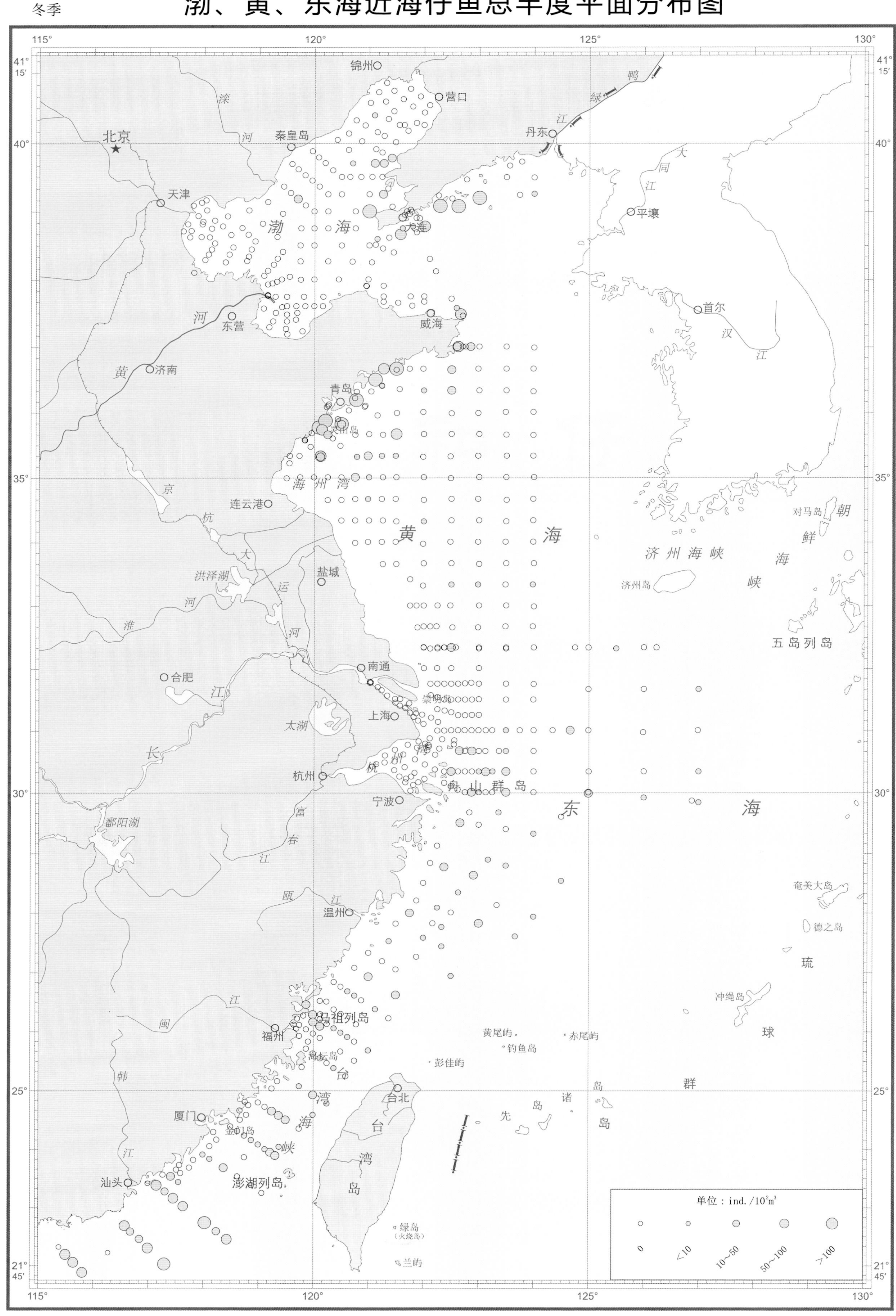

1∶7 300 000（墨卡托投影　基准纬线32°）

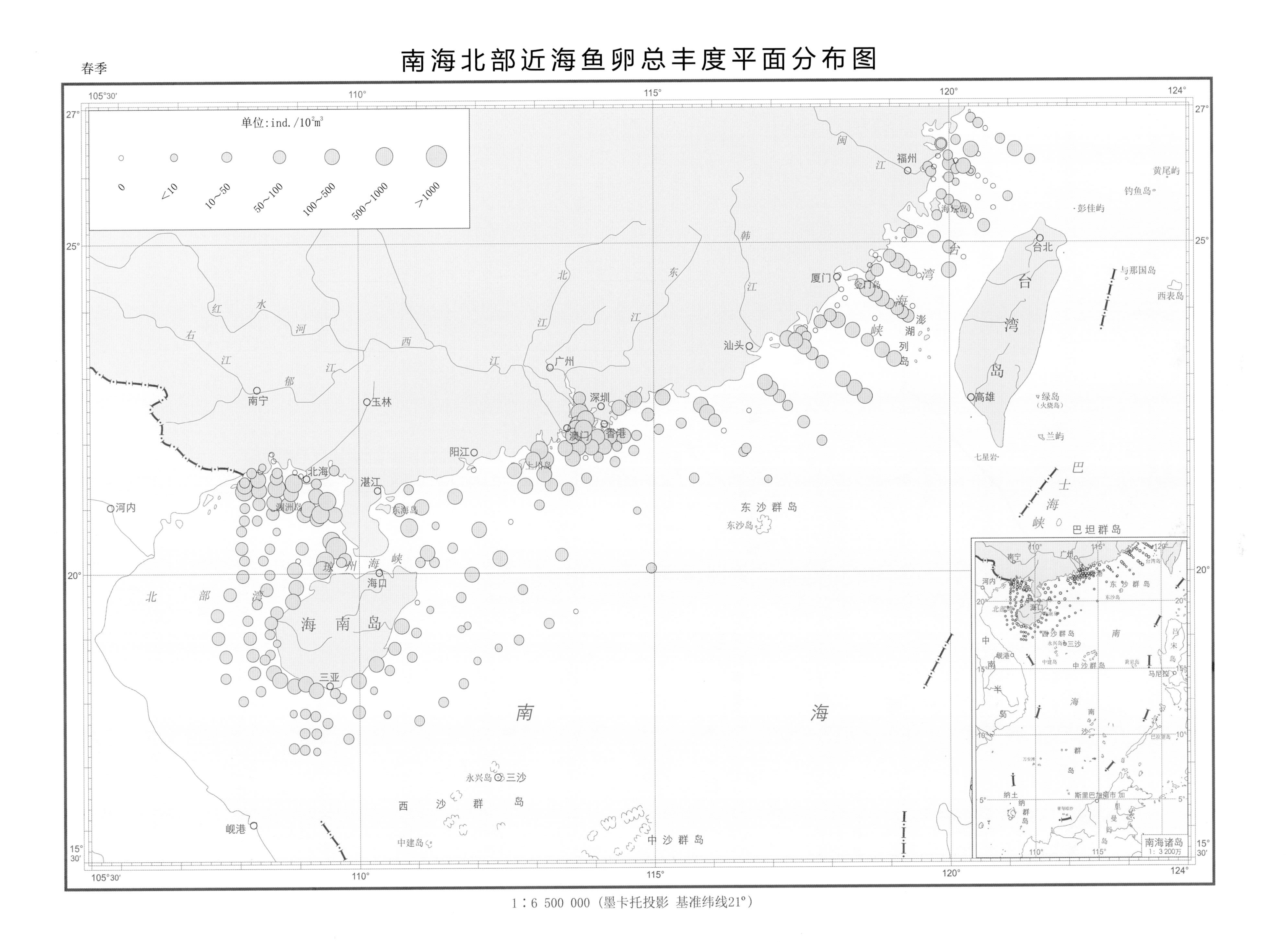
春季
南海北部近海鱼卵总丰度平面分布图
单位:ind./10²m³
0
<10
10~50
50~100
100~500
500~1000
>1000
福州
厦门
金门岛
汕头
广州
深圳
澳门
香港
阳江
湛江
北海
南宁
玉林
河内
海口
三亚
海南岛
琼州海峡
北部湾
台湾岛
台北
高雄
台湾海峡
澎湖列岛
东沙群岛
东沙岛
西沙群岛
永兴岛
三沙
中建岛
中沙群岛
巴士海峡
巴坦群岛
岘港
南海
南海诸岛
1:3 200万
1:6 500 000（墨卡托投影 基准纬线21°）

夏季

南海北部近海鱼卵总丰度平面分布图

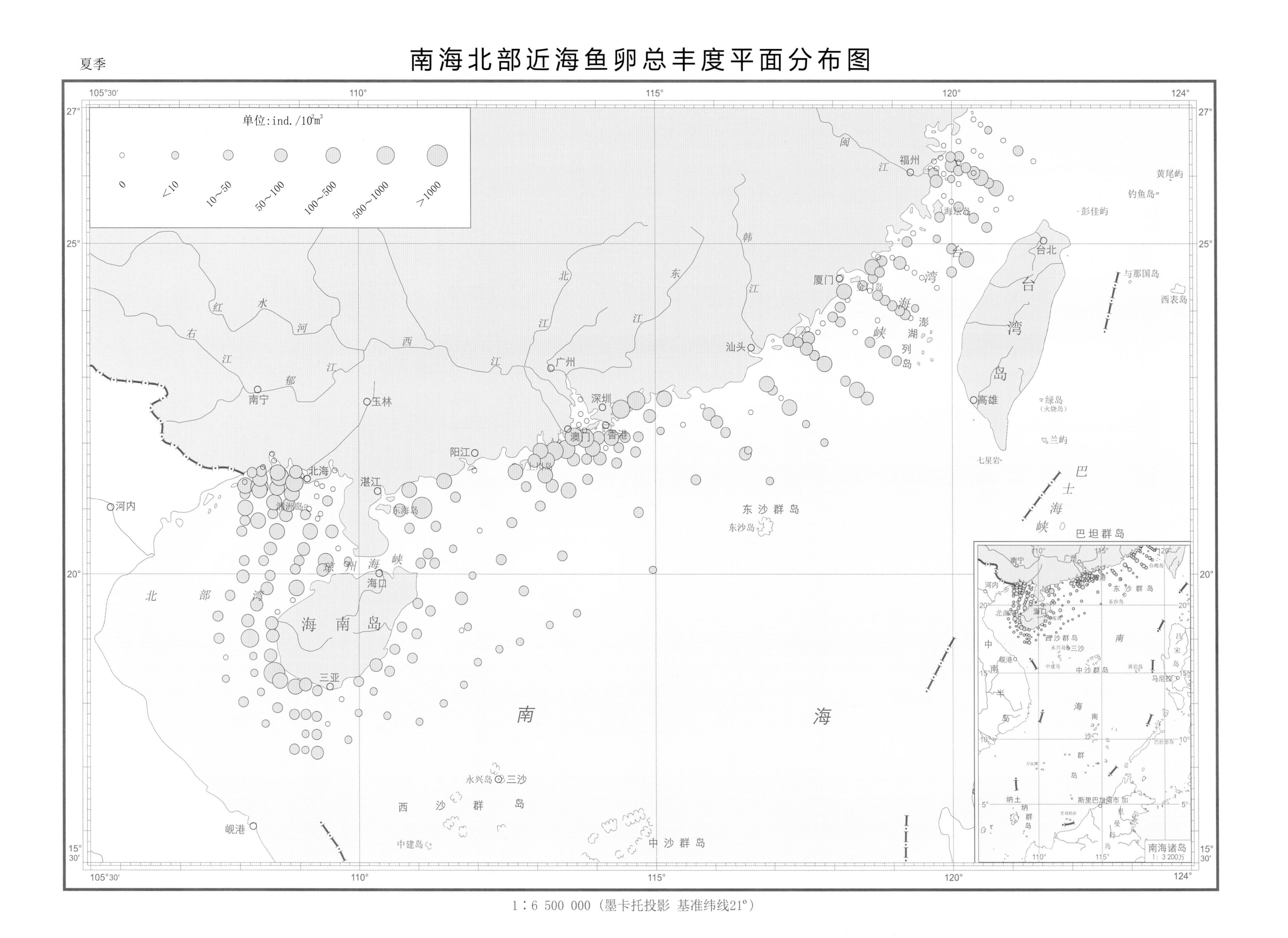

1：6 500 000（墨卡托投影 基准纬线21°）

秋季

南海北部近海鱼卵总丰度平面分布图

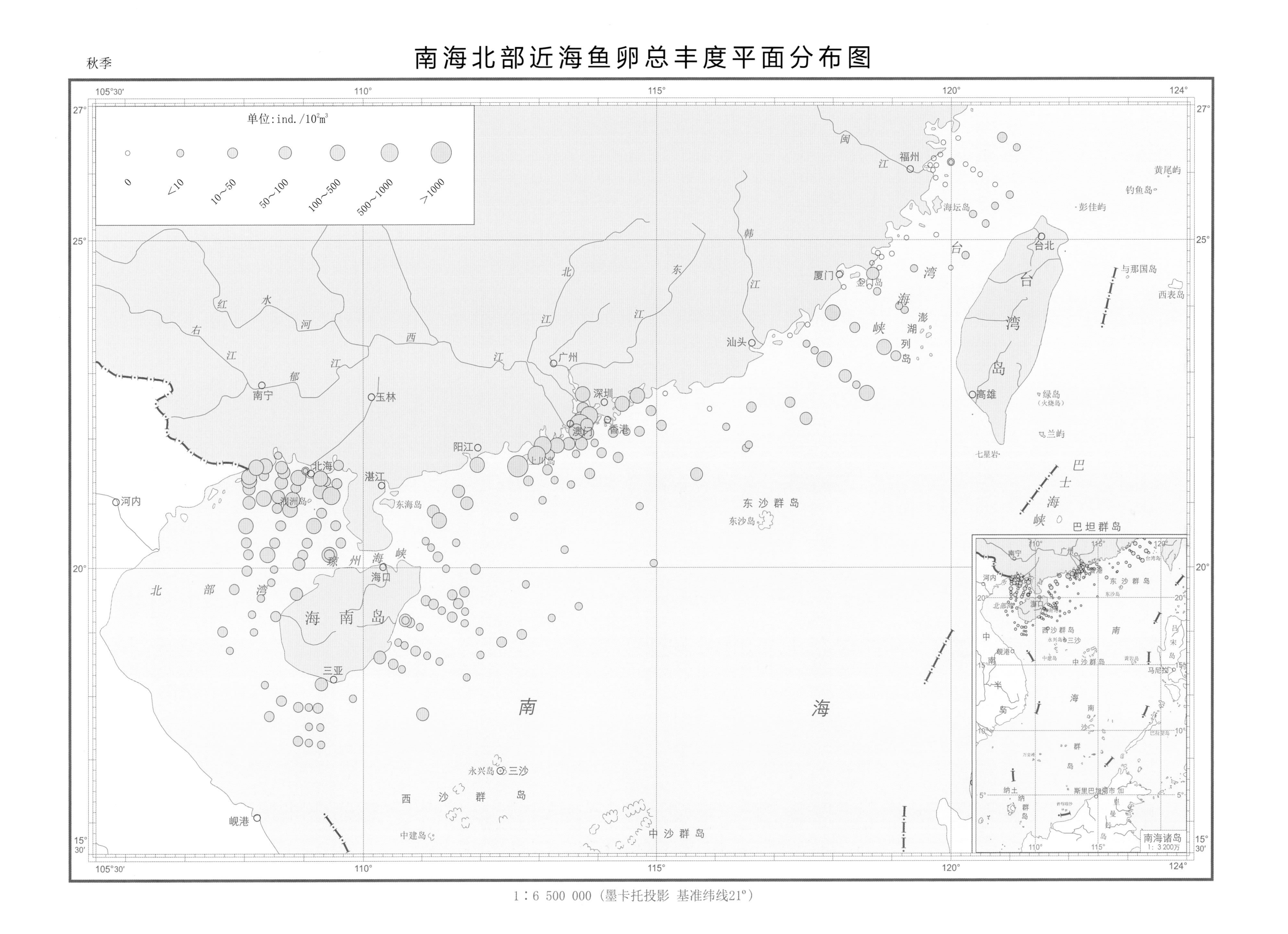

1:6 500 000(墨卡托投影 基准纬线21°)

南海北部近海鱼卵总丰度平面分布图

冬季

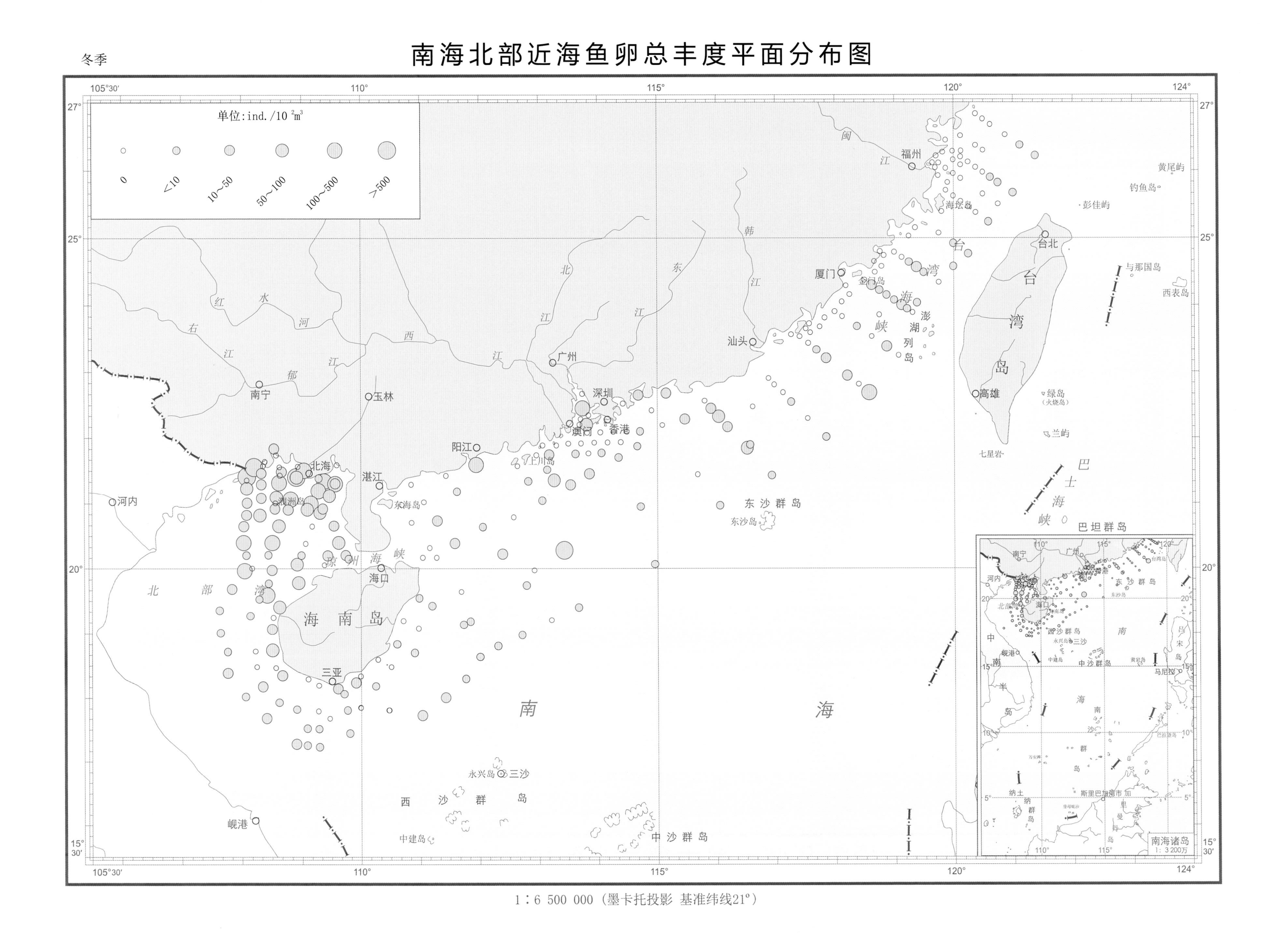

1:6 500 000（墨卡托投影 基准纬线21°）

春季

南海北部近海仔鱼总丰度平面分布图

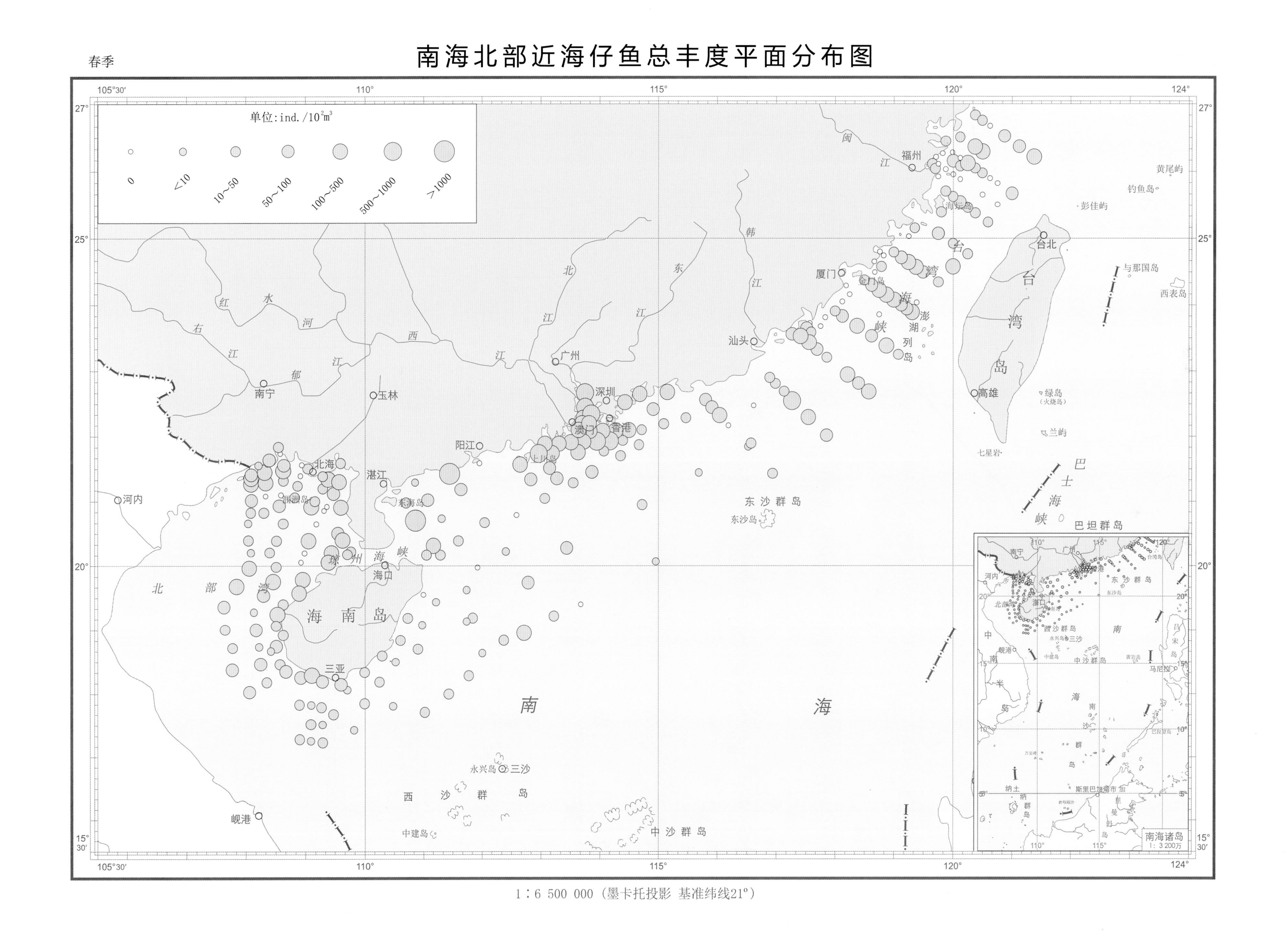

1:6 500 000（墨卡托投影 基准纬线21°）

夏季

南海北部近海仔鱼总丰度平面分布图

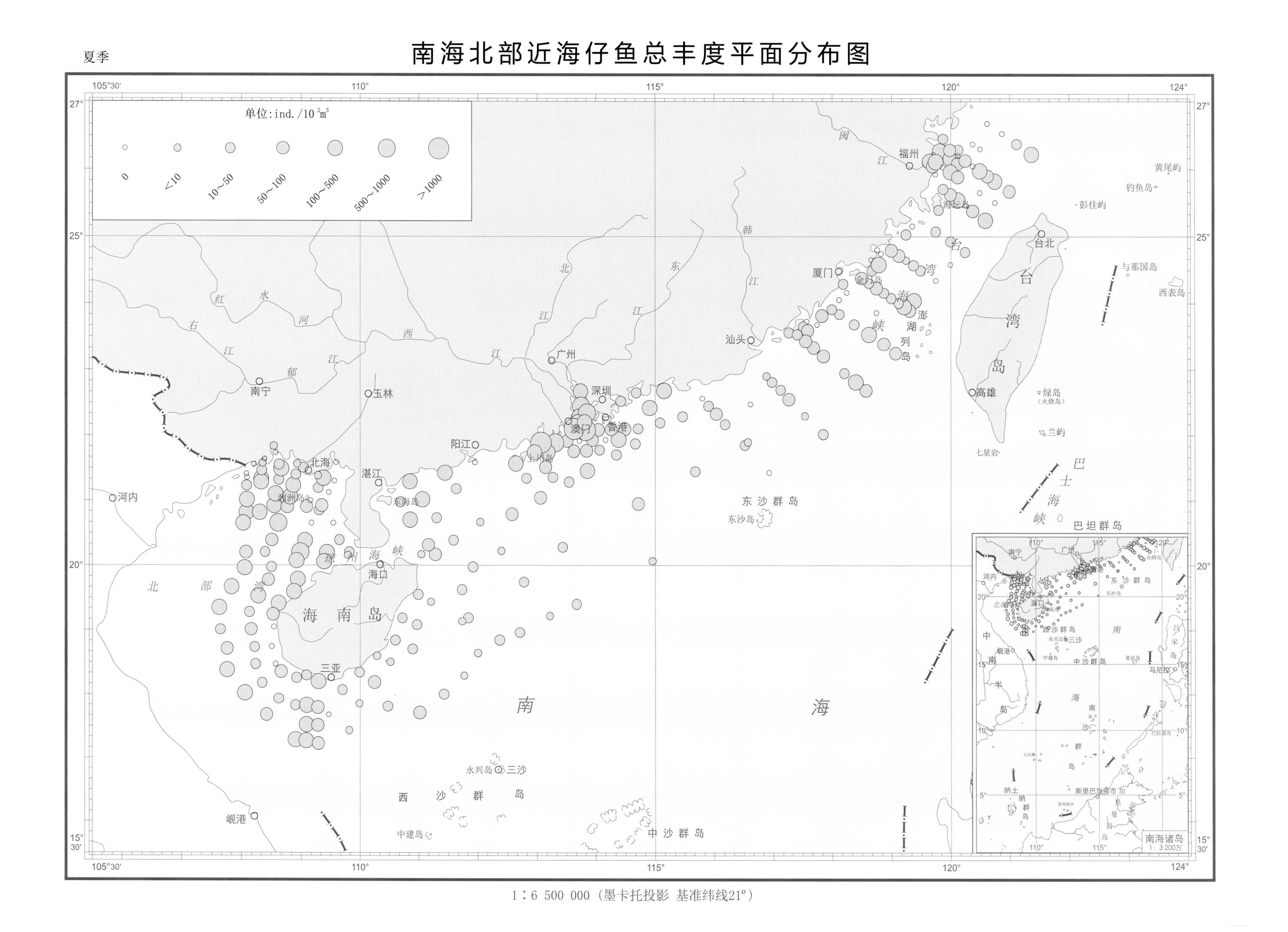

1∶6 500 000（墨卡托投影 基准纬线21°）

秋季

南海北部近海仔鱼总丰度平面分布图

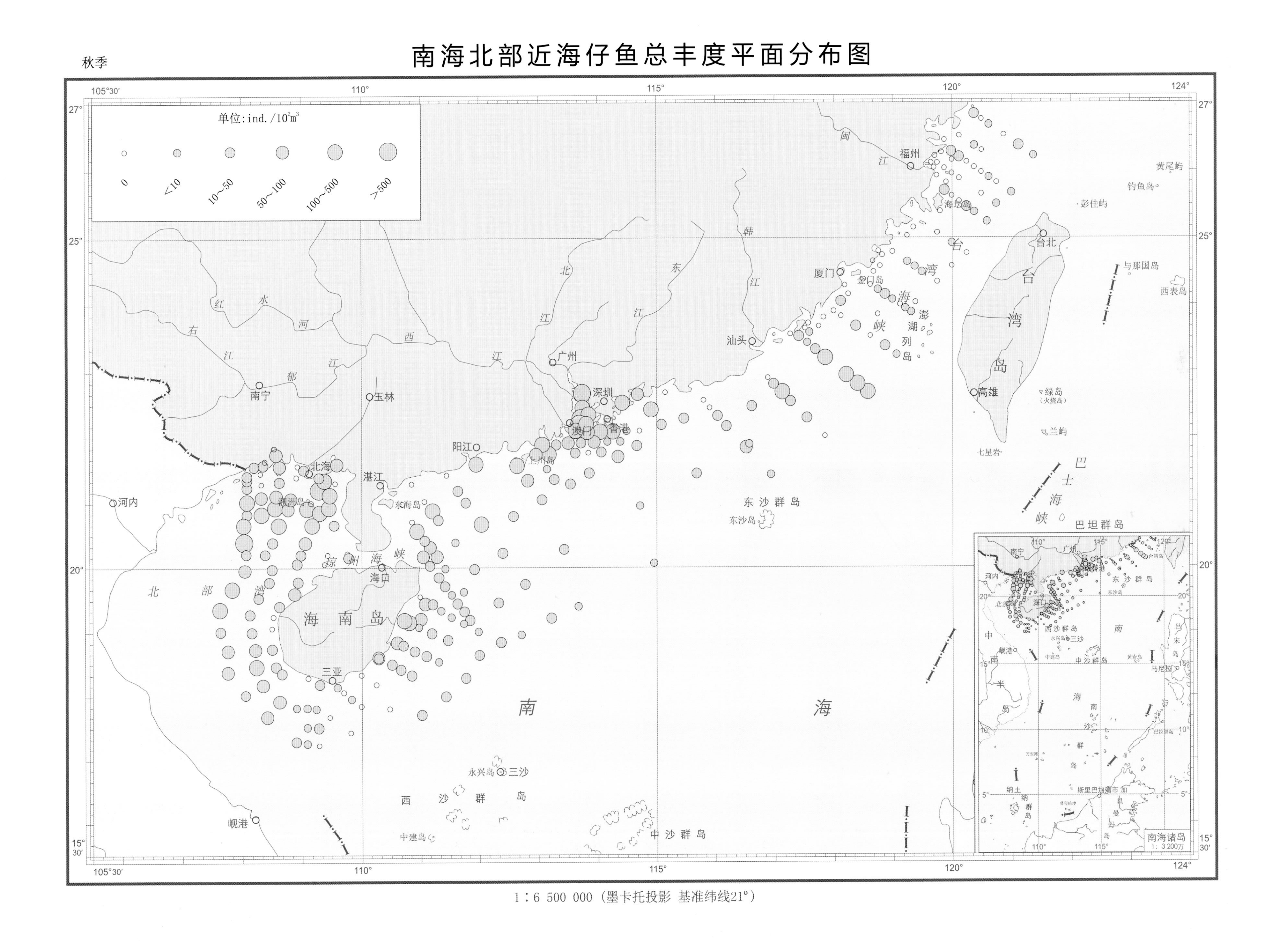

1：6 500 000（墨卡托投影 基准纬线21°）

南海北部近海仔鱼总丰度平面分布图

冬季

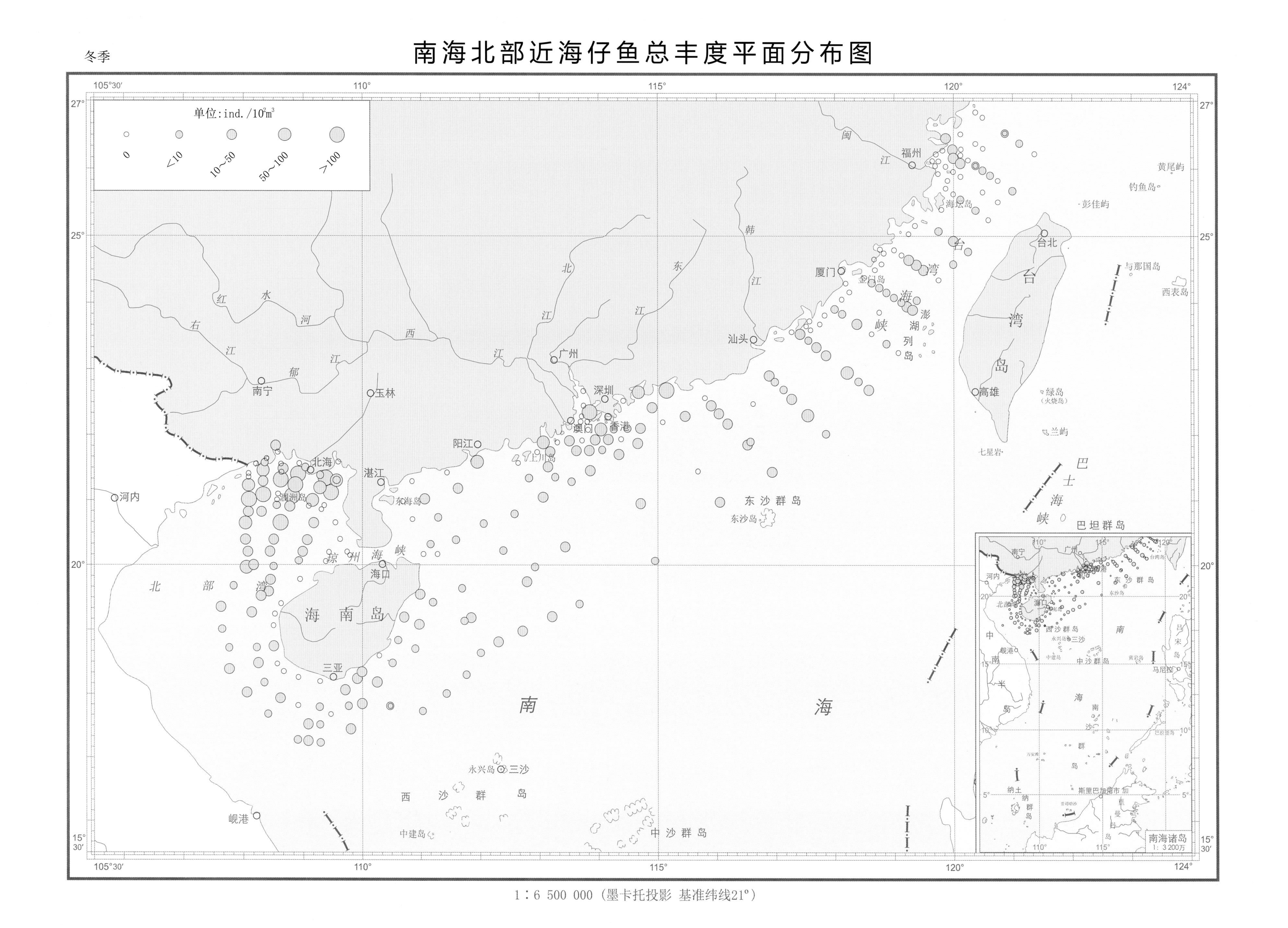

1：6 500 000（墨卡托投影 基准纬线21°）

春季

调查海域鱼卵总丰度平面分布图

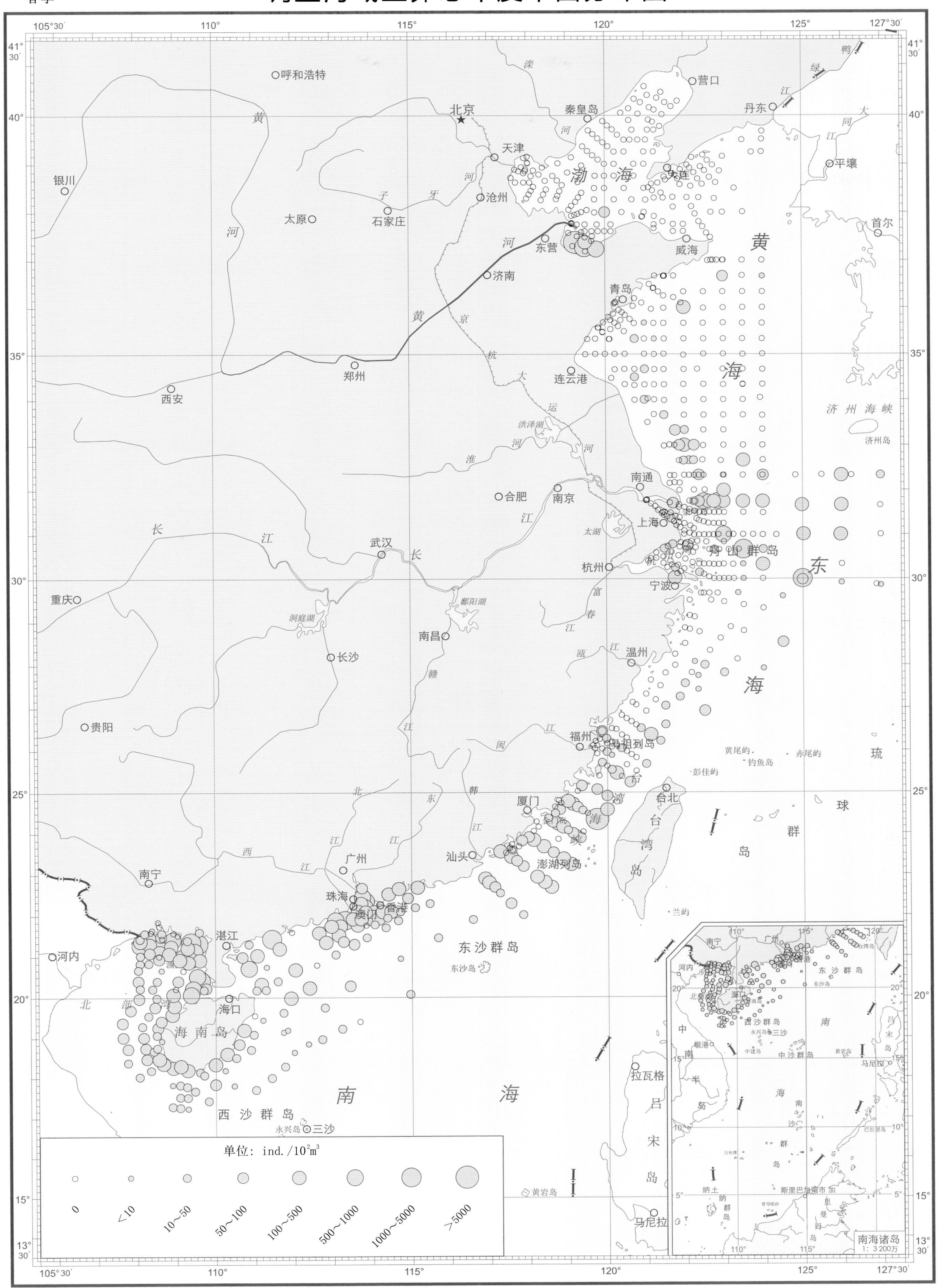

夏季

调查海域鱼卵总丰度平面分布图

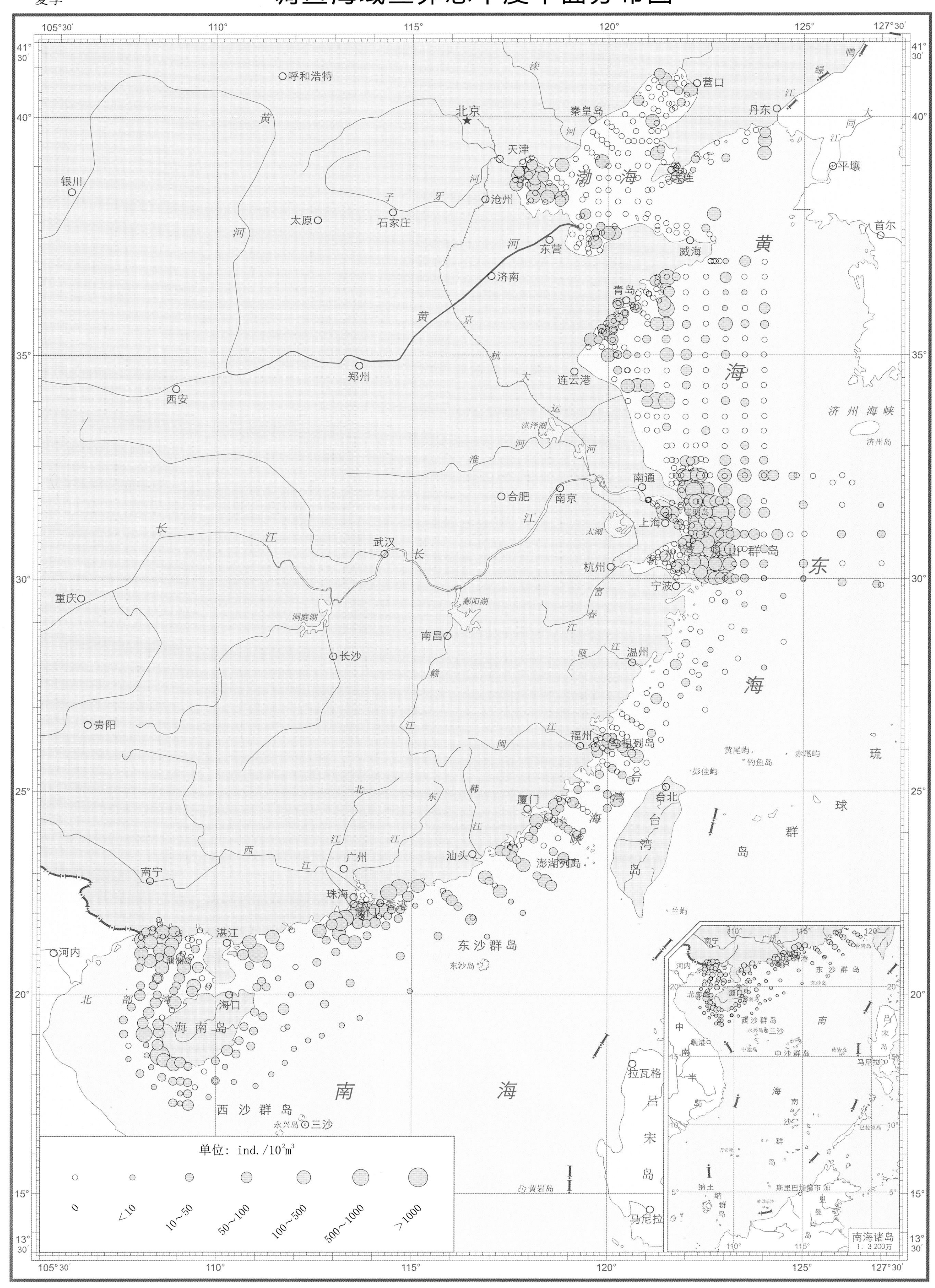

1∶10 000 000（墨卡托投影 基准纬线30°）

秋季

调查海域鱼卵总丰度平面分布图

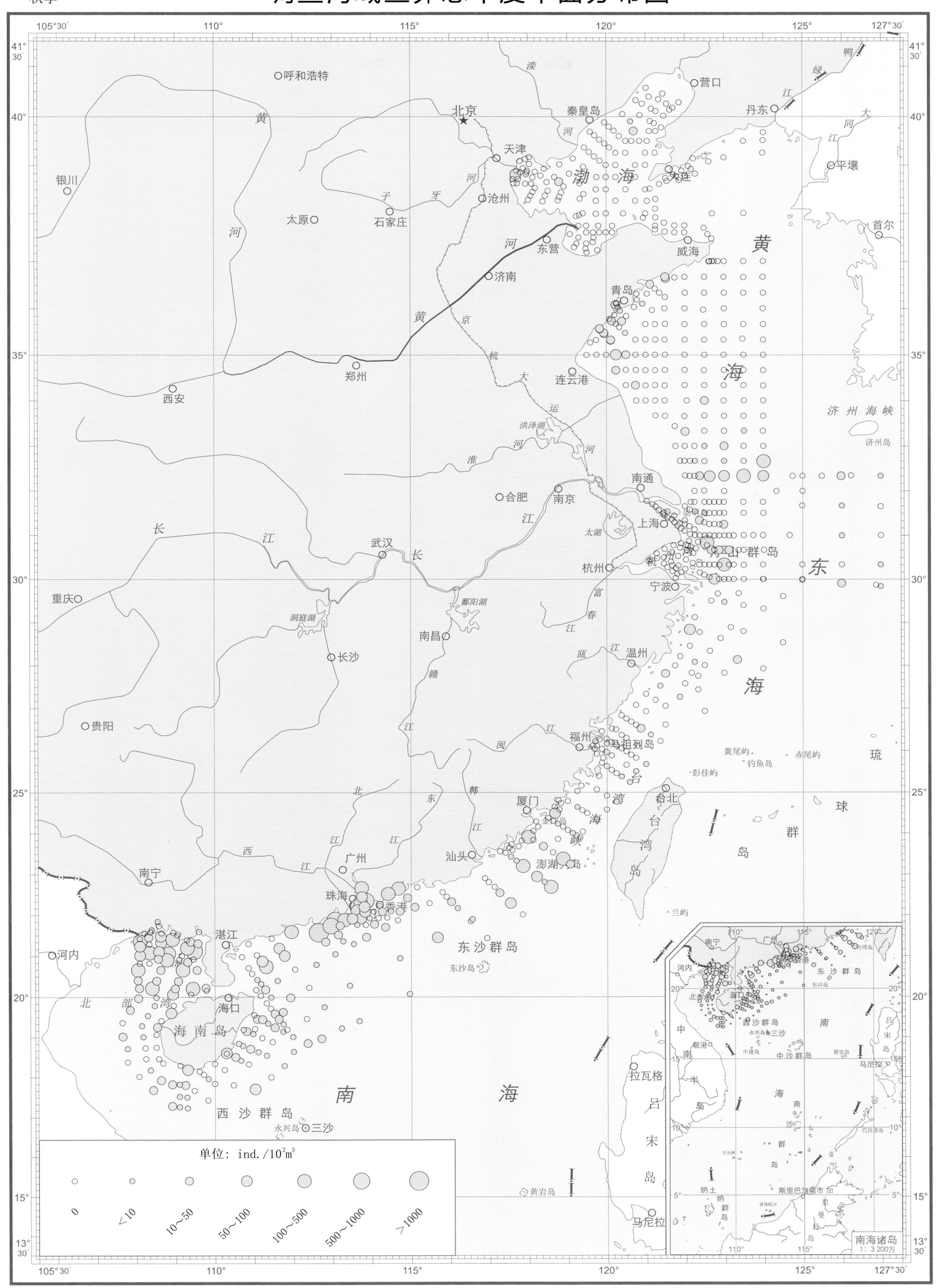

1∶10 000 000（墨卡托投影 基准纬线30°）

冬季

调查海域鱼卵总丰度平面分布图

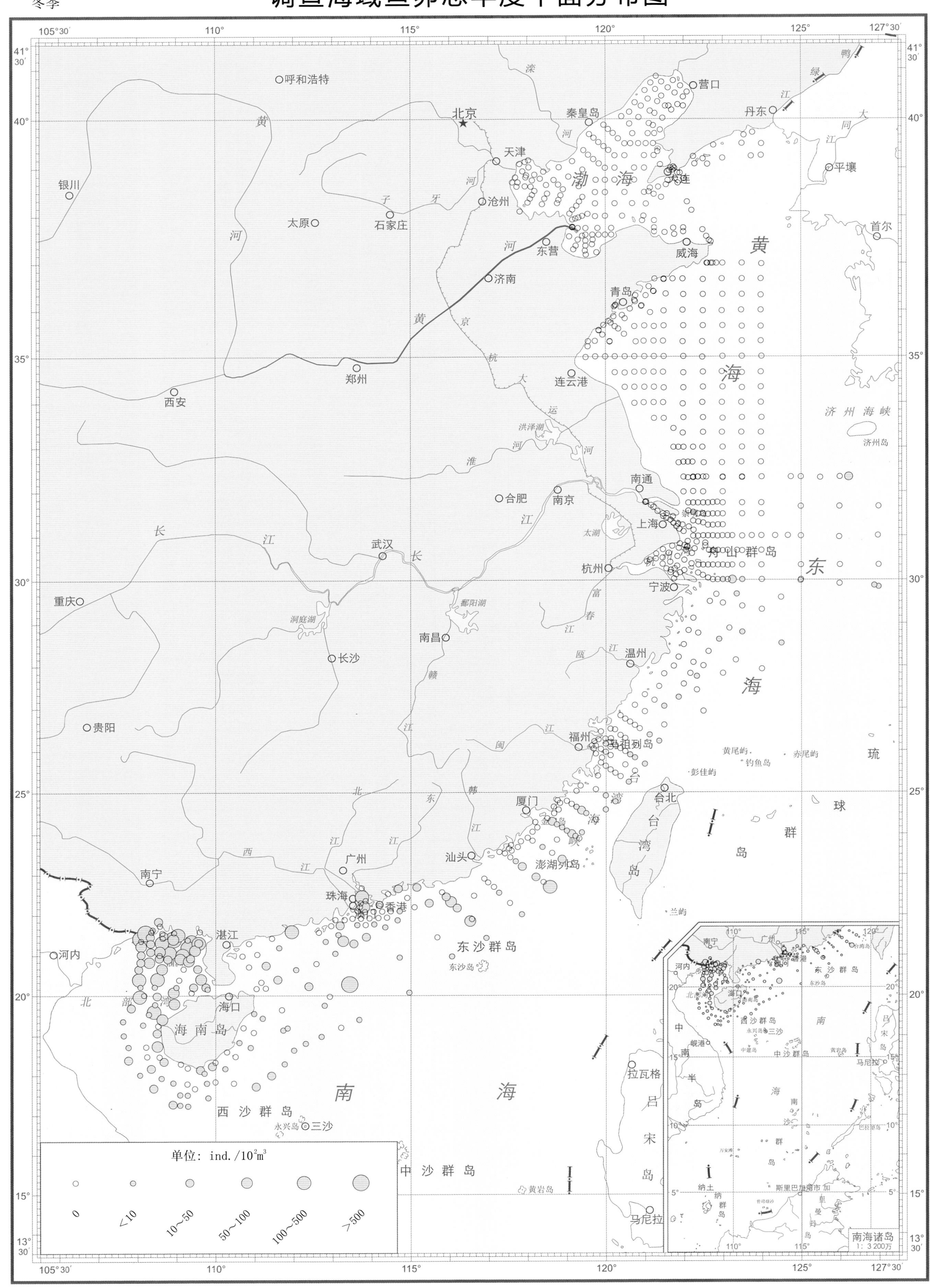

1∶10 000 000（墨卡托投影 基准纬线30°）

春季

调查海域仔鱼总丰度平面分布图

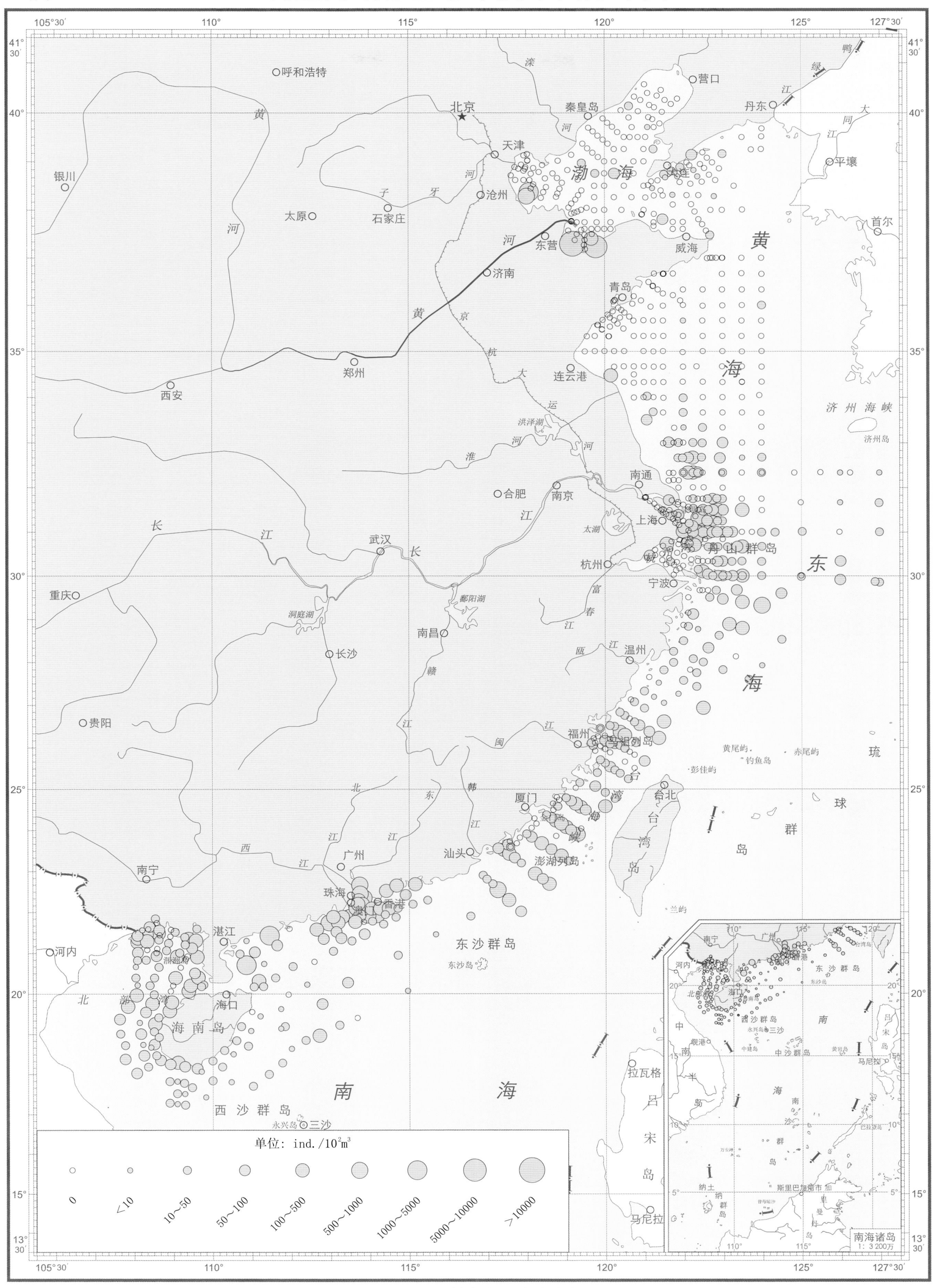

1：10 000 000（墨卡托投影 基准纬线30°）

夏季

调查海域仔鱼总丰度平面分布图

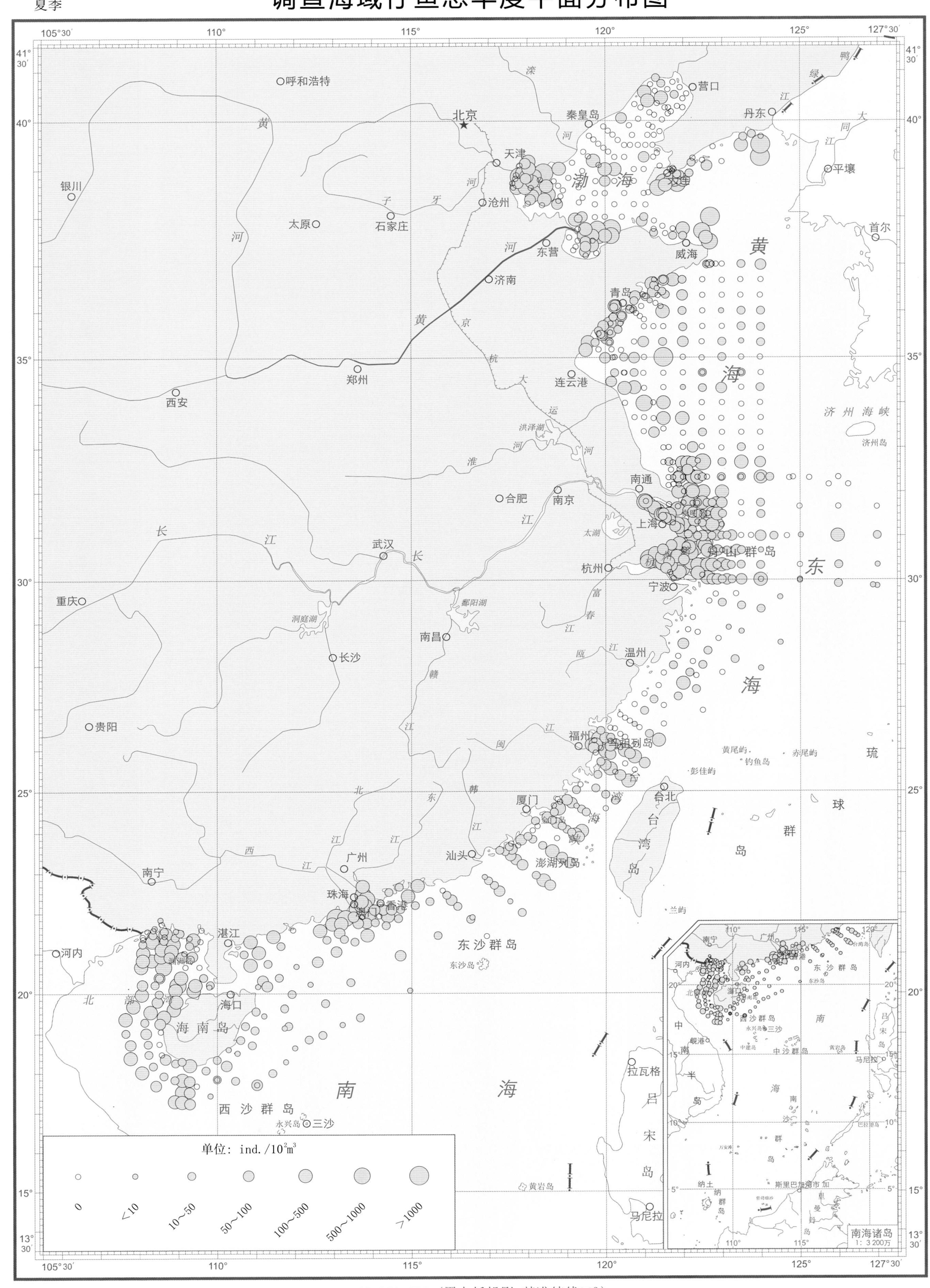

1：10 000 000（墨卡托投影 基准纬线30°）

调查海域仔鱼总丰度平面分布图

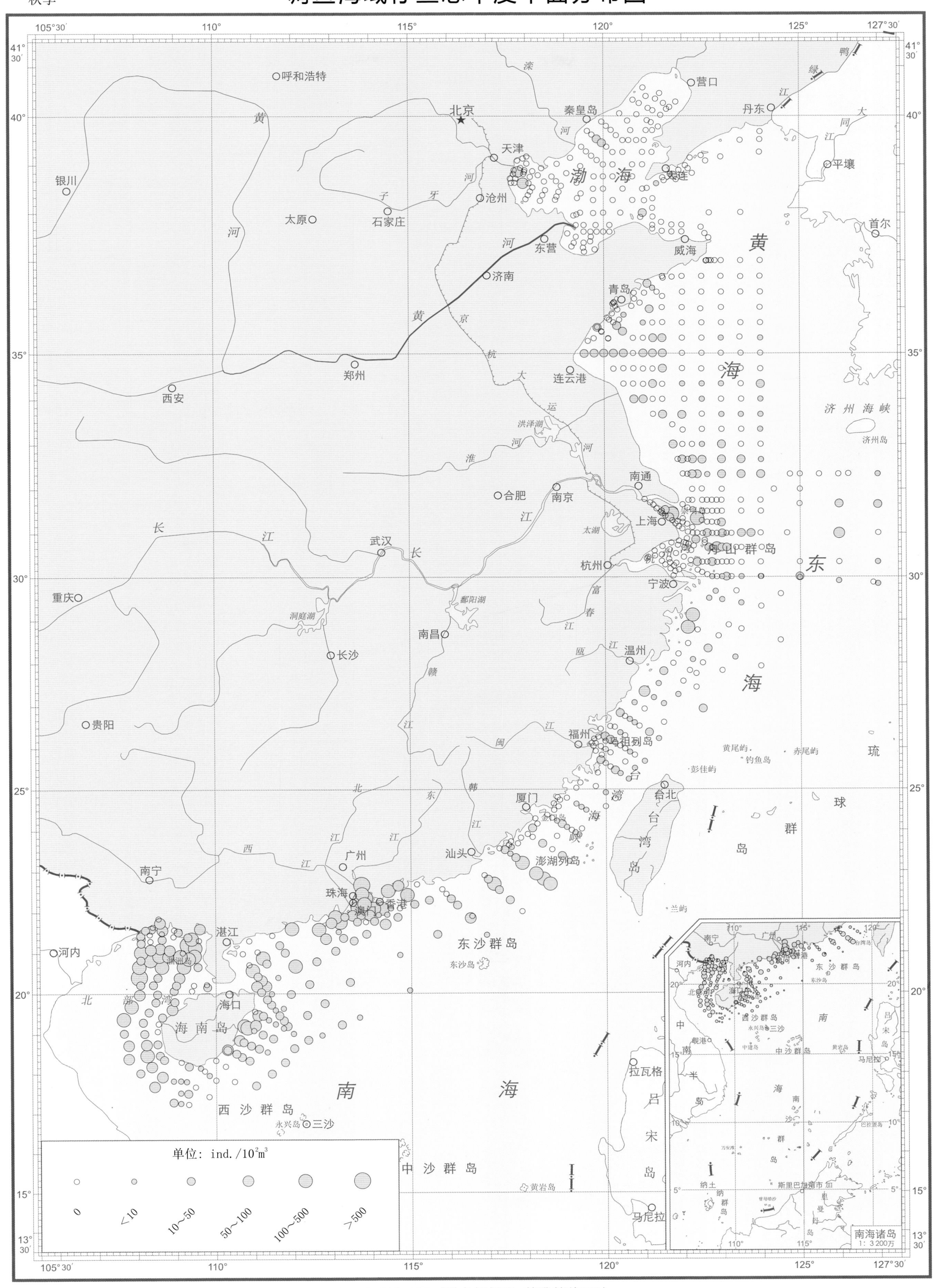

1：10 000 000（墨卡托投影 基准纬线30°）

调查海域仔鱼总丰度平面分布图

1：10 000 000（墨卡托投影 基准纬线30°）

大型底栖生物

渤、黄、东海近海大型底栖生物总生物量平面分布图

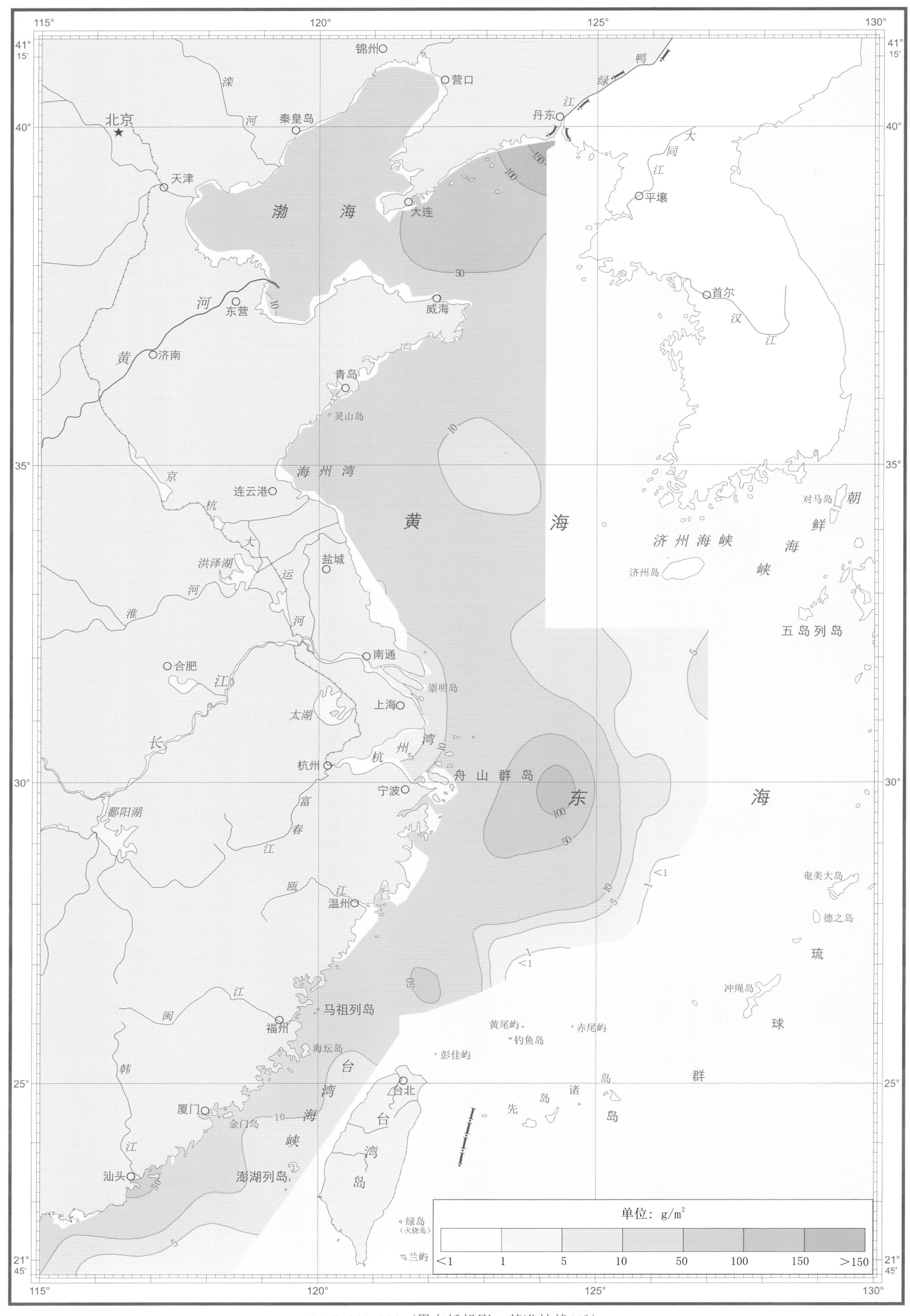

1∶7 300 000（墨卡托投影　基准纬线32°）

夏季　　渤、黄、东海近海大型底栖生物总生物量平面分布图

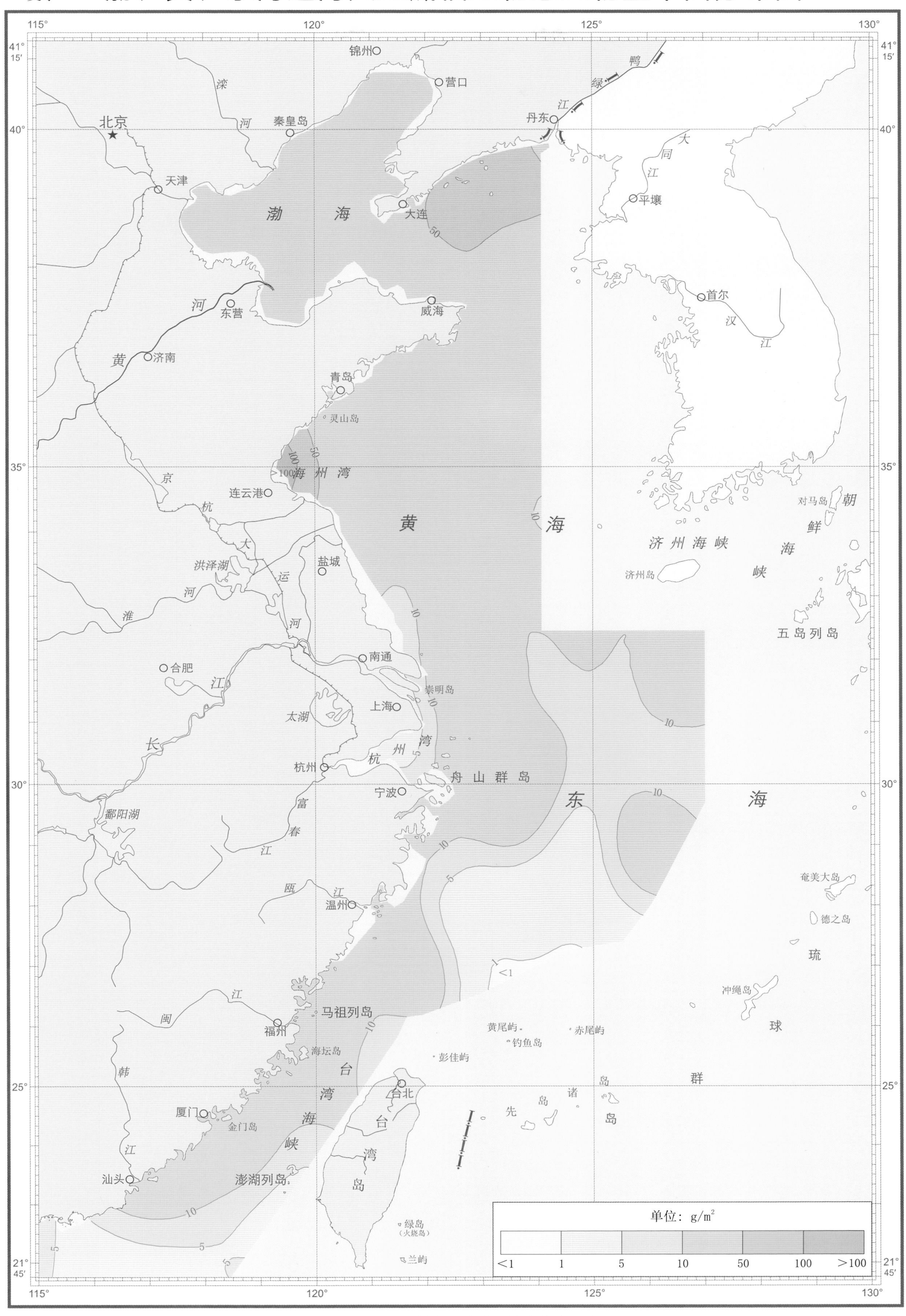

1：7 300 000（墨卡托投影　基准纬线32°）

秋季　**渤、黄、东海近海大型底栖生物总生物量平面分布图**

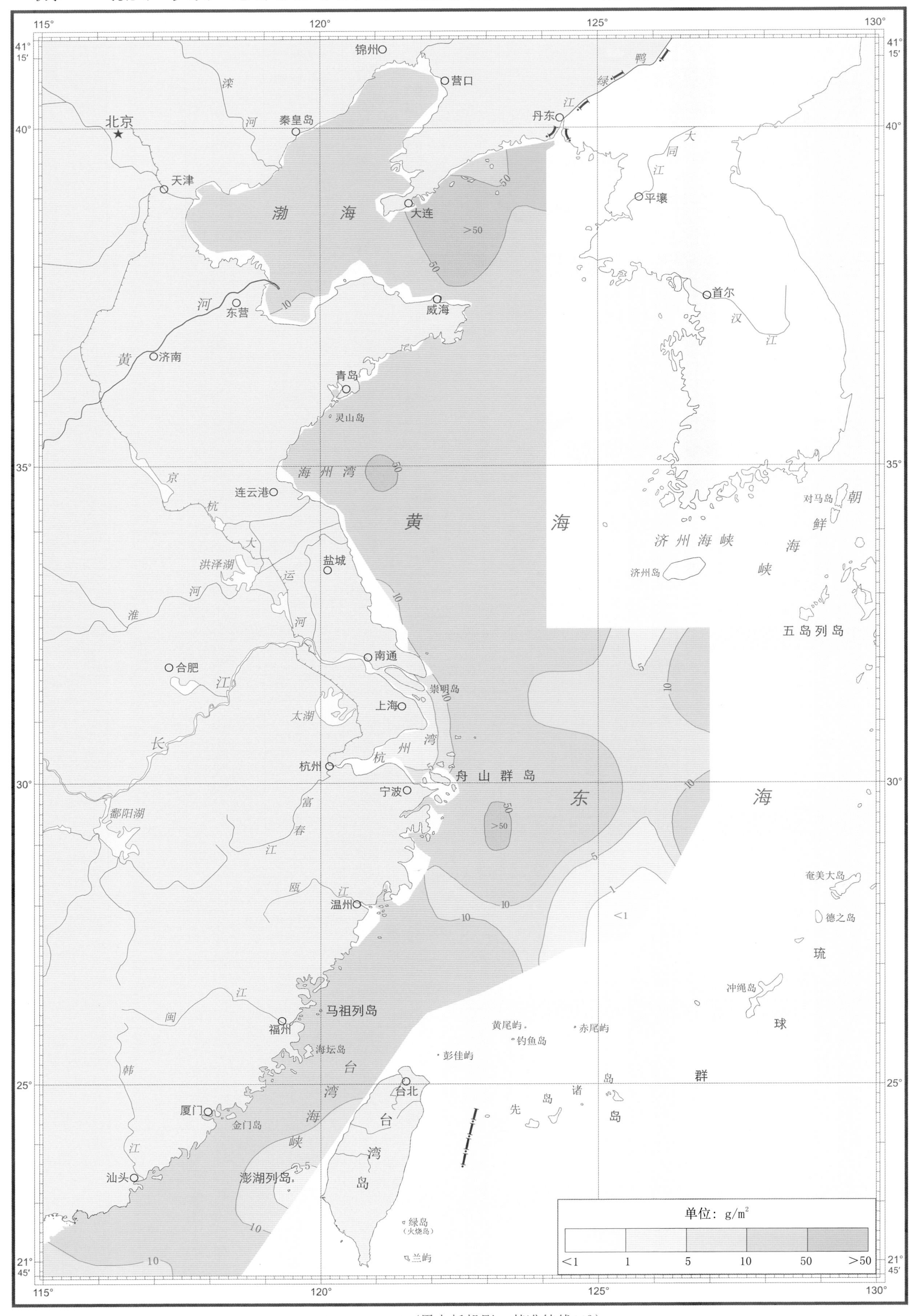

1：7 300 000（墨卡托投影　基准纬线32°）

冬季　# 渤、黄、东海近海大型底栖生物总生物量平面分布图

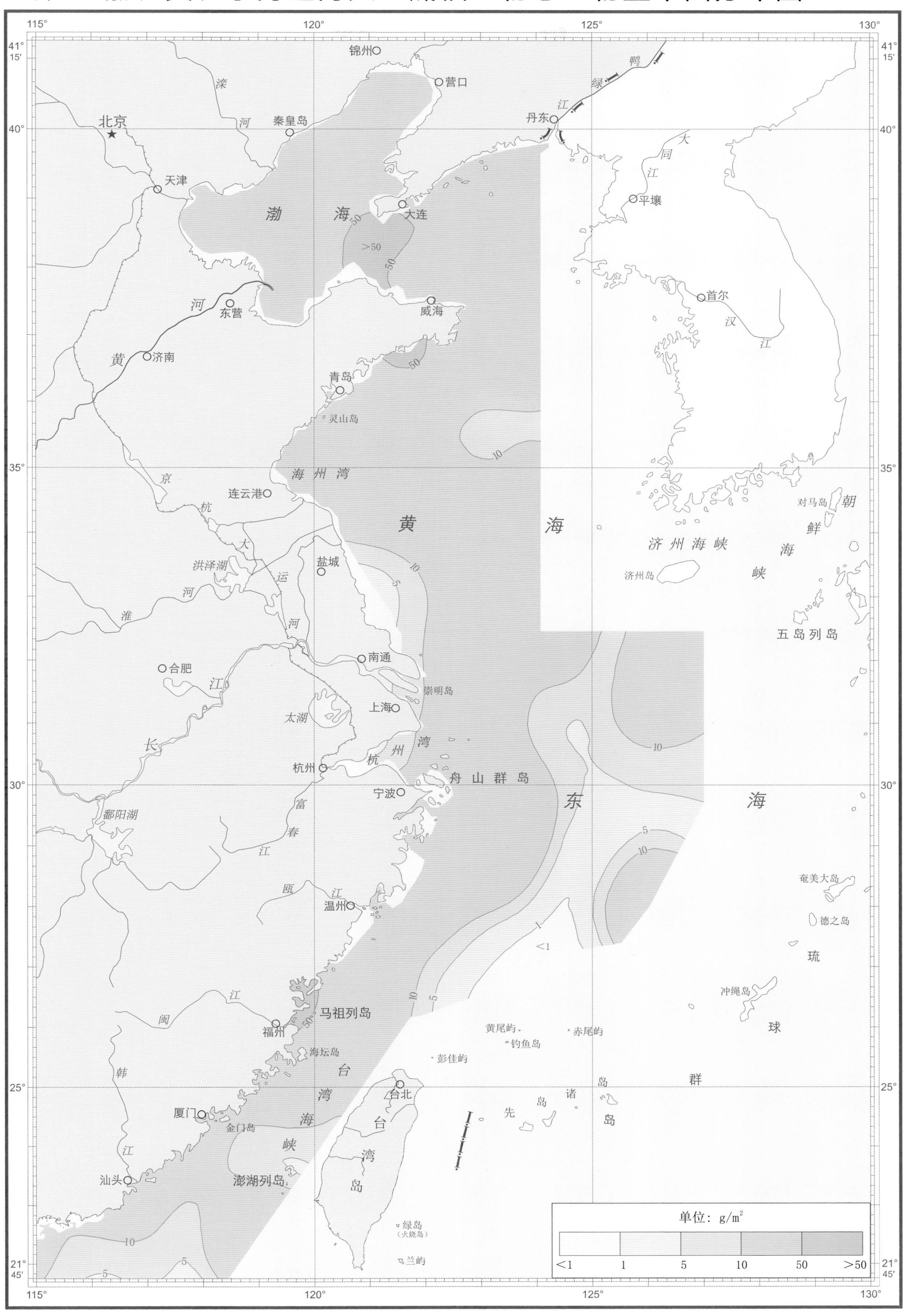

1：7 300 000（墨卡托投影　基准纬线32°）

春季 **渤、黄、东海近海大型底栖生物总栖息密度平面分布图**

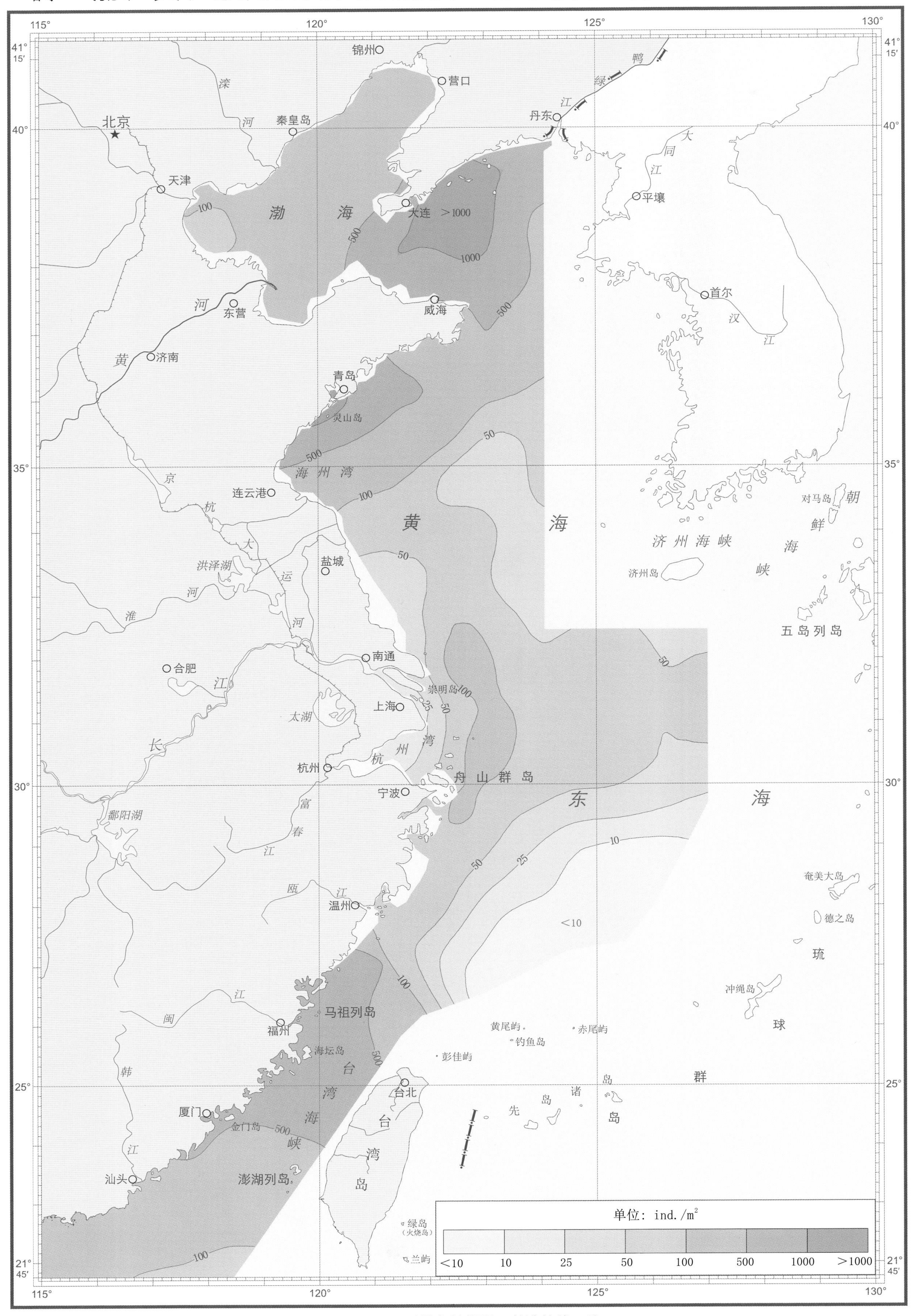

1：7 300 000（墨卡托投影　基准纬线32°）

夏季　渤、黄、东海近海大型底栖生物总栖息密度平面分布图

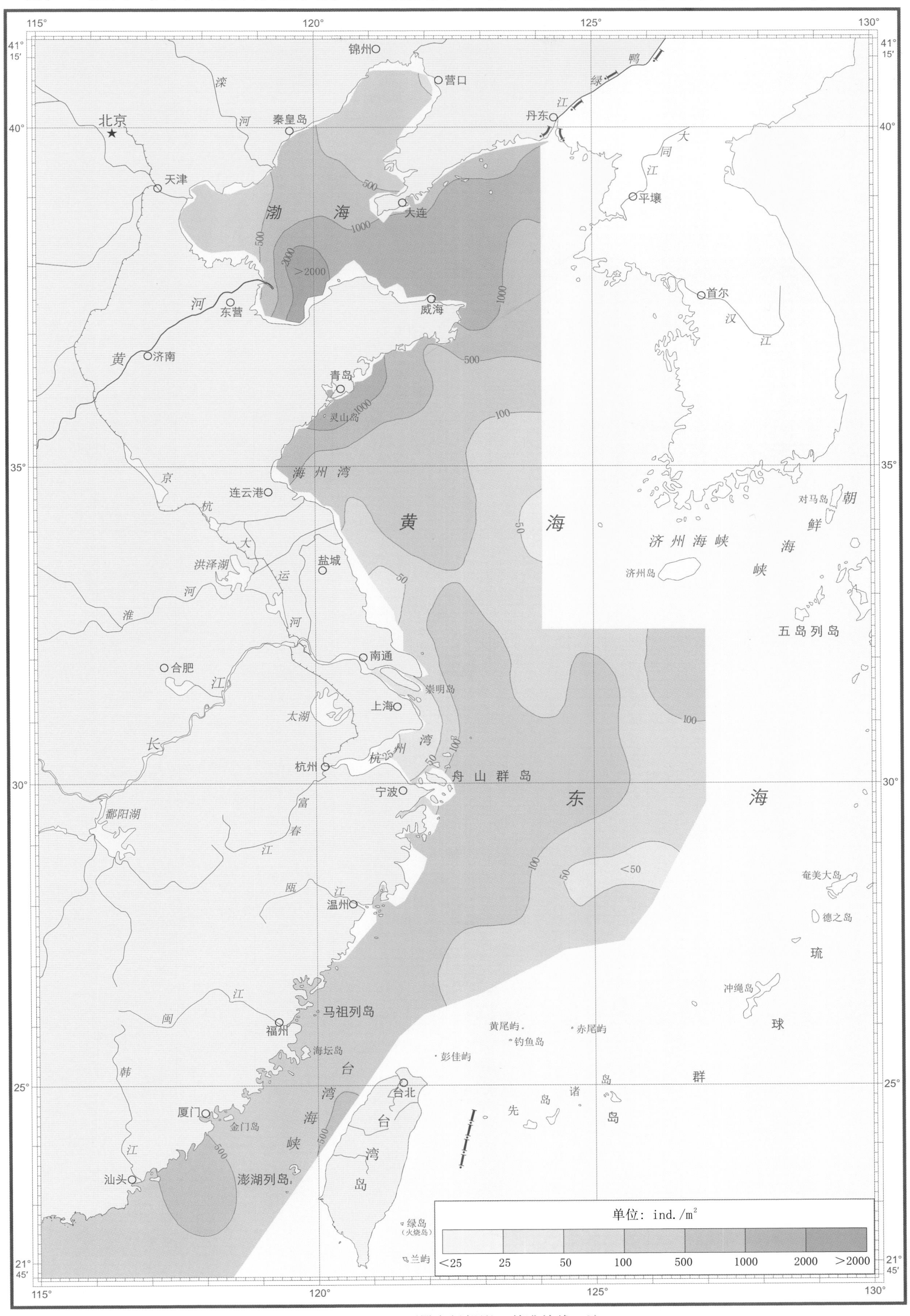

1∶7 300 000（墨卡托投影　基准纬线32°）

秋季　渤、黄、东海近海大型底栖生物总栖息密度平面分布图

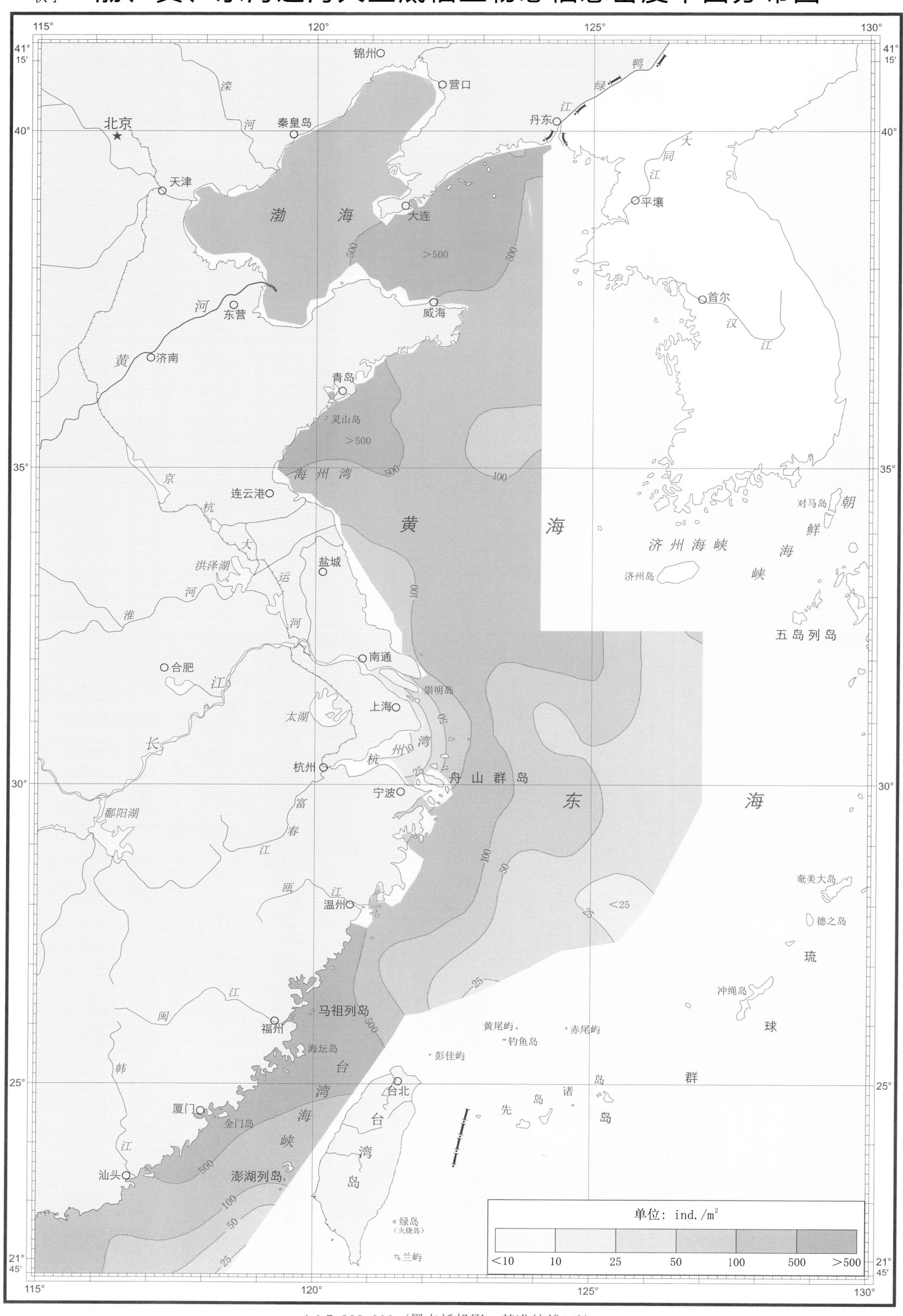

1∶7 300 000（墨卡托投影　基准纬线32°）

冬季　渤、黄、东海近海大型底栖生物总栖息密度平面分布图

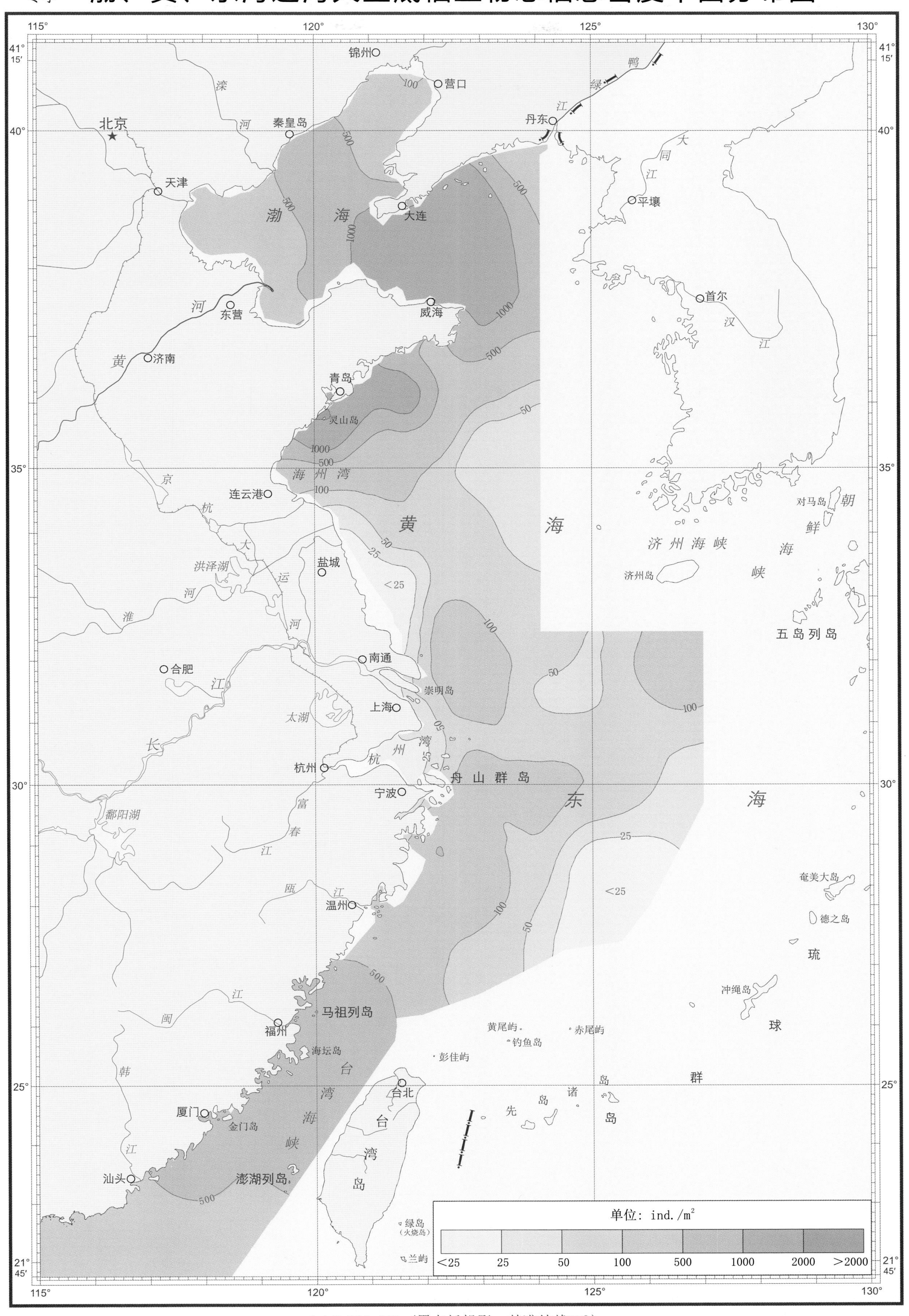

1：7 300 000（墨卡托投影　基准纬线32°）

春季　**渤、黄、东海近海大型底栖生物优势种栖息密度平面分布图**　不倒翁虫

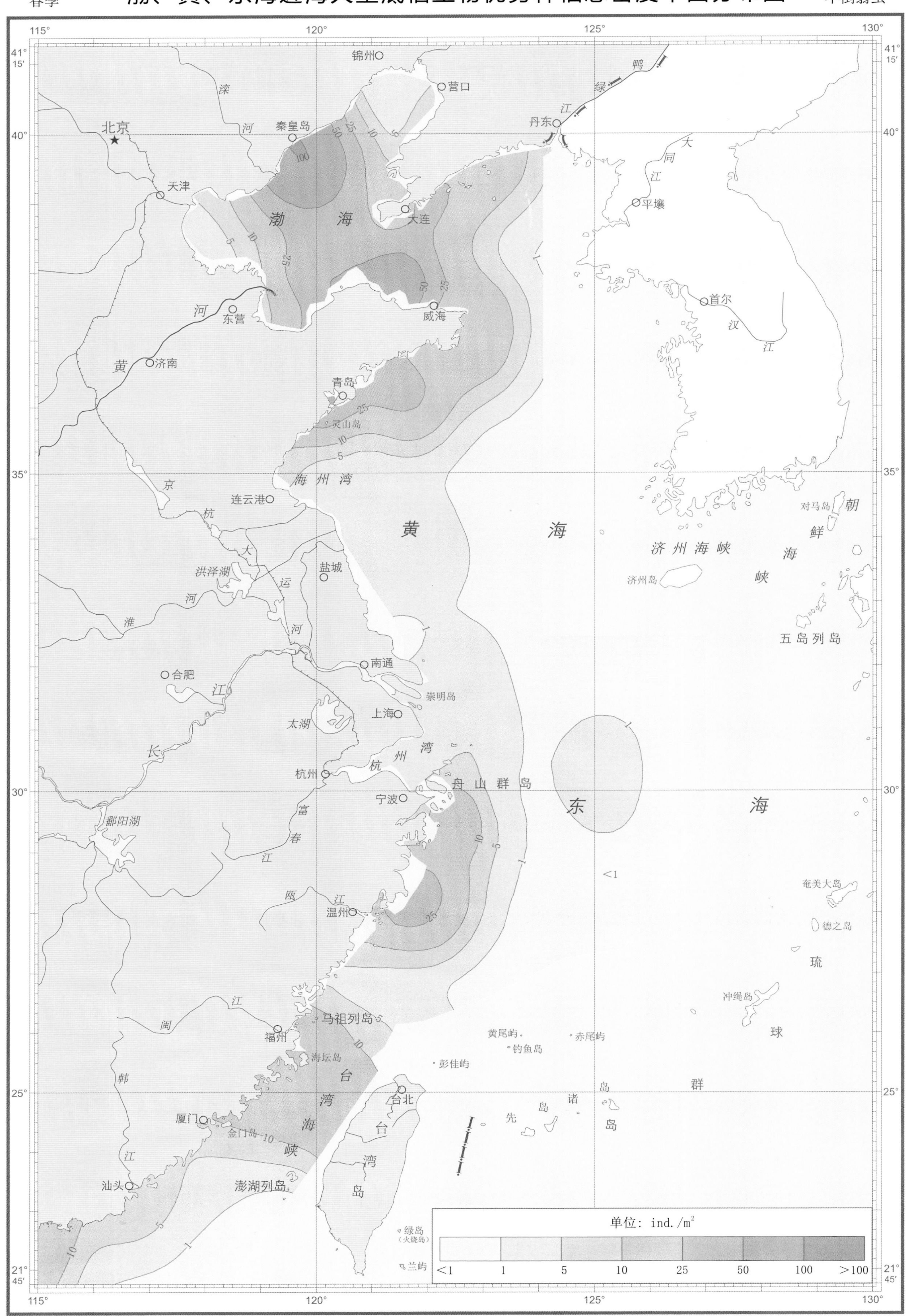

1∶7 300 000（墨卡托投影　基准纬线32°）

春季 渤、黄、东海近海大型底栖生物优势种栖息密度平面分布图 拟特须虫

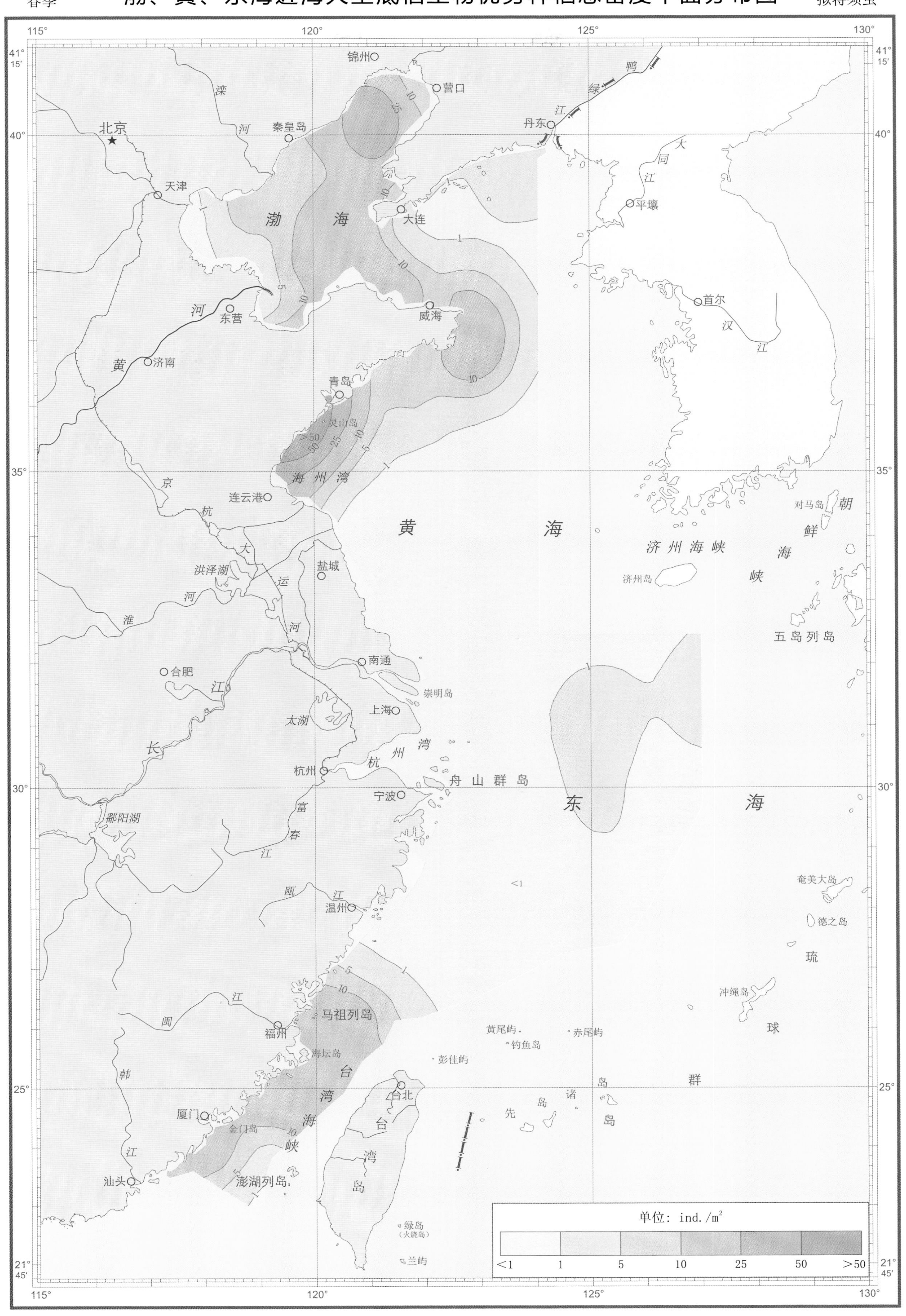

1∶7 300 000（墨卡托投影 基准纬线32°）

春季　　**渤、黄、东海近海大型底栖生物优势种栖息密度平面分布图**　　背蚯虫

1∶7 300 000（墨卡托投影　基准纬线32°）

春季　　渤、黄、东海近海大型底栖生物优势种栖息密度平面分布图　　寡节甘吻沙蚕

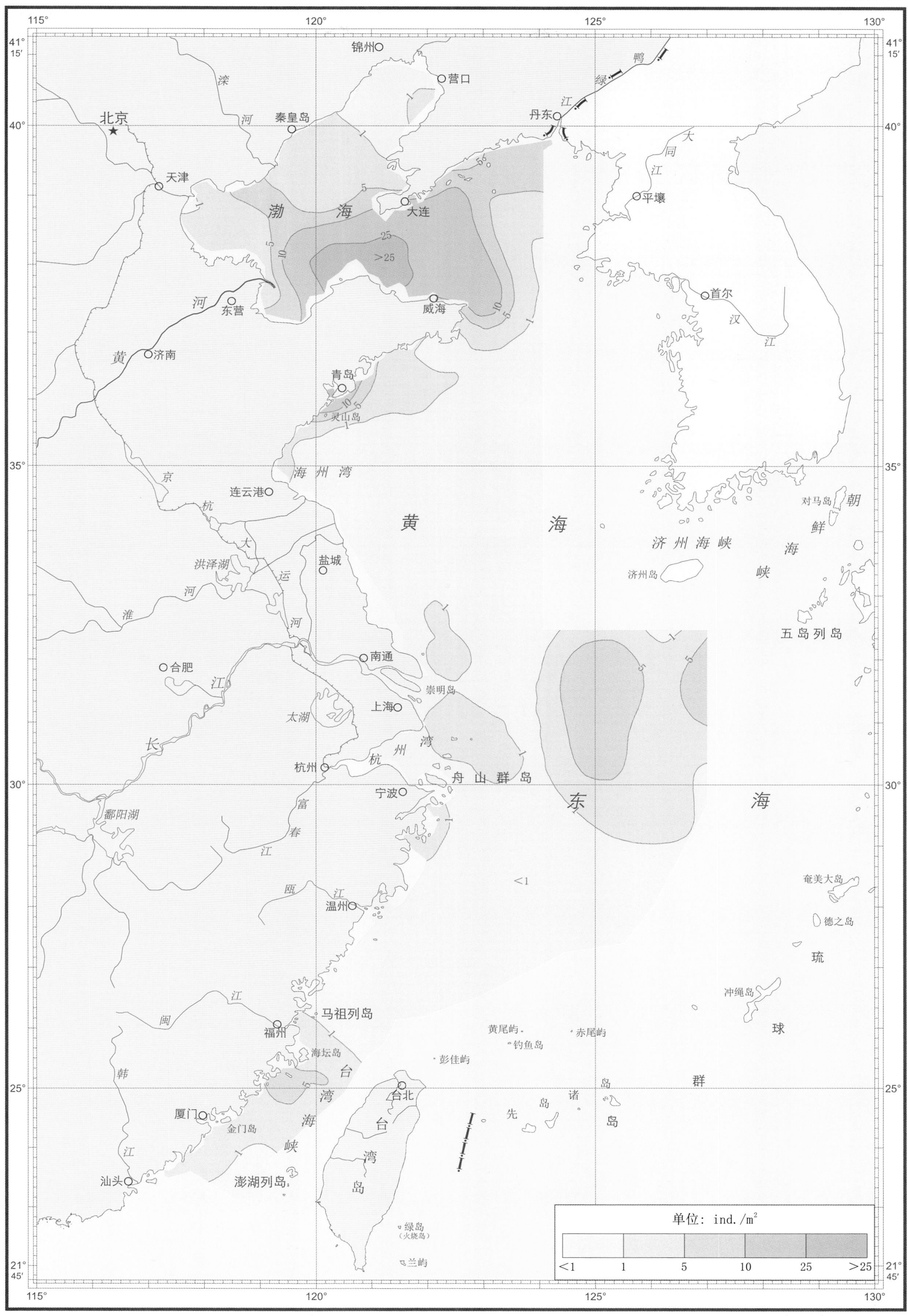

1∶7 300 000（墨卡托投影　基准纬线32°）

夏季　渤、黄、东海近海大型底栖生物优势种栖息密度平面分布图　不倒翁虫

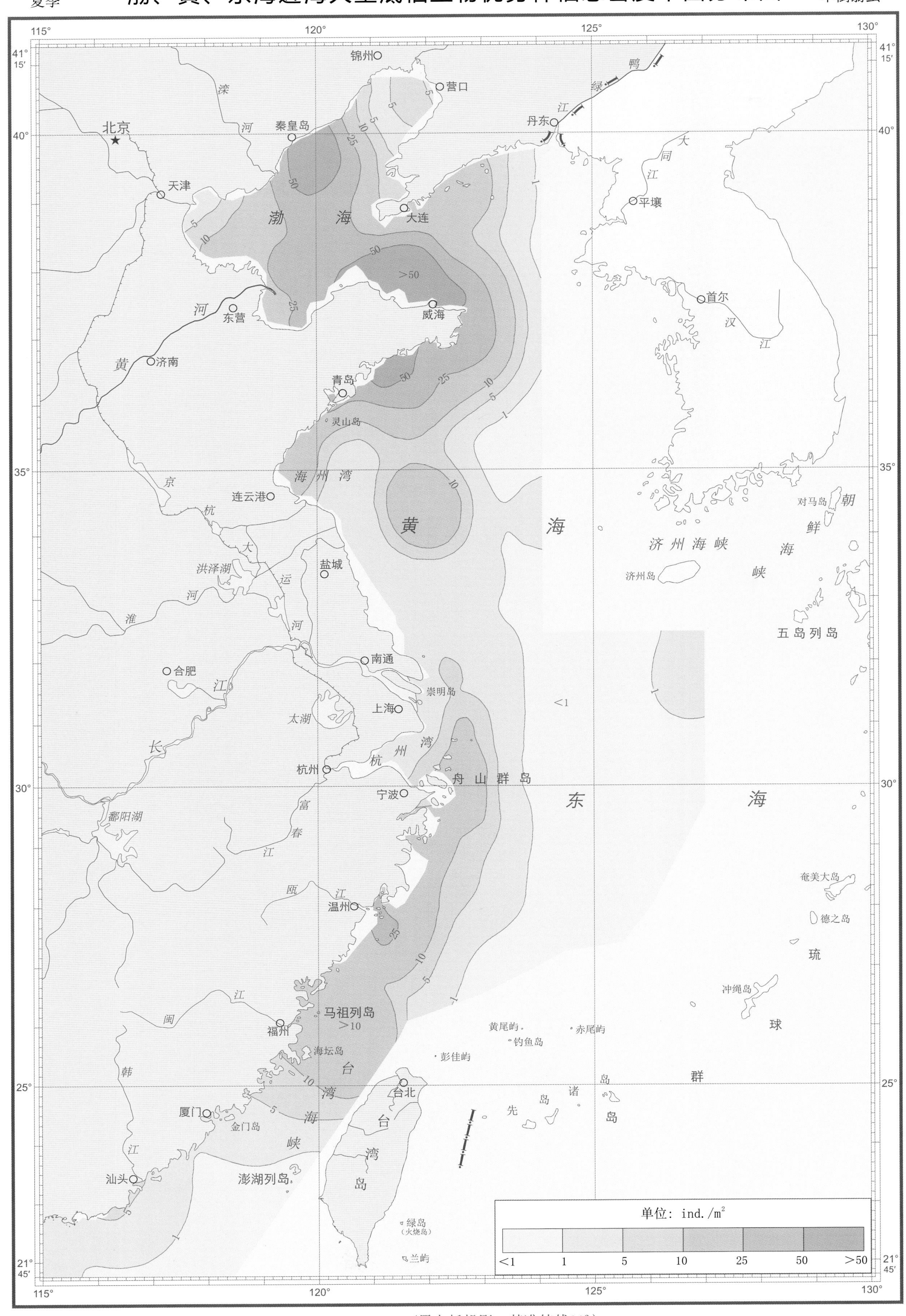

1：7 300 000（墨卡托投影　基准纬线32°）

渤、黄、东海近海大型底栖生物优势种栖息密度平面分布图

拟特须虫

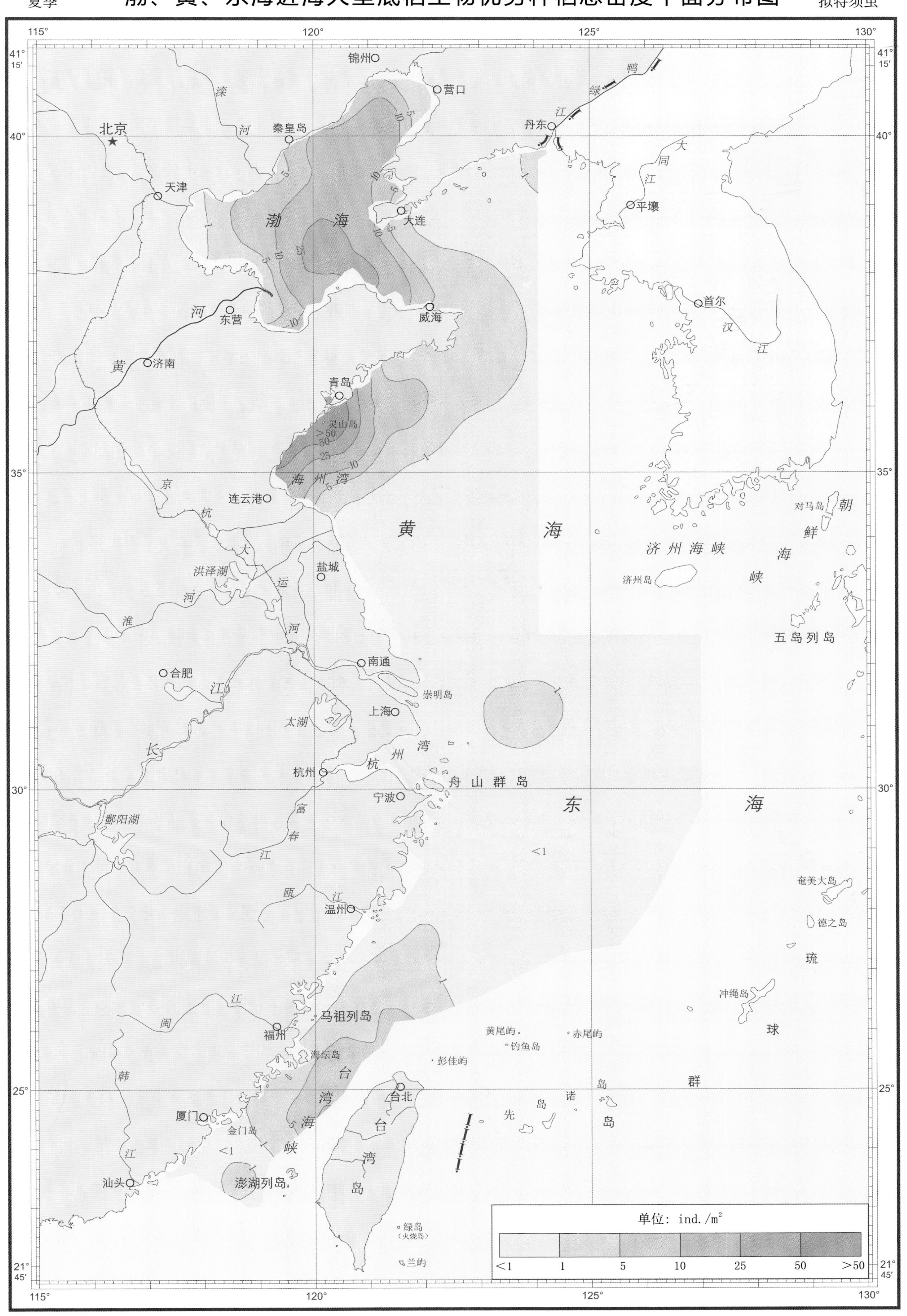

1：7 300 000（墨卡托投影　基准纬线32°）

渤、黄、东海近海大型底栖生物优势种栖息密度平面分布图

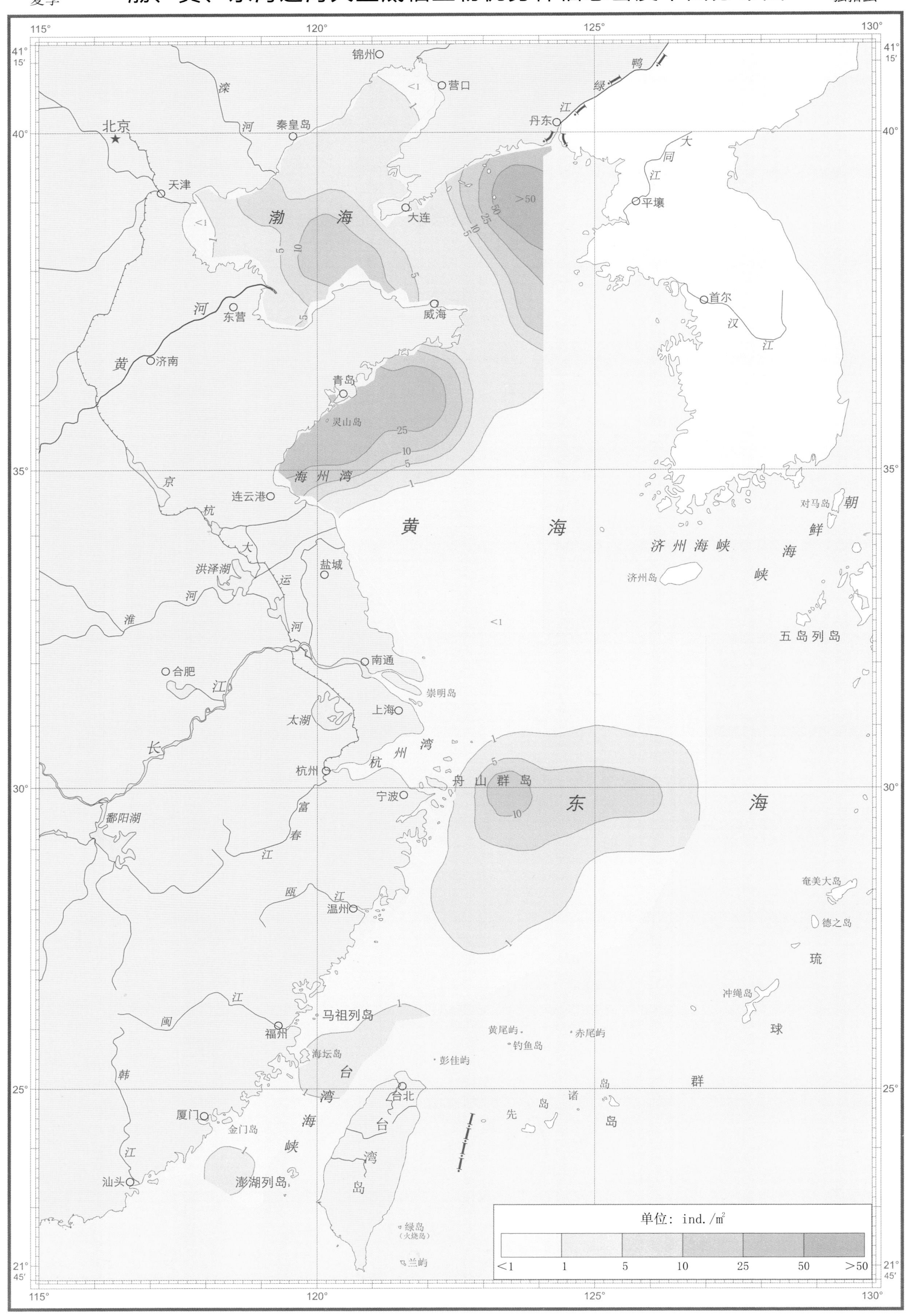

1：7 300 000（墨卡托投影　基准纬线32°）

夏季　　渤、黄、东海近海大型底栖生物优势种栖息密度平面分布图　　背蚓虫

单位：ind./m²

<1　1　5　10　25　>25

1∶7 300 000（墨卡托投影　基准纬线32°）

秋季　　渤、黄、东海近海大型底栖生物优势种栖息密度平面分布图　　不倒翁虫

115°　120°　125°　130°

41° 15′　40°　35°　30°　25°　21° 45′

锦州　营口　秦皇岛　北京　天津　大连　丹东　鸭绿江　大同江　平壤　首尔　汉江　滦河　渤海　>50　50　25　10　5　1　黄河　东营　济南　威海　青岛　灵山岛　海州湾　连云港　京杭大运河　洪泽湖　淮河　盐城　南通　合肥　长江　崇明岛　上海　太湖　杭州湾　杭州　舟山群岛　宁波　鄱阳湖　富春江　瓯江　温州　闽江　福州　马祖列岛　海坛岛　台湾海峡　厦门　金门岛　韩江　汕头　澎湖列岛　台北　台湾岛　绿岛（火烧岛）　兰屿　黄尾屿　赤尾屿　钓鱼岛　彭佳屿　先岛诸岛　黄海　<1　东海　济州海峡　济州岛　对马岛　朝鲜海峡　五岛列岛　奄美大岛　德之岛　冲绳岛　琉球群岛

单位：ind./㎡

<1　1　5　10　25　50　>50

1∶7 300 000（墨卡托投影　基准纬线32°）

秋季　　**渤、黄、东海近海大型底栖生物优势种栖息密度平面分布图**　　拟特须虫

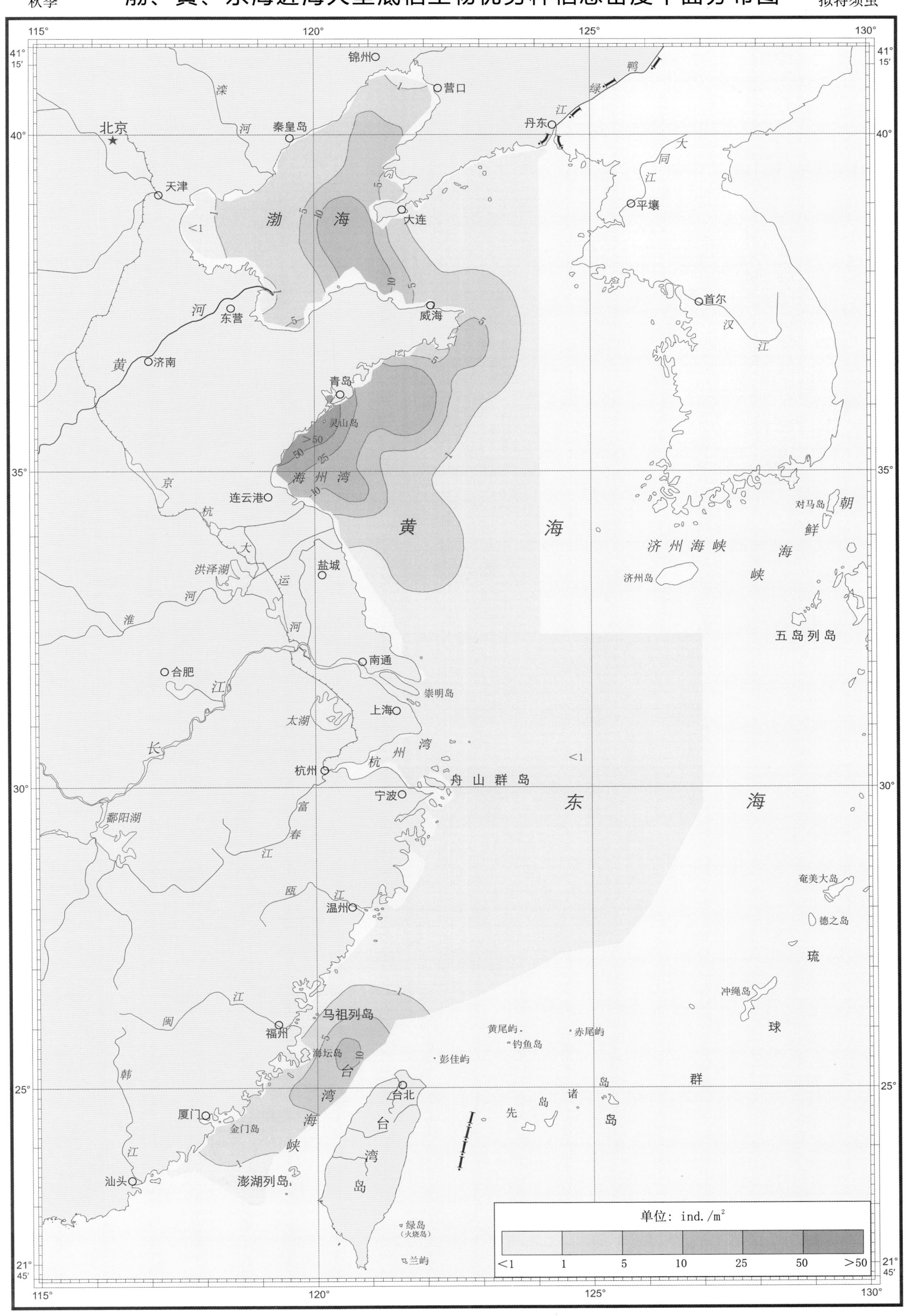

1∶7 300 000（墨卡托投影　基准纬线32°）

渤、黄、东海近海大型底栖生物优势种栖息密度平面分布图

背蚓虫

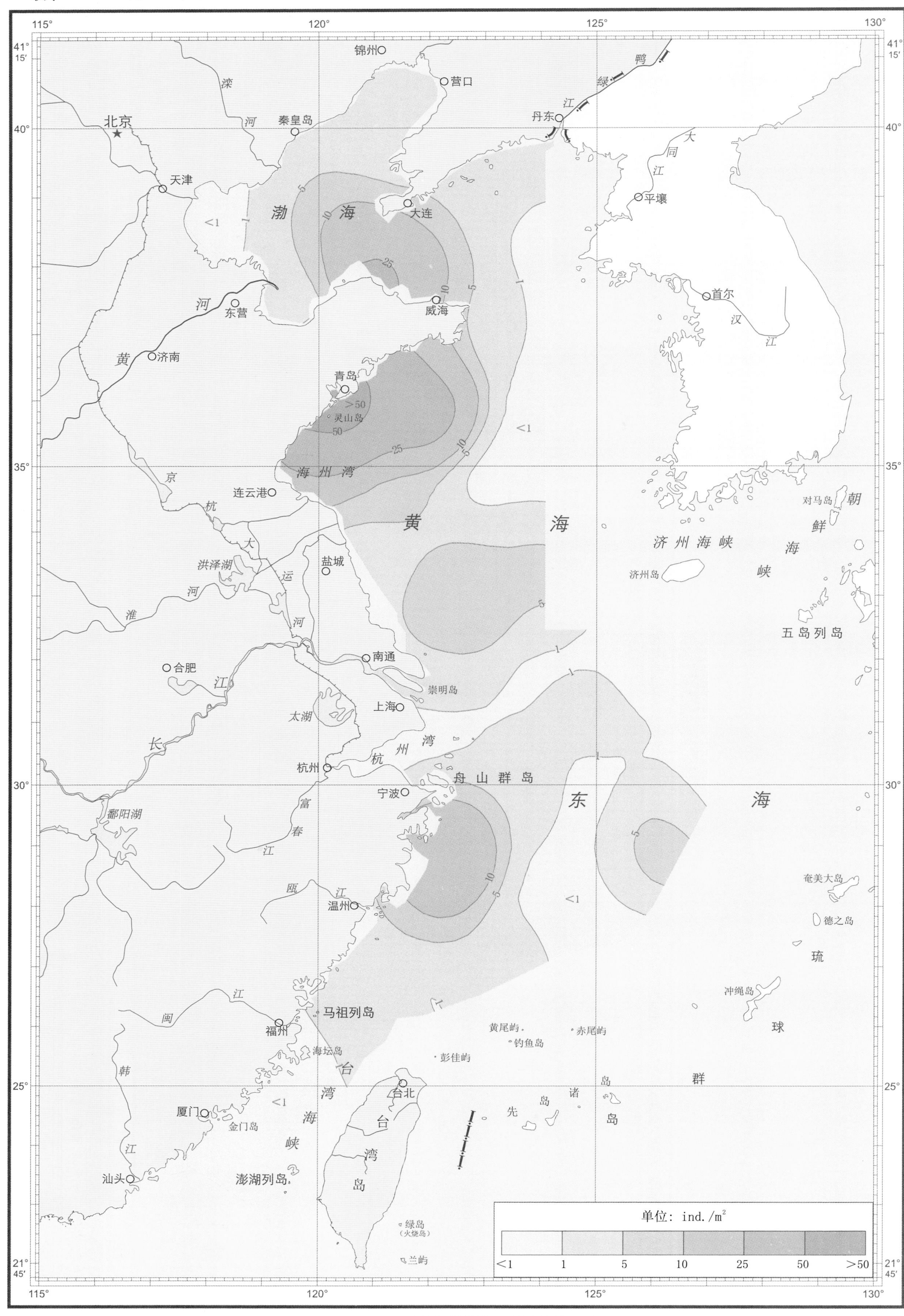

1：7 300 000（墨卡托投影　基准纬线32°）

渤、黄、东海近海大型底栖生物优势种栖息密度平面分布图

寡腮齿吻沙蚕

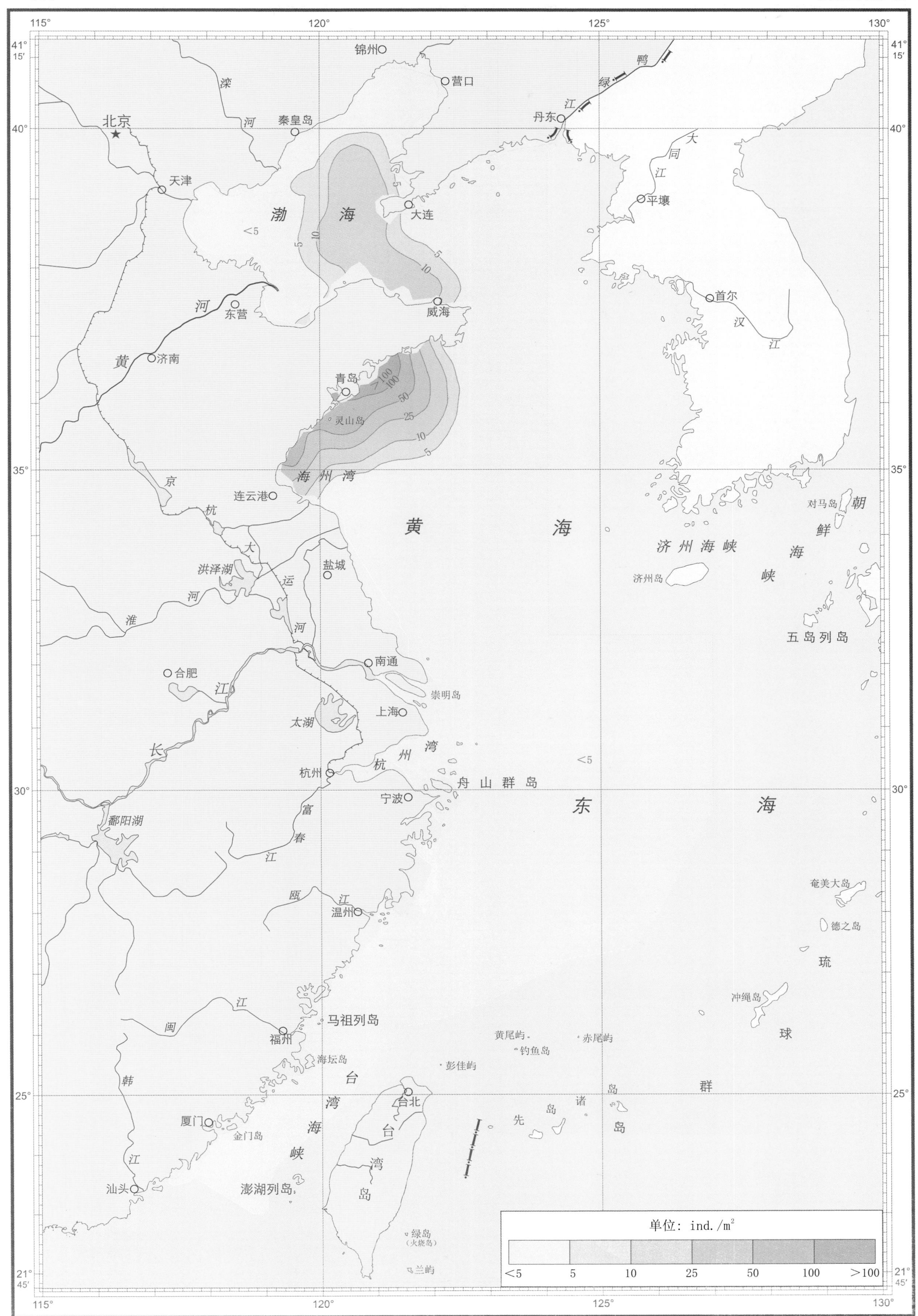

1∶7 300 000（墨卡托投影　基准纬线32°）

渤、黄、东海近海大型底栖生物优势种栖息密度平面分布图

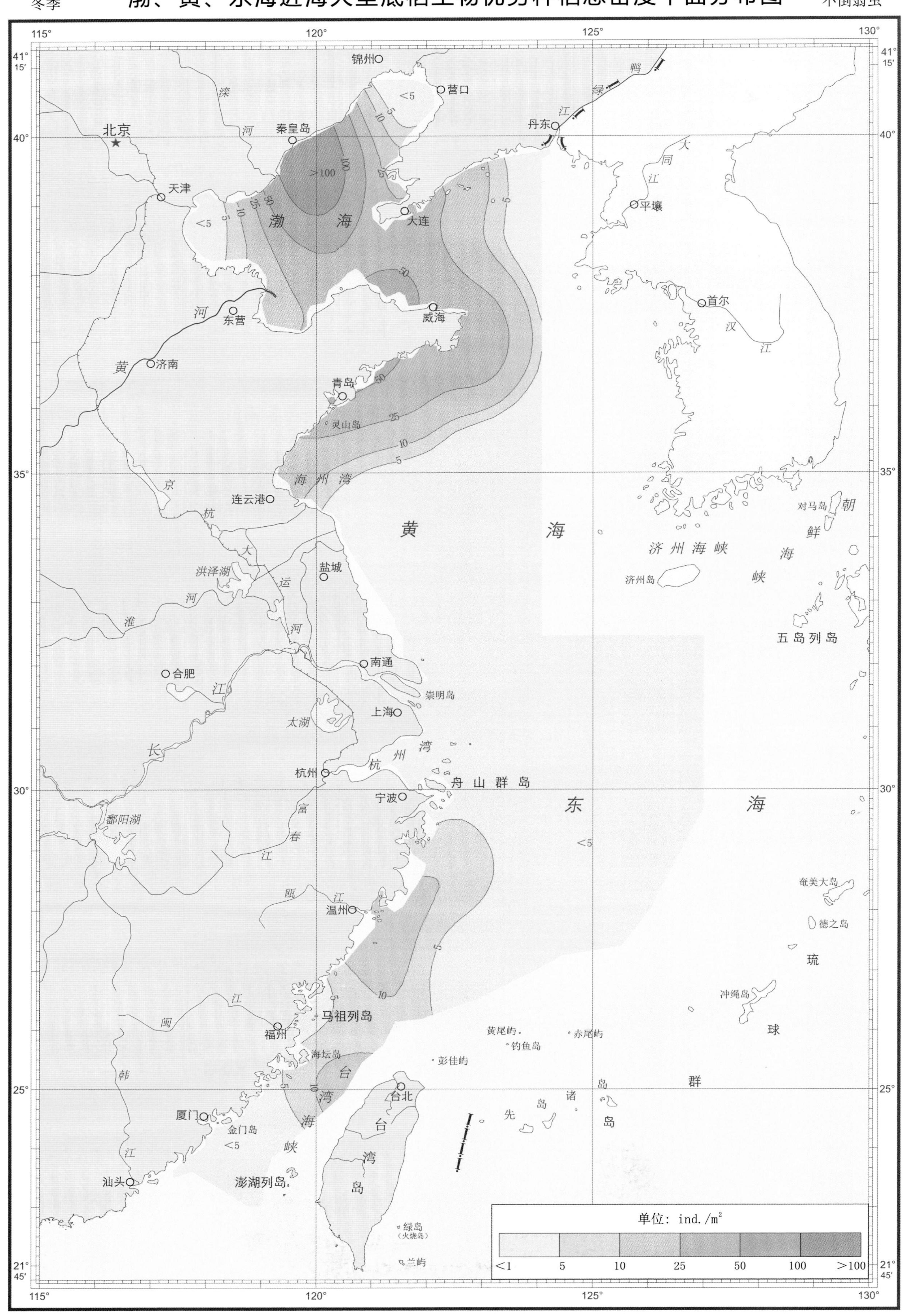

1∶7 300 000（墨卡托投影　基准纬线32°）

冬季　　渤、黄、东海近海大型底栖生物优势种栖息密度平面分布图　　拟特须虫

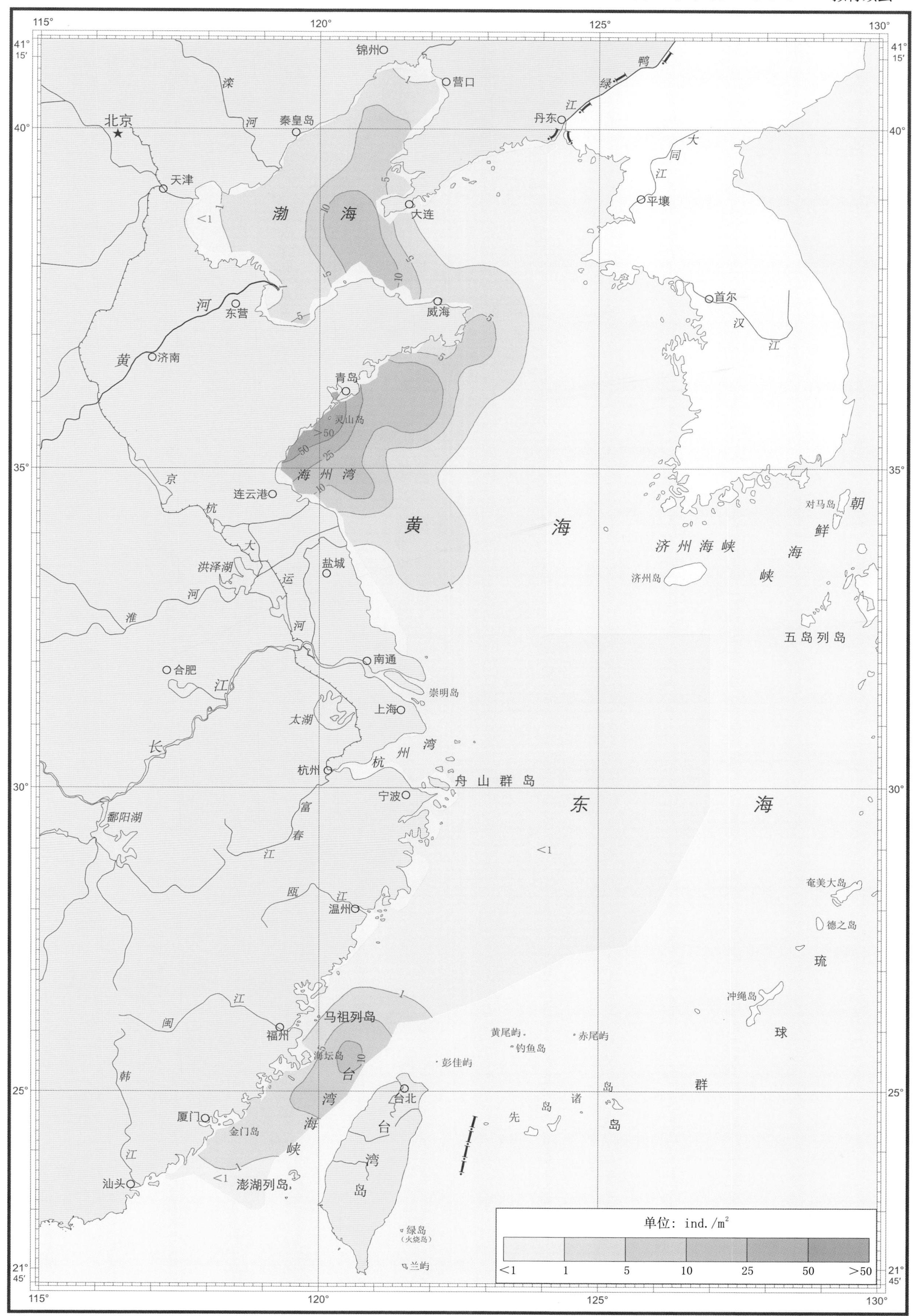

1∶7 300 000（墨卡托投影　基准纬线32°）

渤、黄、东海近海大型底栖生物优势种栖息密度平面分布图

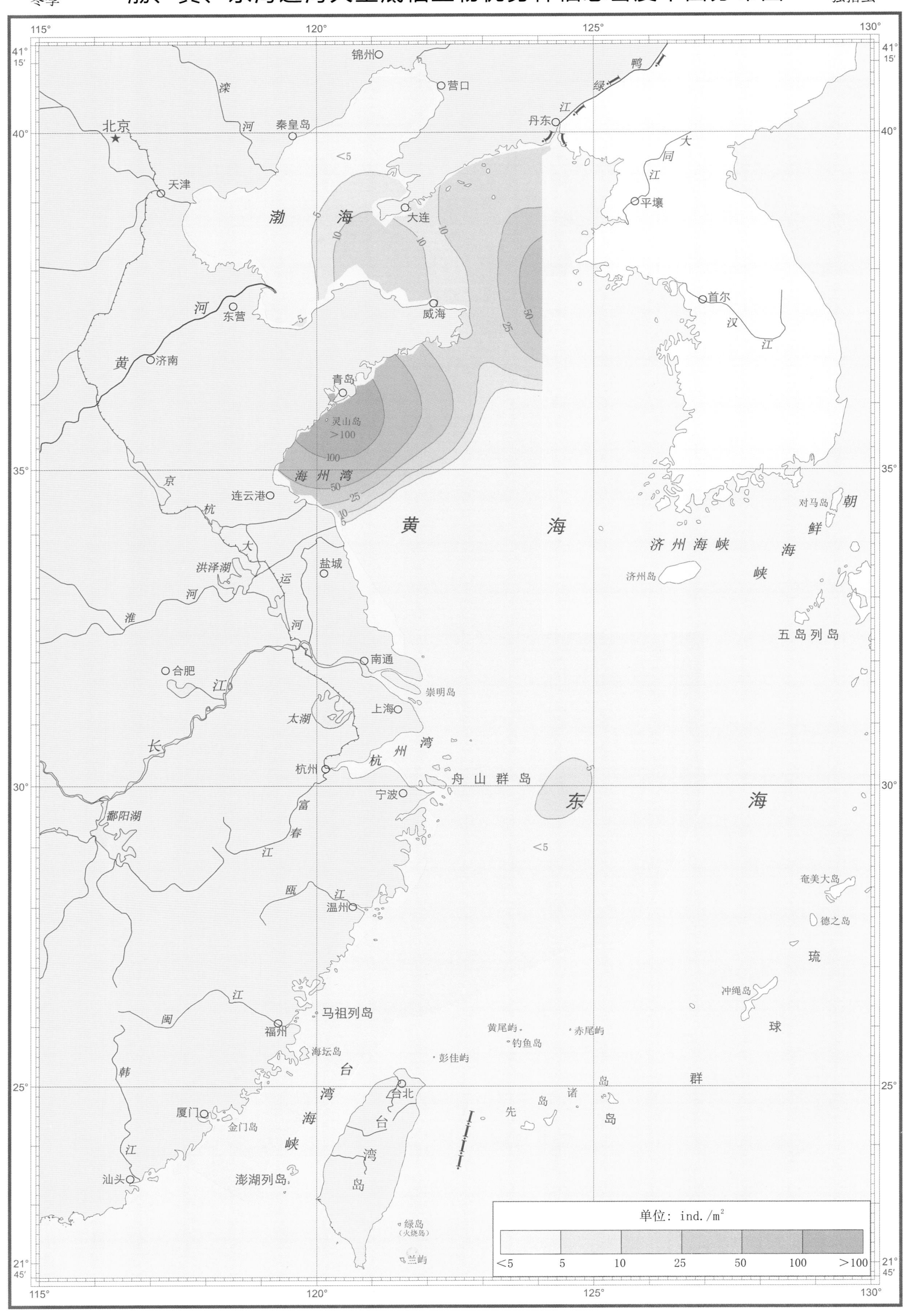

1∶7 300 000（墨卡托投影　基准纬线32°）

冬季　　渤、黄、东海近海大型底栖生物优势种栖息密度平面分布图　　寡腮齿吻沙蚕

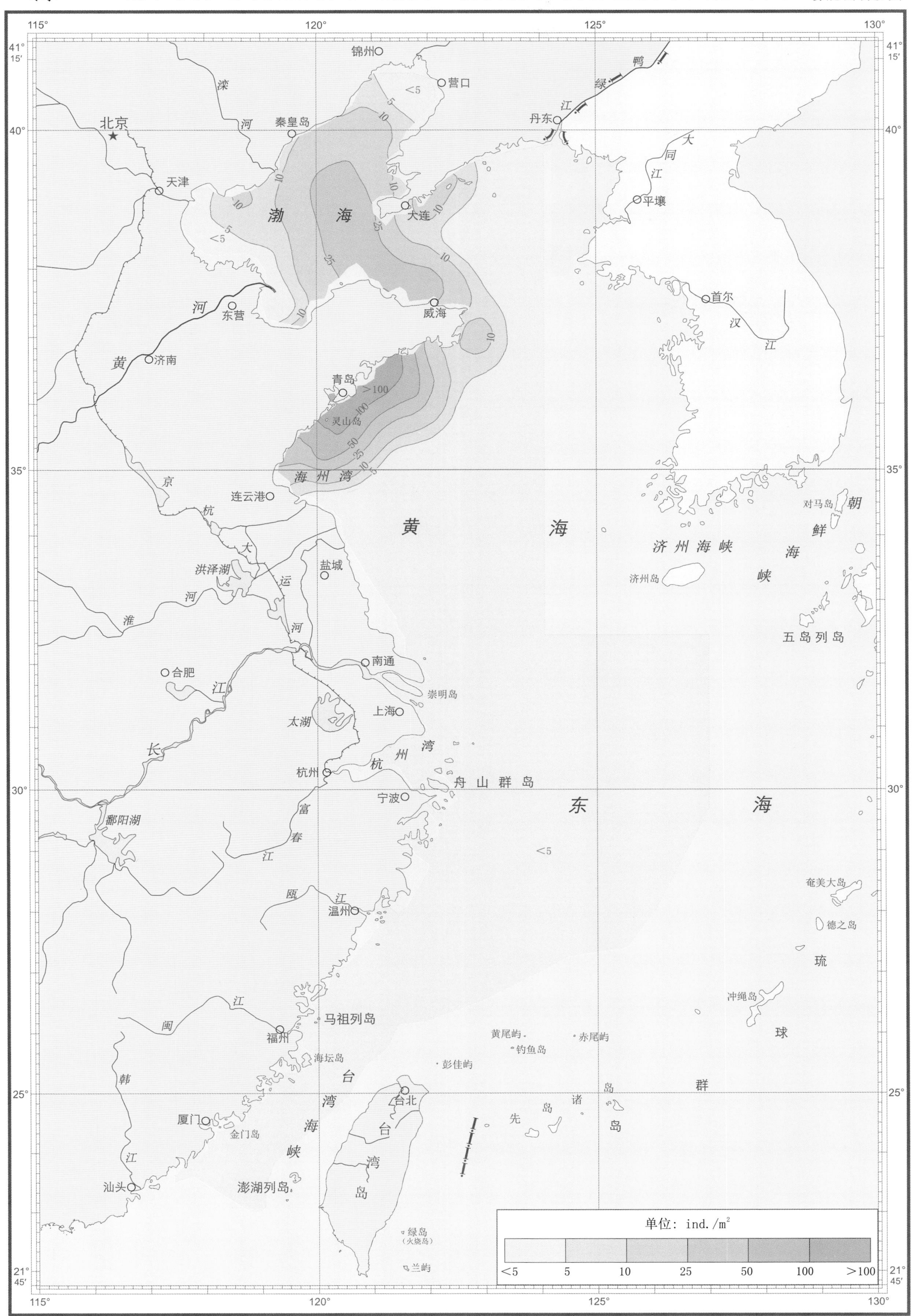

1∶7 300 000（墨卡托投影　基准纬线32°）

南海北部近海大型底栖生物总生物量平面分布图

春季

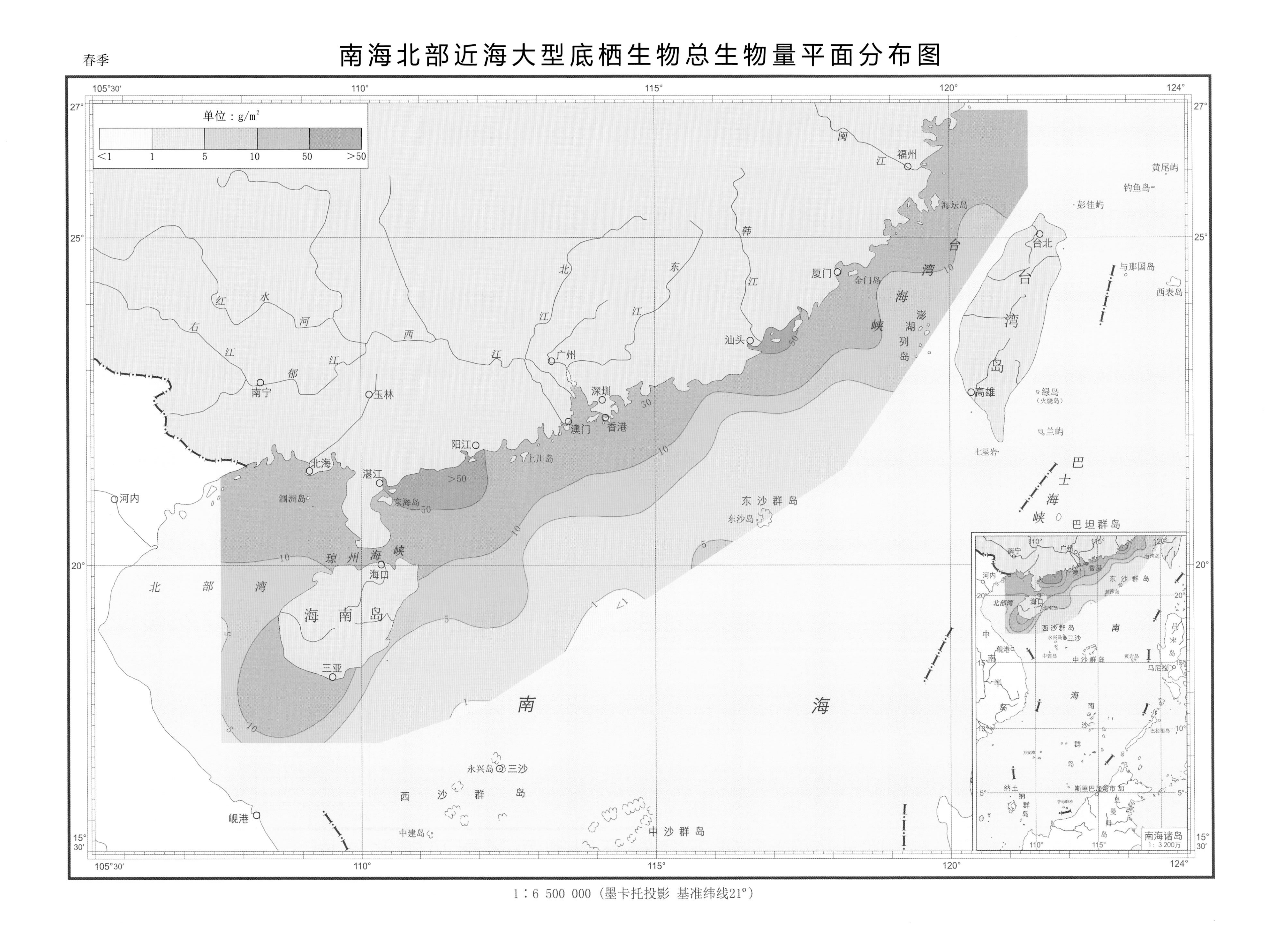

1∶6 500 000（墨卡托投影 基准纬线21°）

夏季

南海北部近海大型底栖生物总生物量密度平面分布图

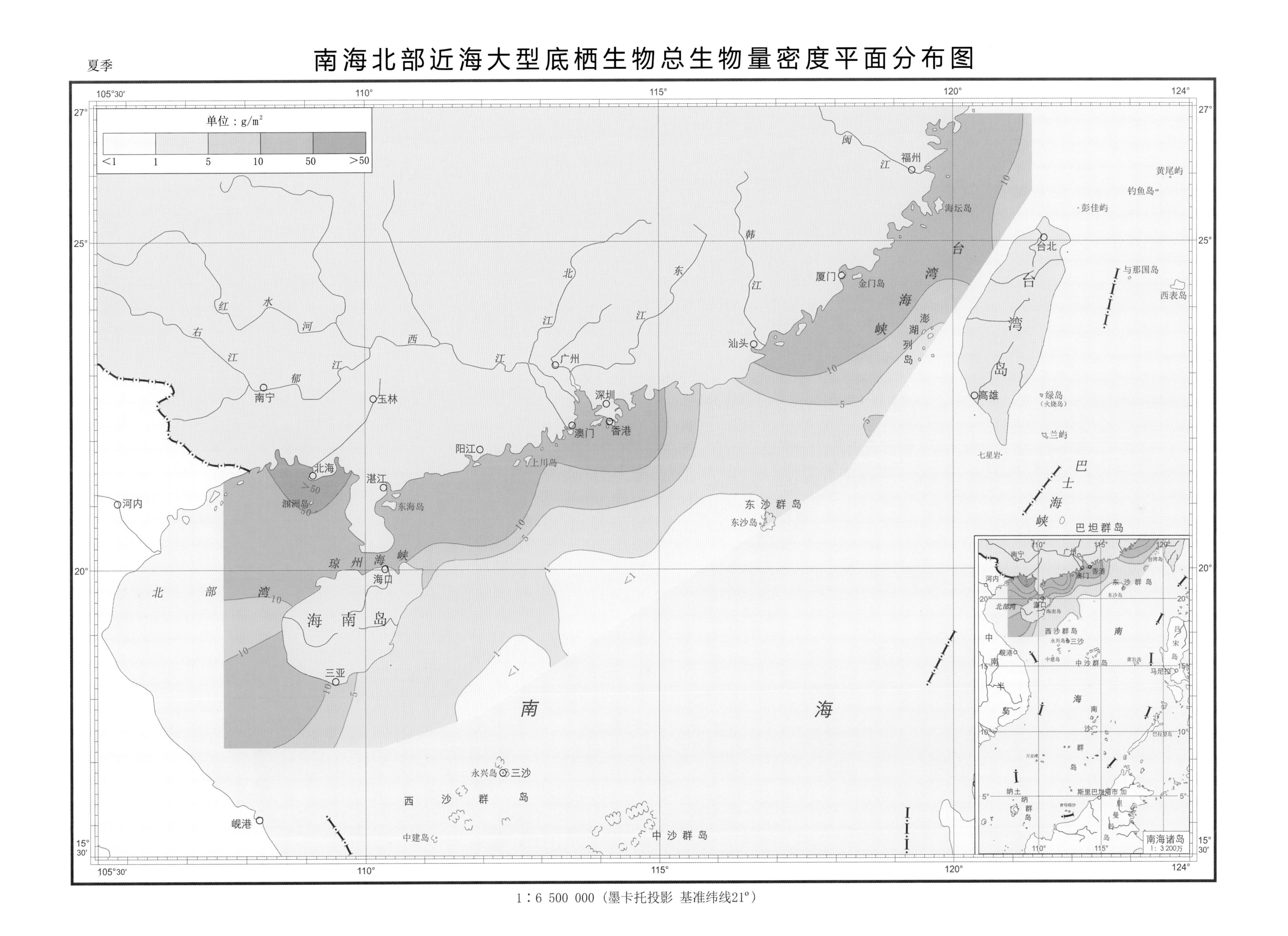

1：6 500 000（墨卡托投影 基准纬线21°）

秋季

南海北部近海大型底栖生物总生物量平面分布图

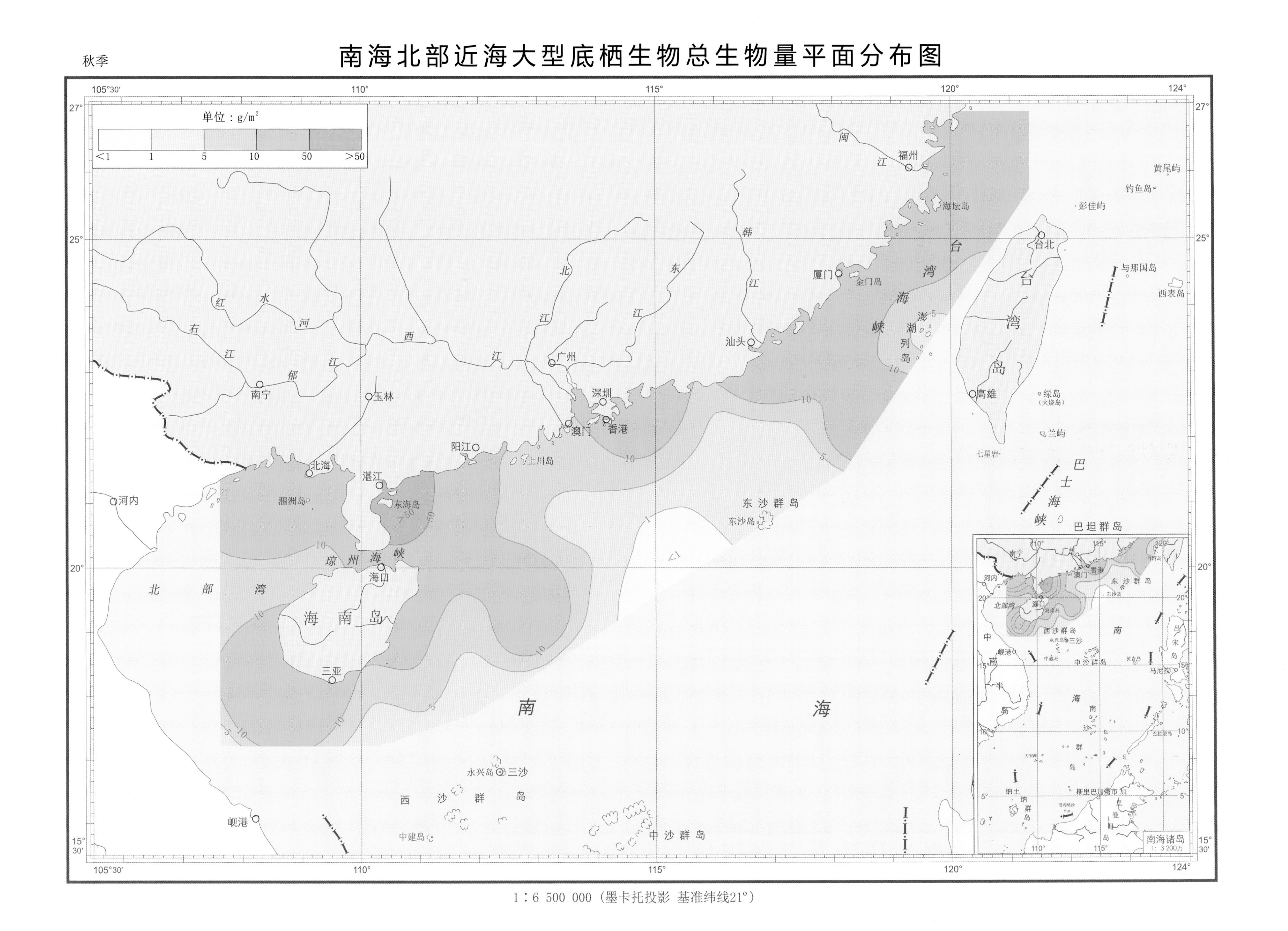

南海北部近海大型底栖生物总生物量平面分布图

冬季

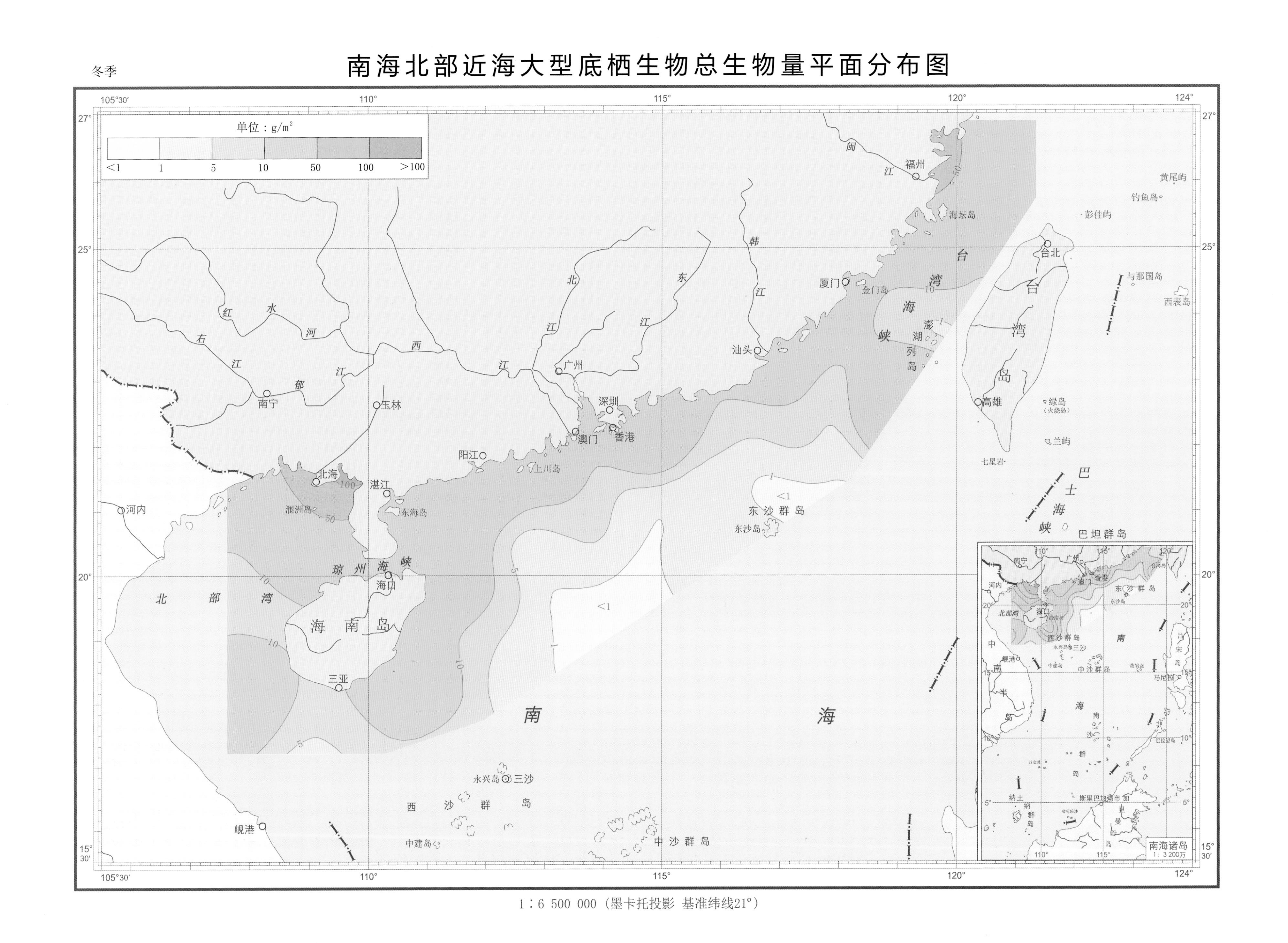

1：6 500 000（墨卡托投影 基准纬线21°）

春季

南海北部近海大型底栖生物总栖息密度平面分布图

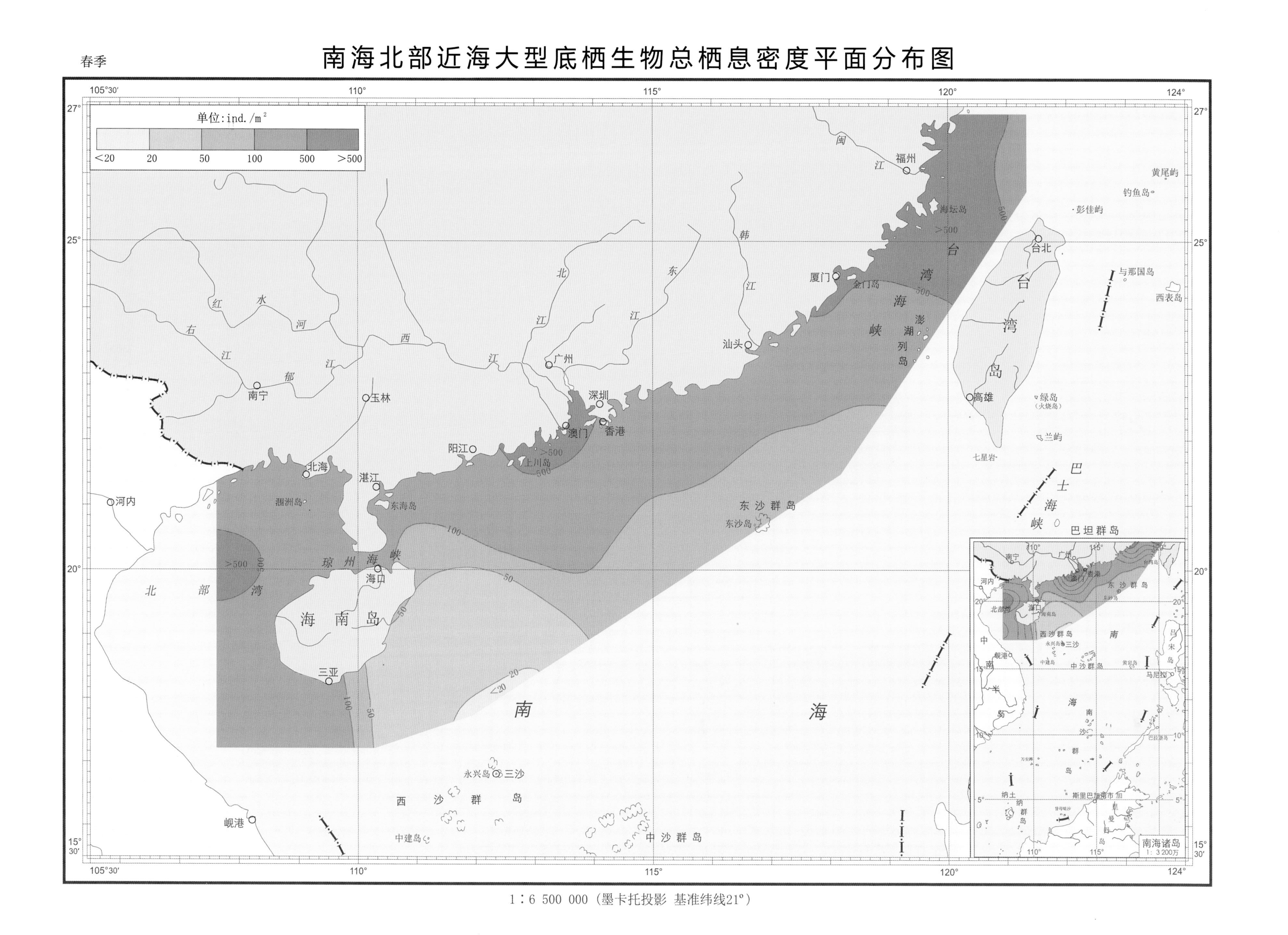

1:6 500 000（墨卡托投影 基准纬线21°）

夏季

南海北部近海大型底栖生物总栖息密度平面分布图

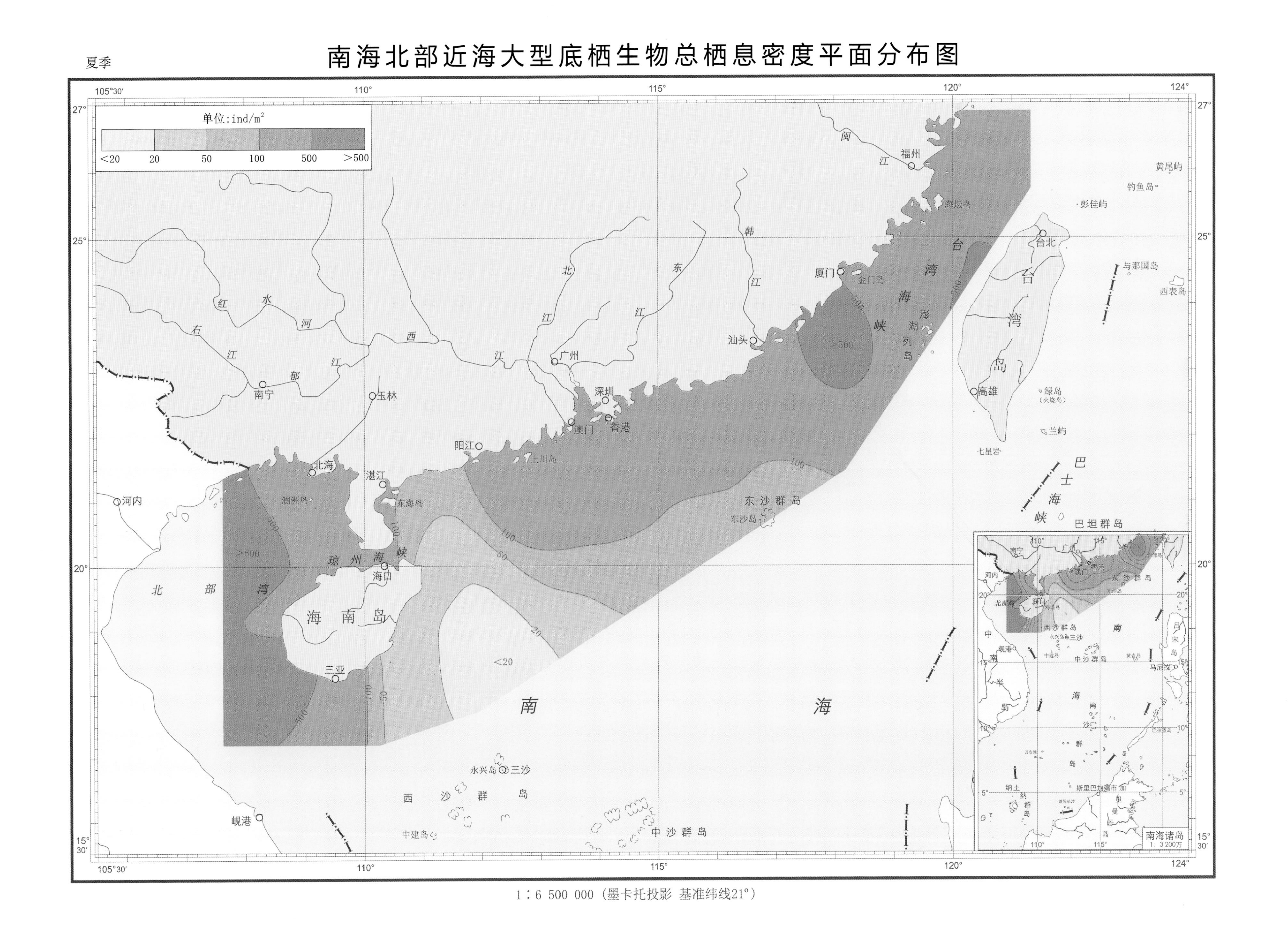

1:6 500 000(墨卡托投影 基准纬线21°)

秋季

南海北部近海大型底栖生物总栖息密度平面分布图

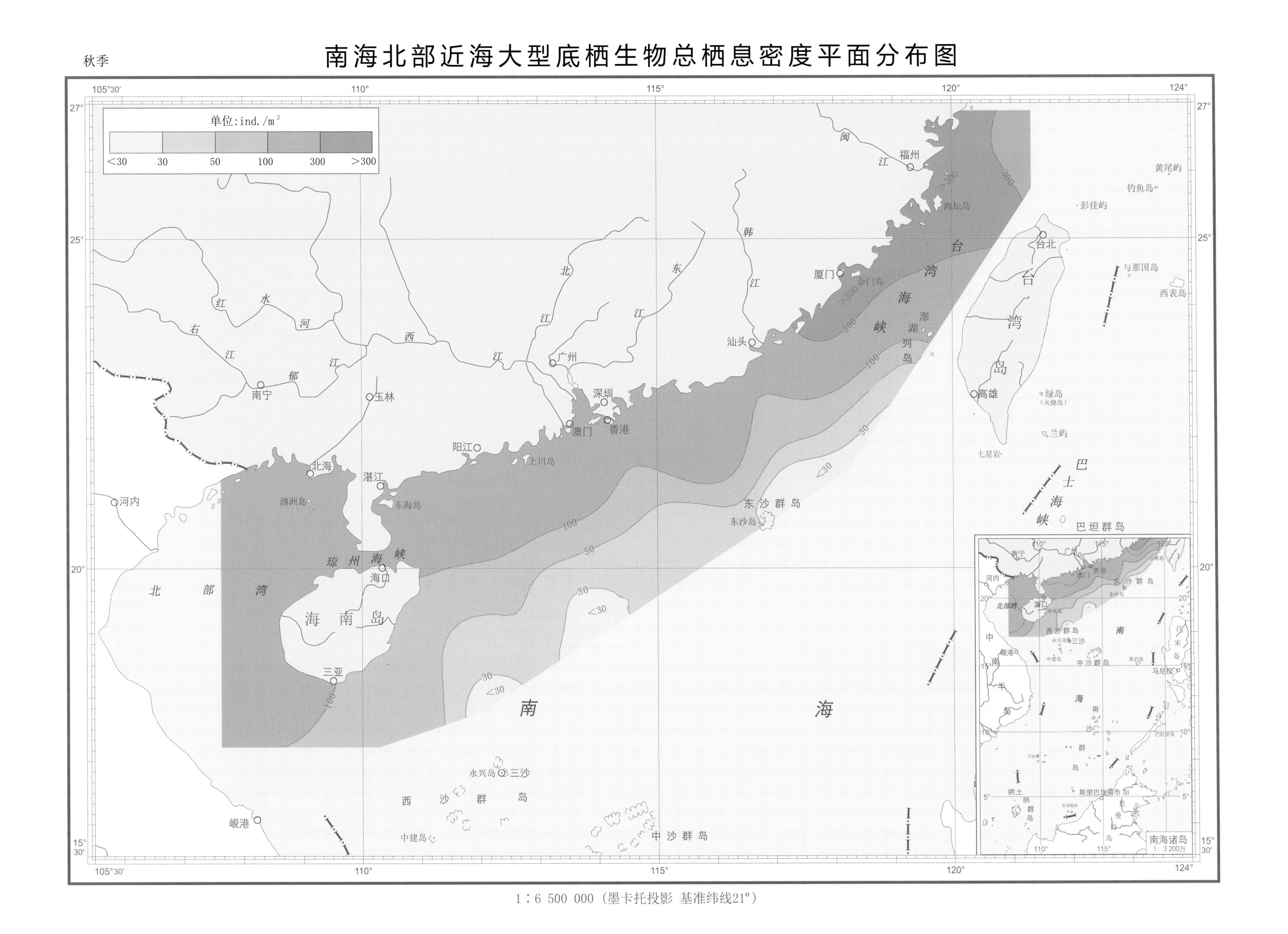

1:6 500 000（墨卡托投影 基准纬线21°）

冬季

南海北部近海大型底栖生物总栖息密度平面分布图

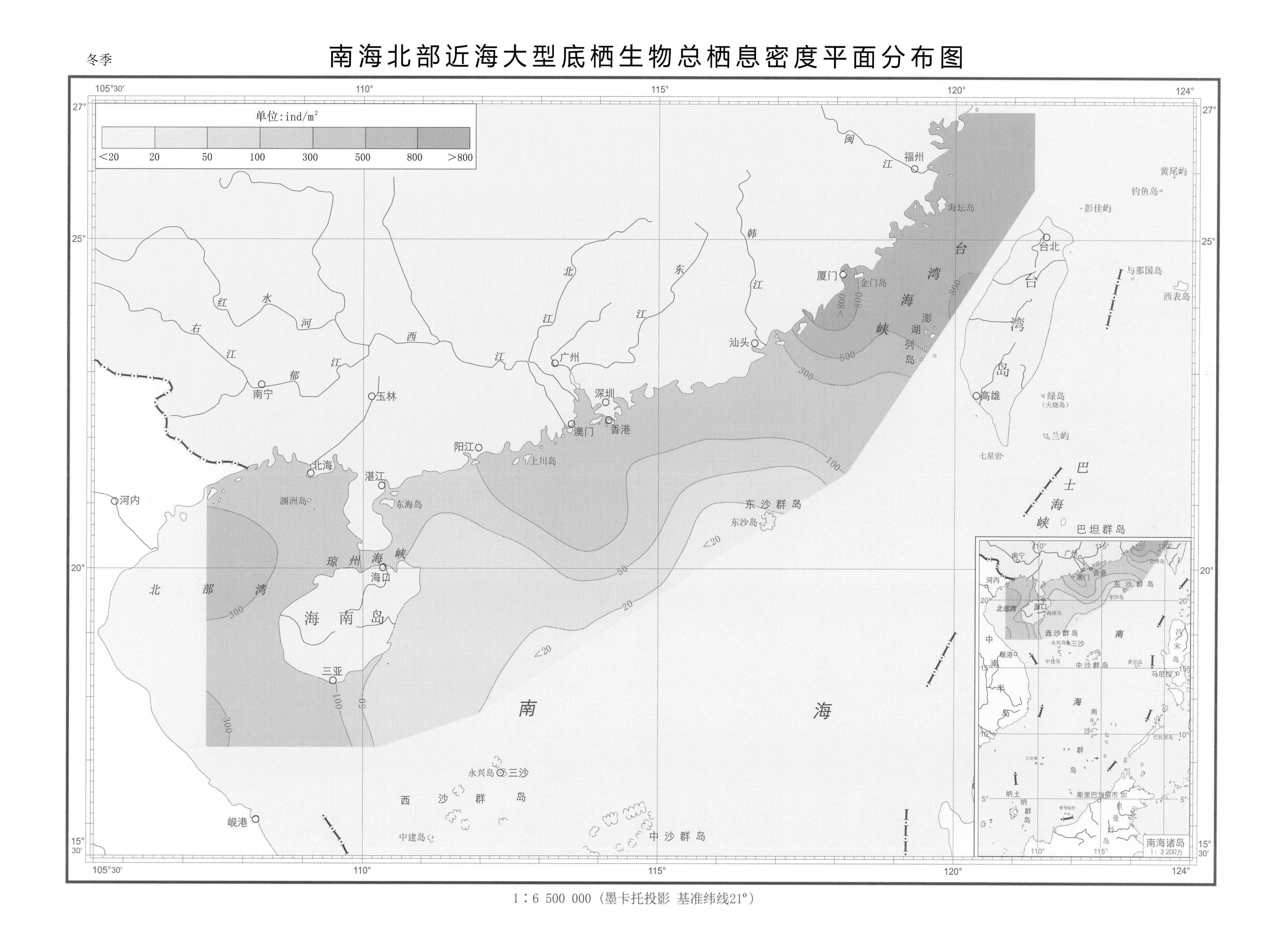

1∶6 500 000（墨卡托投影 基准纬线21°）

春季

南海北部近海大型底栖生物优势种栖息密度平面分布图

双腮内卷齿蚕

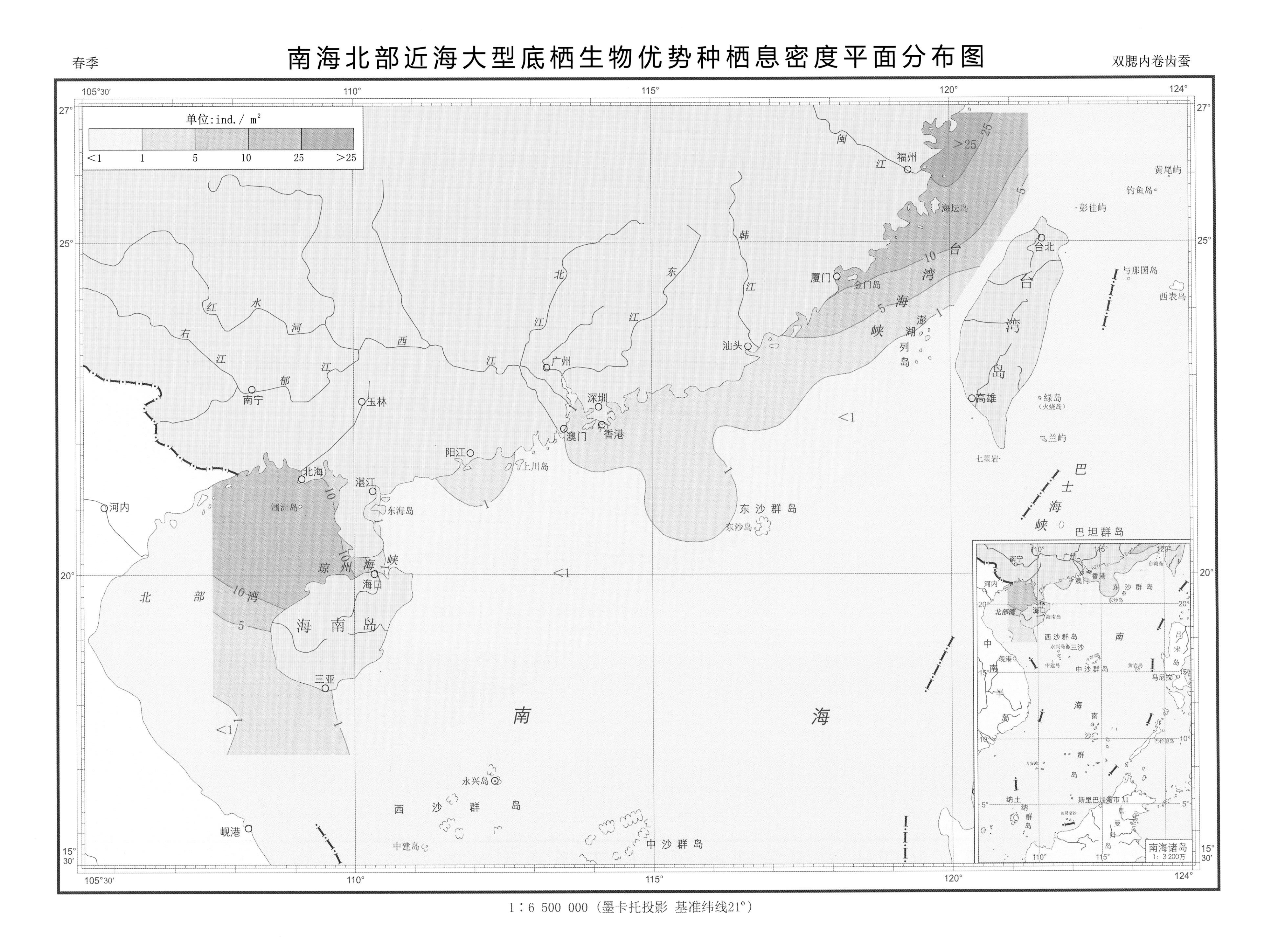

春季

南海北部近海大型底栖生物优势种栖息密度平面分布图

赛切尔泥沟虾

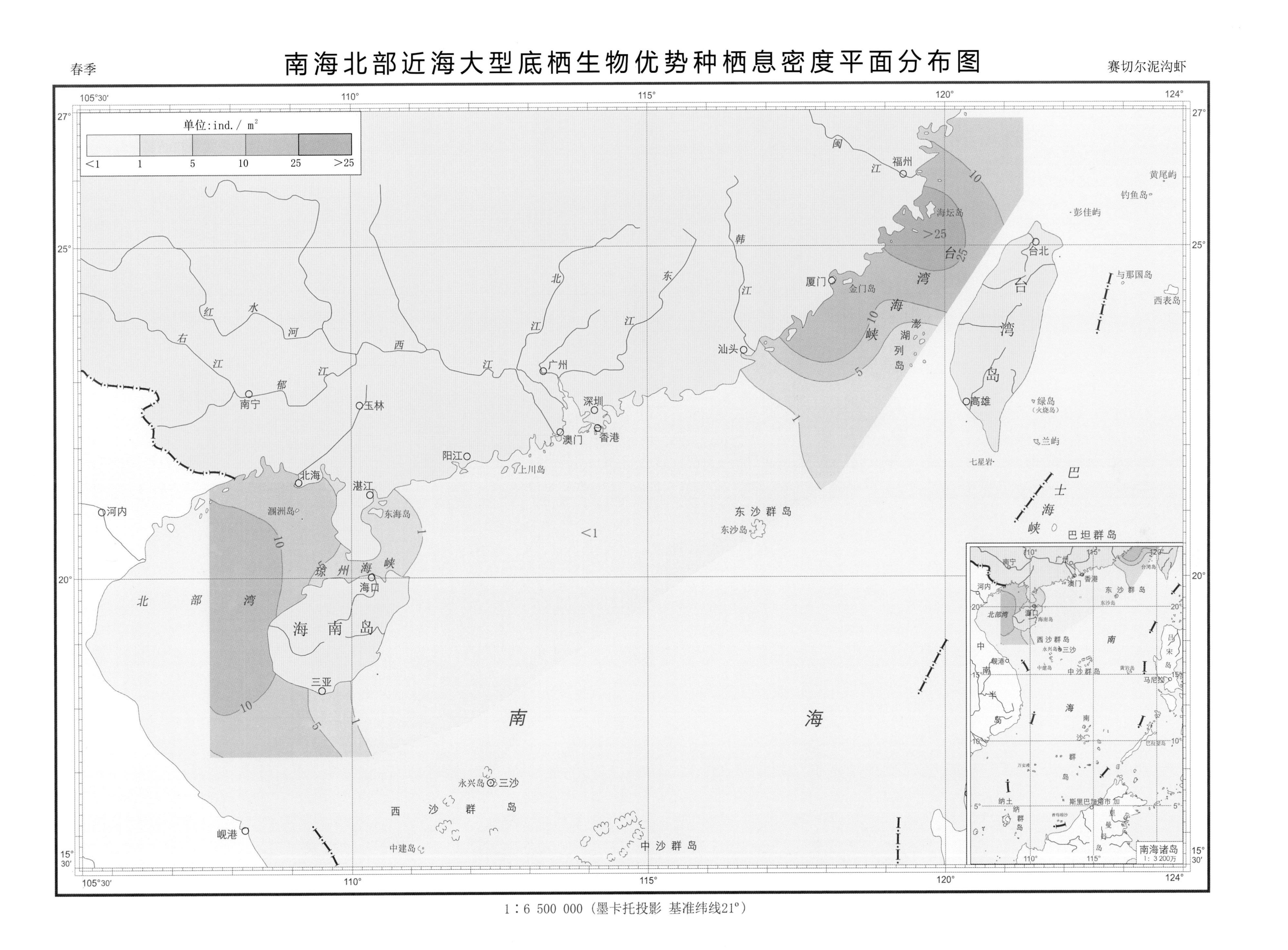

1∶6 500 000（墨卡托投影 基准纬线21°）

南海北部近海大型底栖生物优势种栖息密度平面分布图

春季　　不倒翁虫

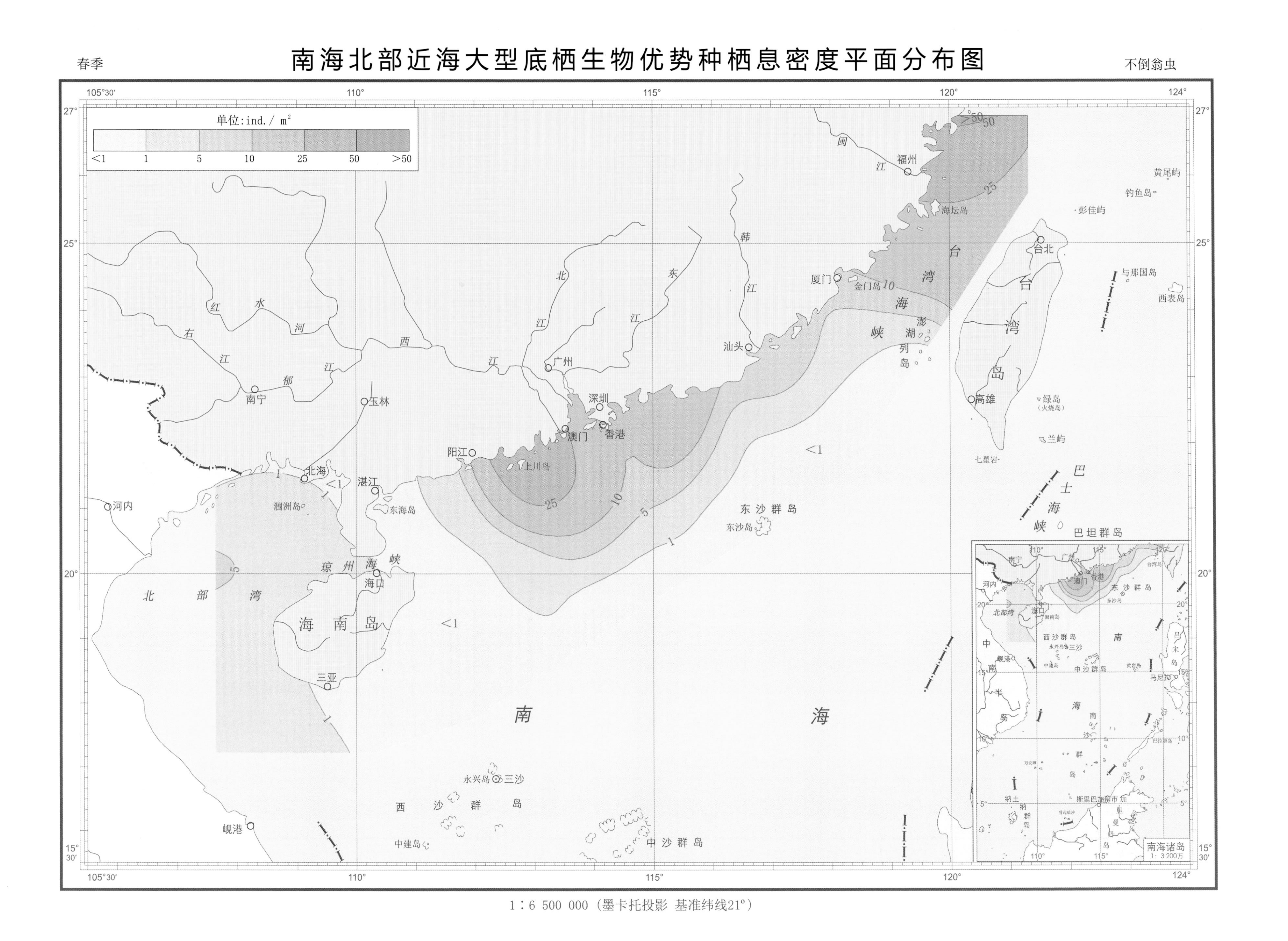

1∶6 500 000（墨卡托投影　基准纬线21°）

南海北部近海大型底栖生物优势种栖息密度平面分布图

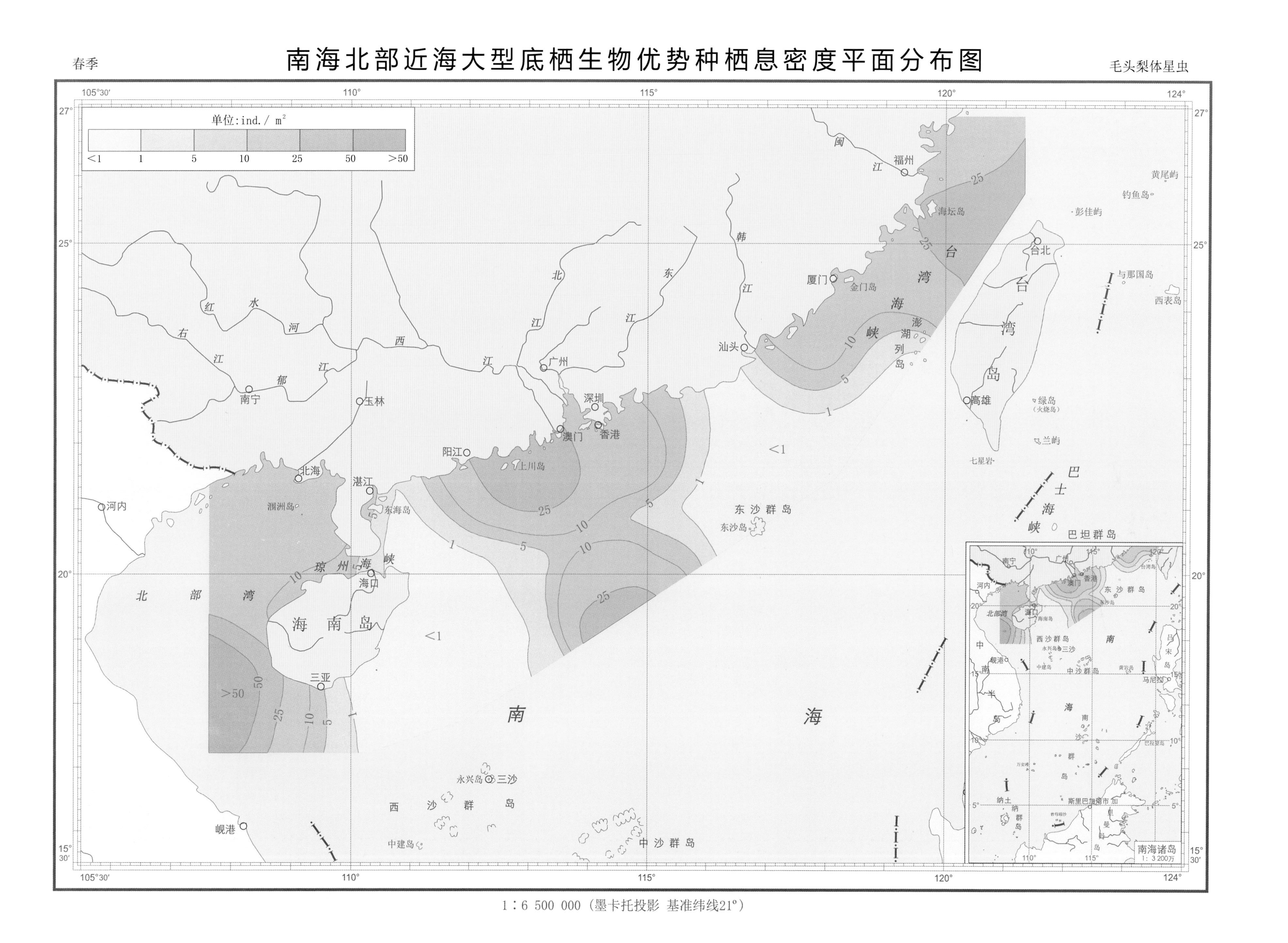

1:6 500 000(墨卡托投影 基准纬线21°)

南海北部近海大型底栖生物优势种栖息密度平面分布图

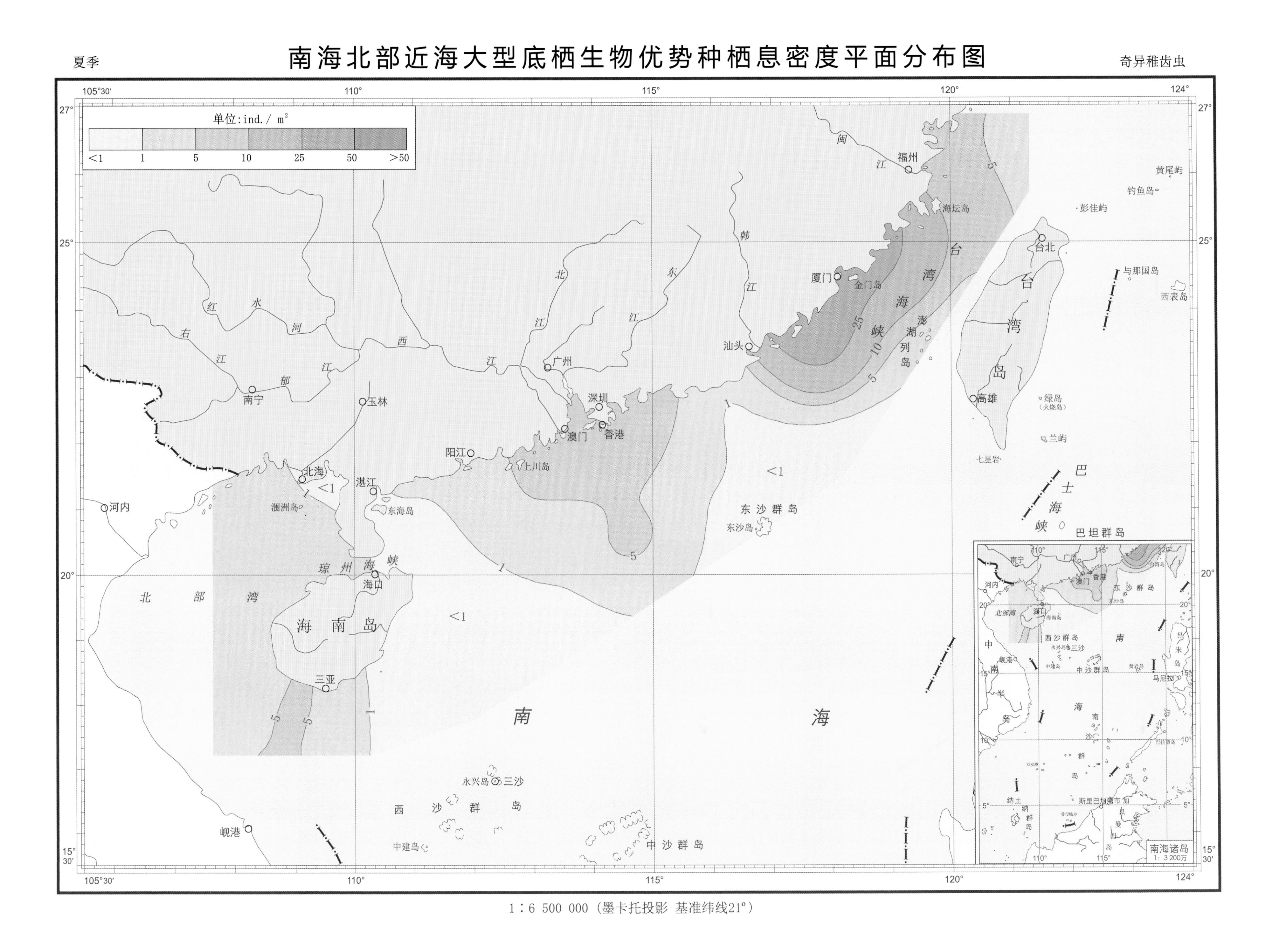

1:6 500 000(墨卡托投影 基准纬线21°)

夏季

南海北部近海大型底栖生物优势种栖息密度平面分布图

梳腮虫

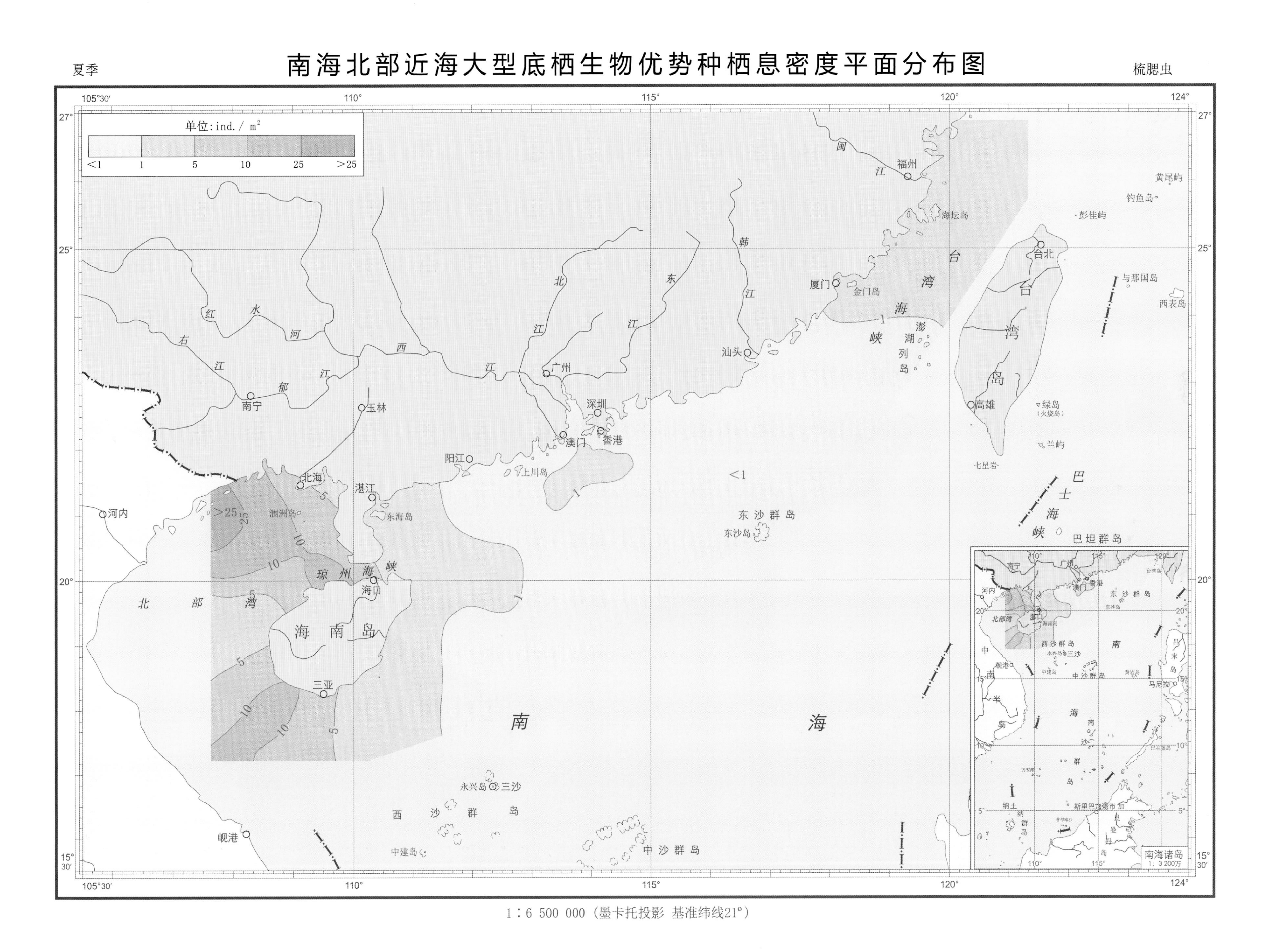

1:6 500 000（墨卡托投影 基准纬线21°）

南海北部近海大型底栖生物优势种栖息密度平面分布图

夏季

不倒翁虫

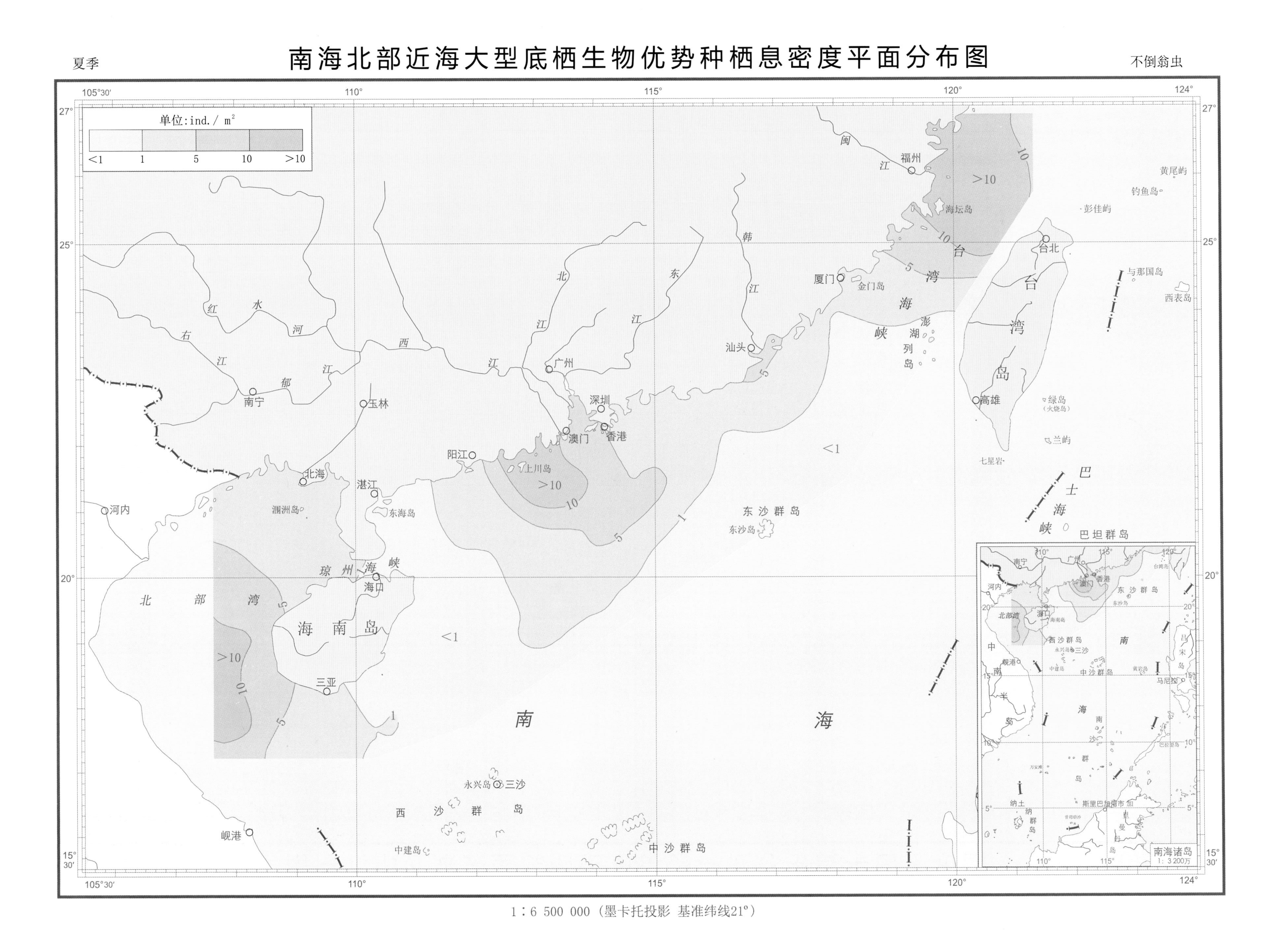

1:6 500 000（墨卡托投影 基准纬线21°）

南海北部近海大型底栖生物优势种栖息密度平面分布图

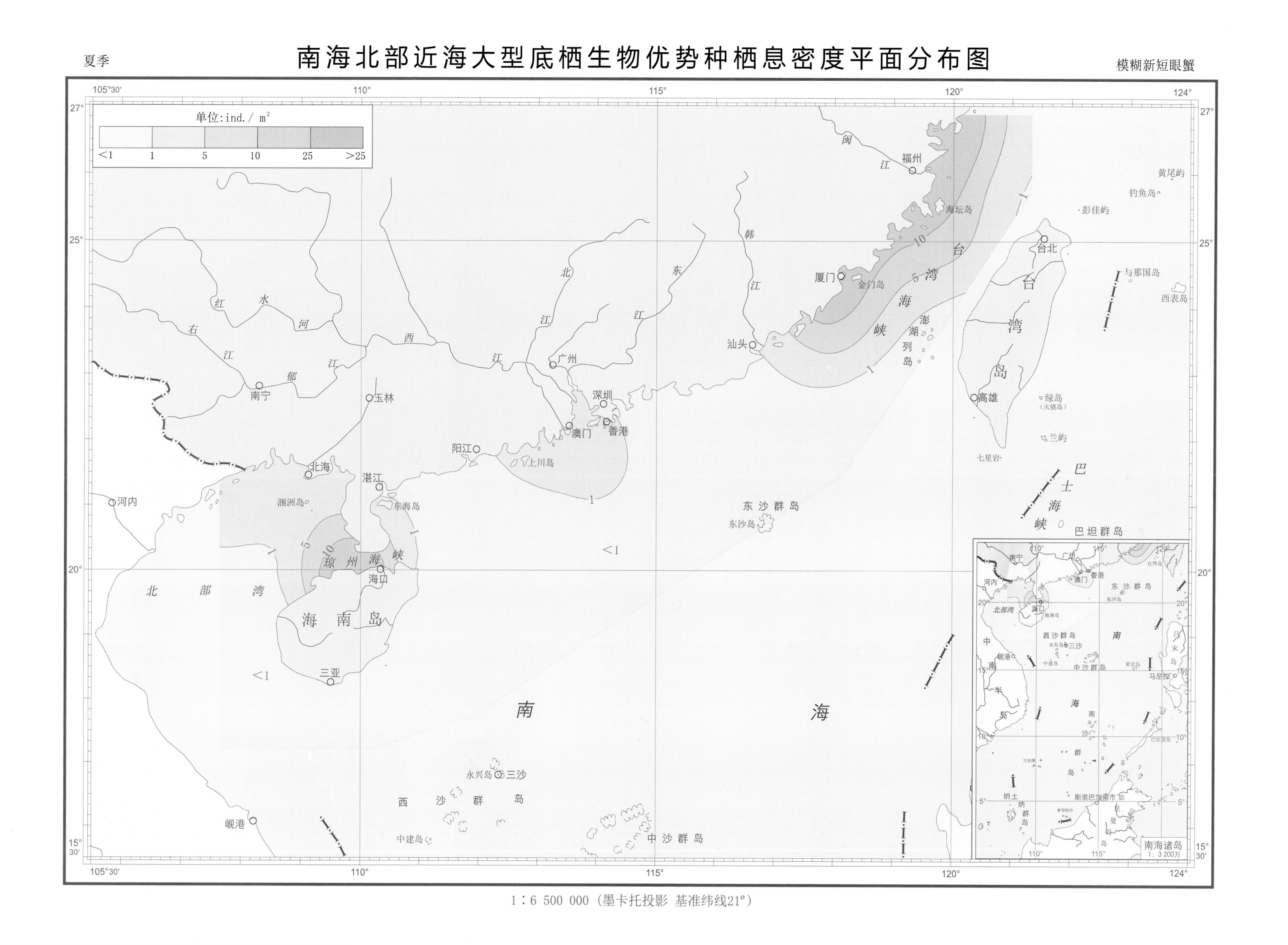

1:6 500 000(墨卡托投影 基准纬线21°)

南海北部近海大型底栖生物优势种栖息密度平面分布图

模糊新短眼蟹

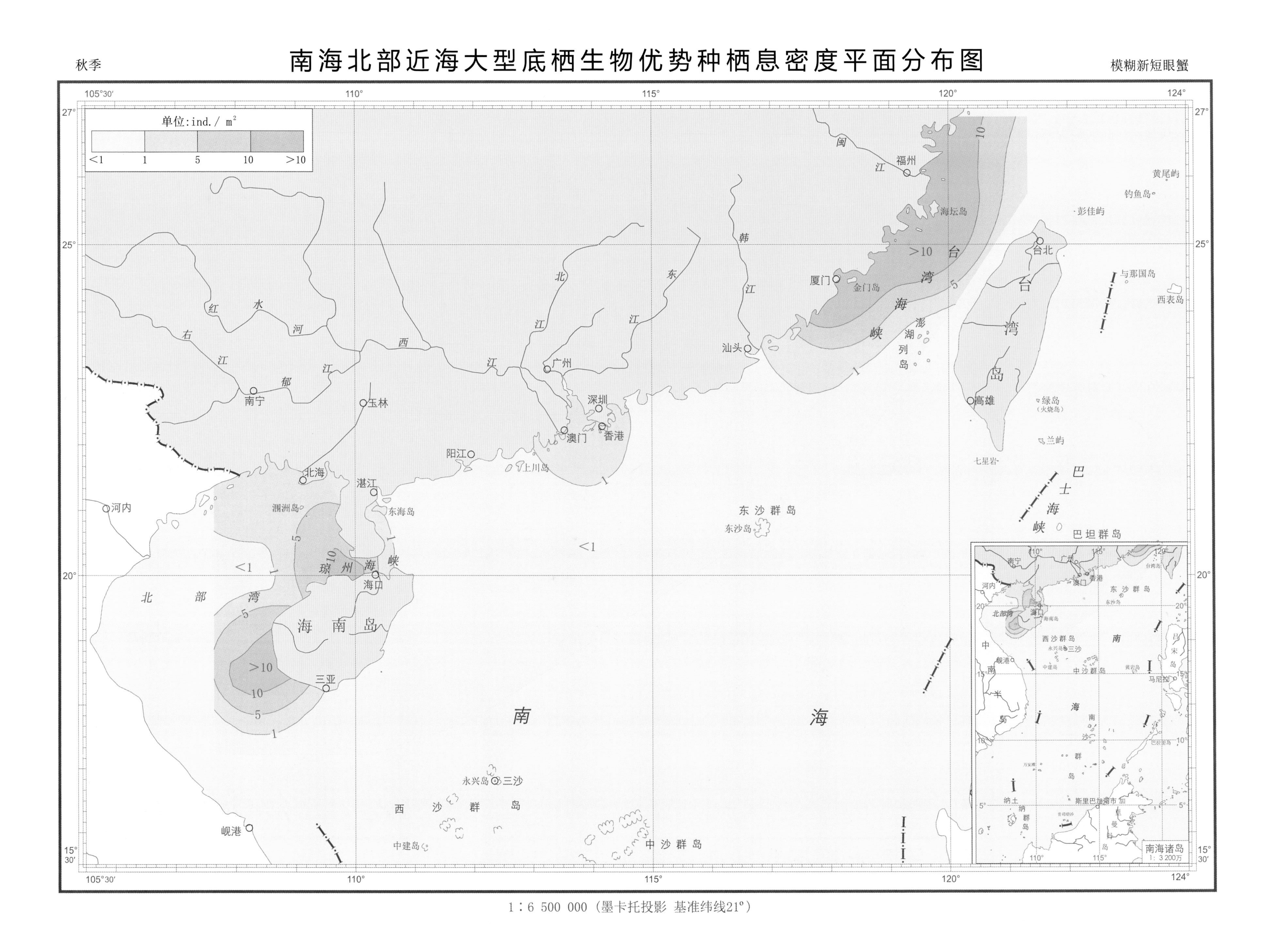

1：6 500 000（墨卡托投影 基准纬线21°）

秋季

南海北部近海大型底栖生物优势种栖息密度平面分布图

双腮内卷齿蚕

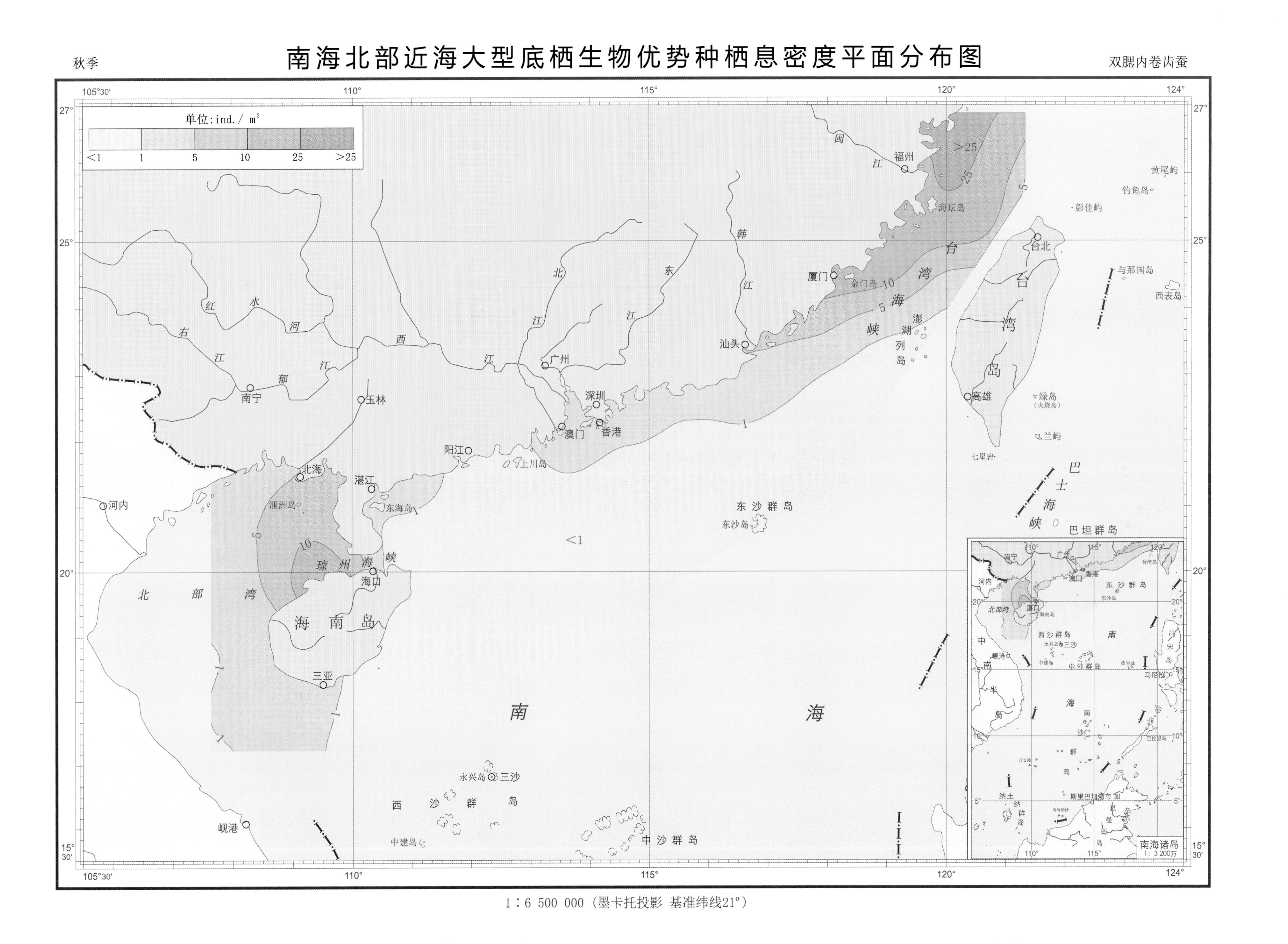

1:6 500 000(墨卡托投影 基准纬线21°)

秋季

南海北部近海大型底栖生物优势种栖息密度平面分布图

赛切尔泥沟虾

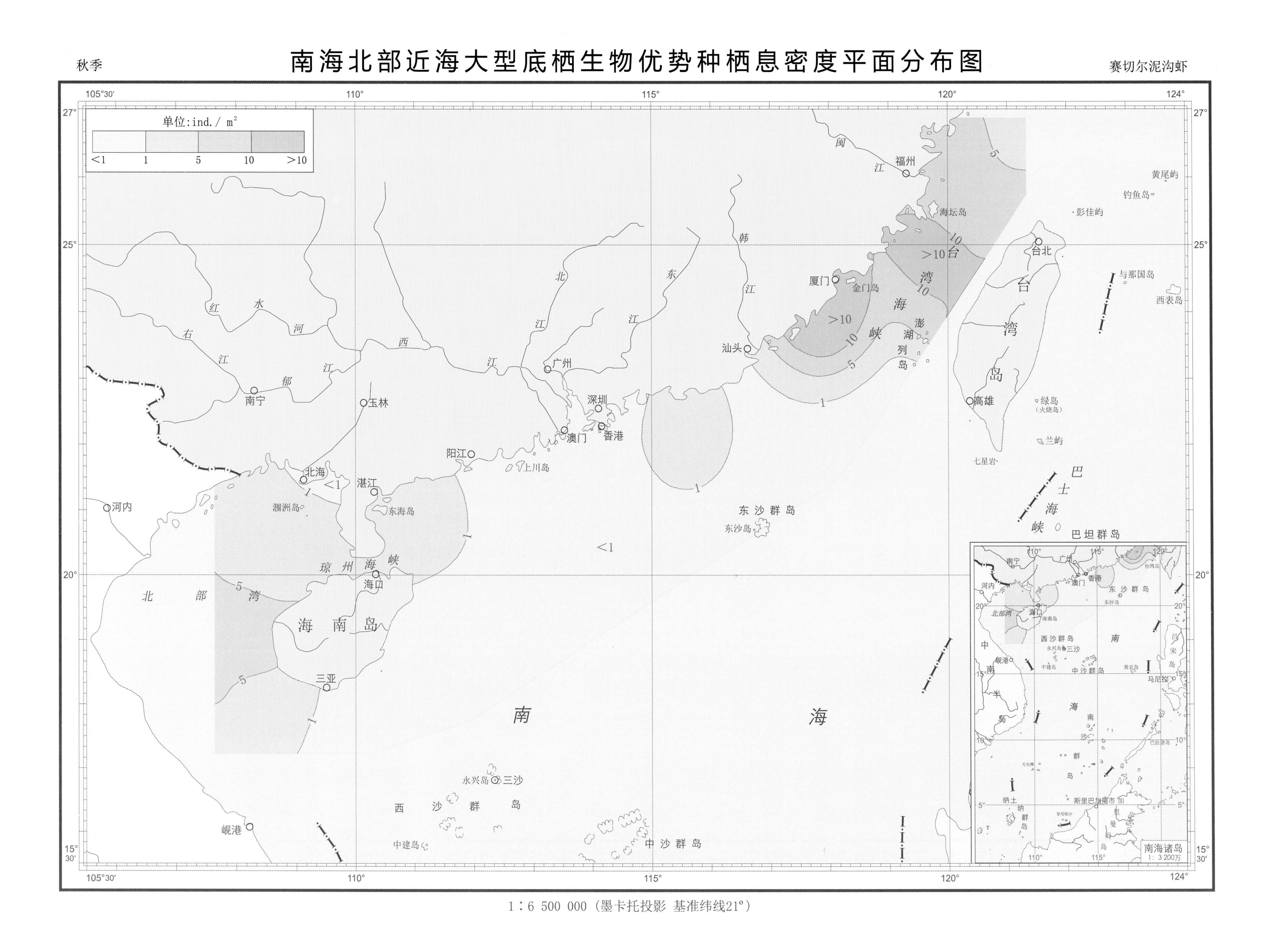

1∶6 500 000（墨卡托投影 基准纬线21°）

南海北部近海大型底栖生物优势种栖息密度平面分布图

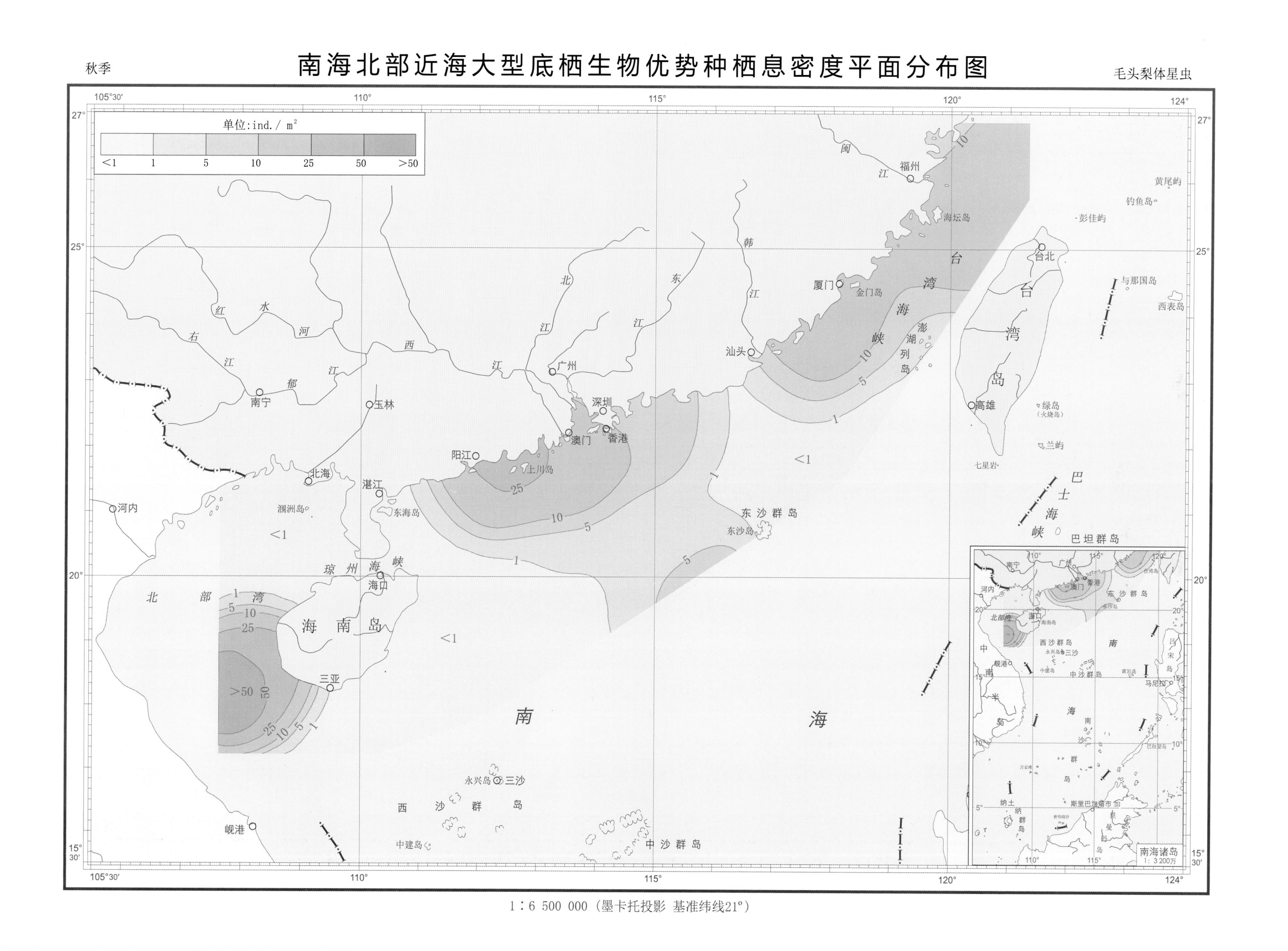

1∶6 500 000（墨卡托投影 基准纬线21°）

南海北部近海大型底栖生物优势种栖息密度平面分布图

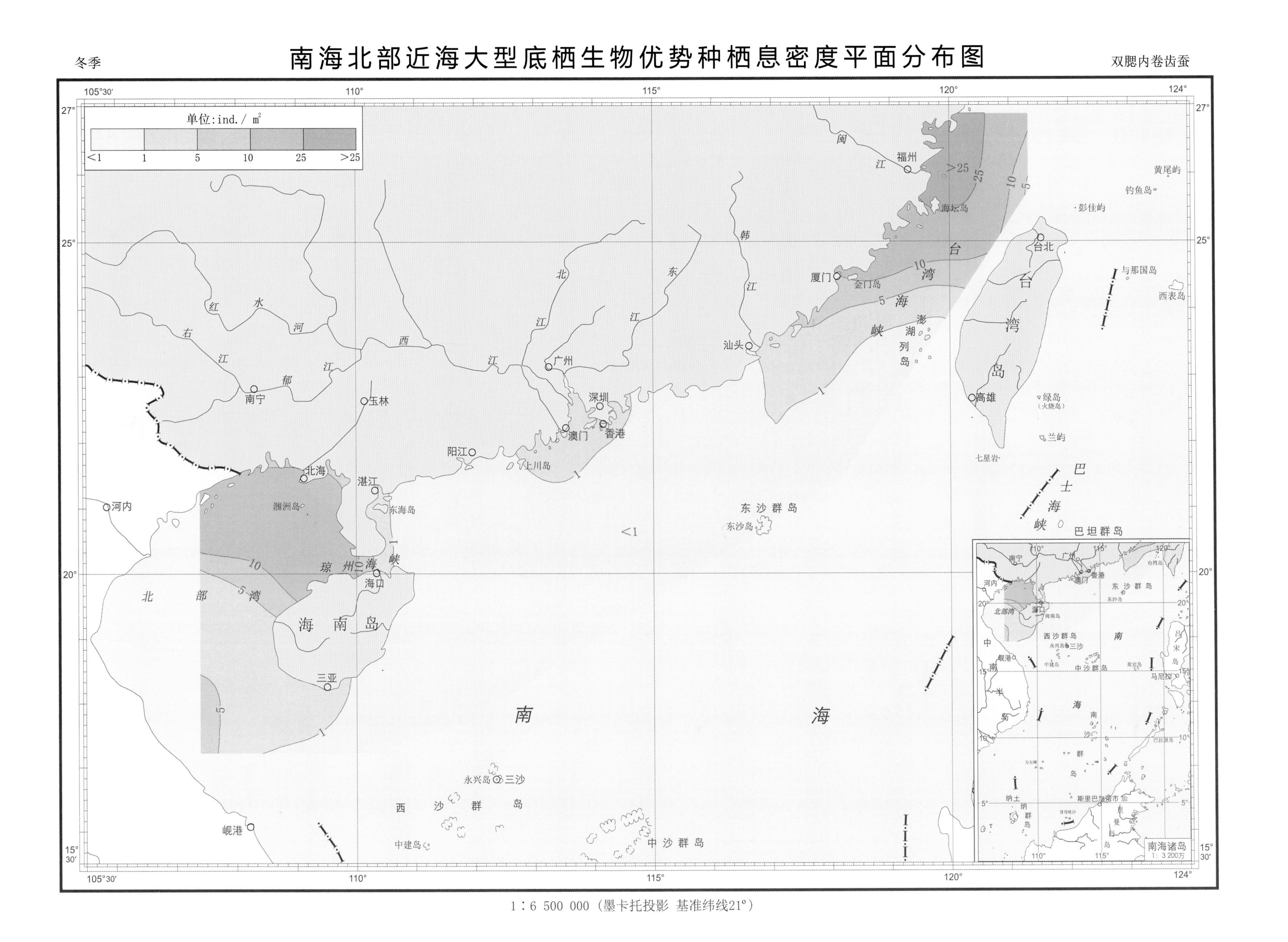

1：6 500 000（墨卡托投影 基准纬线21°）

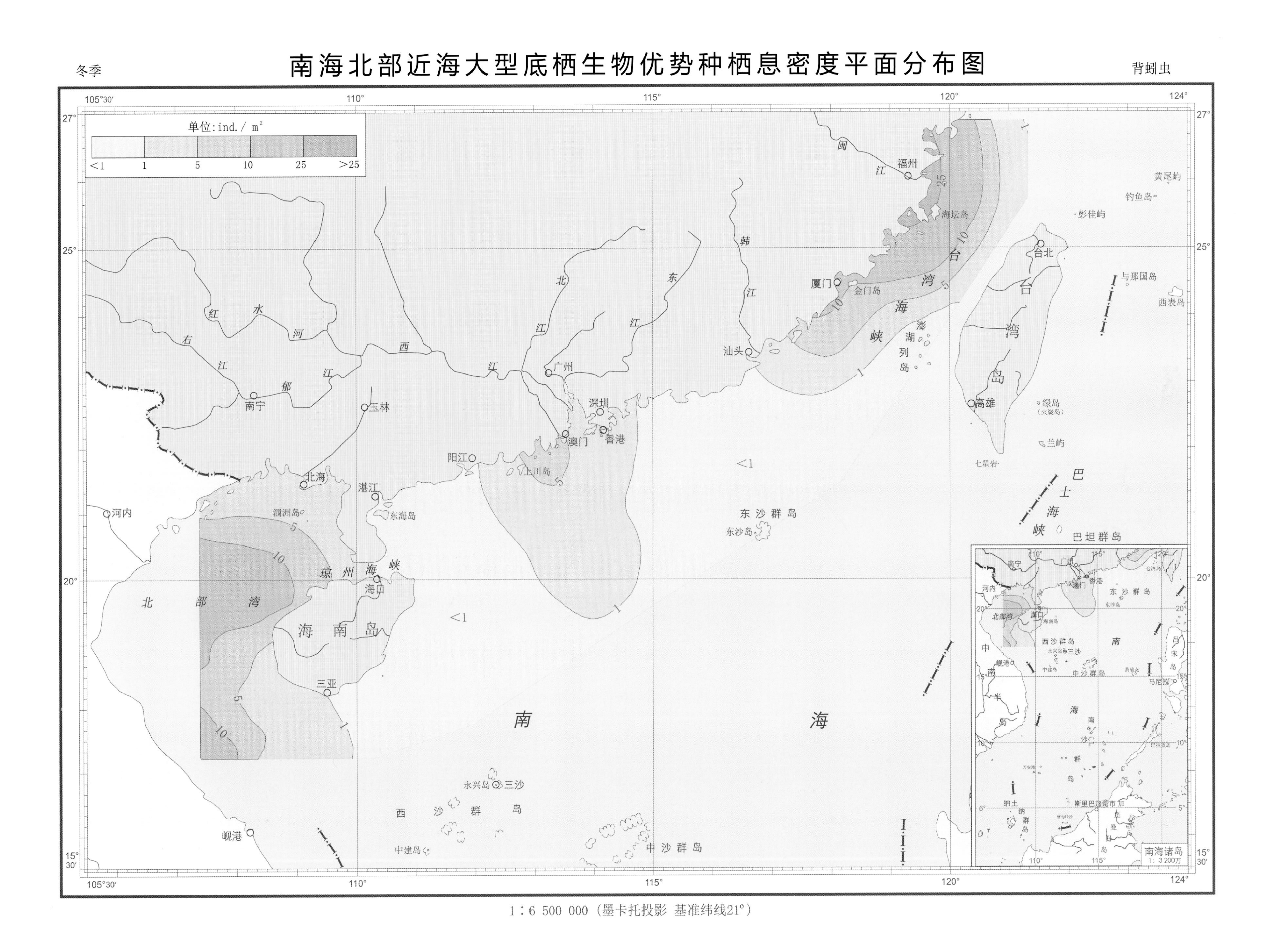
冬季
南海北部近海大型底栖生物优势种栖息密度平面分布图
背蚓虫
单位:ind./m²
<1
1
5
10
25
>25
福州
闽
江
海坛岛
厦门
金门岛
台湾海峡
澎湖列岛
汕头
韩
江
台北
台湾岛
高雄
绿岛
(火烧岛)
兰屿
七星岩
钓鱼岛
黄尾屿
彭佳屿
与那国岛
西表岛
巴士海峡
巴坦群岛
东沙群岛
东沙岛
东
江
北
江
西
江
广州
深圳
香港
澳门
上川岛
阳江
红水河
右江
郁
江
南宁
玉林
北海
湛江
东海岛
涠洲岛
河内
琼州海峡
海口
海南岛
三亚
北部湾
岘港
南海
永兴岛
三沙
西沙群岛
中建岛
中沙群岛
南海诸岛
1:3 200万
1:6 500 000（墨卡托投影 基准纬线21°）

南海北部近海大型底栖生物优势种栖息密度平面分布图

冬季　　模糊新短眼蟹

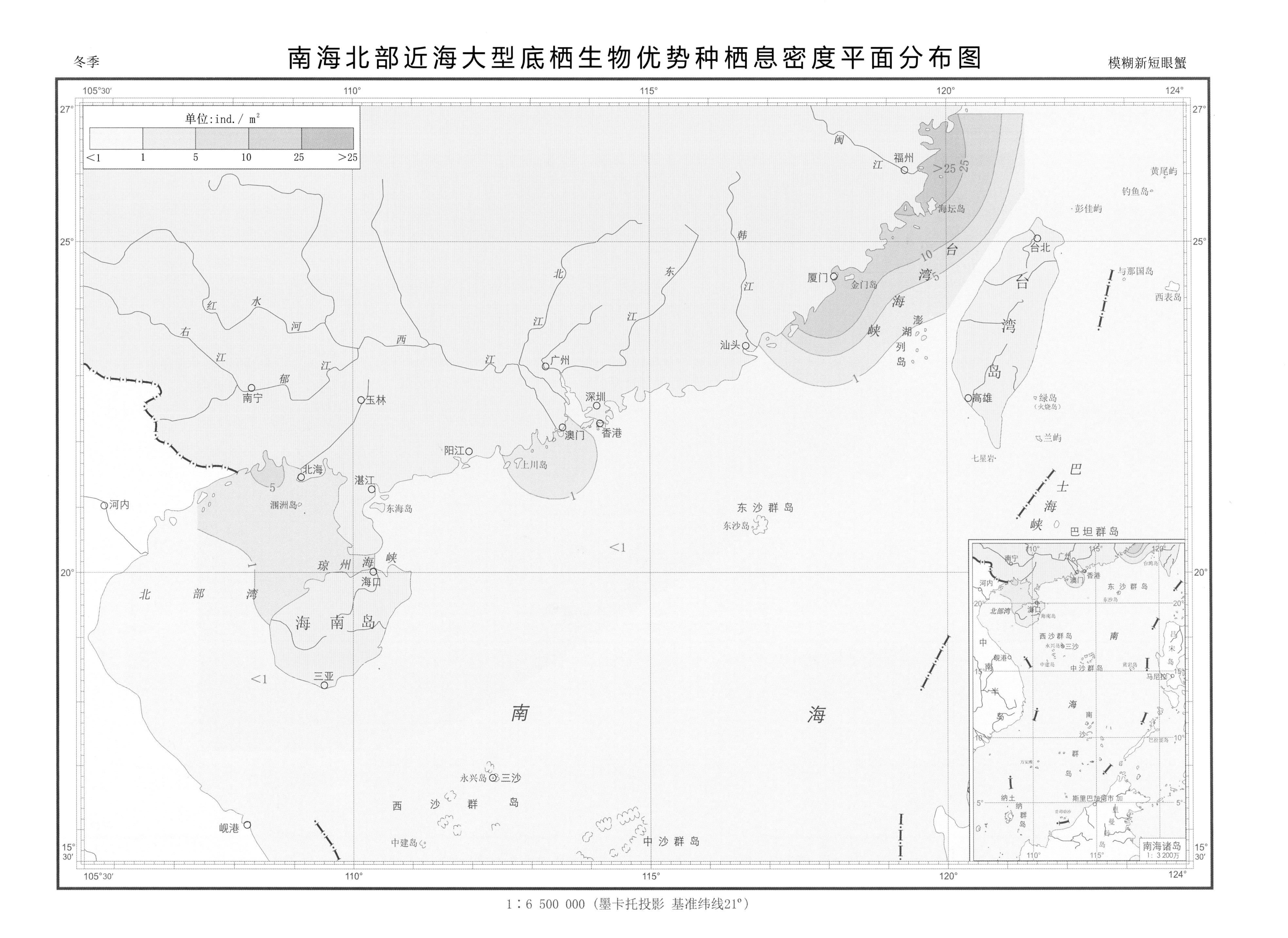

1：6 500 000（墨卡托投影 基准纬线21°）

南海北部近海大型底栖生物优势种栖息密度平面分布图

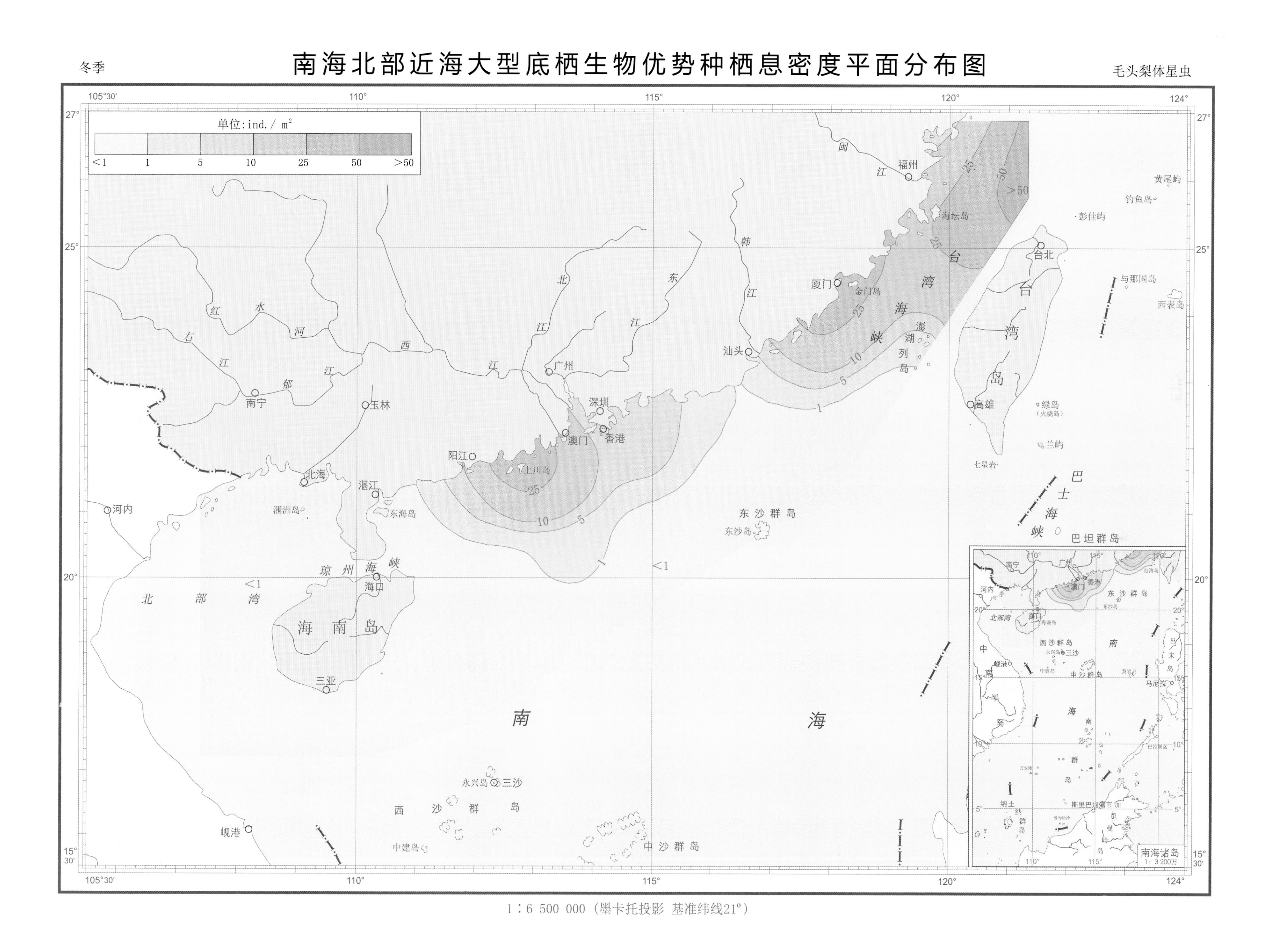

1:6 500 000（墨卡托投影 基准纬线21°）

春季

调查海域大型底栖生物总生物量平面分布图

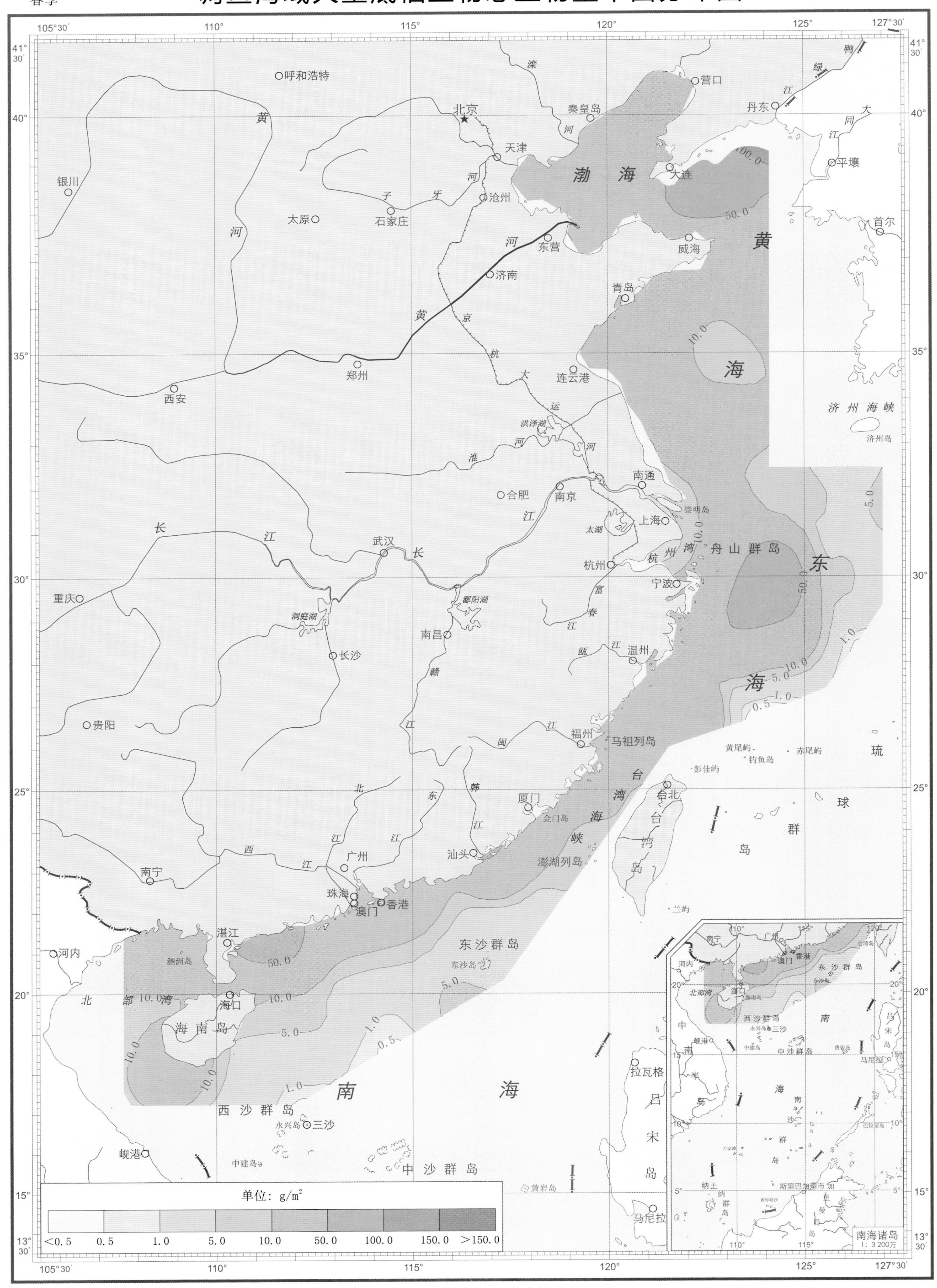

1：10 000 000（墨卡托投影 基准纬线30°）

夏季

调查海域大型底栖生物总生物量平面分布图

1：10 000 000（墨卡托投影 基准纬线30°）

调查海域大型底栖生物总生物量平面分布图

1∶10 000 000（墨卡托投影 基准纬线30°）

冬季

调查海域大型底栖生物总生物量平面分布图

1：10 000 000（墨卡托投影 基准纬线30°）

春季　调查海域大型底栖生物总栖息密度平面分布图

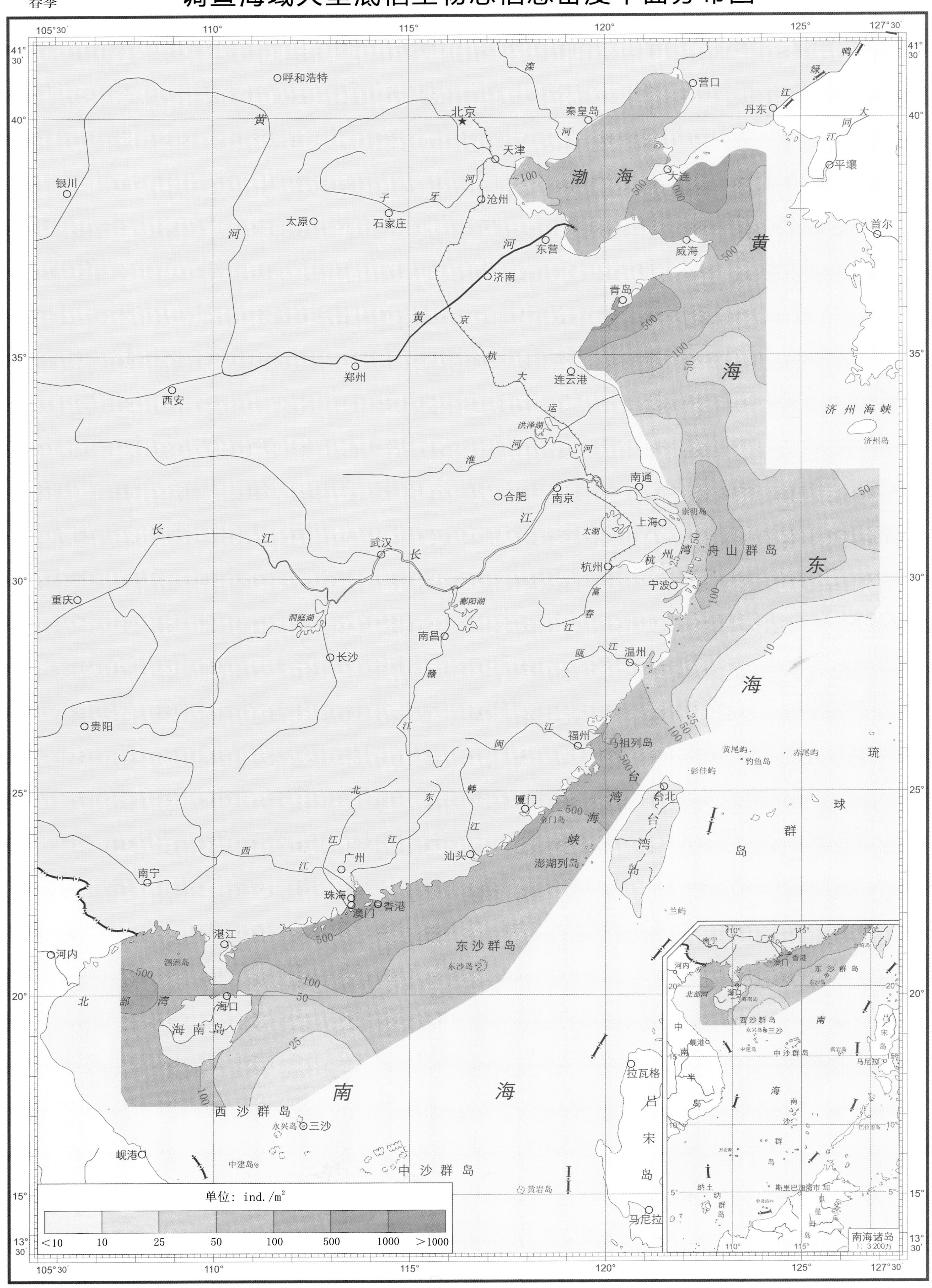

1：10 000 000（墨卡托投影 基准纬线30°）

夏季

调查海域大型底栖生物总栖息密度平面分布图

1：10 000 000（墨卡托投影 基准纬线30°）

调查海域大型底栖生物总栖息密度平面分布图

1：10 000 000（墨卡托投影 基准纬线30°）

冬季

调查海域大型底栖生物总栖息密度平面分布图

1：10 000 000（墨卡托投影 基准纬线30°）

游　泳　动　物

春季 渤、黄、东海近海游泳动物总重量平面分布图

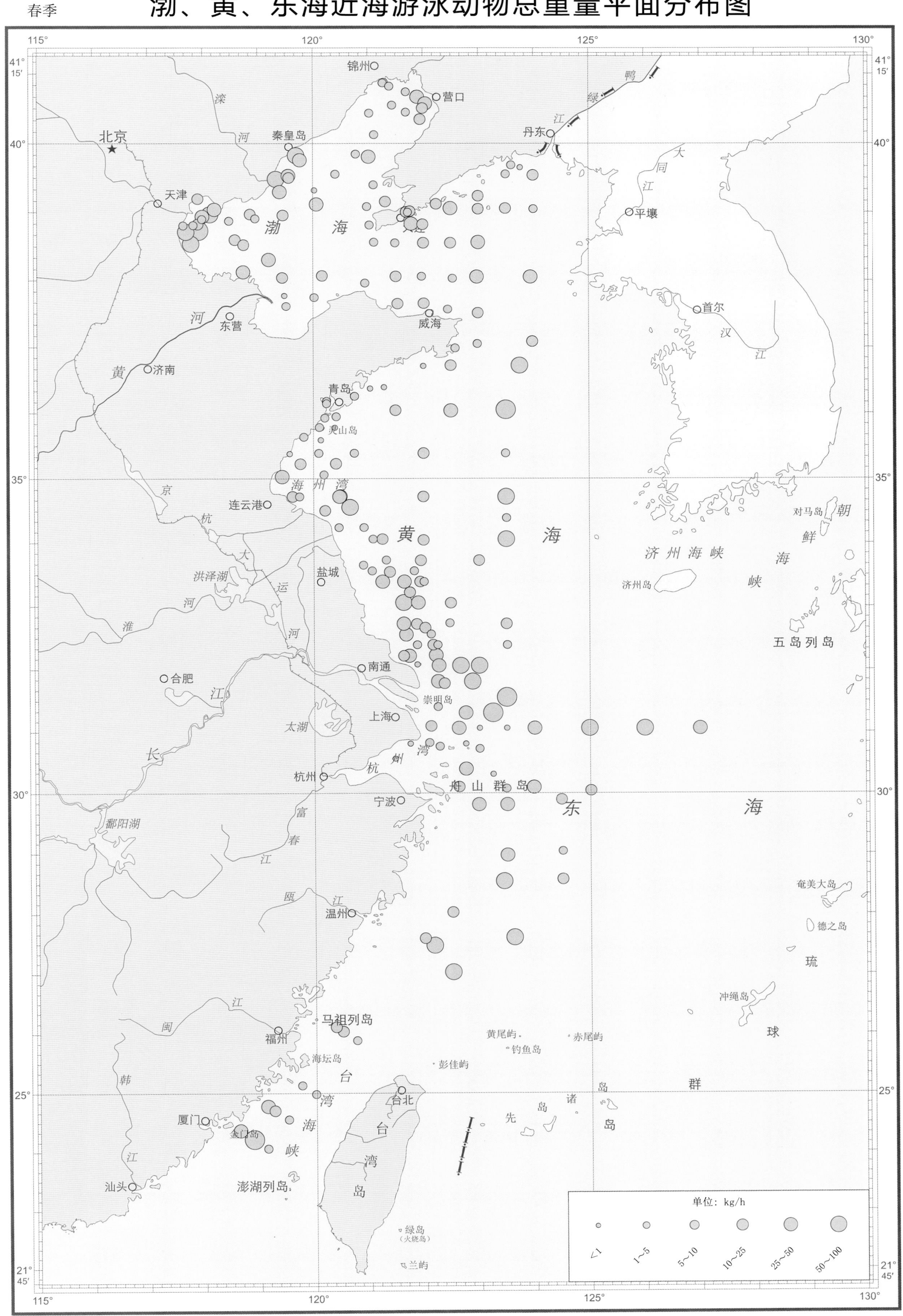

1：7 300 000（墨卡托投影 基准纬线32°）

夏季

渤、黄、东海近海游泳动物总重量平面分布图

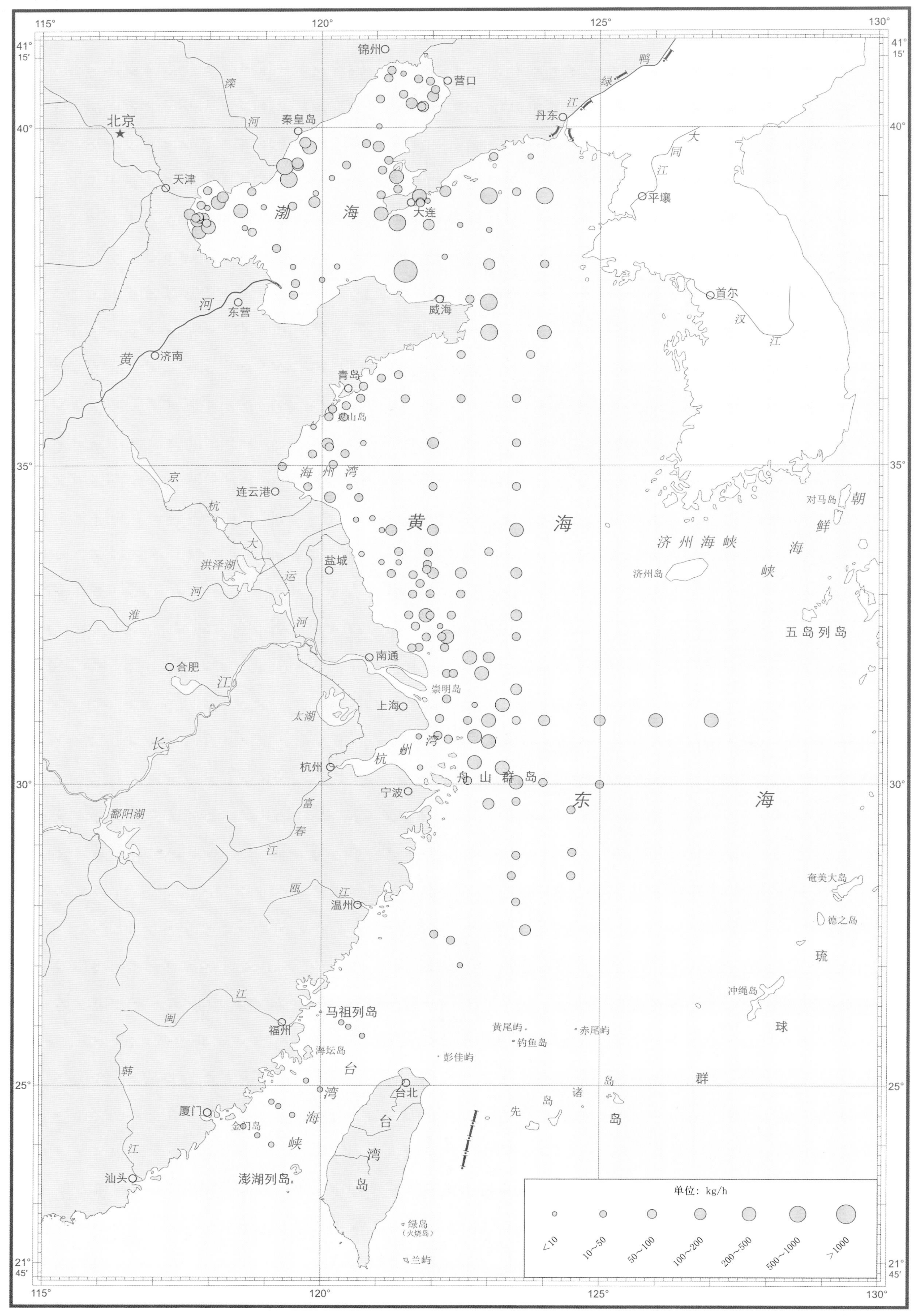

1∶7 300 000（墨卡托投影　基准纬线32°）

秋季　渤、黄、东海近海游泳动物总重量平面分布图

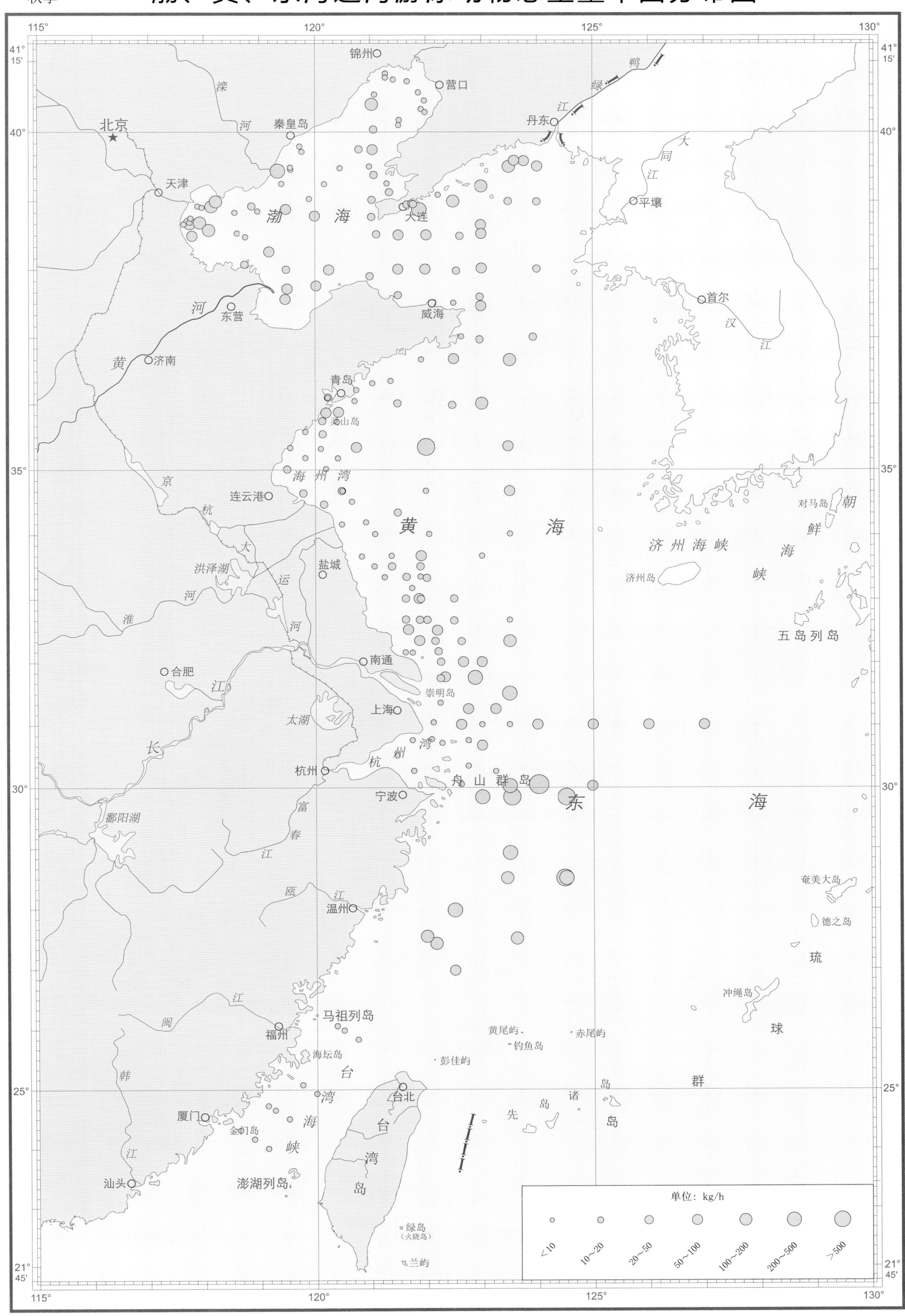

1：7 300 000（墨卡托投影　基准纬线32°）

冬季

渤、黄、东海近海游泳动物总重量平面分布图

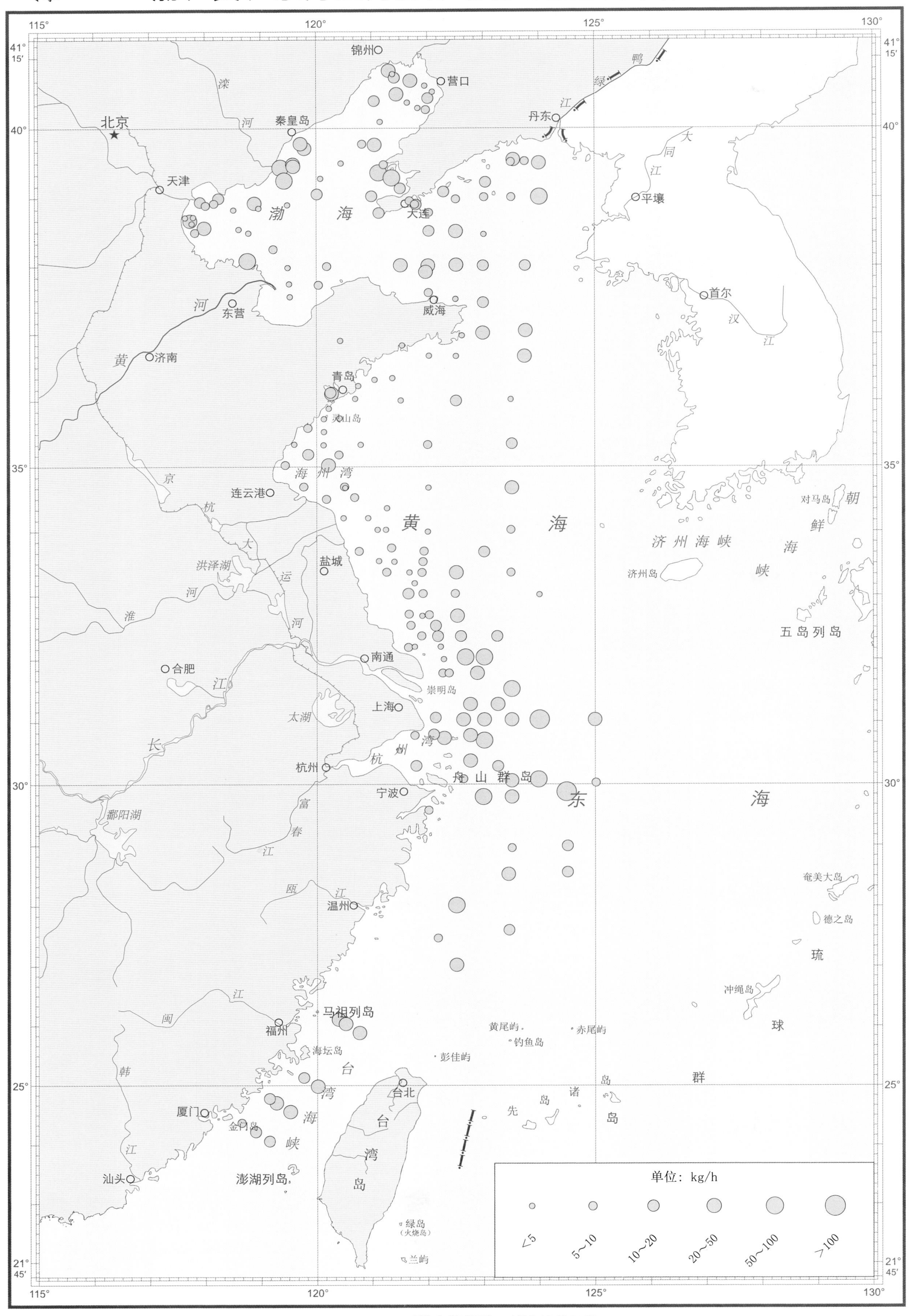

1：7 300 000（墨卡托投影　基准纬线32°）

春季

南海北部近海游泳动物总重量平面分布图

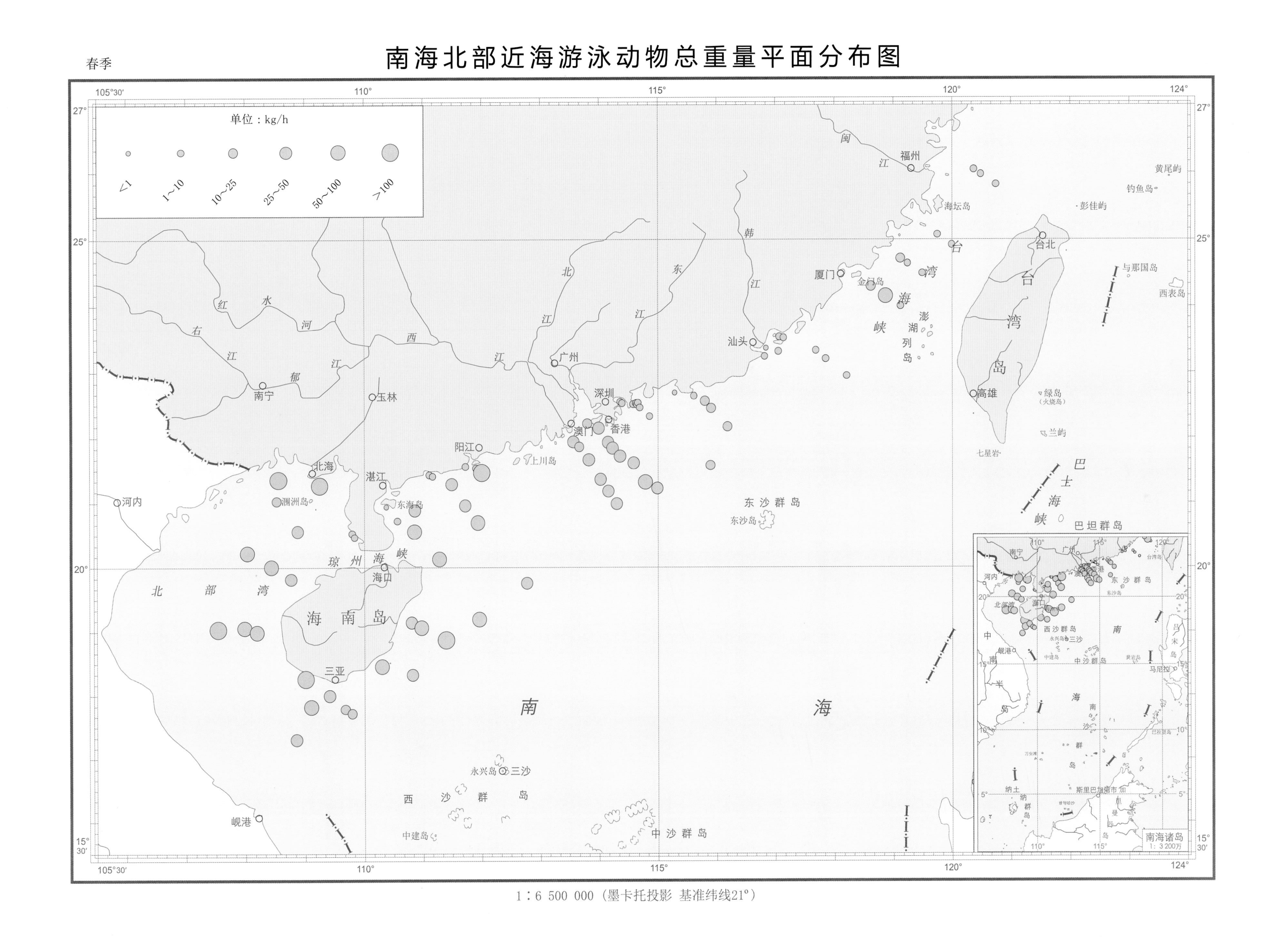

1：6 500 000（墨卡托投影 基准纬线21°）

夏季

南海北部近海游泳动物总重量平面分布图

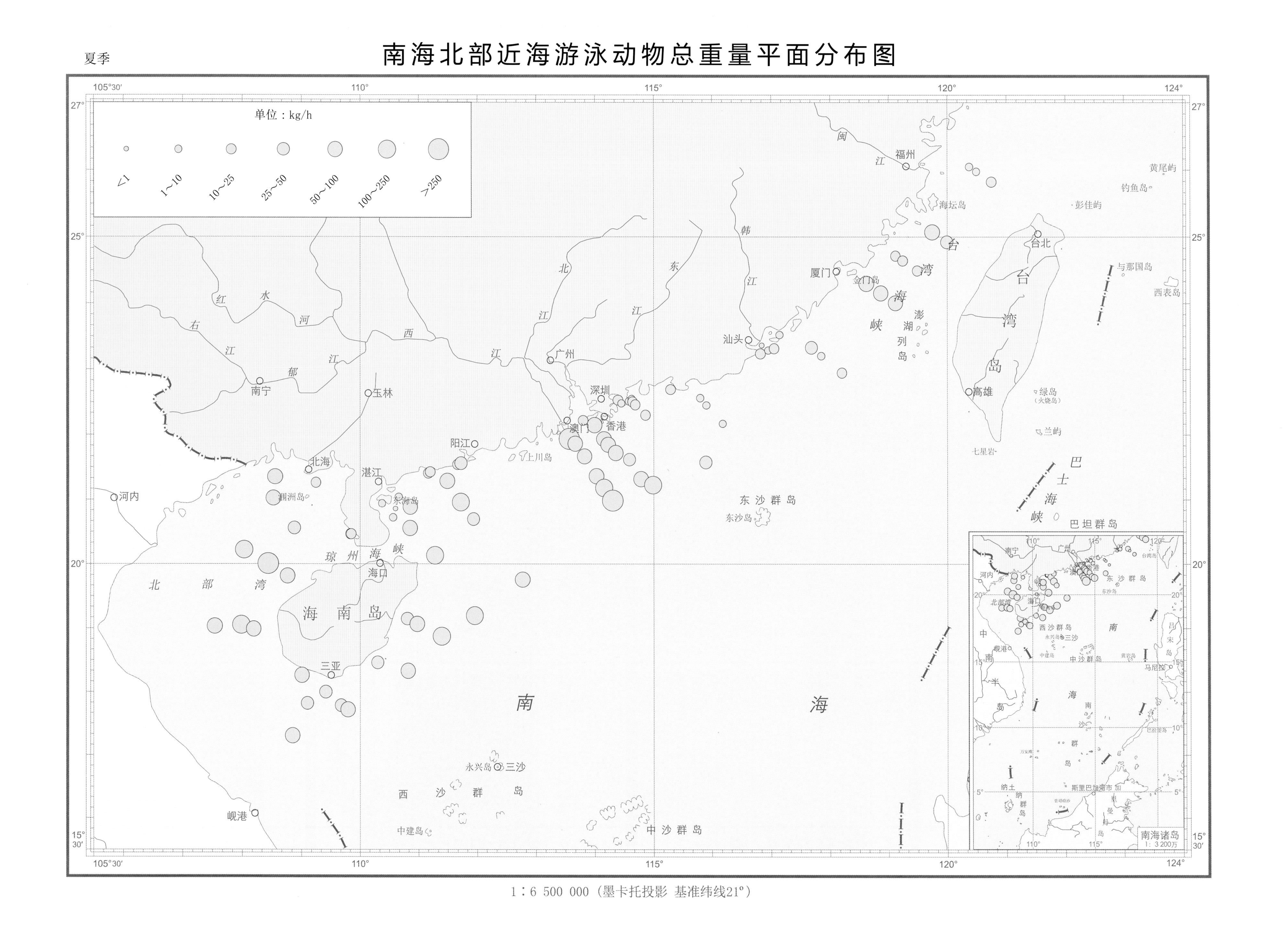

1：6 500 000（墨卡托投影 基准纬线21°）

秋季

南海北部近海游泳动物总重量平面分布图

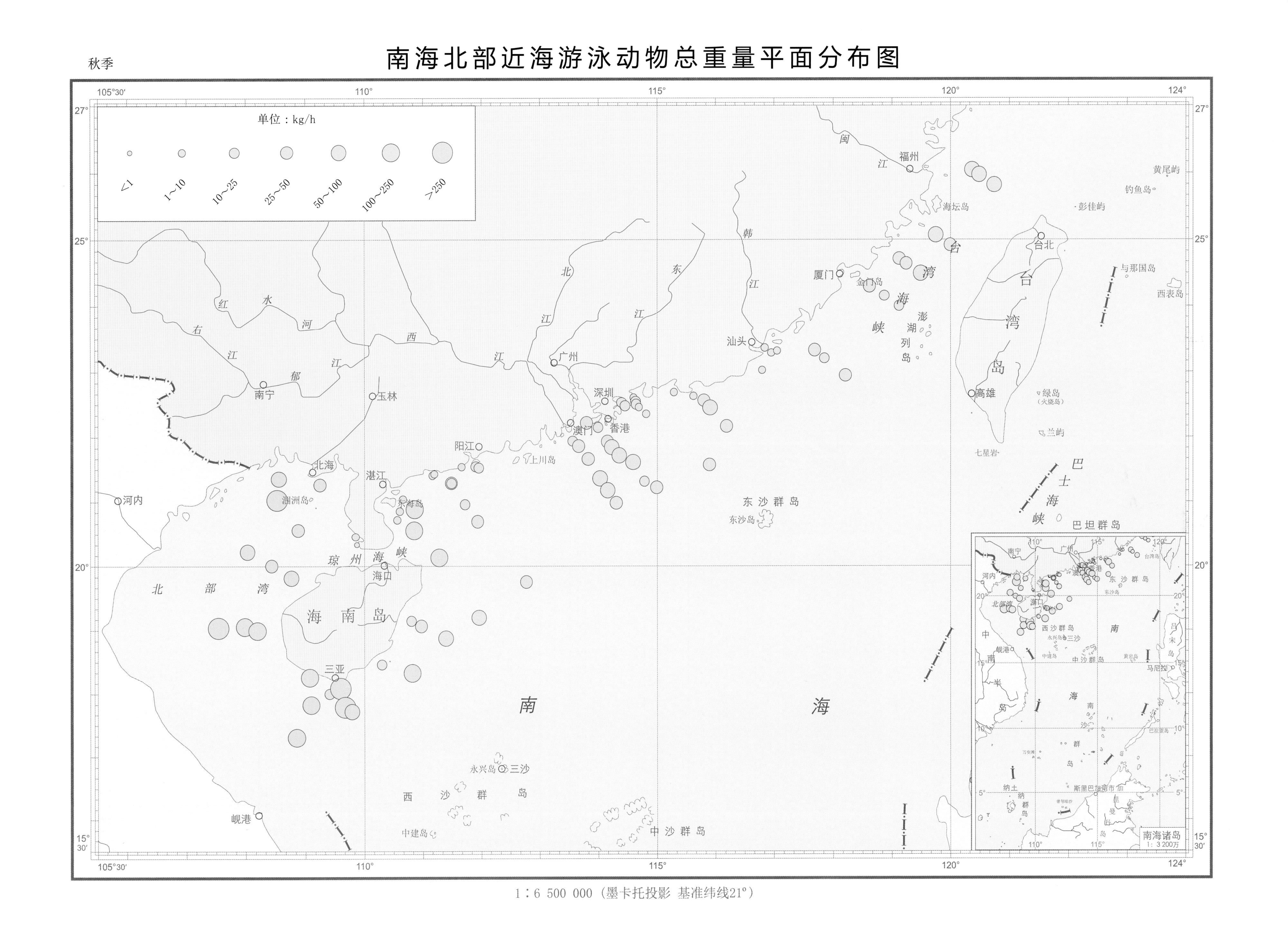

1：6 500 000（墨卡托投影 基准纬线21°）

冬季

南海北部近海游泳动物总重量平面分布图

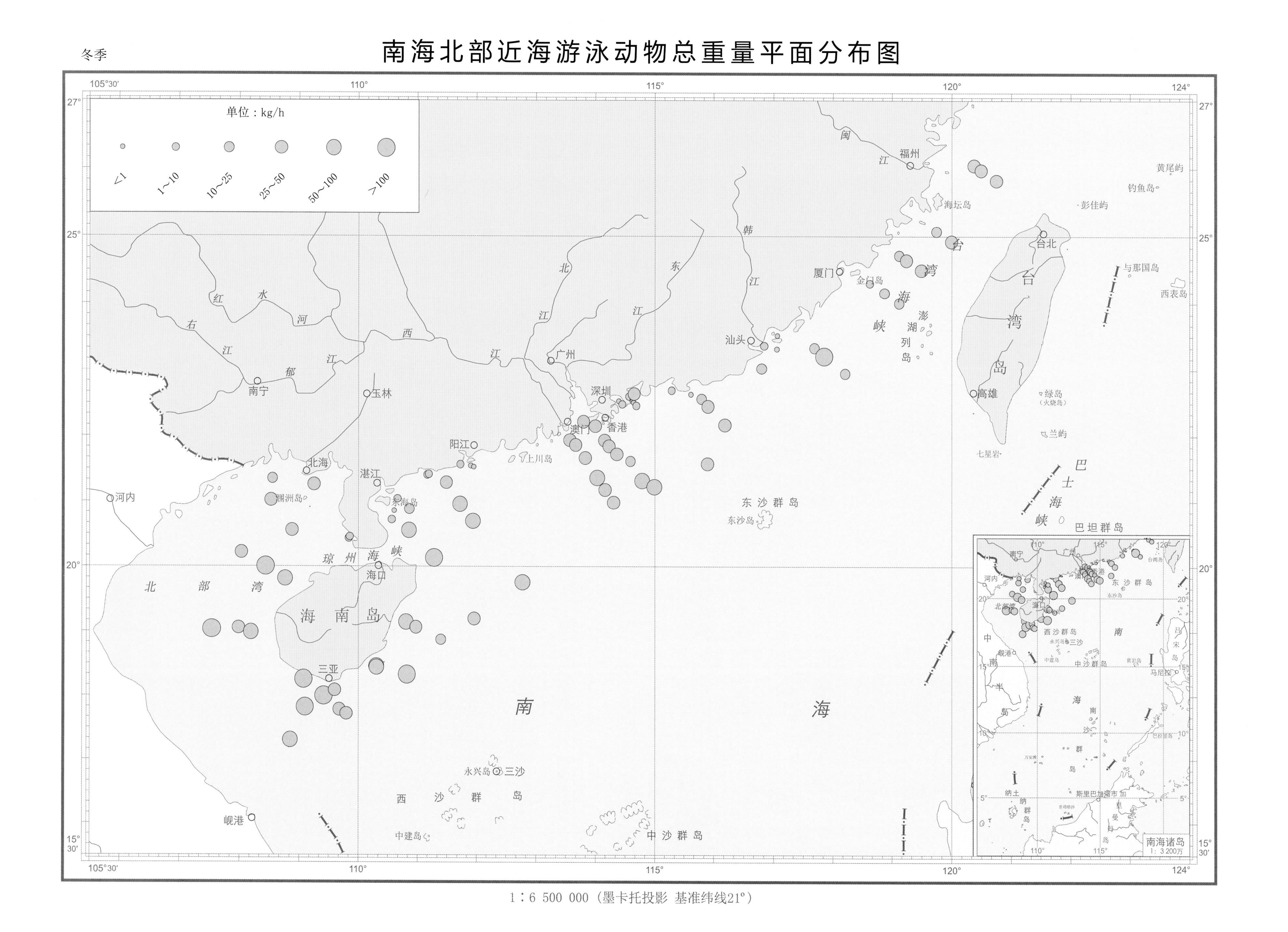

1：6 500 000（墨卡托投影 基准纬线21°）

调查海域游泳动物总重量平面分布图

1：10 000 000（墨卡托投影 基准纬线30°）

夏季

调查海域游泳动物总重量平面分布图

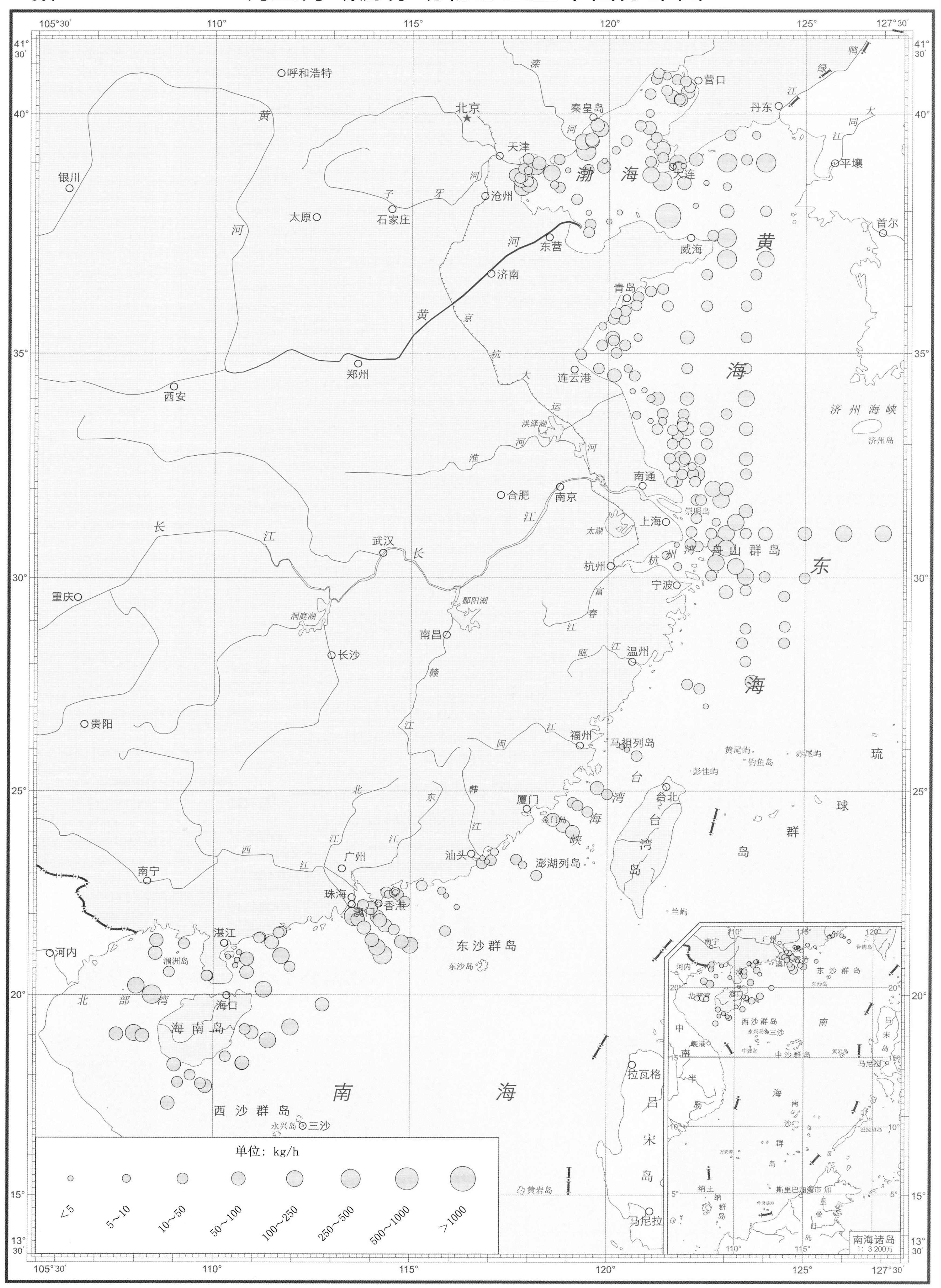

1∶10 000 000（墨卡托投影 基准纬线30°）

秋季

调查海域游泳动物总重量平面分布图

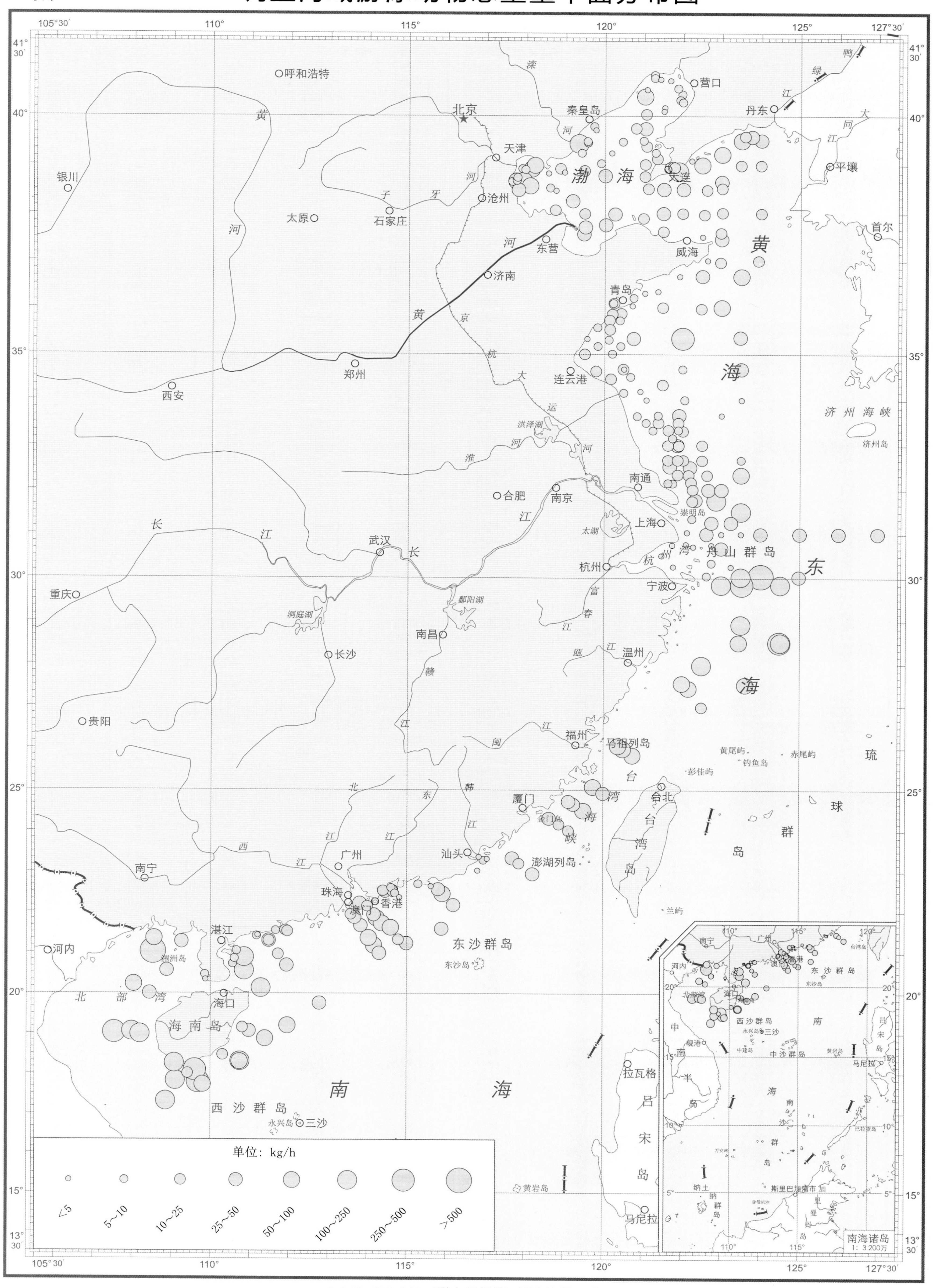

1：10 000 000（墨卡托投影 基准纬线30°）

冬季

调查海域游泳动物总重量平面分布图

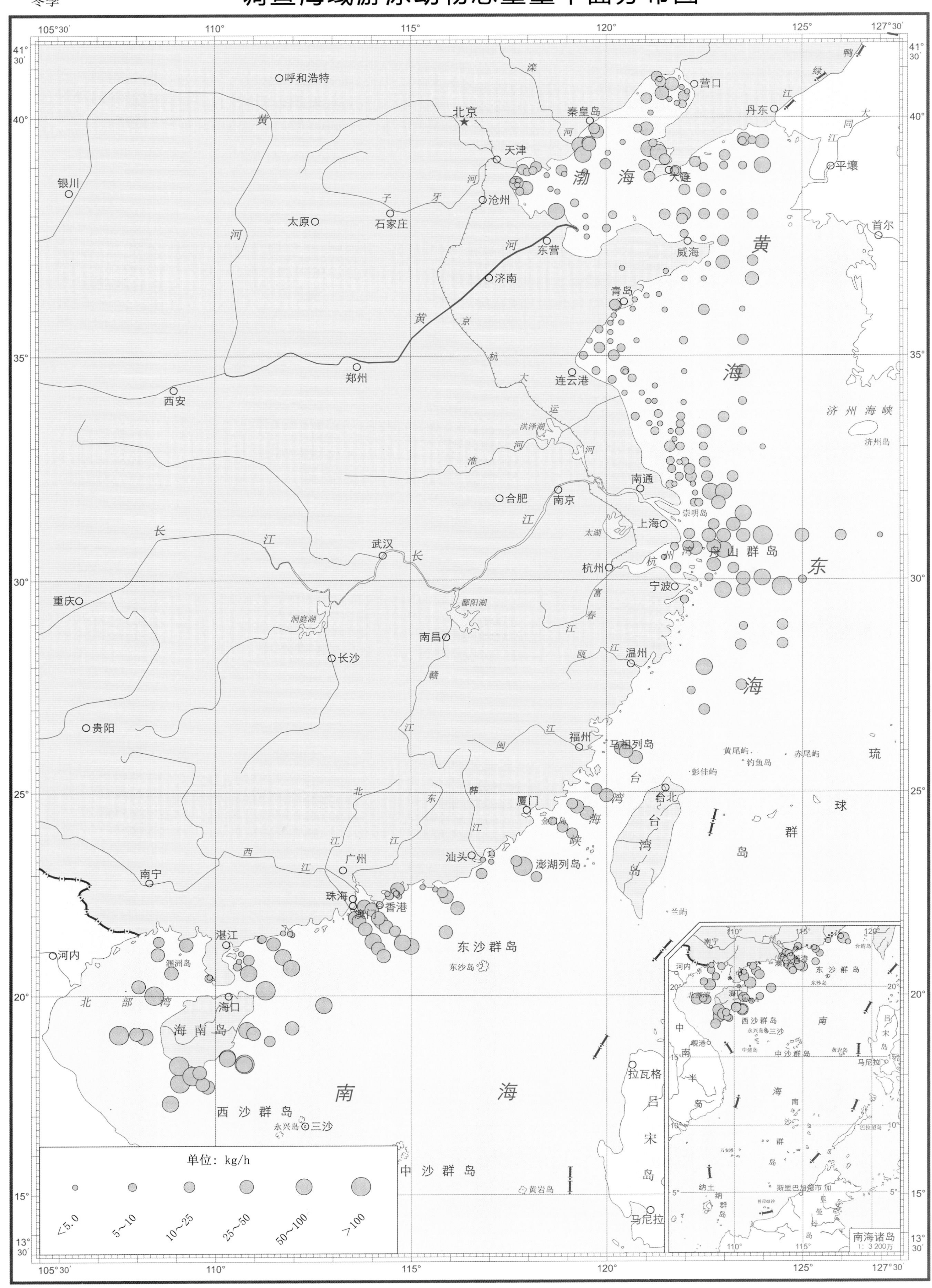

1：10 000 000（墨卡托投影 基准纬线30°）

潮间带生物

春季　渤、黄、东海近海潮间带生物总生物量断面分布图

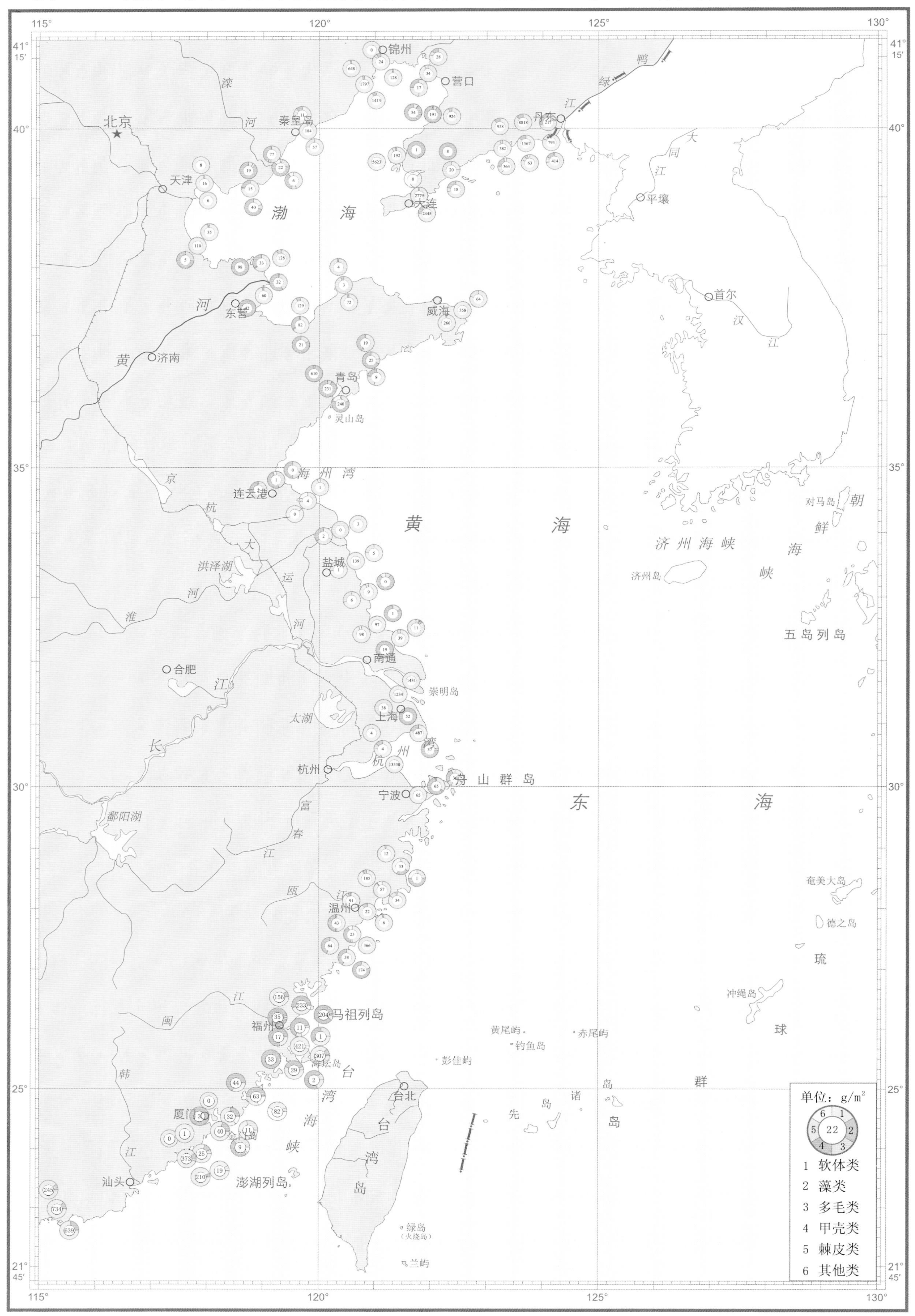

1∶7 300 000（墨卡托投影　基准纬线32°）

夏季　渤、黄、东海近海潮间带生物总生物量断面分布图

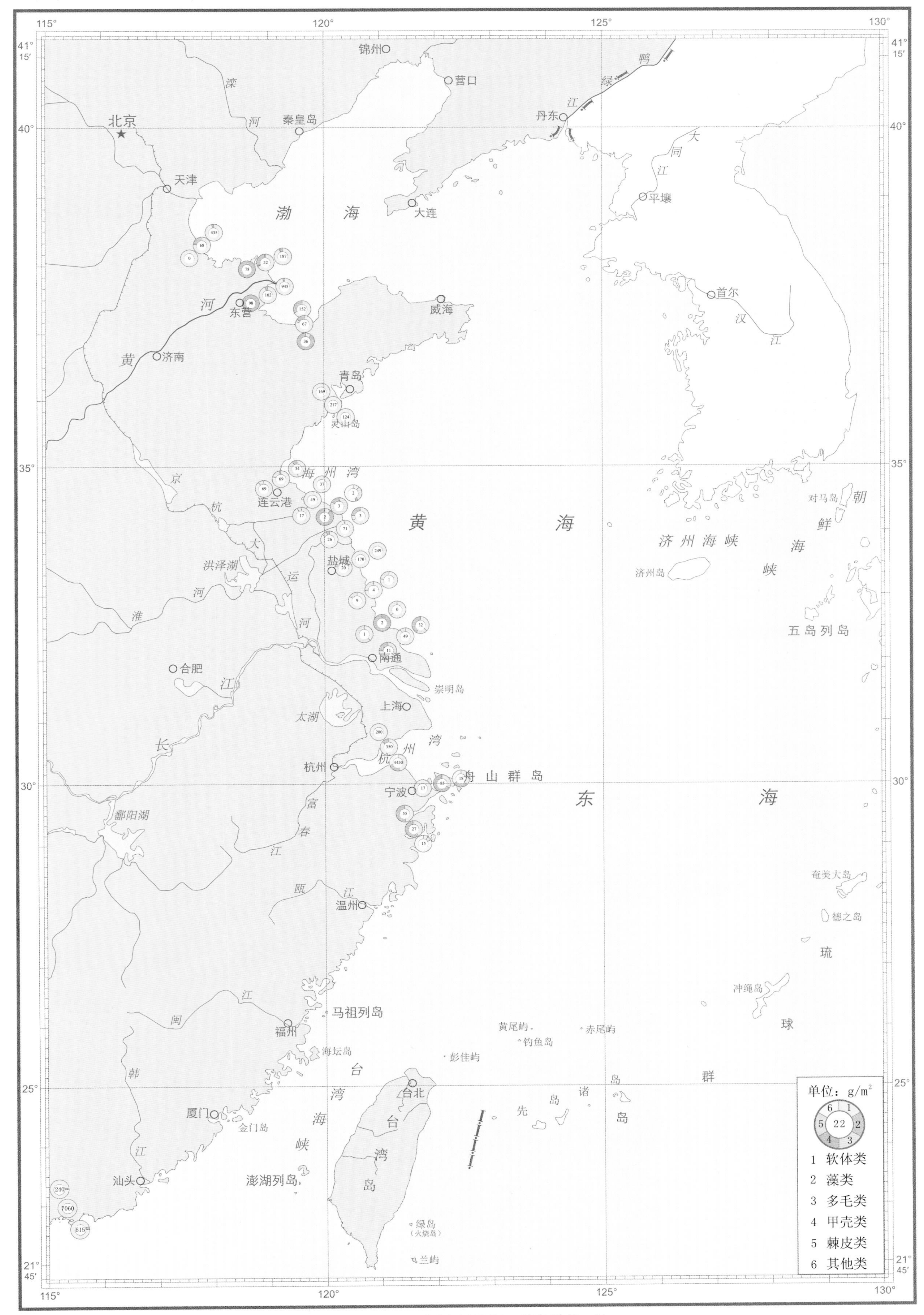

1∶7 300 000（墨卡托投影　基准纬线32°）

秋季 渤、黄、东海近海潮间带生物总生物量断面分布图

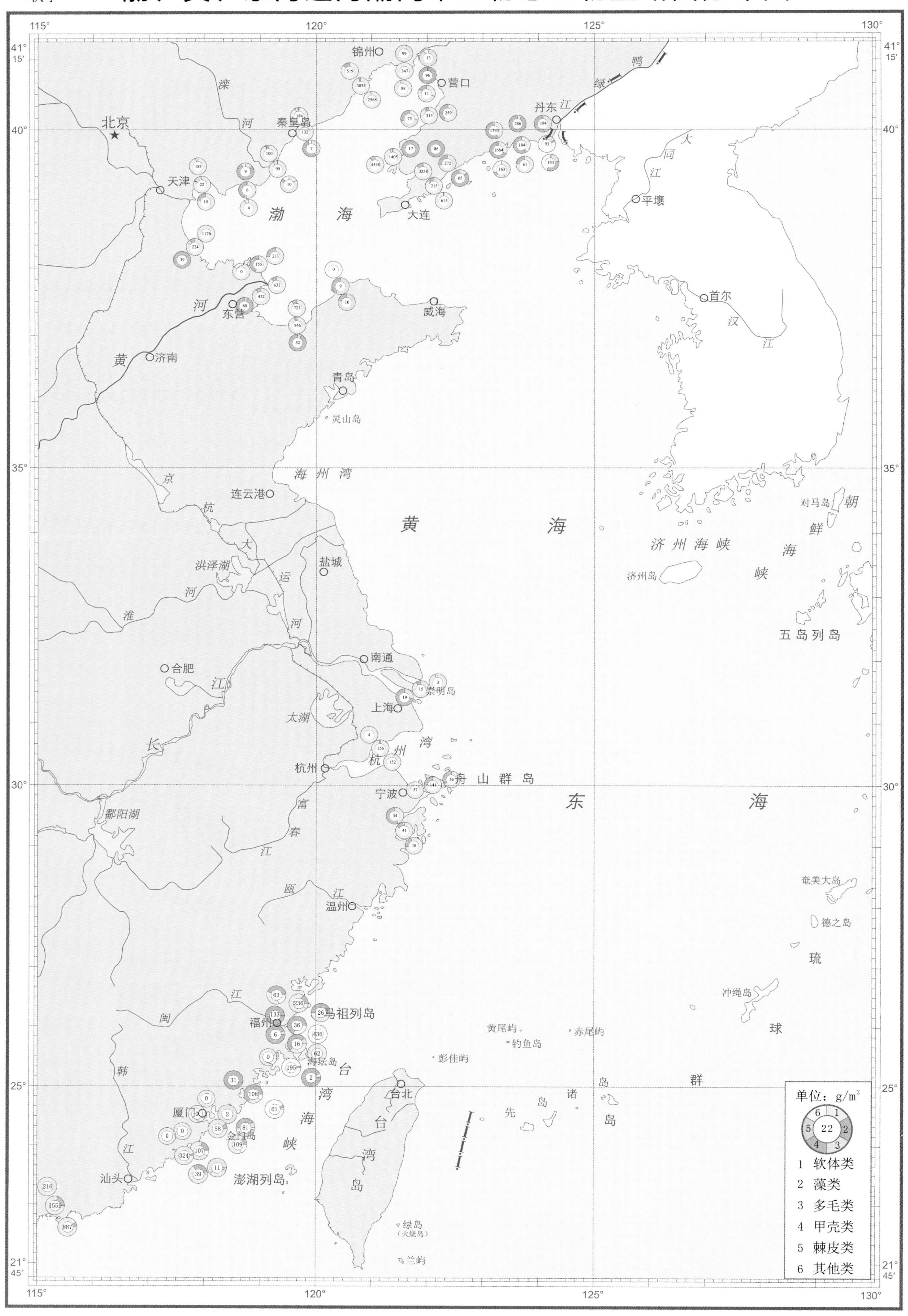

1∶7 300 000（墨卡托投影 基准纬线32°）

冬季　　渤、黄、东海近海潮间带生物总生物量断面分布图

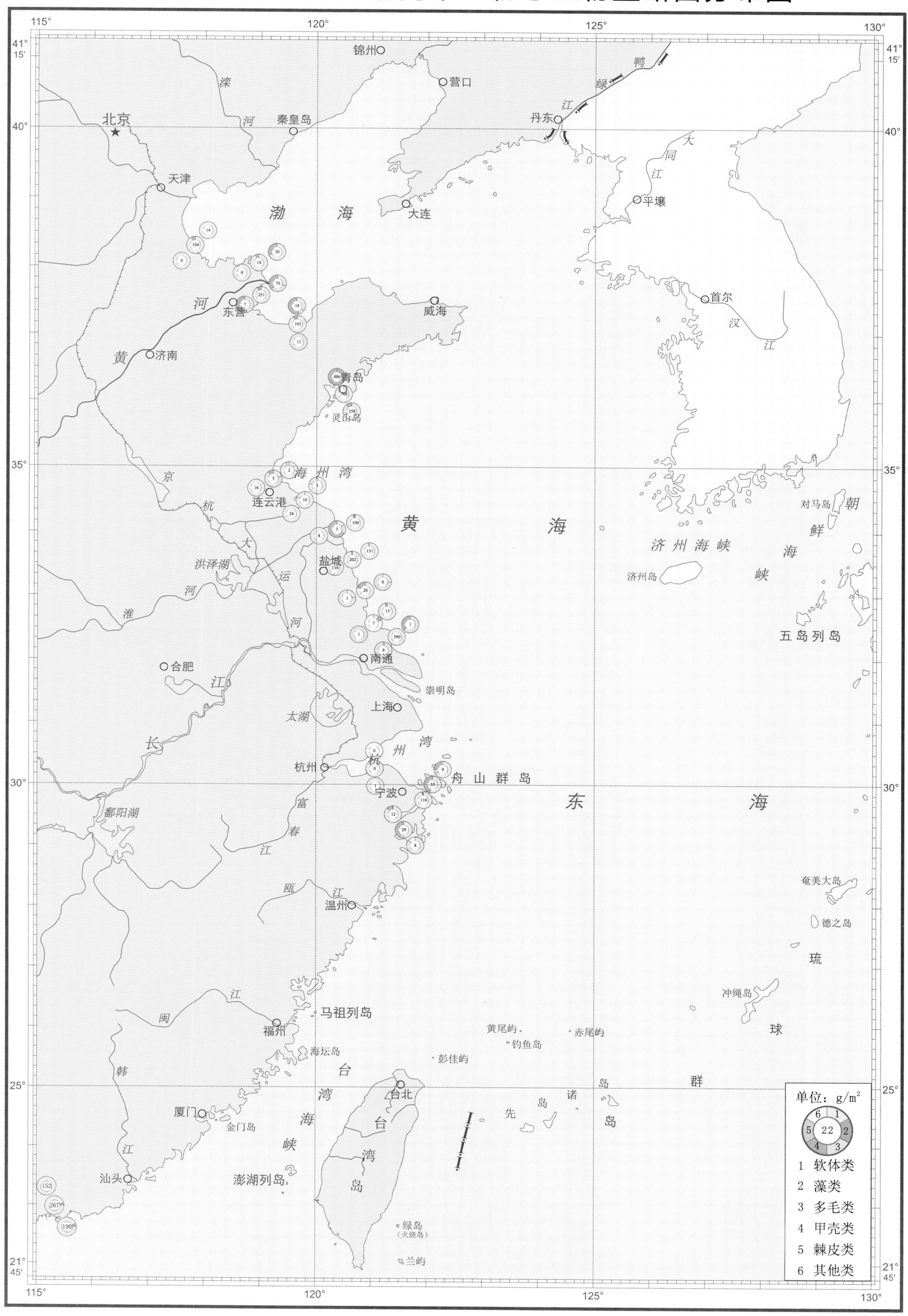

1：7 300 000（墨卡托投影　基准纬线32°）

春季　**渤、黄、东海近海潮间带生物总栖息密度断面分布图**

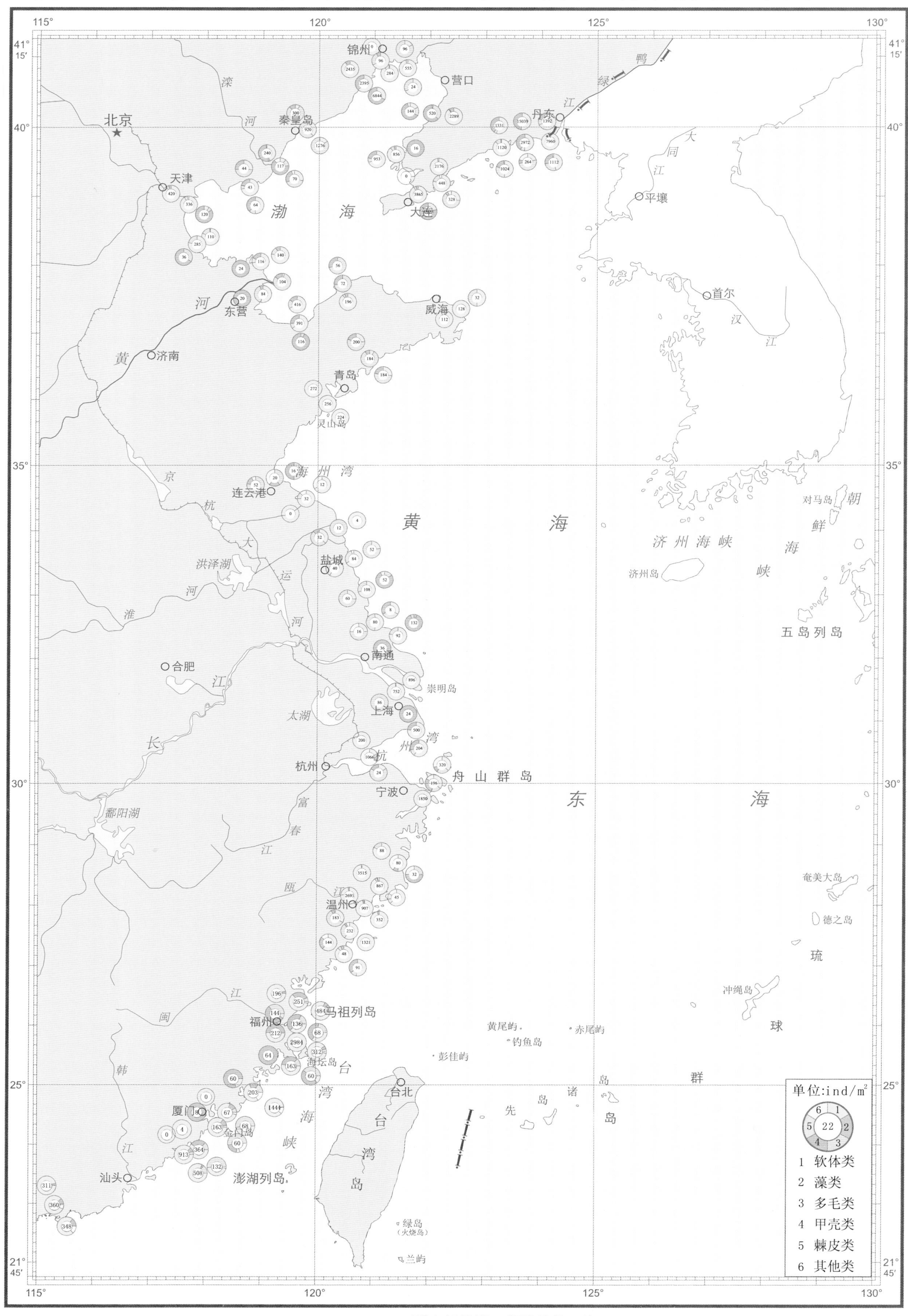

1∶7 300 000（墨卡托投影　基准纬线32°）

夏季　渤、黄、东海近海潮间带生物总栖息密度断面分布图

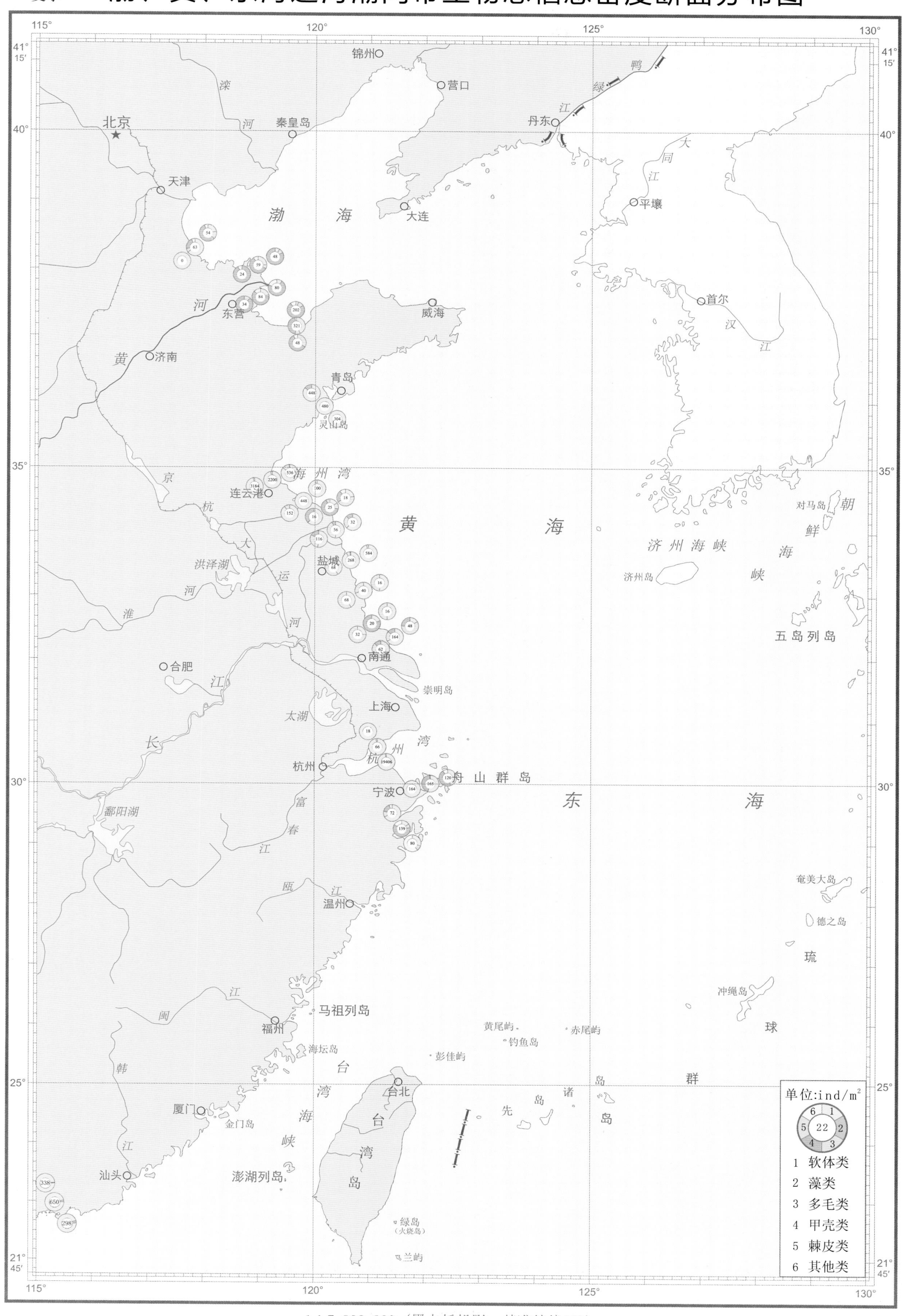

1∶7 300 000（墨卡托投影　基准纬线32°）

秋季 渤、黄、东海近海潮间带生物总栖息密度断面分布图

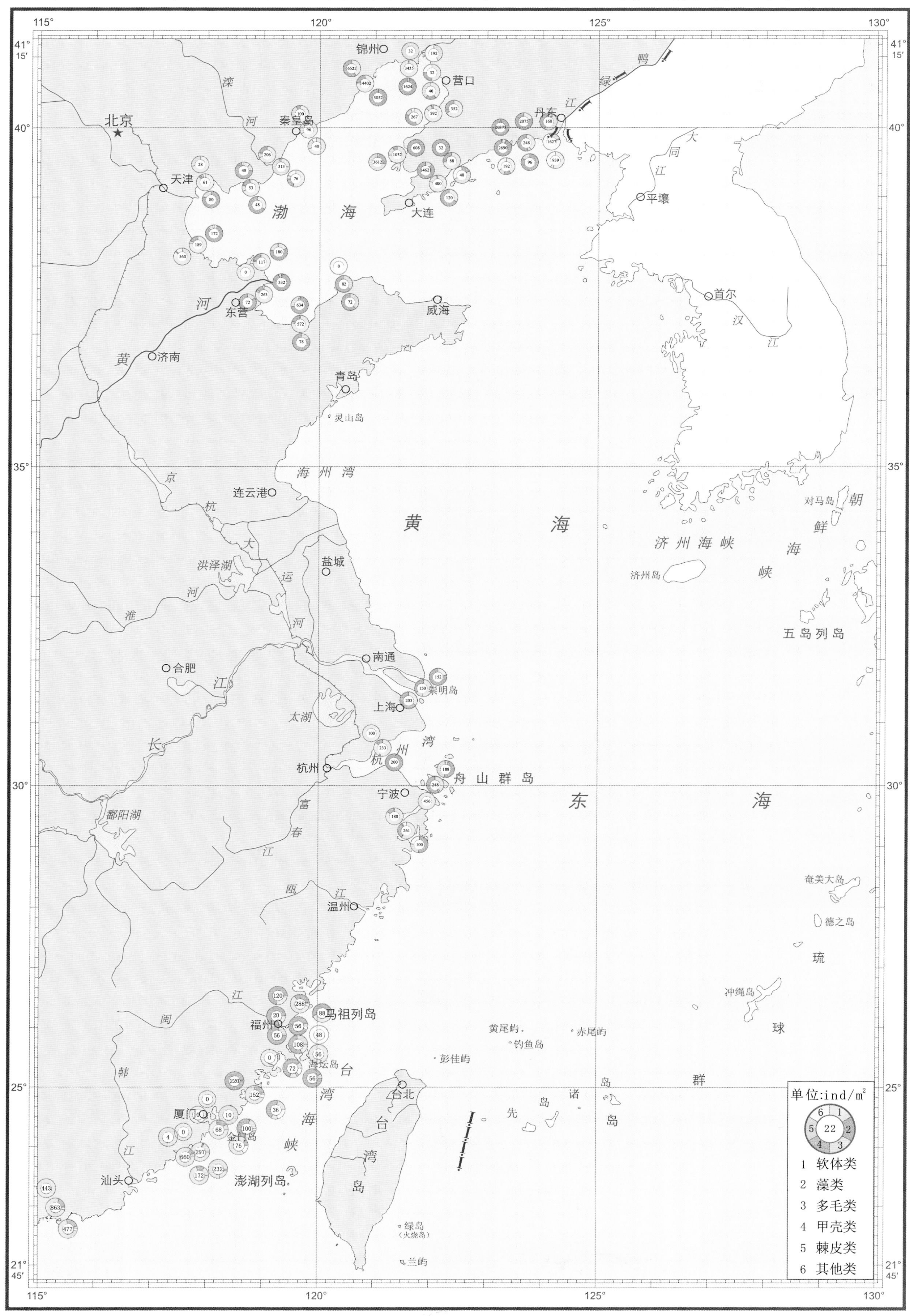

1∶7 300 000（墨卡托投影 基准纬线32°）

冬季 渤、黄、东海近海潮间带生物总栖息密度断面分布图

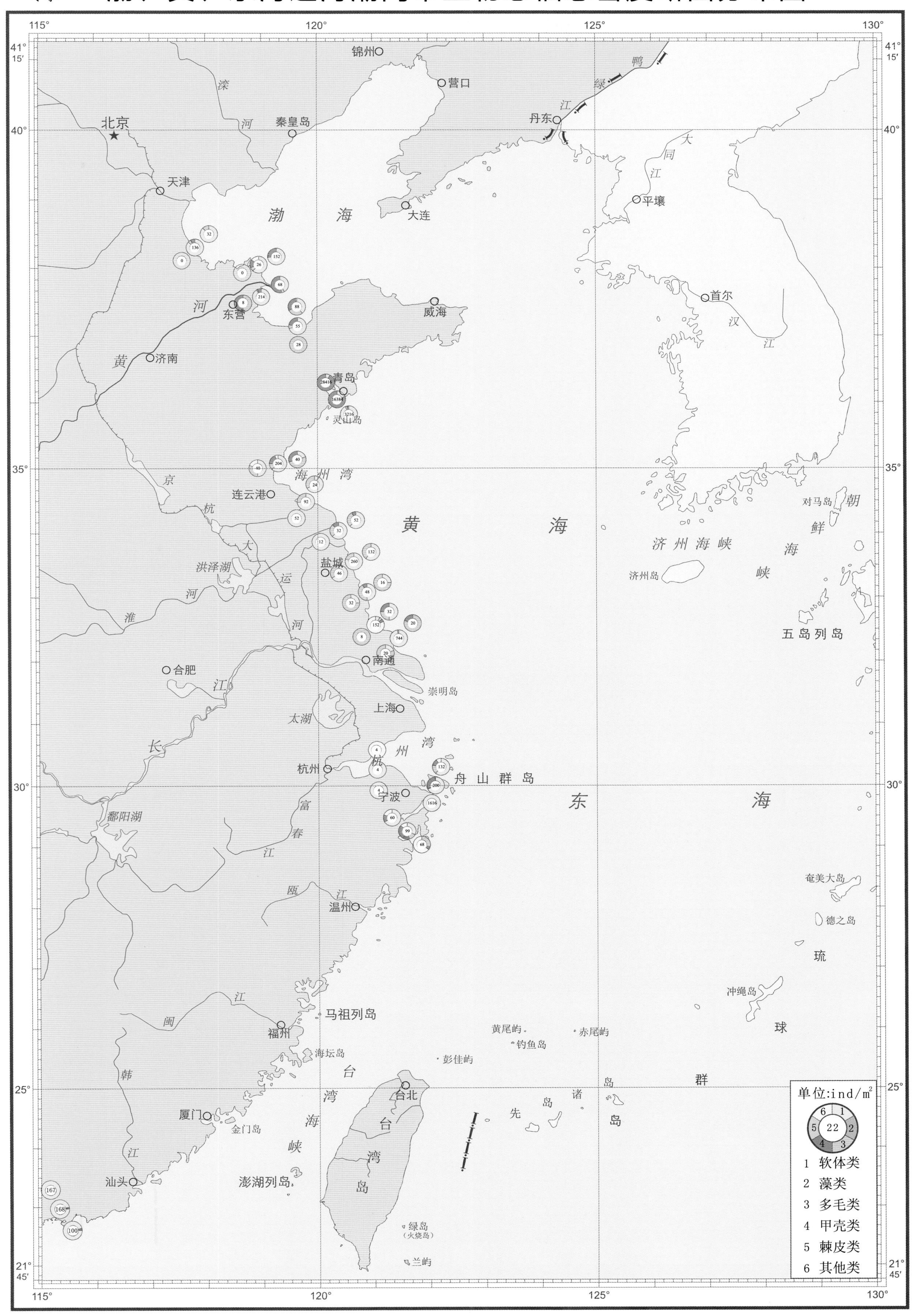

1∶7 300 000（墨卡托投影 基准纬线32°）

春季

南海北部近海潮间带生物总生物量断面分布图

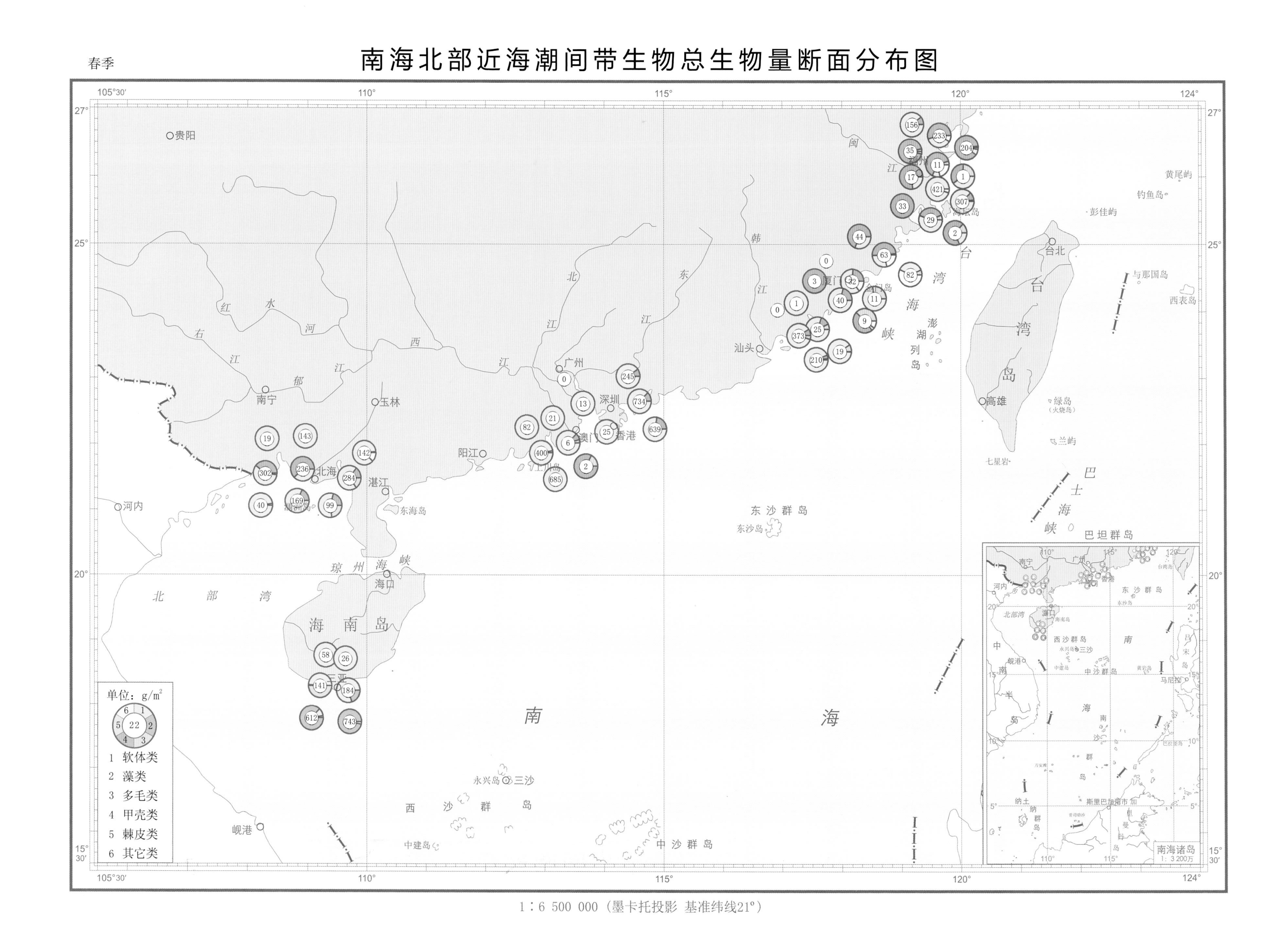

1：6 500 000（墨卡托投影 基准纬线21°）

夏季

南海北部近海潮间带生物总生物量断面分布图

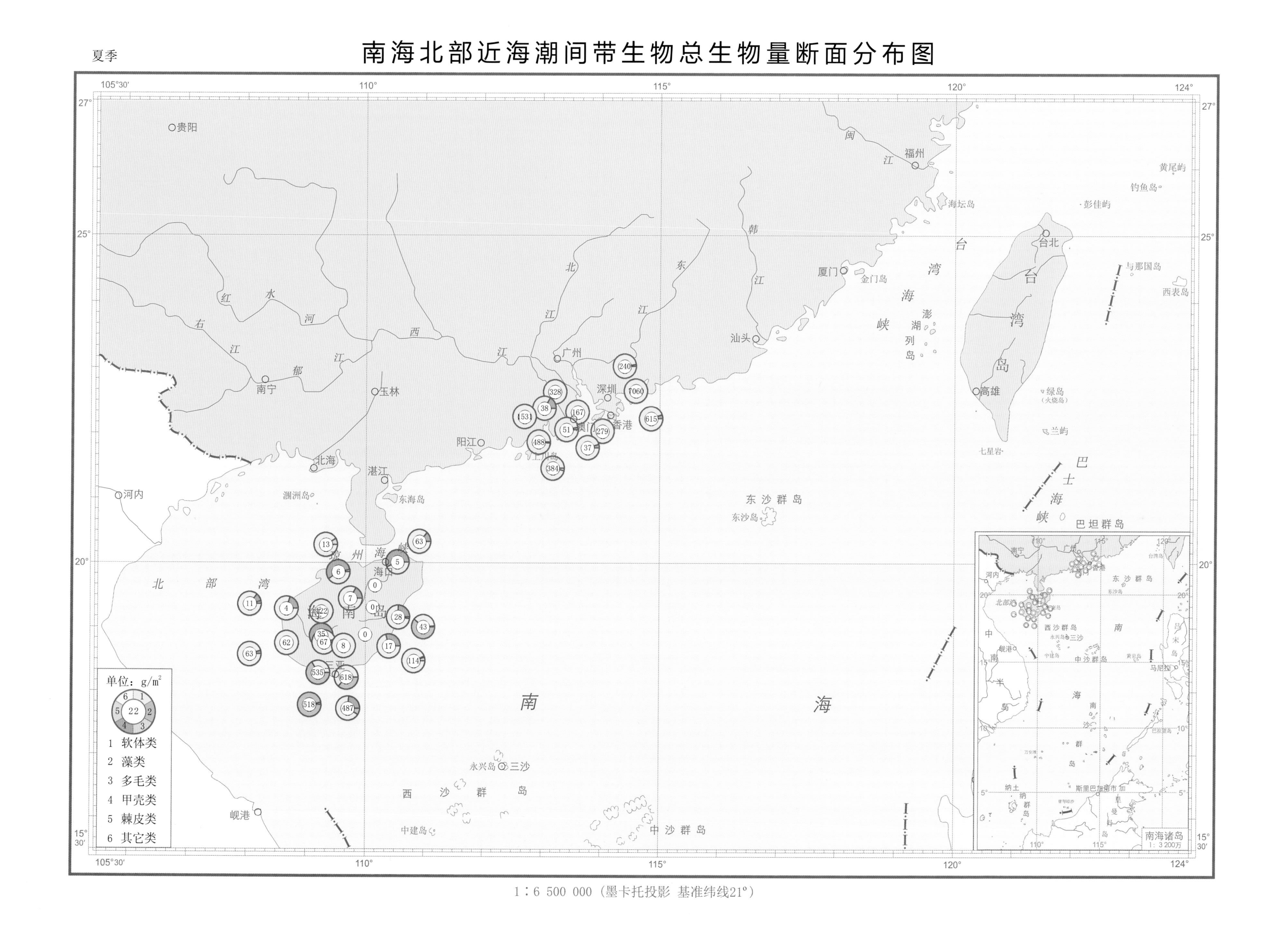

1：6 500 000（墨卡托投影 基准纬线21°）

秋季

南海北部近海潮间带生物总生物量断面分布图

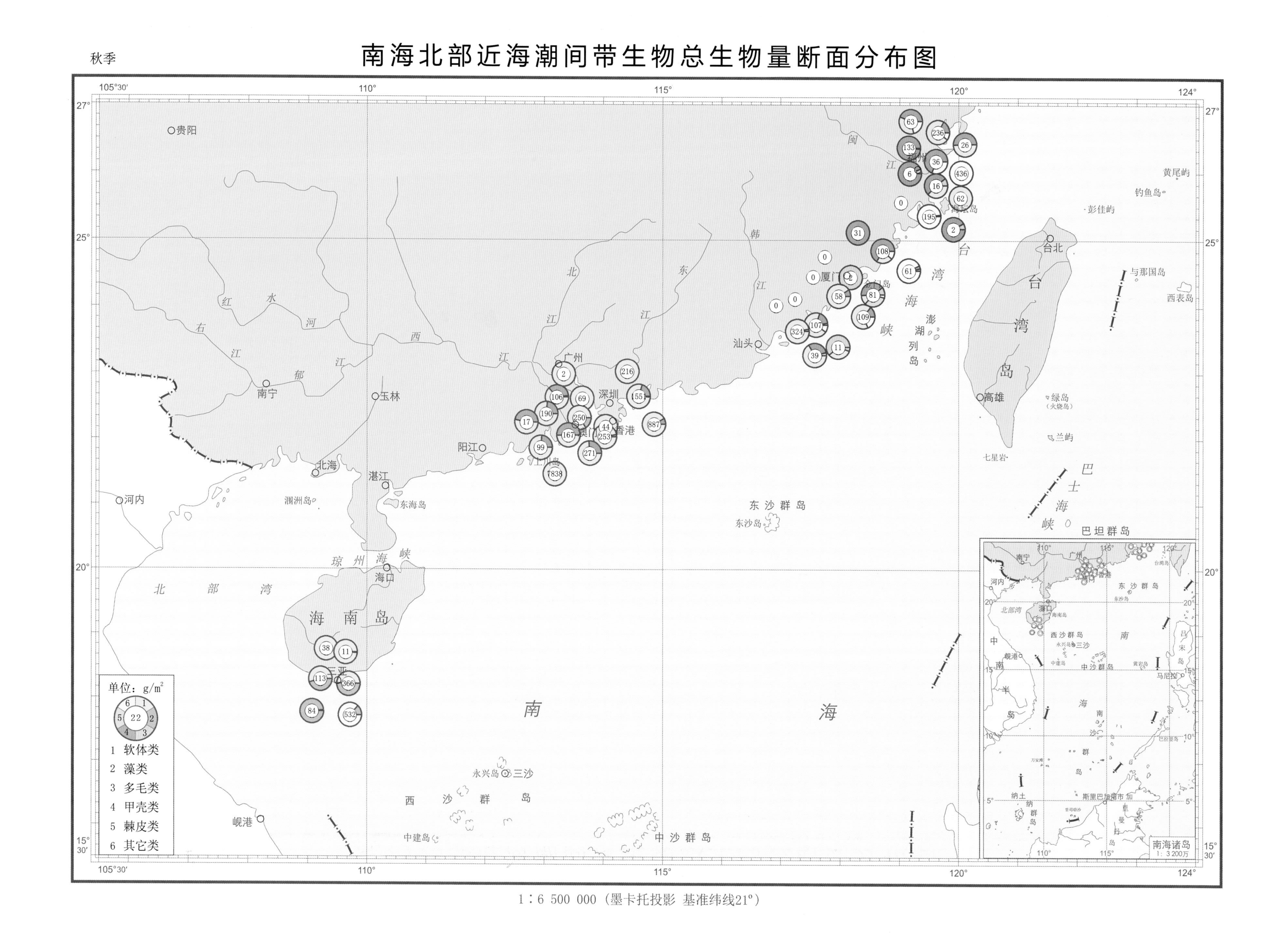

1：6 500 000（墨卡托投影 基准纬线21°）

冬季

南海北部近海潮间带生物总生物量断面分布图

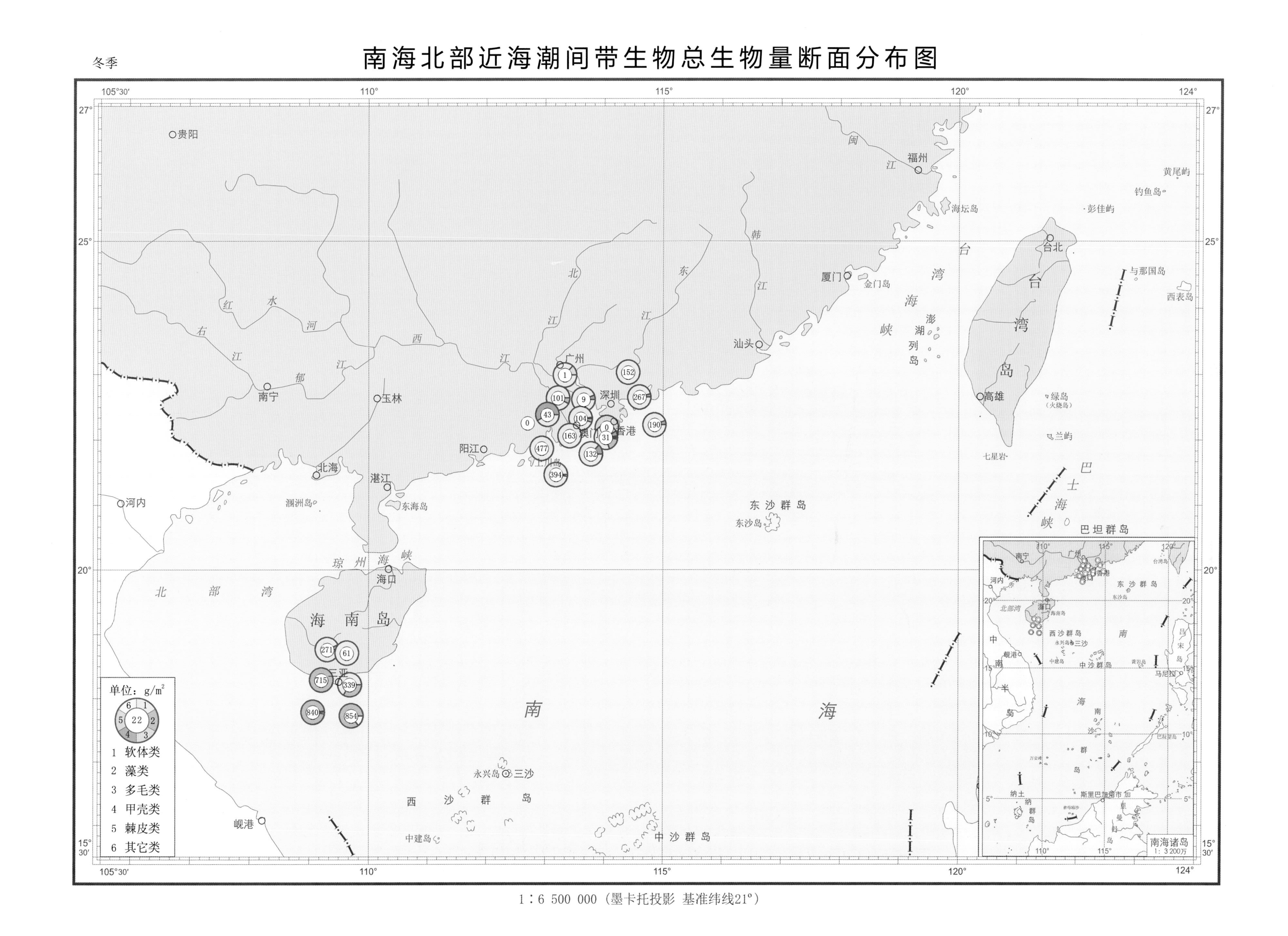

1:6 500 000（墨卡托投影 基准纬线21°）

春季

南海北部近海潮间带生物总栖息密度断面分布图

单位:ind/m²

1 软体类
2 藻类
3 多毛类
4 甲壳类
5 棘皮类
6 其他类

南海诸岛 1:3 200万

1:6 500 000（墨卡托投影 基准纬线21°）

夏季

南海北部近海潮间带生物总栖息密度断面分布图

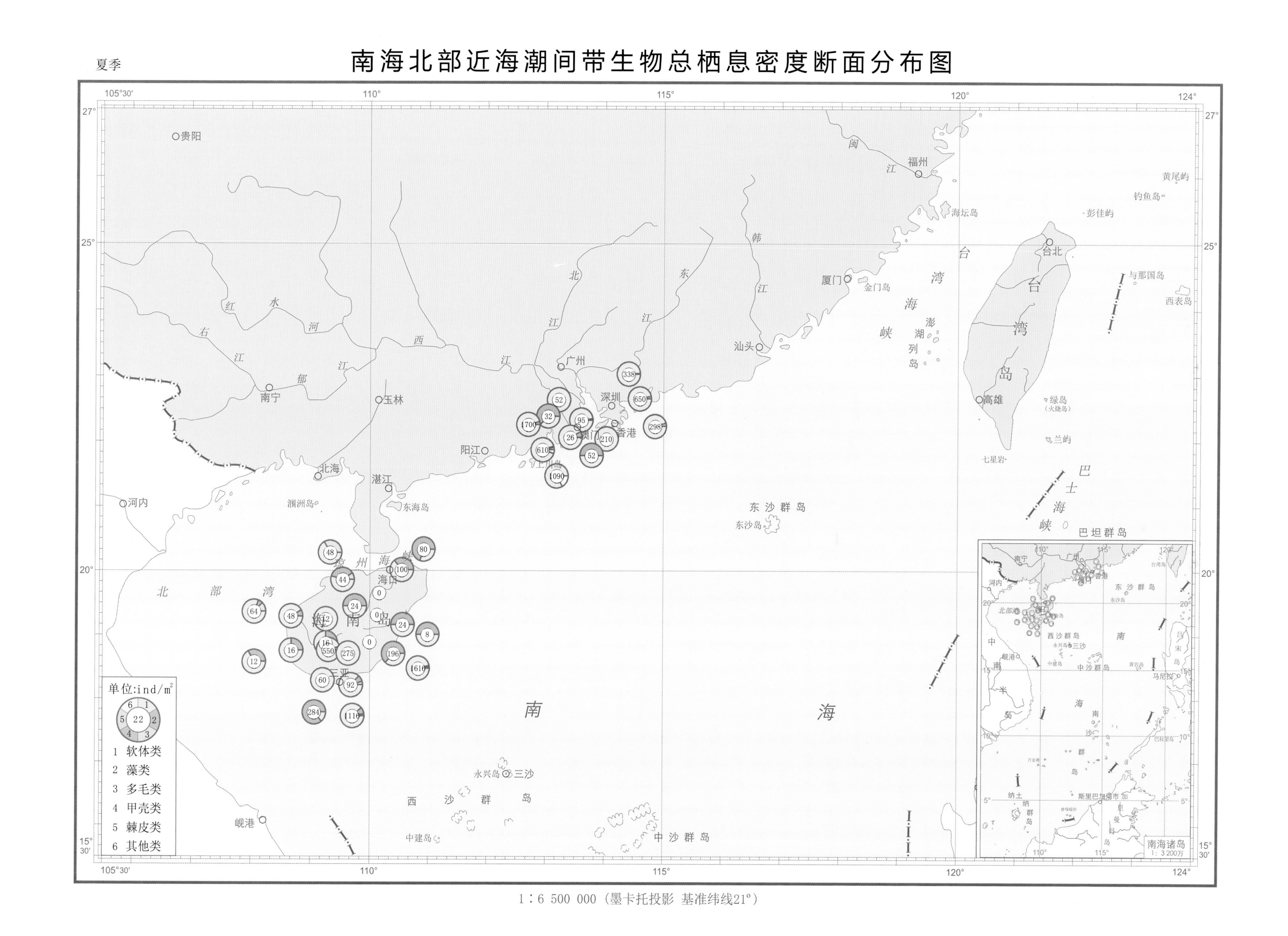

南海北部近海潮间带生物总栖息密度断面分布图

秋季

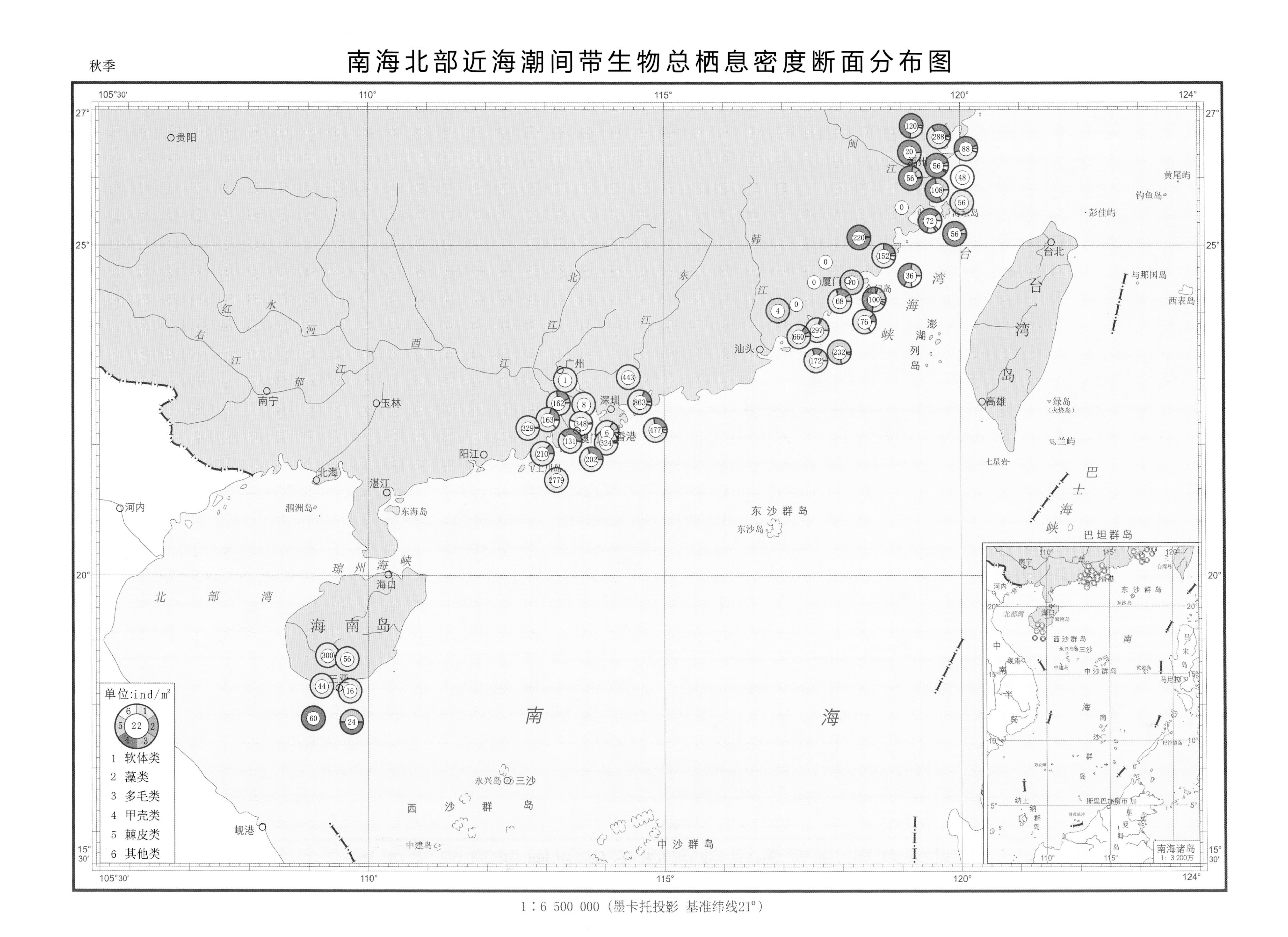

1：6 500 000（墨卡托投影 基准纬线21°）

冬季

南海北部近海潮间带生物总栖息密度断面分布图

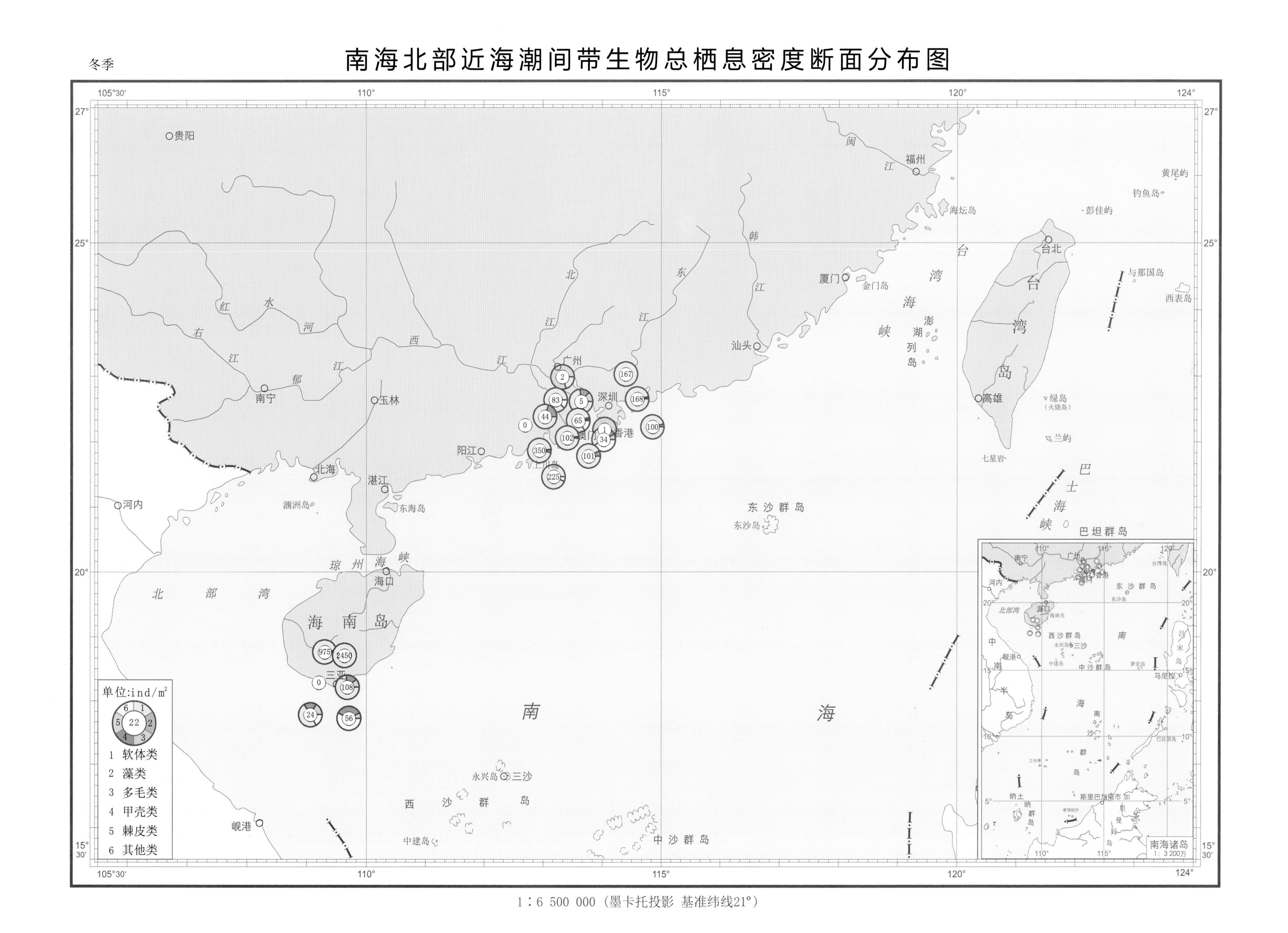

1:6 500 000（墨卡托投影 基准纬线21°）

春季　　渤、黄、东海近海潮间带生物主要类群生物量断面分布图　　多毛类

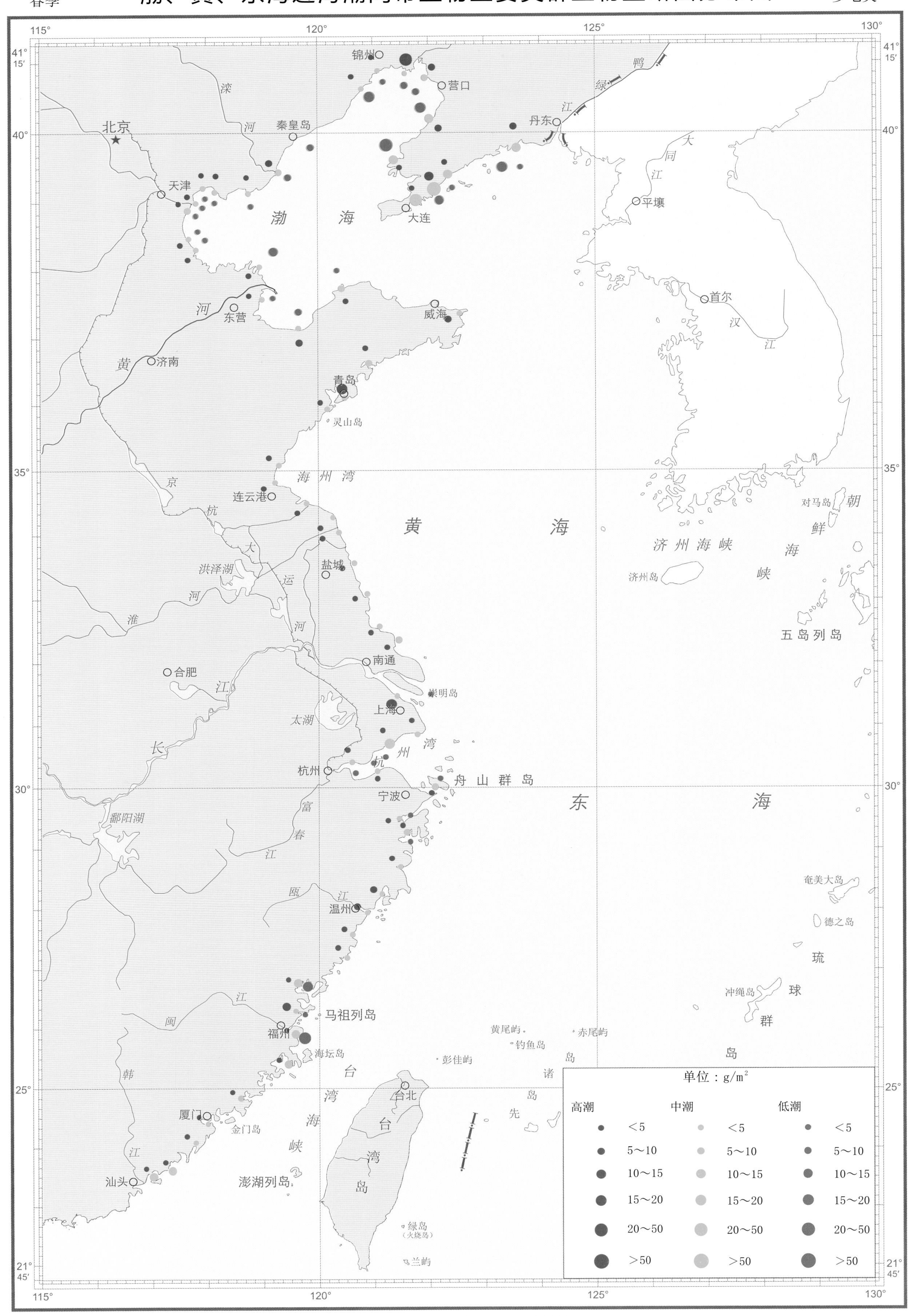

1：7 300 000（墨卡托投影　基准纬线32°）

夏季　**渤、黄、东海近海潮间带生物主要类群生物量断面分布图**　多毛类

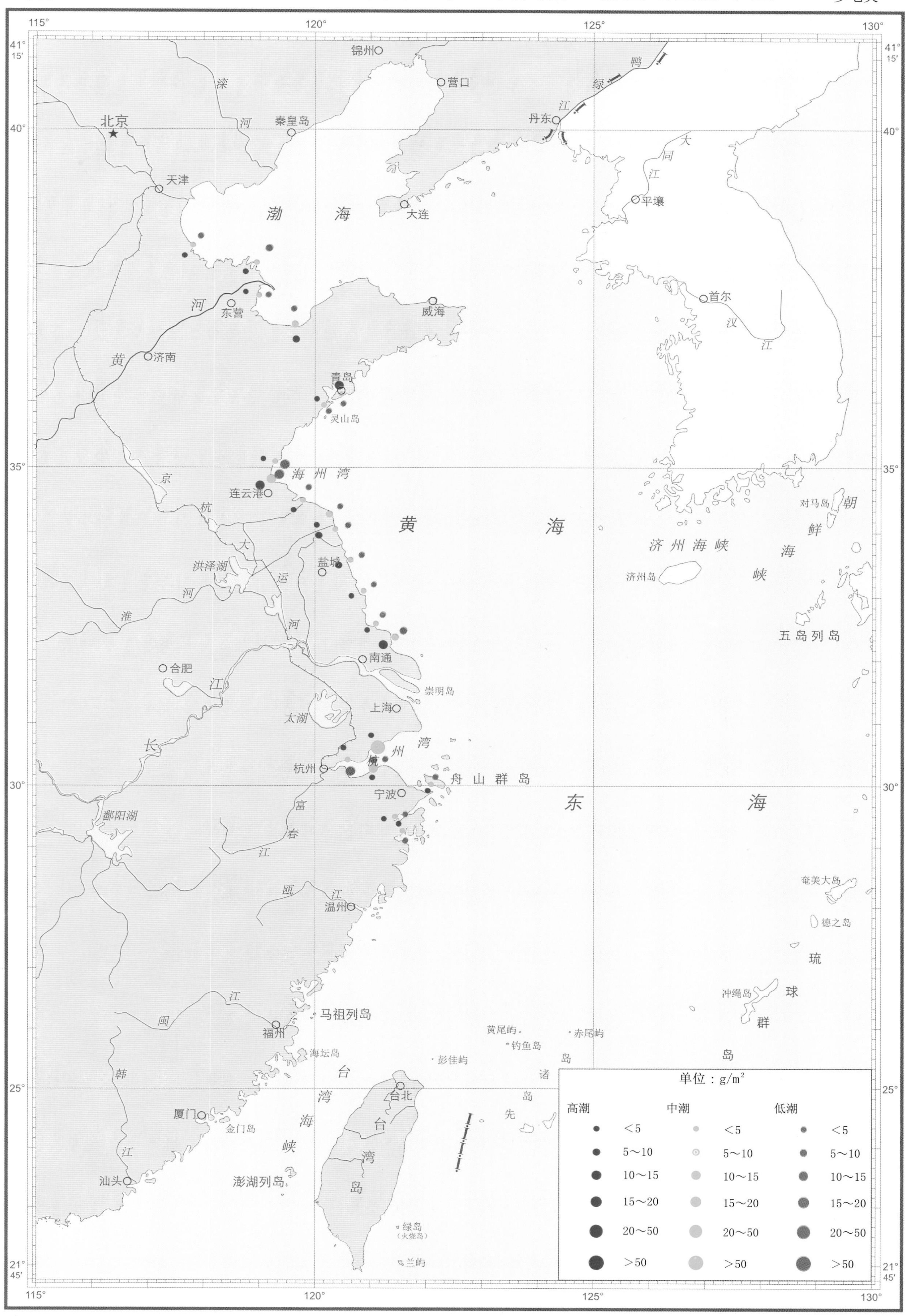

1∶7 300 000（墨卡托投影　基准纬线32°）

秋季　　**渤、黄、东海近海潮间带生物主要类群生物量断面分布图**　　多毛类

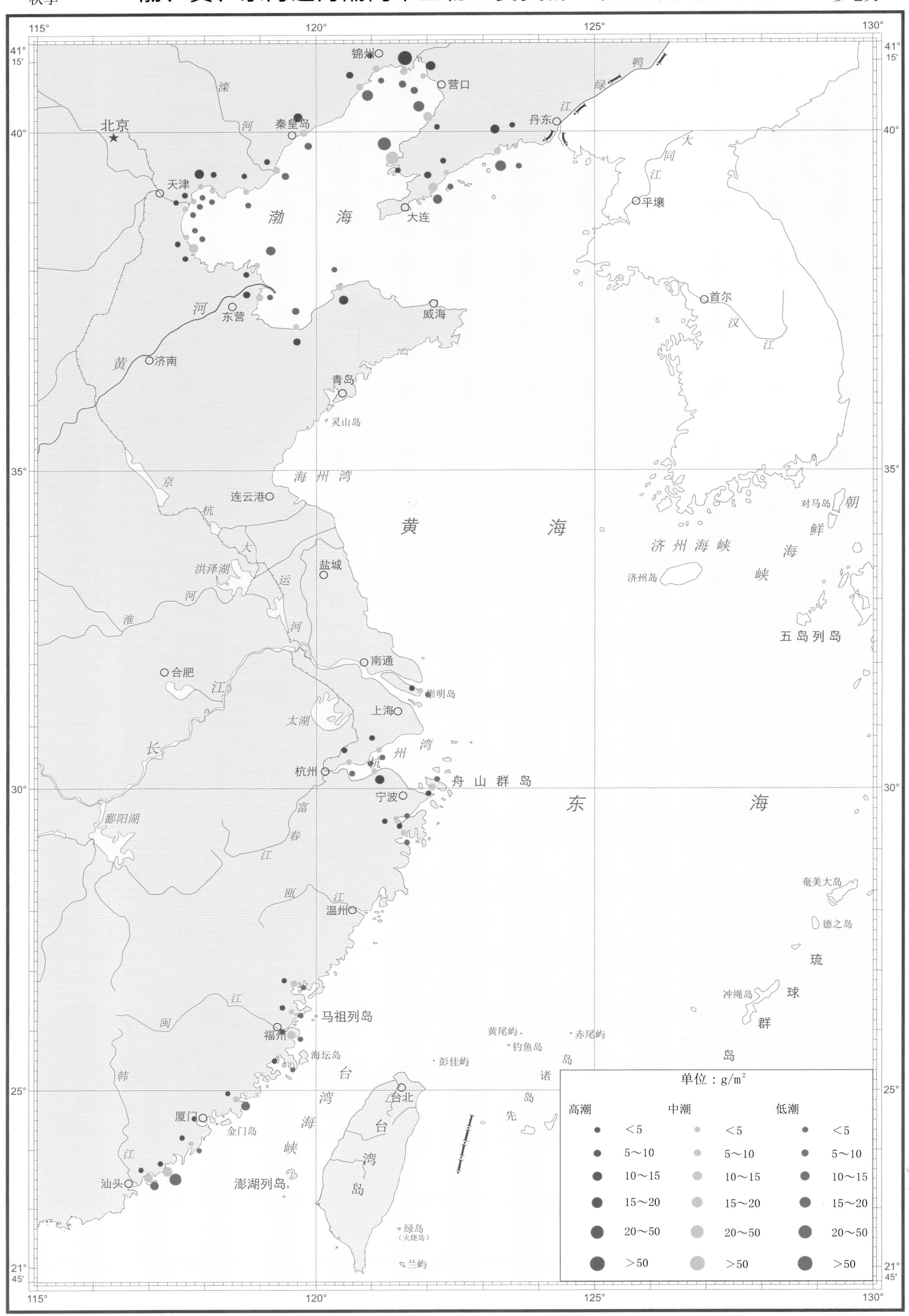

1：7 300 000（墨卡托投影　基准纬线32°）

渤、黄、东海近海潮间带生物主要类群生物量断面分布图

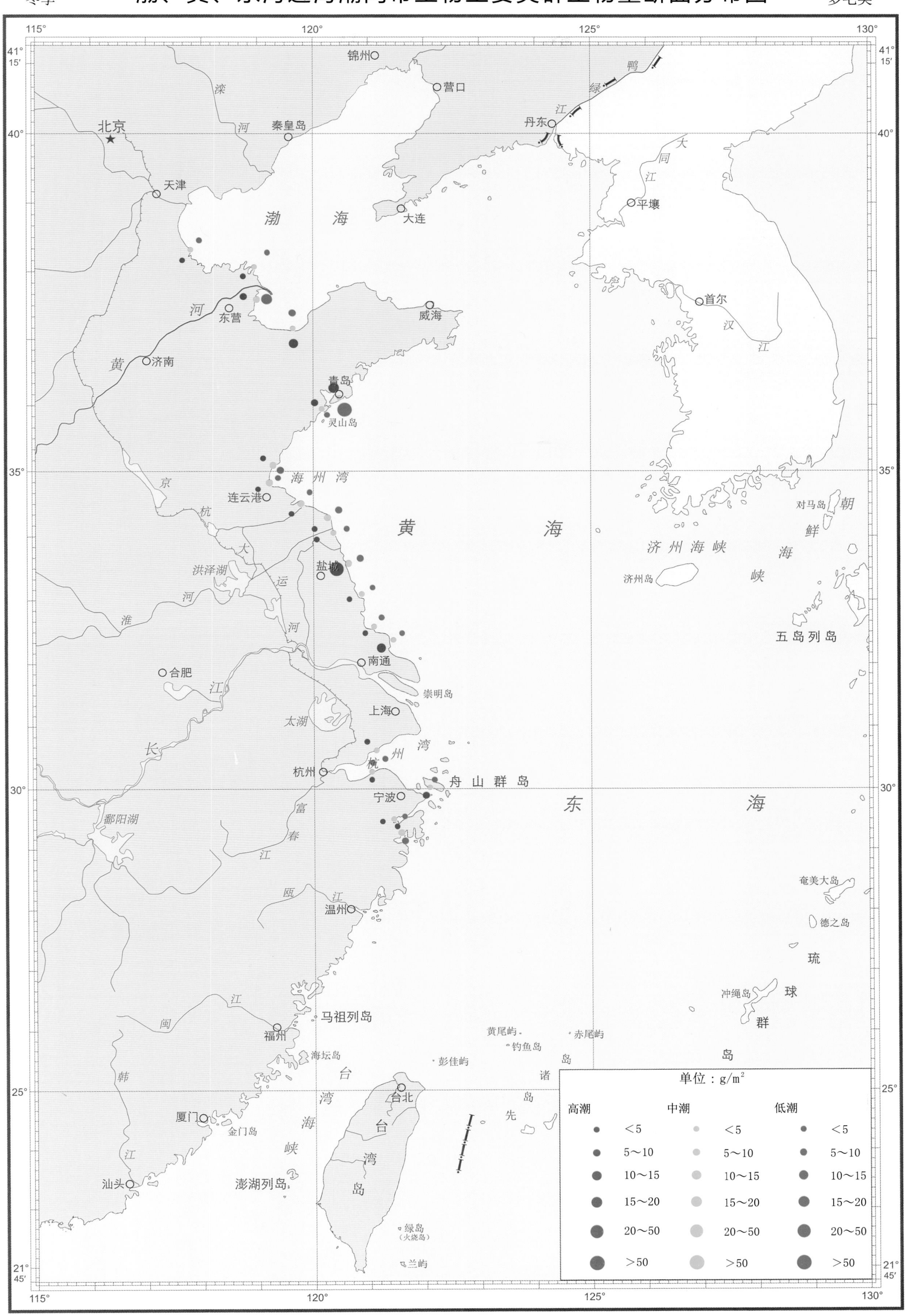

1∶7 300 000（墨卡托投影　基准纬线32°）

渤、黄、东海近海潮间带生物主要类群生物量断面分布图

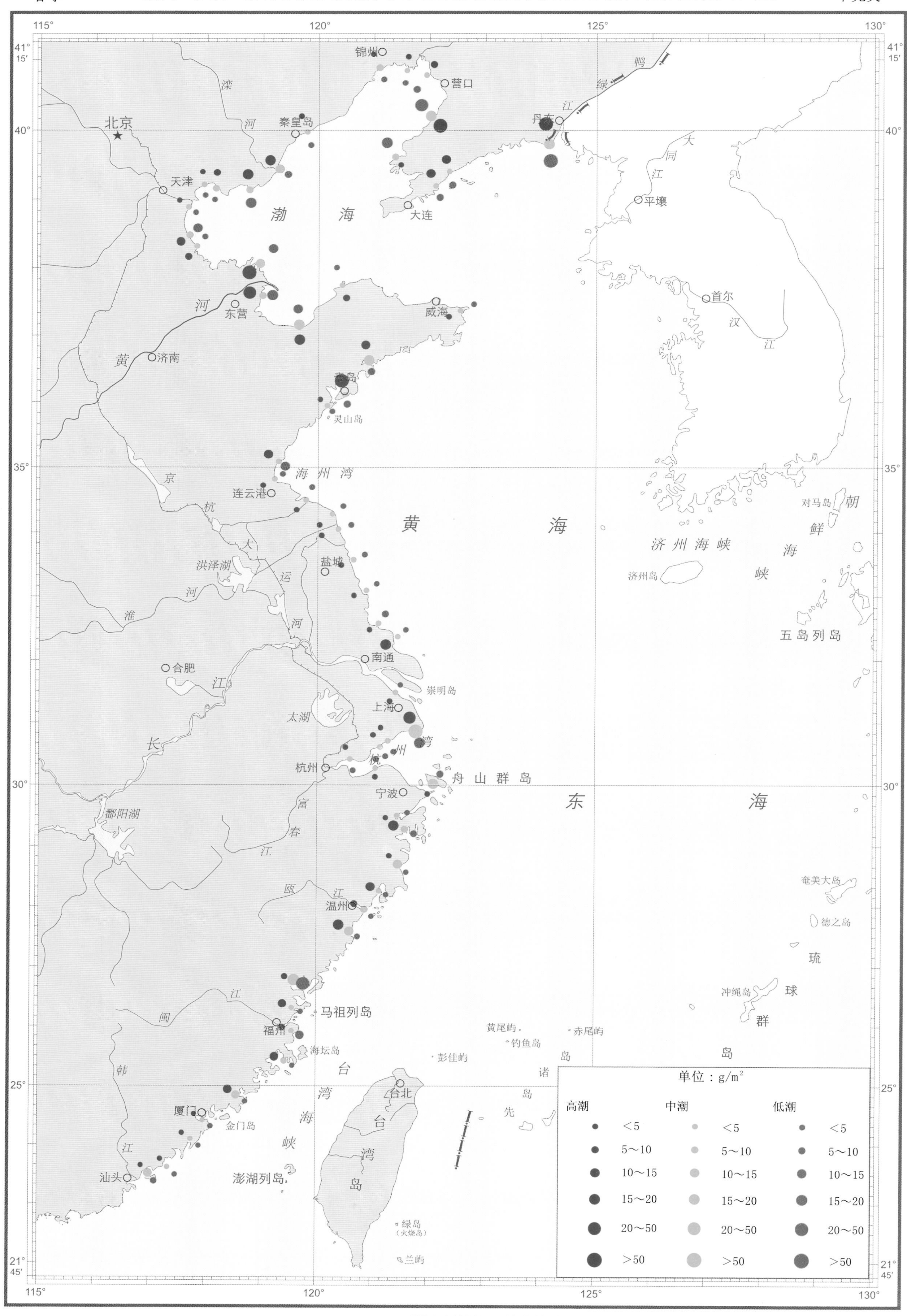

1∶7 300 000（墨卡托投影　基准纬线32°）

渤、黄、东海近海潮间带生物主要类群生物量断面分布图

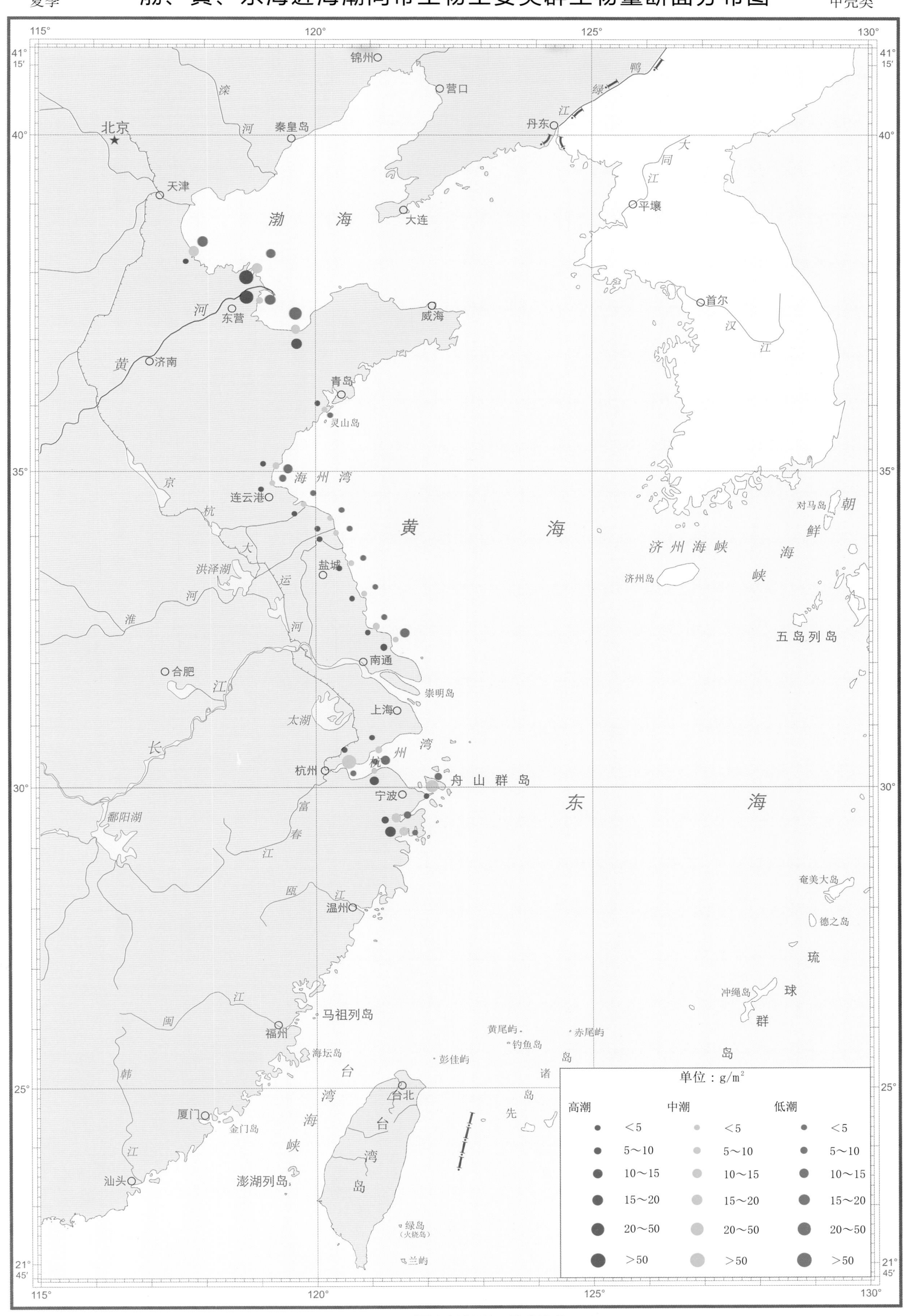

1：7 300 000（墨卡托投影　基准纬线32°）

秋季　　渤、黄、东海近海潮间带生物主要类群生物量断面分布图　　甲壳类

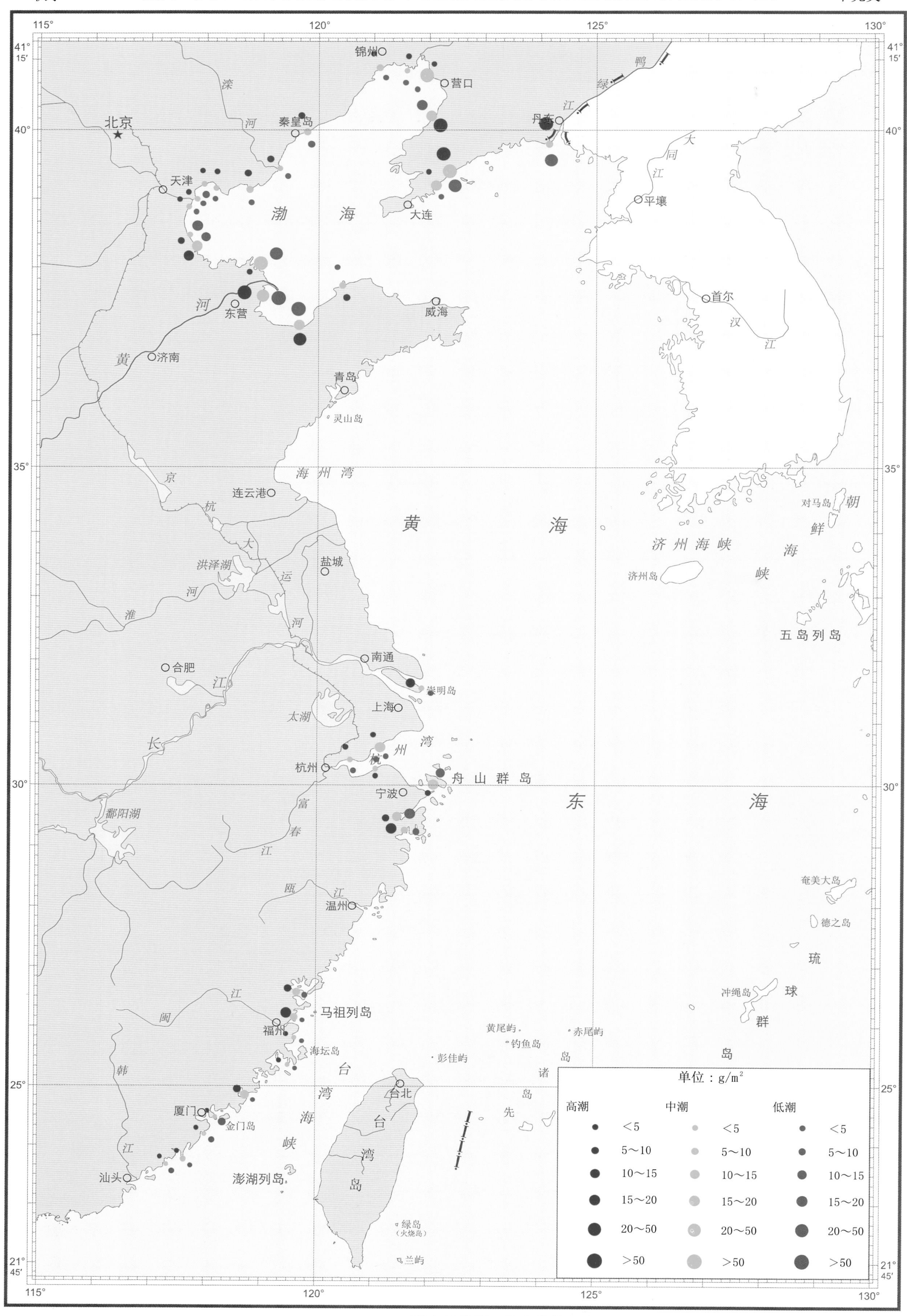

1：7 300 000（墨卡托投影　基准纬线32°）

冬季

渤、黄、东海近海潮间带生物主要类群生物量断面分布图

甲壳类

115° 120° 125° 130°

41° 15′ 40° 35° 30° 25° 21° 45′

锦州 营口 鸭绿江 丹东 滦河 秦皇岛 北京 天津 大同江 平壤 渤海 大连 首尔 汉江 东营 威海 黄河 济南 青岛 灵山岛 京杭大运河 海州湾 连云港 黄海 对马岛 朝鲜海峡 济州海峡 济州岛 洪泽湖 盐城 淮河 五岛列岛 南通 合肥 长江 崇明岛 上海 太湖 杭州湾 杭州 舟山群岛 宁波 东海 鄱阳湖 富春江 瓯江 温州 奄美大岛 德之岛 琉球群岛 冲绳岛 闽江 福州 马祖列岛 黄尾屿 赤尾屿 钓鱼岛 钓鱼岛诸岛 海坛岛 彭佳屿 先岛诸岛 韩江 厦门 金门岛 台湾海峡 台北 台湾岛 汕头 澎湖列岛 绿岛（火烧岛） 兰屿

单位：g/m²

高潮	中潮	低潮
<5	<5	<5
5～10	5～10	5～10
10～15	10～15	10～15
15～20	15～20	15～20
20～50	20～50	20～50
>50	>50	>50

1∶7 300 000（墨卡托投影　基准纬线32°）

春季

渤、黄、东海近海潮间带生物主要类群生物量断面分布图

软体类

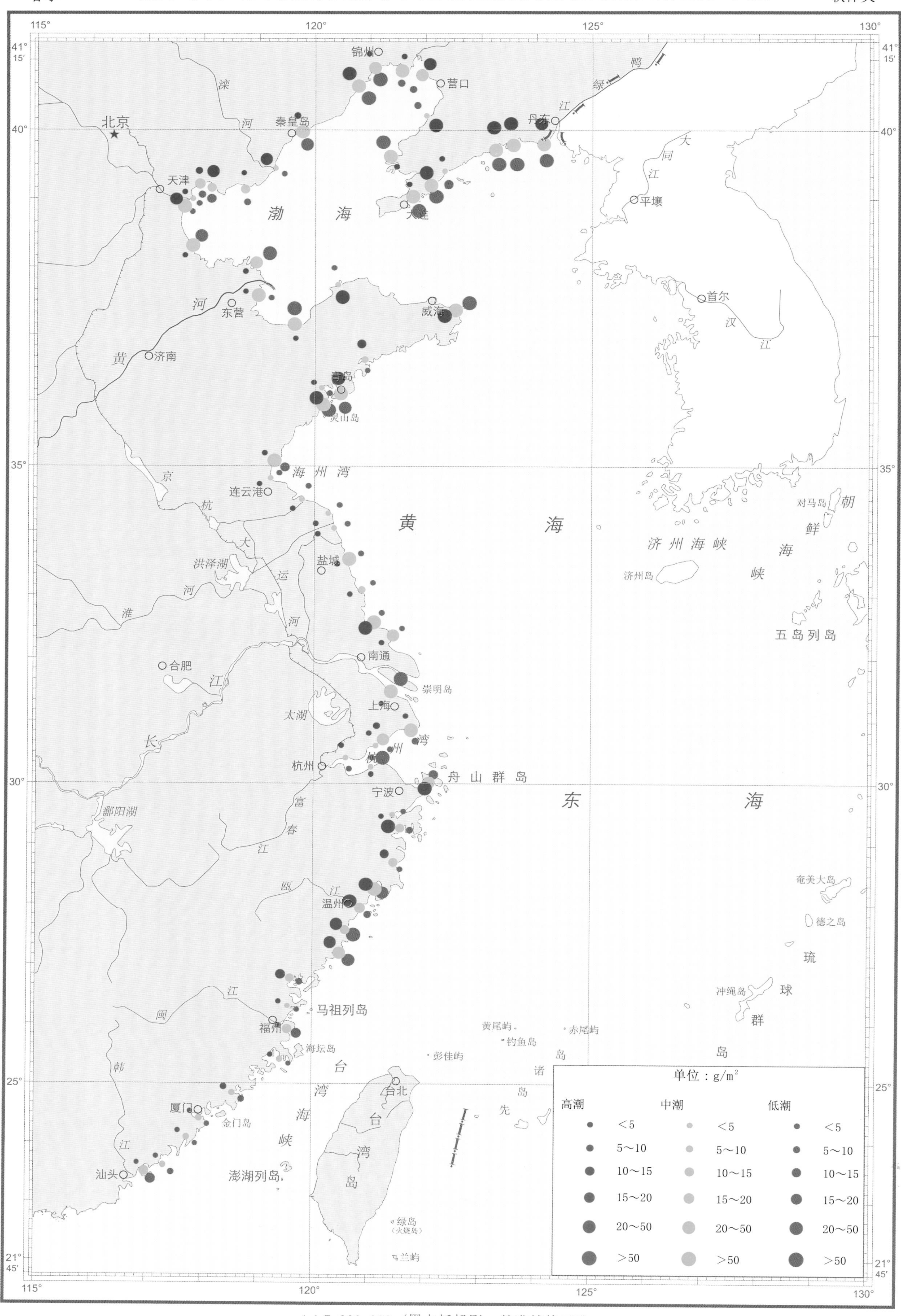

1∶7 300 000（墨卡托投影　基准纬线32°）

夏季　　**渤、黄、东海近海潮间带生物主要类群生物量断面分布图**　　软体类

单位：g/m²

高潮	中潮	低潮
<5	<5	<5
5～10	5～10	5～10
10～15	10～15	10～15
15～20	15～20	15～20
20～50	20～50	20～50
>50	>50	>50

1：7 300 000（墨卡托投影　基准纬线32°）

渤、黄、东海近海潮间带生物主要类群生物量断面分布图

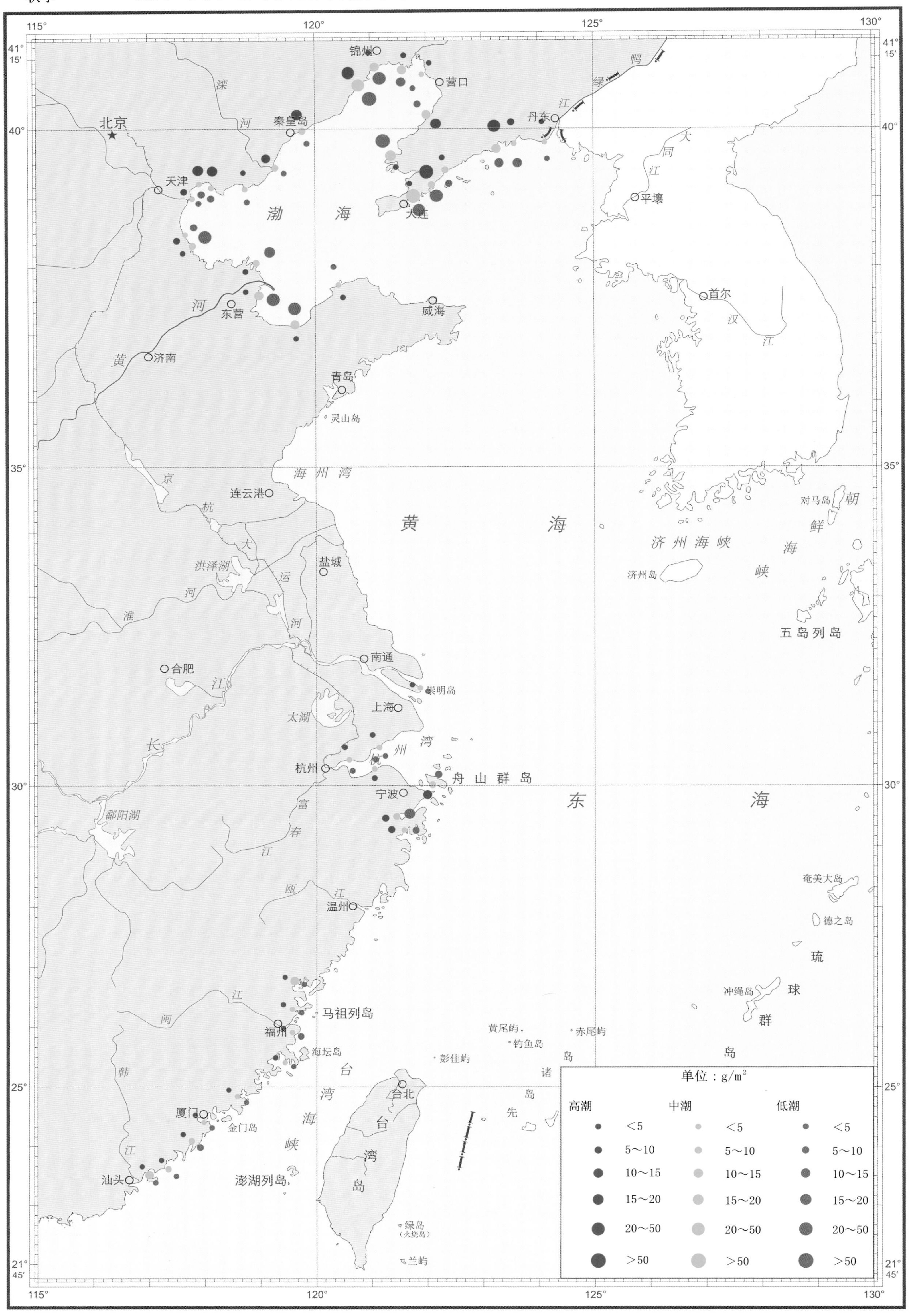

1：7 300 000（墨卡托投影 基准纬线32°）

冬季 渤、黄、东海近海潮间带生物主要类群生物量断面分布图 软体类

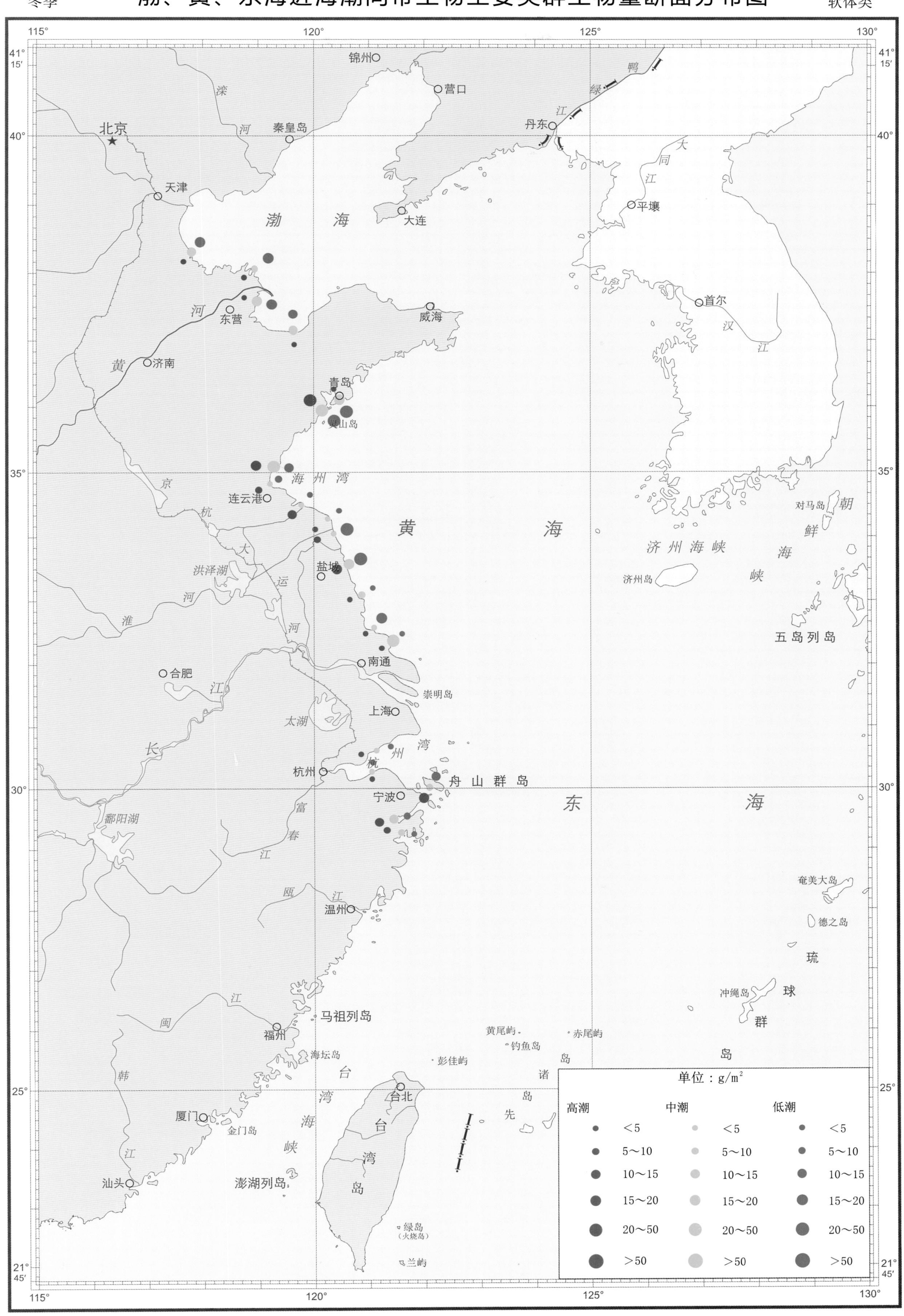

1∶7 300 000（墨卡托投影　基准纬线32°）

春季 渤、黄、东海近海潮间带生物主要类群栖息密度断面分布图 多毛类

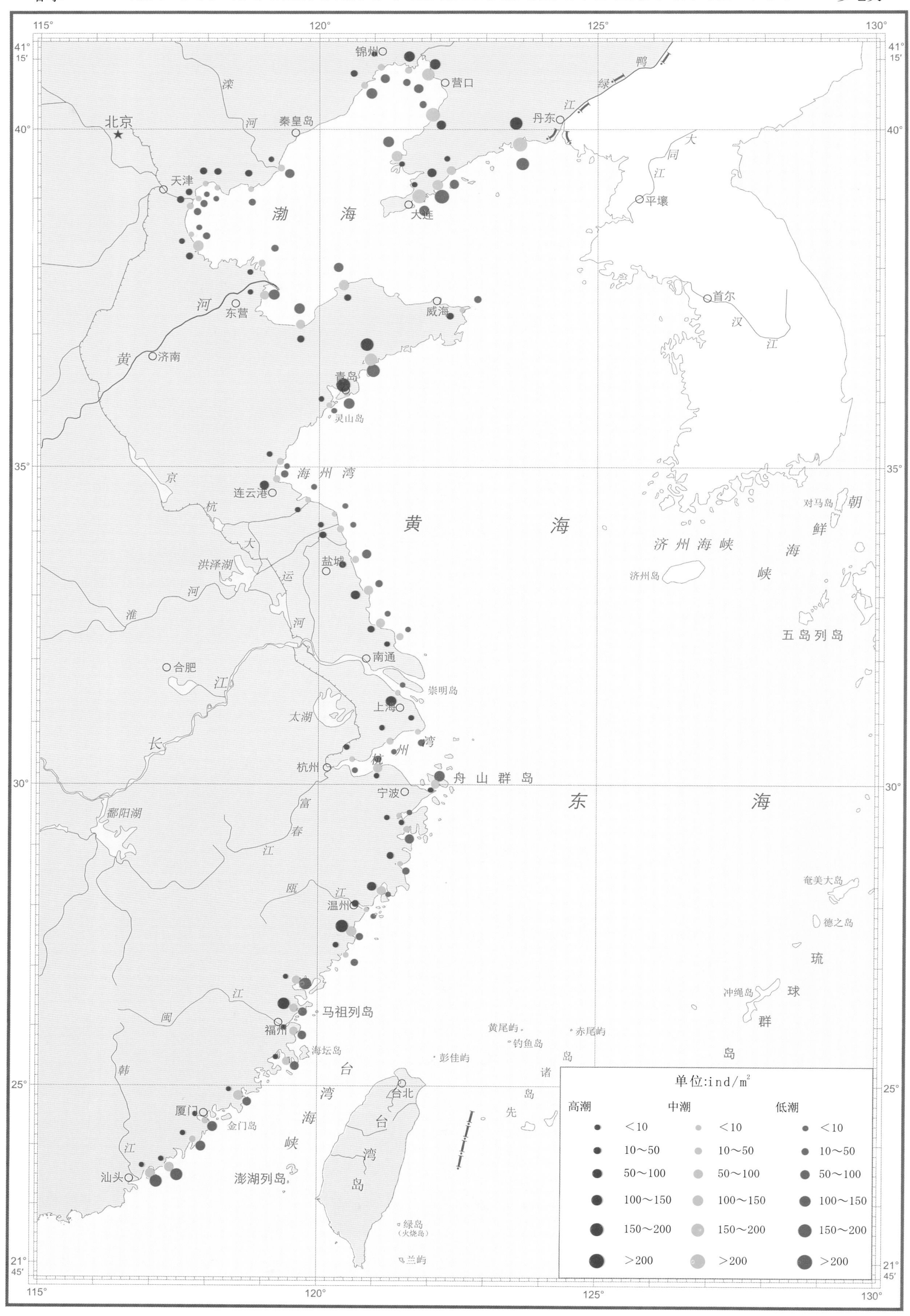

1∶7 300 000(墨卡托投影 基准纬线32°)

渤、黄、东海近海潮间带生物主要类群栖息密度断面分布图

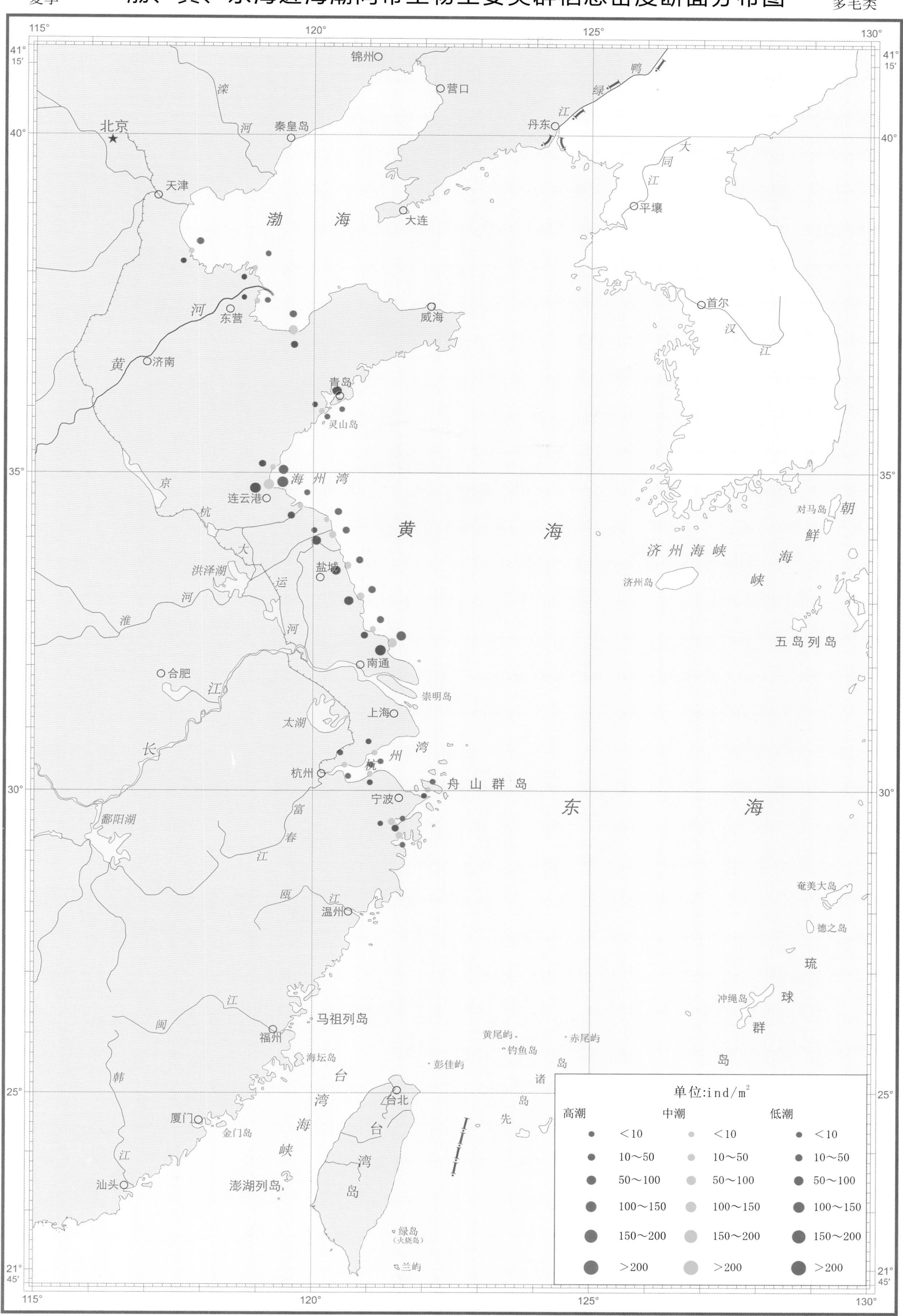

1∶7 300 000（墨卡托投影　基准纬线32°）

秋季

渤、黄、东海近海潮间带生物主要类群栖息密度断面分布图

多毛类

单位:ind/m²

高潮	中潮	低潮
<10	<10	<10
10～50	10～50	10～50
50～100	50～100	50～100
100～150	100～150	100～150
150～200	150～200	150～200
>200	>200	>200

1：7 300 000（墨卡托投影　基准纬线32°）

冬季 # 渤、黄、东海近海潮间带生物主要类群栖息密度断面分布图 多毛类

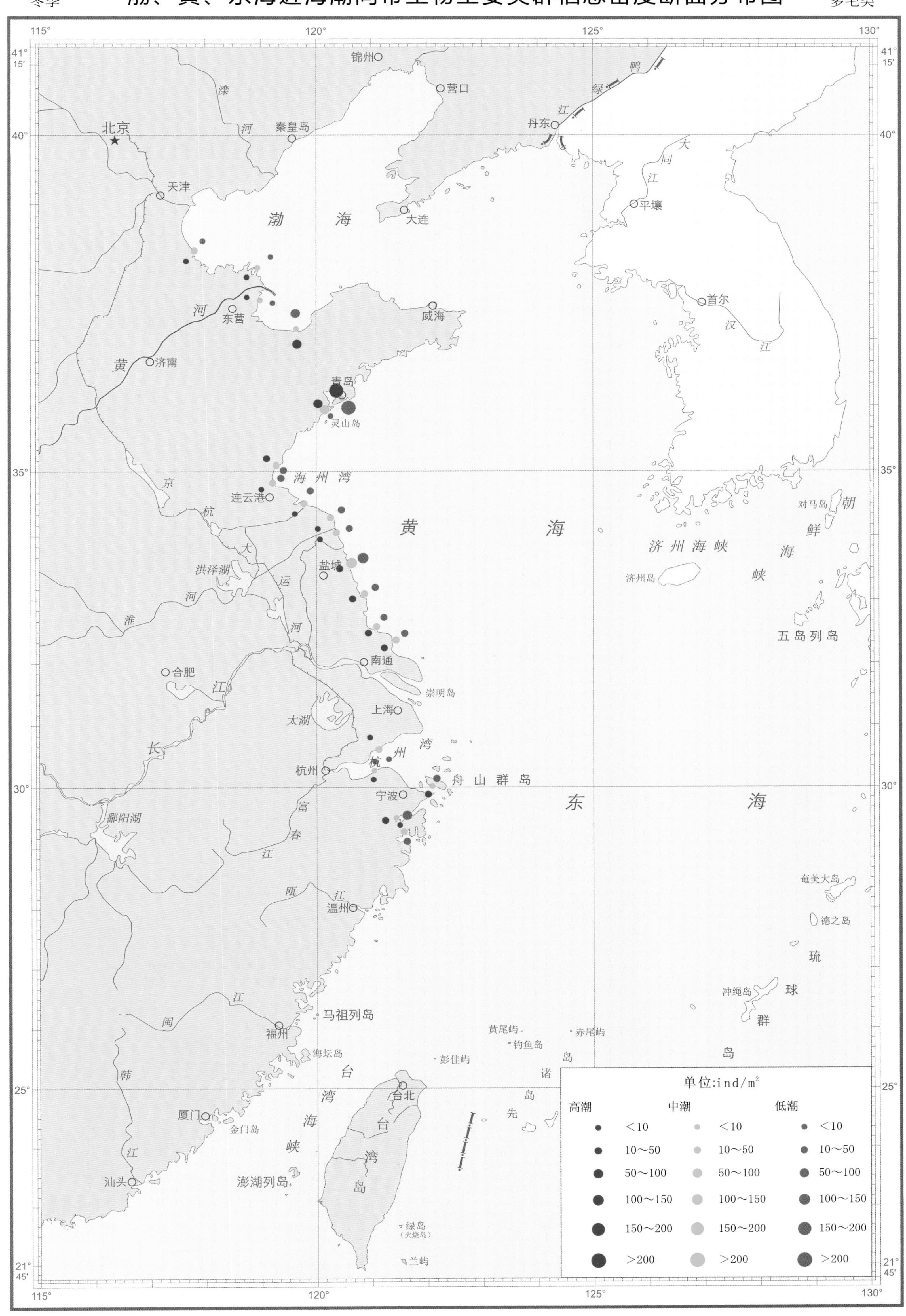

春季　　渤、黄、东海近海潮间带生物主要类群栖息密度断面分布图　　甲壳类

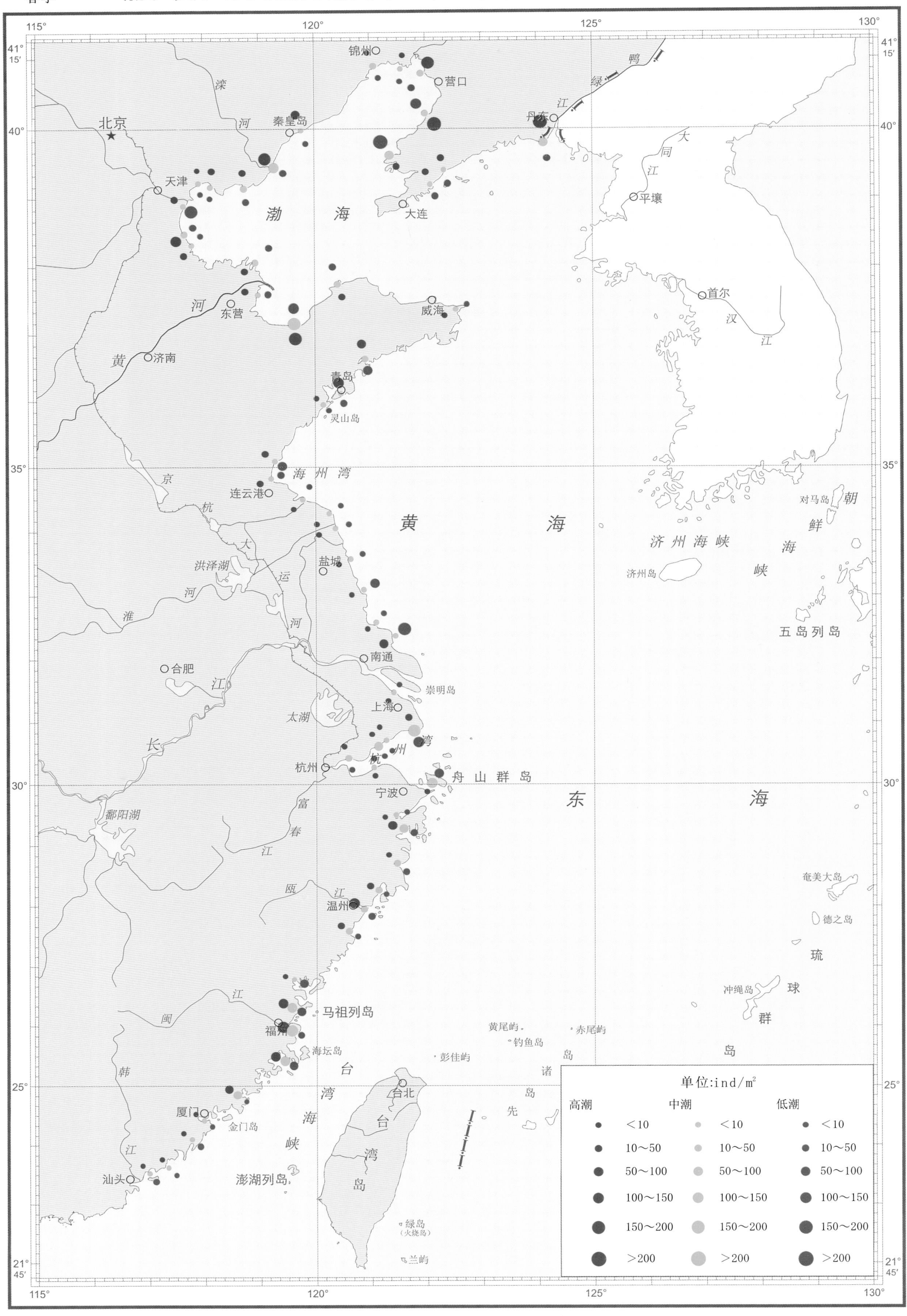

1∶7 300 000（墨卡托投影　基准纬线32°）

夏季　　渤、黄、东海近海潮间带生物主要类群栖息密度断面分布图　　甲壳类

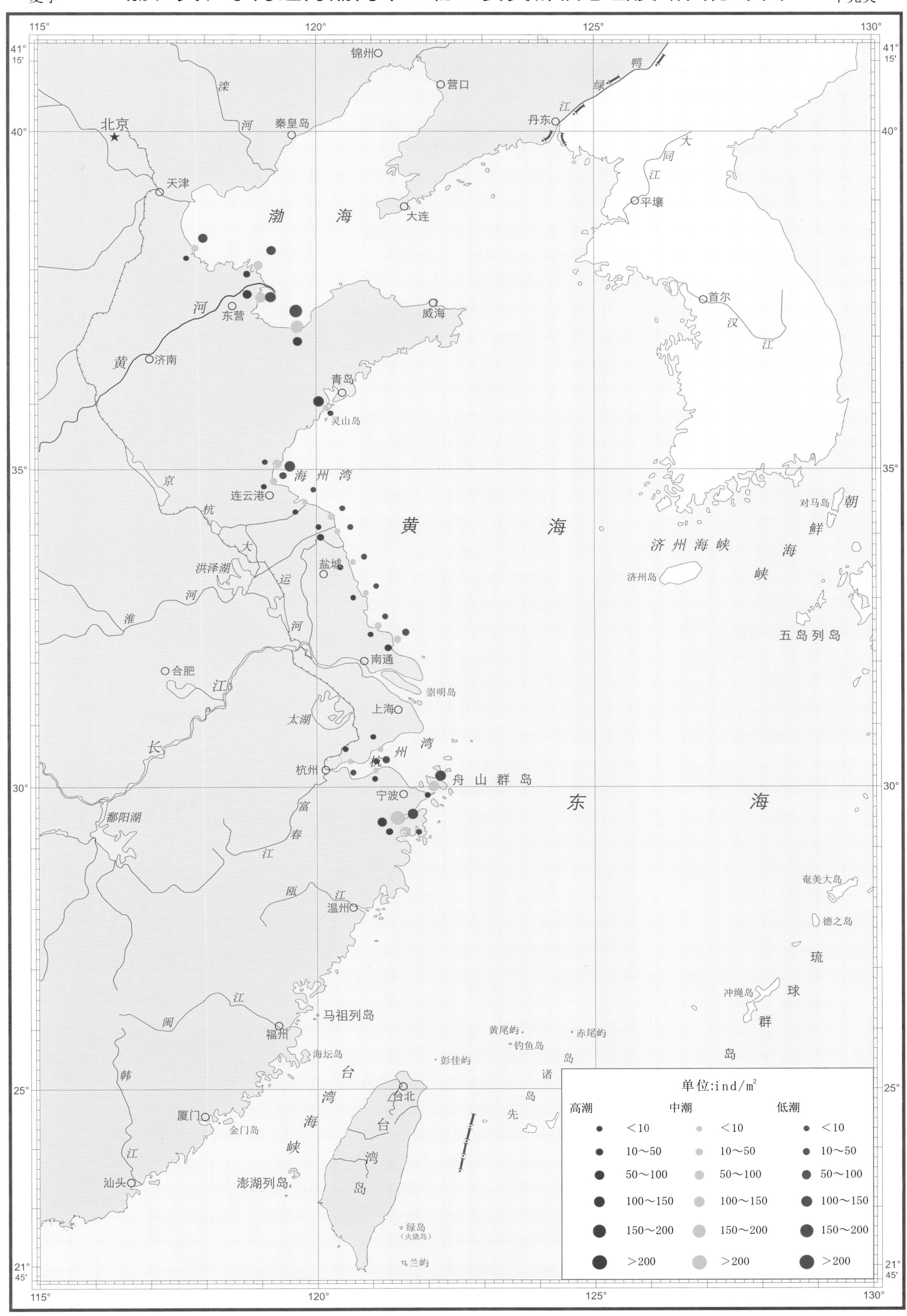

1∶7 300 000（墨卡托投影　基准纬线32°）

秋季　　渤、黄、东海近海潮间带生物主要类群栖息密度断面分布图　　甲壳类

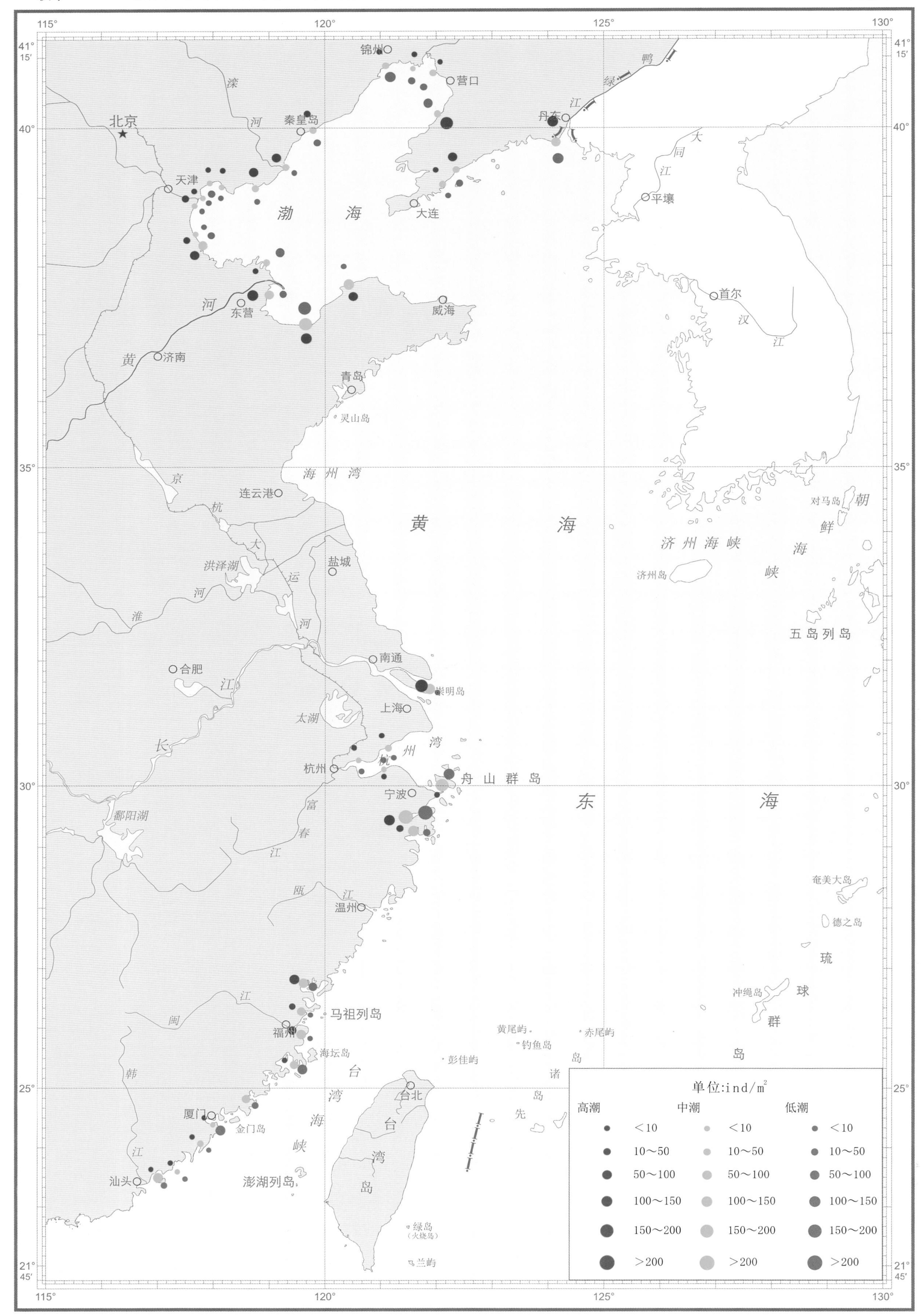

1∶7 300 000（墨卡托投影　基准纬线32°）

冬季　渤、黄、东海近海潮间带生物主要类群栖息密度断面分布图　甲壳类

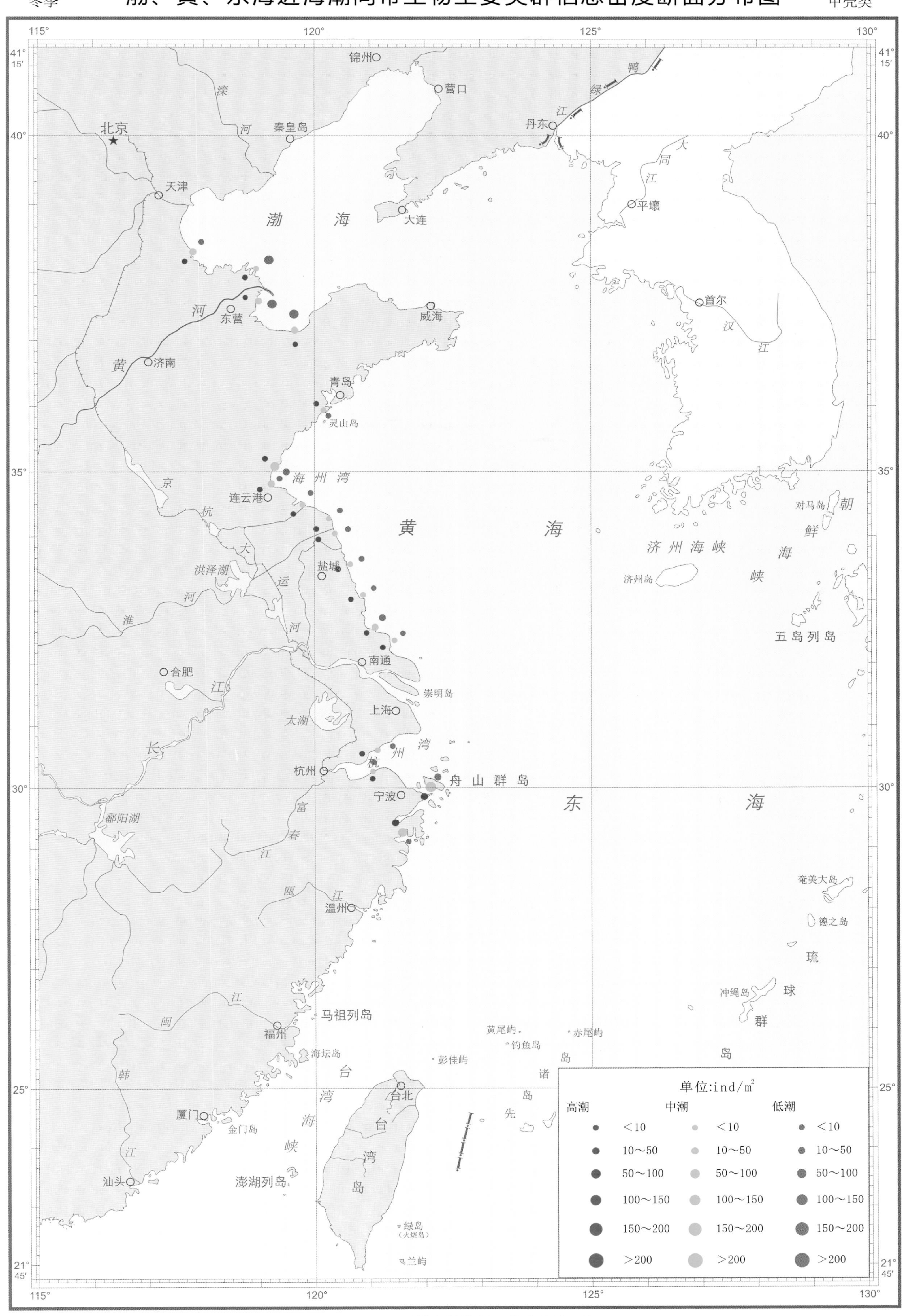

1∶7 300 000（墨卡托投影　基准纬线32°）

春季　　渤、黄、东海近海潮间带生物主要类群栖息密度断面分布图　　软体类

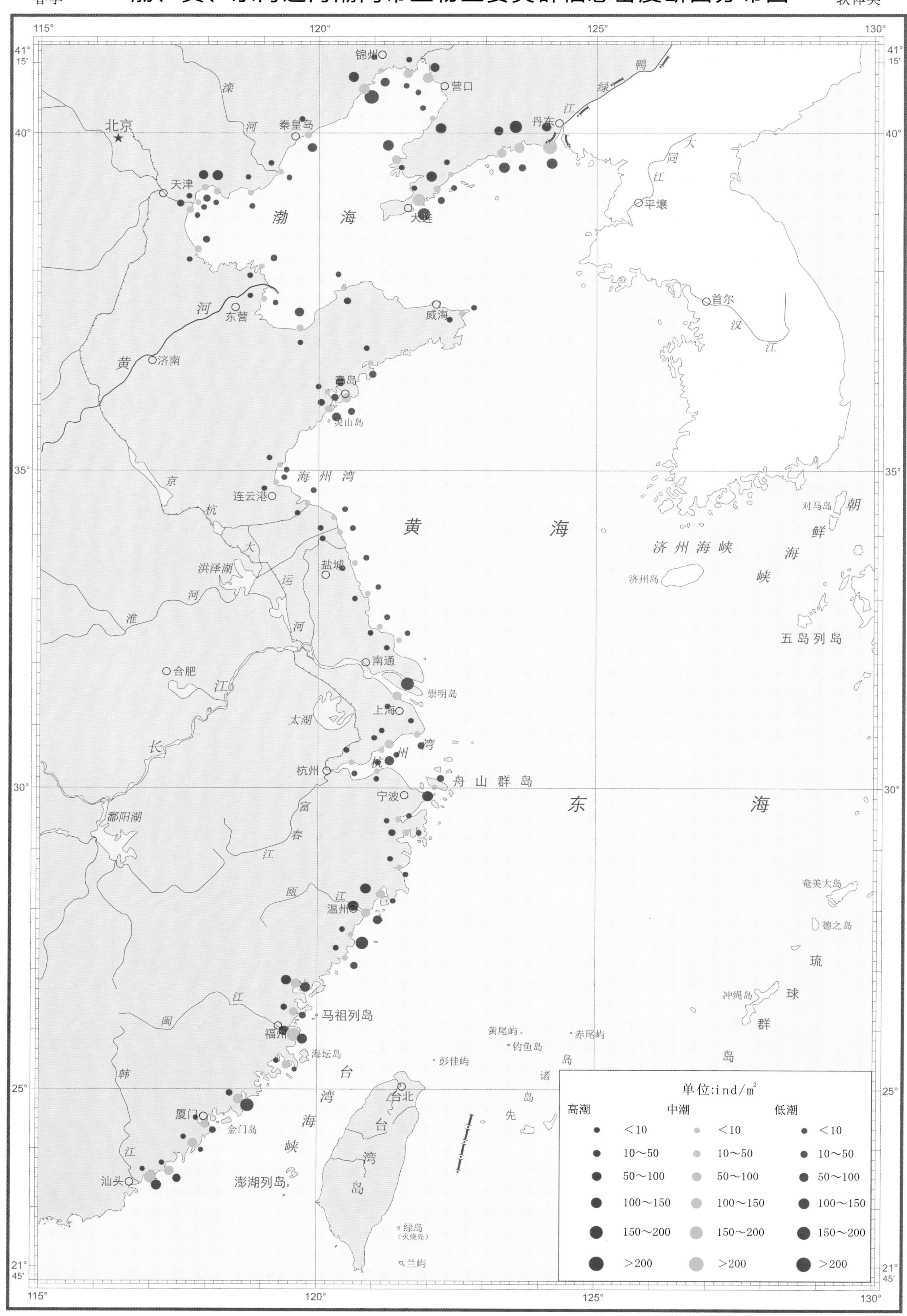

1∶7 300 000（墨卡托投影　基准纬线32°）

夏季　　渤、黄、东海近海潮间带生物主要类群栖息密度断面分布图　　软体类

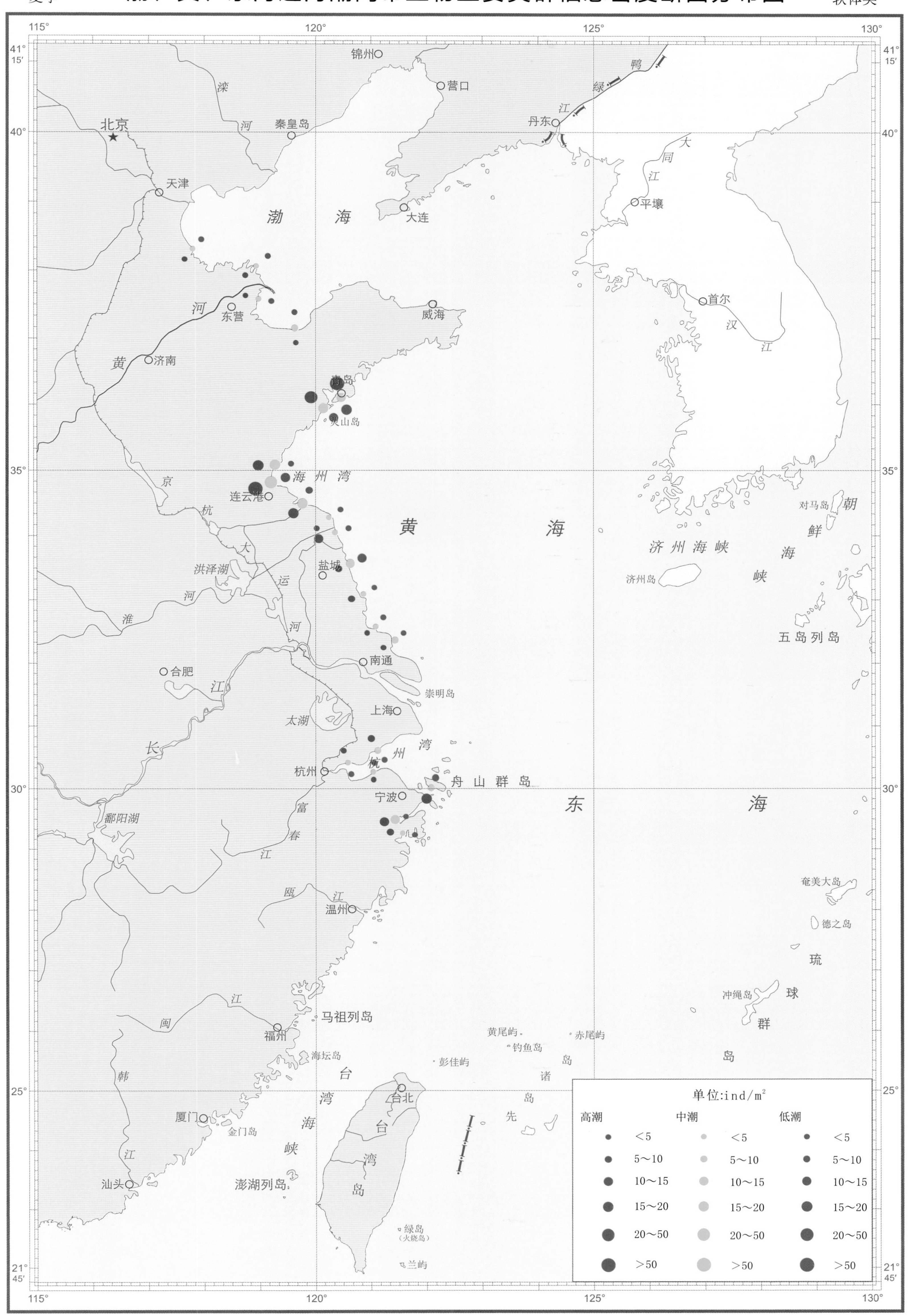

1∶7 300 000（墨卡托投影　基准纬线32°）

渤、黄、东海近海潮间带生物主要类群栖息密度断面分布图

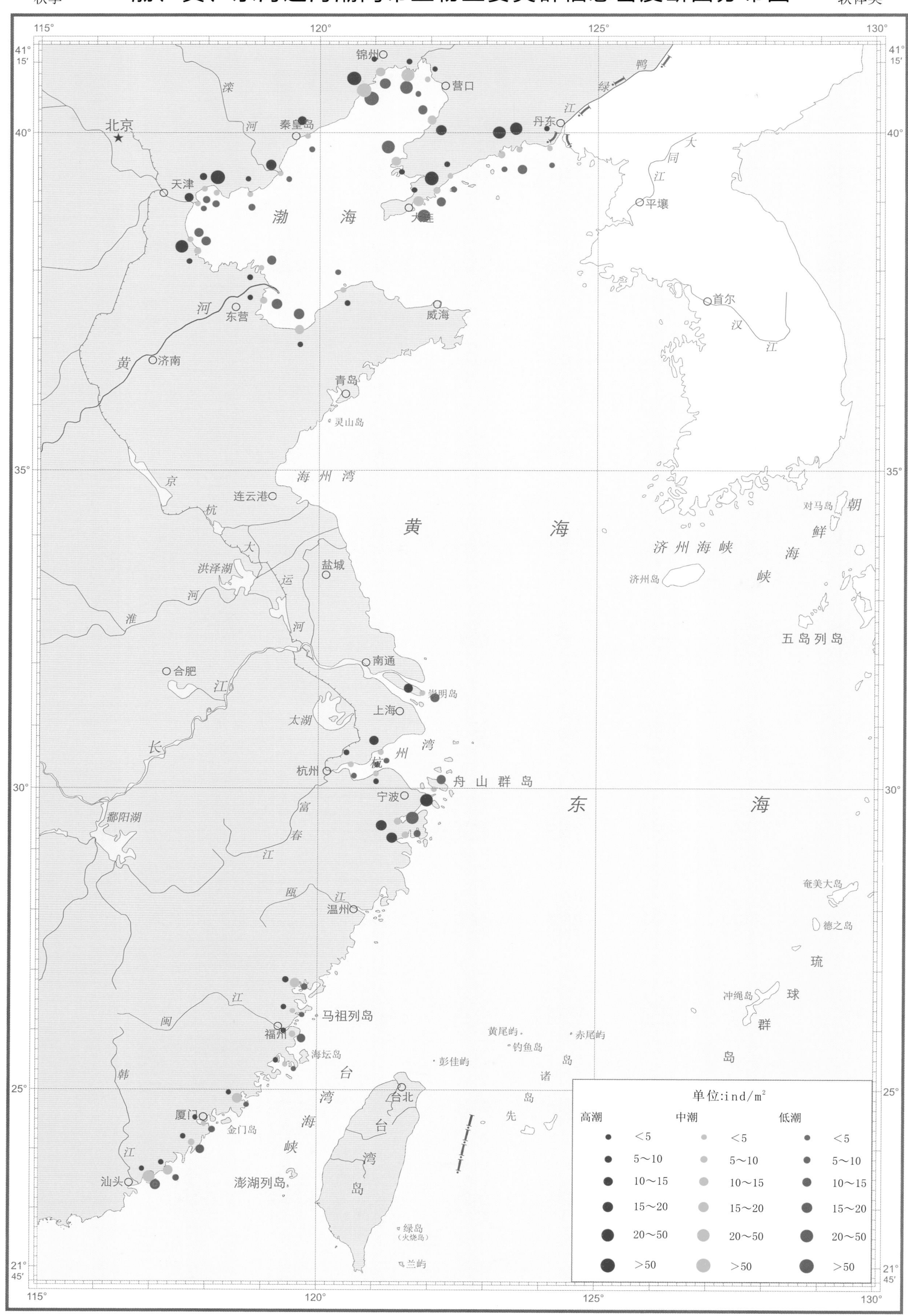

1∶7 300 000（墨卡托投影　基准纬线32°）

冬季　　　　渤、黄、东海近海潮间带生物主要类群栖息密度断面分布图　　　　软体类

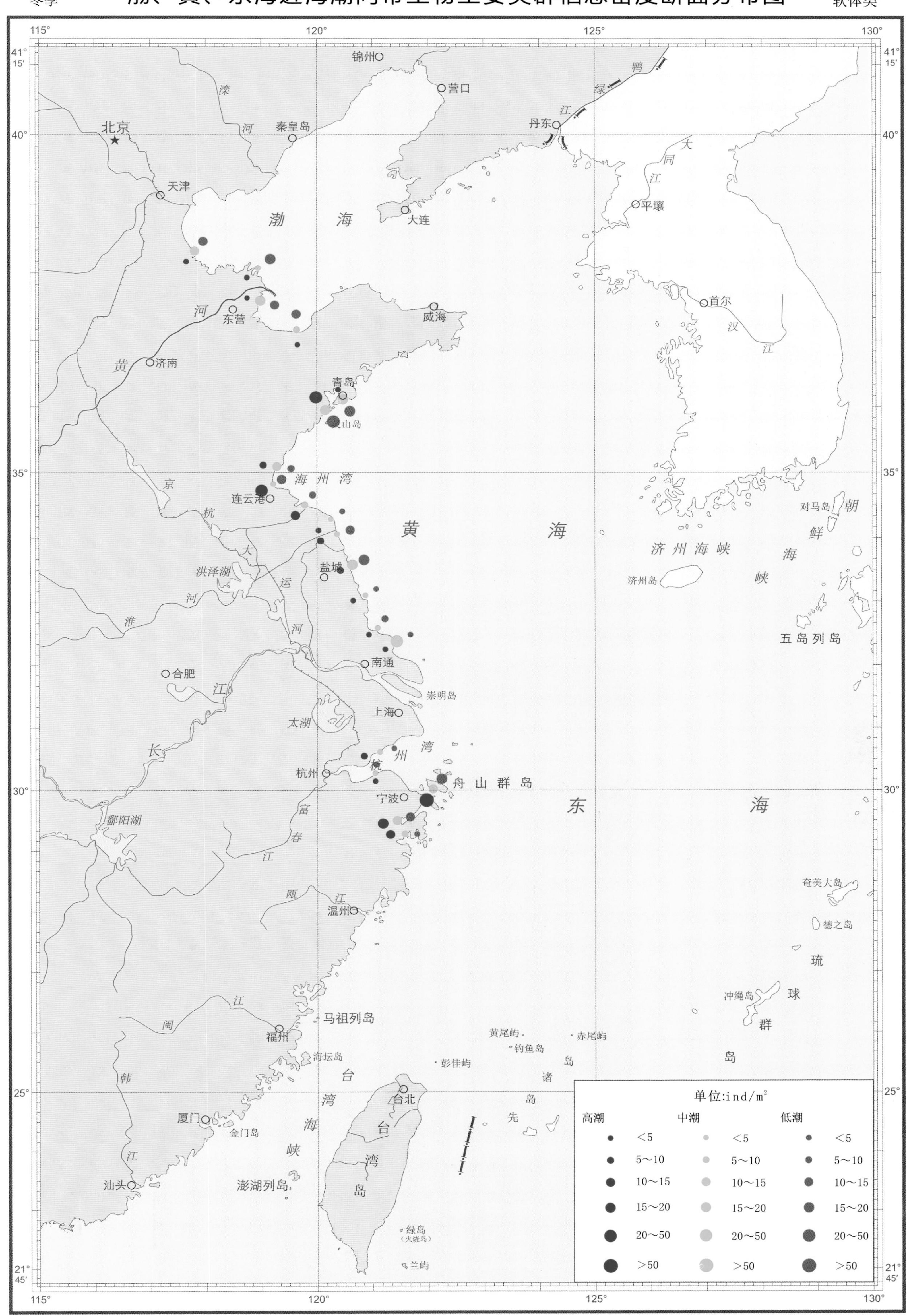

1∶7 300 000（墨卡托投影　基准纬线32°）

春季

南海北部近海潮间带生物主要类群生物量断面分布图

多毛类

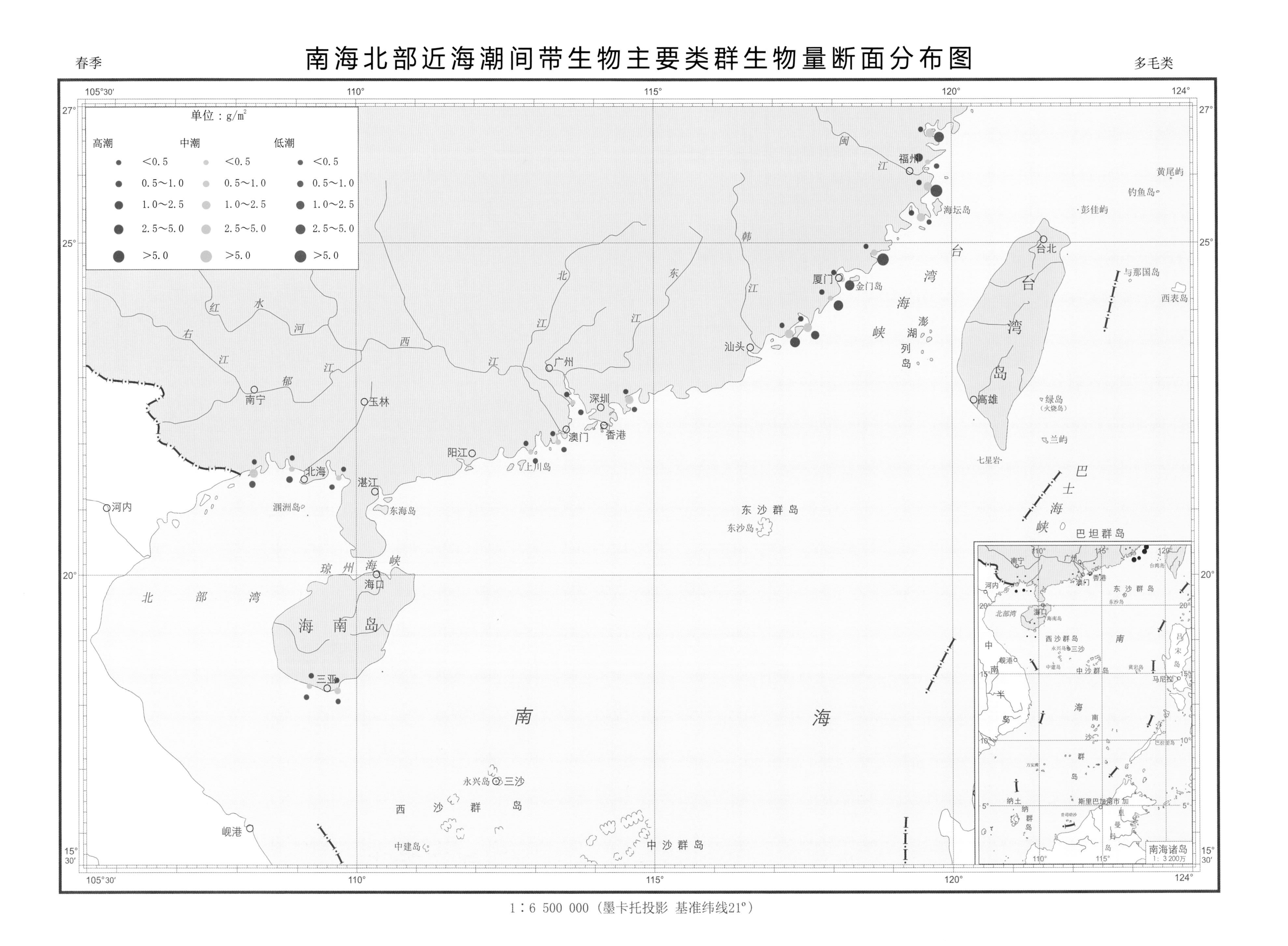

1∶6 500 000（墨卡托投影 基准纬线21°）

夏季

南海北部近海潮间带生物主要类群生物量断面分布图

多毛类

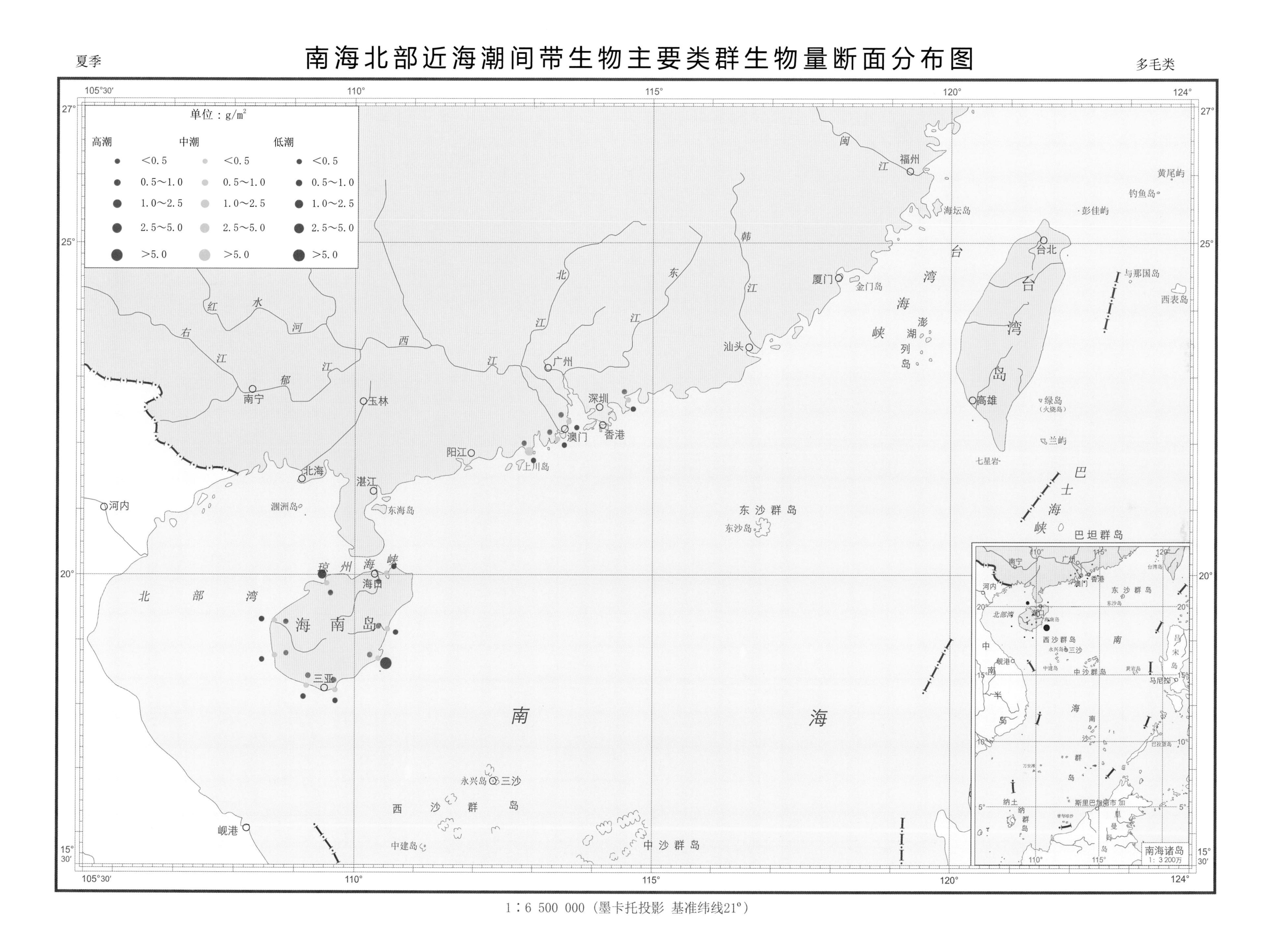

1∶6 500 000（墨卡托投影 基准纬线21°）

南海北部近海潮间带生物主要类群生物量断面分布图

秋季　　多毛类

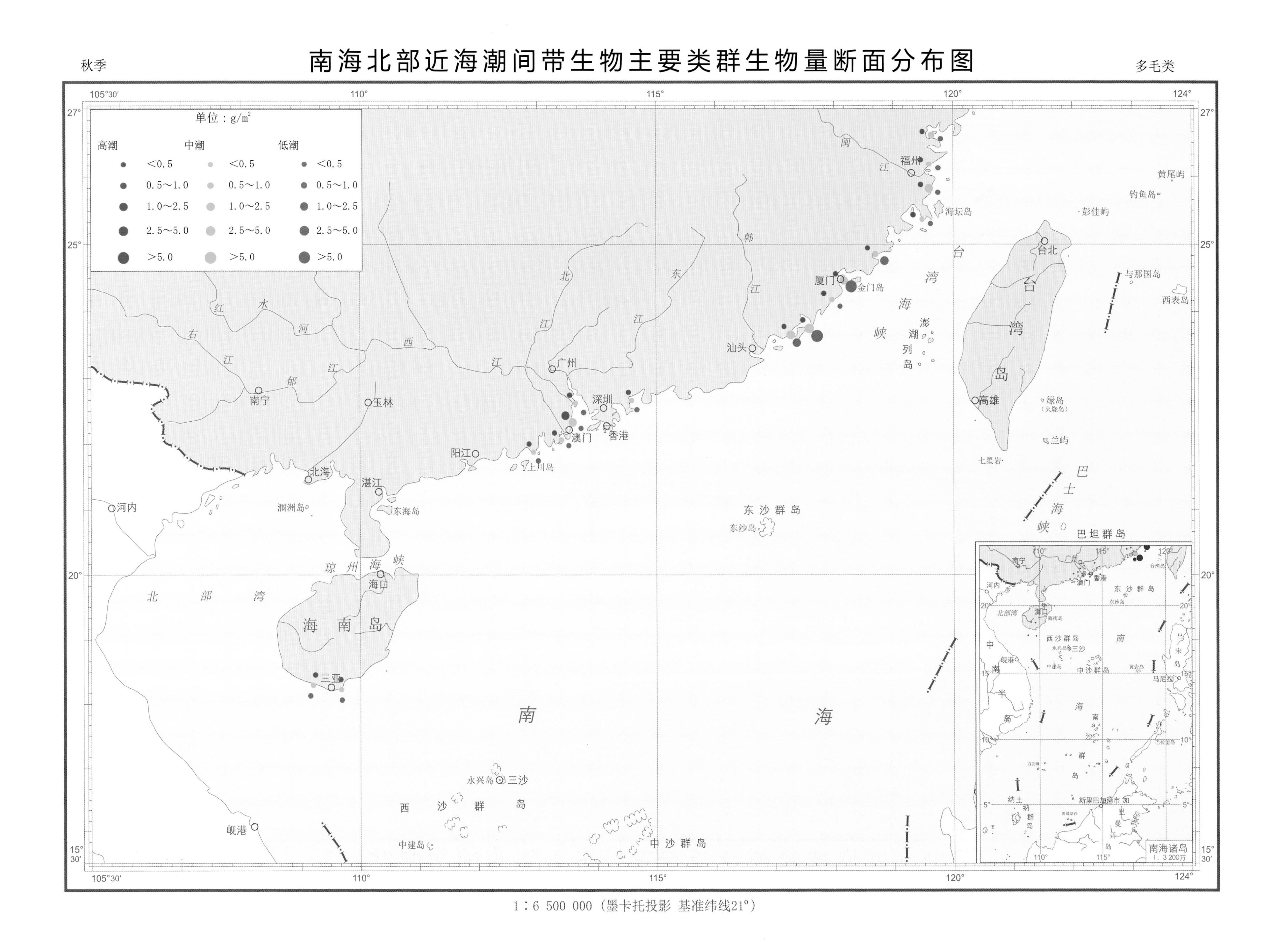

1∶6 500 000（墨卡托投影 基准纬线21°）

冬季

南海北部近海潮间带生物主要类群生物量断面分布图

多毛类

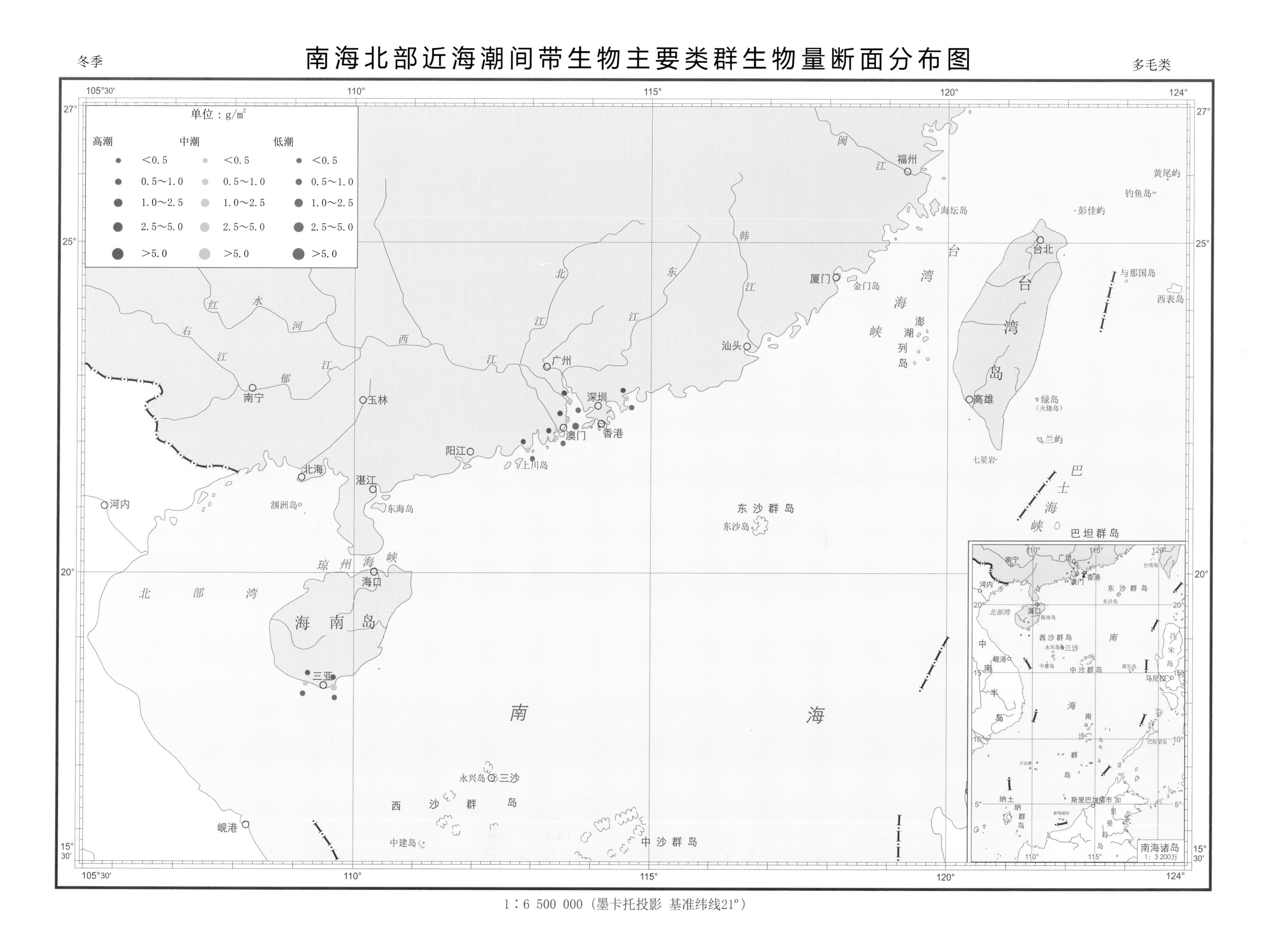

1∶6 500 000（墨卡托投影 基准纬线21°）

南海北部近海潮间带生物主要类群生物量断面分布图

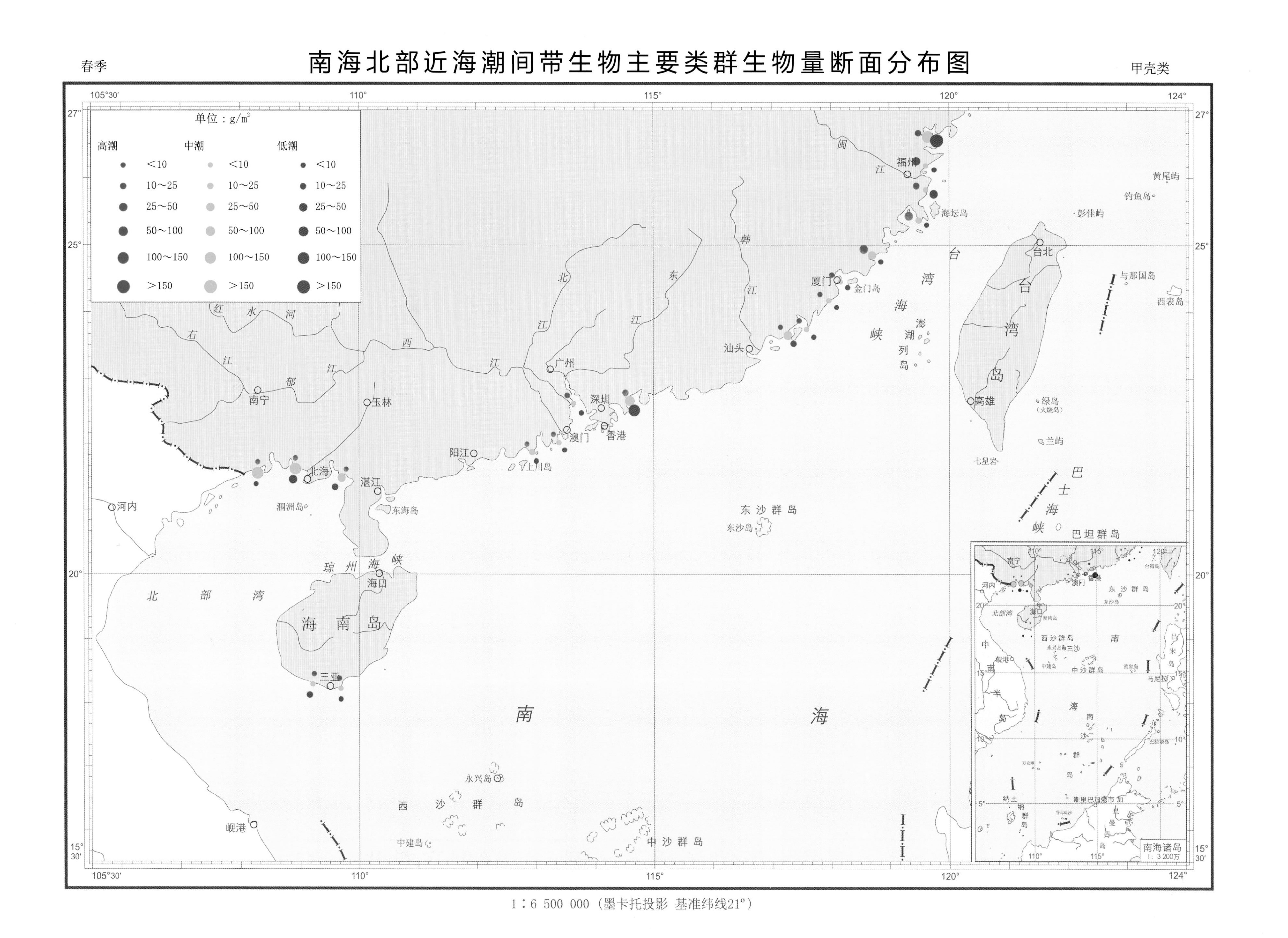

1：6 500 000（墨卡托投影 基准纬线21°）

南海北部近海潮间带生物主要类群生物量断面分布图

夏季　　甲壳类

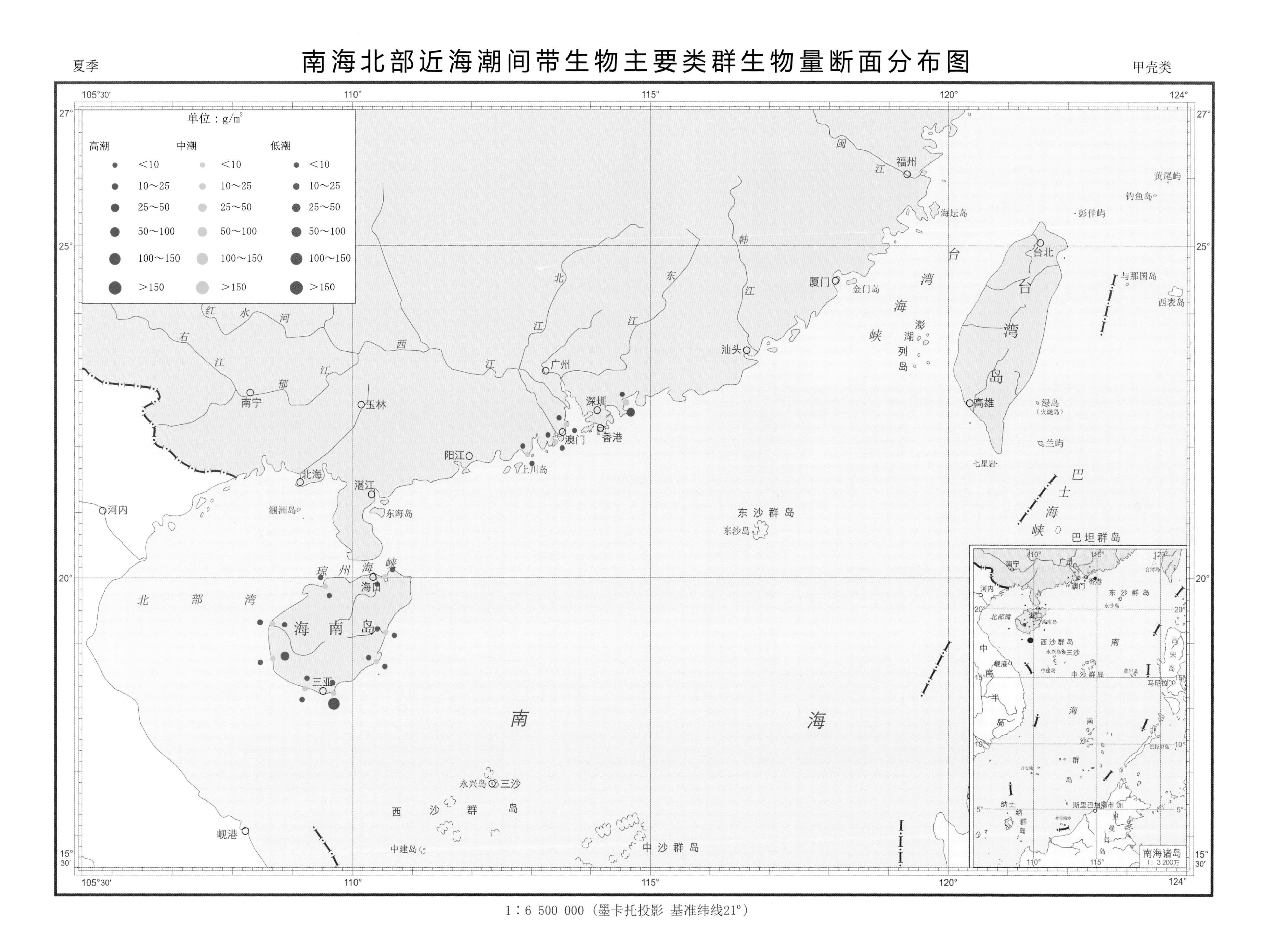

1：6 500 000（墨卡托投影 基准纬线21°）

秋季

南海北部近海潮间带生物主要类群生物量断面分布图

甲壳类

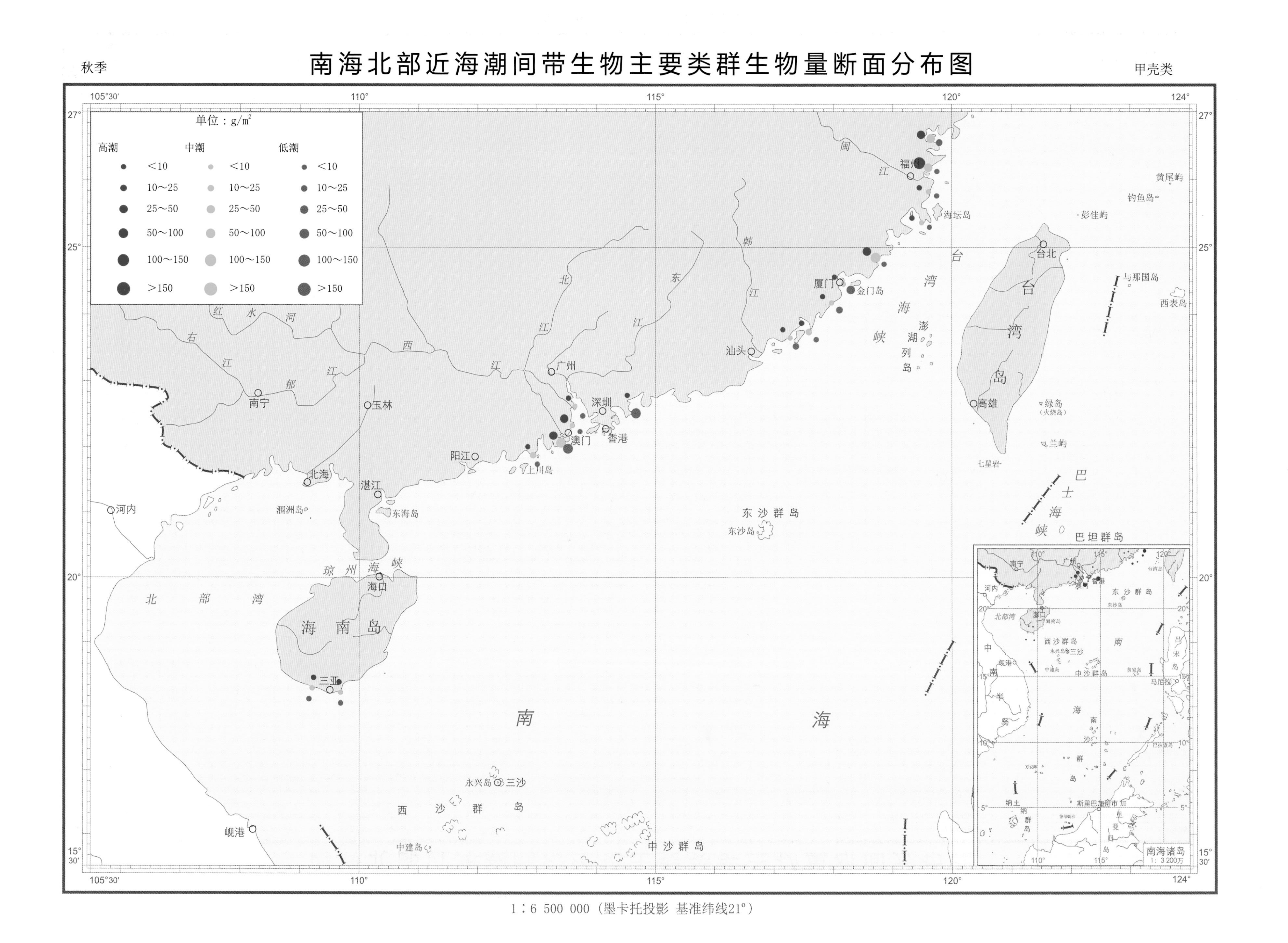

1：6 500 000（墨卡托投影 基准纬线21°）

冬季

南海北部近海潮间带生物主要类群生物量断面分布图

甲壳类

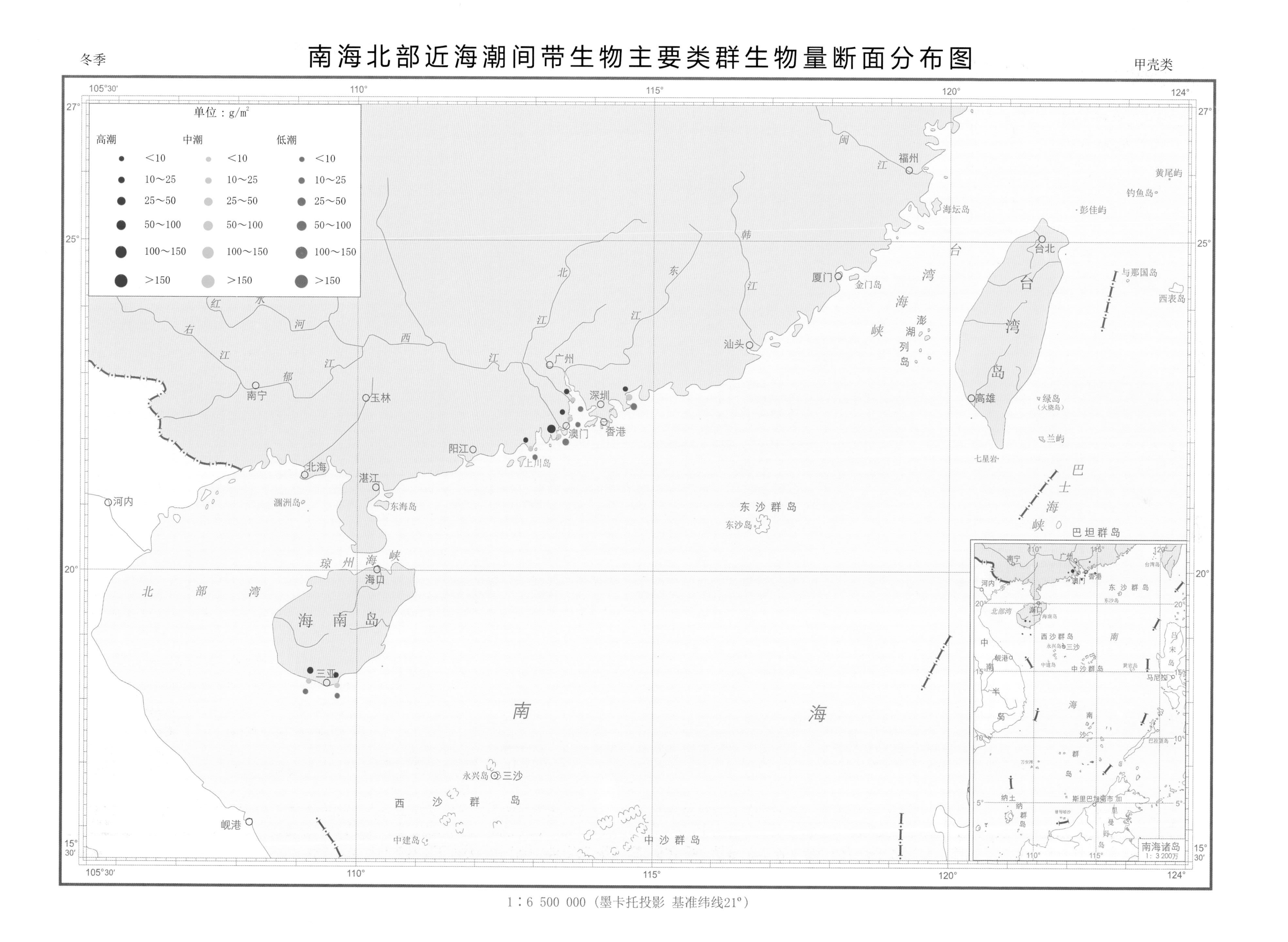

1：6 500 000（墨卡托投影 基准纬线21°）

春季

南海北部近海潮间带生物主要类群生物量断面分布图

软体类

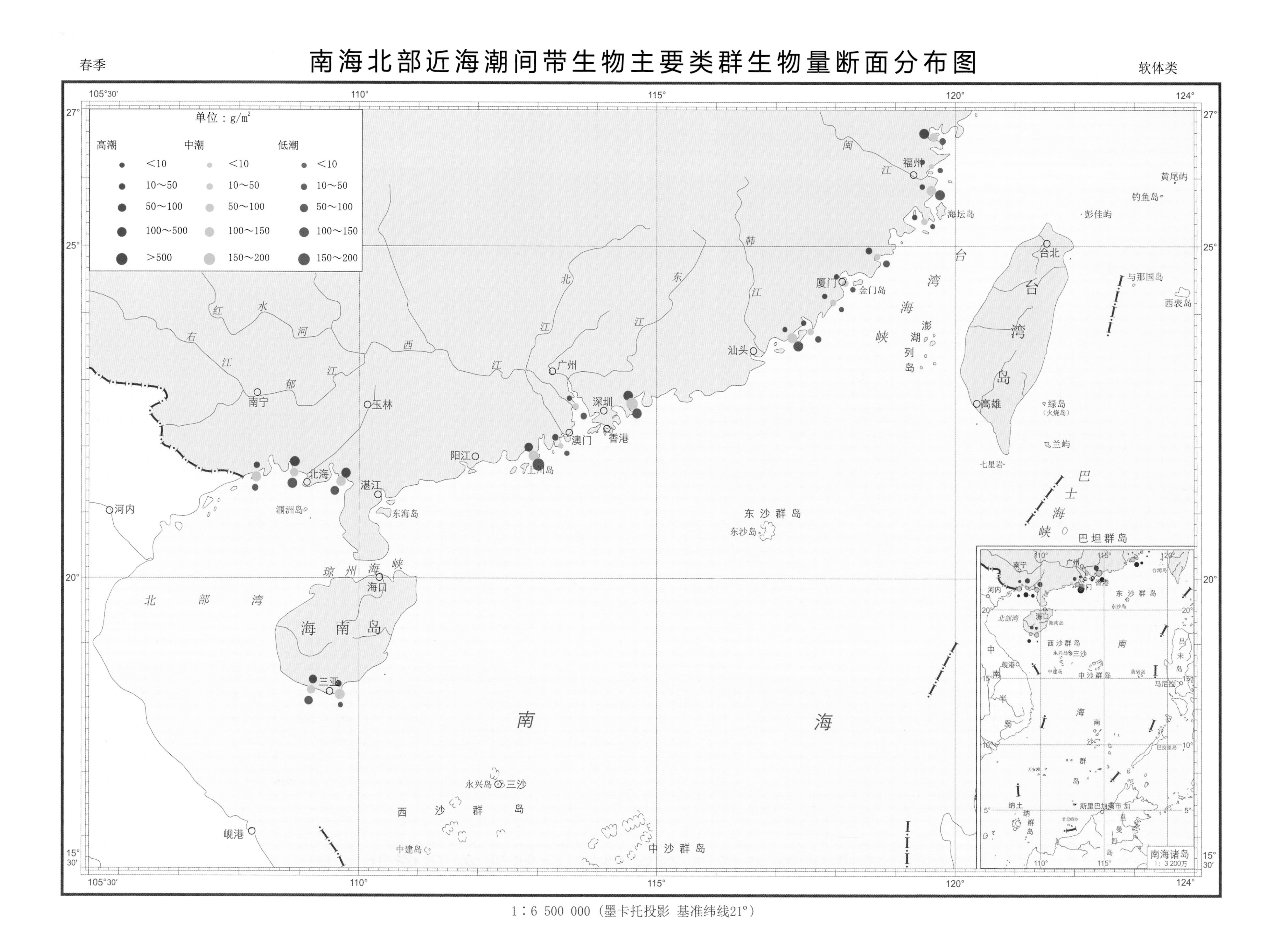

1：6 500 000（墨卡托投影 基准纬线21°）

夏季 软体类

南海北部近海潮间带生物主要类群生物量断面分布图

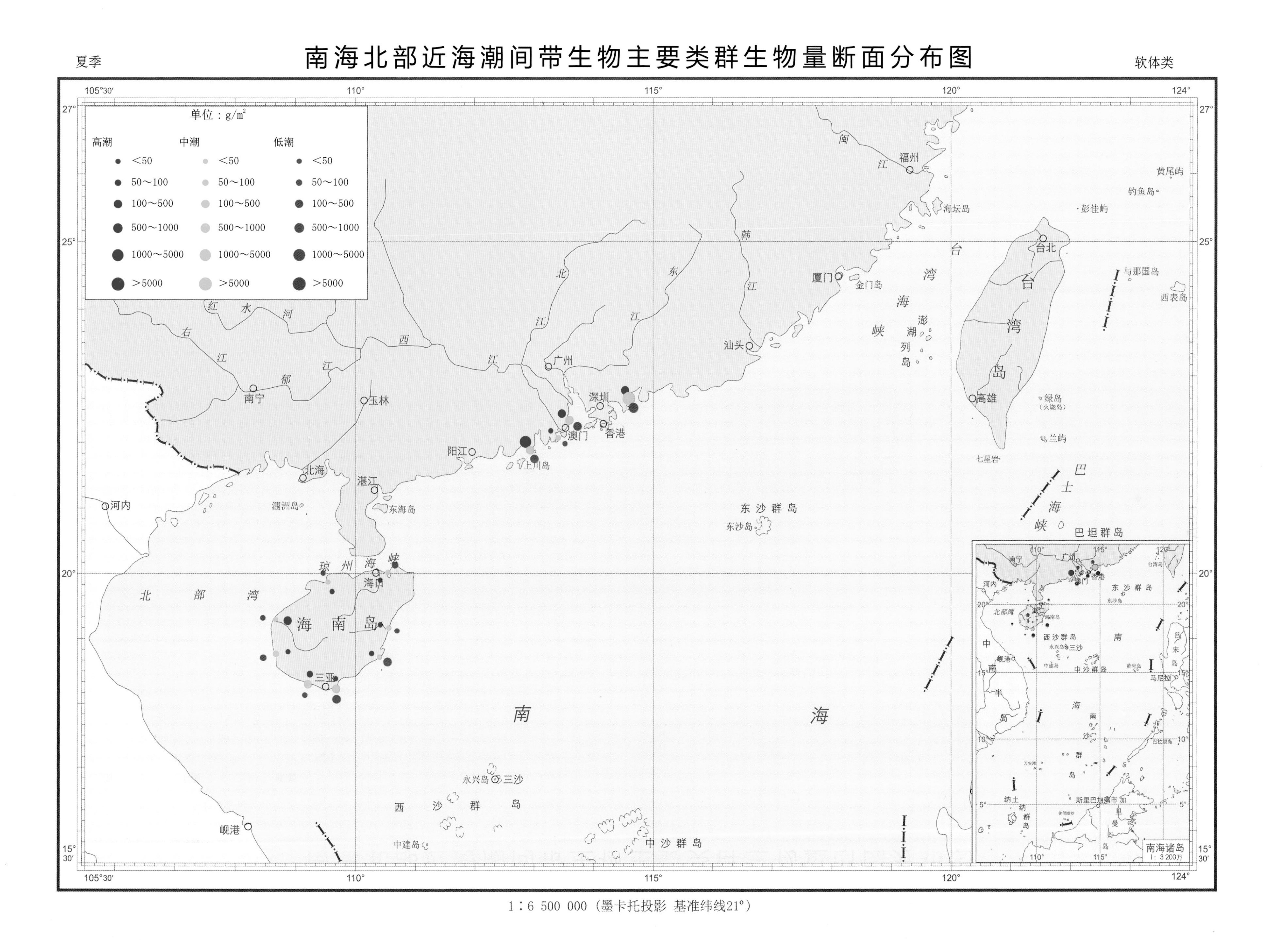

1∶6 500 000（墨卡托投影 基准纬线21°）

秋季

南海北部近海潮间带生物主要类群生物量断面分布图

软体类

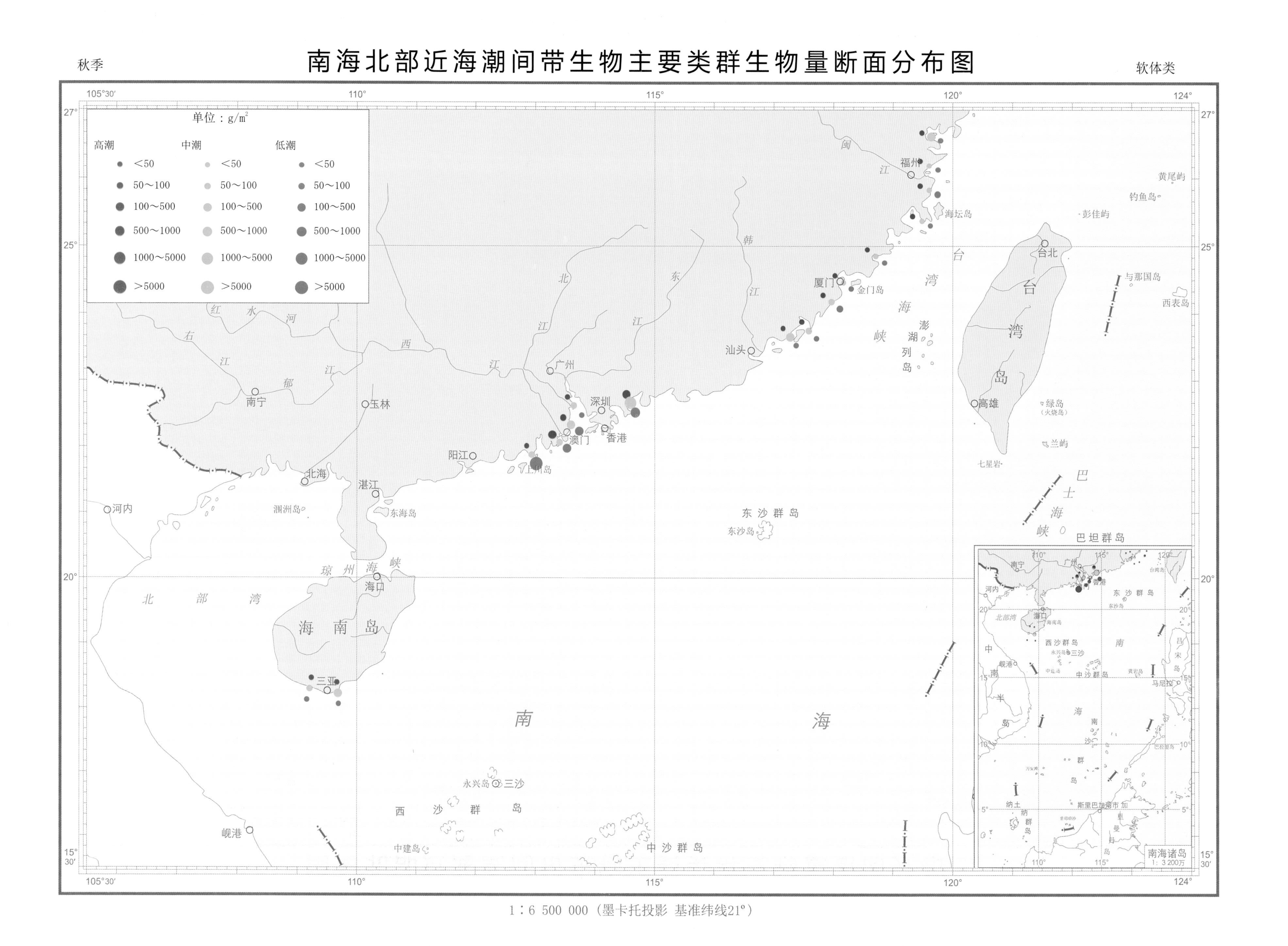

1：6 500 000（墨卡托投影 基准纬线21°）

冬季

南海北部近海潮间带生物主要类群生物量断面分布图

软体类

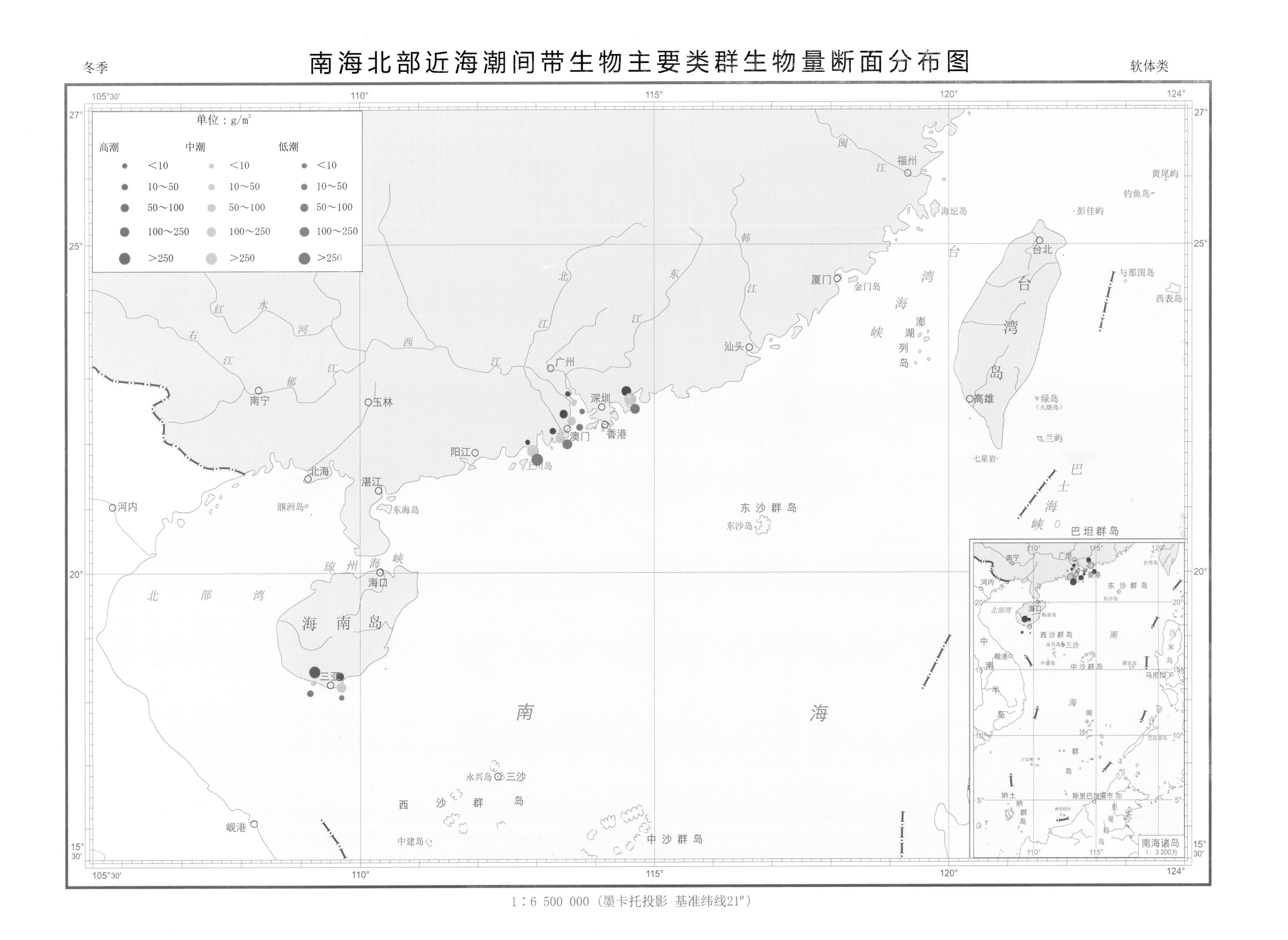

1：6 500 000（墨卡托投影 基准纬线21°）

春季

南海北部近海潮间带生物主要类群栖息密度断面分布图

多毛类

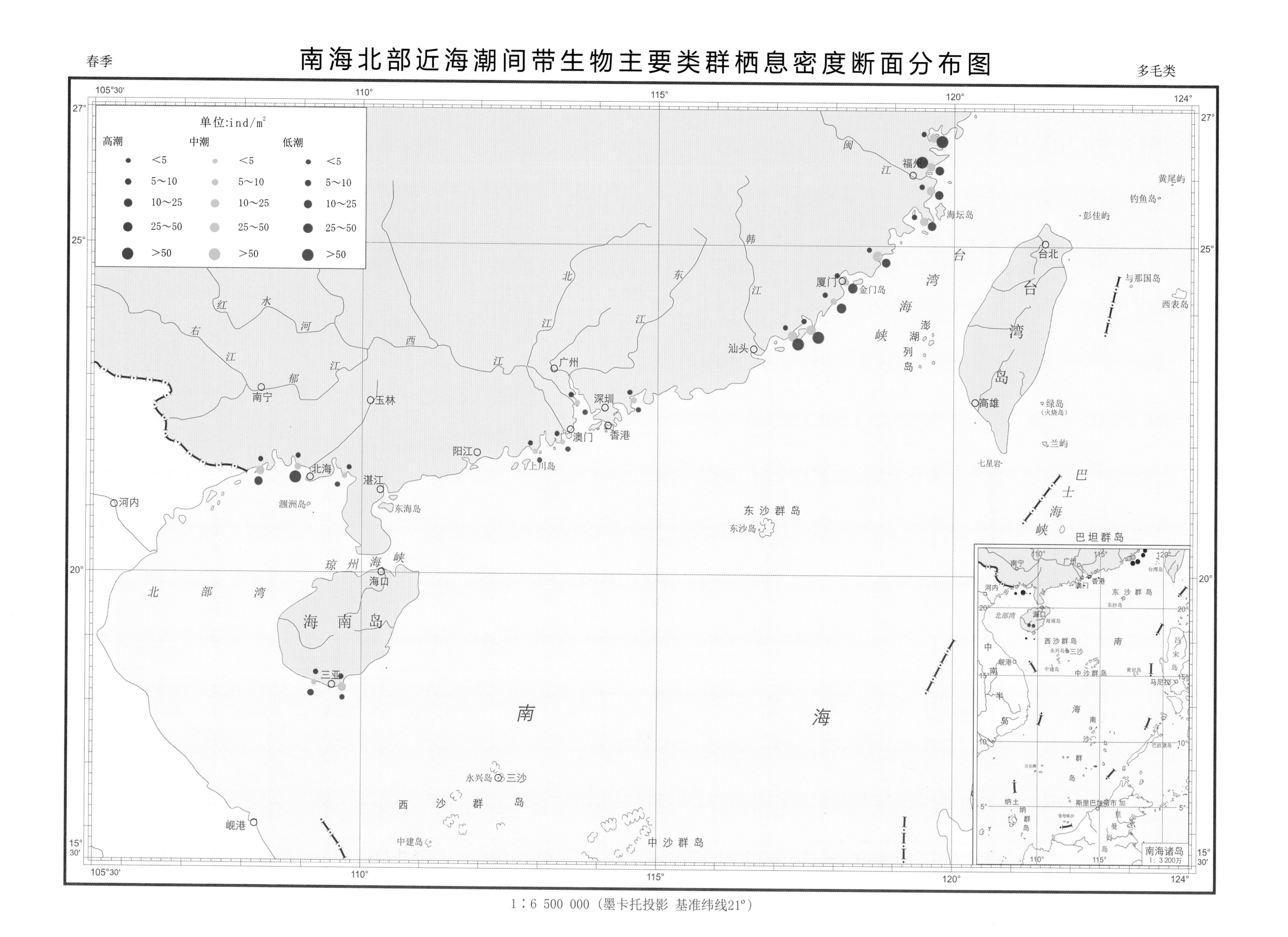

1∶6 500 000（墨卡托投影 基准纬线21°）

夏季

南海北部近海潮间带生物主要类群栖息密度断面分布图

多毛类

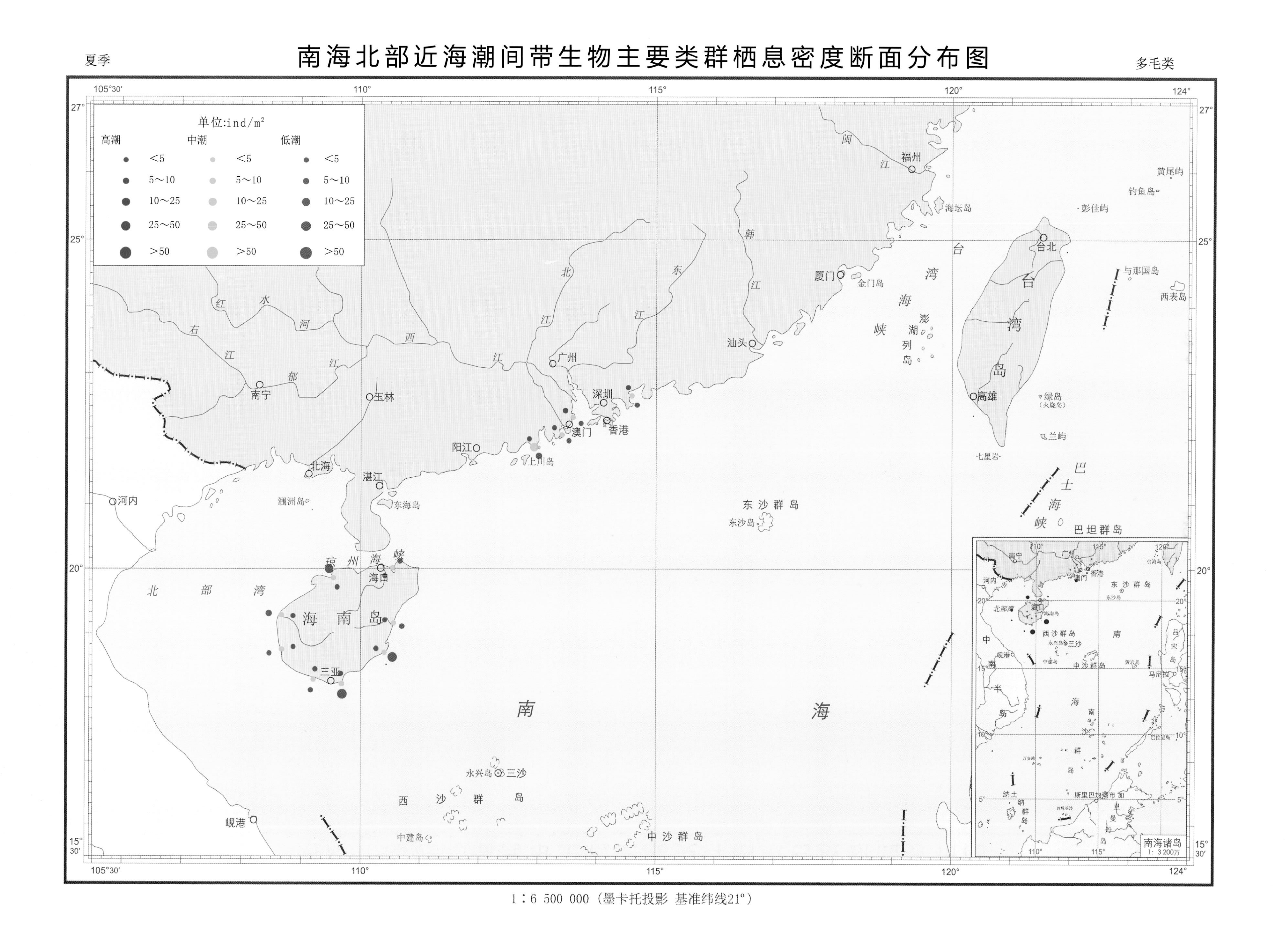

1：6 500 000（墨卡托投影 基准纬线21°）

南海北部近海潮间带生物主要类群栖息密度断面分布图

秋季

多毛类

1:6 500 000（墨卡托投影 基准纬线21°）

南海北部近海潮间带生物主要类群栖息密度断面分布图

冬季 多毛类

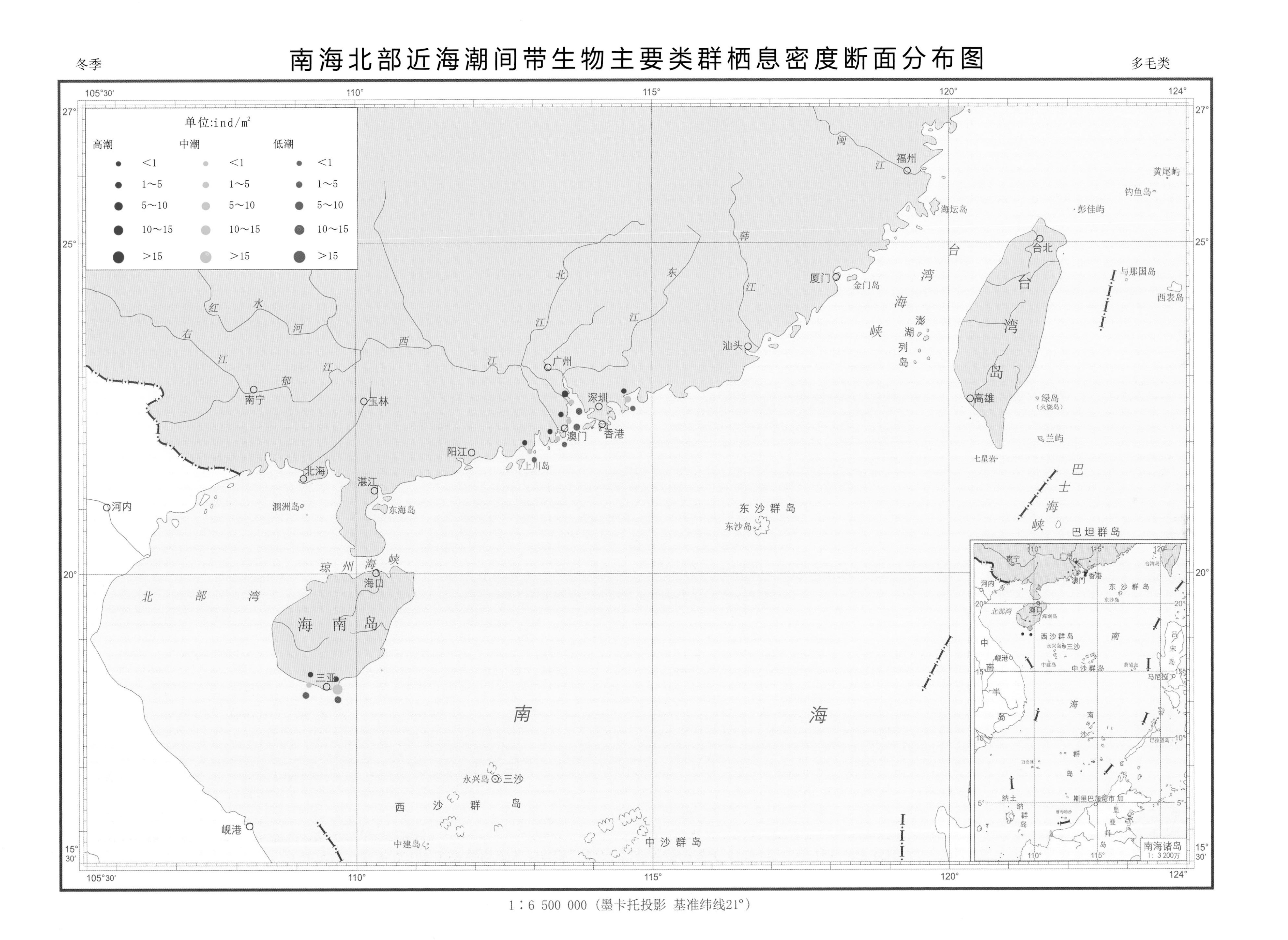

1∶6 500 000（墨卡托投影 基准纬线21°）

春季　　甲壳类

南海北部近海潮间带生物主要类群栖息密度断面分布图

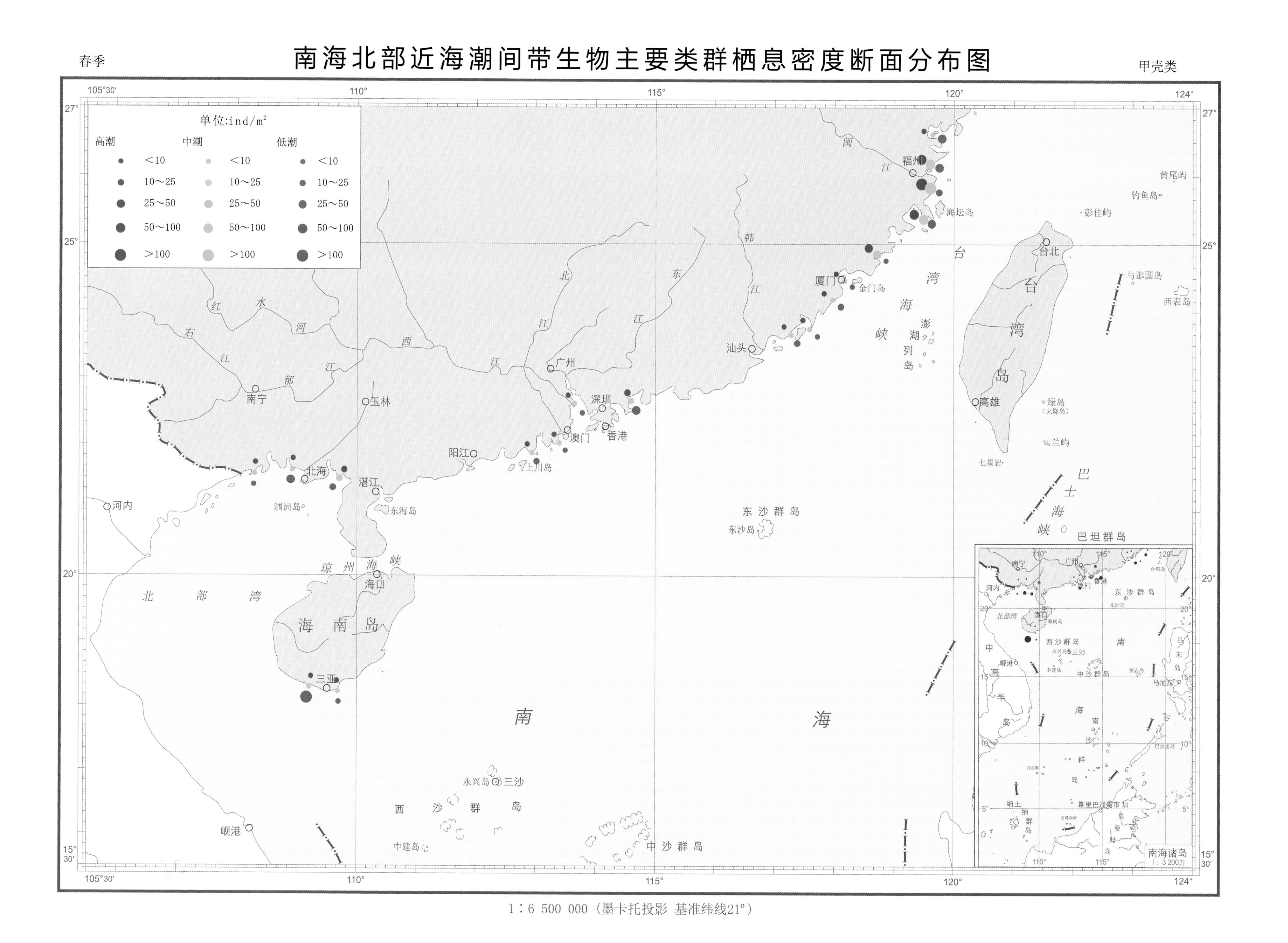

1:6 500 000（墨卡托投影 基准纬线21°）

南海北部近海潮间带生物主要类群栖息密度断面分布图

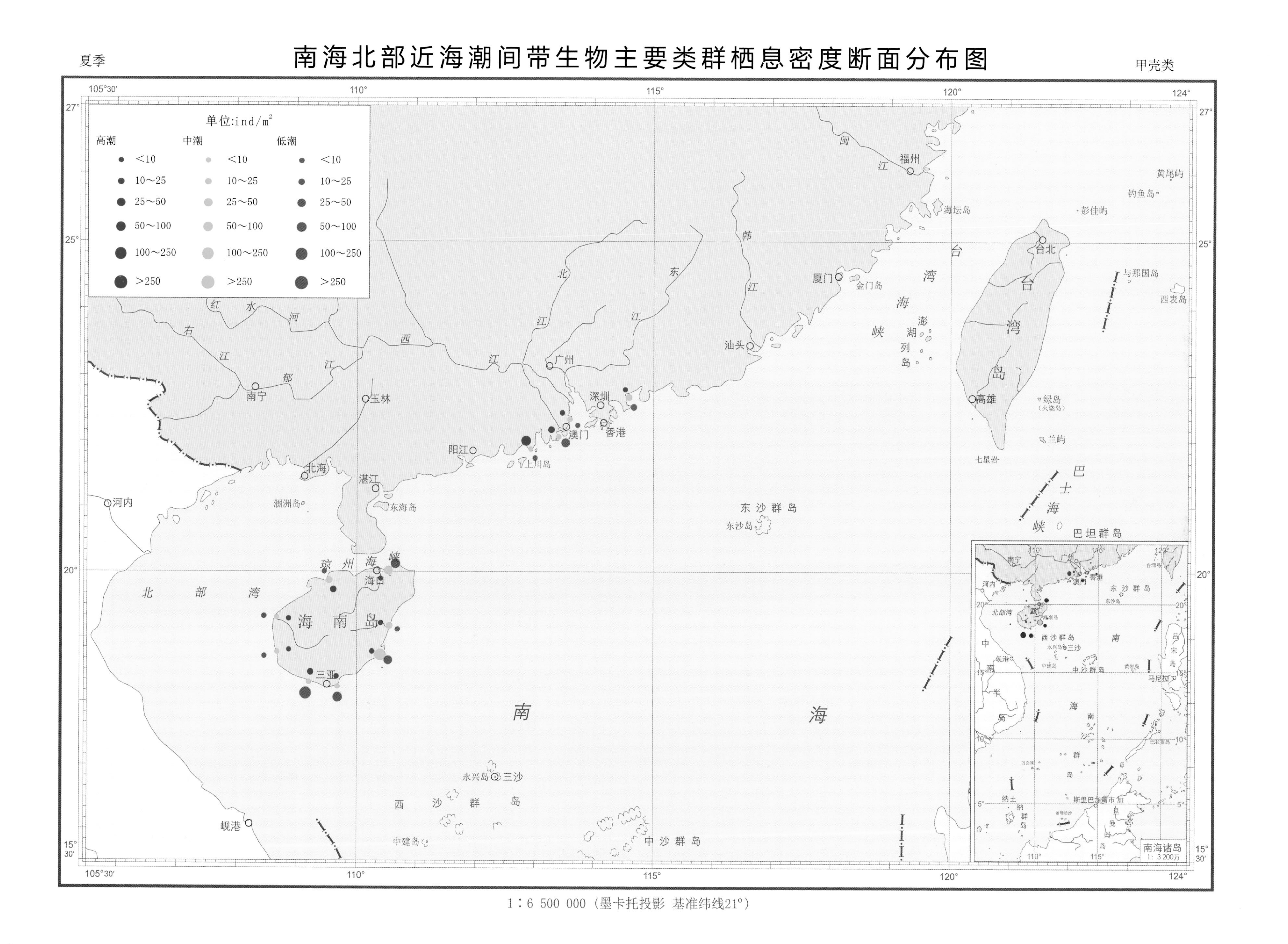

1∶6 500 000（墨卡托投影 基准纬线21°）

南海北部近海潮间带生物主要类群栖息密度断面分布图

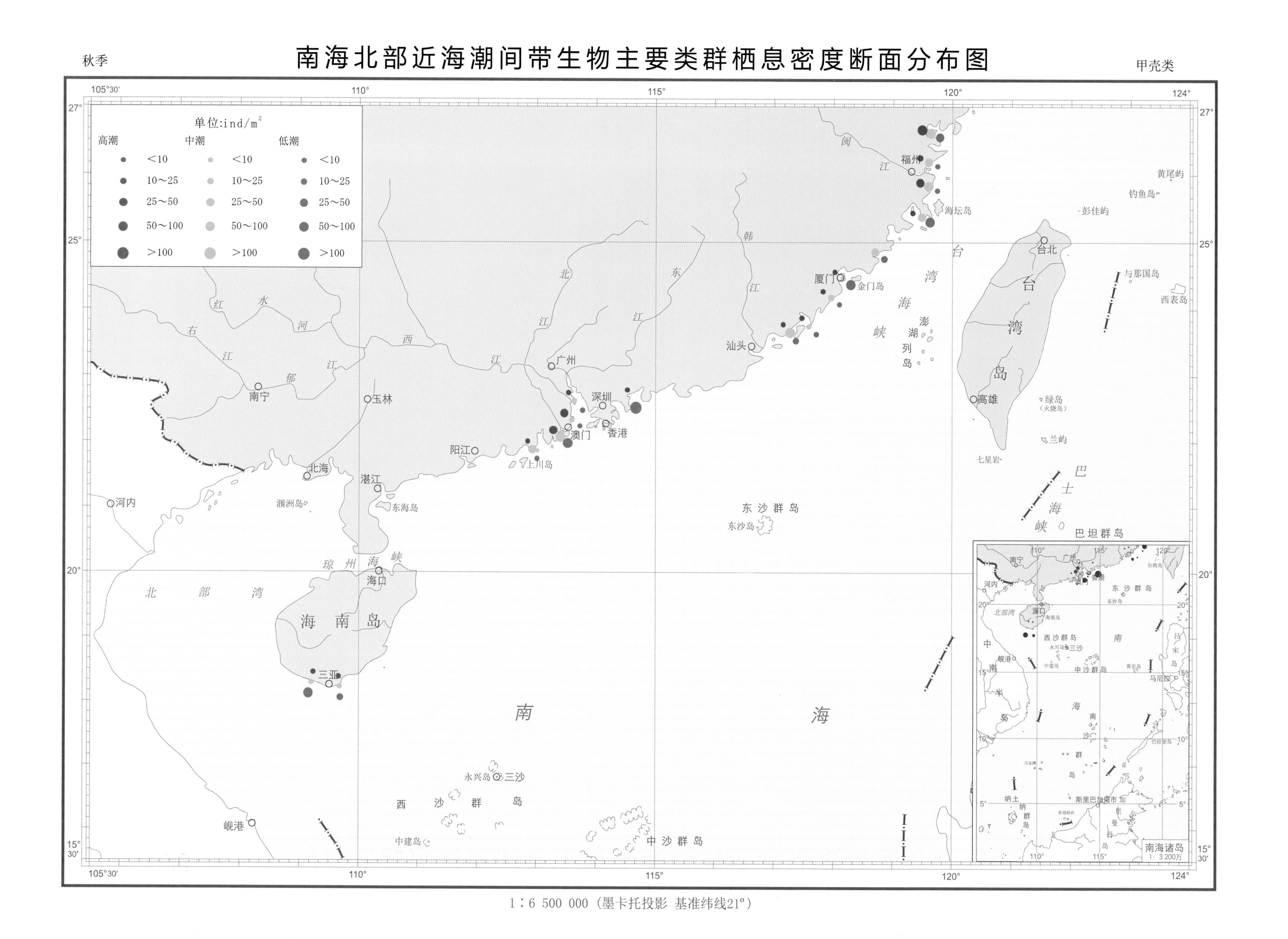

1∶6 500 000（墨卡托投影 基准纬线21°）

冬季　　甲壳类

南海北部近海潮间带生物主要类群栖息密度断面分布图

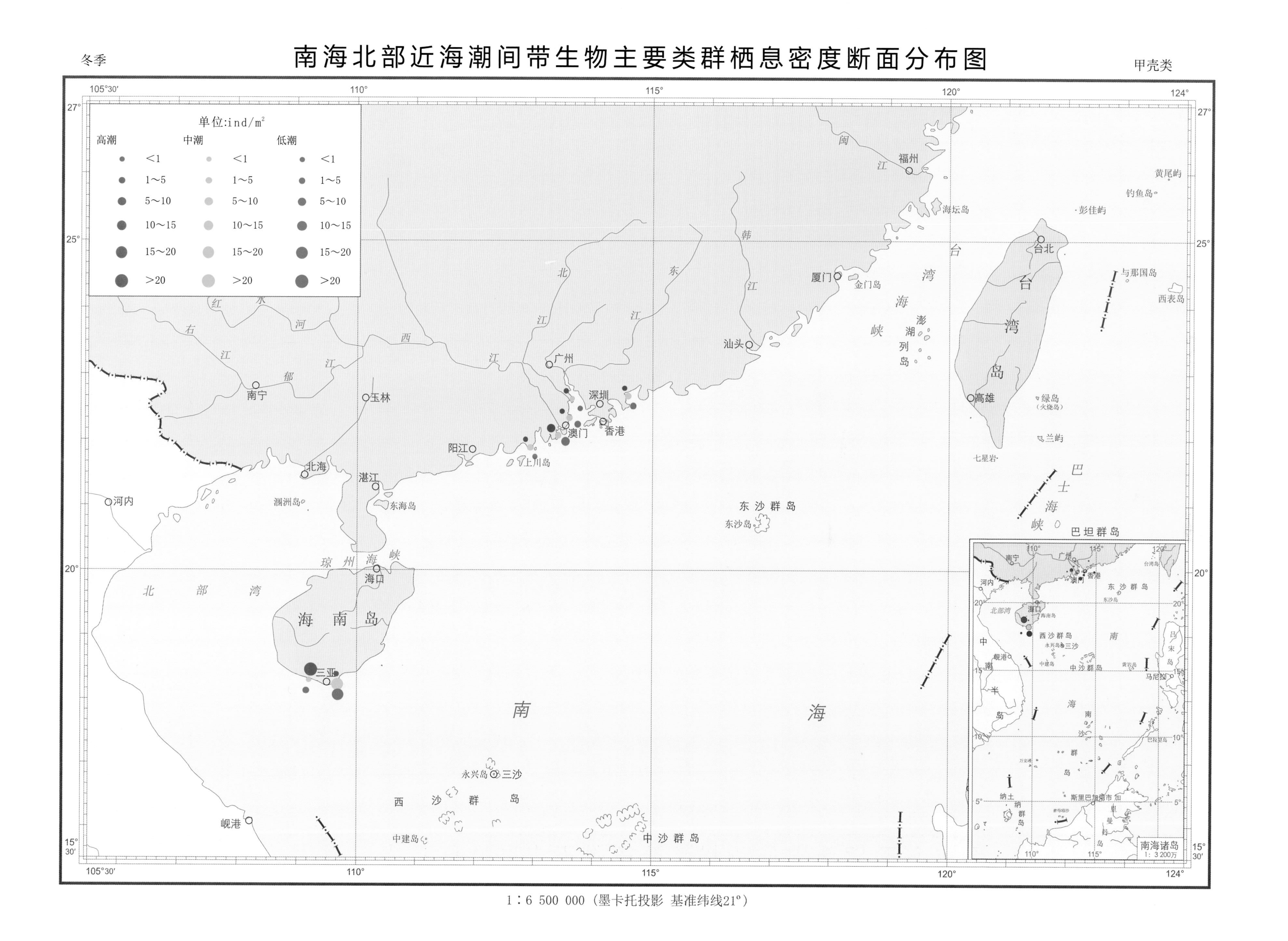

1:6 500 000（墨卡托投影 基准纬线21°）

春季

南海北部近海潮间带生物主要类群栖息密度断面分布图

软体类

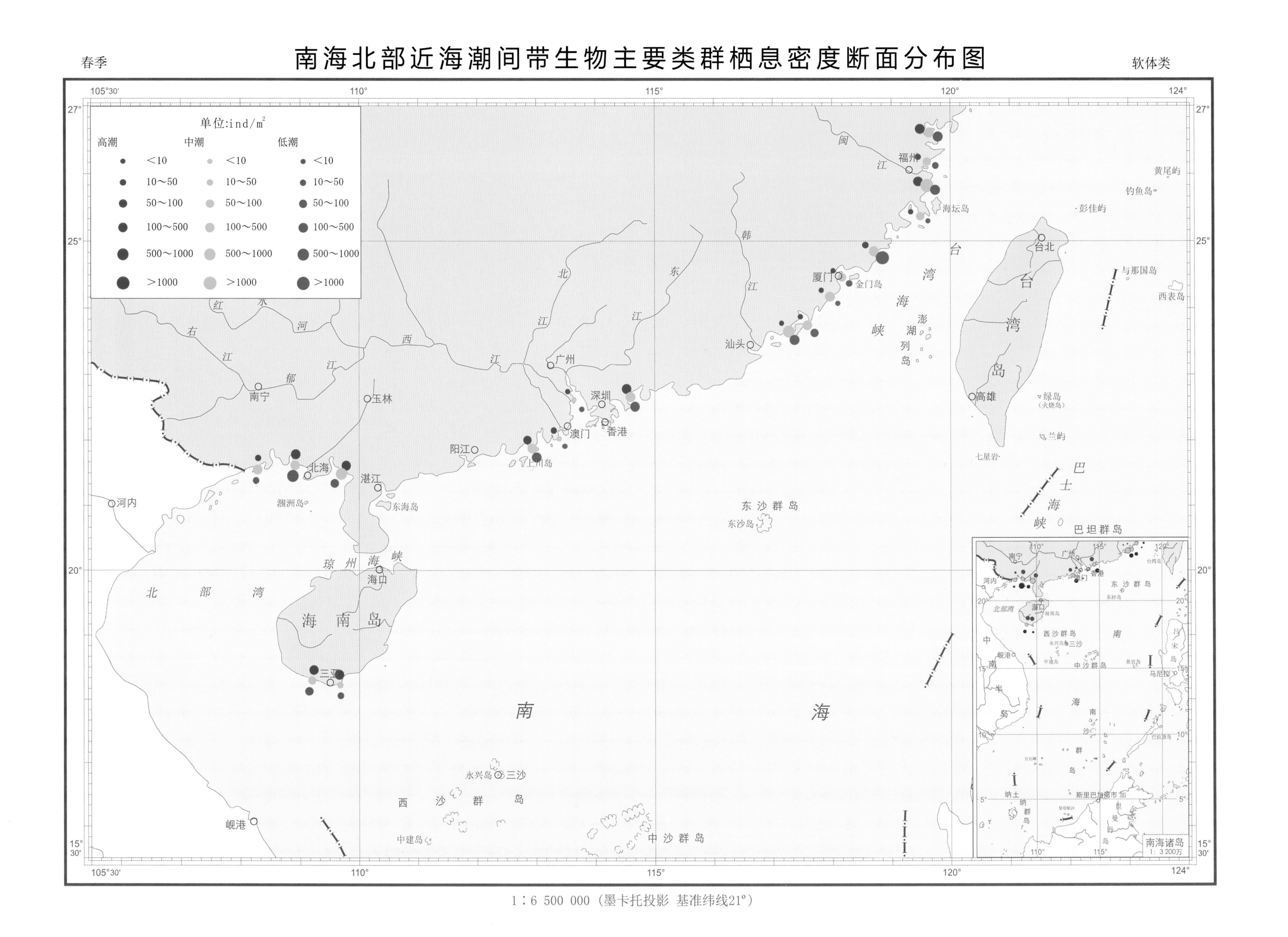

1∶6 500 000（墨卡托投影 基准纬线21°）

南海北部近海潮间带生物主要类群栖息密度断面分布图

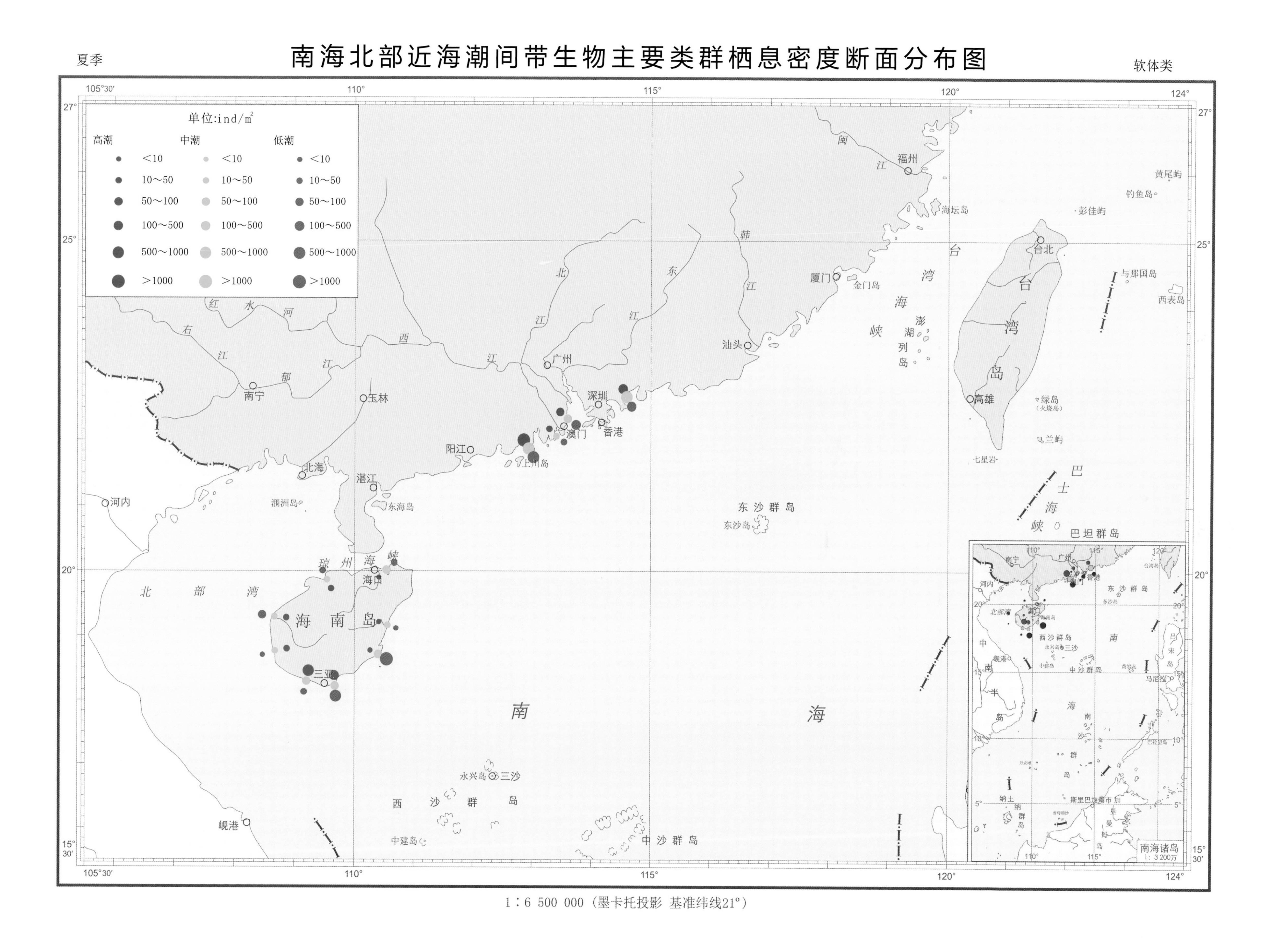

1:6 500 000（墨卡托投影 基准纬线21°）

南海北部近海潮间带生物主要类群栖息密度断面分布图

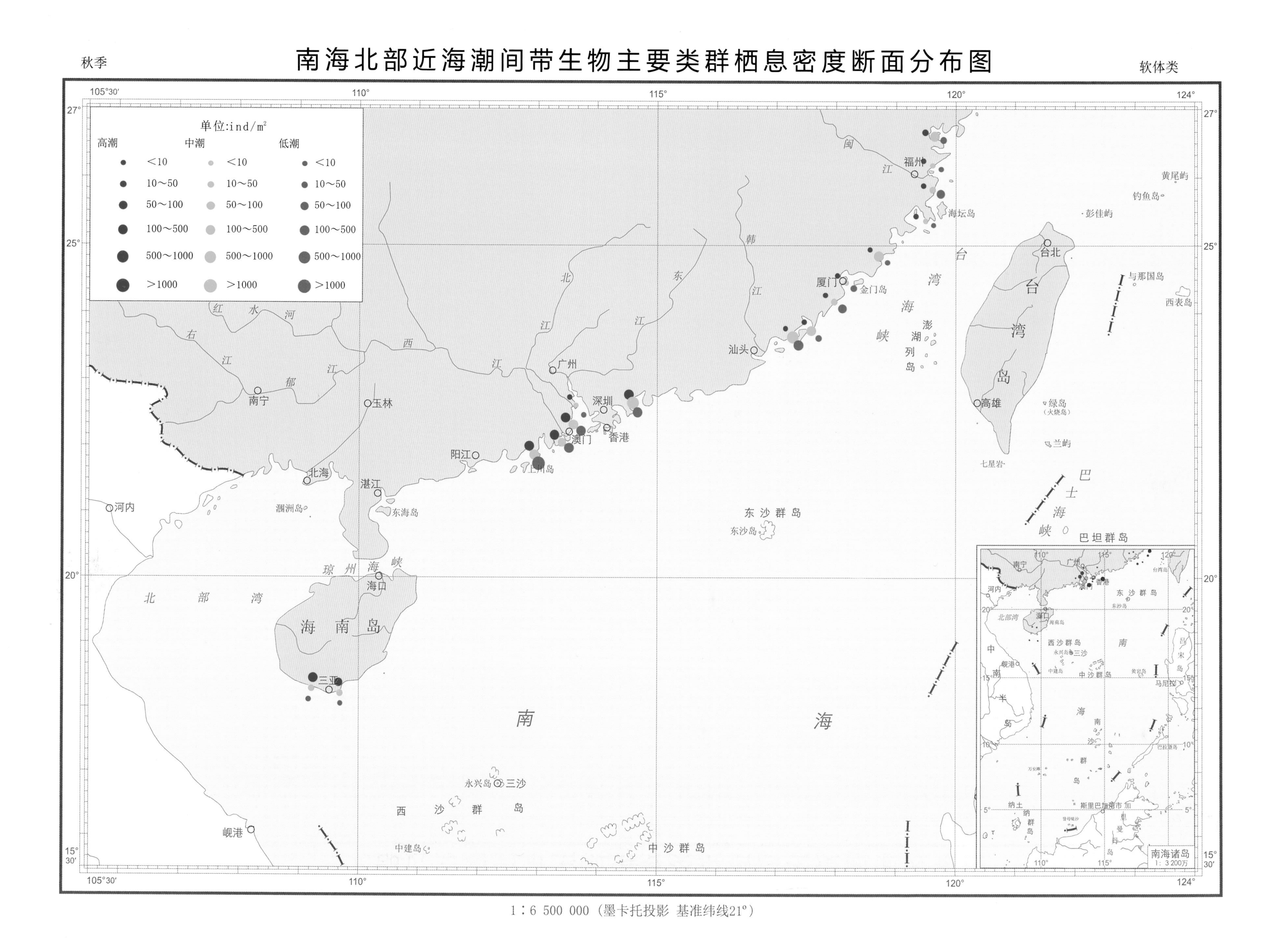

1:6 500 000（墨卡托投影 基准纬线21°）

南海北部近海潮间带生物主要类群栖息密度断面分布图

冬季

软体类

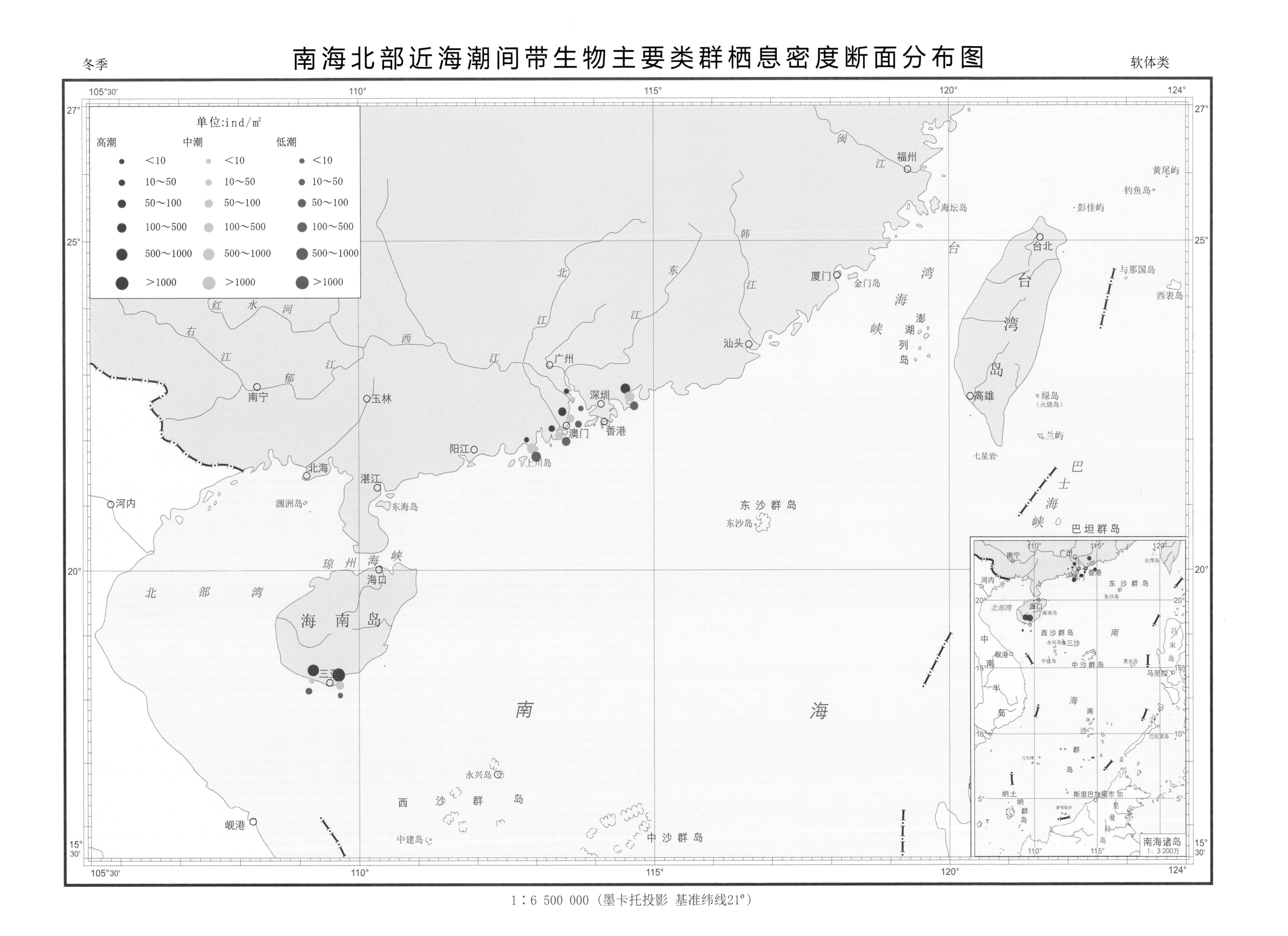

1∶6 500 000（墨卡托投影 基准纬线21°）

珊瑚礁生物和珍稀濒危动物

全国珊瑚礁健康状况图

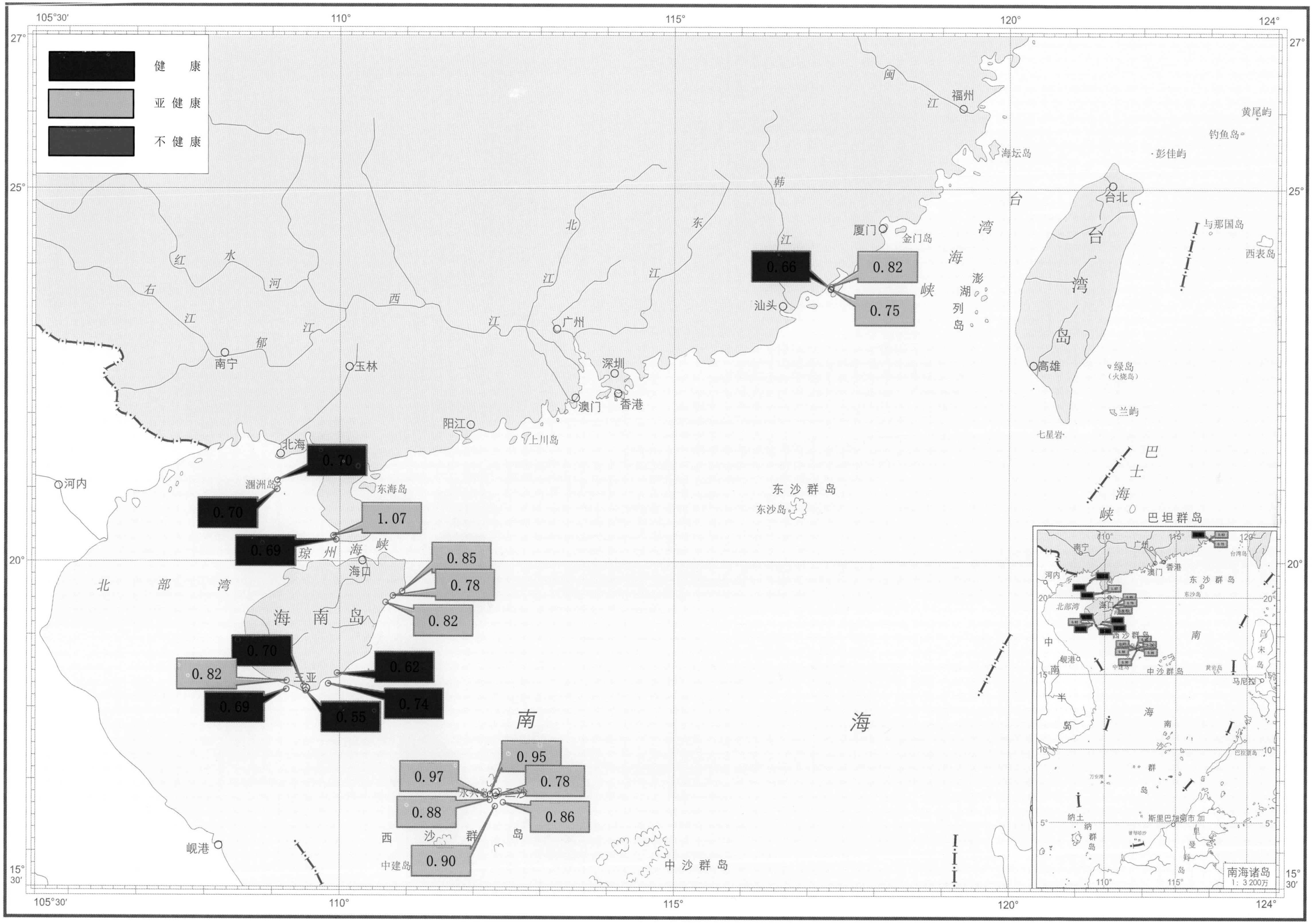

1∶6 500 000（墨卡托投影 基准纬线21°）

造礁珊瑚种类分布图

种类数
<5
5~10
10~20
>20
1
福建东山
纯洲
鹅洲
沙鱼洲
鸡心岛
挖仔洲
喜洲
马鞭洲
芒洲
中
央
列
岛
园洲
小辣甲
牛头洲
平岛
三角洲
桑洲
白鹤洲
大
亚
湾
大三门岛
小三门岛
赖氏洲
沱泞列岛
公洲
广东大亚湾
2
涠
洲
岛
涠洲镇
南
湾
广西涠洲岛
3
流沙湾
西连镇
迈陈镇
琼州海峡
广东徐闻
4

造礁珊瑚种类分布图

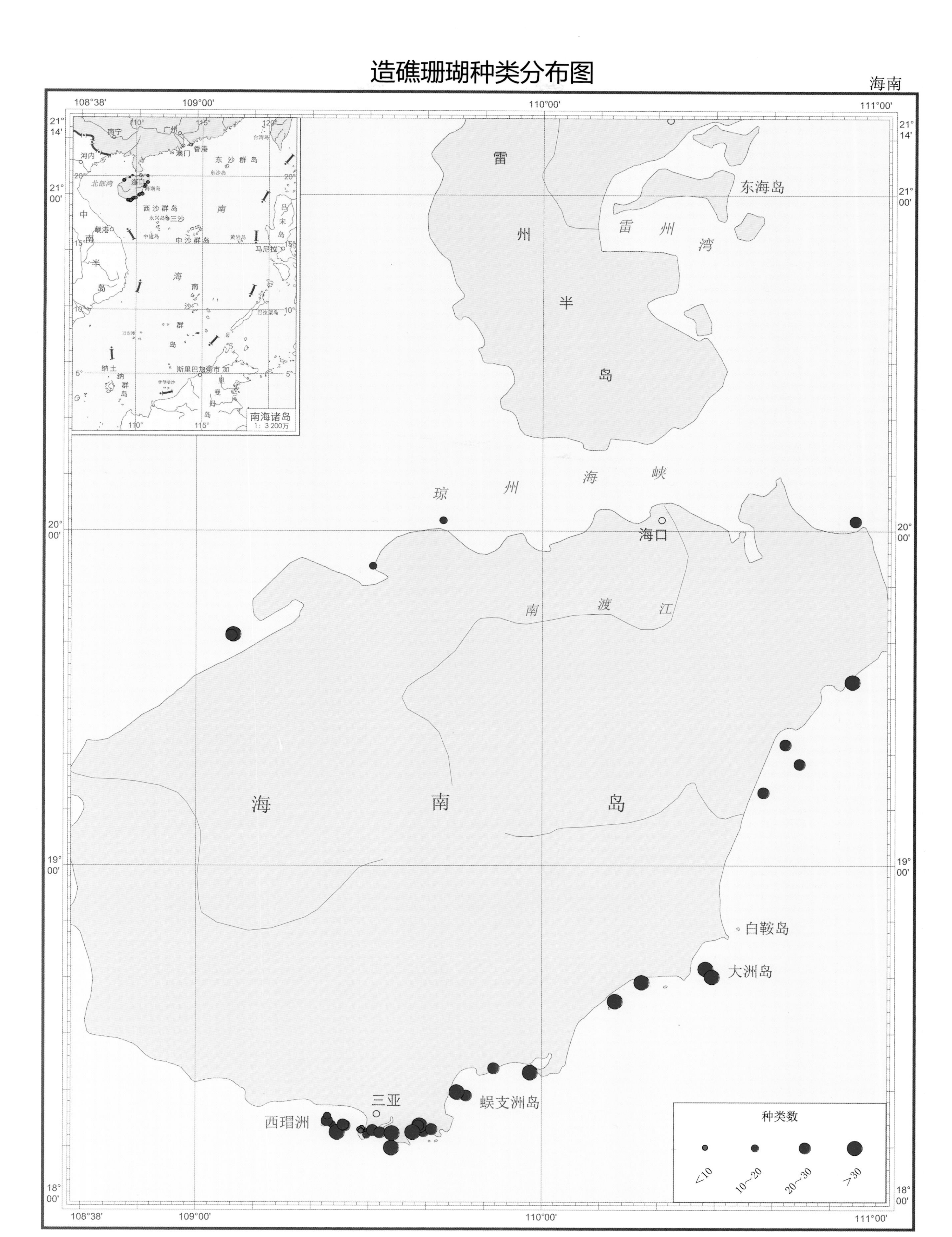

1：1 200 000（墨卡托投影 WGS-84）

造礁珊瑚种类数分布图

西沙群岛

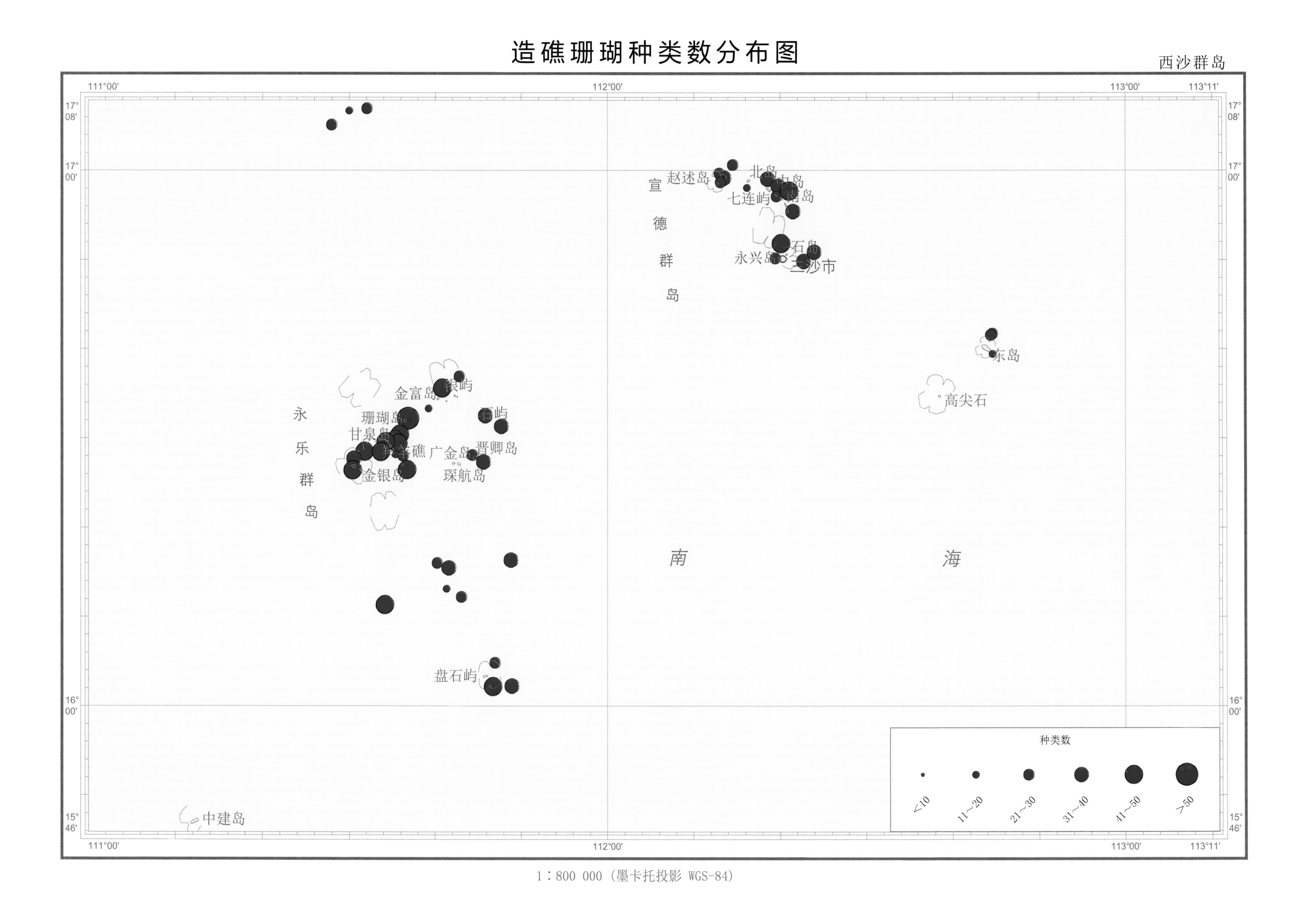

1：800 000（墨卡托投影 WGS-84）

文昌鱼密度分布图

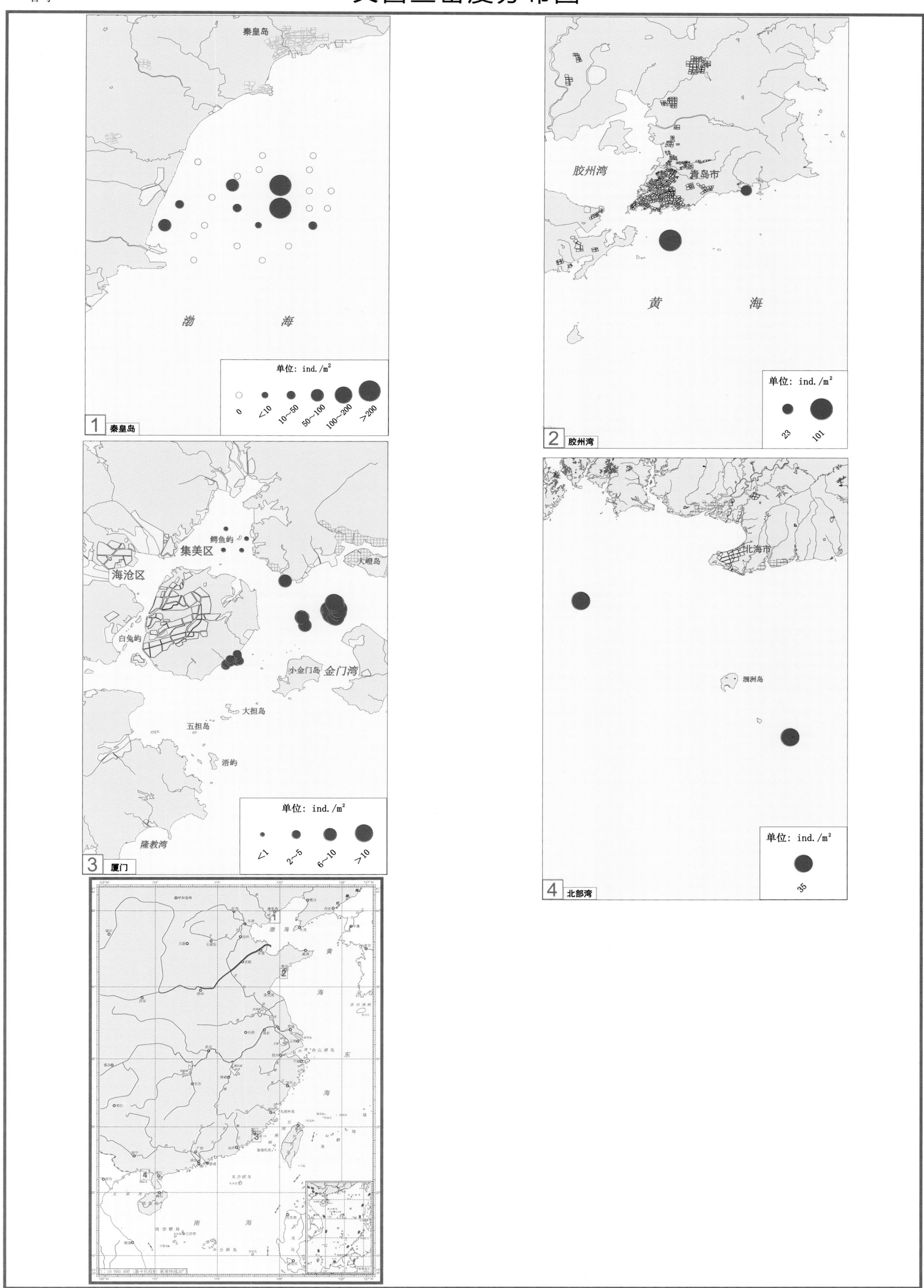
秦皇岛
渤
海
单位：ind./m²
0
<10
10~50
50~100
100~200
>200
1 秦皇岛
胶州湾
青岛市
黄
海
单位：ind./m²
23
101
2 胶州湾
鳄鱼屿
集美区
海沧区
大嶝岛
白鹭屿
小金门岛
金门湾
大担岛
五担岛
浯屿
隆教湾
单位：ind./m²
<1
2~5
6~10
>10
3 厦门
北海市
涠洲岛
单位：ind./m²
35
4 北部湾

文昌鱼密度分布图

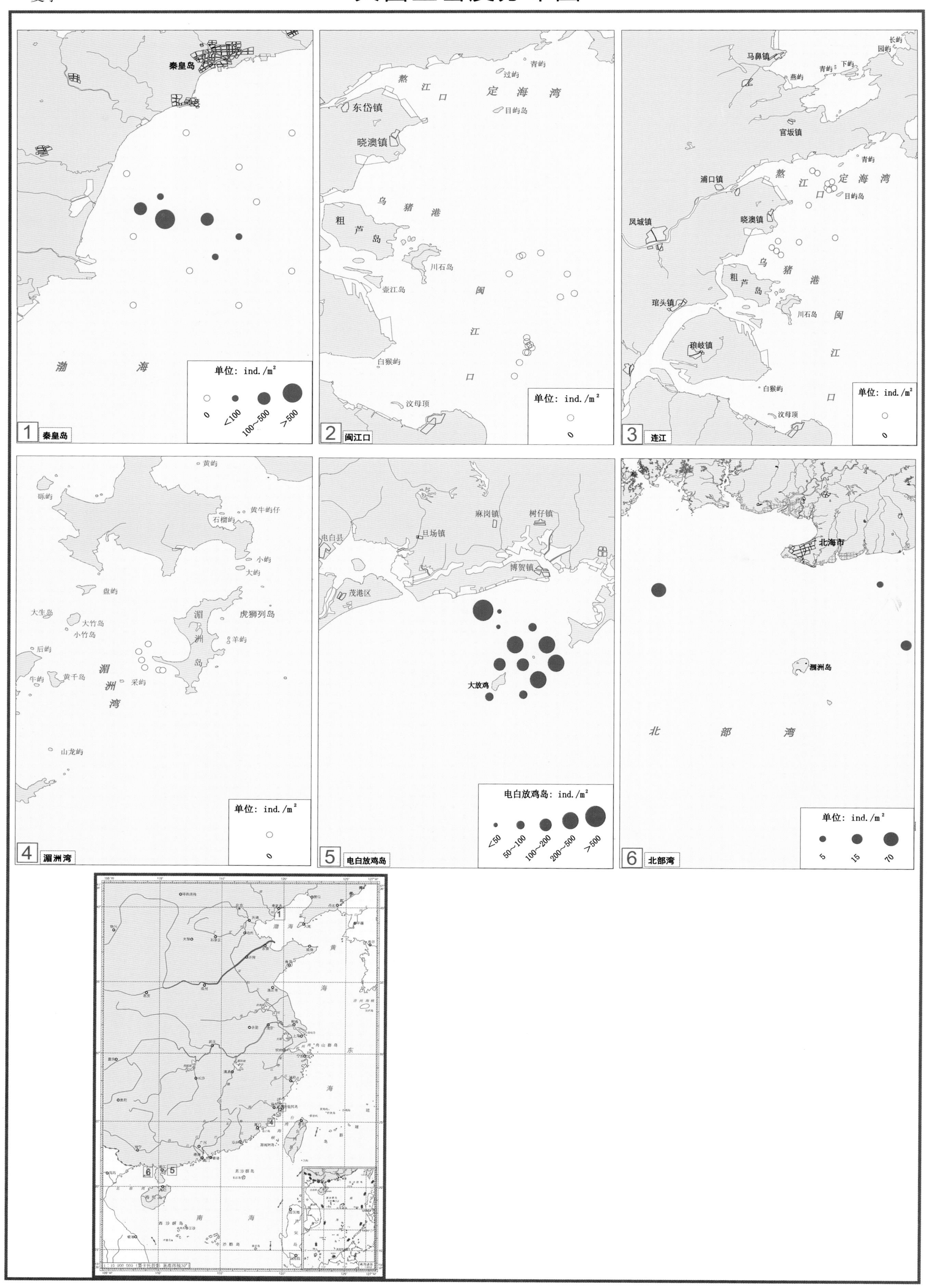
1 秦皇岛
秦皇岛
渤 海
单位：ind./m²
0
<100
100~500
>500
2 闽江口
熬 江 口
定 海 湾
青屿
过屿
目屿岛
东岱镇
晓澳镇
乌 猪 港
粗 芦 岛
川石岛
壶江岛
闽 江 口
白猴屿
汶母顶
单位：ind./m²
0
3 连江
马鼻镇
长屿
园屿
燕屿
青屿
下屿
官坂镇
青屿
浦口镇
熬 江 口
定 海 湾
目屿岛
凤城镇
晓澳镇
乌 猪 港
粗 芦 岛
琯头镇
川石岛
闽 江 口
琅岐镇
白猴屿
汶母顶
单位：ind./m²
0
4 湄洲湾
黄屿
砾屿
黄牛屿仔
石榴屿
小屿
大屿
盘屿
大生岛
大竹岛
小竹岛
湄 洲 岛
虎狮列岛
羊屿
后屿
湄 洲 湾
牛屿
黄干岛
采屿
山龙屿
单位：ind./m²
0
5 电白放鸡岛
电白县
麻岗镇
树仔镇
旦场镇
博贺镇
茂港区
大放鸡
电白放鸡岛：ind./m²
<50
50~100
100~200
200~500
>500
6 北部湾
北海市
涠洲岛
北 部 湾
单位：ind./m²
5
15
70

文昌鱼密度分布图

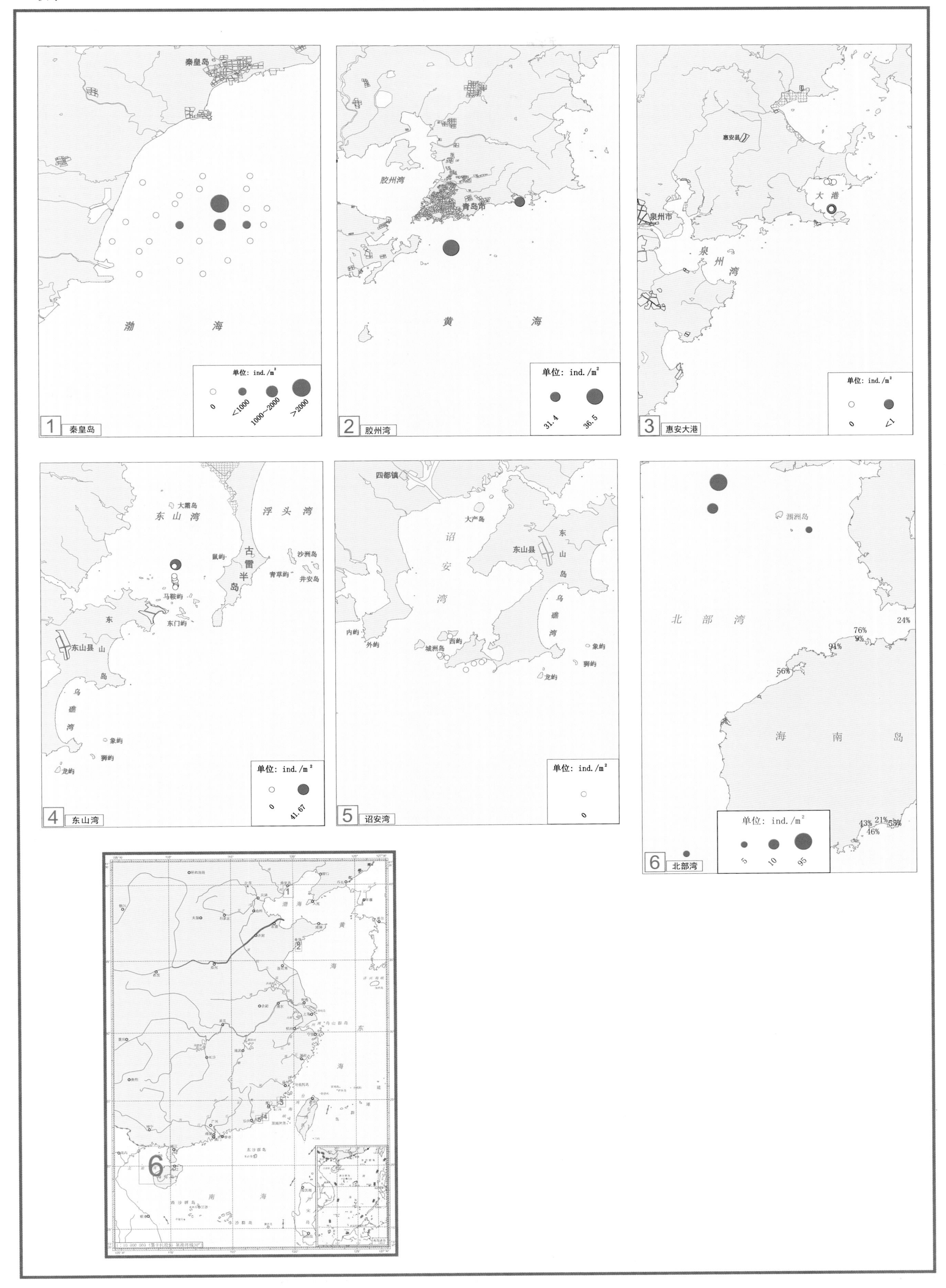

1 秦皇岛
秦皇岛
渤
海
单位：ind./m²
0
<1000
1000~2000
>2000
2 胶州湾
胶州湾
青岛市
黄
海
单位：ind./m²
31.4
36.5
3 惠安大港
惠安县
泉州市
大港
泉州湾
单位：ind./m²
0
<1
4 东山湾
大霜岛
东山湾
浮头湾
古雷半岛
鼠屿
沙洲岛
青草屿
井安岛
马鞍屿
东门屿
东山县
东山岛
乌礁湾
象屿
狮屿
龙屿
单位：ind./m²
0
41.67
5 诏安湾
四都镇
大产岛
诏安湾
东山县
东山岛
乌礁湾
内屿
外屿
城洲岛
西屿
象屿
狮屿
龙屿
单位：ind./m²
0
6 北部湾
涠洲岛
北部湾
海南岛
76%
9%
24%
91%
56%
43%
21%
53%
46%
单位：ind./m²
5
10
95

文昌鱼密度分布图

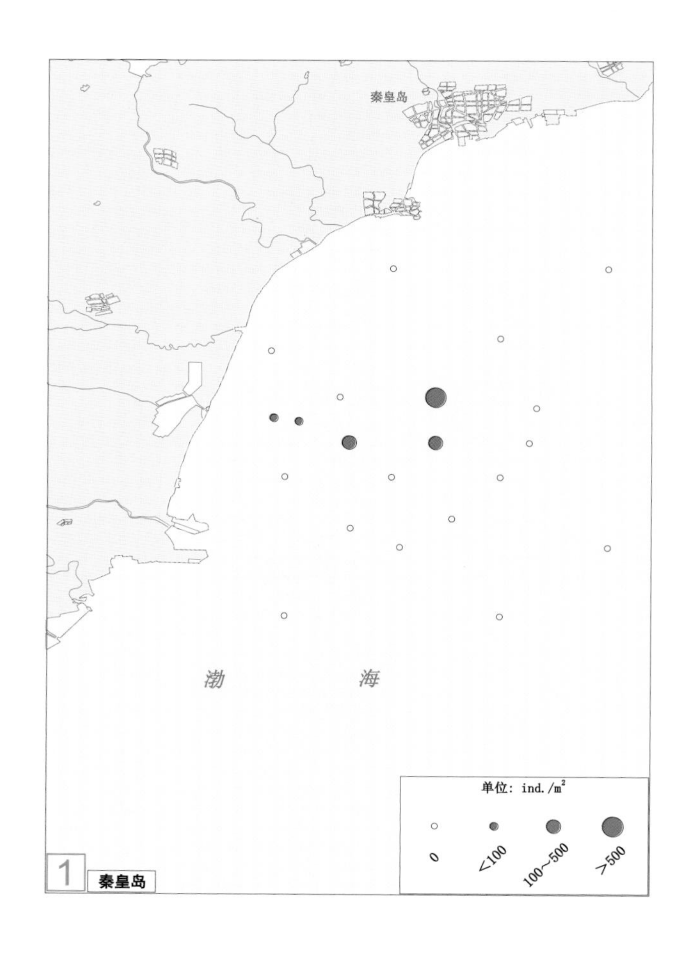
秦皇岛
渤 海
单位：ind./m²
0
<100
100~500
>500
1 秦皇岛

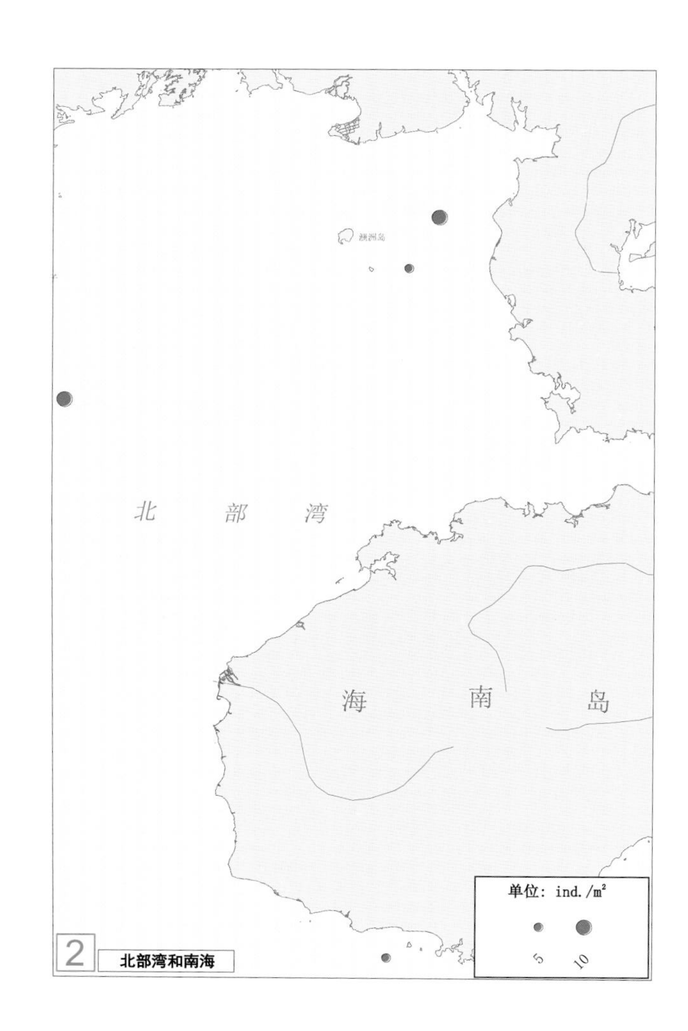
北 部 湾
海 南 岛
单位：ind./m²
5
10
2 北部湾和南海

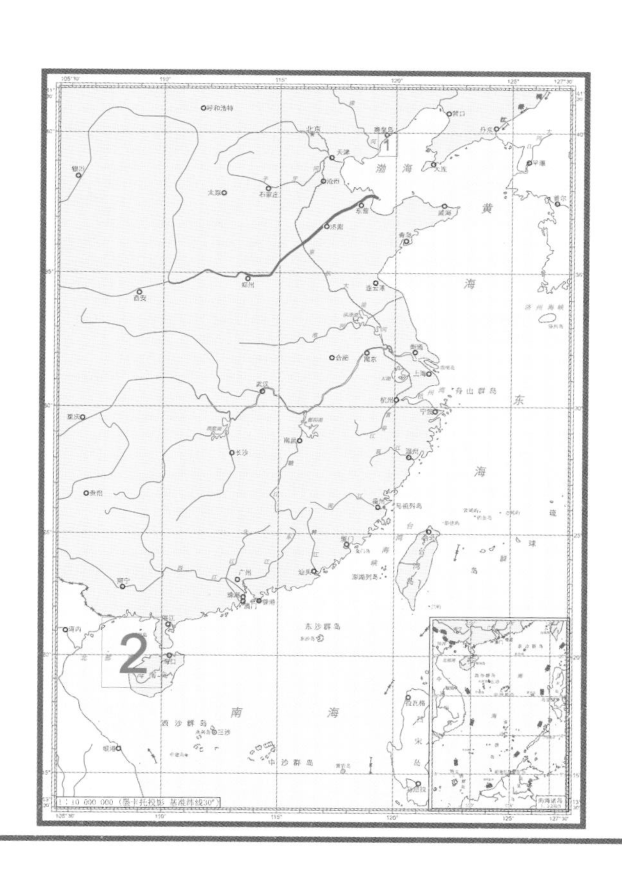
渤
黄
海
东
海
南
海
2

断面分布图

叶绿素a断面分布图

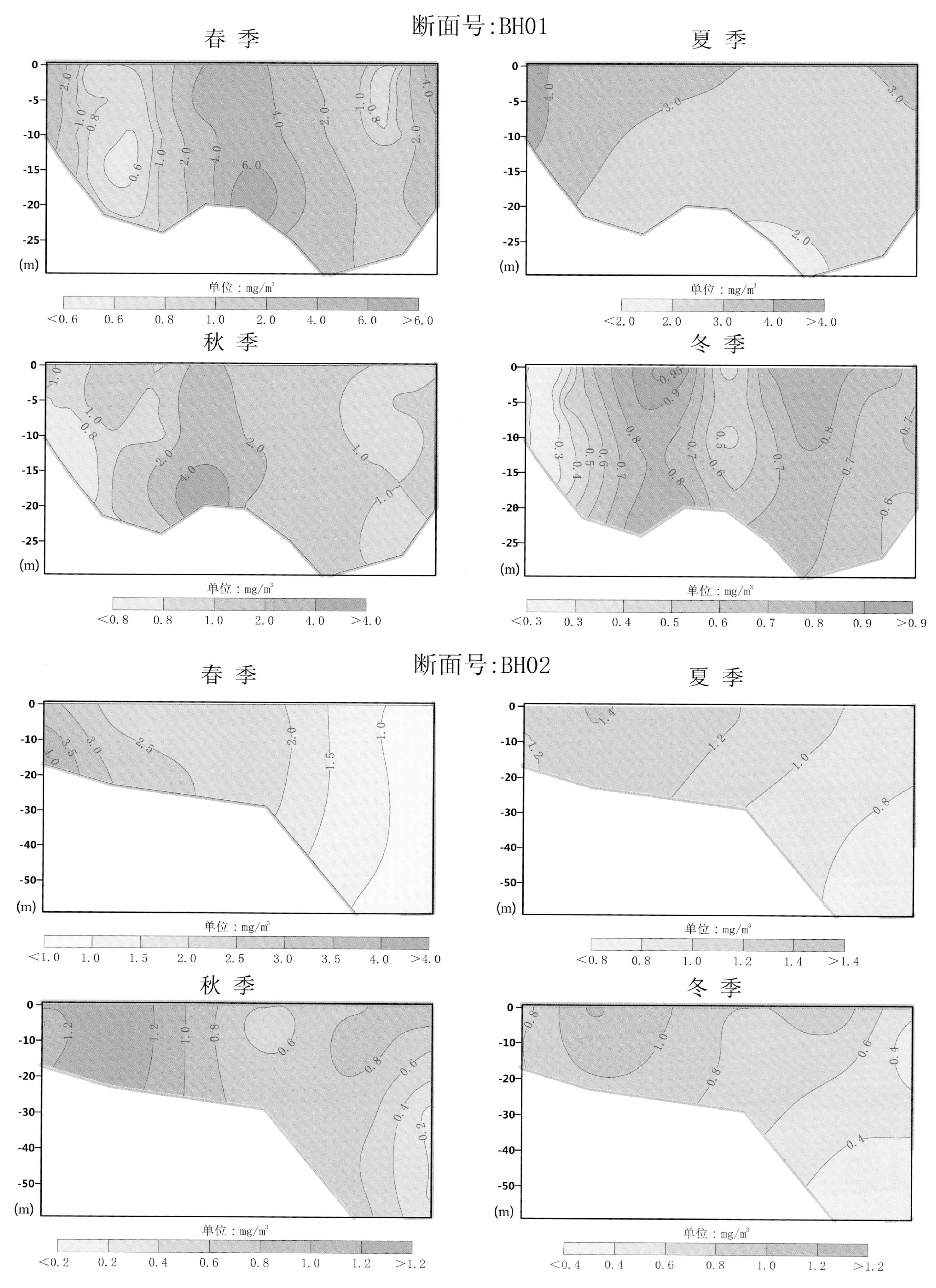
断面号:BH01
春 季
夏 季
单位：mg/m³
<0.6 0.6 0.8 1.0 2.0 4.0 6.0 >6.0
单位：mg/m³
<2.0 2.0 3.0 4.0 >4.0
秋 季
冬 季
单位：mg/m³
<0.8 0.8 1.0 2.0 4.0 >4.0
单位：mg/m³
<0.3 0.3 0.4 0.5 0.6 0.7 0.8 0.9 >0.9
断面号:BH02
春 季
夏 季
单位：mg/m³
<1.0 1.0 1.5 2.0 2.5 3.0 3.5 4.0 >4.0
单位：mg/m³
<0.8 0.8 1.0 1.2 1.4 >1.4
秋 季
冬 季
单位：mg/m³
<0.2 0.2 0.4 0.6 0.8 1.0 1.2 >1.2
单位：mg/m³
<0.4 0.4 0.6 0.8 1.0 1.2 >1.2
(m)

叶绿素a断面分布图

断面号:NYS01
春 季
夏 季
秋 季
冬 季
单位：mg/m³
断面号:NYS02
春 季
夏 季
秋 季
冬 季
单位：mg/m³

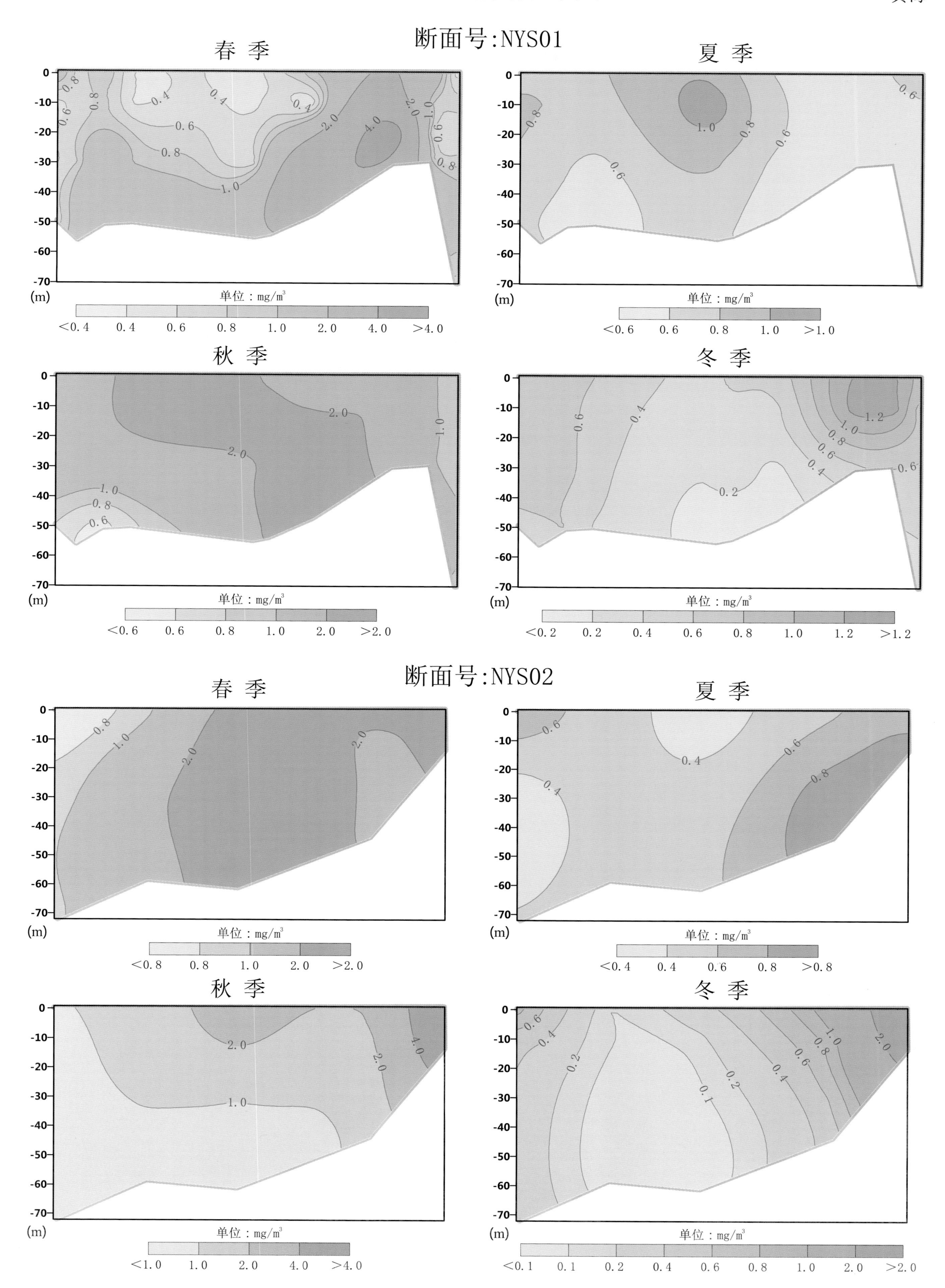

叶绿素a断面分布图

断面号:ECS01
春 季
夏 季
秋 季
冬 季
单位：mg/m³
(m)
断面号:PN
春 季
夏 季
秋 季
冬 季
单位：mg/m³
(m)

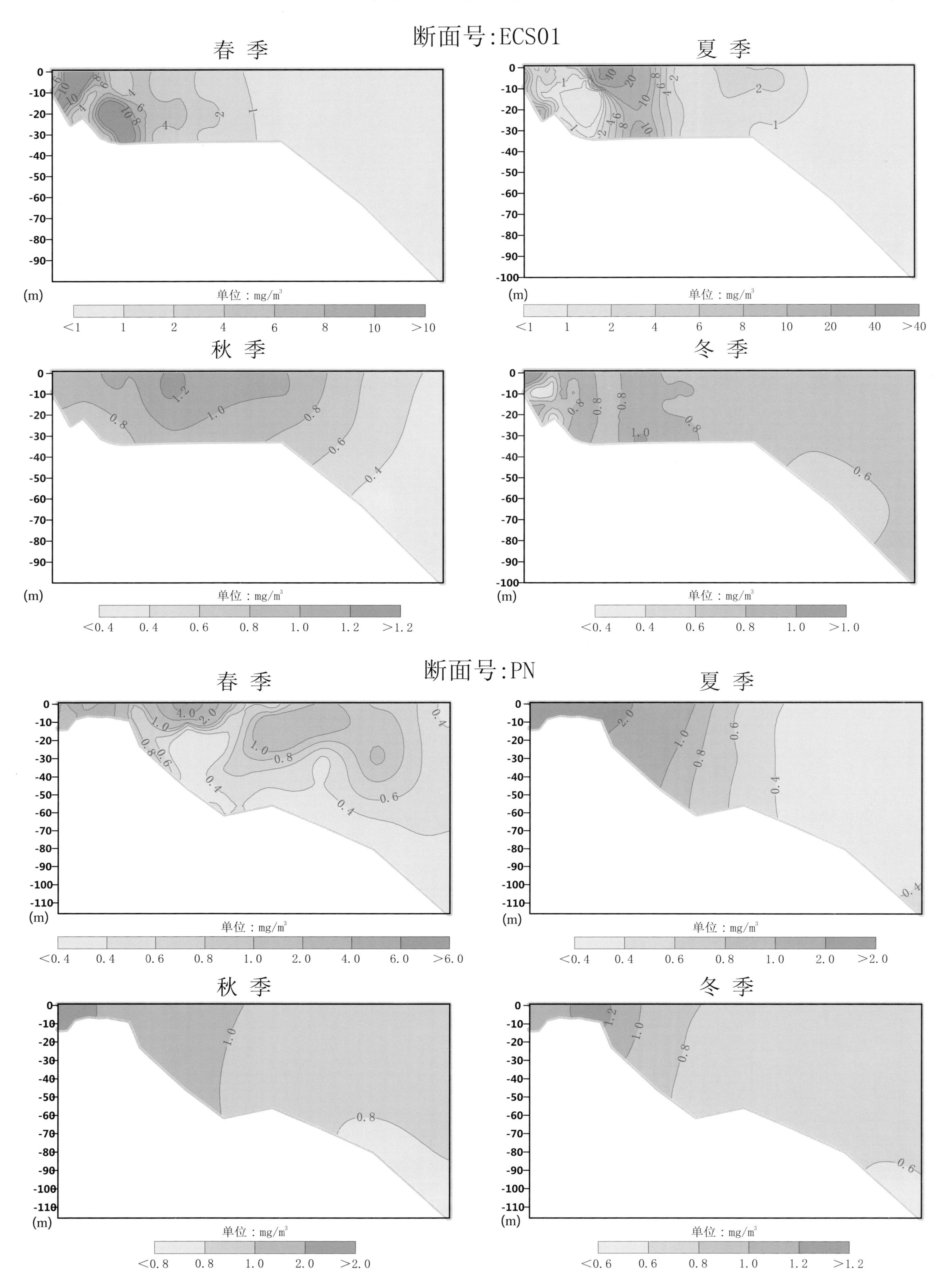

叶绿素a断面分布图

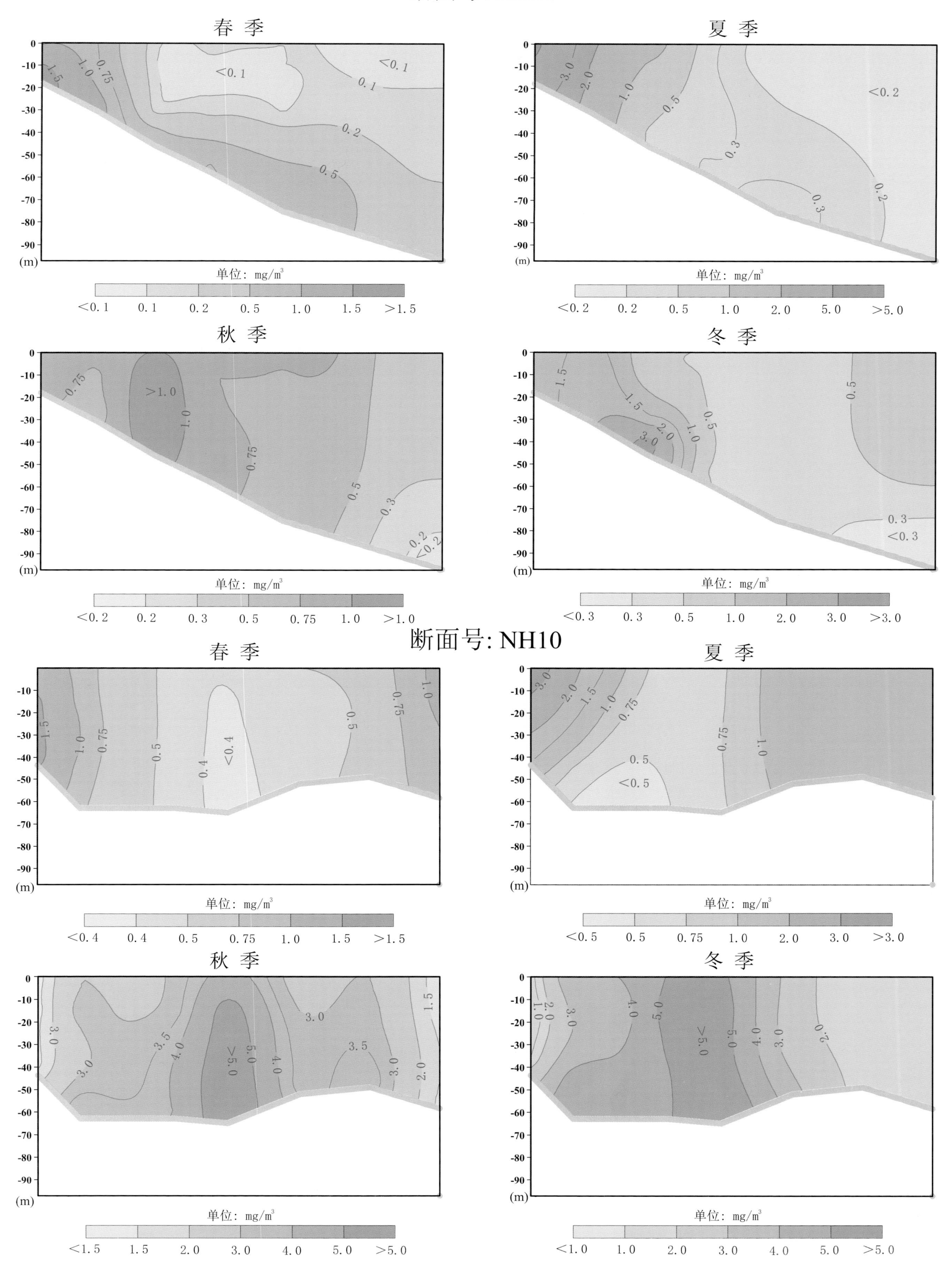
断面号: NH08
春 季
夏 季
单位: mg/m³
<0.1 0.1 0.2 0.5 1.0 1.5 >1.5
<0.2 0.2 0.5 1.0 2.0 5.0 >5.0
秋 季
冬 季
<0.2 0.2 0.3 0.5 0.75 1.0 >1.0
<0.3 0.3 0.5 1.0 2.0 3.0 >3.0
断面号: NH10
春 季
夏 季
<0.4 0.4 0.5 0.75 1.0 1.5 >1.5
<0.5 0.5 0.75 1.0 2.0 3.0 >3.0
秋 季
冬 季
<1.5 1.5 2.0 3.0 4.0 5.0 >5.0
<1.0 1.0 2.0 3.0 4.0 5.0 >5.0
(m)

微微型浮游生物细胞总丰度断面分布图

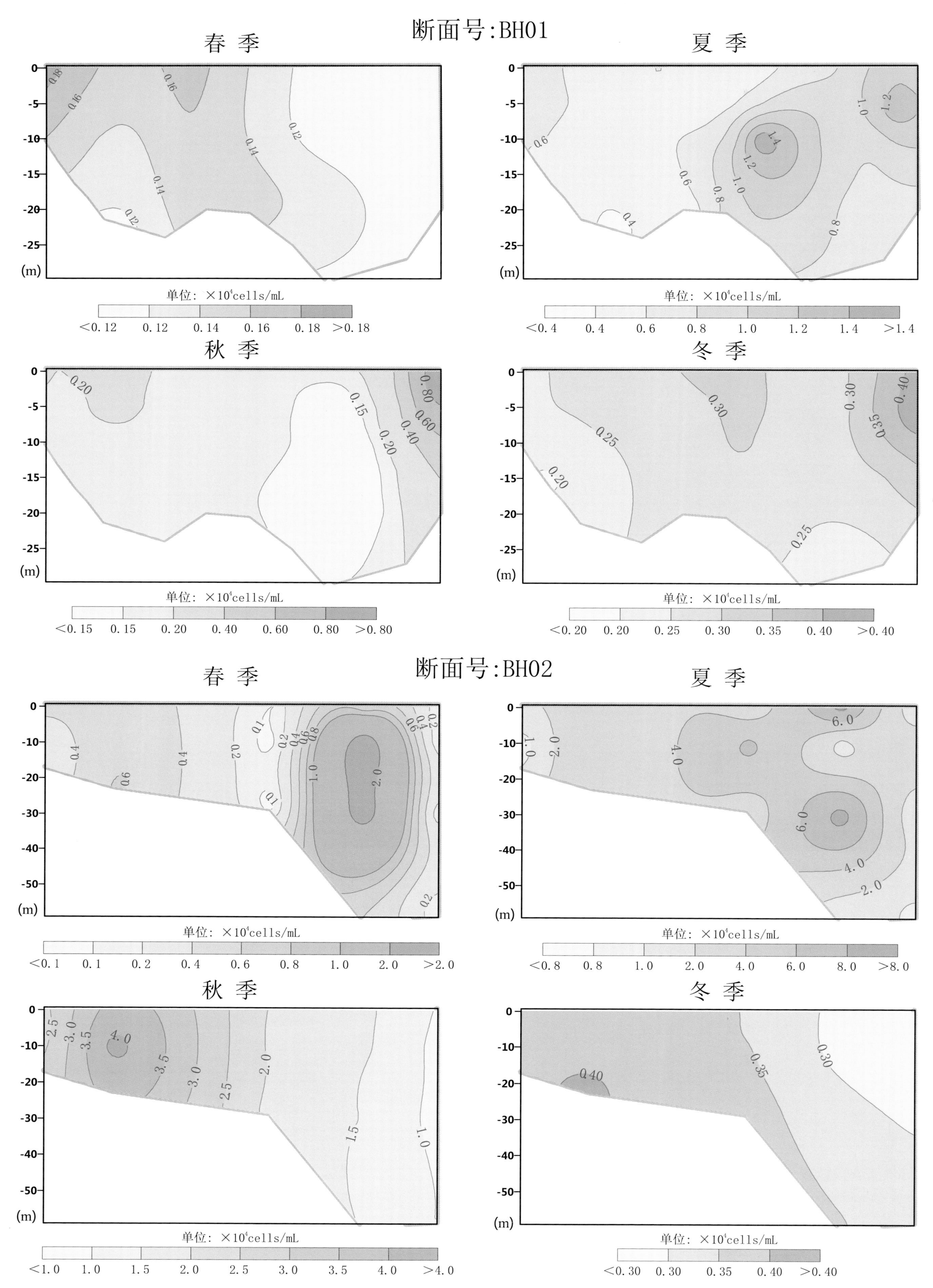

微微型浮游生物细胞总丰度断面分布图

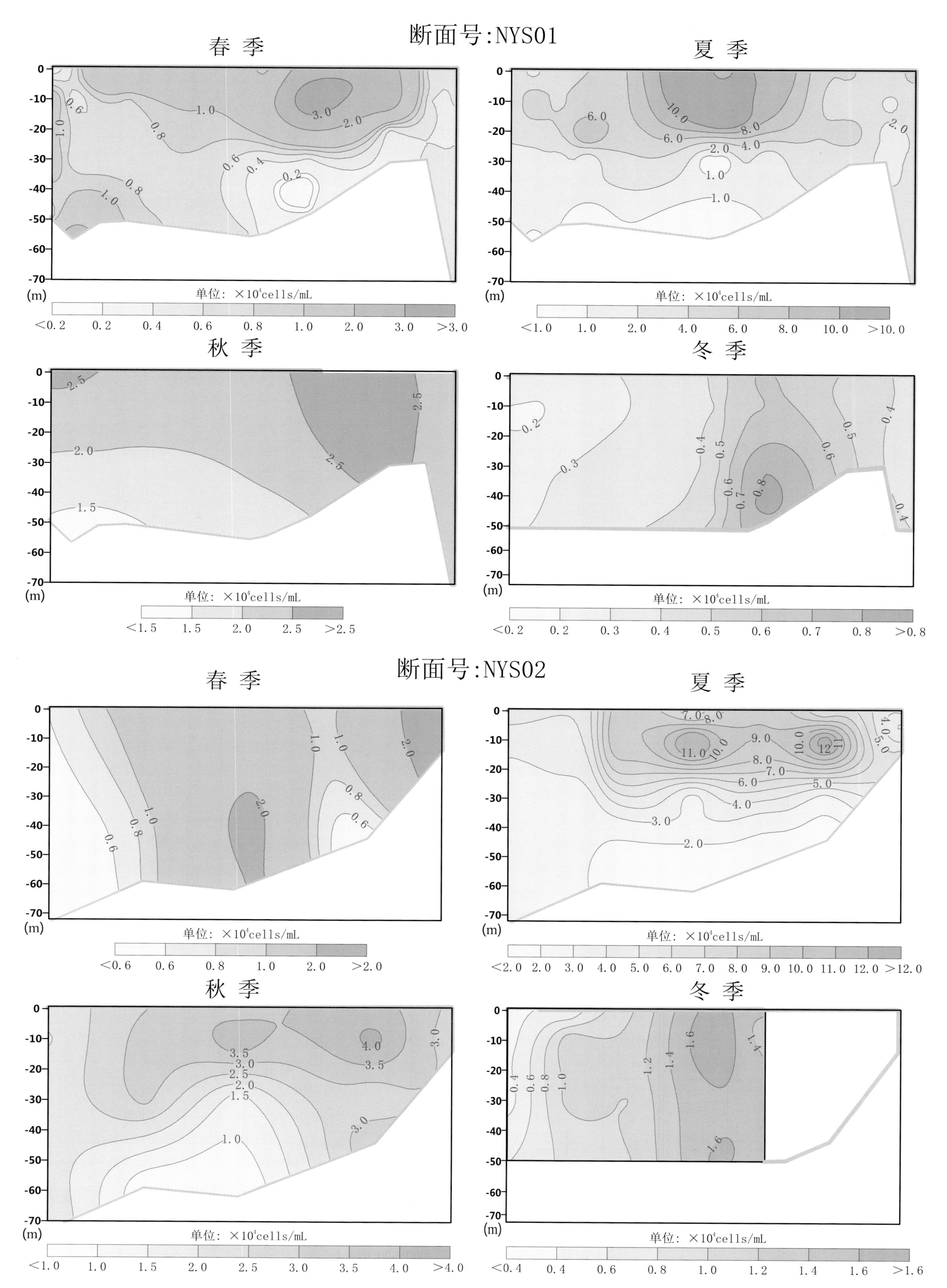

微微型浮游生物细胞总丰度断面分布图

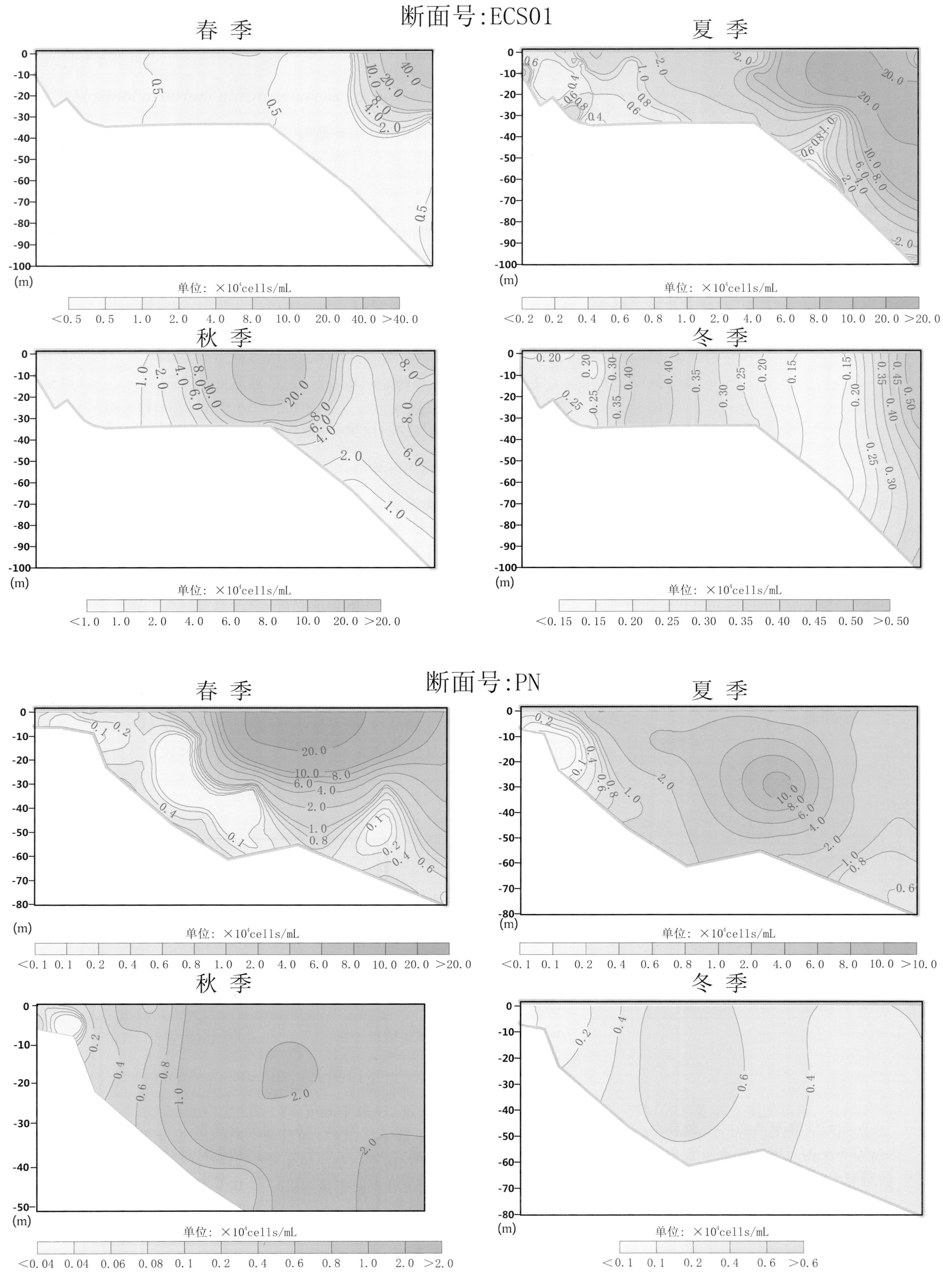

微微型浮游生物细胞总丰度断面分布图

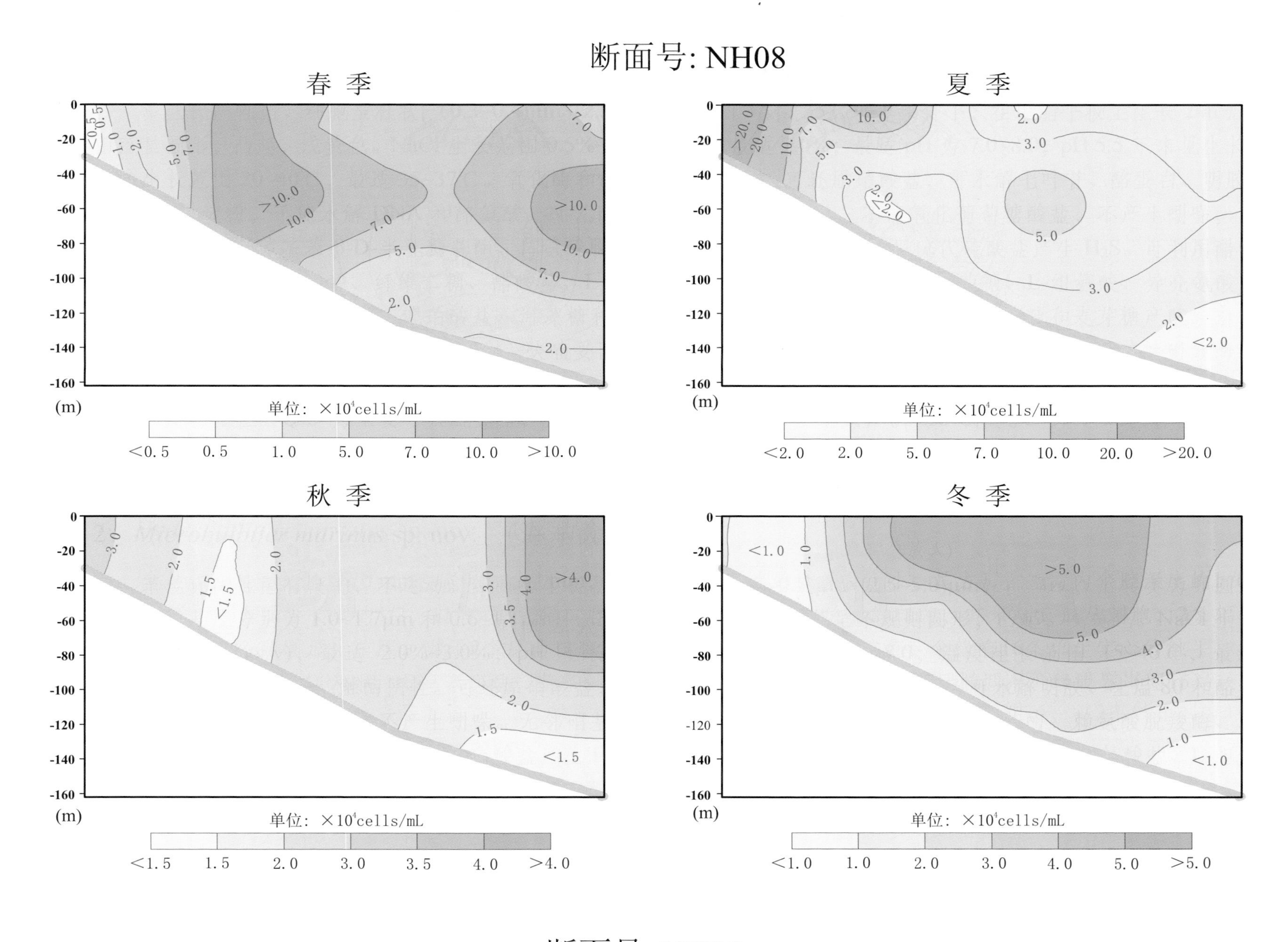

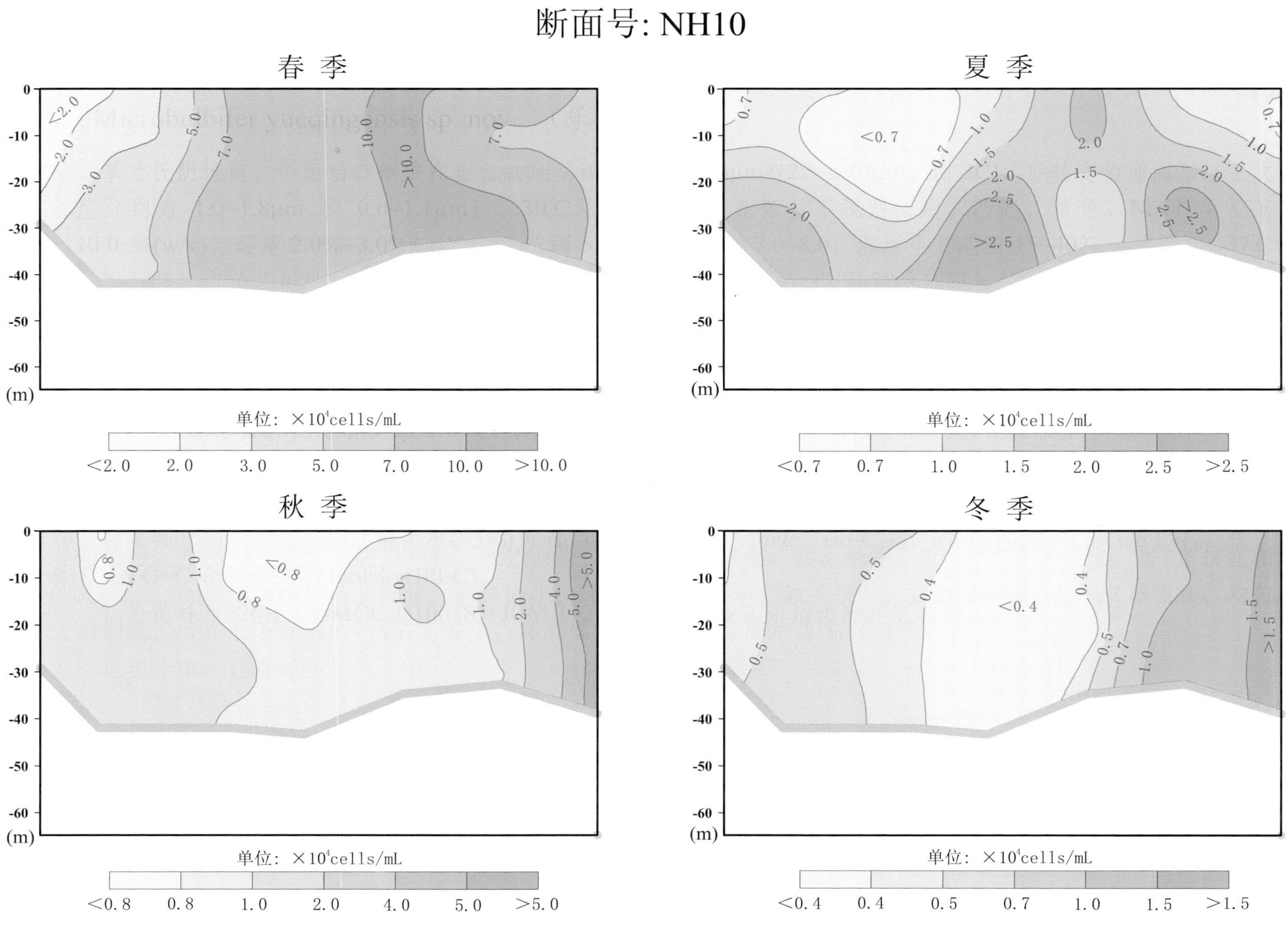

微型浮游生物细胞总丰度断面分布图

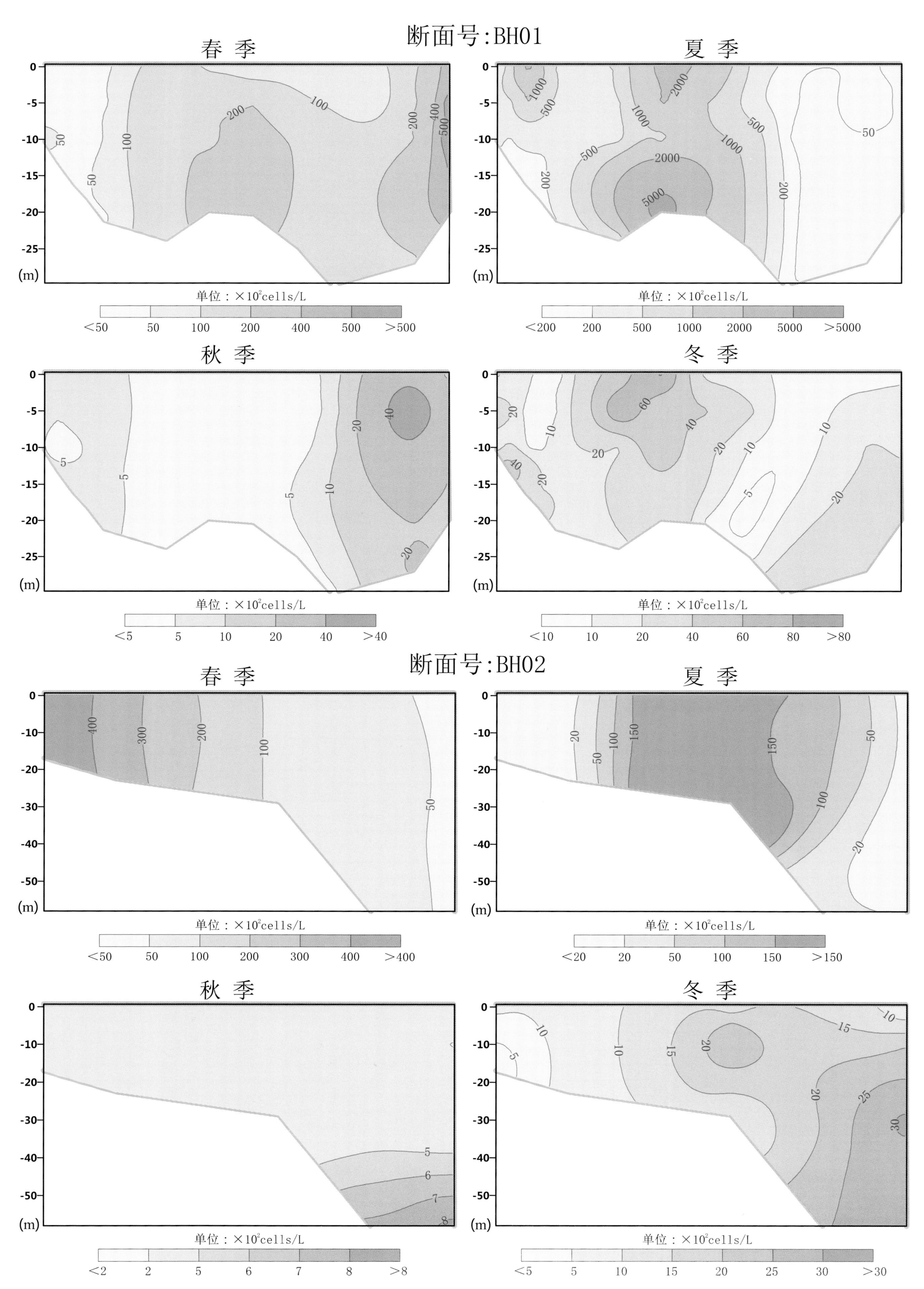

微型浮游生物细胞总丰度断面分布图

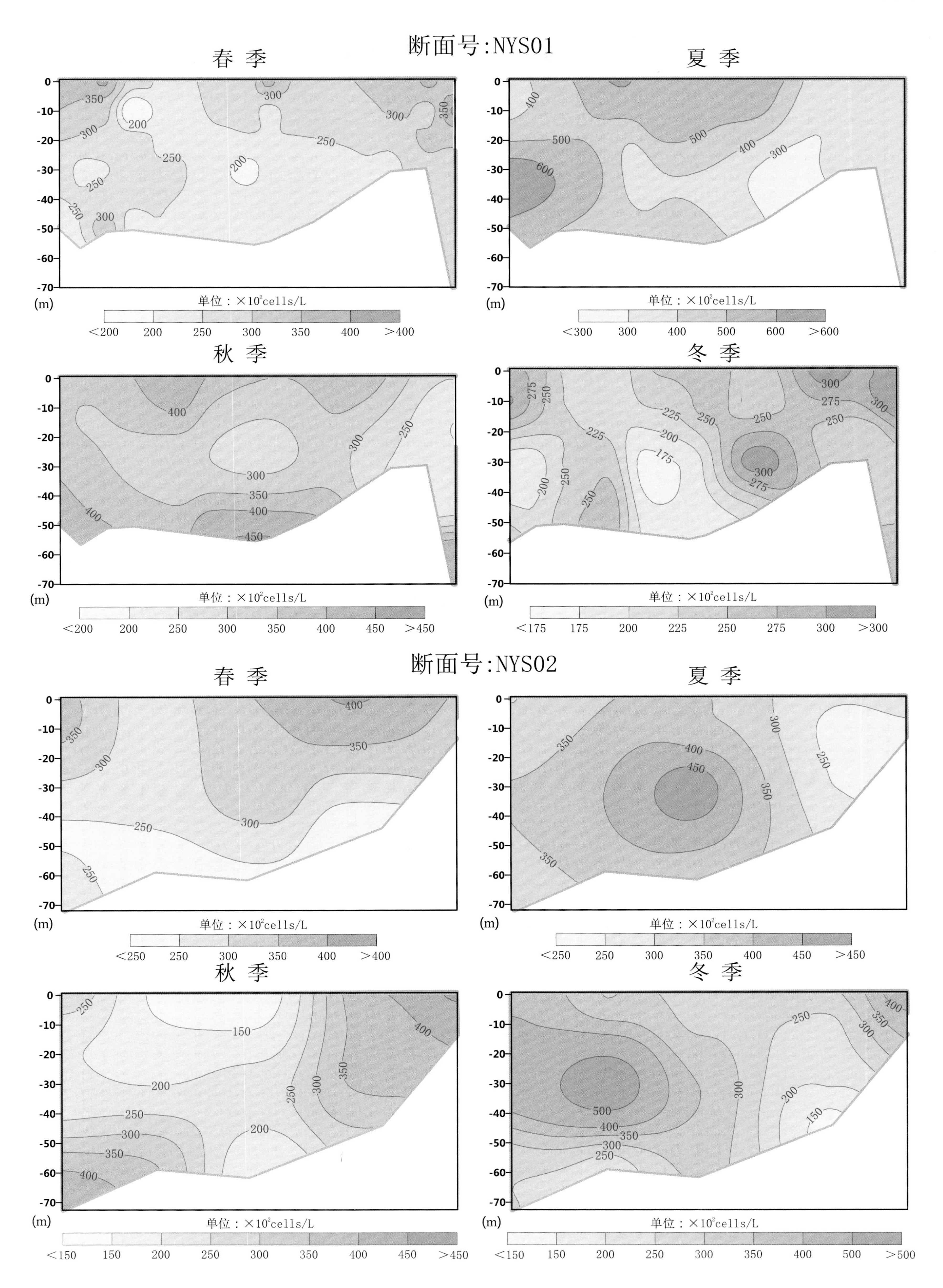

微型浮游生物细胞总丰度断面分布图

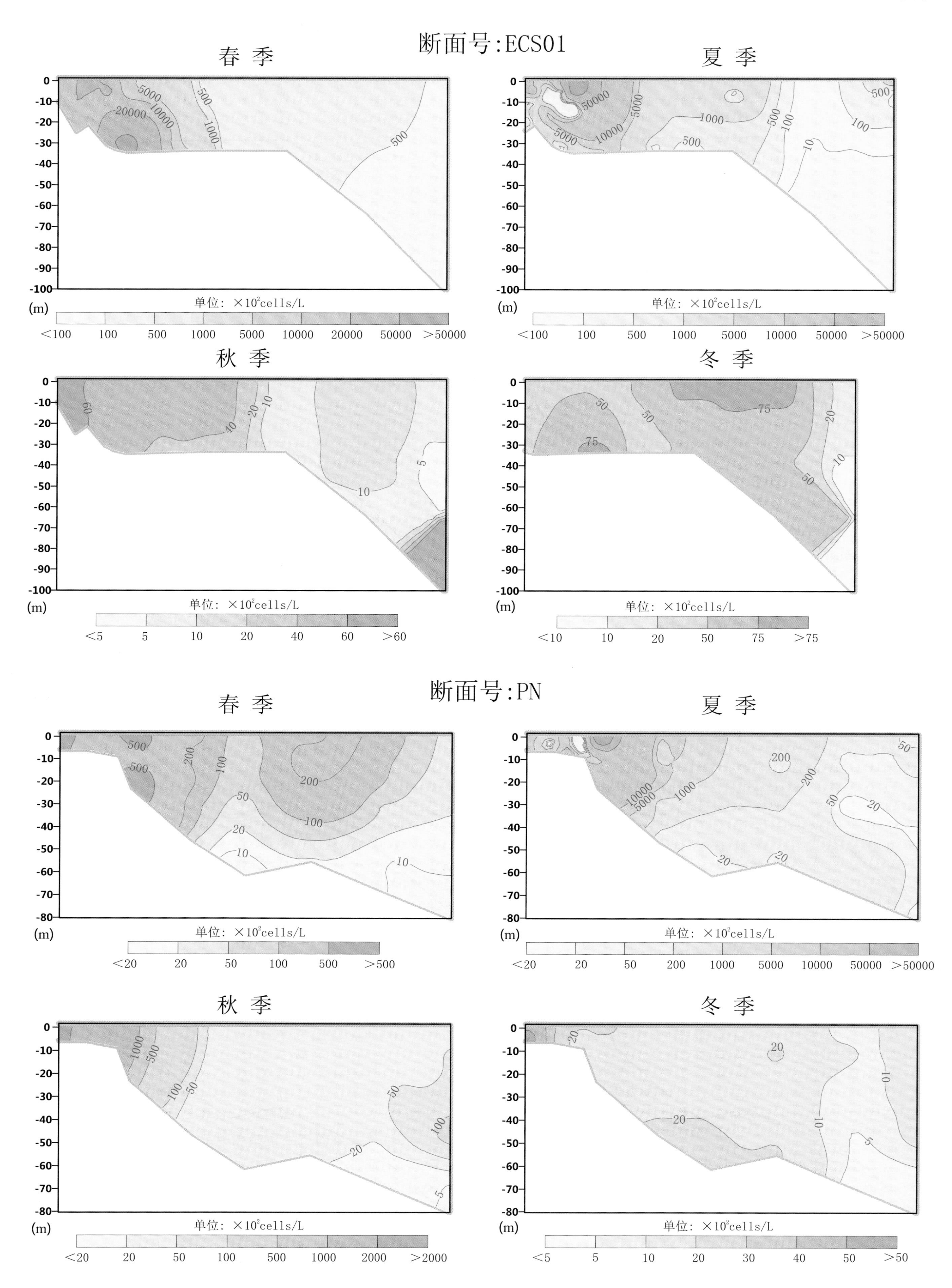

微型浮游生物细胞总丰度断面分布图

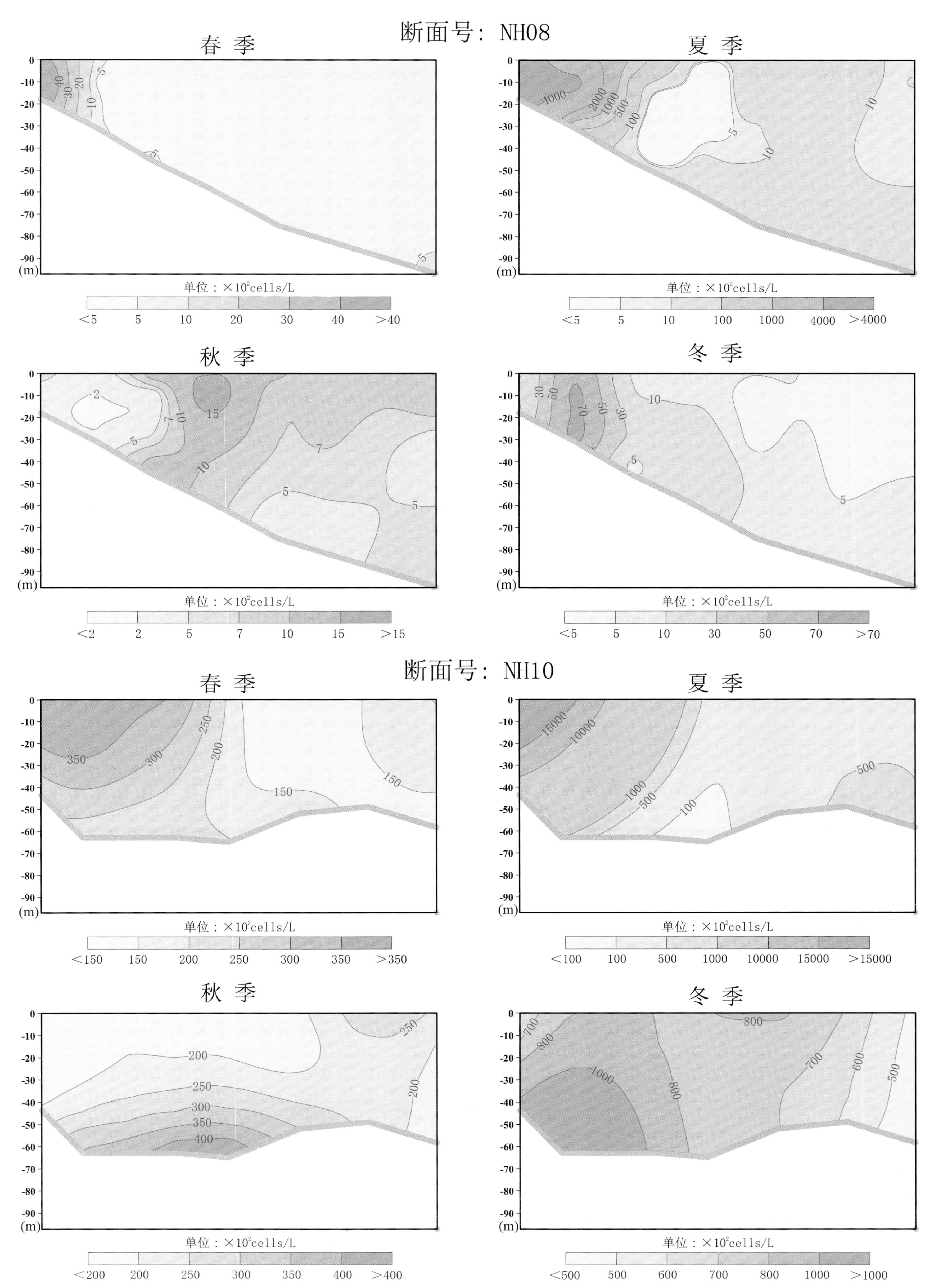

微生物和水母新种

新种描述

一、微生物新种形态特征及生理生态特点

共发现变形菌门微生物新属 1 个，新种 13 个，其中海杆菌属（*Marinobacter*）新种 2 个，海细菌属（*Marinobacterium*）新种 2 个，产微球菌属（*Microbulbifer*）新种 3 个，假海源菌属（*Pseudidiomarina*）新种 2 个，假交替单胞菌属（*Pseudoalteromonas*）新种 1 个，弧菌属(*Vibrio*) 新种 1 个，鲁杰氏菌属（*Ruegeria*）新种 1 个，以及新属海洋杆菌属（*Pelagibacterium*）新种 1 个。

（一）海杆菌属新种

Marinobacter（海杆菌）于 1992 年首次发现于地中海油田附近，能利用包括烷烃类的多种底物生长，认为是一类海洋多余碳源物质清道夫。近年来我国近海环境陆续发现这类微生物，可能与陆源环境大量有机物质进入海洋，改变了海洋生态环境有间接联系。

1．*Marinobacter mobilis* sp. nov. （游动海杆菌）

革兰氏阴性菌，有鞭毛，能运动。生长早期的细胞呈棒状[(1.5~3.0)μm×(0.5~0.8)μm, 图1A]。30℃培养条件下，在琼脂平板上生长48h后，菌落为圆形，表面光滑，凸起，透明。中度嗜盐。NaCl生长范围0.5%~10.0%(w/v)，最适3.0%~5.0%；pH生长范围6.5~9.0，最适7.0~7.5；温度生长范围15~42℃，最适30~35℃。氧化酶和触酶实验呈阳性。可还原硝酸盐。可水解吐温20和80，不水解七叶苷、明胶、淀粉和酪氨酸。不能氧化葡萄糖酸盐，不产生吲哚，无邻硝基苯-β-D-半乳糖苷酶和脲酶活性。可利用硫代硫酸盐产生H_2S。可利用醋酸盐、谷氨酸盐、L-异亮氨酸、乳酸盐、苹果酸盐、丙酸盐、丙酮酸盐、琥珀酸盐和缬氨酸生长。对羟氨苄青霉素、氨苄青霉素、羧苄青霉素、头孢噻吩、头孢三嗪、氯霉素、呋喃妥因、红霉素、新生霉素、青霉素、多粘菌素B、妥布霉素和四环素敏感，对杆菌肽、制霉菌素和链霉素不敏感。主要脂肪酸组成为$C_{16:1}\omega 9c$、$C_{16:0}$和$C_{12:0}$。代表菌株DNA G+C 含量为58.0~58.9 mol% (T_m)。

代表菌株 CN46^T (=CGMCC 1.7059^T =JCM15154^T)，分离自浙江沿海沉积物。

2．*Marinobacter zhejiangensis* sp. nov. （浙江海杆菌）

革兰氏阴性菌，能运动。生长初期细胞呈棒状[(1.0~2.5) μm×(0.4~0.8)μm, 图1B]，单独或成对出现。30℃培养条件下，在琼脂平板上生长48h后，菌落为圆形，凸起，半透明或乳白色。NaCl生长范围0.5%~10.0%(w/v)，最适1.0%~3.0%；pH生长范围6.0~9.5，最适7.0~7.5；温度生长范围15~42℃，最适30~35℃。氧化酶和触酶实验呈阳性。可还原硝酸盐，水解吐温20和80，不能水解七叶苷、酪蛋白、明胶、DNA、淀粉或酪氨酸。卵磷脂酶呈弱阳性。不能氧化葡萄糖酸盐，不产生吲哚，邻硝基苯-β-D-半乳糖苷酶和脲酶和脲酶检测为阴性，可利用硫代硫酸盐产生H_2S。可利用醋酸盐、乙醇、谷氨酸盐、L-异亮氨酸、乳酸盐、苹果酸盐、丙酸盐、丙酮酸盐、琥珀酸盐和L-缬氨酸进行生长。对羟氨苄青霉素、氨苄青霉素、羧苄青霉素、头孢噻吩、头孢三嗪、氯霉素、红霉素、呋喃妥因、新生霉素、青霉素、多粘菌素B、妥布霉素和四环素敏感对杆菌肽、制霉菌素和链霉素不敏感。主要脂肪酸组成为$C_{16:1}\omega 9c$、$C_{16:0}$、 $C_{18:1}\omega 9c$和$C_{12:0}$。代表菌株DNA G+C 含量为58.4±0.1 mol% (T_m) 。

代表菌株 CN74^T (=CGMCC 1.7061^T =JCM15156^T), 分离自浙江沿海沉积物。

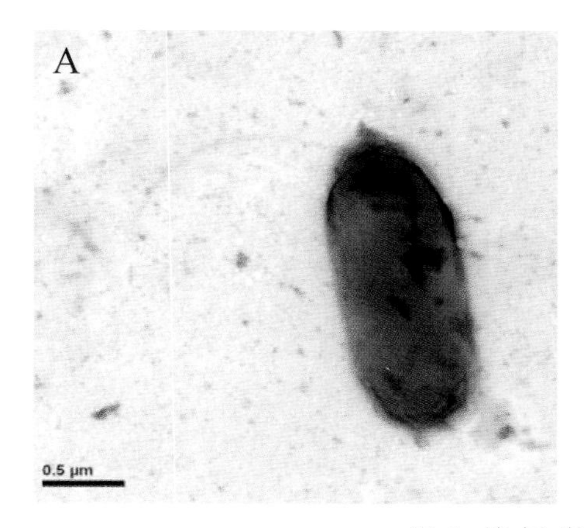

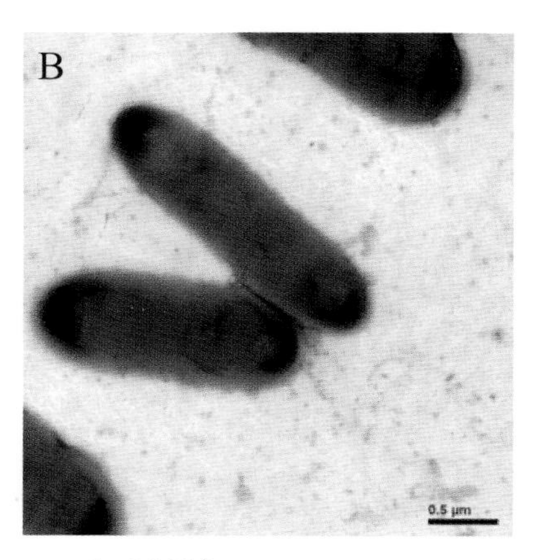

图 1 海杆菌属新种（Huo et al., 2008）

(A:游动海杆菌；B:浙江海杆菌)

（二）海细菌属新种

Marinobacterium nitratireducens（反硝化海细菌）和 *Marinobacterium sediminicola*（沉积海细菌）均分离自东海沉积物。其中反硝化海细菌能具有强烈的反硝化作用，可将硝酸盐分解为亚硝酸盐和氮气，在沉积物氮元素循环中起到重要作用。

1．*Marinobacterium nitratireducens* sp. nov. （反硝化海细菌）

革兰氏阴性菌，能运动。生长初期细胞呈棒状[(1.0~3.0) μm×(0.5~0.8)μm，图 2A]。30℃培养条件下，在琼脂平板上生长 48h 后，菌落呈圆形，表面光滑，凸起，透明，黄色。NaCl 生长范围 0.5%~7.5%(w/v)，最适 1.0%~3.0%；pH 生长范围 5.5~9.5，最适 7.0~8.0；温度生长范围 15~40℃，最适 35℃。氧化酶和触酶实验呈阳性。可水解酪氨酸，不可水解七叶苷、酪蛋白、DNA、明胶、淀粉、吐温 20 和 80。可还原硝酸盐，精氨酸双水解酶、β-半乳糖苷酶、卵磷脂酶、脲酶、赖氨酸羧化酶和鸟氨酸羧化酶测试呈阴性，不能氧化葡萄糖酸盐，不产生吲哚。不能利用硫代硫酸盐产生 H_2S。可利用醋酸盐、L-丙氨酸、L-精氨酸、天冬酰胺、L-天冬氨酸盐、柠檬酸盐、乙醇、D-果糖、葡萄糖酸盐、D-葡萄糖、谷氨酸盐、L-谷氨酰胺、甘油、甘氨酸、L 异亮氨酸、乳酸盐、L-赖氨酸、苹果酸盐、丙二酸盐、麦芽糖、肌醇、丙酸盐、丙酮酸盐、L-丝氨酸、山梨醇、琥珀酸盐、蔗糖、海藻糖和 L-缬氨酸生长。可利用 D-果糖、D-葡萄糖、麦芽糖、肌醇、蔗糖和海藻糖产酸。对杆菌肽、新生霉素和制霉菌素具有抗性。在 APIZYM 实验中，酸性和碱性磷酸酶、酯酶(C4)、类脂酯酶(C8)、α-葡萄糖苷酶和白氨酸芳胺酶呈阳性。泛醌-8 为主要的呼吸醌类型。主要脂肪酸组成包括（>5%）:$C_{18:1}\omega 7c$、 $C_{16:0}$、 iso-$C_{15:0}$ 2-OH 和/或 $C_{16:1}\omega 7c$ 以及 $C_{10:0}$ 3-OH。代表菌株 DNA G+C 含量为 62.5 mol% (T_m) 。

代表菌株CN44^T (=CGMCC 1.7286^T=JCM15523^T)，分离自浙江沿海。

2．*Marinobacterium sediminicola* sp. nov. （沉积海细菌）

革兰氏阴性菌，能运动。生长初期的细胞呈棒状[(1.0~2.0) μm×(0.3~0.5)μm，图 2B]。30℃培养条件下，在琼脂平板上生长 48h 后，菌落呈圆形，直径 1mm，表面光滑，凸起，透明，乳白色。NaCl 生长范围 0.5%~7.5%(w/v)，最适 1.0%~3.0%；pH 生长范围 6.0~9.5，最适 7.0；温度生长范围 15~42℃，最适 35℃。氧化酶和触酶实验呈阳性，可水解吐温 20 和酪氨酸，不可水解七叶苷、酪蛋白、DNA、明胶、淀粉和吐温 80。不可还原硝酸盐。精氨酸双水解酶、赖氨酸和鸟氨酸羧化酶、β-半乳糖苷酶、卵磷脂酶和脲酶呈阴性，不可氧化葡萄糖酸盐，不产生吲哚，不可由硫代硫酸盐产生 H_2S。可利用醋酸盐、L-丙氨酸、天冬酰胺、L-天冬氨酸盐、柠檬酸盐、乙醇、谷氨酸盐、L-谷氨酰胺、L-异亮氨酸、乳酸盐、苹果酸盐、丙酸盐、丙酮酸盐、琥珀酸盐和 L-缬氨酸作为唯一碳源生长。对杆菌肽、制霉菌素、多粘菌素 B 和链霉素具有抗性。在 APIZYM 测试中，碱性磷酸酶、酯酶(C4)和白氨酸芳胺酶呈阳性。泛醌-8 为主要呼吸醌类型。主要脂肪酸类型(>5%)为 $C_{18:1}\omega 7c$、 $C_{16:0}$、 iso-$C_{15:0}$ 2-OH 和/或 $C_{16:1}\omega 7c$ 以及 $C_{10:0}$ 3-OH。代表菌株 DNA G+C 含量为 56.3 mol% (T_m)。

代表菌株 CN47^T (=CGMCC 1.7287^T =JCM15524^T)分离自浙江沿海沉积物。

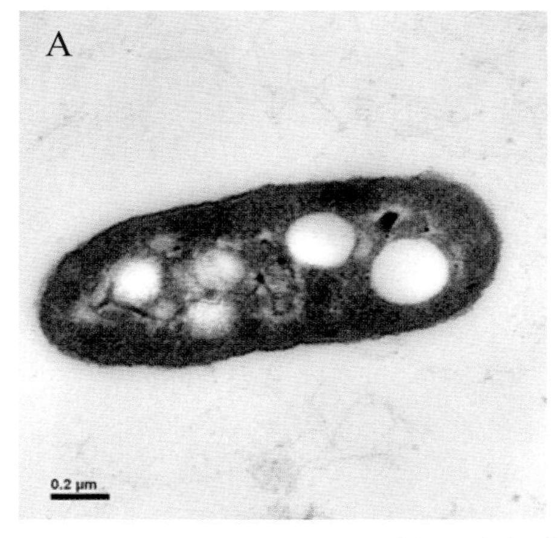

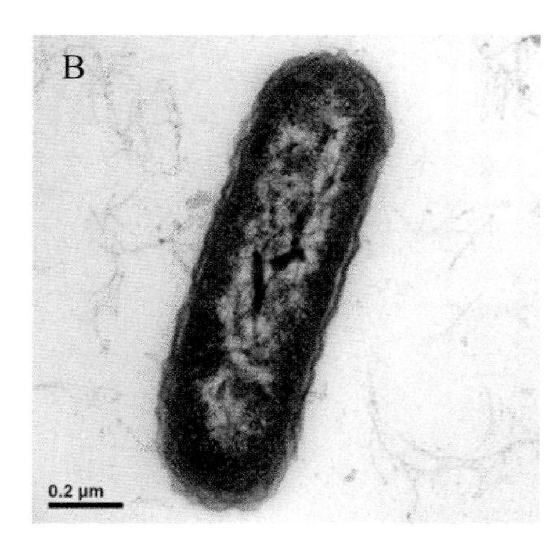

图 2 海细菌属新种(Huo et al., 2009)
(A：反硝化海细菌；B：沉积海细菌)

（三）产微球菌属

Microbulbifer（产微球菌属）于 1997 年确立，该属微生物是革兰氏阴性好氧菌，属于γ-变形菌纲，*Microbulbifer* 属成员可利用多种碳水化合物，在海洋复杂有机物降解和代谢过程中可能具有重要作用。分离自东海沉积物环境的 *Microbulbifer donghaiensis*（东海产微球菌），最适生长盐度为 30，其不仅能利用多种碳水化合物，还具有反硝化

功能和脂类降解能力，表现了该物种能适应近海高营养环境。

1．*Microbulbifer donghaiensis* sp. nov. （东海产微球菌）

革兰氏阴性菌、细胞呈杆状[（0.3~0.4)μm×(2.5~4.0)μm，图 3A]。35℃培养条件下，在琼脂平板上生长 24h 后，菌落呈圆形，凸起，浅黄色。NaCl 生长范围 0.5%~6.0%(w/v)，最适 3.0%；最适 pH 为 7.0~8.0，pH 5.5 下未见生长；温度生长范围 20~40℃，最适 35~37℃。氧化酶和触酶实验呈阳性。可还原硝酸盐，可水解七叶苷、酪蛋白、明胶、吐温 80 和淀粉，不能水解 DNA 和酪氨酸。N-乙酰-β-D-葡萄糖苷酶阳性，不能氧化葡萄糖酸盐，不产生吲哚，赖氨酸脱羧酶、邻硝基苯-β-D-半乳糖苷酶、鸟氨酸脱羧酶和脲酶呈阴性。不能利用硫代硫酸盐产生 H_2S。可利用醋酸盐、L-丙氨酸、L-精氨酸、纤维二糖、醋酸盐、L 丙氨酸、L-精氨酸、纤维二糖、葡萄糖、L-组氨酸、异亮氨酸、苹果酸盐、麦芽糖、丙酸盐、琥珀酸盐、海藻糖和 L-缬氨酸生长。可利用纤维二糖、葡萄糖和麦芽糖产酸。对头孢噻肟、氯霉素、卡那霉素、头孢噻吩、呋喃妥因和新生霉素敏感。在 APIZYM 测试中，酸性和碱性磷酸酶、N-乙酰-葡萄糖胺酶、α-胰凝乳蛋白酶、胱氨酸芳胺酶、酯酶(C4)、类脂酯酶(C8)、萘酚-AS-BI-磷酸水解酶 α-缬氨酸芳胺酶呈阳性。Q-8 为主要呼吸醌类型。主要脂肪酸组成(>5%)为 iso-$C_{15:0}$、iso-$C_{11:0}$ 3-OH、iso-$C_{17:1}\omega 9c$、iso-$C_{17:0}$、iso-$C_{11:0}$和 $C_{16:0}$。代表菌株 DNA G+C 含量为 57.8 mol% (HPLC)。

代表菌株 $CN85^T$(=CGMCC 1.7063^T=$JCM15145^T$)分离自中国东海沉积物。

2．*Microbulbifer marinus* sp. nov. （海洋微球菌）

革兰氏阴性菌有鞭毛，不运动。细胞在生长初期呈棒状[（0.3~0.5)μm×(2.5~5.0)μm，图 3B]，后转变为卵圆形（主次轴长度分别为 1.0~1.7μm 和 0.6~1.1μm）。30℃培养条件下，菌落呈不规则圆形，凸起，浅黄色。NaCl 生长范围 0~7.0 %(w/v)，最适 2.0%~3.0%；pH 生长范围 4.5~10.0，最适 7.0~8.0；温度生长范围 15~40℃，最适 25~30℃。氧化酶阳性，触酶阴性。可还原硝酸盐，可水解七叶苷、酪蛋白和淀粉。不可水解明胶、吐温 80 和酪氨酸，不能氧化葡萄糖酸盐，不产生吲哚。无邻硝基苯-β-D-半乳糖苷酶、N-乙酰-β-葡萄糖苷酶、赖氨酸脱羧酶、鸟氨酸脱羧酶和脲酶活性。不能由硫代硫酸盐产生 H_2S。可利用 L-丙氨酸、L-精氨酸、葡萄糖、L-谷氨酸盐、L-组氨酸、苹果酸盐、麦芽糖、L-鸟氨酸、丙酸盐、丙酮酸盐、L-丝氨酸、淀粉、琥珀酸盐、海藻酸盐和缬氨酸生长。可由葡萄糖和麦芽糖产酸。对氯霉素、红霉素、卡那霉素和新生霉素敏感。在 ZPI ZYM 试剂盒测试中，可检测到酸性和碱性磷酸酶、酯酶(C4)、类脂酯酶(C8)、白氨酸芳胺酶、萘酚-AS-BI-磷酸水解酶和缬氨酸芳胺酶活性。主要呼吸醌类型为 Q-8。主要极性脂类型为磷脂酰乙醇胺、磷脂酰甘油和一种未知甘油脂。主要脂肪酸类型(>5%)为 iso-$C_{15:0}$、iso-$C_{17:1}\omega 9c$、iso-$C_{17:0}$、iso-$C_{11:0}$ 3-OH、$C_{16:0}$、iso-$C_{11:0}$ 和 $C_{18:1}\omega 7c$。代表菌株 DNA G+C 含量为 54 mol% (HPLC)。

代表菌株 $Y215^T$(=CGMCC $1/10657^T$=JCM 17211^T)分离自浙江乐清湾海洋沉积物。

3．Microbulbifer yueqingensis sp. nov. （乐清微球菌）

革兰氏阴性菌，不运动。细胞在生长初期呈棒状[(0.3~0.5)μm×(2.5~5.0)μm，图 3C]，后转变为卵圆形（主次轴长度分别为 1.0~1.8μm 和 0.6~1.1μm）。30℃培养条件下，菌落呈不规则圆形，凸起，黄色。NaCl 生长范围 0~10.0 %(w/v)，最适 2.0%~3.0%；pH 生长范围 5.0~10.0，最适 7.0~8.0；温度生长范围 15~40℃，最适 30~37℃。氧化酶和触酶实验呈阳性。可还原硝酸盐，可水解七叶苷、酪蛋白和吐温 80。不可水解明胶、淀粉和酪氨酸，不能氧化葡萄糖酸盐，不产生吲哚。无邻硝基苯-β-D-半乳糖苷酶、N-乙酰-β-葡萄糖苷酶、赖氨酸脱羧酶、鸟氨酸脱羧酶和脲酶活性。不能由硫代硫酸盐产生 H_2S。可利用 L-丙氨酸、L-精氨酸、纤维二糖、葡萄糖、L-谷氨酸盐、L-组氨酸、苹果酸盐、麦芽糖、L-鸟氨酸、丙酮酸盐、L-丝氨酸、D-甘露糖、淀粉、琥珀酸盐、海藻酸盐和缬氨酸生长。可由葡萄糖和麦芽糖产酸。对氯霉素、红霉素、新生霉素、头孢噻肟、头孢噻吩和呋喃妥因敏感。在 ZPI ZYM 试剂盒测试中，可检测到酸性和碱性磷酸酶、酯酶(C4)、类脂酯酶(C8)、白氨酸芳胺酶、萘酚-AS-BI-磷酸水解酶、缬氨酸芳胺酶和胰蛋白酶活性。主要呼吸醌类型为 Q-8。主要极性脂类型为磷脂酰乙醇胺、磷脂酰甘油和一种未知甘油脂。主要脂肪酸类型(>5%)为 iso-$C_{15:0}$、iso-$C_{17:1}\omega 9c$、iso-$C_{17:0}$、iso-$C_{11:0}$ 3-OH 和 iso-$C_{11:0}$。代表菌株 DNA G+C 含量为 56.7 mol% (HPLC)。

代表菌株 $Y226^T$(=CGMCC $1/10658^T$=JCM 17212^T)分离自浙江乐清湾海洋沉积物。

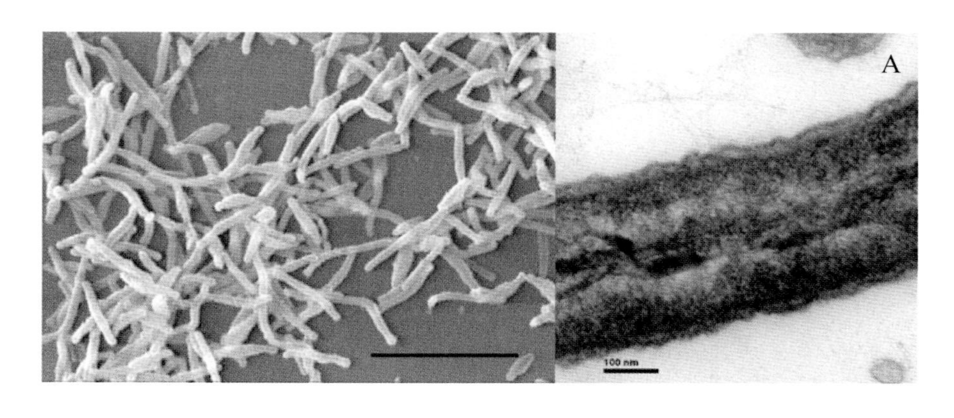

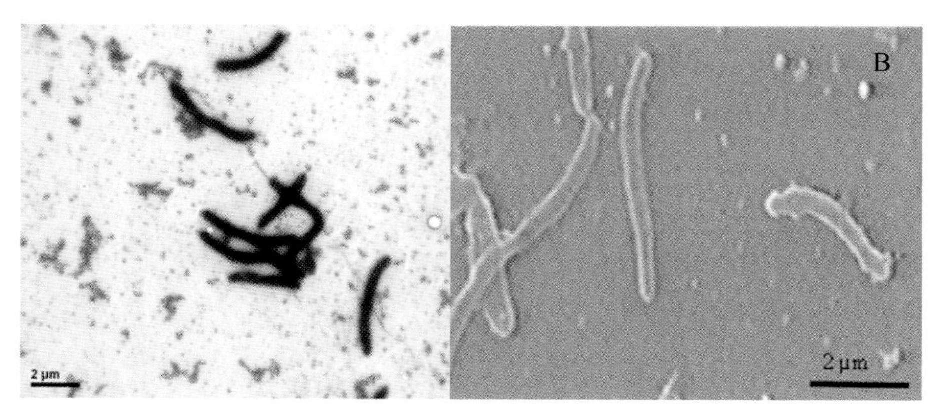

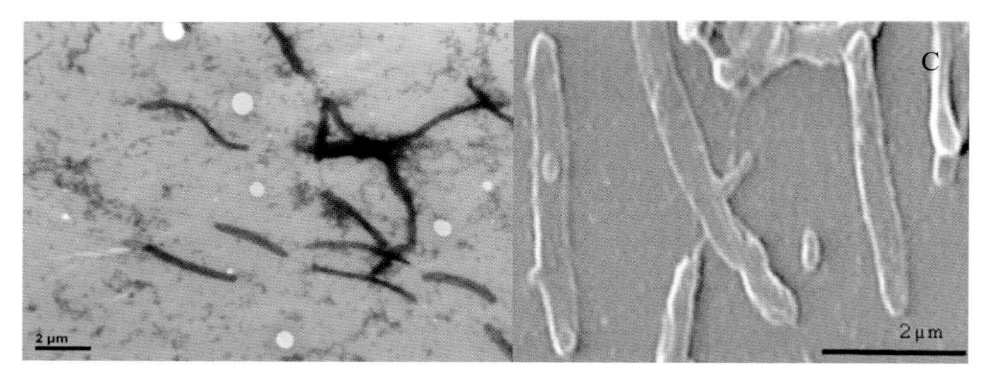

图 3 产微球菌属新种(Wang et al., 2009; Zhang et al., 2012)
(A:东海产微球菌; B:海洋微球菌;C:乐清微球菌)

（四）假海源菌属新种

Pseudidiomarina（假海源菌）是一类栖息于海洋沉积和水体环境的细菌，属于γ-变形菌纲。*Pseudidiomarina donghaiensis*（东海假海源菌）和 *Pseudidiomarina maritima*（海洋假海源菌）均分离自我国东海环境，相比而言，海洋假海源菌对环境适应力（温度范围）方面较东海假海源菌强。

1．*Pseudidiomarina donghaiensis* sp. nov. （东海假海源菌）

革兰氏阴性菌，有鞭毛，能运动，无孢子产生。细胞呈弯曲棒状[(0.4~0.6)μm×(1.0~1.4)μm，图 4A]。37℃培养条件下，菌落为圆形，直径 1~2mm，表面光滑，无色素产生。NaCl 生长范围 0.5%~10.0%(w/v)，最适 3.0%；pH 生长范围 6.5~10.0，最适 8.0~9.0；温度生长范围 15~45℃，最适 37℃。氧化酶和触酶反应呈阳性。可水解酪蛋白、明胶、DNA、酪氨酸、吐温 20 和 80，不能水解七叶苷和淀粉。卵磷脂酶阳性。精氨酸双水解酶、赖氨酸脱羧酶、邻硝基苯-β-D-半乳糖苷酶、鸟氨酸脱羧酶和脲酶呈阴性，不可氧化葡萄糖酸盐，不产生吲哚，甲基红实验呈阴性，不可还原亚硒酸盐。可利用硫代硫酸盐产生 H_2S。不可还原硝酸盐和亚硝酸盐。在 APIZYM 测试中，碱性磷酸酶、酯酶(C4)、类脂酯酶(C8)、类脂酶(C14)、白氨酸芳胺酶、缬氨酸芳胺酶、胱氨酸芳胺酶、胰蛋白酶、a-胰凝乳蛋白酶、酸性磷酸酶和萘酚-AS-BI-磷酸水解酶呈阳性。在 API20NE 测试中，除明胶外所有底物利用结果为阴性。在 API20E 测试中，明胶酶反应呈阳性，不可利用葡萄糖和其他底物。对羟氨苄青霉素、氨苄青霉素、羧苄青霉素、头孢噻肟、头孢噻吩、氯霉素、红霉素、二甲胺四环素、呋喃妥因、新生霉素、青霉素、多粘菌素 B、利福平和四环素敏感。主要醌类型为 Q-8。主要脂肪酸组成为 iso-$C_{15:0}$、iso-$C_{17:0}$ 和 iso-$C_{17:1}\omega 9c$。代表菌株 DNA G+C 含量为 45.5 mol%(HPLC)。

代表菌株908033^T (=CGMCC 1.7284^T=JCM15533^T)分离自中国东海海水。

2．*Pseudidiomarina maritime* sp. nov.（海洋假海源菌）

革兰氏阴性菌，有鞭毛，能运动。细胞呈稍弯曲棒状[(0.4~0.6)μm ×(1.4~2.0)μm，图 4B]。37℃培养条件下，在琼脂平板上生长 48h 后，菌落呈圆形，表面光滑，无色素产生。NaCl 生长范围 0.5%~15.0%(w/v)，最适 3.0%；pH 生长范围 6.5~10.0，最适 8.0~9.0；温度生长范围 10~45℃，最适 37℃。氧化酶和触酶反应呈阳性。可水解酪蛋白、DNA、明胶、吐温 20 和 80。不可水解七叶苷、淀粉和酪氨酸。可还原亚硒酸盐。精氨酸双水解酶、卵磷脂酶、赖氨酸脱羧酶、邻硝基苯-β-D-半乳糖苷酶、鸟氨酸脱羧酶和脲酶呈阴性。甲基红实验呈阴性，不可氧化葡萄糖酸盐，不产生吲哚，不可利用硫代硫酸盐产生 H_2S。不可还原硝酸盐和亚硝酸盐。在 APIZYM 实验中可检测到碱性磷酸酶、酯酶(C4)、类脂酯酶(C8)、类脂酶(C14)、白氨酸芳胺酶、缬氨酸芳胺酶、胱氨酸芳胺酶、胰蛋白酶、α-胰凝乳蛋白酶、酸性磷酸酶和萘酚-AS-BI-磷酸水解酶活性。在 API20NE 实验中，除明胶外不利用其他底物。在 API20E 实验中，可检测到明胶酶活性，不可利用葡萄糖和其他底物。对羟氨苄青霉素、氨苄青霉素、羧苄青霉素、头孢噻肟、头孢噻吩、氯霉素、红霉素、二甲胺四环素、呋喃妥因、新生霉素、青霉素、多粘菌素 B、利福平和四环素敏感。主要醌类型为 Q-8。主要脂肪酸组成为 iso-$C_{15:0}$、 iso-$C_{17:0}$和 iso-$C_{17:1}\omega 9c$。代表菌株 DNA G+C 含量为 45.2 mol% (HPLC)。

代表菌株908087^T (=CGMCC 1.7285^T=JCM15534^T)分离自中国东海海水。

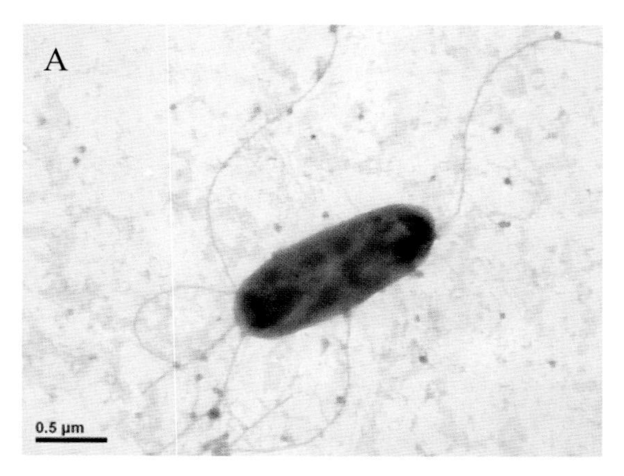

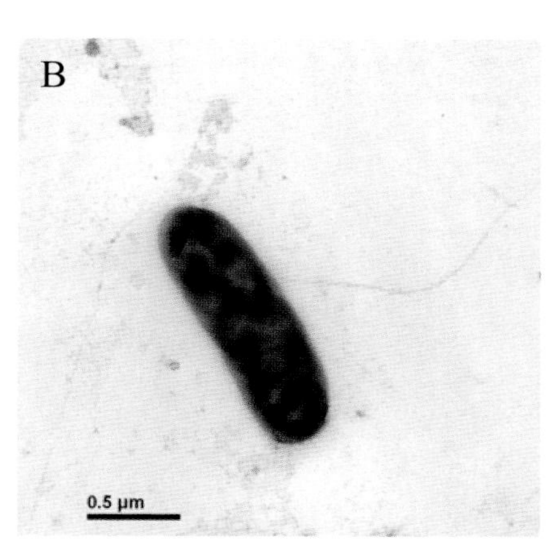

图 4　假海源菌新种(Wu et al., 2009)
(A: 东海假海源菌；B: 海洋假海源菌)

（五）假交替单胞菌属新种

Pseudoalteromonas lipolytica sp. nov.（解脂假交替单胞菌）发现自东海环境，具有降解吐温等脂质物质能力。该类细菌一般可与藻类共生，该属微生物有一半以上物种具有杀藻能力。在东海环境中发现这类细菌，也表明东海环境较频繁的藻华发生为该类细菌提供了生存条件。

革兰氏阴性菌，有鞭毛，能运动。细胞呈棒状[(0.5~0.8)μm×(1.0~1.2)μm，图 5]。在琼脂平板上生长 48h 后，菌落呈圆形，表面光滑，无色素产生。生长需 Na^+。NaCl 生长范围 0.5%~15.0%(w/v)，最适 3.0%；pH 生长范围 5.5~95，最适 7.0~8.0；温度生长范围 15~37℃，最适 25℃。氧化酶和触酶反应呈阳性。可将硝酸盐还原为亚硝酸盐，不能进一步生成 N_2O 或 N_2。可水解七叶苷、酪蛋白、DNA、明胶、酪氨酸、吐温 20 和 80，不可水解琼脂。可利用半胱氨酸或硫代硫酸盐产生 H_2S。不能氧化葡萄糖，不产生吲哚。精氨酸双水解酶、β-半乳糖苷酶、赖氨酸和鸟氨酸脱羧酶、色氨酸脱氨酶和脲酶阴性。在 APIZYM 实验中，可检测到 N-乙酰-葡萄糖胺酶、酸性和碱性磷酸酶、α-胰凝乳蛋白酶、酯酶(C4)、类脂酯酶(C8)、类脂酶(C14)、α-葡萄糖苷酶、白氨酸芳胺酶、α-甘露糖苷酶、萘酚-AS-BI-磷酸水解酶、缬氨酸芳胺酶、胱氨酸芳胺酶和胰蛋白酶活性。可利用己二酸酯、L-阿拉伯糖、癸酸盐、氨基葡萄糖、D 葡萄糖、苹果酸盐和麦芽糖生长。对氨苄青霉素、羧苄青霉素、氯霉素、红霉素、庆大霉素、新霉素、多粘菌素 B、利福平、四环素和妥布霉素敏感。主要脂肪酸组成(>5%)为 $C_{16:1}\omega 7c$/ iso-$C_{15:0}$ 2-OH、$C_{16:0}$、$C_{18:1}\omega 7c$、$C_{12:0}$ 3-OH、$C_{17:1}\omega 8c$ 和 $C_{17:0}$。主要呼吸醌类型为泛醌-8。主要极性脂成分包括磷脂酰乙醇胺和磷脂酰甘油，此外还检测到少量至痕量的双磷脂酰甘油、两种未知磷脂和两种未知甘油脂。代表菌株 DNA G+C 含量为 42.3 mol% (T_m)。

代表菌株LMEB 39^T (=CGMCC 1.8499^T=JCM15903^T)分离自长江入海口。

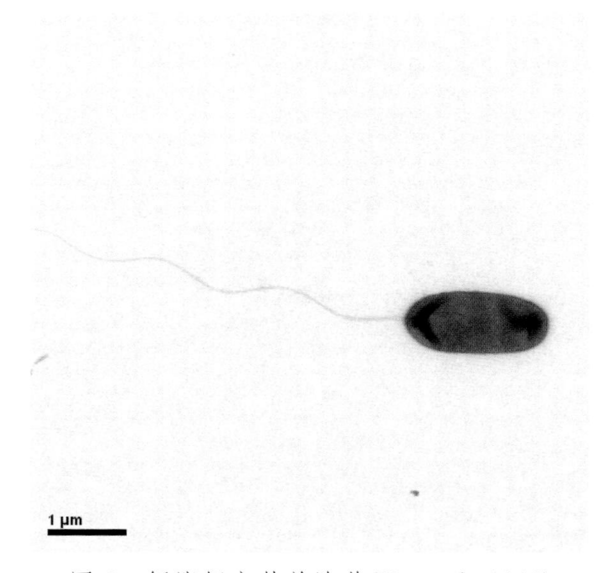

图 5　解脂假交替单胞菌(Xu et al., 2010)

（六）弧菌属新种

Vibrio（弧菌）是一类分布广的微生物，往往与人类和动植物疾病有关。

Vibrio hangzhouensis sp. nov.（杭州弧菌）是分离自杭州湾的一种新型弧菌，目前未发现致病性。

革兰氏阴性菌，有鞭毛，能运动。细胞呈棒状[(0.5~0.8)μm×(1.0~2.0)μm，图 6]。在琼脂平板上生长 48 h 后，菌落呈圆形，边缘稍不规则，表面光滑，无色素产生。NaCl 生长范围 0.5%~7.5%(w/v)，最适 3.0%；pH 生长范围 6.0~10.0，最适 7.0~8.0；温度生长范围 20~37℃，最适 30℃。氧化酶和触酶反应呈阳性。硝酸盐可还原为亚硝酸盐，但不能进一步生成 N_2O 或 N_2。可水解七叶苷、明胶、淀粉、吐温 20 和酪氨酸。不可水解酪蛋白、DNA 和吐温 80。可利用硫代硫酸盐或半胱氨酸产生 H_2S。可产生吲哚，邻硝基苯-β-D-半乳糖苷酶阳性。精氨酸双水解酶、卵磷脂酶、赖氨酸脱羧酶、乌氨酸脱羧酶、色氨酸脱氨酶和脲酶阴性。在 APIZYM 试剂盒测试中，可检测到酸性和碱性磷酸酶、酯酶(C4)、类脂酯酶(C8)和萘酚-AS-BI-磷酸水解酶活性对氯霉素、红霉素、呋喃妥因和新生霉素敏感，对氨苄青霉素、杆菌肽、羧苄青霉素、头孢噻肟、卡那霉素、萘啶酮酸、新霉素、制霉菌素、多粘菌素 B、链霉素和四环素不敏感。主要脂肪酸(>5%)组成为 $C_{16:1}\omega7c$ 和/或 iso-$C_{15:0}$ 2-OH、$C_{16:0}$、$C_{18:1}\omega7c$、$C_{14:0}$ 和 $C_{12:0}$。代表菌株 DNA G+C 含量为 44.9 mol% (T_m)。

代表菌株 CN83^T (=CGMCC 1.7062^T=JCM15146^T)分离自浙江沿海。

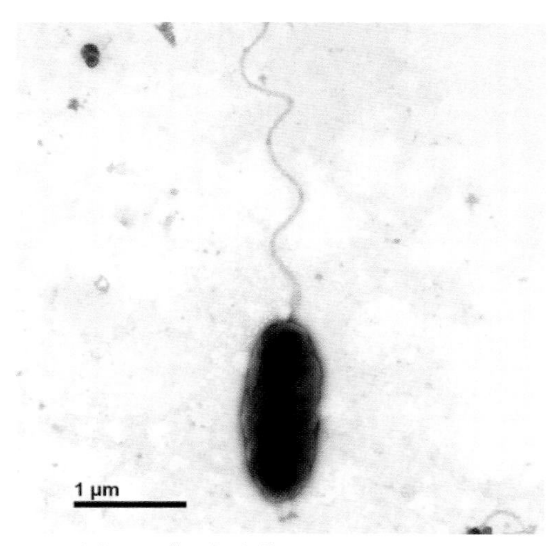

图 6　杭州弧菌(Xu et al., 2009)

（七）鲁杰氏菌属新种

Rugeria marina sp. nov.（海洋鲁杰氏菌）分离自浙江镇海。*Ruegeria*（鲁杰氏菌属）属于 α-变形杆菌纲红杆菌科，该属细菌可归类为玫瑰菌属（*Roseobacter*）类群。玫瑰菌属类群细菌是海洋浮游微生物中含量最为丰富的类群之一，也是研究海洋浮游细菌生态的模式类群。

革兰氏阴性菌，无运动性。细胞呈杆状[(0.5~1.0)μm×(2.0~4.5)μm，图 7]。在琼脂平板上生长 72 h 后，菌落呈圆形，表面粗糙并微微凸起，乳白色。NaCl 生长范围 0~7.5%(w/v)，最适 0.5%~3.0%；pH 生长范围 6.5~9.0，最适 7.5；温度生长范围 10~42℃，最适 35~37℃。氧化酶和触酶反应呈阳性。可水解酪蛋白、明胶、酪氨酸和吐温 20。

不可水解七叶苷、淀粉、吐温 40、吐温 60、吐温 80 和尿素。吲哚产生、精氨酸双水解酶、邻硝基苯-β-D-半乳糖苷酶、赖氨酸脱羧酶、鸟氨酸脱羧酶和色氨酸脱氨酶呈阴性。不可将硝酸盐可还原亚硝酸盐。在 API ZYM 试剂盒测试中，可检测到酸性和碱性磷酸酶、酯酶(C4)、类脂酯酶(C8)、亮氨酸芳基酰胺酶、萘酚-AS-BI-磷酸水解酶和缬氨酸芳基酰胺酶活性。对阿莫西林、红霉素、卡那霉素、呋喃妥因、新生霉素、盘尼西林、四环素和妥布霉素敏感。主要呼吸醌类型为泛醌-10。主要极性脂成分包括磷脂酰胆碱、磷脂酰乙醇胺、磷脂酰甘油和三种未知脂类。主要脂肪酸组成(>5%)为 $C_{18:1}\omega7c$、11-methyl $C_{18:1}\omega7c$、$C_{16:0}$、$C_{12:0}$ 3-OH 和 $C_{16:0}$ 2-OH。代表菌株 DNA G+C 含量为 63.5 mol%(T_m)。

代表菌株 ZH17^T (=CGMCC 1.9108^T=JCM 16262^T)分离自中国东海沉积物。

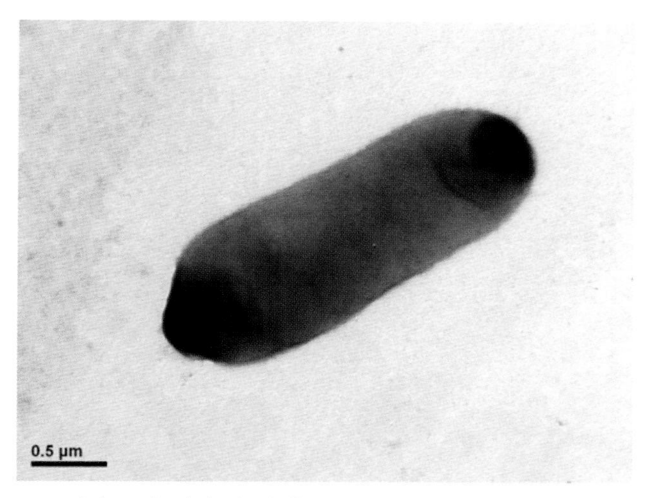

图 7 海洋鲁杰氏菌(Huo et al., 2011)

（八）海洋杆菌属新种

生丝微菌科（Hyphomicrobiaceae）属于 α-变形杆菌纲。该科多数物种分离于非海洋生境，如淡水、土壤、沼泽和活性污泥等，仅有少数几个物种分离自近岸海水。

Pelagibacterium halotolerans sp. nov.（耐盐海洋杆菌）分离自中国东海海水，该菌株较强的耐盐性是其适应海洋环境的重要特征。

革兰氏阴性菌，可通过端生多鞭毛运动。细胞呈杆状[（0.4~0.6)μm×(2~3)μm，图 8]。在琼脂平板上生长 3d 后，菌落呈圆形，表面光滑，突起，半透明，微黄色。NaCl 生长范围 0~13.0%(w/v)，最适 3.0%~4.0%；pH 生长范围 6.0~9.5，最适 7.0；温度生长范围 10~42℃，最适 30℃。不可还原硝酸盐。可水解七叶苷和酪蛋白。不可水解明胶、DNA、淀粉、吐温 40、吐温 60 和吐温 80。葡萄糖酸盐氧化、葡萄糖发酵、β-半乳糖苷酶和脲酶呈阳性。精氨酸双水解酶、卵磷脂酶和吲哚产生呈阴性。可利用 L-阿拉伯糖、乙醇、D-半乳糖、葡萄糖、甘油、麦芽糖、甘露醇、D-甘露糖、核糖、鼠李糖、水杨苷、蔗糖、鼠李糖和 D-木糖产酸。对阿莫西林、氨苄青霉素、杆菌肽、头孢菌素、头孢西丁、氯霉素、红霉素、新霉素、呋喃妥因、新生霉素、盘尼西林、利福平和四环素敏感。主要呼吸醌类型为泛醌-10。主要极性脂成分包括磷脂酰甘油、双磷脂酰甘油和三种未知糖脂。主要脂肪酸组成为 $C_{19:0}$ cycle $\omega8c$、11-methyl $C_{18:1}\omega7c$、$C_{18:1}\omega7c$、$C_{16:0}$和 $C_{18:0}$。代表菌株 DNA G+C 含量为 59.3 mol%（HPLC）。

代表菌株 B2^T (=CGMCC 1.7692^T=JCM 15775^T)分离自中国东海海水。

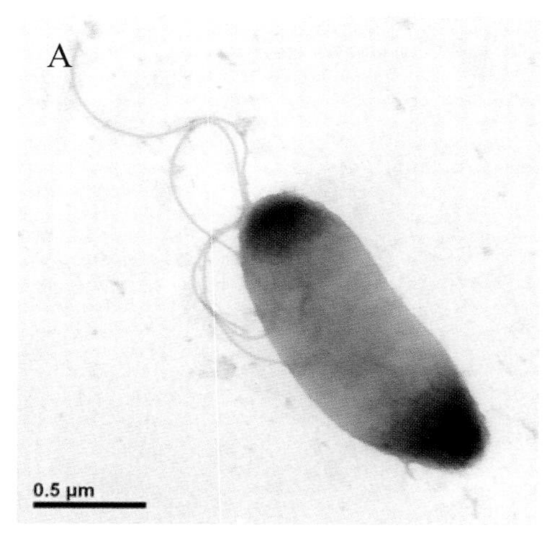

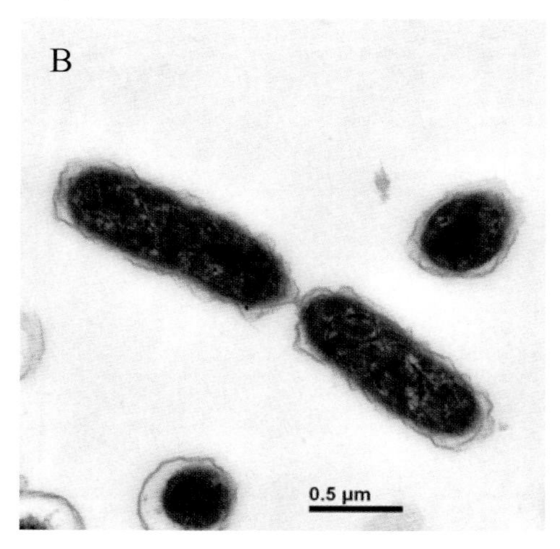

图 8 耐盐海洋杆菌(Xu et al., 2011)

（A：活体细胞透射电镜照片；B：细胞超薄切片透射电镜照片）

二、水母新种形态特征及分布

水母是海洋中重要的大型浮游生物，属刺胞动物门水母亚门。水母类能大量捕食饵料浮游生物和鱼卵、仔鱼，直接破坏渔业资源或与渔业经济动物争夺饵料，作为海洋生态系统的重要组成部分，水母类爆发往往引起海洋灾害。本次调查共发现水母新物种 30 个。新物种中有 22 种属于花水母亚纲(Anthomedusae)，8 种属于软水母亚纲(Leptomedusae)。

（一）花水母亚纲新种

1．*Amphinema globogonia* sp. nov. （球腺双手水母）

水母体伞高 0.6~1.0mm（不包括顶突），宽 1.0~1.5mm，伞近四方形，伞顶扁平，但伞顶中部有 1 个长锥状顶突，实心，高约 1.2mm，无顶室；垂管桶状，横切面呈方形，无胃柄，无隔膜，内伞腔浅，垂管长度超出缘膜口外或近伞口，口呈十字形或方形，有 4 个简单口唇；4 个卵圆形生殖腺位于垂管基部的主辐位；4 条辐管简单，中等宽，光滑无锯齿，环管简单，无向心管；伞有 2 条相对的主辐缘触手，基球呈延长锥状，有背距，另有 2 个相对主辐触手退化，呈棒状小触手，有 4 个间辐棒状小触手，均同样大小，无眼点；缘膜中等宽（图 9）。

地理分布：南海北部。

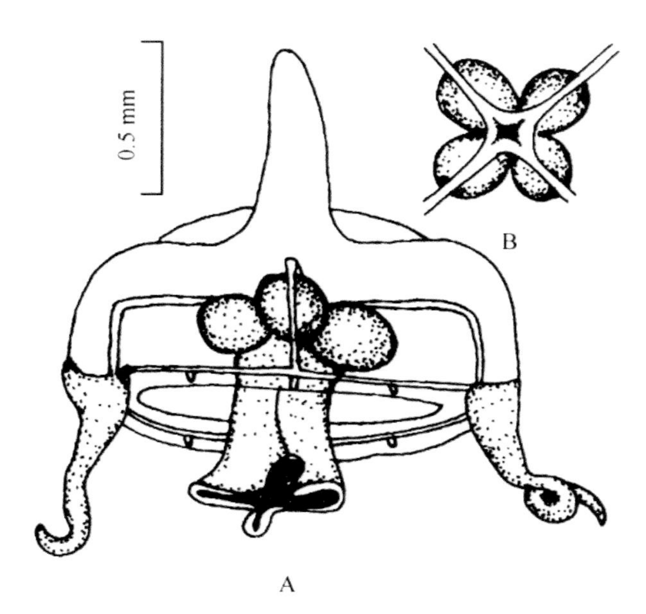

图 9　球腺双手水母（仿许振祖等，2008）
（A：侧面观；B：顶面观）

2．*Bythotiara apicigastera* sp. nov. （顶胃深帽水母）

伞高 6.5~9.0mm，宽 5.5~7.5mm，伞胶质很厚，尤其伞顶部更厚；内伞腔深，顶部中央明显隆起，形成一个近球形顶室；垂管非常短小，仅限于顶室内，几乎占满整个顶室，其长度约为伞腔深度的 1/7；口简单，4 个微突的主辐位口唇，唇缘密集许多刺胞；4 条不分枝辐管，狭而光滑，从垂管顶部往下伸出，与环管连接；生殖腺位于垂管间辐位，几乎覆盖整个垂管壁，每个生殖腺作 2~3 个横裂皱褶，每个横裂生殖腺具有棕褐色素斑；有 12 条缘触手，分别为 4 条主辐位，8 条纵辐位，所有触手基部不膨大，并与外伞愈合，整条触手细长，其末端具 1 个椭圆形或卵圆形刺胞球，呈深蓝色，无次级缘触手；缘膜中等宽（图 10）。

地理分布：北部湾。

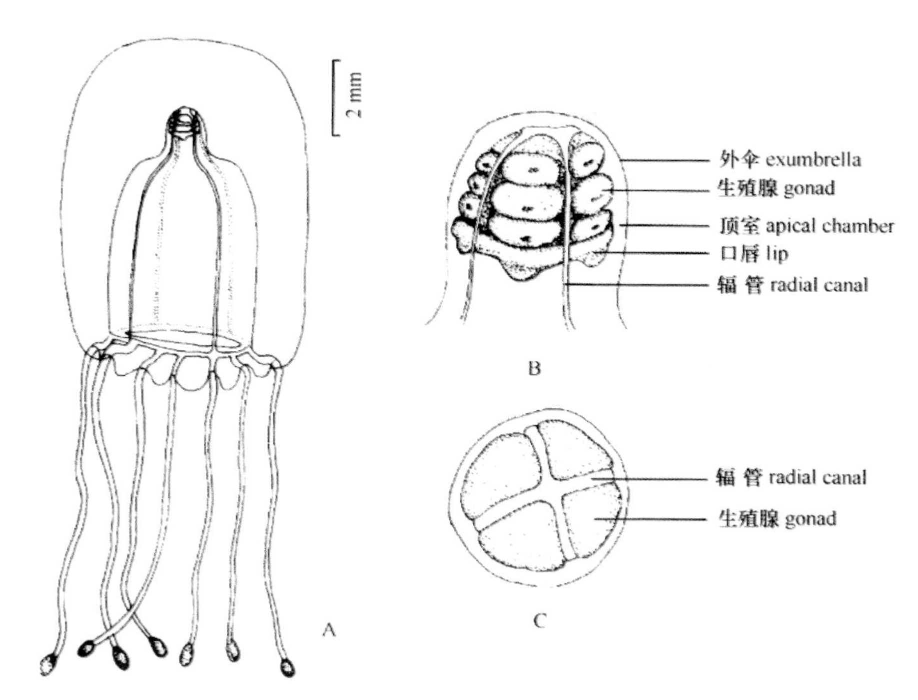

图 10 顶胃深帽水母（仿许振祖等，2008）
（A：侧面观；B：生殖腺侧面观；C：生殖腺顶面观）

3．*Codonorchis nanhainensis* sp. nov. （南海拟双手水母）

水母伞高 0.7~1.2mm（不包括顶突），伞宽 1.0~1.5mm；顶突尖锥状，高 1.0~1.5mm，胶质非常娇嫩，固定的标本不直立，无顶室；垂管宽而大，呈桶状，横切面呈方形，无胃柄，其长度约为伞腔深度的 1/2；口方形，有 4 个简单口唇，唇缘略微皱褶；4 条狭的辐管，光滑无锯齿，环管狭；无隔膜；4 个无皱褶马蹄形生殖腺位于垂管基部的间辐位，每个生殖腺包括 2 个纵辐位的卵圆形生殖腺，在生殖腺上部的间辐位彼此直接连接，构成一个无规则马蹄形生殖腺，无横桥；伞缘有 2 条相对的主辐位缘触手，触手基球长锥状，侧扁，攀贴外伞缘，形成 1 个明显的背距，无眼点；另有 14 条具退化基球、呈棍棒状的小触手，同样大小，所有退化小触手顶端有黑色素斑块；缘膜宽（图 11）。

地理分布：台湾海峡、南海北部。

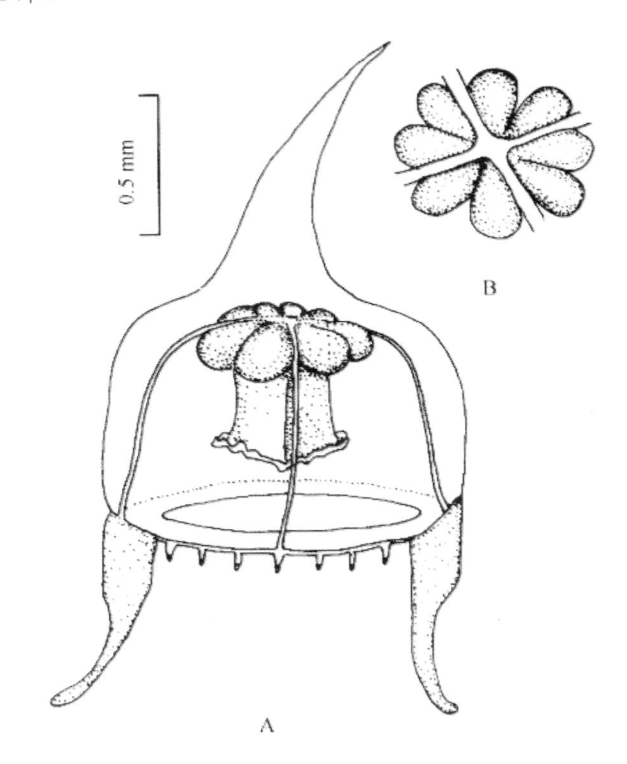

图 11 南海拟双手水母（仿许振祖等，2008）
（A：侧面观；B：生殖腺顶面观）

4．*Ectopleura elongata* sp. nov. （长形外肋水母）

伞高 3.2mm，宽 2.5mm，呈钟形，无顶突。中胶层中等厚度，外伞面有 8 条明显纵向脊，8 条纵向刺细胞带由基球一侧成对出现，沿伞脊延续至伞顶。垂管大，桶状，稍突出于伞的钟形开口；口简单，圆形；辐管宽厚，有齿状边缘；环管中等厚度；生殖腺包围垂管，4个等尺寸缘触手基球细长圆形，末端变细形成缘触手，触手末端无刺胞球。缘膜中等厚度（图 12）。

地理分布：台湾海峡。

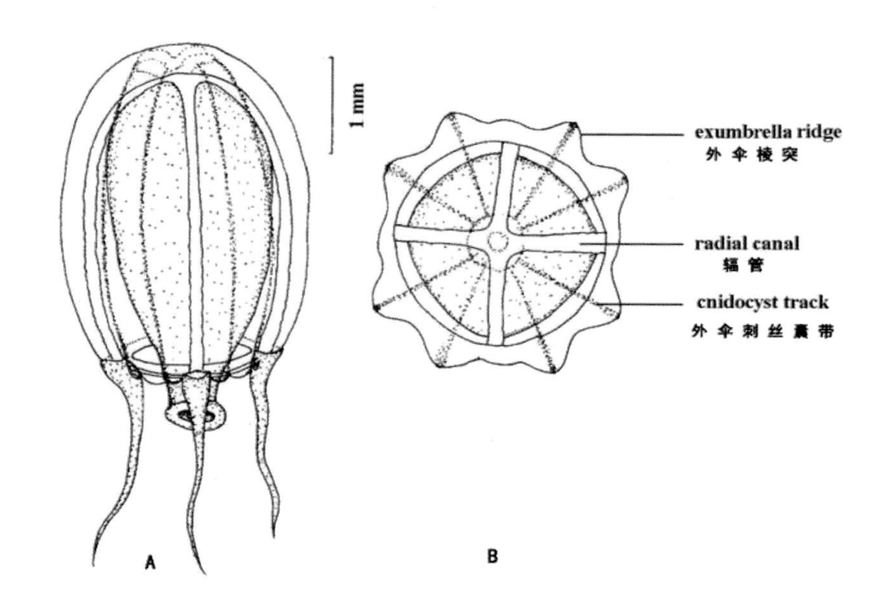

图 12　长形外肋水母（仿 Lin et al., 2010）
（A：侧面观；B：顶面观）

5．*Ectopleura triangularis* sp. nov.　（三角形外肋水母）

伞高1.1 mm（包括顶突），宽0.9 mm，钟形，外伞面有分散的刺细胞，中胶层中等厚度。顶突矮，圆形。外伞面有8条纵向刺细胞带，由基球一侧成对出现延伸到伞顶附近，外伞面无伞脊。垂管大，锥形，有大的方形基座，稍突出于伞钟形开口。顶室大，口筒单，圆形。生殖腺包围垂管，有4条辐管，1条环管，辐管宽厚，内胚层有褐色色素块。有4个缘触手基球，尺寸相等。缘膜厚度中等（图13）。

地理分布：台湾海峡。

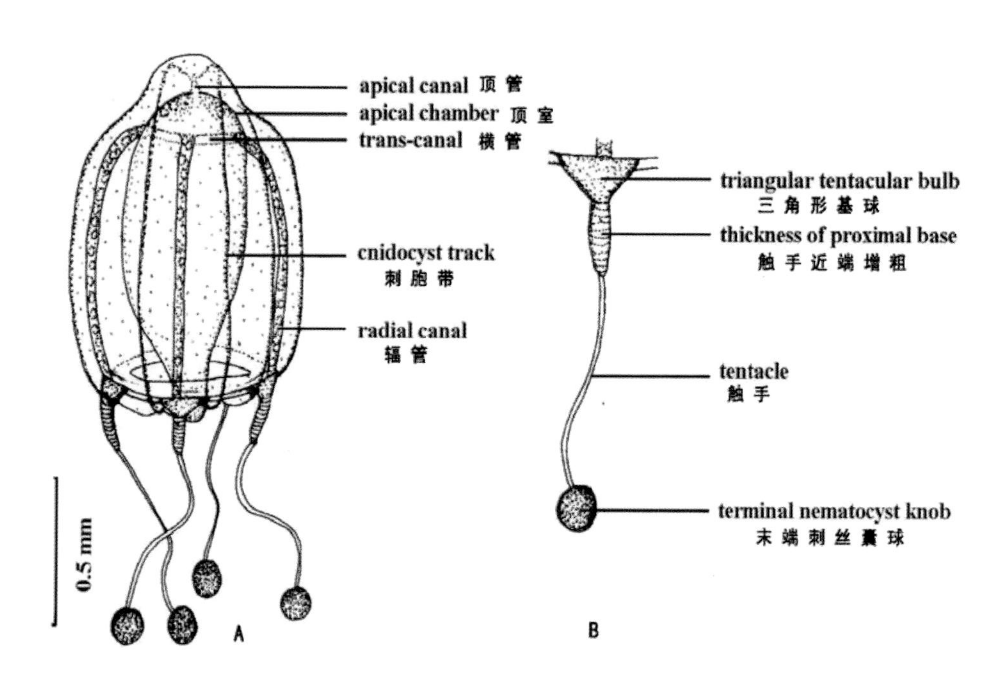

图13　三角形外肋水母（仿Lin et al., 2010）
（A：侧面观；B：触角放大）

6．*Halitiarella nudibulbus* sp. nov.　（裸球拟海帽水母）

水母伞无顶突，外伞有分散刺胞；伞缘有4条主辐位触手和4个间辐位缘基球，所有触手和缘基球有背轴眼点；主辐位触手与间辐位缘基球间具2~ 3 条短的实心缘丝（图14）。

地理分布：台湾海峡。

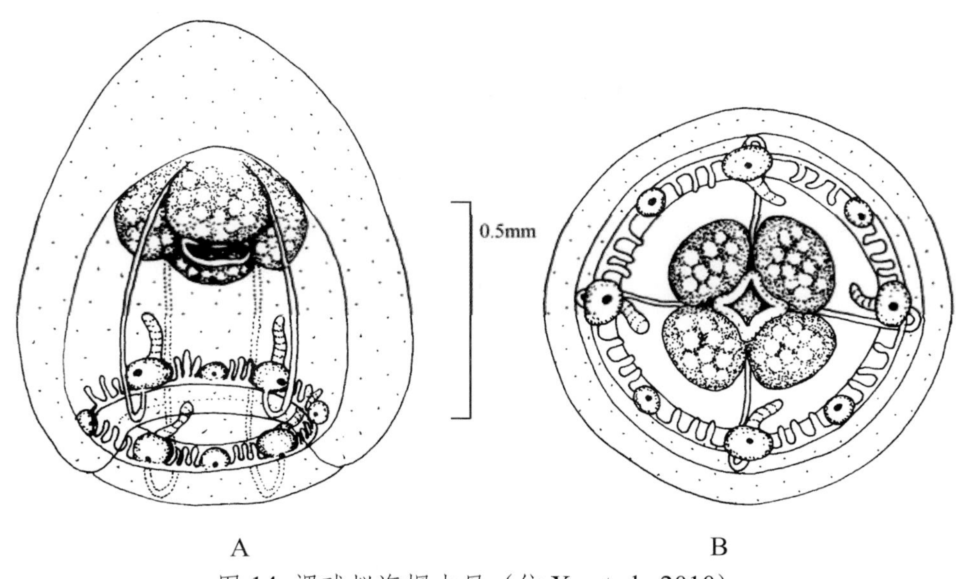

图 14 裸球拟海帽水母（仿 Xu et al., 2010）
（A：侧面观；B：口面观）

7．*Hydractinia recurvatus* sp. nov. （反曲介螅水母）

伞呈钟形，高0.8 ～1.0 mm，宽0.5～0.8 mm，胶质厚，伞顶略厚；垂管短小，呈方形，约为内伞腔深度的1 /6，胃柄显著，约为垂管长度的1/2；口有4个主辐口唇，延长成短的、向上反曲的口腕，其末端具成丛刺胞；2条辐管和1条环管；4个卵圆形生殖腺，附于2个反曲口腕之间的垂管间辐位，呈黄棕色；伞缘有16条单生实心的触手，基球膨大，呈锥状，同样大小，无色素斑块，整条触手具环状刺胞，其末端略膨大，呈椭圆形；缘膜宽（图15）。发现于台湾海峡泉州深沪湾。

地理分布：台湾海峡、南海北部。

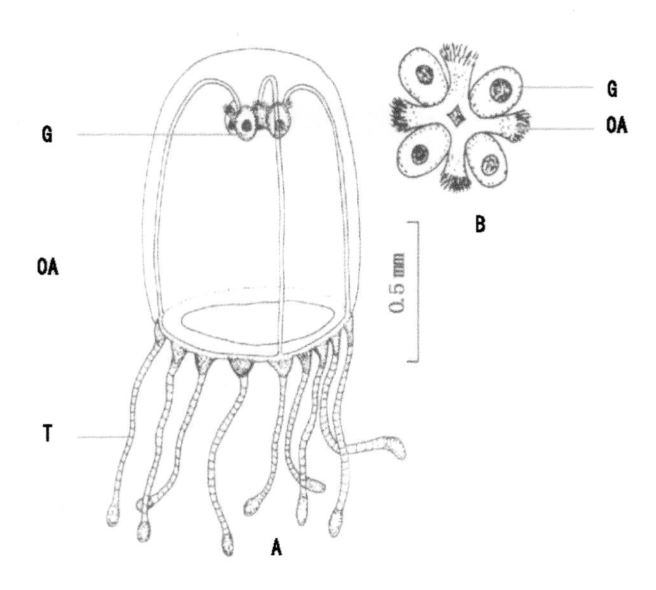

图 15 反曲介螅水母（仿林茂等，2010）
（A：侧面观；B：生殖腺口面观）

8．*Hydractinia taiwanensis* sp. nov. （台湾介螅水母）

伞高2.0 mm，宽1.5 mm；伞钟形，无顶突，伞顶略增厚，外伞表面有分散刺胞；垂管呈长圆柱形，约为内伞腔深度的2 /3，口有4个主辐位的口唇，延长成口腕，末端具成束刺胞球；4条狭的辐管和1条环管；4个大的生殖腺，呈椭圆形，几乎覆盖在垂管的间辐位，无水母芽；伞缘有6条单生、实心触手，其中 4 条主辐位，另2条仅在相对的间辐位，所有缘基球呈延长锥状，同样大小，无背轴色素斑块，触手很长，在触手近端上部的2 /3粗壮，均匀覆盖刺细胞，而在触手远端的1 /3渐变细小，环着螺旋状刺胞；缘膜中等宽（图16）。

地理分布：台湾海峡。

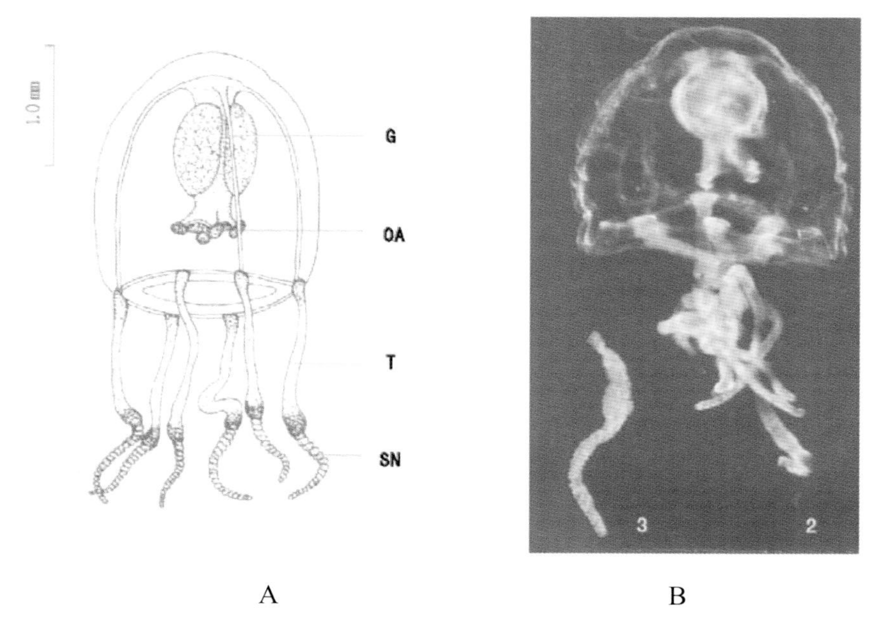

图 16 台湾介螅水母（仿林茂等，2010）

（A：侧面观；B：缘触手部分放大）

9．*Merga apicispottis* sp. nov. （顶斑潜水母）

伞高 2.5~3.0mm(不包括顶突)，宽 2.0~3.0mm，呈高钟形，伞顶突长锥状，约为伞高的 1/2，顶突顶端有 1 个深色斑点块；伞胶质厚度均匀，外伞有 12 条纵列的脊形肋突，其中有 8 条长的脊形肋突，分别从触手基球和较大缘疣的伞缘向上延伸至近顶突的基部，另 4 条短的脊形肋突从较小缘疣的伞缘向上延伸至伞高的 1/2；垂管宽而大，约为内伞腔深度的 3/4，垂管高度的 1/2 借助隔膜与辐管相连；口宽而大，呈方形，4 个口唇简单，口缘略为锯齿状；4 个生殖腺位于垂管上部间辐位，每个生殖腺各向纵辐位的隔膜和辐管延伸，构成一个成对的纵辐位光滑无皱褶的生殖腺，覆盖着整个垂管间辐位，但生殖腺在近端彼此联合，其远端分开；4 条辐管和环管中等宽；4 条主辐位缘触手，触手基球延长锥状，有或无背距，有或无眼点；触手间有 2 个小的缘疣；缘膜中等宽（图 17）。发现于南海北部湾。

地理分布：北部湾、台湾海峡。

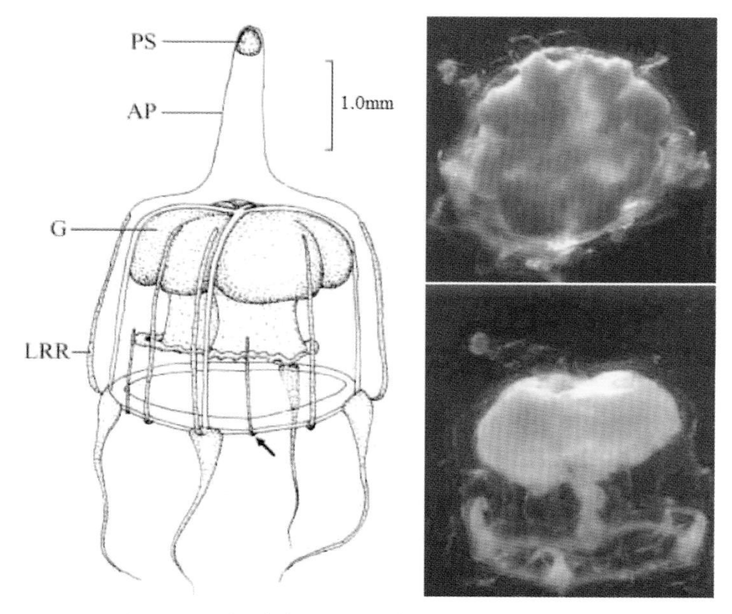

图 17 顶斑潜水母（仿许振祖等，2009）

（AP: 顶突；G: 生殖腺； LRR: 纵列脊形肋突； PS: 色素斑点）

10．*Merga brevispura* sp. nov. （短距潜水母）

伞高 3.0mm(不包括顶突)，宽 2.5mm，伞呈锥钟形，伞顶有 1 个细长锥状而实心的顶突，约为伞高的 1/2；伞胶质厚度均匀，外伞触手间有 4 条纵列的脊形肋突，从间辐位的退化缘疣的外伞缘向上延伸到伞高的 3/4；垂管大而宽，几乎占满整个内伞腔，但不超出缘膜口外，垂管高度的 1/2 借助隔膜与辐管相连接;口大而宽，呈方形，有

4 个简单口唇；4 条宽的辐管，环管狭；4 个圆形、中央有孔穴的生殖腺位于垂管上部的间辐位，每个生殖腺向纵辐扩展，并沿着隔膜和辐管向下延伸，构成 2 个在间辐位分开的成对长椭圆形生殖腺，每个生殖腺具有 5 个纵列的隔离孔穴；4 条主辐位缘触手，触手基球呈延长锥状，侧扁，有短背距，无眼点，每条触手向远端逐渐变细；伞缘的间辐位有 4 个很小的退化缘疣，无眼点；缘膜中等宽（图 18）。发现于南海北部湾。

地理分布：北部湾。

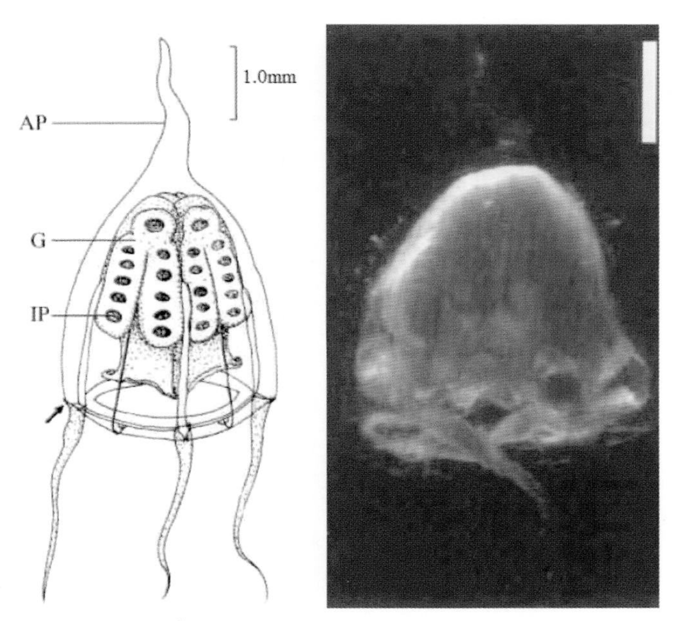

图 18 短距潜水母（仿许振祖等，2009）

（AP: 顶突；G: 生殖腺；IP: 隔离孔穴）

11．*Merga nanshaensis* sp. nov. （南沙潜水母）

伞钟形，伞高与宽约为3mm，无顶突;伞胶质厚度均匀;外伞有20条纵列的脊形肋突，从缘基球上向伞顶延伸；垂管大而宽，约为内伞腔深度的1/2；垂管壁有2/3借助隔膜与辐管相连接，口宽大，方形，有4个锯齿状口唇；生殖腺光滑无皱褶，位于垂管顶部的间辐位，成熟个体每个生殖腺向纵辐位扩展，并延伸到隔膜和辐管；4条宽的辐管和环管；伞缘有20条触手，所有触手基球侧扁，无背距和眼点；缘膜中等宽（图19）。

地理分布：台湾海峡、南沙群岛。

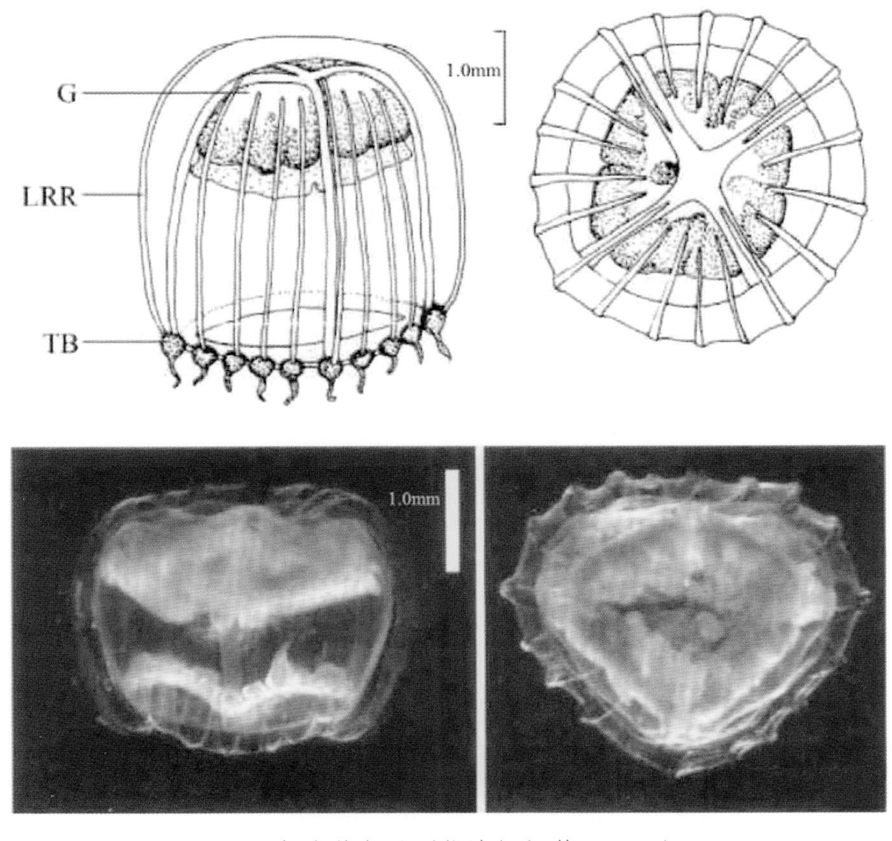

图 19 南沙潜水母（仿许振祖等，2009）

（G: 生殖腺；LRR: 纵列脊形肋突；TB:触手基球）

12．*Merga unguliformis* sp. nov. （蹄形潜水母）

伞呈钟形，有 1 个短的乳头状顶突，伞高 2.2~2.5mm（不包括顶突），宽 1.8~2.0mm，胶质厚度均匀，外伞有 8 条纵列的脊形肋突，其中 4 条主辐位，从触手基球向上延伸到近顶突基部，另 4 条间辐位，从退化缘疣向上延伸到伞高的 3/4，所有脊形肋突均具有分散刺胞；垂管宽而大，其长度约为内伞腔深度的 3/4，垂管高度的 1/2 借助隔膜与辐管相连接；口宽大，方形，有 4 个略突出的口唇，有锯齿状的唇缘；4 条辐管很宽，环管狭；生殖腺位于垂管上部间辐位，向纵辐位扩展，并与隔膜和辐管连接，具有不同大小隔离孔穴，居中者孔穴较大，每个间辐位生殖腺分成 2 叶，向垂管壁纵辐位远端延伸，但不与隔膜和辐管连接，构成了 1 个无皱褶的蹄形生殖腺，每叶生殖腺也有 2 个隔离孔穴；4 条主辐位缘触手，触手基球延长锥状，向远端逐渐变细成丝状，基球背轴有 1 个红色眼点，无背距；伞缘有 4 个很小的间辐位的退化缘疣，无眼点；缘膜宽（图 20）。

地理分布：台湾海峡。

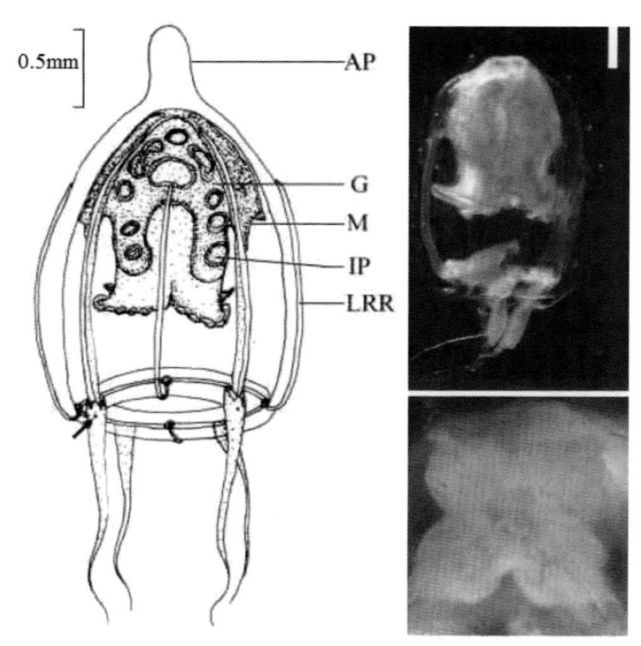

图 20 蹄形潜水母（仿许振祖等，2009）

（AP：顶突；G：生殖腺；IP：隔离孔穴；LRR：纵列脊形肋突；M：隔膜）

13．*Nubiella claviformis* sp. nov. （棍棒单肢水母）

伞高2.0mm，宽1.5 mm；伞钟形，外伞有分散刺细胞；垂管扁球茎状，基部宽，紧贴内伞；无胃柄；口管长而粗，约为垂管长度的1/2；整个垂管(包括口管)长度约为内伞腔深度的2/3；口简单，环状；在口缘上部有10条不分枝口触手，其末端具1个刺胞球；生殖腺在垂管的间辐位；4条辐管和环管狭；4条缘触手具分散刺细胞；触手基球内胚层的背轴膨大，近球形，内胚层向轴面与辐管连接；每个基球的中央具1对短棍棒触手，其末端具l刺胞球；缘膜中等宽（图21）。发现于台湾海峡。

地理分布：台湾海峡。

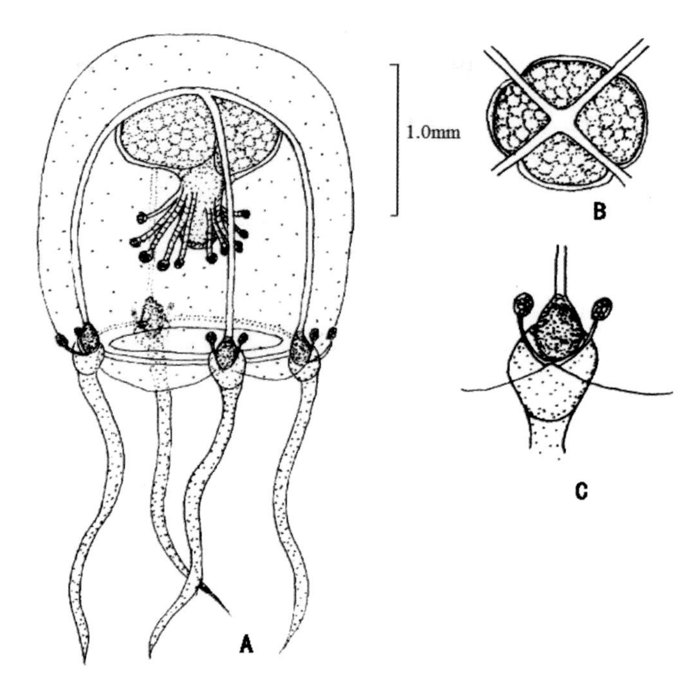

图21 棍棒单肢水母（仿许振祖等，2009）
（A：侧面观；B：生殖腺背面观；C：缘触手基球）

14．*Nubiella intergona* sp. nov. （间腺单肢水母）

伞高1.0～1.5mm，宽0.8～1.2 mm；伞钟形，顶突钝圆；胶质中等厚；外伞有分散刺细胞；垂管短，椭圆形，其长度约为内伞腔深度的1/3；无胃柄和口管；在口缘上部有8条不分枝口触手，每条触手末端具刺胞球；4条辐管和环管狭；4个大的生殖腺，卵圆形，在垂管间辐位，无水母芽；4条缘触手长而粗，具环状刺胞，触手基球呈梨形或椭圆形，有红色素斑块；缘膜狭（图22）。发现于台湾海峡南部。

地理分布：台湾海峡、南海北部。

15．*Nubiella macrogastera* sp. nov. （大胃单肢水母）

伞高1.2～2.0 mm，宽1.0~1.5 mm；伞钟形，伞顶钝圆；胶质中等厚；外伞表面有分散刺胞；垂管大而粗，近长椭圆形，其长度约为内伞腔深度的4/5，或者略超过伞腔口；垂管有顶室，无胃柄；口管很短，约为垂管长度的1/4；12条不分枝口触手很长，环绕着整个口管壁，每条口触手末端具1个刺胞球；口简单，环状；生殖腺环绕着整个垂管壁，布满许多大的卵细胞，无水母芽；4条辐管和环管狭；4条主辐位缘触手，具环状刺胞；触手基球大，其背轴有1个内胚层红色素块，近卵圆形；缘膜狭（图23）。发现于台湾海峡。

地理分布：台湾海峡、南海北部。

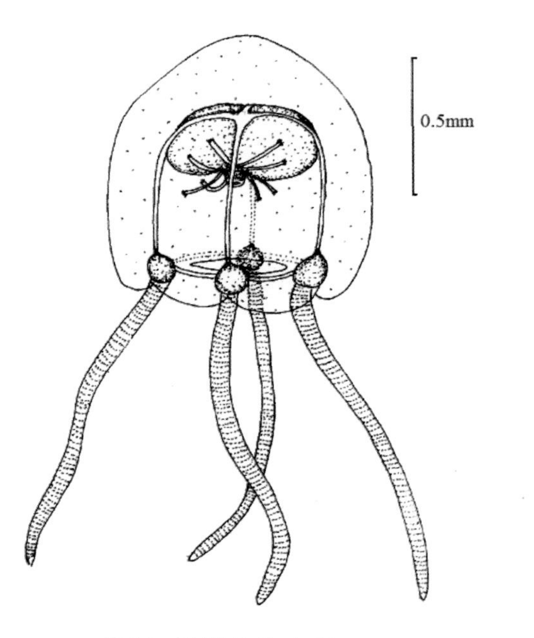

图22 间腺单肢水母
（仿许振祖等，2009）

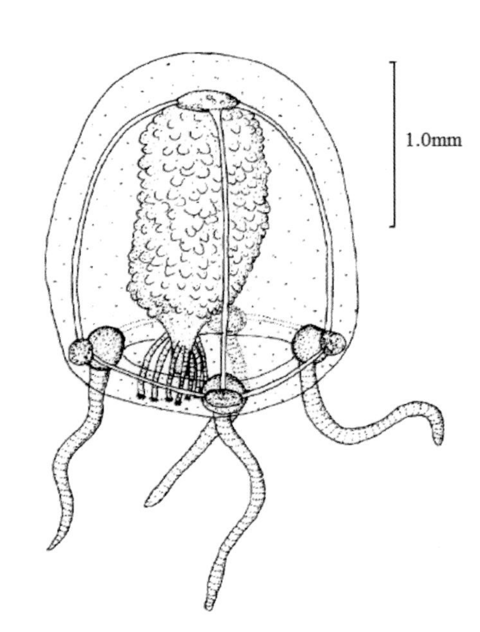

图23 大胃单肢水母
（仿许振祖等，2009）

16. *Nubiella macrogona* sp. nov. （大腺单肢水母）

伞钟形，顶突钝圆；伞高1.0～1.8mm，宽0.7～1.2 mm；胶质中等厚；外伞有分散刺胞；垂管圆柱形，约为内伞腔深度的1/3～1/2(包括胃柄)，胃柄很发达，圆柱状，约为整个垂管长度的1/2；无口管；口简单，环状；有8～12条不分枝口触手，从口缘上部伸出，每条口触手具1个末端刺胞球；4条辐管和环管狭；4个生殖腺很大，呈球形，位于垂管间辐位，无水母芽；4个缘触手基球呈梨形，内胚层有红色素块，每个基球有1条单生缘触手，触手上具环状刺胞，缘膜中等宽（图24）。发现于台湾海峡南部。

地理分布：台湾海峡、南海北部。

17. *Nubiella oralospinella* sp. nov. （口刺单肢水母）

伞高1.8mm，宽1.5 mm；伞钟形，顶突浅圆形；胶质从伞缘向伞顶逐渐增厚；垂管桶状，无口管和胃柄，约为伞腔深度的1/2，垂管顶部有1个圆形顶室；口简单，环状，在口缘布满成圈刺胞；从口缘上部伸出14条简单不分枝口触手，每条口触手有1个末端刺胞球；4条辐管和环管狭而光滑；8个生殖腺纵列在垂管纵辐位，几乎占满整个垂管，无水母芽；4个缘触手基球呈近球形或椭圆形，无色素颗粒，每个基球有1条单生触手，触手上有环状刺胞，其末端略膨大；缘膜发达（图25）。发现于南海北部湾。

地理分布：北部湾。

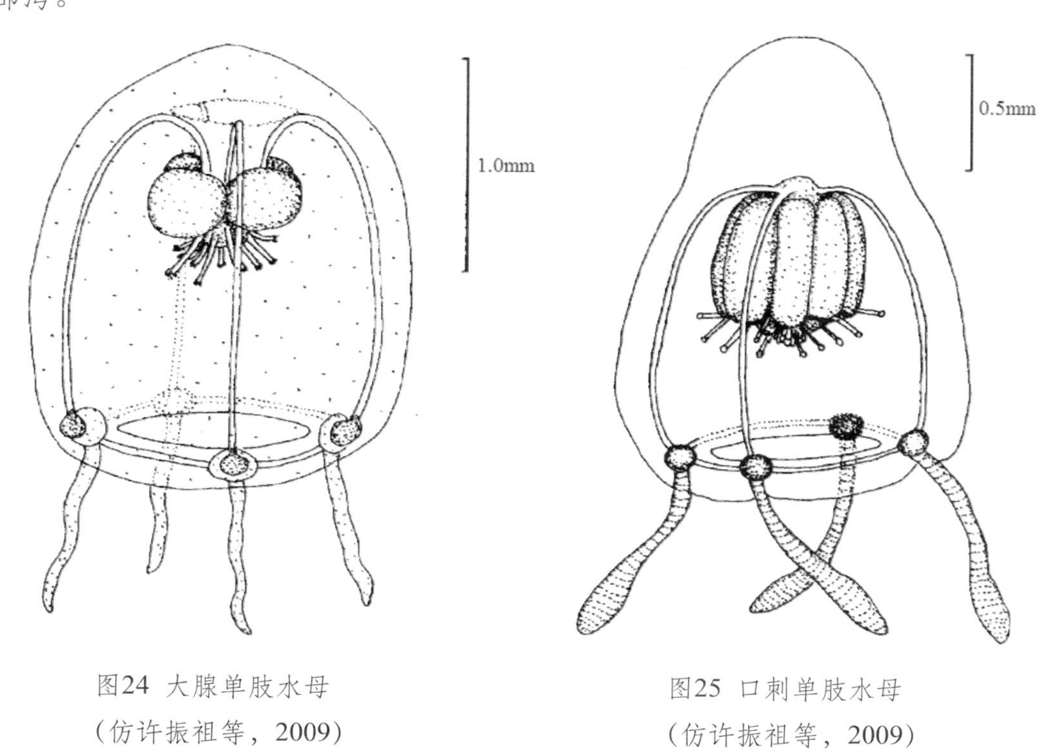

图24 大腺单肢水母
（仿许振祖等，2009）

图25 口刺单肢水母
（仿许振祖等，2009）

18. *Nubiella papillaris* sp. nov. （乳突单肢水母）

水母高1.0～1.2mm，宽0.7～0.9 mm；伞钟形，胶质厚，伞顶比侧壁厚2倍；有1个明显圆形顶室，室内有许多颗粒；垂管圆柱形，约为伞腔深度的2/3；无胃柄和口管；口简单，圆形；在口缘上部环绕着8条不分枝口触手，每条有1个末端刺胞球；生殖腺环绕着整个垂管，无水母芽；4条辐管和环管狭；4条单生缘触手，短而粗，覆盖环状刺胞，触手基球近梨形，每个基球背轴有1个内胚层黑色素致密块，近圆形，顶部伸出1个短的内胚层突起，指向辐管；缘膜中等宽（图26）。发现于台湾海峡。

地理分布：台湾海峡、南海北部。

19. *Octovannuccia* gen. nov. （八辐水母，新属），*Octovannu ccia zhangjinbiaoi* sp. nov. （金标八辐水母，新种）

水母外伞无刺细胞带，8条辐管，4条辐管宽，辐管基部有大而延长锥状的触手基球，其中1个触手基球有1条软而空心的触手，触手末端具1 个大的刺胞球，另3个触手基球小，具浓密刺胞，无触手；另4条辐管窄，与环管相连，无触手基球；垂管不超出伞缘；生殖腺围绕整条垂管（图27）。发现于闽南—粤东上升流区。

地理分布：台湾海峡。

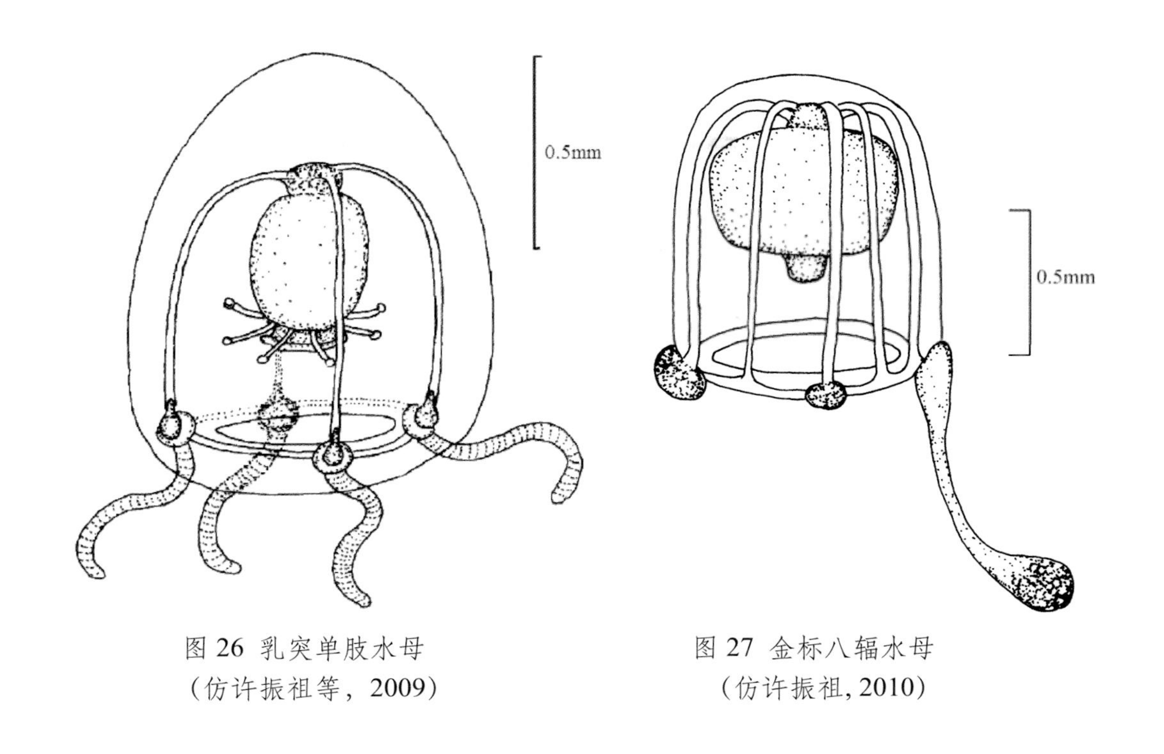

图 26 乳突单肢水母
（仿许振祖等，2009）

图 27 金标八辐水母
（仿许振祖，2010）

20．*Pseudotiara octonema* sp. nov.（八手伪帽水母）

伞近球形，伞高 5.0~7.0mm，宽 4.5~5.0mm，胶质顶部比侧壁更厚；垂管圆柱形，其长度约为内伞腔深度的 1/2；口呈十字形，有 4 个小的、舌头状的简单口唇，唇缘光滑；无向心管；有 4 条不分枝的辐管，环管狭；在垂管纵辐位有 8 个成对纵列的生殖腺，每对纵辐位生殖腺在垂管上部相连，往下部彼此分开，这样，在垂管纵辐位构成 16 条纵列生殖腺；每个生殖腺覆盖许多卵细胞；伞缘有 8 条缘触手，分别为 4 条主辐位，4 条间辐位，每条触手基部略为膨大，从伞缘一些距离的环管上分离出，它的基部嵌入外伞中胶层；伞缘有 8 个圆裂片，该裂片与触手互生；每条触手远端近 1/2 处增生，变为坚硬的内胚轴；所有触手常常举向上，并紧靠伞部；触手基部无眼点；缘膜狭（图 28）。

地理分布：南海北部。

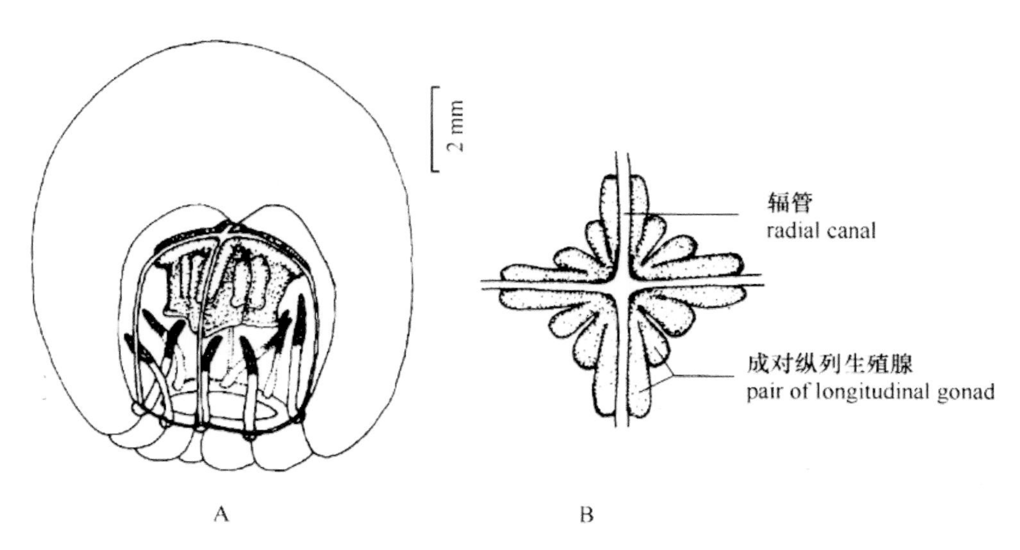

图28 八手伪帽水母 （仿许振祖等，2008）
（A：侧面观；B：生殖腺顶面观）

21．*Zanclea apicata* sp. nov.（顶突镰螅水母）

伞近长钟形，伞高 0.8~2.0mm（包括顶突），宽 0.6~1.5mm，伞有 1 个近长圆形的顶突，约为伞高的 1/3，伞侧壁胶质均匀厚；垂管宽大，近细颈瓶状，其长度约为内伞深度的 3/4,有些标本略达缘膜口；口环状，简单；生殖腺间辐位，除近口端之外，整个垂管壁布满许多大的卵细胞；伞缘有 2 个相对主辐触手基球，呈长锥状，其背面约有 70~80 个可伸展刺丝体，每个刺丝体有 20~30 个刺胞，在长锥状的触手基球末端具 1 条细长触手，有 7~8 个具柄的刺丝体，排列不规则，每个刺丝囊有 7~8 个刺丝胞，另 2 个主辐缘基球退化，无触手；在伞缘 4 个主辐外伞表面，各有 1 个卵圆形刺胞囊，同样大小，囊顶无黑色眼点，但囊内有 20~30 个刺丝胞，囊下端有 1 条细管通向伞缘辐管与环管交接处相连；4 条辐管和 1 条环管狭；缘膜中等宽（图 29）。

地理分布：南海北部。

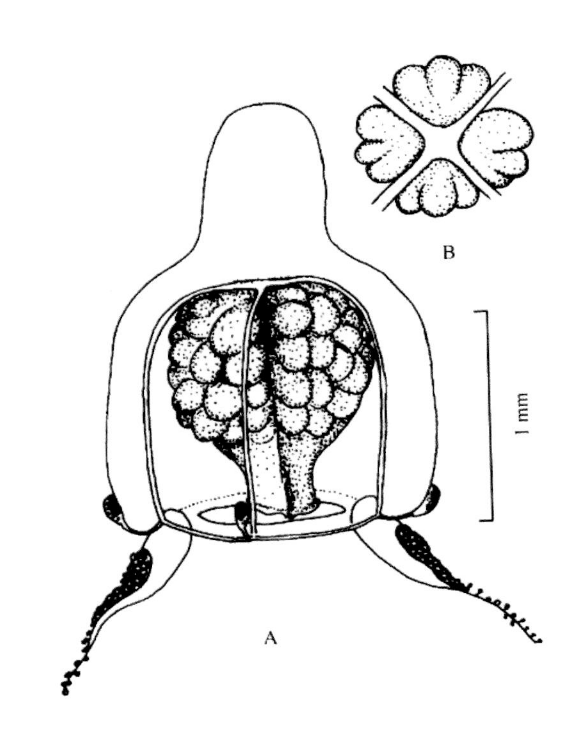

图29 顶突镰螅水母（仿许振祖等，2008）
（A：侧面观；B：生殖腺顶面观）

22．*Zanclea apophysis* sp. nov. （托镰螅水母）

伞近球形，伞顶钝圆，胶质厚，外伞表面有许多分散刺胞；伞高、宽为 1mm；垂管呈壶状，其长度为内伞腔深度的 1/2，口呈简单环状；4 个块状生殖腺于间辐位；伞缘有 2 个相对主辐触手，触手基部呈长圆锥状，其背部约有大于 100 个刺丝体，每个刺丝体有 2 个刺丝胞，在发达触手基部外伞表面有 2 个大的、凸出的囊托支撑着外伞刺胞囊，整个外伞刺胞囊凸出外伞表面，形成 1 个乳状突，囊内约有 50 个刺丝体，每个刺丝体只有 1 个刺丝胞，囊顶无眼点，在囊的内侧无短管；另 2 个相对主辐位缘基球很小，呈圆形，无触手，在缘基球外伞表面有 2 个小的刺胞囊，呈卵圆形，无囊托，囊顶端无眼点，在囊底端有 1 条很短的管与缘基球连接；有 4 条辐管，整条辐管加厚，变粗，环管中等宽（图 30）。

地理分布：南海北部。

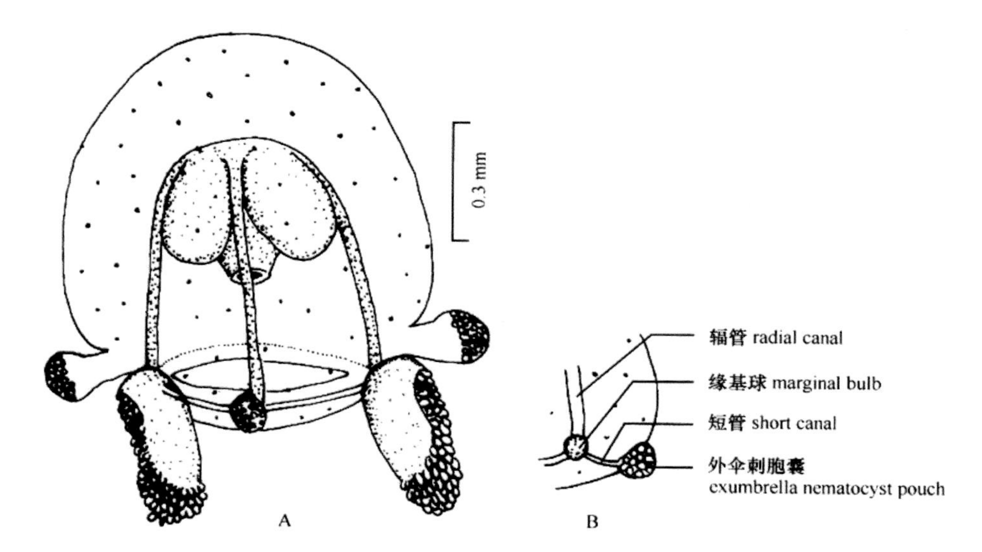

图30 托镰螅水母（仿许振祖等，2008）
（A：侧面观；B：伞缘部分放大）

（二）软水母亚纲新种

1．*Eirene xiamenensis* sp. nov. （厦门和平水母）

伞高2.5 ~ 5.0 mm，宽4.0 ~ 8.5 mm,半球形，胶质厚；胃柄基部宽，约为伞径的1 /2，胃柄为宽圆锥形，长度约为伞径的1 /4；垂管短，口有4个皱褶的口唇，其长度长于垂管；生殖腺长椭圆形,位于辐管中部和胃柄基部之间，雄性个体生殖腺质地均匀，而雌性个体在生殖腺上有许多卵细胞颗粒分布，在5月份35个成熟的标本中雌雄比接近3:1；触手基部近球形，具排泄乳突；每2条触手间有1~3个平衡囊，多数2个，每个平衡囊具有1 ~ 2个平衡石，多数1个；4条辐管，1条环管；缘膜中等宽（图31）。发现于厦门港西南海域。

地理分布：福建厦门港。

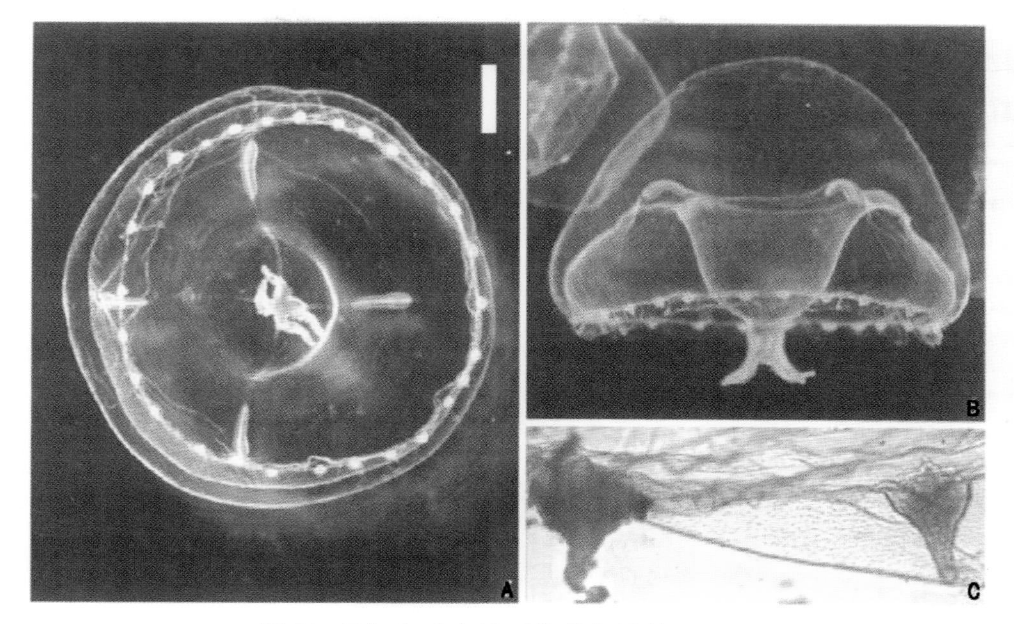

图 31 厦门和平水母（仿黄加祺等，2010）
(A：口面观；B：侧面观，比例尺=1.0mm；C：伞缘部分放大)

2．*Helgicirrha ovalis* sp.nov. （卵形侧丝水母）

伞径4.5~6.5mm，伞扁于半球形，胶质薄，胃柄短，胃长于胃柄，其横截面为方形，有4个简单突出的口唇；生殖腺发达，卵圆形，位于伞辐管近中部；8条触手，其基部近球形，无排泄乳突，具有3对侧丝；每2条触手间有1~2个缘疣，缘疣末端有黑色素，具1对侧丝；每2条触手间有2~3个平衡囊，每个平衡囊有2~3个平衡石；4条辐管，1条环管；缘膜中等宽（图32）。发现于台湾海峡。

地理分布：台湾海峡。

3．*Phialella xiamenensis* sp. nov. （厦门似杯水母）

伞径 1.8~5.0mm，伞扁而薄，低于半球形；垂管小，口简单，方形；生殖腺球形或椭圆形，悬垂于辐管近伞缘处，有中沟将其分成两半，雄性生殖腺球形，雌性生殖腺椭圆形，上有许多卵形颗粒；16 条空心触手，无排泄孔，无侧丝和缘丝，触手基部球状；8 个平衡囊，在伞缘环管垫状疣突上，每个平衡囊有 2~4 个平衡石；4 条辐管，1 条环管；缘膜较宽（图 33）。发现于厦门同安湾。

地理分布：台湾海峡、厦门同安湾。

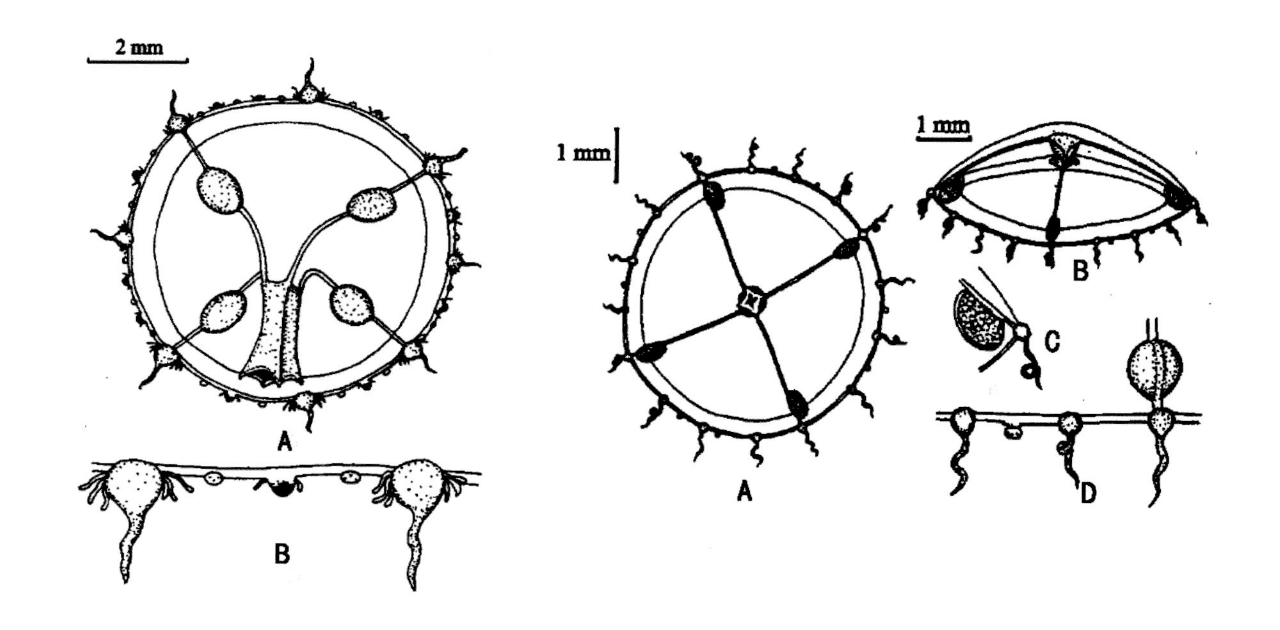

图 32 卵形侧丝水母（仿黄加祺等，2010）
（A：口面观；B：部分伞缘）

图 33 厦门似杯水母（仿黄加祺等，2010）
（A：口面观；B：侧面观；C：示雌性生殖线；D：示伞缘和雄性生殖线）

4．*Aequorea atrikeelis* sp. nov. （黑背多管水母）

伞宽11. 5 mm，伞扁平略呈凸透镜形，伞中央胶质厚，向伞缘逐渐变薄；胃宽而大，环状，约为伞径的1 /2；口很宽，口缘有23个口唇，简单无锯齿，呈片状，口唇数比辐管数少2倍；辐管47条，简单不分枝；生殖腺线状，几乎延伸整条辐管，但不与环管连接；缘触手14条，触手基球宽锥状，在背轴有1个龙骨突，龙骨突上覆盖黑色素斑块；每2条触手间有3个(2~ 4)退化缘疣；所有触手基球和缘疣均有向轴排泄乳突；每2条辐管间有1个平衡囊， 每个平衡囊有1~ 2个平衡石；缘膜中等宽（图34）。

地理分布：台湾海峡。

5．*Lovenella sinuosa* sp. nov. （波状触丝水母）

伞比半球形更扁平，伞顶中央胶质略厚，向伞缘逐渐变薄；伞宽3. 0 ~ 4. 5 mm，高2. 0 ~ 2. 5mm；垂管长而大，四方形，其长度约为内伞腔深度的1 /2；口有4个简单口唇；4条狭的辐管和环管；4条生殖腺线状，每个生殖腺中线纵向分开，两侧有不规则的波状皱褶，从垂管近基部沿着辐管延伸到接近环管；4条主辐位缘触手，触手基球很大，背轴隆起突出，有黑色素斑块覆盖着,每个触手基球两侧具有8~ 10对侧丝；每2条触手间6~ 7个退化缘疣，无侧丝，缘疣顶端有黑色素斑点；每2条触手间有7~ 8个平衡囊，每个平衡囊有2~ 3个平衡石。缘膜中等宽（图35）。

地理分布：台湾海峡。

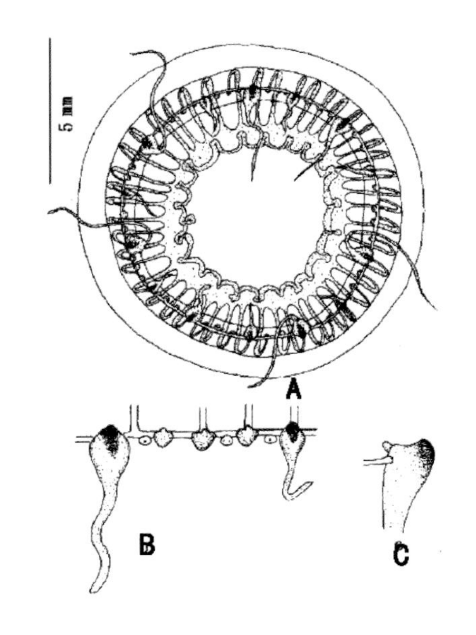

图 34 黑背多管水母
（仿林茂等，2009）
（A：口面观；B：部分伞缘放大；C：触手基部）

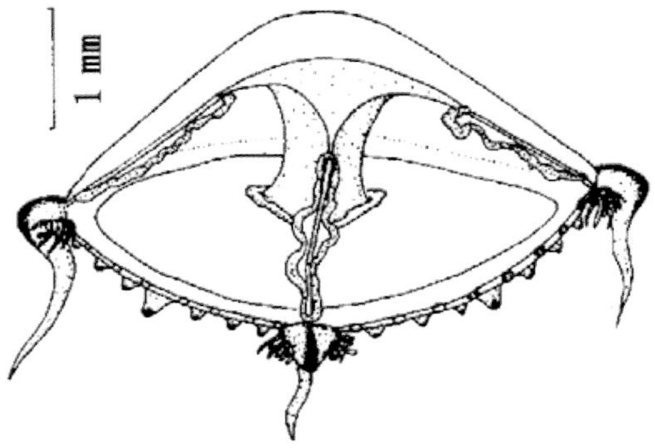

图 35 波状触丝水母
（仿林茂等，2009）

6．*Staurodiscus crassonema* sp. nov. （粗手十盘水母）

伞宽2.5~3.0mm，高1.8~2.2mm，伞近半球形，胶质薄，垂管长，底部宽，上部狭，呈细颈瓶状，其长度超过内伞腔口之外，口有4个简单口唇；4条初级辐管，每条辐管分2对侧枝，相对排列，但不与环管联结；生殖腺在初级辐管和侧枝辐管上；有4条粗而硬的缘触手，触手基球呈延长锥状；伞缘有10个发达棍状排列的感觉棍和12个小的感觉棍，大小感觉棍相互排列，不规则；无眼点，但所有伞缘、感觉棍、生殖腺以及触手表面都有黑色素；缘膜狭（图36）。发现于台湾海峡。

地理分布：台湾海峡。

7．*Staurodiscus latibulbus* sp. nov. （宽球十盘水母）

伞宽 6mm，高 3mm，伞扁平，胶质薄；垂管短而宽，口有 4 个简单口唇，垂管顶部有 12 个辐射胃囊，其中 4 个主胃囊和 8 个纵辐胃囊，所有胃囊呈短锥状，末端均有辐管伸出，不相对排列，但仅有从主辐胃囊伸出的辐管与环管联结，每条主辐管分 1~2 个不相对排列的侧枝，侧枝不与环管连接；生殖腺位于主辐管、侧枝和纵辐管上，伞缘有 8 条触手，4 条主辐位，另 4 条间辐位，所有触手基球很大，向基球两侧扩宽，呈横向椭圆形，触手细长，每两条触手间有 4~6 个感觉棍，感觉棍基部有眼点；缘膜中等宽（图 37）。发现于台湾海峡。

地理分布：台湾海峡。

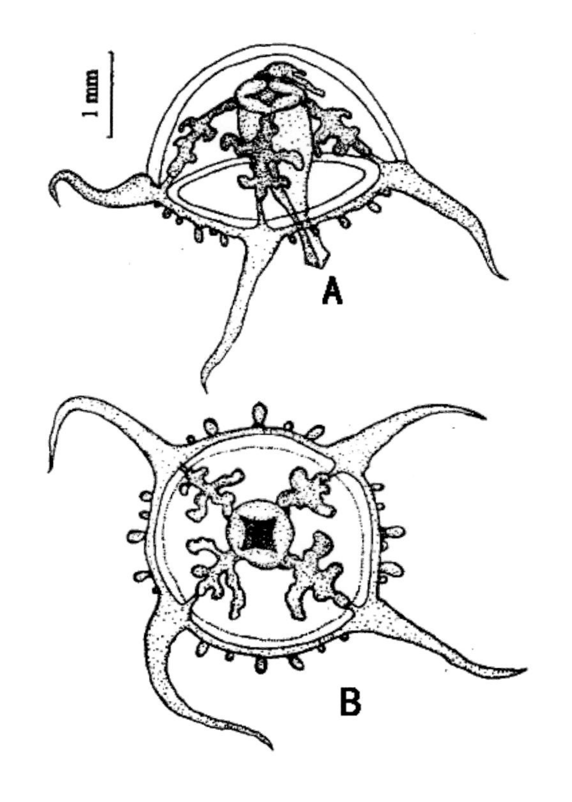

图 36 粗手十盘水母
（仿王春光等，2010）
（A：侧面观；B：顶面观）

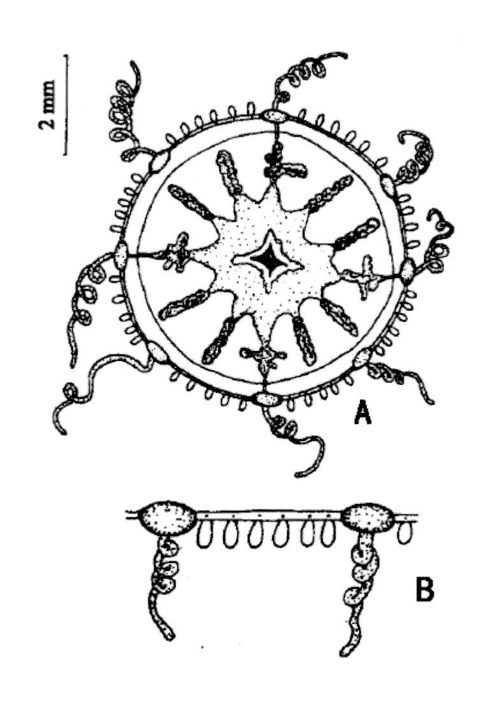

图 37 宽球十盘水母
（仿王春光等，2010）
（A：口面观；B：伞缘部分放大）

8．*Lovenella macrogona* sp.nov. （大腺触丝水母）

伞高0.8～1.0 mm，宽1.5～2.0 mm，伞半球形，胶质中部厚，边缘薄；胃较扁平，口有4个简单口唇；生殖腺大，卵圆形，位于辐管中部，内有卵状颗粒分布；4条主辐位触手，触手基部球形，无排泄乳突，其背部有块状黑色素，两侧有6～8对侧丝；4个间辐位缘疣，球形，具排泄乳突，无侧丝，背部有黑色素分布；16个小缘疣，无侧丝和排泄乳突，但有黑色素；24个平衡囊，每个平衡囊具1个平衡石；4条辐管，1条环管；缘膜中等宽（图38）。发现于粤东—闽南上升流区。

地理分布：粤东—闽南台湾浅滩。

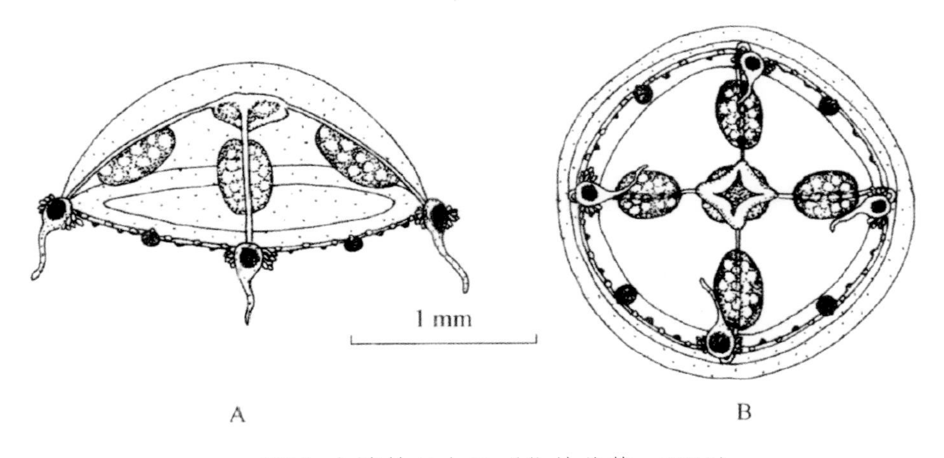

图38 大腺触丝水母（仿林茂等，2010）
（A：侧面观；B：口面观）

【参考文献】

黄加祺，许振祖，林茂，等. 2010. 台湾海峡及其邻近海域软水母亚纲二新种记述. 厦门大学学报，49（1）：87-90.

黄加祺，许振祖，林茂. 2010. 厦门和平水母属一新种（刺胞水母门，软水母亚纲，和平水母科）. 动物分类学报，35（2）：372-375.

林茂，徐宪忠，王春光，等. 2010. 粤东-闽南沿岸海域上升流区软水母亚纲一新种和一新记录的记述. 台湾海峡，29（4）:443-445.

林茂，许振祖，黄加祺，等. 2009. 台湾海峡软水母亚纲二新种. 水产学报，33（3）：452-455.

林茂，许振祖，黄加祺，等. 2010. 中国介螅水母属二新种(丝螅水母目,介螅水母科). 水产学报，34（1）:67-71.

王春光，许振祖，黄加祺，等. 2010. 台湾海峡十盘水母属二新种记述（软水母亚纲，锥螅水母目）. 厦门大学学报，49（1）：91-94.

许振祖，黄加祺，郭东晖. 2008. 北部湾花水母亚纲六新种记述//胡建宇 杨圣云. 北部湾海洋科学研究论文集（第 1 辑）. 北京：海洋出版社.

许振祖，黄加祺，林茂，等. 2009. 台湾海峡及其邻近海区单肢水母属的研究. 动物分类学报，34（1）：111-118.

许振祖,黄加祺,林茂, 等. 2009. 台湾海峡及其邻近海区珍妮水母属的研究 (丝螅水母目, 面具水母科). 动物分类学报，34 (4)：847－853.

Huo Yingyi, Wang Chunsheng, Yang Junyi, et al. 2008.*Marinobacter mobilis* sp. nov. and *Marinobacter zhejiangensis* sp. nov., halophilic bacteria isolated from the East China Sea. Int. J. Syst. Evol. Microbiol，58(12): 2885-2889.

Huo Yingyi , Xu Xuewei, Cao Yi, et al. 2009. *Marinobacterium nitratireducens* sp. nov. and *Marinobacterium sediminicola* sp. nov., isolated from marine sediment. Int.J. Syst. Evol. Microbiol，59(5): 1173-1178.

Huo Yingyi, Xu Xuewei, Li Xue, et al. 2011. *Ruegeria marina* sp. nov., isolated from the East China Sea. Int.J. Syst. Evol. Microbiol，61(2): 347-350.

Lin Mao, Xu Zhenzu, Huang Jiaqi, et al. 2010. Two new species of *Ectopleura* from the Taiwan Strait. Acta Oceanologica Sinica, 29(2):58-61.

Wang Chunsheng, Wang Yu, Xu Xuewei, et al. 2009. *Microbulbifer donghaiensis* sp. nov., isolated from marine sediment of the East China Sea. Int.J. Syst. Evol. Microbiol，59(3): 545-549.

Wu Yuehong , Shen Yuqiang, Xu Xuewei, et al. 2009. *Pseudidiomarina donghaiensis* sp. nov.and *Pseudidiomarina maritime* sp. nov., isolated from the East China Sea. Int.J. Syst. Evol. Microbiol，59(6): 1321-1325.

Xu Xuewei, Huo Yingyi, Wang Chunsheng, et al. 2011. *Pelagibacterium halotolerans* gen. nov., sp. nov. and *Pelagibacterium luteolum* sp. nov., novel members of the family Hyphomicrobiaceae. Int.J. Syst. Evol. Microbiol，61(8): 1817-1822.

Xu Xuewei, Wu Yuehong, Wang Chunsheng, et al.2010. *Pseudoalteromonas lipolytica* sp. nov., isolated from the Yangtze River Estuary near the East China Sea. Int.J. Syst. Evol. Microbiol，60(9): 2176-2181.

Xu Xuewei, Wu Yuehong, Wang Chunsheng, et al. 2009. *Vibrio hangzhouensis* sp. nov., isolated from sediment of the East China Sea. Int.J. Syst. Evol. Microbiol，59(8): 2099-2103.

Xu Zhengzu, Huang Jiaqi, Lin Mao, et al. 2010. Description of one new genus and two new species of Anthomedusae from Minnan-Yuedong inshore upwelling area, China (Filifera, Protiaridae; Capitata, Corymorphidae). Acta Zootaxonomica Sinica，35(1)：11-15.

Zhang Dongsheng, Huo Yingyi, Xu Xuewei, et al. 2012. *Microbulbifer marinus* sp. nov. and *Microbulbifer yueqingensis* sp. nov., isolated from marine sediment in Yueqing bay of Zhejiang province, China. Int.J. Syst. Evol. Microbiol，62(3): 505-510.

概　　述

浮游生物种类数

一、浮游动物种类数

调查海域浮游动物种类数总体呈现由北向南逐渐增加的趋势，珠江口外的万山群岛—神狐暗沙——统暗沙—东沙群岛一带海域浮游动物种类数最高。

二、网采浮游植物种类数

调查海域网采浮游植物种类数分布特征与浮游动物基本一致，总体呈现由北向南逐渐增加的趋势，但高值区相对分散。

叶绿素 a 和初级生产力

一、叶绿素 a 分布

叶绿素 a 具有明显的时空变化特征，各季节各海区的平面与断面分布趋势不同。

（一）平面分布

1. 春季

（1）表层：长江口、舟山群岛—南麂列岛邻近海域、莱州湾和闽江口等海域较高（>2.0 mg/m^3），低值区主要分布于东海的东南部外海和南海北部陆坡。

（2）10m 层：渤海中部、长江口、渔山列岛、舟山群岛外侧陆架和闽江口等海域较高（>2.0 mg/m^3），低值区与表层相似。

（3）30m 层：长江口外有一个明显的高值区（>2.0 mg/m^3），低值区与表层相似。

（4）底层：渤海大部海域、青岛附近海域和长江口等海区较高（>2.0 mg/m^3），低值区与表层相似。

2. 夏季

（1）表层：总体呈由近岸向外海降低的分布特征，高值区（>5.0 mg/m^3）位于东海的长江口海域，低值区（<0.2 mg/m^3）主要分布于黄海中部外海、东海的东南部外海、南海北部陆坡等。

（2）10m 层：除在长江口东北海域有一个较大范围的高值区外，其他高值区基本上分布于近岸海域。

（3）30m 层：在长江口东北海域有一个较大范围的高值区，其他区域的高值不明显。

（4）底层：渤海西部、长江口东北海域和黄海、东海、南海沿岸区较高。

3. 秋季

（1）表层：高值区（>2.0 mg/m^3）分布于渤海西部、山东半岛沿岸、鸭绿江口、长江口和广东、广西近岸海域，低值区（<0.20 mg/m^3）主要分布于南海神狐暗沙南部海域。

（2）10m 层：除长江口浓度下降外，其他海域的分布特点同表层。

（3）30m 层：分布特点类似于 10m 层深水区的特点。

（4）底层：底层分布与表层相似，低值区范围较大。

4. 冬季

（1）表层：高值区（>2.0 mg/m^3）分布于鸭绿江口、东海南麂列岛外侧海域、台湾浅滩、雷州半岛及北部湾近岸海域，低值区（<0.20 mg/m^3）主要分布于黄海暖流入侵区域、东海的东部外海、南海西北部陆坡等。

（2）10m 层：高值区（>2.0 mg/m^3）分布于台湾浅滩和北部湾近岸海域，低值区与表层相同。

（3）30m 层：分布特点类似于 10m 层深水区的特点。

（4）底层：高值区（>2.0 mg/m^3）分布于鸭绿江口、台湾浅滩和北部湾，低值区同表层。

（二）断面分布

1. 渤海

渤海选择了 2 条断面，其中 BH01 横穿渤海中部，BH02 断面位于渤海海峡。

BH01 断面叶绿素 a 垂直分布较均匀，季节变化较大，冬季叶绿素 a 平均浓度明显低于其他季节水平，春、秋季渤海中部叶绿素 a 浓度相对较高，夏季中部叶绿素 a 浓度较低，冬季叶绿素 a 分布较均匀，在黄河口近岸浓度相对较低。

BH02 断面叶绿素 a 浓度的四季垂直分布特征较为一致，呈由山东近岸向辽东半岛南端逐渐降低的趋势，在 20m 以浅的海域叶绿素 a 浓度较高。该断面春、夏季叶绿素 a 平均浓度较高，秋、冬季浓度较低。

2. 黄海

北黄海选择了 2 条典型断面，其中 NYS01 断面位于成山头至大连之间，NYS02 断面连接成山头和鸭绿江口。

NYS01 断面春季和冬季在断面两侧叶绿素 a 浓度相对较高，在夏季有较明显的海水层化现象，叶绿素 a 高值区位于 30m 以浅的上层水体，秋季叶绿素 a 分布较均匀。

NYS02 断面，春季叶绿素 a 浓度高值区位于断面中部，其他季节均呈现出断面东侧的鸭绿江口含量较高的趋势。

3. 东海

东海选取了 ECS01 断面和 PN 断面，ECS01 断面紧靠长江口以北，PN 断面从长江口到东南角琉球群岛呈西北－东南走向，横跨整个东海陆架。

东海 ECS01 断面靠近海岸的断面西侧叶绿素 a 浓度明显高于外海，春季和夏季的叶绿素 a 平均值较高，秋、冬季节叶绿素 a 浓度较低。

PN 断面春季叶绿素 a 在 40m 以浅浓度较高，外海真光层叶绿素 a 浓度也相对较高，其他三个季节叶绿素 a 浓度由近岸向外海逐渐降低。

4. 南海北部

南海选取了 NH08 断面和 NH10 断面，NH08 断面正对珠江口，NH10 断面起自东山岛，横跨闽南—台湾浅滩渔场。

NH08 断面位于珠江口延伸至外海方向，春、夏、冬季叶绿素 a 浓度由近岸向外海降低，秋季在中部有一个高值区，春季总体呈现底部高于表层和次表层的分布趋势，夏季垂直分布较均匀，但近岸区高于深水区，秋季垂直分布较均匀，冬季近岸区底层较高，深水区表层较高。

NH10 断面总体上垂直分布较均匀，春、夏季水平方向上呈两侧高、中段低的分布趋势，秋、冬季相反，呈两侧低、中段高的分布趋势。

二、初级生产力平面分布

调查海域初级生产力平面分布特征：从近岸往外海呈下降趋势。

1. 春季

东海初级生产力最高，为 90.55 mg·C/（m^2·h），渤海最低，为 27.01 mg·C/（m^2·h）。高值区主要分布于：鸭绿江口附近海域和东海的舟山群岛至东海东南外海海域，低值区主要分布于渤海湾、苏北浅滩、杭州湾和南海北部陆架。

2. 夏季

东海初级生产力最高，为 179.54 mg·C/（m^2·h），黄海最低，为 33.60 mg·C/（m^2·h）。高值区主要分布于：辽东湾、长江口海区至浙江近海海域、厦门港至东山湾周边海域，低值区主要分布于杭州湾和海南岛西部海域。

3. 秋季

东海初级生产力最高，为 108.00 mg·C/（m^2·h），渤海最低，为 19.12 mg·C/（m^2·h）。高值区主要分布于：舟山群岛至南麂列岛一带的浙江近海，低值区主要分布于渤海湾、苏北浅滩、一统暗沙周边海域。

4. 冬季

南海初级生产力最高，为 68.09 mg·C/（m^2·h），渤海最低，为 3.82 mg·C/（m^2·h）。高值区主要分布于：浙江东北部外海和台湾浅滩中心周边海域和珠江口，低值区主要分布于渤海湾、苏北浅滩、长江口海域。

浮游植物

一、微微型浮游生物细胞总丰度分布

（一）平面分布

各季节、各层次渤海均为最低，可能与渤海微微型浮游生物采用荧光显微镜计数法有关。

1. 春季

（1）表层：黄海中部海州湾以东海域形成高值区（$> 50\times10^4$ cells/mL），东海东北部外海、舟山群岛以东外海、珠江口外近海丰度较高，渤海和长江冲淡水影响的海域细胞丰度较低。

（2）10m 层：分布特征同表层。

（3）30m 层：分布特征类似表层。

（4）底层：高值区出现于黄海中部，尤其是海州湾及其外海最高（$> 20\times10^4$ cells/mL），台湾浅滩和万山群岛外侧近海也有较高的丰度。

2. 夏季

（1）表层：在东海东北部海域和珠江口外海域形成两个高值区（$> 10\times10^4$ cells/mL），杭州湾和台湾海峡北部细胞丰度较低。

（2）10m 层：东海东北部海域形成一个高值区（$> 20\times10^4$ cells/mL），黄海中部和珠江口外近海细胞丰度也较高，长江口和台湾海峡丰度较低。

（3）30m 层：最高值出现在东海东北部和南黄海外侧海域，其他海域细胞丰度较低。

（4）底层：高值区（$> 20\times10^4$ cells/mL）出现在东海东北部与黄海交界海域，珠江口外和北部湾也有较高丰度。

3. 秋季

（1）表层：高值区（$> 20\times10^4$ cells/mL）分布于黄海外侧和东海东北部外海，一统暗沙至东沙群岛周围海域细胞丰度也较高，渤海和海南岛西部海域丰度较低。

（2）10m 层：与表层分布特征基本一致。

（3）30m 层：高值区（$> 10\times10^4$ cells/mL）分布于黄海外侧和东海东北部外海、一统暗沙至东沙群岛周围海域。

（4）底层：底层细胞丰度整体水平较低，山东半岛沿岸、黄海南部、北部湾沿岸，雷州半岛东侧沿岸和珠江口等海域相对较高。

4. 冬季

（1）表层：高值区（$> 10\times10^4$ cells/mL）分布于珠江口、海南岛南部沿岸海域，黄海中部和东沙群岛一带海域也有较高的丰度。

（2）10m 层：最高值（$> 5\times10^4$ cells/mL）分布于海南岛南部沿岸和东沙群岛一带海域，此外，黄海中部也有较高的丰度。

（3）30m 层：分布特征同 10m 层。

（4）底层：海南岛东南部沿岸最高，珠江口、北部湾沿岸和黄海中部也有较高的丰度。

（二）断面分布

1. 渤海

渤海选择了 2 条断面，其中 BH01 横穿渤海中部，BH02 断面位于渤海海峡。

BH01 断面春季从西南向东北细胞总丰度降低，夏、秋、冬季与春季相反，垂直分布总体上表层高于底层，春、秋、冬季三个季节垂直分布较均匀，夏季在断面中部层化较明显，最高值位于 10m 水深处。

BH02 断面春、夏季北部细胞丰度较高，秋、冬季则与之相反，春、秋、冬季垂直分布较均匀，夏季断面北部层化现象较明显。

2. 黄海

北黄海选择了 2 条典型断面，其中 NYS01 断面位于成山头至大连之间，NYS02 断面连接成山头和鸭绿江口。

NYS01 断面水平方向四个季节高值区都位于断面中部海域，垂直方向上春、夏、秋季有较明显的层化现象，表层高于底层，冬季垂直分布相对均匀。

NYS02 断面水平方向四个季节高值区都位于断面中部海域，垂直方向上夏、秋季有较明显的层化现象，表层高于底层，春、冬季垂直分布相对均匀。

3. 东海

东海选取了 ECS01 断面和 PN 断面，ECS01 断面紧靠长江口以北，PN 断面从长江口到东南角琉球群岛呈西北－东南走向，横跨整个东海陆架。

ECS01 断面四季均呈现由近岸向近海升高的分布特征，近岸垂直分布均匀，远海层化现象较明显，冬季整个断面垂直分布都较均匀。

PN 断面水平分布与 ECS01 一致，春、夏季层化现象明显，秋、冬季垂直分布均匀。

4. 南海北部

南海选取了 NH08 断面和 NH10 断面，NH08 断面正对珠江口，NH10 断面起源东山岛，横跨闽南—台湾浅滩渔场。

NH08 断面位于珠江口延伸至外海方向，春、夏、冬季叶绿素 a 浓度由近岸向外海降低，秋季在外侧有一个高值区，春季总体呈现底部高于表层和次表层的分布趋势，夏季近岸区表层较高，深水区分布比较均匀，秋季垂直分布较均匀，冬季从表层向底层逐渐降低。

NH10 断面总体上垂直分布较均匀，春、夏季水平方向上呈两侧低、中段高的分布趋势，秋、冬季相反，呈两侧高、中段低的分布趋势。

二、微型浮游生物细胞总丰度分布

（一）平面分布

1. 春季

（1）表层：高值区（$> 2000\times10^2$ cells/L）分布于长江口、黄海中部外海、闽粤交界近岸海域，浙南近海和珠江口外海域较低。

（2）10m 层：高值区（$> 1000\times10^2$ cells/L）分布于长江口海域，黄海南部、东海北部和闽江口海域也较高。

（3）30m 层：高值区（$> 5000\times10^2$ cells/L）分布于长江口外海域，东海存在低值区，呈斑块镶嵌状分布，南海珠江口外海域出现低值区。

（4）底层：与表层分布相似，长江口高值区周边存在低值区，呈斑块镶嵌状分布。

2. 夏季

（1）表层：高值区（$> 20000\times10^2$ cells/L）主要分布于长江口和闽粤交界近岸海域，总体呈由近岸向外海降低的分布特征。

（2）10m 层：高值区（> 5000×10^2 cells/L）主要分布于长江口和台湾海峡海域。

（3）30m 层：高值区（> 1000×10^2 cells/L）主要分布于长江口和台湾海峡海域，东海外海和一统暗沙一带海域细胞丰度较低。

（4）底层：与表层分布同。

3. 秋季

（1）表层：高值区（> 2000×10^2 cells/L）主要分布于长江口，粤西近岸细胞丰度也较高。

（2）10m 层：高值区（> 400×10^2 cells/L）主要分布于长江口、东海东南部外海和雷州半岛周边海域。

（3）30m 层：黄海北部细胞丰度最高，长江口、台湾浅滩周围海域和海南岛西南海域也有较高丰度。

（4）底层：高值区（> 5000×10^2 cells/L）主要分布于长江口和雷州半岛周边海域。

4. 冬季

（1）表层：高值区（> 10000×10^2 cells/L）主要分布于北部湾北部近岸海域，其他海域细胞丰度水平较低。

（2）10m 层：高值区（> 1000×10^2 cells/L）主要分布于北部湾北部近岸海域和粤西近岸海域，北黄海细胞丰度也较高。

（3）30m 层：分布特征同 10m 层。

（4）底层：分布特征同 10m 层。

（二）断面分布

1. 渤海

渤海选择了 2 条断面，其中 BH01 横穿渤海中部，BH02 断面位于渤海海峡。

BH01 断面季节差异较大，春季垂直分布较为均匀，黄河口外海域细胞密度较低，辽东湾内较高；夏季渤海中部细胞密度最高，表层和底层高于中层；秋季渤海中部大范围水体细胞密度很低，辽东湾内相对较高；冬季渤海中部细胞密度较高，上层高于底层。

BH02 断面春、夏季整个断面垂直分布均匀，春季南部细胞密度较高，夏季中部细胞密度较高，秋季上层水体细胞密度均匀，北部底层细胞密度较高，冬季南部垂直分布均匀，中北部有层化现象，底层高于表层。

2. 黄海

北黄海选择了 2 条典型断面，其中 NYS01 断面位于成山头至大连之间，NYS02 断面连接成山头和鸭绿江口。

NYS01 断面四个季节都具有明显的层化现象，春季表层高于底层，近岸细胞密度较高，夏季断面中部较高，北部近岸底层较高，秋季水平分布较均匀，底层和表层细胞密度高于中层水体，冬季分布特征不明显。

NYS02 断面春季表层向底层逐渐降低，夏季中部细胞密度明显高于两侧，秋季垂直分布格局与夏季相反，冬季高值中心位于水体中层。

3. 东海

东海选取了 ECS01 断面和 PN 断面，ECS01 断面紧靠长江口以北，PN 断面从长江口到东南角琉球群岛呈西北－东南走向，横跨整个东海陆架。

ECS01 断面春、夏季长江口附近明显高于外海，秋季近岸和外海深水区底层较高，冬季则是浅水区底层及断面中部较高。

PN 断面春季近岸和外海真光层细胞密度较高，夏季长江口附近及浅水区细胞密度较高，秋、冬季自长江口向外海逐渐降低。

4. 南海北部

南海选取了 NH08 断面和 NH10 断面，NH08 断面正对珠江口，NH10 断面起源东山岛，横跨闽南—台湾浅滩渔场。

NH08 断面春、夏、冬季细胞密度由近岸向外海降低，垂直分布均匀，秋季断面中部细胞密度较高。

NH10 断面春、夏、冬季细胞密度由近岸向外海降低，春、夏季近岸区表层高于底层，冬季近岸底层细胞密度较高，秋季水平分布相对均匀，层化现象明显，断面中部底层细胞密度较高。

三、网采浮游植物细胞总丰度平面分布

1. 春季

渤海海域、黄海中部、长江口、台湾海峡和粤闽近岸海域细胞密度较高，东海东北部、浙江近海和南海北部陆架外侧海域细胞密度较低。

2. 夏季

渤海湾、黄海南部、长江口、台湾海峡和粤闽近岸海域细胞密度较高，黄海中部、东海东南外海和南海北部陆架外侧海域细胞密度较低。

3. 秋季

高值区主要分布在长江口、台湾浅滩和粤东近岸海域，总体分布趋势由近岸向外海降低。

4. 冬季

高值区主要分布于台湾浅滩、北部湾和粤西近岸海域，辽宁、山东、福建等沿岸海域也有较高细胞密度。

四、网采浮游植物优势种细胞丰度平面分布

本图集共编绘网采浮游植物优势种细胞密度平面分布图 32 幅，渤、黄、东海四个季节各四种，南海北部近海四个季节各四种。

（一）渤海、黄海、东海

1. 春季

（1）星脐圆筛藻（*Coscinodiscus asteromphalus*）：高值区（>10×10^4 cells/m^3）分布于长江口北部、杭州湾和闽江口海域，其他大部分海域密度较低。

（2）具槽直链藻（*Melosira sulcata*）：主要分布于渤海，台湾海峡南部和长江口也有少量分布，黄海和东海大部海域密度较低。

（3）琼氏圆筛藻（*Coscinodiscus jonesianus*）：主要分布于杭州湾和浙闽近岸海域，渤、黄海和东海外海海域密度较低。

（4）中肋骨条藻（*Skeletonema costatum*）：在黄海中部外海、闽江口和粤闽交界处近海形成高值区（>1000×10^4 cells/m^3），渤海也有较高数量分布，其他海域细胞密度较低。

2. 夏季

（1）布氏双尾藻（*Ditylum brightwellii*）：在闽江口形成一个明显的高值区（>100×10^4 cells/m^3），长江口和台湾海峡也有较高数量分布。

（2）菱形海线藻（*Thalassionema nitzschioides*）：主要分布于长江口及其邻近海域和浙闽近岸海域，渤海西南部也有一定分布。

（3）旋链角毛藻（*Chaetoceros curvisetus*）：主要分布于长江口东北部海域和福建近岸海域，辽东半岛

周边海域也有一定分布。

（4）琼氏圆筛藻（*Coscinodiscus jonesianus*）：主要分布于杭州湾和长江口海域，闽江口有少量分布，其他大部分海域细胞密度较低。

3. 秋季

（1）布氏双尾藻（*Ditylum brightwellii*）：主要分布于渤海、黄海中部和台湾海峡，在莱州湾、海州湾和闽江口形成三个高值区（>50×10^4 cells/m^3）。

（2）菱形海线藻（*Thalassionema nitzschioides*）：主要分布于东海，高值区（>100×10^4 cells/m^3）位于东海东南外海，山东半岛南部近岸也有较高细胞密度。

（3）虹彩圆筛藻（*Coscinodiscus oculus-iridis*）：主要分布于渤海、黄海和东海细胞密度较低。

（4）中华盒形藻（*Biddulphia sinensis*）：主要分布于渤海，在莱州湾形成高值区（>100×10^4 cells/m^3），渔山列岛海域也有少量分布。

4. 冬季

（1）琼氏圆筛藻（*Coscinodiscus jonesianus*）：主要分布于杭州湾和长江口海域，其他海域细胞密度极低。

（2）密连角毛藻（*Chaetoceros densus*）：高值区（>100×10^4 cells/m^3）分布于海州湾和山东半岛南部近岸海域，鸭绿江口和台湾海峡南部也有一定数量分布。

（3）布氏双尾藻（*Ditylum brightwellii*）：主要分布于山东半岛沿岸海域，辽东半岛沿岸和东海东南部海域也有少量分布。

（4）圆筛藻（*Coscinodiscus* sp.）：主要分布于渤海、黄海西部近岸和长江口海域，高值区位于海州湾和杭州湾。

（二）南海北部近海

1. 春季

（1）中肋骨条藻（*Skeletonema costatum*）：粤东近岸和珠江口至雷州半岛之间的近岸海域细胞密度较高，北部湾和海南岛东南海域细胞密度较低。

（2）细弱海链藻（*Thalassiosira subtilis*）：主要分布于北部湾，神狐暗沙至东沙群岛一带海域细胞密度较低。

（3）菱形海线藻（*Thalassionema nitzschioides*）：主要分布于台湾浅滩西部海域和万山群岛西部近岸海域，神狐暗沙至东沙群岛一带海域细胞密度较低。

（4）中华盒形藻（*Biddulphia sinensis*）：由近岸向外海降低，主要分布于闽南、粤东近岸海域，海南岛以南至东沙群岛一带海域细胞密度较低。

2. 夏季

（1）中肋骨条藻（*Skeletonema costatum*）：主要分布于珠江口周围海域和北部湾北部海区，东沙群岛—神狐暗沙一线以南至北部湾中部南部海域细胞密度较低。

（2）柔弱伪菱形藻（*Pseudo-nitzschia delicatissima*）：主要分布于闽粤交界处近海、粤西近岸海域和北部湾近岸海域，东沙群岛—神狐暗沙以南海域细胞密度较低。

（3）旋链角毛藻（*Chaetoceros curvisetus*）：主要分布于万山群岛海域和台湾海峡，东沙群岛—七洲列岛以南海域和海南东部沿海海域细胞密度较低。

（4）菱形海线藻（*Thalassionema nitzschioides*）：由近岸向外海降低，高值区位于粤西近岸和北部湾北部海域，东沙群岛—神狐暗沙南部海域细胞密度较低。

3. 秋季

（1）旋链角毛藻（*Chaetoceros curvisetus*）：高值区分布于珠江口以西和北部湾北部海域，东沙群岛—七洲列岛以南海域和台湾浅滩海域细胞密度较低。

（2）中肋骨条藻（*Skeletonema costatum*）：主要分布于粤西近岸和北部湾中部海域，东沙群岛—台湾浅滩海域以及七洲列岛以南大部海域细胞密度较低。

（3）细弱海链藻（*Thalassiosira subtilis*）：主要分布于万山群岛至台湾浅滩海域，七洲列岛以南海域细胞密度较低。

（4）菱形海线藻（*Thalassionema nitzschioides*）：主要分布于粤西近岸和北部湾海域，七洲列岛以南海域细胞密度较低，多呈斑块状镶嵌分布。

4. 冬季

（1）菱形海线藻（*Thalassionema nitzschioides*）：主要分布于北部湾北部和海南岛西南海域，台湾浅滩也有较高细胞密度。

（2）洛氏角毛藻（*Chaetoceros lorenzianus*）：主要分布于北部湾北部和海南岛周边海域，东沙群岛海域细胞密度较低。

（3）伏氏海毛藻 (*Thalassiothrix frauenfeldii*)：主要分布于北部湾北部和海南岛西南海域，七洲列岛—东沙群岛以南海域细胞密度较低。

（4）细弱海链藻（*Thalassiosira subtilis*）：主要分布于台湾浅滩和粤东近岸海域，在台湾浅滩形成高值区（$>1000\times10^4$ cells/m^3），海南岛——统暗沙以南海域细胞密度较低。

浮游动物

一、浮游动物总生物量平面分布

1. 春季

在黄海中部、东海舟山群岛、粤西近岸海域形成三个生物量高值区（>1000 mg/m^3），环绕高值区生物量呈递减趋势，低值区主要分布在南海北部陆架海域（<50 mg/m^3）。

2. 夏季

在黄海北部东侧外海海域形成高值区（>2500 mg/m^3），秦皇岛近岸、黄海中部东侧、长江口、闽南近岸和粤西近岸海域形成次高值区，一统暗沙以东海域生物量较低。

3. 秋季

山东半岛南部近岸和黄、东海交界海域形成两个明显生物量高值区（>500 mg/m^3），山东、浙江、福建和广东近岸海域生物量较高，海南岛东南海域出现生物量低值区（<50 mg/m^3）。

4. 冬季

高值区（>2000 mg/m^3）位于鸭绿江口海域，黄海中北部、东海东南、台湾浅滩和海南岛东南近岸形成次高值区，台湾海峡北部海域出现生物量低值区（<50 mg/m^3）。

二、浮游动物总丰度平面分布

1. 春季

高值区（>2500 ind./m^3）在东海三门湾邻近海域，渤海南部、黄海北部和中部外海、舟山群岛外海和北部湾北部海域出现丰度次高值区，低值区主要分布在南海北部陆架区（<50 ind./m^3）。

2. 夏季

在黄海北部山东半岛北侧海域、长江口区、粤东和粤西近岸形成丰度高值区（>1000 ind./m^3），低值区分布于一统暗沙海域，低值区与高值区镶嵌交错，呈斑块分布。

3. 秋季

鸭绿江口海域形成丰度高值区（>500 ind./m^3），渤海莱州湾、黄海北部和东南部海域、长江口东部海域、珠江口和北部湾近岸海域出现多个丰度次高值区，其他海域丰度高低起伏呈大斑块状分布。

4. 冬季

鸭绿江口海域形成丰度高值区（>500 ind./m^3），黄海北部、东海东南部、广东近岸海域和北部湾北部形成丰度次高值区，黄海南部—东海北部、台湾海峡海域出现丰度低值区(<50 ind./m^3)，其他海域丰度呈斑块状分布。

三、浮游动物优势种丰度平面分布

本图集共编绘浮游动物优势种丰度平面分布图 32 幅，渤、黄、东海四个季节各四种，南海北部近海四个季节各四种。

（一）渤、黄、东海

1. 春季

（1）中华哲水蚤（*Calanus sinicus*）：呈现斑块分布，在东海中部海域形成高值区（>1000 ind./m^3），渤海西部和北部、黄海西南部和台湾海峡南部海域丰度较低（<50 ind./m^3）。

（2）腹针胸刺水蚤（*Centropages abdominalis*）：由北往南呈现明显下降趋势，主要分布在渤海和黄海北部海域。

（3）强壮滨箭虫（*Aidanosagitta crassa*）：与腹针胸刺水蚤分布特征相似，主要分布在渤海和黄海海域，在莱州湾海域形成高值区（>1000 ind./m^3）。

（4）双刺纺锤水蚤[*Acartia (Acanthacartia) bifilosa*]：与腹针胸刺水蚤分布特征相似，主要分布在渤海和黄海北部海域，在鸭绿江口形成高密集区（>250 ind./m^3）。

2. 夏季

（1）中华哲水蚤（*Calanus sinicus*）：由北往南呈现明显下降趋势，在黄海北部海域形成高值区（>500 ind./m^3）。

（2）强壮滨箭虫（*Aidanosagitta crassa*）：由北往南呈现明显下降趋势，主要分布在渤海和黄海北部，黄海南部和东海海域丰度逐渐下降。

（3）背针胸刺水蚤（*Centropages dorsispinatus*）：在长江口海域形成高值区（>100 ind./m^3），其他海域丰度极低。

（4）太平洋纺锤水蚤[*Acartia (Odontacartia) pacifica*]：在莱州湾和杭州湾海域形成两个高值区（>50 ind./m^3），黄海和东海中南部海域，太平洋纺锤水蚤零星出现。

3. 秋季

（1）中华哲水蚤（*Calanus sinicus*）：黄海丰度较高，黄海北部和南部外海形成两个高值区（>100 ind./m^3），江苏近岸海域和东海东南海域丰度较低（<5 ind./m^3）。

（2）强壮滨箭虫（*Aidanosagitta crassa*）：由北往南呈现明显下降趋势，主要分布在渤海和黄海北部，东海强壮滨箭虫仅零星出现。

（3）小拟哲水蚤（*Paracalanus parvus*）：高值区呈斑块状分布，渤海湾、莱州湾、黄海北部外海和江苏近岸丰度较高。

（4）亚强次真哲水蚤（*Subeucalanus subcrassus*）：主要分布在东海，在舟山群岛海域形成高值区（>50 ind./m^3），渤海和黄海海域未检出亚强次真哲水蚤。

4. 冬季

（1）中华哲水蚤（*Calanus sinicus*）：在东海东南部海域形成高值区（>250 ind./m^3），辽东湾和黄海北部海域出现两个丰度次高值区（>100 ind./m^3），黄海西南部、东海东北和台湾海峡丰度普遍较低（<5 ind./m^3）。

（2）强壮滨箭虫（*Aidanosagitta crassa*）：主要分布于渤海和黄海北部，东海强壮滨箭虫零星出现。

（3）小拟哲水蚤（*Paracalanus parvus*）：主要分布于黄海北部和渤海，在鸭绿江口形成丰度高值区（>500 ind./m^3），黄海中南部、渤海和东海大部分海域，小拟哲水蚤稀少。

（4）克氏纺锤水蚤[*Acartia (Acartiura) clause*]：鸭绿江口附近海域形成丰度高值区，以该丰度高值区为中心，其邻近海域丰度呈梯度下降。

（二）南海北部近海

1. 春季

（1）中华哲水蚤（*Calanus sinicus*）：高值区分布于雷州半岛东部海域，海南岛南部近海与东沙群岛之间海域丰度较低。

（2）针刺真浮萤（*Euconchoecia aculeata*）：北部湾北部海域形成高值区(>200 ind./m^3)，从西北往东南方向，针刺真浮萤丰度呈下降趋势。

（3）肥胖软箭虫（*Flaccisagitta enflata*）：总体呈近岸往外海丰度降低，粤西近岸和香港以东近岸海域出现两个高值区（>50 ind./m^3），东沙群岛至一统暗沙一带海域丰度较低。

（4）软拟海樽（*Dolioletta gegenbauri*）：粤西近岸海域形成丰度高值区(>100 ind./m^3)，台湾浅滩和海南岛南部至神狐暗沙一带海域丰度较低。

2. 夏季

（1）肥胖软箭虫（*Flaccisagitta enflata*）：在北部湾白龙尾岛海域形成高值区(>40 ind./m^3)，粤西近岸、台湾浅滩北部海域，出现丰度次高值区(>25 ind./m^3)，神狐暗沙至东沙群岛之间海域丰度较低。

（2）间型莹虾（*Lucifer intermedius*）：粤东近岸海域形成高值区(>100 ind./m^3)，神狐暗沙至东沙群岛之间海域，出现丰度低值区(<1.0 ind./m^3)。

（3）鸟喙尖头溞（*Penilia avirostris*）：在珠江口香港以东近岸海域形成高值区(>100 ind./m^3)，神狐暗沙至东沙群岛之间外侧海域出现丰度低值区(<0.1 ind./m^3)。

（4）锥形宽水蚤（*Temora turbinata*）：在台湾浅滩附近海域、粤西和琼东近岸海域形成两个丰度高值区(>30 ind./m^3)，神狐暗沙至东沙群岛一带海域出现丰度低值区(<0.1 ind./m^3)。

3. 秋季

（1）肥胖软箭虫（*Flaccisagitta enflata*）：从近岸往外海方向，肥胖软箭虫丰度呈下降趋势，北部湾中部海域形成丰度高值区（>50 ind./m^3）。

（2）亚强次真哲水蚤（*Subeucalanus subcrassus*）：在北部湾中部形成丰度高值区(>40 ind./m^3)，粤东近岸海域出现一个丰度次高值区(>20 ind./m^3)，神狐暗沙与东沙群岛之间海域丰度较低。

（3）百陶带箭虫（*Zonosagitta bedoti*）：厦门近岸海域形成高值区(>20 ind./m^3)，海南岛和雷州半岛东部海域、神狐暗沙至东沙群岛之间外侧海域丰度较低。

（4）红纺锤水蚤[*Acartia (Odontacartia) erythraea*]：在北部湾北部广西近岸海域形成高值区（>50 ind./m^3），丰度高值中心向北部湾口呈梯度下降。

4. 冬季

（1）肥胖软箭虫（*Flaccisagitta enflata*）：在北部湾北部海域形成高值区(>20 ind./m^3)，粤东近岸丰度较低。

（2）精致真刺水蚤（*Euchaeta concinna*）：主要分布在北部湾海域，海南岛西北部近岸形成高值区（>20 ind./m^3），一统暗沙至东沙群岛之间海域丰度较低。

（3）亚强次真哲水蚤（*Subeucalanus subcrassus*）：北部湾和香港以东近岸形成两个高值区(>20 ind./m^3)。

（4）微刺哲水蚤（*Canthocalanus pauper*）：主要分布在广东、广西近海，粤西近岸海域形成高值区（>20 ind./m^3），东沙群岛附近海域丰度较低。

鱼类浮游生物（鱼卵和仔鱼）

一、鱼卵总丰度的平面分布

1. 春季

春季鱼卵主要分布在东海和南海，总丰度高值区主要分布于渤海莱州湾、东海长江口和舟山群岛周边海域、台湾海峡和南海近岸海域，渤海和黄海大部海域未采集到鱼卵。

2. 夏季

夏季鱼卵在渤海、黄海、东海的分布范围较春季广，总丰度高值区主要分布于渤海湾、东海长江口和舟山群岛周边海域、南海珠江口和北部湾海域，渤海中部、黄海中部和浙江近海鱼卵总丰度较低。

3. 秋季

渤、黄、东海鱼卵分布很少，大部分站位未采集到鱼卵，总丰度高值区分布于珠江口和北部湾海域。

4. 冬季

与秋季分布相似，渤、黄、东海大部分站位未采集到鱼卵，总丰度高值区主要分布于北部湾海域。

二、仔鱼总丰度的平面分布

1. 春季

与鱼卵总丰度分布相似，在东海长江口和浙江近海海域分布更广泛。

2. 夏季

与鱼卵总丰度分布相似。

3. 秋季

与鱼卵总丰度分布相似。

4. 冬季

与鱼卵总丰度分布相似。

大型底栖生物

一、大型底栖生物总生物量平面分布

1. 春季

由近岸向外海延伸，生物量呈现递减的分布趋势，有三个生物量较高的高值区（>50 g/m^2），分别出现在辽东半岛东侧、舟山群岛以东海域和粤西近岸海域，低值区分布于东海和南海北部陆架外侧海域。

2. 夏季

高值区（>50 g/m^2）分布于辽东半岛东侧海域、海州湾和北部湾北部近岸海域，低值区主要分布于南海北部陆架海域和东海东南海域。

3. 秋季

渤海、黄海、东海大部分海域分布均匀，高值区（>50 g/m^2）主要分布于辽东半岛东侧和雷州半岛以东海域，一统暗沙至东沙群岛海域生物量较低。

4. 冬季

渤海、黄海、东海大部分海域分布均匀，高值区（>50 g/m^2）主要分布于渤海海峡海域和雷州半岛西侧海域。

二、大型底栖生物总栖息密度平面分布

1. 春季

高值区（>500 ind./m^2）主要分布于黄海北部、山东半岛南部近岸海域，台湾海峡北部、珠江口和北部湾中部海域，东海东南部海域存在较大面积的低值区（<10 ind./m^2）。

2. 夏季

高值区（>500 ind./m^2）主要分布于渤海中部和南部、黄海北部海域、台湾浅滩和北部湾海域，低值区主要分布于南海神狐暗沙海域。

3. 秋季

分布相对均匀，高值区（>500 ind./m^2）主要分布于黄海北部、山东半岛以南海域和台湾海峡，总体呈由近岸向外海降低的趋势。

4. 冬季

高值区（>500 ind./m^2）主要分布于渤海中部和南部、黄海北部海域、山东半岛以南海域和台湾海峡海域，低值区分布于东海东南部和南海北部陆架海域。

三、大型底栖生物优势种栖息密度平面分布

本图集共编绘大型底栖生物优势种丰度平面分布图32幅，渤、黄、东海四个季节各四种，南海北部近海四个季节各四种。

（一）渤海、黄海、东海

1. 春季

（1）不倒翁虫（*Sternaspis scutata*）：主要分布于渤海，在秦皇岛和烟台近岸形成两个高值区（>50 ind./m^2），黄海东南外海和东海东部外海密度较低。

（2）拟特须虫（*Paralacydonia paradoxa*）：主要分布于渤海和山东近岸，在辽东湾和海州湾形成两个高值区（>25 ind./m^2），台湾海峡密度也较高。

（3）背蚓虫（*Notomastus latericeus*）：在山东半岛西南近岸海域形成高值区（>50 ind./m^2），东海分布

较少。

（4）寡节甘吻沙蚕（*Glycinde gurjanovae*）：总体上呈不连续的斑块或镶嵌状分布，在山东半岛北部近岸海域形成高值区（>25 ind./m^2）。

2. 夏季

（1）不倒翁虫（*Sternaspis scutata*）：主要分布于渤海、山东近岸和浙江近岸海域，在秦皇岛近岸和环山东半岛形成高值区（>50 ind./m^2），东海东部外海密度较低。

（2）拟特须虫（*Paralacydonia paradoxa*）：主要分布于渤海和山东半岛近岸海域，其他海域密度较低。

（3）独指虫[*Aricidea (Aricidea) fragilis*]：在辽东半岛以东、山东半岛以南形成两个高值区（>25 ind./m^2），舟山群岛周围海域形成次高值区，总体呈不连续的斑块或镶嵌状分布。

（4）背蚓虫（*Notomastus latericeus*）：山东半岛北部海域形成高值区（>25 ind./m^2），黄海南部和东海大部海域密度较低。

3. 秋季

（1）不倒翁虫（*Sternaspis scutata*）：主要分布于渤海和山东半岛沿岸，在渤海中部海域形成高值区（>25 ind./m^2），总体来看从近岸向外海个体密度呈下降趋势。

（2）拟特须虫（*Paralacydonia paradoxa*）：在山东半岛西南近岸海域形成高值区（>50 ind./m^2），东海极少，仅在台湾海峡有少量分布。

（3）背蚓虫（*Notomastus latericeus*）：在山东半岛以南形成高值区（>25 ind./m^2），渤海海峡和渔山列岛周围的密度也较高。

（4）寡鳃齿吻沙蚕（*Nephtys oligobranchia*）：主要分布在山东半岛周围海域和渤海部分海域，其他海域密度较低。

4. 冬季

（1）不倒翁虫（*Sternaspis scutata*）：主要分布在渤海中部海域和山东半岛周围海域（>25 ind./m^2），南麂列岛和台湾海峡也有较高丰度，黄海南部和东海大部海域密度较低。

（2）拟特须虫（*Paralacydonia paradoxa*）：与不倒翁虫相似，主要分布在渤海海峡和山东半岛西南海域，台湾海峡北部也有较高丰度。

（3）独指虫[*Aricidea (Aricidea) fragilis*]：集中分布在黄海中北部海域，在山东半岛南部形成高值区（>100 ind./m^2），黄海南部和东海大部海域密度较低。

（4）寡鳃齿吻沙蚕（*Nephtys oligobranchia*）：集中分布在渤海和山东半岛南部海域，其他海域密度较低。

（二）南海北部近海

1. 春季

（1）不倒翁虫（*Sternaspis scutata*）：在珠江口海域形成高值区（>25 ind./m^2），总体呈由近岸向外海降低的分布趋势。

（2）毛头梨体星虫[*Apionsoma (Apionsoma) trichocephalus*]：在海南岛西南、珠江口和一统暗沙海域形成三个高值区（>25 ind./m^2），以高值区为中心向周围降低。

（3）塞切尔泥钩虾（*Eriopisella sechellensis*）：主要分布在闽粤交界处近海和北部湾海域。

（4）双鳃内卷齿蚕（*Aglaophamus dibranchis*）：在北部湾北部海域有较高密度。

2. 夏季

（1）不倒翁虫（*Sternaspis scutata*）：主要分布在珠江口和北部湾海域，总体呈由近岸向外海降低的分布趋势。

（2）梳鳃虫（*Terebellides stroemii*）：在北部湾北部和海南岛西南海域形成两个高值区（>10 ind./m^2），其他海域密度较低。

（3）奇异稚齿虫（*Paraprionospio pinnata*）：在闽粤交界处近岸海域形成高值区（>25 ind./m^2），珠江口海域也有一定分布，其他海域密度较低。

（4）模糊新短眼蟹（*Neoxenophthalmus obscurus*）：主要分布在琼州海峡海域和北部湾湾口，总体呈由近岸向外海降低的分布特征。

3. 秋季

（1）双鳃内卷齿蚕（*Aglaophamus dibranchis*）：主要分布在北部湾，其他海域密度很低。

（2）塞切尔泥钩虾（*Eriopisella sechellensis*）：主要分布在闽粤交界处近岸海域和北部湾。

（3）毛头梨体星虫[*Apionsoma (Apionsoma) trichocephalus*]：在珠江口西部近岸海域和海南岛西部海域形成两个高值区（>25 ind./m^2）。

（4）模糊新短眼蟹（*Neoxenophthalmus obscurus*）：主要分布在琼州海峡海域和北部湾。

4. 冬季

（1）背蚓虫（*Notomastus latericeus*）：在北部湾海域形成高值区（>10 ind./m^2），珠江口也有较高密度。

（2）双鳃内卷齿蚕（*Aglaophamus dibranchis*）：在北部湾有较高密度分布。

（3）毛头梨体星虫[*Apionsoma (Apionsoma) trichocephalus*]：在珠江口西部近岸海域和闽粤交界处近岸海域形成两个高值区（>25 ind./m^2），其他海域密度较低。

（4）模糊新短眼蟹（*Neoxenophthalmus obscurus*）：主要分布在闽粤交界处近岸海域、珠江口和北部湾北部，总体呈由近岸向外海降低的分布特征。

游泳动物

游泳动物总重量平面分布图

1. 春季

长江口、珠江口、粤西近海和北部湾海域游泳动物总重量较高，总体呈现由北向南逐渐升高的分布特征。

2. 夏季

渤海湾、北黄海、长江口、珠江口和北部湾海域游泳动物总重量较高，最高值出现在北黄海，游泳动物总重量超过 1000 kg/h，浙闽近海数量较少。

3. 秋季

游泳动物总重量高值区主要分布于我国近海各大渔场，包括舟山群岛渔场、北部湾渔场、吕泗渔场等，海南岛东南海域也有较高分布，渤海游泳动物总重量相对较低。

4. 冬季

冬季游泳动物总重量分布与春季相似，高值区主要分布在长江口和舟山群岛海域、珠江口、海南岛周围海域和北部湾，黄海、渤海数量较少。

潮间带生物

一、潮间带生物总生物量断面分布

（一）渤海、黄海、东海

1. 春季

各类群生物量组成以软体动物和甲壳动物为主，垂直分布方面各海区不同，没有明显规律。

2. 夏季

软体动物生物量占总生物量比重最高，垂直分布方面低潮带总生物量较高。

3. 秋季

各类群生物量组成以软体动物为主，垂直分布方面没有明显规律。

4. 冬季

各类群生物量组成以软体动物为主，垂直分布方面没有明显规律。

（二）南海北部近海

1. 春季

各类群生物量组成以软体动物和甲壳动物为主，垂直分布方面中潮带和低潮带生物量高于高潮带。

2. 夏季

软体动物生物量占总生物量比重最高，垂直分布方面低潮带总生物量较高。

3. 秋季

潮间带生物量以软体动物和甲壳动物为主，海南岛潮间带生物量以软体动物和藻类为主，垂直分布没有明显规律。

4. 冬季

潮间带生物量以软体动物为主，海南岛潮间带生物量以软体动物和藻类为主，垂直分布没有明显规律。

二、潮间带生物总栖息密度断面分布

（一）渤海、黄海、东海

1. 春季

软体动物、甲壳动物和环节动物栖息密度较高，各海区类群组成略有不同，垂直分布没有明显规律。

2. 夏季

渤海潮间带栖息密度以甲壳动物为主，黄海和东海以软体动物占总栖息密度比重最高，垂直分布方面没有明显规律。

3. 秋季

渤海和东海潮间带生物总栖息密度以软体动物为主，黄海以甲壳动物为主，垂直分布方面没有明显规律。

4. 冬季

软体动物和甲壳动物栖息密度较高，各海区类群组成略有不同，垂直分布方面没有明显规律。

（二）南海北部近海

1. 春季

各类群栖息密度组成以软体动物为主，垂直分布方面没有明显规律。

2. 夏季

软体动物和甲壳动物栖息密度较高，垂直分布方面没有明显规律。

3. 秋季

软体动物栖息密度较高，垂直分布方面海南岛低潮带和中潮带总栖息密度低于高潮带，广东潮间带则相反。

4. 冬季

软体动物栖息密度较高，垂直分布方面没有明显规律。

三、潮间带生物主要类群生物量断面分布

（一）渤海、黄海、东海

1. 多毛类

辽东半岛周边和辽东湾多毛类生物量较高，其他海域较低，季节变化无明显规律。

2. 软体类

与多毛类相似，辽东半岛周边和辽东湾软体类生物量较高，其他海域较低，季节变化无明显规律。

3. 甲壳类

辽东半岛、黄河口、莱州湾等区域甲壳类生物量较高，季节变化方面春季生物量较高，冬季较低。

（二）南海北部近海

1. 多毛类

季节变化和垂直分布方面没有明显规律。

2. 软体类

珠江口区域软体类生物量较高，季节变化和垂直分布方面没有明显规律。

3. 甲壳类

甲壳类与多毛类分布相似，季节变化和垂直分布方面没有明显规律。

四、潮间带生物主要类群栖息密度断面分布

（一）渤海、黄海、东海

1. 多毛类

辽东半岛周边和辽东湾多毛类栖息密度较高，其他海域相对较低，季节变化无明显规律。

2. 软体类

辽东半岛周边和辽东湾软体类栖息密度较高，夏、冬季在海州湾、青岛沿岸和舟山群岛软体类栖息密度也较高。

3. 甲壳类

环渤海沿岸区域和宁波、舟山区域甲壳类栖息密度较高，垂直分布和季节变化方面无明显规律。

（二）南海北部近海

1. 多毛类

季节变化和垂直分布方面没有明显规律。

2. 软体类

各调查断面软体类栖息密度接近，没有明显变化规律。

3. 甲壳类

分布规律不明显。

珊瑚礁生物和珍稀濒危生物

一、全国珊瑚礁健康状况图

根据珊瑚礁生态系统健康综合指数（*IHI*）将珊瑚礁分为如下三个等级。

（1）　$IHI < 0.75$ 为健康；

（2）　$0.75 \leqslant IHI \leqslant 1.2$ 为亚健康；

（3）　$IHI > 1.2$ 为不健康。

在三亚珊瑚礁自然保护区、徐闻珊瑚礁自然保护区、东山珊瑚礁自然保护区、涠洲岛珊瑚礁自然保护区，珊瑚礁总体保护较好，大部分调查站位处于健康状态，但在西沙群岛等尚未建立珊瑚礁保护区的区域，珊瑚礁基本处于亚健康状态。

二、造礁珊瑚种类数分布图

我国造礁珊瑚种类由南向北呈减少的趋势，西沙群岛的造礁珊瑚种类最多，为 178 种，海南三亚（含蜈支洲）81 种，海南东部和东北部均为 68 种，海南西北部 51 种，徐闻珊瑚礁 24 种，广西涠洲岛 14 种，广东大亚湾 25 种，福建东山湾仅 3 种。

三、文昌鱼密度分布图

河北的文昌鱼主要分布于秦皇岛海域，秋季文昌鱼的栖息密度最高，平均密度达 157.69 ind./m^2，其他 3 个季节的栖息密度大体相当（55.42~68.15 ind./m^2）。青岛海域的文昌鱼主要分布在胶州湾沙子口和保护区。福建沿海的文昌鱼以漳州东山湾栖息密度最高，平均密度达 41.67 ind./m^2；其次为厦门黄厝区海域，栖息密度为 14.50 ind./m^2，惠安大港海域仅采集到 1 尾文昌鱼。广东茂名放鸡岛附近海域是文昌鱼密集区，文昌鱼栖息密度在 40~720 ind./m^2 之间，平均 228 ind./m^2。广西北部湾春、夏、秋三季文昌鱼的平均栖息密度差异不大，为 30~36.67 ind./m^2，冬季较低，仅为 8.33 ind./m^2。海南沿岸文昌鱼仅在海南南部海域零星出现，其密度和生物量都较低。

微生物和水母新种

一、微生物新种

共发现变形菌门微生物新属 1 个，新种 13 个，其中海杆菌属(*Marinobacter*)新种 2 个，海细菌属(*Marinobacterium*)新种 2 个，产微球菌属(*Microbulbifer*)新种 3 个，假海源菌属(*Pseudidiomarina*)新种 2 个，假交替单胞菌属(*Pseudoalteromonas*)新种 1 个，弧菌属(*Vibrio*)新种 1 个，鲁杰氏菌属(*Ruegeria*)新种 1 个，以及新属海洋杆菌属(*Pelagibacterium*)新种 1 个。

二、水母新种

水母是海洋中重要的大型浮游生物，属刺胞动物门水母亚门。水母类能大量捕食饵料浮游生物和鱼卵、仔鱼，直接破坏渔业资源或与渔业经济动物争夺饵料，作为海洋生态系统的重要组成部分，水母类暴发往往引起海洋灾害。本图谱包含 908 专项调查发现的水母新物种 30 个，其中 22 种属于花水母亚纲(Anthomedusae)，8 种属于软水母亚纲(Leptomedusae)。